Handbuch der Gießerei-Technik

Zweiter Band / 2. Teil

Handbuch der Gießerei-Technik

Unter Mitarbeit zahlreicher Fachleute

herausgegeben von

Oberbaurat Dr. F. Roll

Abteilungsleiter für Gießereiwesen
an der Staatlichen Ingenieurschule für Maschinenbau Duisburg

Zweiter Band / 2. Teil

Sonderform-Verfahren

Zementsand-Verfahren · Genauguß-Verfahren · Dauerform-Verfahren
Verbundguß-Verfahren

Kernherstellung · Trocknung · Trockner · Penetration

Mit 470 Abbildungen

Springer-Verlag
Berlin / Göttingen / Heidelberg
1963

ISBN-13: 978-3-642-86954-9 e-ISBN-13: 978-3-642-86953-2
DOI: 10.1007/978-3-642-86953-2

Softcover reprint of the hardcover 1st edition 1963

Library of Congress Catalog Card Number: 59-2491

Vorwort

Im Vorwort des Handbuches, Bandteil I/1, wurde bereits ausgeführt, wie das Stoffgebiet der Eisen-Kohlenstoff-Legierungen aufgegliedert worden ist. Dabei wurde dem II. Band das Grundsätzliche der Konstruktion mit diesen Werkstoffen, die Anschnitt-Technik, die Form- und Kerntechnik und die Trocknung zugeordnet.

Leider war auch bei Band II eine Aufteilung in zwei Teilbände notwendig, da nicht alle Beiträge rechtzeitig zur Verfügung standen. Der vorliegende, zuerst erscheinende Teilband II/2 bringt folgende Sonderformverfahren:

1. Das Formen in Zementsand.

2. Die sogenannten nicht fest umreißbaren Genaugußverfahren mit Formschale, Gips, vor allem das CRONING-Verfahren, die Variationen nach SHAW und das Feingußverfahren.

3. Die Verfahren mittels Dauerformen im Standguß und bewegter Form. Hierzu gehören zunächst die Verfahren mit keramischen Formstoffen und mit Kokillen, ferner die zur Zeit noch auf GS beschränkten Formen aus Graphit, der Strangguß sowie die Formtechnik mittels Schleudern.

4. Die wichtigen Verbundgußverfahren: das Umgießen, das ALFIN-Verfahren, der sogenannte Druck-Verbund und der allgemeine Verbundguß.

Besonders aktuell sind die Darstellungen der Kernherstellung und Kerntrocknung, an die sich ein Abschnitt über die Trockenapparate anreiht, dessen Aufnahme mir notwendig erschien.

An den Schluß dieses Teilbandes habe ich einen Beitrag über die „Penetration" gestellt, den man hier einordnen kann, wenn er auch nur mittelbar mit der Formherstellung zu tun hat.

Die Beiträge sind von hervorragenden Fachleuten geschrieben, die selbst zur Entwicklung der einzelnen Verfahren beigetragen haben bzw. über große praktische Erfahrungen auf den von ihnen behandelten Gebieten verfügen.

Somit wird dem Gießereifachmann und demjenigen, der sich über dieses vielseitige und interessante Gebiet orientieren möchte, ein Querschnitt durch den heutigen Stand der verschiedenen Verfahren vermittelt. Die Beiträge enthalten ausführliche Literaturangaben, die ein weiteres Eindringen in die einzelnen Sachgebiete ermöglichen.

Der 1. Teil dieses Bandes wird in Kürze nachfolgen. Damit ist dann das vielseitige Stoffgebiet, das in Band II behandelt wird, abgeschlossen.

Für die große Mühewaltung bei der Bearbeitung der jeweiligen Stoffgebiete möchte ich allen Mitarbeitern an dieser Stelle meinen besonderen Dank aussprechen.

Nicht zuletzt ist dem Springer-Verlag Berlin für die vorbildliche Drucklegung zu danken.

Duisburg, im Dezember 1962 **F. Roll**

Inhaltsverzeichnis

Inhaltsübersicht des 1. Teiles

Das Zementsandform- und Kernverfahren

Von **M. Beilhack**, Rosenheim

Mit 62 Abbildungen

Vorbemerkung

Das Zementsandverfahren wurde schon im Jahre 1892 entwickelt, jedoch ist es erst E. M. DURANT gelungen, die Verwendung des Verfahrens durch die Unterhydratisierung des Zementsandes technisch zu entwickeln. Die ersten DURANT-Patente stammen aus dem Jahre 1922/33.

In Deutschland hat sich zuerst H. GÖDEL, Chemnitz, mit diesem Verfahren befaßt. Den Schwierigkeiten, Kerne aus Zementsand anzuwenden, konnte man begegnen, als es M. MAIER 1936 gelang, mit Celluloseäther (Alkylin) Kerne zu gestalten, welche unter dem Einfluß der Temperatur des Gießmetalls bei der Erstarrung der Schwindung nachgeben. Das Formen in Zementsand ist vornehmlich dem Handformen vorbehalten. In verschiedenem Maße wird kastenloses Formen angewendet. Man hat jedoch auch mit Hilfe des TORKRET-Verfahrens versucht, den Zementsand in der Maschinenformerei einzuführen.

Das sogenannte Zementsand-Block-Baukasten-System wird bei der Schiffsschraubenfabrikation mit Erfolg angewendet. Bei kleinen Stücken werden die Formen auf einer Bank abgestellt und dort abgegossen.

Schon von Anfang an hat DURANT erkannt, daß man mit Zementsand Gußstücke aus Gußeisen, Stahlguß und Hartguß herstellen kann. Auch in der Metallgießerei findet das Verfahren Anwendung.

I. Form- und Hilfsstoffe

A. Sande

Sandbeschaffenheit. Als Sand wird reiner Quarzsand verwendet, dessen SiO_2-Gehalt 95 bis 99% beträgt. Doch kann der SiO_2-Gehalt zwischen 85 bis 99% schwanken.

Der Sand muß frei sein von Karbonaten, Eisen-, Kalk-, Schwefel-, Magnesium-, Feldspat- und Toneinschlüssen. Sein Schmelzpunkt soll nicht unter 1600 °C liegen, da sonst die Gefahr von Verschmelzungen gegeben ist. Tongehalte über 2% setzen die Druck- und Scherfestigkeit und die gute Gasdurchlässigkeit eines Zementsandes herunter.

Kornart und Korngröße. Scharfkantiges Korn ergibt eine bessere Verankerung der einzelnen Körner untereinander, als rundes Korn. Die Festigkeitswerte liegen deshalb höher. Doch kann rundes Korn ebenso verwendet werden wie scharfkantiges Korn. Die günstigste Korngröße liegt bei mittleren und großen Gußstücken zwischen 0,3 bis 0,5 mm, wobei der Anteil dieser Korngröße 80 bis 85% betragen soll. Bei Naßguß-Zementsandformen, wie später noch erläutert wird, beträgt die günstigste Korngröße 0,1 bis 0,2 mm.

Kornbild 1 (Abb. 1) veranschaulicht einen Quarzsand für die Verwendung bei mittleren und schweren Gußstücken.

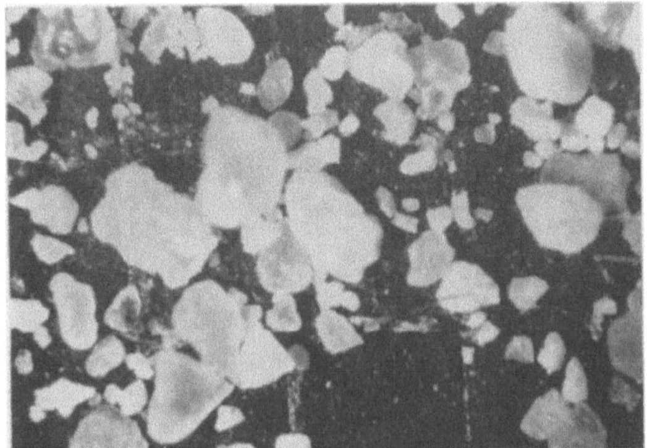

Abb. 1. Quarzsand von 0,2 bis 0,6 mm Korngröße mit 87,11%

Siebanalyse

Sieb-Nr.	mm	%
1	über 1,5	0,0
2	1,0 –1,5	0,0
3	0,6 –1,0	0,0
4	0,3 –0,6	63,0
5	0,2 –0,3	24,11
6	0,1 –0,2	10,02
7	0,06–0,1	2,87
8	unter 0,06	0,0
Korngehalt		100%

Kornbild 2 (Abb. 2) stellt die Kornbeschaffenheit eines Sandes dar, wie er sich für das Zementsand-Naßgußverfahren eignet.

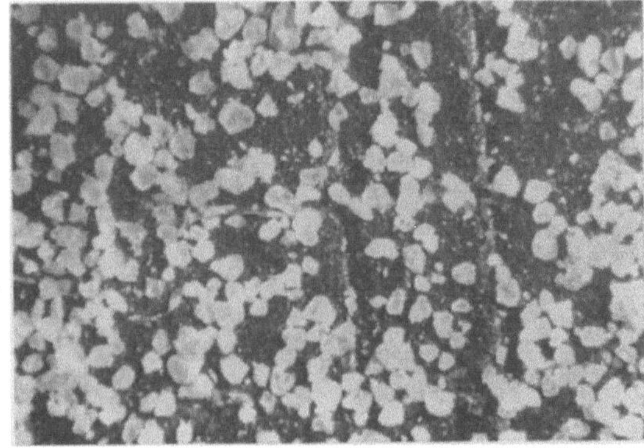

Abb. 2. Quarzsand von 0,1 bis 0,2 mm Korngröße mit 83,96%

Siebanalyse

Sieb-Nr.	mm	%
1	über 1,5	0,0
2	1,0 –1,5	0,0
3	0,6 –1,0	0,0
4	0,3 –0,6	0,0
5	0,2 –0,3	3,66
6	0,1 –0,2	83,96
7	0,06–0,1	12,38
8	unter 0,06	0,0
Korngehalt		100%

Sandarten. Für das Verfahren eignen sich auch Fluß- und Seesande, die die oben angeführten Voraussetzungen haben. In bezug auf die Verwendung von Seesand sei auf die Veröffentlichung von JEPPESEN [*1*] und GOTTWALD [*2*] hingewiesen.

Da Quarzsand als *saurer* Formstoff bei Verwendung des hochbasischen Zusatzes Zement nicht als ein geradezu günstiger Ausgangsstoff für das Zementsandverfahren bezeichnet werden kann, wurde bereits schon früher vorgeschlagen, diesen sauren Formstoff durch basische Formstoffe, wie ungebrannten Dolomit und Magnesit zu ersetzen. Dies käme vor allem für den Stahlguß in Frage, da dadurch eine höhere Sinterungstemperatur erreicht wird.

B. Zement

Für das Zementsandformverfahren eignen sich alle Arten von Zementen wie Portlandzement, Eisenportlandzement, Hochofenzement und Tonerdeschmelzzement (Bd. I/1, S. 444). Die günstigsten Festigkeitswerte jedoch ergibt der Portlandzement, der in seiner Zusammensetzung einen CaO-Gehalt von 60 bis 67% hat. Dieser soll bei den verwendeten Zementen nicht unter 55% liegen, da sonst die Abbindezeiten zu hoch werden. Ferner hat sich gezeigt, daß Zement, der im Schachtofen erzeugt wurde, sich besser eignet, als ein Zement, der im Trommelofen hergestellt wurde. Hochofen- und Eisenportlandzemente verhalten sich bezüglich Anfangsfestigkeit zu träge.

Für Stahlguß ist die Verwendung eines Portlandzementes DIN 425 empfehlenswert. Durch seine hohe Anfangsfestigkeit und frühfeste Erhärtungsenergie wird eine wesentlich schnellere Grünstandsfestigkeit der Formen und Kerne erreicht. Sein hoher Feinstanteil der Korngröße, der sich an erster Stelle hydratisiert, d. h. der Form Wasser entzieht, ist der höherwertige Zement „*425*“ geradezu geeignet, die Formen schnell auszutrocknen und gußfertig zu machen. Portlandzement DIN 425 zeichnet sich durch eine wesentlich gesteigerte Ergiebigkeit aus, so daß bei dessen Verwendung, zur Erzielung gleicher Grünstandsfestigkeit der Form oder des Kernes, der Zementgehalt um 3 bis 4% herabgesetzt werden kann. Diese Herabsetzung des Zementgehaltes vermindert aber die Gefahr des Verschmelzens des Quarzsandes mit dem Stahl.

Die zur Verwendung kommenden Zemente sollen frisch sein, d. h. nach Möglichkeit soll der neu angelieferte Zement innerhalb eines Monats in der Gießerei verarbeitet werden. Zemente, die beim Herausnehmen aus den Säcken oder Vorratsbehältern kleine Plättchen oder kleine Knöllchen zeigen, sind für die Verwendung des Verfahrens unbrauchbar, da sie Ausschuß durch eine schlechte Festigkeitserhärtung der Form- und Kernsandmischungen geben. Sie müssen deswegen ausgeschieden werden. M. Paschke, C. Weymann und E. Schneider [*3*] untersuchten, inwieweit sich Eisenportland- und Tonerdeschmelzzement in Verbindung mit Quarzsand für das Zementsandformverfahren eignet. Es sei in diesem Zusammenhang auf diese Arbeiten hingewiesen.

C. Steinkohlenstaub

Zur Erreichung einer besseren Verteilung des Wasserhaushaltes während der Abbindungsvorgänge kann der Sandmischung mit Vorteil 2 bis 4% Steinkohlenstaub für GG zugegeben werden. Es wurde gefunden, daß bei Vorhandensein von Steinkohlenstaub eine Festigkeitserhöhung bei gleichbleibendem Zementgehalt und eine Verbesserung der Kanten- und Abriebfestigkeit erreicht wird. Auch die Gefahr einer Verschmelzung des flüssigen Metalls mit dem Quarzsand wird durch Zugabe von Steinkohlenstaub verringert. Nach einem Bericht über zementgebundene Formsande von C. T. Galloway [*4*] wurde festgestellt, daß bei Zugabe von 3% Steinkohlenstaub zu der Zementsandmischung eine neutralisierende Wirkung auf den Zement ausgeübt wird und dadurch der Form- oder Kernüberzug vor der Zerstörung geschützt wird.

D. Binder

Zur Erhöhung der Grünstandseigenschaft einer Zementsandmischung, zur Erreichung besserer Schwindungsmöglichkeiten einer verfestigten Form- und Kernwand und zur Zerstörung des Sandaufbaues nach dem Guß werden die verschiedensten organischen Binder einer Zementsandmischung mit mehr oder weniger Erfolg beigegeben. Bei der Zugabe von geeigneten Bindern ist darauf zu achten, daß diese dem Zement in bezug auf Wasseraufnahme keine ernstliche Konkurrenz bieten. Alle Binder, die auf Quellbasis aufgebaut sind, sind für Zementsandmischungen ungeeignet. Von den bisher in Deutschland mit Erfolg angewendeten Bindern sei das Alkylin 360, Zemoplast und andere ähnliche Zusätze erwähnt.

E. Wasser

Das richtige Verhältnis zwischen Zementgehalt und Wassergehalt ist ausschlaggebend für den Erfolg des Verfahrens. Es darf nur soviel Wasser einer Zementsandmischung beigegeben werden, um die Mischung als unterhydratisiert bezeichnen zu können, d. h. es muß dem Zement weniger Wasser zugesetzt werden, als er aufnehmen kann.

Aus Abb. 3, die einer Abhandlung von F. W. Rowe [*5*] entnommen ist, ist ersichtlich,

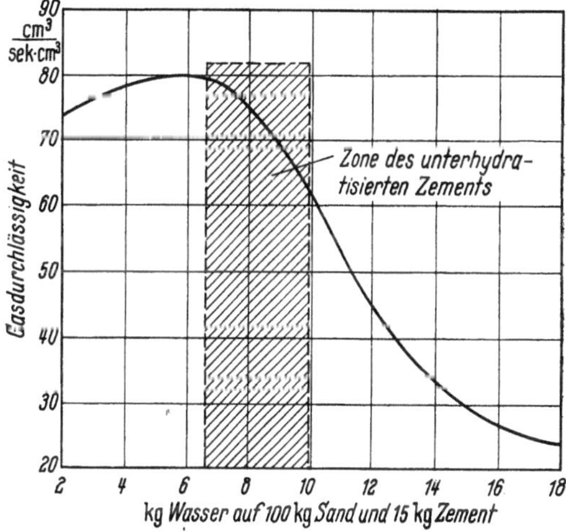

Abb. 3. Abhängigkeit der Gasdurchlässigkeit eines synthetischen Sandes mit 13% Zement als Bindemittel vom Wassergehalt (nach F. W. Rowe)

daß mit zunehmendem Wassergehalt über 6,5% die Gasdurchlässigkeit abfällt und daß die Zone der Unterhydratisierung zwischen 6,5 und 10% Wassergehalt liegt. Der Wassergehalt kann zwischen 2 und 10% schwanken. Bei Verwendung höherwertiger Zemente, feinsten Quarzsandes und größerer Mengen Altsandes steigt die Menge des zuzugebenden Wassers.

Der Wassergehalt der Zementsandmischung richtet sich auch nach den Hallentemperaturen und den dabei vorhandenen relativen Luftfeuchtigkeitswerten. So ist z. B. bei einer Hallentemperatur über 20 °C und einer relativen Luftfeuchtigkeit von 60 bis 65% die Menge des zuzugebenden Wassers um 1 bis 2% höher, als bei Hallentemperaturen von 7 bis 10 °C und einer relativen Luftfeuchtigkeit von 80 bis 85%. Mit anderen Worten, in den heißen Sommermonaten muß mehr Wasser der Sandmischung zugegeben werden, als im Winter und in den Übergangszeiten Herbst und Frühjahr.

II. Sandaufbereitung

Die Sandmischung kann in den in Gießereien üblichen Sandmischern durchgeführt werden, jedoch ist ein Vertikalmischer zwecks Erreichung einer vollständigen, homogenen Mischung gegenüber den Horizontalmischern der Vorzug zu geben. Abb. 4 veranschaulicht eine Mischanlage, die sich zur Herstellung von Zementmischungen in der Praxis bewährte. Da in der richtigen Bemessung der Zugabe des Wassers mittels Meßuhr der Erfolg des Verfahrens liegt, ist es notwendig, das Wasser dem Mischgut in einem Meßbehälter zuzugeben. In Abb. 4 ist ein Meßbehälter von 12 l Inhalt zu sehen. Zur besseren Kontrolle des zum Mischgut zufließenden Wassers enthält dieser Meßbehälter einen Schwimmer mit Meßanzeige.

Abb. 4. Mischmaschine mit Wasserbehälter

Es ist auch wesentlich, der Zementsandmischung im Mischer das Wasser gleichmäßig zuzuführen. Mit Hilfe einer kleinen Ringlaufleitung, die sich über dem Mischbehälter befindet (s. Abb. 4) soll die Zugabe in vielen kleinen brausenförmigen Strahlen während der Mischung erfolgen. Durch diese Anordnung ist die Gewähr gegeben, daß möglichst wenig Wasserverluste auftreten und das Wasser sich gleichmäßig auf die gesamte Sandmischung in einem ruhigen Strahl verteilt. Es werden durch diese Anordnung auch nicht Zement- oder andere Binderteilchen, die bereits sich um die Sandkörner gleichmäßig verteilten, von diesen weggeschwemmt.

Für die Zugabe der einzelnen Stoffe in den Mischbehälter der Maschine wie Quarzsand, Binder, Zement, Steinkohlenstaub usw. ist es zweckmäßig, entsprechend geeichte Gefäße zu verwenden.

Da die Zugaben an diesen Stoffen entsprechend den Betriebsverhältnissen schwanken, ist es zweckmäßig, diese geeichten Vorratsgefäße oder Meßgefäße unter Berücksichtigung des spez. Gewichtes der zuzugebenden Stoffe mit verschiedenen Meßlinien zu versehen. Sind diese Meßgefäße für die pulverförmigen wie flüssigen Stoffe einmal vorhanden, dann ist ein reibungsloses, genaues Arbeiten in bezug auf die Sandmischungen gegeben.

Mischungsvorgang

Auch die richtige Reihenfolge der in die Mischmaschine zuzugebenden Stoffe ist für ein erfolgreiches Arbeiten ausschlaggebend. Nach Einbringung der dem Fassungsvermögen der Mischmaschine entsprechenden Quarzsandmenge, wird der Zement gleichmäßig verteilt beigegeben. Die Trockenmischung hat nun so lange zu erfolgen, bis die Farbe des Mischgutes erkennen läßt, daß die Zementteilchen gleichmäßig im gesamten Quarzsand verteilt sind. Nach ca. 2 Minuten kann Homogenisierung erreicht werden. Dann wird der Zementsandmischung, wenn es sich um Mischungen für GG für Naßgußzementformen handelt, Steinkohlenstaub beigefügt. Auch diese Trockenmischung hat so lange zu erfolgen, bis die Färbung des Mischgutes dem Auge des Sandmischers eine nahezu homogene Sandmischung erscheinen läßt (Mischungsdauer ca. weitere 2 Minuten). Nun wird die aus der Praxis sich ergebende Menge an Wasser brausenförmig in den Mischbehälter eingelassen und ca. 1 bis 2 Minuten naß gemischt, d. h. so lange, bis das sämtliche zugeflossene Wasser eine gleichmäßige Feuchtigkeit der Sandmischung erkennen läßt. Eine Mischungszeit über die angegebene Zeit hinaus ruft eine Erwärmung des Zementsandgemisches hervor und gefährdet durch frühzeitige Verdunstung eines Teiles des beigegebenen Wassers die Brauchbarkeit der fertiggestellten Sandmischung. Ist nun wie oben beschrieben, mit der Sandmischung so verfahren worden, dann wird die Maschine stillgesetzt und die gebrauchsfertige Sandmischung zu den Entfallstellen gebracht.

III. Modelle

A. Modellgestaltung

Da eine Zementsandform nach ca. 3 bis 4 Stunden abzubinden beginnt, bei großen Formen aber über diese Zeit hinaus das Modell in der Grube oder im Formkasten bleibt, ist bei der Modellherstellung für Zementsandabgüsse dieser Zeit eine besondere Beachtung zu schenken.

Läßt man ein Modell über Nacht in der Formgrube und will man nun beispielsweise nach 15 bis 20 Stunden, die zur Formherstellung nötig sind, dieses Modell ziehen, so ist dasselbe kaum ohne Zersplitterung von den Formwänden zu lösen. Die Zementform ist bereits in das Erhärtungsstadium eingetreten und es ist unmöglich, das Modell nach üblicher Art in der Form, vor dem Ziehen, loszuklopfen. Es ist deshalb bei Verwendung von Modellen für das Zementsandformverfahren nötig, in bezug der Herstellung derselben neue Wege zu gehen.

Abb. 5 ist ein Beispiel für eine richtige Konstruktion eines größeren Modelles für die Zementsandformerei. Es besteht aus vielen Einzelteilen und besitzt in der Mittelachse ein eingeschobenes Keilmodellstück. Wenn nun ein derartiges Modell aus der Zementform gezogen wird, dann wird zuerst das Keilmittelstück des Modells herausgenommen. Dadurch wird die Modellwand nicht mehr mit Spannung an die Zementsandformwand angepreßt, die Reibung zwischen Modellwand und Formwand vermindert und es können die übrigen losen Teile des Modells mühelos aus der Form entfernt werden.

Abb. 5. Geteiltes Zementsandmodell für einen Gaswäscher

Abb. 6 stellt das oben angeführte Modell in seinen Einzelteilen dar.

Es ist auch nötig, vertikalen Modellflächen einen größeren Anzug bis zu max. 5° zu geben. Infolge der guten Fließfähigkeit eines Zementsandes muß die Oberfläche eines Zementsandmodells glatt sein. Kleinste Vertiefungen oder Erhöhungen, die ihre Ursache in einer Abnützung des verwendeten Modells oder in einem unsauberen Lackanstrich haben, bewirken, daß beim Ziehen des Modells aus der Zementsandform dieses nicht unerheblich beschädigt wird. Dadurch, daß bei der Herstellung von Zementsandformen wenig Stampfarbeit zu leisten ist, ist es bei vielen Modellen möglich, diese als sogenannte Rahmen- oder Kastenmodelle aufzubauen. Es kann somit auch in der Modellgestaltung bereits durch die Anwendung des Zementsandformverfahrens Material nicht unwesentlich eingespart werden. Dem Verlauf der Holzfaser ist bei allen neu herzustellenden Modellen insofern Rechnung zu tragen, daß diese in der Zugrichtung zu liegen kommt. Bei dem Aufbau von Modellen in horizontaler Faserrichtung besteht die Gefahr, daß bei deren öfteren Gebrauch die Längsfasern sich etwas erweitern und dann beim Aufbau der Formwand die Zementsandschicht in diese eindringt, wodurch das Herausziehen des Modells Schwierigkeiten verursachen kann.

Abb. 6. Geteiltes Zementsandmodell für einen Gaswäscher, in Einzelteile zerlegt

B. Lacke

Der Modellack muß alkalibeständig und zementfest sein. Spirituslacke werden, da sie diese Eigenschaft nicht besitzen, vom alkalischen Zement aufgelöst und verursachen mehr oder minder große Anschweißstellen des Sandes an den Modell- oder Kernbüchsenwänden. Sind Kundenmodelle mit Spirituslack versehen, so kann man diesen Modellanstrich vor Zerstörung durch den Zement dadurch bewahren, daß man die Form- und Kernbüchsenwände vor dem Einbauen in den Zementsand mit einem in Essig getränkten Lappen abreibt.

Für den Modell- und Kernbüchsenanstrich eignen sich alle Nitrocelluloselacke, da sie nicht von Zement aufgelöst werden.

C. Schutzüberzug

Es ist zweckmäßig, nach mehrmaligem Gebrauch ein und desselben Modells dieses mit einem Flüssigkeitsanstrich zu übersprühen, der zu $^2/_3$ Petroleum und $^1/_3$ aus Öl besteht. Damit kann bei Modellen, deren Modellüberzug bereits eine Abnützung erfahren hat, verhindert werden, daß der Zementsand an den Modellwänden anschweißt.

Abb. 7. Aufbau einer Sparkernbüchse für das Zementsandformverfahren

D. Kernbüchsen

Bei den Kernbüchsen gilt analog das unter A, B und C oben Gesagte. Wenn es möglich ist, sollen Kernbüchsen so geteilt sein, daß sie nach Fertigstellung des Kernes nach den 4 Seitenrichtungen abziehbar sind. Kernbüchsenteile, die für unterzogene Stellen in der Kernbüchse gehören, müssen in ihrer Konizität so beschaffen sein, daß sie bereits nach dem Herausziehen sich sofort von den Kernwänden lösen. Das Arbeiten mit Zementsand bei der Herstellung der Kerne bringt auch in manchen Fällen beim Aufbau der Kernbüchsen eine Ersparnis an Material, wie aus Abb. 7 ersichtlich ist, mit sich.

IV. Herstellung der Form im Kasten oder in der Formgrube

A. Mit Modell

Die Herstellung einer Zementsandform nach Holzmodell geschieht in ähnlicher Weise wie die bekannte Formmethode mit Tonsanden; jedoch bietet sie dieser gegenüber wesentliche Vorteile. Es sind zu nennen die geringe Stampfarbeit, das Wegfallen von Formstiften, die Einsparung an Verbaueisen, die Ersparnis an Formmaterial, der Trockenkosten (Selbsterhärtung).

Der Herstellung von Gußstücken in Zementsand ohne Beimengung irgendwelcher organischer, plastischer Binder ist im Gewicht nach unten, in bezug auf deren Wirtschaftlichkeit, eine Grenze gesetzt. Gußstücke mit einem Stückgewicht unter 50 kg scheiden für die Zementsandform aus. Dagegen ist bei den Gußstücken im Gewicht nach oben keine Grenze gegeben. Es können also Gußstücke im Gewicht bis zu 80 t und darüber hinaus mit wirtschaftlichem und technischem Vorteil hergestellt werden.

Wirtschaftliche Herstellung von Gußstücken unter 50 kg s. S. 35.

1. Aufbau der Form

Mit Kasten. Zu Beginn der Formarbeit wird zweckmäßig das Modell mit einem Petroleum-Ölgemisch mittels Brause leicht angesprüht. Nun wird bei Gußstücken mit geringen Wandstärken an die Modelloberfläche Zementsand in einer Stärke von 10 bis 30 mm, sogenannter Zementmodellsand, aufgelegt. Bei schwereren Gußstücken mit Wandstärken über 40 mm wird die aufzulegende Modellsandschicht in einer Stärke von 30 bis 100 mm aufgetragen. Die Dicke der Zementsandschicht richtet sich nach der Wandstärke des Gußstückes, d. h. es sind bei den Dickeabmessungen die Hitzeeinwirkung des flüssigen Eisens und der hydrostatische Druck mit in Rechnung zu ziehen. Dann wird beim zweiteiligen Modell der Unterkasten auf das Modellbrett gelegt und der übrige Raum des Formkastens mit Zementsand von gröberem Sandkorn und geringerem prozentualen Zementanteil ausgefüllt. Dadurch wird erreicht, daß die Gasdurchlässigkeit gegen die Formkastenwände zu größer wird. Die Druckfestigkeitswerte dieses sogenannten Hinterfüllungszementsandes können jedoch bedeutend geringer sein als die des Modellzementsandes, da letzterer allein den hydrostatischen Druck des flüssigen Eisens an die Formwände aufzunehmen hat. Bei größeren Kästen kann an Stelle des Hinterfüllungszementsandes Altsand in Brockenform lose aufgefüllt werden, ein Verfahren, auf das auf S. 26 näher eingegangen ist. Zur besseren Gasabführung ist es zweckmäßig und von Vorteil, wenn die Formkastenwände eine Anzahl von Öffnungen besitzen. Abb. 8 zeigt das Mantelteil einer dreiteiligen Form für einen Drehbankuntersatz. Da reine Zementsandformen, wie oben angegeben, erst nach 3 bis 4 Stunden abzubinden beginnen und die Erhärtungszeit erst nach diesem Zeitpunkt erfolgt, wird nach Fertigstellung der Kastenhälfte, also nach deren Ab-

Abb. 8. Mantel-Zementsandteil eines Drehbankuntersatzes

streifen mittels Lineal, ein Brett auf die Oberfläche des Kastens gelegt und dieses mit Kasten und Modellbrett zum Wenden verklammert. Nach dem Umwenden wird die Verklammerung gelöst, die zweite Modellhälfte daraufgesetzt und der Oberkasten in derselben Weise wie der Unterkasten mit Modellzementsand und Hinterfüllzementsand aufgefüllt. Luft braucht infolge der guten Gasdurchlässigkeit von Zementsandmischungen nicht gestochen werden. Zur Einsparung der Sandfüllmengen des Oberkastens braucht dieser nicht vollgefüllt werden, d. h. es genügen soviel Sandmengen, daß diese in einer Höhe von 5 cm die Schorenfächer ausfüllen. Soll der Oberkasten sofort nach dessen Fertigstellung mit der einen Modellhälfte abgehoben werden, dann müssen in einer Höhe von ca. 10 bis 20 mm von der Trennungsfläche der beiden Kästen aus gerechnet in den Sand Platten oder Roste, die in den Schoren des Oberkastens verankert sind, mit eingebaut werden, da sonst beim Abheben des Oberkastens die Gefahr des Herausfallens des eingefüllten Sandes gegeben ist. Ist der Einbau von Rosten in den Oberkasten nicht möglich, so ist bei dem Arbeiten in reinem Zementsand mindestens 3 bis 4 Stunden Wartezeit einzuschalten, bevor der Oberkasten abgehoben wird. Nach Abheben und Wenden des Oberkastens um 180° können nun das Modell bzw. die Modellteile aus der Form gezogen werden. Ein Losklopfen des Modells in der bisherigen Art ist infolge der in Abbindung sich bereits befindlichen Zementsandmischung nicht möglich. Auch dürfen vor dem Ziehen des Modells die an den Modellkanten entlanglaufenden Zementsandschichten nicht mit Wasser angesprüht oder angefeuchtet werden, da sonst diese Formkanten infolge Herauswaschens des Zementes eine zu geringe Festigkeit besitzen. Die durch das Ziehen des Modells entstandenen Beschädigungen der Formwand oder der Formwandkanten müssen durch neue Zementsandmischungen geflickt werden, solange sich noch die Zementsandmischung im Stadium des Erhärtens befindet. Dabei brauchen keine Formstifte gesteckt werden; auch dürfen die beschädigten Formsandflächen nicht mit Wasser angefeuchtet werden.

Handelt es sich bei den beschädigten Formen um Zementsandformen, die bereits erhärtet und lufttrocken sind, dann kann in ähnlicher Weise verfahren werden, jedoch ist es zweckmäßig, an den Schadstellen klebrige Flüssigkeiten in starker Konsistenz vorher aufzutragen.

Abb. 9 zeigt die zugerichtete Unterform des Drehbankuntersatzes nach Abheben des Oberteils und des Kastenmantelteils. Zwecks rascherer Lufterhärtung ist es ratsam, eine im Erhärtungsstadium sich befindliche Unterform vom Bodenbrett abzuheben und diese dann an den vier Kanten auf kleine Doppel-T-Schienen zu legen. Mittlere, aus reinen Zementsandmischungen bestehende Formen können meistens nicht sogleich nach

Abb. 9
Zugerichtete Zementsandunterform des Drehbankuntersatzes

Abb. 10. Drehbankuntersatz, Gewicht 650 kg

dem Ziehen des Modells geschwärzt werden, da die Sandkörner der Oberfläche noch keine feste Bindung mit dem Zement eingegangen haben. Am besten läßt man derartige Formen 12 bis 15 Stunden lufttrocken stehen, um sie so dann am nächsten Morgen sofort zu schwärzen. Die Schwärzung kann mittels Brause oder mit Hilfe des Pinsels erfolgen. Vor dem Zurichten der Form kann es vorkommen, daß diese bei einer relativen Luftfeuchtigkeit von ca. 85 bis 90% und einer Hallentemperatur von 7 bis 10 °C noch in den Formwandoberflächen freies, gleitendes Wasser, herrührend von der Schwärze, in sich hat. Mittels eines Ölflammbrenners kann dieses freie Wasser aus der Formwand entfernt werden. Dabei ist zu beachten, daß die Abflammung nur leicht erfolgt, d. h., es darf auf keinen Fall so stark abgeflammt werden, daß die Bildung des Wasserdampfes die Ursache einer Sprengung des Schwärzeüberzuges zur Folge hat.

In Abb. 10 ist der fertige Abguß des Drehbankuntersatzes, im Gewicht von 650 kg zu sehen. Bei einem derartigen Stück, dessen Querwände verhältnismäßig dünne Wandstärken aufweisen, ist bei der Hinterfüllung der Formwand darauf zu achten, daß diese noch die nötige Nachgiebigkeit besitzt, um dem Schrumpfen des Materials eine Möglichkeit zu geben. Dies kann erreicht werden durch die Hinterfüllung mit losen Altzementbrocken.

2. *Zurichten*

Das Zurichten einer Zementsandform erfolgt in der üblichen Art und Weise. Infolge hoher Kanten- und Abriebfestigkeit der Formwände besteht beim Einlegen der Kerne weniger Gefahr einer Beschädigung. Ist ein Formteil verletzt oder abgefallen, so wird dieses mit Frischzementsand geflickt, wobei zur besseren Verbindung der bereits abgebundenen Formstelle mit der frischen Formstelle es zweckmäßig ist, eine klebrige Paste zwischen den beiden Trennungsflächen anzubringen. Auf keinen Fall darf eine zu flickende Stelle mit Wasser angefeuchtet werden. Abstützungen eingelegter Kerne gegen den Oberkasten, wie z. B. Kernblöckchen, können infolge der guten Druckfestigkeitswerte einer Zementsandformwand bedeutend gespart werden. Auch die sogenannten Stangenstützen können aus demselben Grund reduziert werden. Hier liegt also wiederum ein Vorteil beim Arbeiten mit Zementsandmischungen, wodurch die Ausschußgefahr herabgesetzt wird.

Die Abdichtung der beiden Kastentrennungsflächen erfolgt am besten mit einem Gemisch aus billigem Bauton und Wasser. Bei größeren Stücken ist es zur Vermeidung von größeren Mengen Wasserdampf ratsam, an Stelle des Wassers Öl zu verwenden. Diese Abdichtungsmasse wird in der bekanntlich üblichen Weise entweder mit Tuben oder sogenannten Spritzen auf die Trennungsfläche des Unterkastens gebracht. Bei der Kontrolle der zugelegten Form ist die nochmalige Wegnahme des Oberkastens nicht so gefährlich, da, wie bereits oben bemerkt, sich auch hier die gute Kanten- und Abriebfestigkeit günstig bemerkbar macht.

3. *Aufbauten*

Die Aufbauten für Gießtümpel, Trichter und Entlüftungssteiger werden ebenfalls aus Zementsandmischungen bei Verwendung von 100% Altsand und einer geringen Zugabe von max. $2^1/_2$ bis 3% Zement durchgeführt. Sie müssen mit Rahmen angefertigt werden. Bei Steigeraufbauten genügt schon die Zugabe eines geschlossenen Rundeisenringes von 6 bis 7 mm Stärke. Dies ist nötig, da sonst durch die Hitzeeinwir-

Abb. 11
Zugerichtete Zementsandform eines Fräsmaschinenständers

kung des flüssigen Eisens ein nicht armierter Zementsandaufbau gesprengt werden würde.

Abb. 11 zeigt die zugerichtete Form eines Fräsmaschinenständers und veranschaulicht die für die Abstützung der Kerne verwendete Anzahl der Kernböckchen. Der Abguß selbst ist aus Abb. 12 zu entnehmen.

Abb. 12. Fräsmaschinenständer

B. Formherstellung großer Gußstücke in der Formgrube

Bei der Herstellung großer Gußstücke, die in Formgruben anzufertigen sind, kann im Prinzip in ähnlicher Weise wie unter Abschn. IV A 1 (S. 7ff.) verfahren werden.

Das Modell wird in eine Formgrube gestellt, die in ihren Abmessungen um 60 bis 70 cm auf allen 4 Seiten größer ist, als die Abmessungen des Modells. In vielen Fällen sind in Großgießereien, die in Zementsand arbeiten, geeignete in Zementsand hergestellte Formgruben vorhanden. Da diese Formgrubenwände den hydrostatischen Druck des flüssigen Eisens abzufangen haben, erhalten die Sandmischungen für diese Grubenwände höhere Zementzusätze.

Nachdem das Modell in die Grube gesenkt wurde und dessen Lage festgelegt ist, wird es nochmals herausgenommen, um den Formboden herzustellen. An Stelle der bisher in den Gießereien bekannten Verwendung eines Koksbettes können Altsandbrocken in einer geschlossenen Schicht in die Grube eingefüllt und dann in der Grube eine entsprechende Modellsandzementschicht aufgebracht werden.

Bei Abb. 13 ist das Modell in die Formgrube nach Fertigstellung des Formbettes eingebracht. Um das Modell wird nun in einer der Größe des Gußstückes entsprechenden Wandstärke die Modellsandschicht gelegt und diese Schicht hinterfüllt (Altsand). Vor Erreichung der Trennungsfläche der Grube und des Oberkastens wird nochmals eine Zementsandschicht von einer Stärke bis zu 70 mm aufgelegt und diese dann abgestrichen. Hierauf kann der Oberkasten aufgesetzt werden. In diesen wird nun eine Modellzementsandschicht eingefüllt und diese so weit aufgezogen, daß sie 50 bis 70 mm noch in die Schoren hineinragt. Eine vollständige Auffüllung des Kastens ist nicht nötig, da die eingefüllte Zementsandmodellschicht den Auftrieb des flüssigen Eisens allein zu halten in der Lage ist (Abb. 14) [7]. Sind die Schorenfächer so eng gelegen, daß sich die Aufbauten bei nicht vollständiger Auffüllung des Oberkastens nicht anbringen lassen, so sind die Steiger- und Entlüftungsöffnungen bis zur Oberfläche des Oberkastens mit Zementsand heraufzuziehen.

Abb. 13. Großgußmodell in Zementsandformgrube (Klinge, Ruhrstahl Henrichshütte, Hattingen)

Bei Vorhandensein größerer Ballen oder großer leerer Flächen des Oberkastens müssen auch hier Roste mit in den Oberkasten ein-

Abb. 14. Oberkasten für das Großgußmodell (INGENDAHL, Schieß AG, Düsseldorf [7])

Abb. 15. Zugerichtete Zementsandform eines Großgußstückes (KLINGE, Ruhrstahl Henrichshütte, Hattingen)

Abb. 16. Fertiger Großguß (KLINGE, Ruhrstahl Henrichshütte, Hattingen)

Abb. 17. Oberkasten in Form eines Zementsanddeckels (KLINGE, Ruhrstahl Henrichshütte, Hattingen)

Abb. 18. Abflammen einer Zementsandform (KLINGE, Ruhrstahl Henrichshütte, Hattingen)

Abb. 19. Schablonenform einer Calcinator-Seitenwand (GRIES, Miag Betriebsgesellsch. m. b. H., Braunschweig)

gebaut werden, um ein Herausfallen des noch nicht vollständig abgebundenen Zementsandes zu vermeiden.

Abb. 15 zeigt die zugerichtete Form eines Großgußstückes, Abb. 16 den fertigen Abguß.

An Stelle eines Oberkastens kann auch dieser durch einen Zementsanddeckel ersetzt werden. Steiger, Entlüftungslöcher und Gießlöcher werden dann durch den Zementsanddeckel hindurchgeführt (Abb. 17).

Da in vielen Fällen eine raschere Entfernung des freien Wassers der Formwände eines solchen Großgußstückes erwünscht ist, andererseits aber durch die Tiefe der Formgrube eine dauernde natürliche Luftzirkulation mangelhaft ist, wird die Formgrube entweder mit kleinen tragbaren Elektroheizöfen oder mit Öl- oder Gasflammern künstlich nachgetrocknet. Da der Zement und die ihm beigegebenen Zusatzstoffe zu deren Abbindung und Erhärtung Wasser benötigen, ist es falsch, wenn sogleich nach dem Ziehen des Modells und der Fertigstellung der Formwände eine solche leichte künstliche Nachtrocknung erfolgt. Bei sorgfältiger Beachtung des Abbinde- und Erhärtungsvorganges von Zementsandmischungen kann infolgedessen wesentlich an Zusatzstoffen wie Zement usw. gespart werden. Eine sofort künstlich abgetrocknete Zementsandform kann infolge Fehlens des für die Abbindung des Zementes benötigten Wassers niemals dieselben Druckfestigkeitswerte erreichen wie dies bei natürlicher Trocknung der Fall ist.

Abb. 18 zeigt das Abflammen einer Zementsandformgrube mittels Hochofengases in einer Großgießerei.

C. Mit Schablone oder Modellskelett und Hilfsmodellen

Die Verwendung von Zementsand in der Schablonenformerei geht mühelos vonstatten. Zementsand läßt sich leicht schablonieren. Mittels Altzementsandbrocken, wie sie laufend in einer Zementsandformerei anfallen, wird die ungefähre Schablonenform, unter Berücksichtigung der noch aufzutragenden Modellzementsandschicht, hergestellt (Abb. 19).

Abb. 20. Fertig schablonierte Zementsandform (GRIES, Miag Betriebsgesellsch. m. b. H., Braunschweig)

Dann wird die Zementsandschicht in einer Stärke aufgetragen, die dem hydrostatischen Druck des flüssigen Eisens widerstehen kann. Diese Schicht wird mittels Schablone nachgezogen und das Profil entsprechend korrigiert (Abb. 20). Auch kleinere Stücke können ebenfalls mittels Schablone in Zementsand hergestellt werden (Abb. 21).

Bei der Verwendung von Modellskeletten wird ebenso verfahren, wie bei der alten bekannten Formmethode. Auf größere Konizität (s. S. 5, III A) ist bei der Verwendung von Modellskeletten in Verbindung mit Zementsand zu achten.

Abb. 21. Zementsand-Schablonenform eines mittleren Gußstückes (KLINGE, Ruhrstahl Henrichshütte, Hattingen)

Abb. 22. Verschalungsformkasten

Abb. 23. Armierungseisen für einen Zementblock

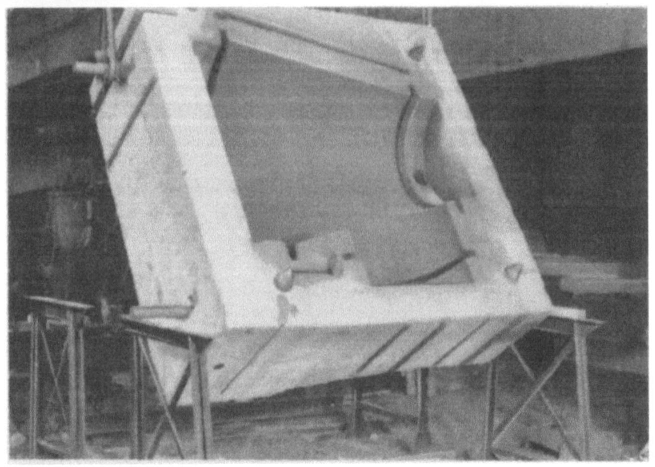

Abb. 24. Wenden einer Zementblockform

Über die Herstellung eines Maschinenbettes mittels eines Hilfsmodells nach dem Zementsandformverfahren sei auf die Arbeit von W. GATH [6] hingewiesen.

D. Kastenlos, sogenannte Blockform

Die Verwendung von Zementsand als Formstoff ermöglicht die Herstellung von kastenlosen Formen, — sogenannten Blockformen. Die Gießerei, die in Zementsand formt, ist also bei Annahme von Gußstücken verschiedenster Art nicht auf das Kastenmaterial angewiesen, ein Vorteil, der bei der Verwendung von Zementsand als Formstoff zu beachten ist. Der zu ersetzende Formkasten wird ähnlich wie im Betonbau mittels Schalbrettern, die untereinander durch Riegeln versteift und verankert sind, hergestellt (Abb. 22), die vier Verschalungswände sind gegeneinander abgekeilt und können nach Ziehen der Keile bei Fertigstellung des Kastens einzeln abgenommen werden. Um derartige kastenlose Blockformen bei der Hitzeeinwirkung des Eisens gegen Zersprengung zu schützen, werden ähnlich wie im Eisenbetonbau Drahtgeflechte und Rundeisenstäbe beim Aufbau der Form in die Zementsandschicht mit eingebaut (Abb. 23). Auch die Wendestangen werden ebenfalls in den Zementsandblock eingelegt. Der Aufbau eines kastenlosen Blockes erfolgt wie auf S. 7 bereits erläutert. Nach der Fertigstellung wird die kastenlose Oberform mit dem Verschalungsrahmen abgehoben und seitlich abgestellt. Die Verschalungswände werden nun von dem Block entfernt und dieser einer Lufttrocknung von ca. 12 bis 15 Stunden ausgesetzt. Nach dieser Zeit kann der Block gewendet und die Form fertiggestellt werden (Abb. 24). Auch bei kleineren Gußstücken, wo für die Gießereien entsprechende Formkästen fehlen, ist die Herstellung solcher kastenloser Blockformen (Abb. 25 und 26) bei der Verwendung des Zementsandes von nicht unbedeutendem Vorteil.

Abb. 25. Verschalungskasten und Zementblockform für ein mittleres Gußstück

Über die Gestaltung der Anschnitte, der Steiger und Entlüftungen ist auf S. 18/19 besonders hingewiesen.

V. Herstellung des Kernes

A. Von Hand hergestellte Kerne

Die Kernherstellung mit Zementsanden gestaltet sich in vielen Fällen einfacher als die Herstellung mit bekannten Methoden. Beim Arbeiten mit reinen Zementsanden kann bei mittleren Kernen allerdings die Kernbüchse nicht sofort ausgeschalt werden, da der Zementsand noch nicht die Erhärtungsfestigkeit erreicht hat, die er brauchen würde, daß sich überspringende Kernteile selbst nach Hinwegnahme der Kernbüchsenwände tragen. Es wird deshalb bei der Kernherstellung vielfach noch der reinen Zementsandmischung ein Zusatzstoff wie z. B.

Abb. 26. Zugerichtete Zementblockform

Abb. 27. Aufbau eines Schalenkernes (Ingendahl, Schieß AG, Düsseldorf)

Abb. 28. Größerer Zementhohlkern im Sandgewicht von 2500 kg

Abb. 29. Hohlzementkerne nach dem Abguß an einem größeren Gußstück (Ingendahl, Schieß AG, Düsseldorf)

Alkylin, Zemoplast usw. beigegeben, da diese Zusatzstoffe die Grünstandsfestigkeit solcher Zementsandmischungen heraufsetzen. Da die Druckfestigkeitswerte bei Verwendung von Zementsand bedeutend höher liegen, kann die Armierung solch hergestellter Zementsandkerne verringert werden. Zur Sandeinsparung und zu einer besseren Gasentlüftung werden in vielen Fällen Zementsandkerne nur als Schalen, in einer Stärke, die dem Gießdruck des jeweils abzugießenden Gusses entspricht, hergestellt (Abb. 27). Der freie Raum wird mittels Altsandbrocken, Schaumbetonsteine und ähnlichem aufgefüllt. Bei großen Kernen bleiben diese Altsandbrocken in dem Kernquerschnitt auch während des Gießens (Abb. 28). Die Auffüllung mit Altsandbrocken an Stelle von Koks hat den Vorteil, daß diese Altsandbrocken nachgiebiger sind und sich infolgedessen der Kern während des Schrumpfprozesses des Gußstückes besser angleicht. Bei mittleren und kleinen Kernen, die in Zementsand hergestellt werden, kann die Füllung nach der Erhärtung der Kernwände entfernt werden. Das herausgefallene Füllmaterial kann bei neu herzustellenden Kernen wieder verwendet werden. In vielen Fällen ist es zweckmäßig, den Kern als Schalenkern aufzubauen. Dieser muß jedoch zwecks besserer Stabilität beim Wenden der Kernbüchse bis zum Beginn der Erhärtung abgestützt werden. Dies kann unter anderem auch durch Beigabe von Holzwolle, die immer wieder zurückgewonnen wird, erfolgen. Über das Flicken, Stiftestecken und Schwärzen beschädigter Zementkernteile gilt dasselbe wie auf S. 8, IV A Gesagte. Infolge der Hitzeeinwirkung des Eisens werden Zementkerne in ihrem Aufbau zerstört und lassen sich aus dem fertiggegossenen Stück gut entfernen (Abb. 29).

B. Maschinenkerne

Beim Blasen und Schießen von reinen Zementsandkernen neigt die Zementsandmischung gerne zum Anschweißen an den Holz- oder Metallkernbüchsenwänden. Um diese unangenehme Begleiterscheinung auszuschalten, ist es zweckmäßig, reinen Zementsandmischungen noch 1,5 bis 2% Steinkohlenstaub zuzugeben. Auch sollen Metallkernbüchsen des öfteren während des Blasens oder Schießens mit einer Mischung von $^2/_3$ Petroleum und $^1/_3$ Öl angesprüht werden.

VI. Form- und Kerntrocknung

A. Lufttrocknung

Allgemein gültig ist bei Zementsandformen, daß nicht *künstlich* getrocknet wird. Die Trocknung erfolgt vielmehr durch die Einwirkung der Luft, wobei die Trockenzeit abhängig ist von dem zu verwendenden Zement, von der Hallentemperatur, der relativen Luftfeuchtigkeit und der Menge des zugegebenen Wassers und der Gesamtmenge des verwendeten Zementsandes. Je rascher die Luft an den Form- und Kernwänden vorbeistreichen kann, d. h. sich ständig erneuert und die mit Wasserdampf gesättigte Luft durch Zuführung von Frischluft ergänzt wird, desto schneller erfolgt die Erhärtung bzw. Durchtrocknung einer Zementsandform oder eines Zementsandkernes. Es sei nochmals darauf hingewiesen, daß bei der Herstellung des Zementsandes sowohl für Formen und Kerne der Zement in einem unterhydratisierten Zustand sich befinden muß, also nicht die volle Wassermenge zugegeben wird, die der Zement zu seiner vollen Abbindung benötigen würde. Durch die Hinzufügung des Schwärzewassers kommt nochmals freies Wasser in die Zementsandformen. Je größer der Wassergehalt ist, desto länger die Erhärtungszeit und desto größer die Wartezeit, die nötig ist, um eine Zementsandform oder einen Zementsandkern gießreif zu machen. Die Lufttrockenzeiten bis zur Gießreife bewegen sich unter Berücksichtigung der oben angeführten Umstände zwischen 15 und 32 Stunden.

Bei größeren, tiefgehenden Formen (Formgrube) genügt es oft schon, um die Trockenzeit zu verringern, wenn Kaltwind von normaler Hallentemperatur laufend durchgeblasen wird. Kerne und Formen für dünnwandige Gußstücke brauchen nicht bis zum gesamten Querschnitt durchgetrocknet sein. Sie müssen nur so viel Festigkeit besitzen, daß sie dem Druck des flüssigen Eisens standhalten. Bis die Dampfbildung, herrührend von der Hitzeeinwirkung des flüssigen Eisens, auf tiefere Schichten der Form- oder Kernwand in Erscheinung tritt, ist das herzustellende Gußstück meist erstarrt. Im allgemeinen kann also der Dampf keine zerstörende Wirkung mehr auf das anzufertigende Gußstück ausüben. Bei dickwandigem, schweren Guß jedoch muß unter allen Umständen darauf geachtet werden, daß die Form- und Kernwände bis in ihrem innersten Querschnitt kein freies Wasser mehr enthalten. Mittels Nadelprobe kann man sich von dem Zutreffen dieser Forderung überzeugen.

B. Künstliche Trocknung

In Fällen, in denen Eile geboten ist und den Zeiten geringer Hallentemperaturen und hoher relativer Luftfeuchtigkeiten, kann zur Einsparung an Lufttrockenzeit künstlich nachgetrocknet werden. Für diese Nachtrocknung genügen Temperaturen, die zwischen 50 °C und 120 °C liegen. Sie kann bei Zementformen erfolgen mittels leichter transportabler elektrischer Öfen (Abb. 30), die je nach der Größe der Form in einer oder mehreren Stückzahlen auf diese gestellt wird und in entsprechend längerer Zeit Warmluft von 50 bis 120 °C durch die Form hindurchgeblasen wird. Dieses Erwärmen soll aber nicht vor 6 bis 8 Stunden Lufttrockenzeit erfolgen. Eine andere Methode, Zementsandformen künstlich nachzutrocknen, ist z. B. durch Hochofengas gegeben. Hier kann dann gemäß Abb. 18 verfahren werden.

Abb. 30. Transportabler 15-kW-Trockenofen

In der Kokillenkernmacherei einer Großgießerei konnte der Verfasser beobachten, daß die aus Zementsand dort hergestellten mittleren und großen Kokillenkerne durch Ringflammbrenner, in die der Kokillenkern hineingestellt wird, einer rascheren Erhärtung und Trocknung mit Erfolg zugeführt wurde. Auf alle Fälle ist die künstliche Nachtrocknung, gleich welcher Art, mit großer Sorgfalt vorzunehmen und darf in keiner Weise mit großer Schärfe erfolgen.

Ist die Trocknungstemperatur zu hoch, dies gilt sowohl für Zementsandformen und Kerne, dann wird die benötigte Druckfestigkeit nicht erreicht und die aufgebrachte Schwärzeschicht kann infolge des zu rasch entwickelten Dampfes tieferer Schichten absprengen. Die Kernnachtrocknung erfolgt zweckmäßig in Kerntrockenöfen. Sie ist vor allem dann von Vorteil, wenn das freie Wasser der Schwärze in kürzerer Zeit verdunsten soll. Im übrigen gilt für die Kerne in bezug auf die Trocknung dasselbe was für die Formen vorher erwähnt ist.

VII. Gießtechnik

A. Anschnitte

Bei Zementsandformen ist die Anzahl der Anschnitte zu erhöhen, da die Abkühlungsgeschwindigkeit der Form- und Kernwand eine größere ist. Auch ist es von Vorteil, die Anschnitte in breiter Form zu machen, damit der Gießstrahl sich gleichmäßig an den

Form- und Kernwänden verteilt. Gußstücke, die vertikal gegossen werden, sollen nach Möglichkeit nicht allein von unten, sondern in mehreren Schichten von unten nach oben Anschnitte erhalten. Bei Beachtung dieser Hinweise kann der Empfindlichkeit gegen mechanischen Abrieb beim Durchströmen des flüssigen Eisens von Zementsandformen und -kernen entgegengearbeitet werden. Bei zweiteiligen Zementsandformen hat sich die amerikanische Anschnittsmethode, bei der im Unterkasten ein gemeinsamer Sammellauf und im Oberkasten sich über diesem die einzelnen Anschnitte befinden, gut bewährt. Durch einen oder mehreren Sammelläufen im Unterkasten ist eine Beruhigung des einströmenden Eisens in die Form gegeben. Ein genaues Maßverhältnis der Anschnitte zu geben, ist nicht möglich, die Größe derselben richtet sich nach den betrieblichen Beobachtungen unter Berücksichtigung des oben Gesagten.

B. Steiger und Entlüftung

Bei Gußstücken, die in Zementsand geformt werden, ist für eine gute Entlüftung der Form, im Augenblick der Füllung Sorge zu tragen. Es müssen, wie die Praxis ergibt, eine größere Anzahl an Steigern vorhanden sein, als bei der bekannten althergebrachten Formmethode. Die Steiger dienen aber in vielen Fällen hier nicht zur Verhütung von Lunkern, sondern haben die Aufgabe, die Form bei deren Schließung durch das flüssige Eisen rascher zu entlüften. Durch die Hitzeeinwirkung des heißen Strahles zerfällt der Zementstein und es bilden sich nicht unbedeutende Mengen von Wasserdampf. Dieser Wasserdampf wird von dem steigenden flüssigen Eisen nach oben gedrängt und muß schnellstens aus der Form entweichen können. Bei Gußstücken mit hohen Rippen, die in den Oberkasten weit hineinragen, ist die Anbringung solcher Entlüftungsöffnungen von ganz besonderer Wichtigkeit.

Die Steigeraufbauten können ebenfalls in Zementsand gemacht werden, wobei es von Vorteil ist, wenn eine Anzahl solcher Aufbauten verschiedenster Größe auf Vorrat angefertigt werden. Für diese genügt eine Zementsandmischung, die nur aus gekollertem und gesiebtem Altsand und einer geringen Zugabe von Neuzement (in den meisten Fällen wird wohl eine max. Zugabe von 4 bis 5% genügen) besteht. Sie können kastenlos und mit Kastenrahmen hergestellt werden. Die erstere Herstellungsart bedingt, daß beim Aufbau der Sandmischung Eiseneinlageringe von z. B. 6 mm ⌀ beigegeben werden. Diese Handhabung ist nötig, da durch die Hitzeeinwirkung des flüssigen Eisens, bei Fehlen von Ringeinlagen, der Trichteraufbau gesprengt werden würde. In ähnlicher Weise kann auch der Gießtümpel angefertigt werden.

C. Gießprozeß

Da die Abkühlung infolge der schnelleren Wärmeableitung der Zementsandform und Kernwände nicht unerheblich ist, müssen Gußstücke, die in Zementsand geformt werden, in einer bedeutend kürzeren Gießzeit gegossen werden als Formen mit anderen Formstoffen. Gießzeiten von 45 bis 55 sek für komplizierte Gußstücke mit einem Gewicht von 5 bis 10 t sind bei diesem Verfahren üblich. Bei geringeren Gießgeschwindigkeiten besteht bei der Füllung großer Formen die Gefahr, daß infolge der Strahlungseinwirkung des steigenden, flüssigen Eisens auf die Formoberfläche des Oberkastens eine Zerstörung eintritt und ein Herabfallen von Formteilen während des Gießprozesses möglich ist.

VIII. Überzug von Form- und Kernwänden

A. Grauguß

Für Grauguß genügen in den meisten Fällen die im Handel unter den verschiedensten Namen vorhandenen Schwärzen. Bei Gußstücken mittlerer Größen und dünner Wandstärken hat sich in der Praxis die Verwendung von Silbergraphit mit 92 bis 96% C-Stoff in Verbindung mit Sulfitlauge (Dichte 7° Bé) bewährt. Die Mischung des Silbergraphites in

Sulfitlauge ist von Vorteil, da diese Schwärzeschicht auch nach Entfernung des freien Wassers an den Form- und Kernwänden anhaftet. Bei der Herstellung von Zementsandformen und Kernen für schweren Grauguß werden vielfach vor Auftragen des eigentlichen Schwärzeüberzuges, die Form- und Kernwände mit einer nicht zu breiigen Zementwassermischung versehen. Dabei ist es nicht erforderlich, daß der erste Zementwasserüberzug vollkommen abgetrocknet ist, bis die zweite eigentliche Schwärze aufgetragen wird. Geschnittene Kernkanten, die längere Zeit hohem Druck des flüssigen Eisens ausgesetzt sind, werden zweckmäßig vor Auftragung der Graphitschwärze mit Zirkonsand, mit Eisenoxyd oder Quarzmehl bestrichen. Durch diese Überzüge kann bei schweren Gußstücken das Eindringen von Eisen in den Sand verhütet werden.

B. Stahlguß

Stahlguß-Form- und Kernwände sollen nicht mit einem Zementüberzug vorgestrichen werden. Durch die Anwesenheit eines Zementüberzuges würde die Sinterungstemperatur unnötig herabgesetzt werden. Hier wird in den meisten Fällen ein Zirkonsandüberzug eine saubere, glatte Oberfläche ergeben und eine Penetration des flüssigen Stahles in den Sand verhüten. Es ist Sorge zu tragen, daß das Auftragen des Überzuges nur einmal erfolgt, da sonst der Zementsand zu feucht wird. In manchen Fällen verzichtet man auf Überzüge.

Als einen guten, für Stahlguß geeigneten Überzug erwähnt Hall [*8*] die Verwendung von Aluminiumoxydpulver. Dieses wird mit Zement (PZ DIN 425) und Wasser bis zu 9% angemacht. Diese sogenannte Alu-Oxyd-Zement-Wassermischung bringt Hall gleich als Modellschicht, und zwar bei schweren Stahlgußstücken mit einer Stärke von 1 mm an. Nach seinen Angaben eignet sich aber als Überzug auch Silikatmehl.

C. Aufbringen des Überzuges an Grau- und Stahlgußformen und Kernen

Der sogenannte Schwärzeüberzug kann gespritzt oder mittels Pinsel aufgetragen werden. Beim Spritzen derartiger Form- und Kernwände ist darauf zu achten, daß nur so viel aufgesprüht wird als nötig ist, um die Poren der Sandkörner zu überdecken. Ein Zuviel bringt zu große Wassermengen in die Zementsandmischung, so daß sich dann der Zement nicht mehr in einem unterhydratisierten Zustand befinden würde. Nach dem Ansprühen muß mittels Pinsel die Form- und Kernoberfläche nachgezogen werden, um eine gleiche und saubere Verteilung des Überzuges zu erreichen.

IX. Ausschlagen und Herausnehmen der Gußstücke aus dem Formkasten bzw. der Gießgrube

Infolge der rascheren Wärmeableitung der Formwände können Gußstücke, die im Zementsandverfahren hergestellt wurden, früher als Gußstücke, die mit anderen Formstoffen geformt sind, aus dem Kasten oder aus der Gießgrube herausgenommen werden. Durch die Hitzeeinwirkung wird der Sandaufbau gesprengt und das Herausheben der Gußstücke aus den Formkästen kann ohne Zuhilfenahme von Preßluftausstoßwerkzeugen erfolgen.

Bei Gußstücken, die in die Gießgrube geformt wurden, entfällt das Ausgraben der Stücke bis auf den Formboden. Sie können mit Hilfe von Krananlagen aus der Grube gezogen werden. In beiden Fällen bringt die Entleerung bzw. die Herausnahme der Gußstücke aus einer Zementsandform eine nicht unbedeutende Ersparnis an aufgewendeter Arbeitszeit.

X. Das Putzen

Zementsandkerne lassen sich aus den zu putzenden Gußstücken wesentlich leichter, infolge des vorher im Abschn. IX Gesagten, entfernen.

Die Oberfläche ist bei so hergestellten Gußstücken sauber und glatt und hat geringe Nacharbeiten zur Folge. Von der Gußoberfläche löst sich die Zementsandschicht sehr leicht, so daß an Putzarbeit viel gespart werden kann. Nicht unerwähnt sei der Umstand, daß für die Putzarbeiten ungeübte Arbeitskräfte verwendet werden können. Das Putzen kann im Trocken- oder Naßputzverfahren vorgenommen werden.

XI. Ausschuß

Um Ausschuß zu verhindern, sind die in den oben angeführten Abschnitten angegebenen Arbeitsmethoden allerdings genau zu beachten. Von der richtigen Mengenzugabe, z. B. des Wassers zu den Zementsandmischungen, hängt in erster Linie der Erfolg dieses Verfahrens ab. Ein Zuviel an Wasser erniedrigt die Gasdurchlässigkeit, verlangsamt die Erhärtungszeit und ergibt eine zu hohe Anwesenheit von Wasserdampf.

Ein zu niedriger Gehalt an beigegebenem Wasser verringert die Kanten- und Abriebfestigkeit der Form- und Kernwände, erniedrigt die Druckfestigkeitswerte und macht Form- und Kernoberflächen mürbe.

Bei Beachtung der in den vorhergehenden Abschnitten erwähnten praktischen Hinweise ist die Ausschußgefahr bedeutend geringer als mit den bisher bekannten Formstoffen. Die Ausschußziffer kann auch mit ungeübten Arbeitskräften auf ein Minimum beschränkt werden.

XII. Maßhaltigkeit der Gußstücke

Durch die Verringerung der Stampfarbeit und durch das Wegfallen hoher Trockentemperaturen ist eine Form- und Kernveränderung nicht möglich. Durch das Fortfallen des Losklopfens des Modells oder der Kernbüchsenwände sind die Maßschwankungen sehr gering.

XIII. Rückgewinnung von Zementsanden und deren Wiederverwendung

Der gesamte Altsand kann in der Zementsandformerei und Kernmacherei durch entsprechende Aufbereitungsanlagen wieder verwendet werden. Er wird in einer Menge von 50 bis 80% neuen Zementsandmodellmischungen beigegeben. Die Wiederverwendung so hoher Altsandmengen gestaltet das Verfahren sehr wirtschaftlich. In Abb. 31 [9] ist ein grundsätzliches Schema einer derartigen Aufbereitungsanlage für Zementsand dargestellt.

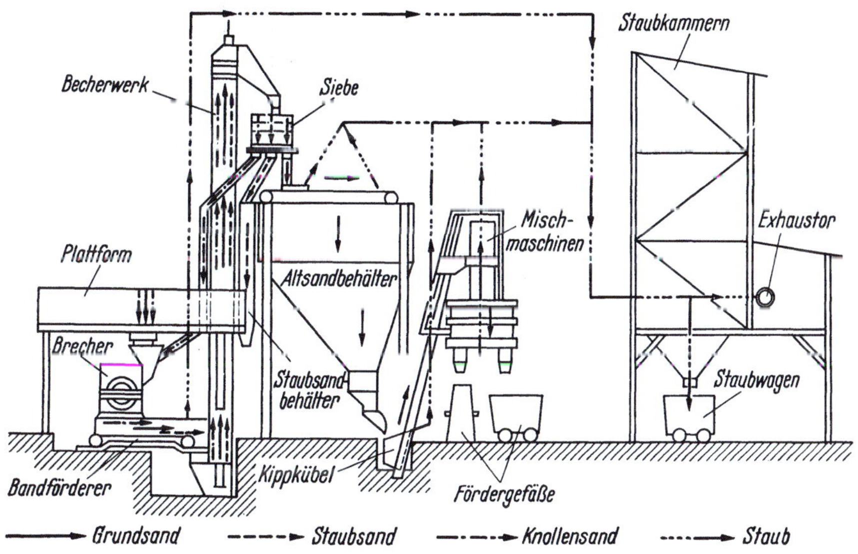

Abb. 31. Sandaufbereitungsanlage für 12 t Frischsand

Mit Hilfe dieser Anlage ist es möglich, 8 t/h ausgeschlagene Zementsandformen zu verarbeiten und 12 t Frischsand zu liefern. Der ausgeschlagene Formstoff kommt auf die Plattform links, die etwa 40 t faßt. Von hier aus fällt er in einen darunterstehenden Brecher, um die nötige Korngröße zu erreichen. Mittels eines Förderbandes wird der zerkleinerte Formstoff nach einem Magnetabscheider einem Förderbecherwerk zugeführt. Dieses bringt ihn auf ein Sieb von besonderer Bauart und hier wird er nun in 3 Gruppen eingeteilt:

1. Grobkörniges Gut, das wiederum zu dem Brecher zurückgeführt wird,
2. Zementsand richtiger Korngröße,
3. Feinsand, der im überwiegenden Teil aus Zement besteht, der wieder verwendet werden kann. Er wird einem kleinen Behälter zugeführt, von dem aus er in Säcken abgezogen wird.

Der zurückgewonnene brauchbare Sand wird von einem Sieb aus durch einen Bandförderer in einen 80-t-Behälter geleitet. Ein Kippgefäß nimmt ihn aus der Behälterschnauze auf und bringt ihn in die Mischmaschine, nachdem frischer Sand und Zement in

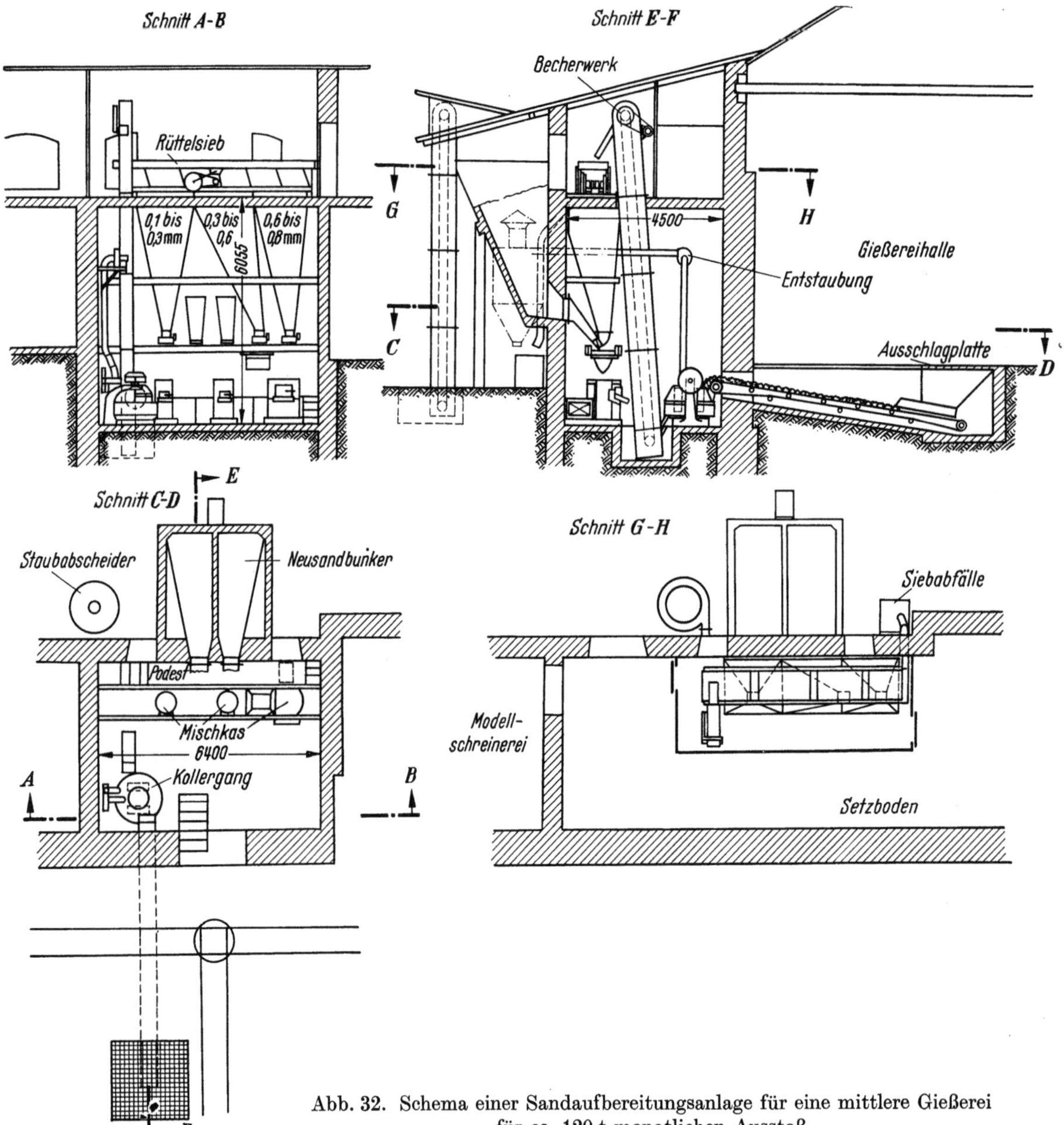

Abb. 32. Schema einer Sandaufbereitungsanlage für eine mittlere Gießerei für ca. 120 t monatlichen Ausstoß

den benötigten Mengen zugegeben wurde. Nach der Beimengung des Wassers während des Mischens wird der wieder aufgefrischte Sand in Behälter abgelassen. Danach wird er den Formplätzen zugeführt.

Die aus den Staubkammern mittels eines Exhaustors ausgezogenen Staubteile werden in einem Staubwagen abgezogen. Da es sich bei diesem Staub zumeist um unterhydratisierten, noch nicht abgebundenen Zementstaub handelt, wird dieser Staub als wertvoller Binderstaub zurückgewonnen. Er kann dem neuen Prozeß in entsprechenden Mengen beigemischt werden.

In Abb. 32 ist das Schema einer verbesserten Zementsandaufbereitungsanlage für eine mittlere Gießerei dargestellt. Über einem fahrbaren Sandgattierungsbehälter befinden sich 5 Auslaßöffnungen von 5 darübergebauten Sandbunkern. Zwei Öffnungen liefern Neusand in der Körnung 0,1 bis 0,2 mm und 0,2 bis 0,5 mm. Die übrigen 3 Bunker sind zur Aufnahme des entstaubten, gekollerten, gesiebten, rückgewonnenen Altsandes für drei verschiedene Kornarten, und zwar 0,1 bis 0,3 mm; 0,3 bis 0,6 mm und 0,6 bis 0,8 mm bestimmt. Der Altsand aus den Formen wird über einen Ausschlagrost ausgeschlagen und fällt auf ein Förderband, das ihn über einen Bandmagnetabscheider zu einem Kollergang mit rotierendem Siebboden bringt. Von hier aus fällt der in verschiedenen Korngrößen zerkleinerte Altsand in ein Becherwerk, das ihn auf die obere Etage der Sandaufbereitungsanlage zu einem Rüttelsieb bringt. Von dem Rüttelsieb aus, das in 3 Maschenweiten entsprechend der oben angegebenen Korngröße eingeteilt ist, fällt er dann in die Altsandrückgewinnungsbunker.

Kollergang, Becherwerk sowie Rüttelsiebanlage sind an einen Exhaustor zwecks Entstaubung angeschlossen. Der ausgezogene Staub wandert von hier in einen Zyklon besonderer Bauart und wird in Säcken entleert. Über die Verwendung des rückgewonnenen Staubes gilt dasselbe wie bei der vorhergehenden Anlage. Mit Hilfe des über die ganze Breite der Sandaufbereitungsanlage fahrenden Gattierungsbehälters kann den fünf verschiedenen Bunkern jeweils die entsprechende Größe und Menge an Sand entnommen werden. Auf einer Bedienungsbühne setzt der Sandaufbereiter dem Gattierungsbehälter noch die nötige Menge an Neuzement, zurückgewonnenem Binderstaub und gegebenenfalls noch plastischen Zusatzstoff zu. Danach wird der Inhalt des Wagens in die Mischmaschine eingekippt. Dort wird dann noch die entsprechende Menge Wasser zugegeben. Der so aufbereitete Zementsand fällt von der Mischmaschine wiederum in einen fahrbaren Behälter und gelangt so zu den Formstellen.

Eine weitere Sandaufbereitungsanlage für zementgebundenen Formsand ist aus Abb. 33 [*10*] zu sehen. Hier handelt es sich um eine Sandaufbereitungsanlage der Farrel-Birmingham-Company in Ansonia, USA. Diese Anlage ist sowohl für ton- als auch für zementgebundenen Sand gebaut. Der Altsand fällt von dem ausgeleerten Formkasten auf einen Ausleerrost (*1*), der die Knollen unter 75 mm durchläßt. Von hier aus gelangt er mittels eines unterirdischen Förderbandes über einen Magnetscheider (*2*) zu einem vertikalen Becherwerk, das ihn auf den höchsten Punkt der Anlage bringt. Durch ein Trommelsieb wird der Sand in 3 Korngrößen, und zwar 0,25 bis 0,75 mm, 0,25 bis 0,5 mm und >5 mm geschieden. Die beiden größeren Sorten werden in Vorratsbehälter (*6*, *7*) geleitet, während die kleinste Sorte über eine Sandkaskade (*3*) fällt und hierbei durch einen Luftstrom (*24*) von dem feinen Staub befreit wird. Auch dieser Sand wird, nachdem er ein Vibrationssieb passiert hat, einem Sammelbehälter zugeführt.

Bei Wiederverwendung von größeren Sorten als Formsand werden diese gemahlen und von neuem durch Aufzug, Trommelsieb und Sandkaskade geleitet. Der durch die Luft weggeführte Staub besteht in der Hauptsache aus unterhydratisiertem, nicht verbrauchtem Zement und beträgt im Durchschnitt 8% des Gesamtgewichtes. Unter den einzelnen Vorratsbehältern läuft ein auf einer Waage montierter Wagen (*13*), der jede gewünschte Zusammensetzung des Sandes ermöglicht. In Ansonia werden 4 Mischungen hergestellt, und zwar: Nr. 1 aus Quarzsand und Zement; diese dient als Modellsand für Stahlguß; Nr. 2 ist Modellsand für Eisenguß. Sie besteht aus gleichen Teilen alten und neuen Sandes mit Zementzusatz; Mischung Nr. 3 enthält nur Altsand und Zement und wird für Formmaschinen benutzt, während Mischung Nr. 4 weniger Zement enthält und als Füllsand dient. In der Arbeit ist erwähnt, daß das Bestreben der Gießerei dahingeht, den Zusatz von neuem Quarzsand auf 10% zu beschränken. Die Menge des beigefügten Zementes schwankt zwischen 7 und 12% je nach der Größe des Gußstückes. Der Anteil an Feinsand ist bei dem regenerierten Sand geringer und damit die Gasdurchlässigkeit größer.

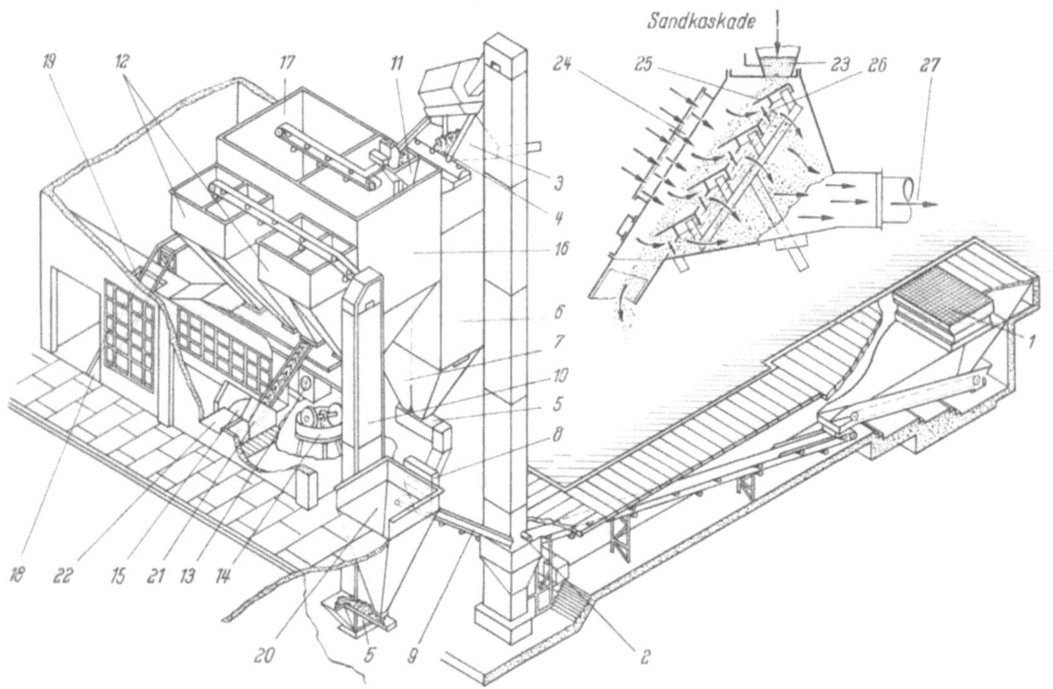

Abb. 33. Sandaufbereitungsanlage für ton- oder zementgebundenen Sand [*10*]

1 Ausleerplatz; *2* Magnetabscheider; *3* Sandkaskade; *4* Abfall; *5* Zuteiler; *6* Stücke von 5 bis 25 mm; *7* Stücke von 25 bis 75 mm; *8* Zerkleinerer; *9* Feinsandförderer; *10* Neusandförderer; *11* Schüttelsieb; *12* Neuer Quarzsand; *13* Waage; *14* Kollergang; *15* Zementbunker; *16* Aufbereiteter Altsand, zementgebunden; *17* Aufbereiteter Altsand, tongebunden; *18* Aufgabe für tongebundenen Sand; *19* Aufgabeöffnung für tongebundenen Sand auf Waage; *20* Aufgabe für neuen Quarzsand; *21* Schneckenförderer für Zementzuteilung, *22* Aufgabe für Zement; *23* Sandeintritt; *24* Lufteintrittsieb; *25* Sandregelung; *26* Luftregelung; *27* Luftaustritt

Nach den Angaben wird mit einer solchen Anlage eine Erhöhung der Gasdurchlässigkeit gegenüber Neusand von 60% erreicht.

Eine mitteldeutsche Gießerei bedient sich an Stelle eines Förderbandes eines vollkommen pneumatischen Transportes. Die Anlage ist aus Abb. 34 [*11*] zu ersehen. Unter

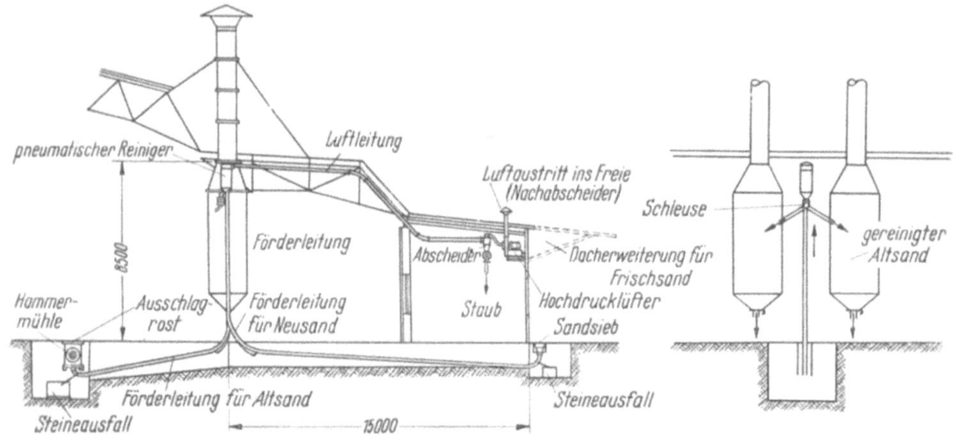

Abb. 34. Pneumatische Transport-Sandaufbereitungsanlage (nach H. GRIES [*11*])

dem Ausschlagrost ist eine Hammermühle eingebaut, deren zerkleinertes Gut über einem *pneumatischen Reiniger* (s. Abb. 35) und durch unterbaute Schleußen in die Altsandbunker befördert wird. Dadurch erfolgt zugleich die Entstaubung. Der abgeschiedene Staub sammelt sich in einem Abscheider mit darunterliegender Schleuße. Der Hochdrucklüfter erzeugt einen Unterdruck. Die Beförderungsgeschwindigkeit liegt bei 30 m je sek. Diese Anlage wird gleichzeitig auch zum Füllen der Neusandbunker benutzt, so daß unabhängig voneinander die ganze Anlage die Beförderung des Sandes wesentlich erleichtert. Die Firma gibt an, daß durch Versuche festgestellt wurde, daß dieser Weg erfolgreich beschritten wurde.

Bei dem pneumatischen Abscheider (Abb. 35 [*11*]) trifft das Sand-Luft-Gemisch im Innern des Abscheiders auf eine Prallwand. Durch geeignete Konstruktion wird die Abscheidung der Luft vom Sand aber andererseits die Mitführung des Staubes unter Regelung an der Luftdrosselung gewährleistet. Der Verschleiß tritt bei einer derartigen Anlage an den Krümmern, die mit verschleißfesten Werkstoffen ausgelegt werden müssen, und an den Schleußen für den gereinigten Sand ein. Unterhalb dieser Sandbunker sind die Mischmaschinen angeordnet. Die einzelnen Beförderungskübel werden den Mischmaschinen zugeführt und jeweils mit den 200 kg Mischungen an die Arbeitsplätze der Former durch Elektrokarren oder Kräne befördert.

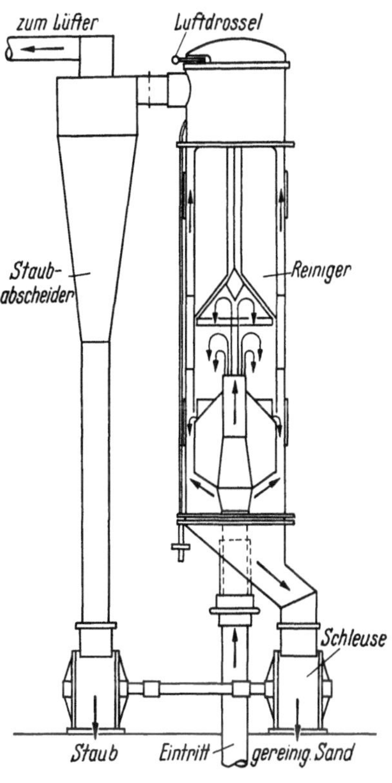

Abb. 35. Pneumatischer Reiniger (nach H. Gries [*11*])

XIV. Sandprüfmethoden

Die Sandprüfmethoden für Zementsand sind dieselben wie die für die übrigen Formstoffe.

Bei den Druck- und Scherfestigkeitswerten sowie bei der Bestimmung der Gasdurchlässigkeit werden je 3 Proben für 24, 48, 72 Stunden Lufttrockenzeit hergestellt. Nach 72 Stunden Lufttrockenzeit der Prüfkörper ist nach den Erfahrungen kaum mehr mit einer weiteren Erhöhung der Werte zu rechnen.

Da Zementsandmischungen, die infolge plastischer Binderzusätze die Eigenschaft haben, nicht wie reine Zementsande von außen nach innen trocknen und fest werden, sondern gleichmäßig und gleichzeitig über den gesamten Querschnitt trocknen, entsteht an der Oberfläche keine Krustenbildung. Für die Prüfung der Abbindezeiten ist das in der Zementindustrie bekannte Nadelprüfgerät nach DIN 1164 zu empfehlen.

Die Prüfung erfolgt nach den aus Tab. 1 zu entnehmenden Vorschriften und lehnt sich an die üblichen bekannten Prüfungsmethoden in der Zementindustrie an.

Mit Hilfe dieses Prüfgerätes ist es möglich, in kurzer Zeit die Abbindegeschwindigkeit bzw. Abbindemöglichkeit der Zementsandmischung zu erfassen. Die Bestimmung ist von großem Vorteil, um eventuell während des Tagesablaufes Korrekturen in der Binderzugabe zur Sandmischung vornehmen zu können. Das Nadelgerät eignet sich jedoch nicht für reine Zementsandmischungen, bei denen der Abbindeprozeß von außen nach innen fortschreitet und an der Oberfläche am Anfang dieses Prozesses sich bereits eine härtere Kruste zu bilden beginnt. In diesem Falle würde die Nadel nicht mehr eindringen und Fehlablesungen zur Folge haben. Durch die laufenden Überwachungen der Sandmischungen mittels der bekannten Nadelprüfgeräte ist ein genaues Arbeiten in der Sandaufbereitung gegeben. Druckfestigkeitswerte, die über 7 kg/cm² liegen, stellen einen Grenzwert für Zementsandmischungen dar.

Tabelle 1. *Prüfung der Abbindezeiten von Zementsanden*

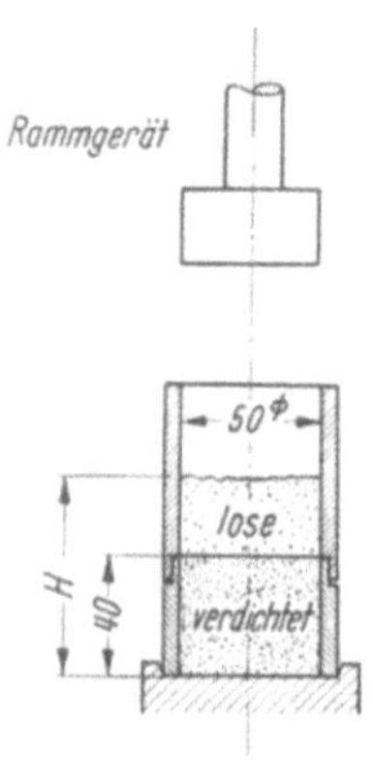

A. Herstellen der Proben

Über die Prüfbüchse von 50 mm ⌀ und 40 mm Höhe wird eine genau passende Verlängerungsbüchse geschoben und mit dem zu untersuchenden Sand bis zur Höhe H lose gefüllt. Diese Höhe H bzw. das Gewicht der einzufüllenden Sandmenge wird so gewählt, daß die durch drei gleiche Rammschläge verdichtete Sandmenge 40 mm $\pm$ 0,5 hoch wird.

Das Verdichten hat mit einem der DIN 52401 entsprechenden Rammgerät zu erfolgen.

Nach dem Verdichten wird die Verlängerungsbüchse abgehoben, die Probe auf eine glatte Unterlegplatte gestellt und anschließend geprüft.

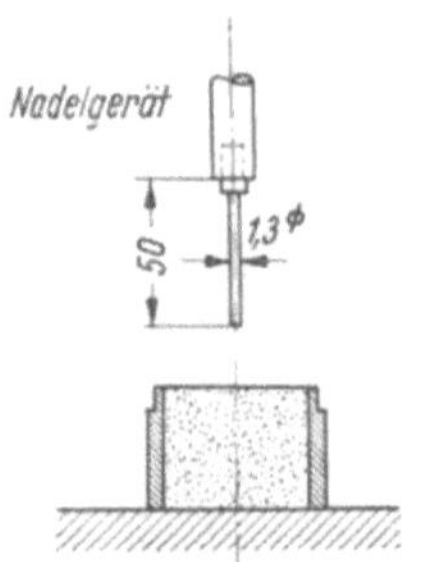

B. Durchführung der Prüfung

Die Prüfung erfolgt mit dem Vicatschen Nadelgerät gemäß DIN 1164, und zwar mit der 1,3 mm starken Nadel und 300 g gesamtem wirksamen Gewicht.

Die Nadel bringt man vorsichtig auf die Oberfläche der Probe und läßt sie dann durch das Eigengewicht einsinken. Die dabei an dem Nadelgerät abzulesende Einsinktiefe wird festgestellt und dies von 15 bis 15 Minuten an anderen Stellen der Probe wiederholt, und zwar so lange, bis die Nadel nicht mehr einsinkt.

Die gefundenen Werte ergeben — am besten in einem einfachen Diagramm aufgetragen — ein sehr anschauliches Bild für die Bewertung der Sandprobe bzw. deren Abbindezeit.

Werte, die darüber liegen, sind für den Prüfer ein Maßstab, daß der Sandmischung zuviel Zement beigegeben wurde. Damit kann an Zement gespart werden. Werte, die unter 7 kg/cm² liegen und bei denen die Zementsandmischungen für große Formgußstücke verwendet werden sollen, zeigen an, daß der Mischung zu geringe Mengen an Zement beigegeben wurden. Die Festlegung des Grenzwertes von 7 kg/cm² wurde durch umfassende Versuche des Arbeitsausschusses Zementsandformverfahren im VDG bestimmt.

Bei mittleren Gußstücken genügen Druckfestigkeitswerte, die zwischen 5 und 6 kg/cm² festliegen.

XV. Die Weiterentwicklung des Zementsandform- und Kernverfahrens

A. Das Ingendahl-Verfahren (D. P.) [*7* u. *12*]

Das Ingendahl-Verfahren stellt ein Hinterfüllverfahren dar, das in der Zementsandformerei in vielen Fällen mit guten Erfolgen anzuwenden ist.

Die Erkenntnis, daß reine Quarzsande auf Grund ihres spez. Gewichtes und ihrer Oberflächenbeschaffenheit durch geringen Druck in Endverdichtung gebracht werden können und dabei die hohe Gasdurchlässigkeit besitzen, stellt die Grundlage dieses Verfahrens dar. Mit ihm können die größten Gußstücke hergestellt werden. Dabei können mechanische Verdichtungswerkzeuge und teurer Modellsand eingespart und die Herstellungszeiten verkürzt werden. Ein Treiben der Formen durch den hydrostatischen Gießdruck ist bei der Eigenschaft des Hinterfüllsandes nicht möglich. Auch erleichtert dieser Hinterfüllsand die Ausleerarbeit, da er ohne Bindung ist. Die Verwendung von nur tonfreien Sanden als Hinterfüllsand gibt der Gießerei die Möglichkeit, daß nur Quarzsand in der Zementsandformerei vorhanden zu sein braucht. Der in der Putzerei anfallende Sand kann je nach Bedarf wieder zu Kernsand oder Modellsand verarbeitet oder als Füllsand für die Formerei oder Kernmacherei gebraucht werden.

Abb. 36. Abgegossene Form eines Bohrstockes im Gewicht von 1100 kg in abgehobenem Zustand (INGENDAHL, Schieß AG, Düsseldorf)

Ein weiterer Vorteil dieses Verfahrens liegt darin, daß die Gasdurchlässigkeit durch das Hinterfüllen gröberen Quarzsandes hinter den Modellsand von der Forminnenwand zur Kastenaußenwand steigt, dadurch können die sich bildenden Gase noch besser und rascher abziehen.

Außerdem ist noch folgende Feststellung bei dem Verfahren interessant: An der Formoberfläche kann es vorkommen, daß an einer Stelle kein Modellsand angelegt ist oder daß die Modellsandschicht bei der fertigen Form an einer Stelle Risse aufweist. In diesem Falle kann das Gießmetall beim Abgießen der Form nur bis zum Hinterfüllsand vordringen und wird von diesem abgestoppt, d. h., es dringt das flüssige Eisen also nicht in den Hinterfüllsand ein. Der Hinterfüllsand ist in Endverdichtung vorhanden und eine weitere Zusammenpressung ist in diesem Falle nicht möglich.

Abb. 37. Verkrustete Modellsandschicht und darunter liegender, ausgetrockneter Füllsand (INGENDAHL, Schieß AG, Düsseldorf)

Abb. 36 zeigt die abgegossene Form eines Bohrstockes im Gewicht von 1100 kg im abgehobenen Zustand.

Am Unterkasten ist noch die zum Halten des hinterstampften Füllsandes angebrachte Abschlußplatte mit diesem verkeilt. In Abb. 37 ist die verkrustete Modellsandschicht und der darunterliegende, ausgetrocknete Füllsand zu erkennen. Nachdem die Bodenplatten gelöst sind (Abb. 38), fällt der Füllsand und der Modellkrustensand aus dem Kasten mühelos heraus. Da Modellsand und Hinterfüllsand Quarzsande sind, ist keine Verunreinigung des Sandes gegeben. Der Modellsand kann vom Füllsand leicht getrennt werden und wird der Aufbereitung wieder zugeführt. Das Verfahren eignet sich für sämtliche Gußstücke von 100 bis 40000 kg.

Abb. 38. Herausgefallener Modellsand und Füllsand nach dem Wenden des Unterkastens (INGENDAHL, Schieß AG, Düsseldorf)

B. Schnellformverfahren, System Gaebel (D.Pa.) [*13*]

Das Verfahren hat zum Gegenstand, daß der Formraum durch eine wannenförmige Auskleidung der Bodengrube oder des Formkastens mit einer dauerhaften und festen Masse, wie Zementbeton, der Modellaußenfläche so weitgehend angepaßt wird, daß zwischen Auskleidung und Modell und der für eine dünne Lage Modellsand notwendige Zwischenraum bleibt. In Abb. 39 ist die praktische Durchführung des Verfahrens zu erkennen.

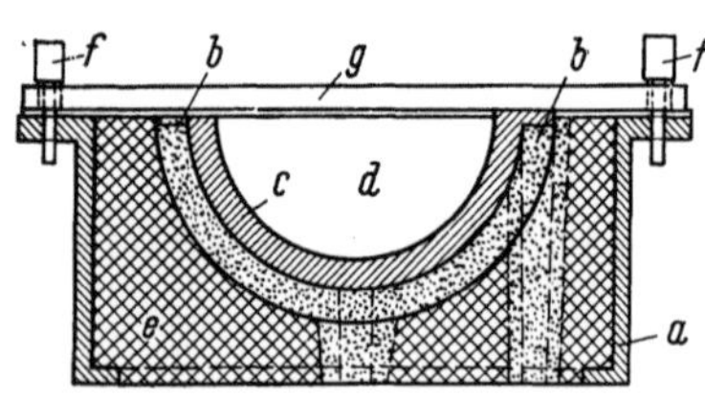

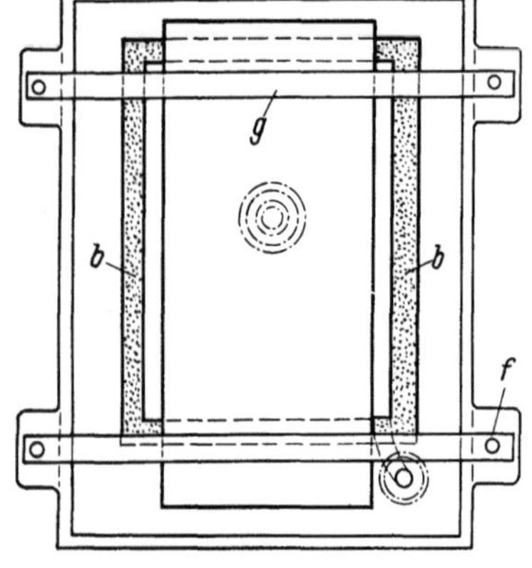

Abb. 39
Gaebelsches Schnellformverfahren
[*13*]

In den Formkasten *a* wird mit Hilfe der Leisten *g* und der Führungsstifte *f* das Modell *c* mit den Kernmarken *d* befestigt. Dann wird in den Formkasten rings um das Modell in einigen Zentimetern Abstand eine wannenförmige Auskleidung *e* aus Zementbeton eingebracht und der Spalt *b* in Richtung des Pfeilers von oben mit Sand zugestampft. Nach dem Ziehen des Modells und Anbringen der Eingüsse und Steiger ist die Formhälfte fertig. In gleicher Weise wird der Oberkasten fertiggemacht, auf den Unterkasten gesetzt, beschwert und abgegossen. Das Einbringen der Modellsandschicht zwischen Kastenauskleidung und Modell kann auch durch Rütteln erfolgen. Gaebel gibt an Vorteilen für dieses Verfahren an: Formlohnersparnisse von 30 bis 60%, Fortfall des Füllsandes, Möglichkeit der Verwendung ungelernter Arbeitskräfte für das Formen, größtmögliche Schonung von Modellen und Fortfall der Formmaschinen.

C. Zemoplastform- und Kernverfahren (System Beilhack, DP. und Auslandspatente) [*14*]

Das Zemoplastform- und Kernverfahren stellt eine Vervollkommnung des bekannten, vollsynthetischen Zementsandform- und Kernverfahrens auf fachlichem, wie auf wirtschaftlichem Gebiet dar. Die dem reinen Zementsandform- und Kernverfahren anhaftenden Mängel, wie lange Lufttrockenzeiten für Formen und Kerne, großer Platzbedarf, hoher Verbrauch an Bindemitteln wie Zement und anderen organischen Bindern, geringe Wiederverwendung des anfallenden Altsandes, geringe Anwendungsmöglichkeit für die Maschinenformerei und für das Kernblasen oder Kernschießen, schlechter unvollständiger Zerfall des Kernaufbaues während des Gießprozesses und des Putzens der Gußstücke, wird mit diesem Verfahren begegnet.

1. *Vorteile des Zemoplastverfahrens*

a) Infolge der schnelleren Lufterhärtung werden hohe Trocken- und Transportkosten sowie Investitionen für Trockenöfen gespart.

b) Die vorhandene Plastizität und rasche Lufterhärtung der Sandmischung ergibt eine hohe Grünstandfestigkeit, so daß selbst komplizierte Kerne kurz nach ihrer Fertigstellung aus der Kernbüchse genommen werden können, ohne Schaden zu leiden. Dadurch ist es möglich, in der gleichen Zeit mehr Kerne in ein und demselben Kernkasten und mehr Sandformen mit einem Modell herzustellen.

c) Hohe Schwindungsmöglichkeit der nach dem Zemoplastverfahren hergestellten Kerne während der Erstarrung des flüssigen Metalls.

d) Vollkommene Zerstörung des Sandaufbaues nach dem Guß und infolgedessen ein leichtes Herausrieseln der im Gußstück eingeschlossenen Kerne während des Putzens.

e) Leichte Regelung der Abbindezeiten.

f) Anwendung des Verfahrens in der Maschinenformerei.

g) Große Ersparnis an Trockenplatten und Trockenschalen infolge rascher Lufterhärtung.

h) Wegfall des zeitraubenden Stiftesteckens und Erzielung von Festigkeitswerten, die bereits nach wenigen Stunden jene von Trockenformen aus Natursand überschreiten.

i) Infolge der hohen Schwindungsmöglichkeit keine Rissegefahr bei dünnwandigen Gußstücken.

k) Mühelose Herstellung von Formen, die schabloniert werden oder deren Aufbau mittels Sparmodellen erfolgt.

l) Wiederverwendung von zurückgewonnenem gekollertem, gesiebten und entstaubten Altsand bis zu 95% und Einsatz desselben als Kreislaufmaterial.

m) Dadurch bedingte geringste Zusätze von Zement und Zemoplast zur Sandmischung, bei großen Stücken genügen maximale Zugaben von 6% Zement und 1,8% Zemoplast.

n) Geringe Rauch- und Gasbildung während des Gießens.

Das Zermoplastverfahren ist ein wertvoller Helfer für Grau-, Stahl-, Schwer- und Leichtmetallguß.

2. *Sandmischung*

a) Sandbasis. Ausgangsstoff ist reiner Quarzsand bzw. Silbersand mit einem Kornanteil von 80 bis 85% in der Korngröße von 0,2 bis 0,6 mm. Über die Beschaffenheit gilt dasselbe wie das in Abschn. I A, S. 1 ff. Gesagte. Der Sand kann trocken oder grubenfeucht verwendet werden. In letzterem Falle ist der Wassergehalt des Sandes beim Gesamtwassergehalt der Mischung zu berücksichtigen. Die Dosierungen des Wassers müssen sorgfältig überwacht werden.

b) Zement. Als Zement kommen alle werksfrischen, knollenfreien Normenzemente in Frage. Am besten hat sich bisher Portlandzement DIN 375 mit einem CaO-Gehalt von 58 bis 60% bewährt.

Für Stahlguß ist Portlandzement DIN 475 zu empfehlen, der infolge seiner feineren Mahlung einen geringeren Zusatz erfordert, wodurch der Sinterungspunkt des Sandes gedrückt wird.

c) Mischungsverhältnisse. α) Bei ausschließlicher Verwendung von Neusand dient nachstehende Standardmischung. Sie ist auf die jeweiligen Sand- und Betriebsverhältnisse abzustimmen:

100 kg	Quarzsand in der Körnung wie oben angegeben	1,8—2,5 kg	Zemoplast
7 kg	Portlandzement DIN 375	3—5,5 l	Wasser

β) Bei Verwendung von regeneriertem und entstaubtem Altsand:

95 kg	Altsand	5,0—6,0 kg	Portlandzement DIN 375
5 kg	Quarzsand in der Körnung wie oben angegeben	0,9—1,8 kg	Zemoplast
		6—9 l	Wasser

Die Reihenfolge der Zugaben ist folgende:

Sand wird zunächst mit Zement ca. 2 Minuten gut trocken gemischt. Hierauf wird die abgewogene Menge Zemoplast langsam zugegeben. Wichtig ist nunmehr die genaue Dosierung der erforderlichen Wassermenge. Aus dem Spezialwasserbehälter mit Meßskala oder Meßuhr fließt das Wasser in vielen feinen Strahlen in das Mischgut, während dieses ständig durchgemischt wird. Das Naßmischen hat so lange zu erfolgen, bis das Mischgut einen Teigzustand angenommen hat, worauf die Mischmaschine sofort abzustellen ist. Aus ihr fällt dann ein plastischer, sich selbst tragender Form- und Kernsand, der nach 3 Minuten Lagerzeit formreif ist.

3. *Herstellung eines Werkzeugmaschinenbettes mittels des Zemoplastverfahrens, im Gußgewicht von 3600 kg* (Abb. 40) [*15*]

a) Der Aufbau der hierzu benötigten Kerne. Über den Anstrich der Kernbüchsenwände s. III B, S. 6. Die Sandmischung für die Kerne ist folgende:

75 kg	entstaubter, regenerierter Altsand	6,0 kg	Portlandzement DIN 375
25 kg	Quarzsand in der Körnung wie auf S. 2 angegeben	1,8 kg	Zemoplast
		7,0 l	Wasser

Die Gasdurchlässigkeit beträgt 230. Die Druckfestigkeit kann bei dieser Mischung nach 24 Stunden bereits 7,40 kg/cm² betragen.

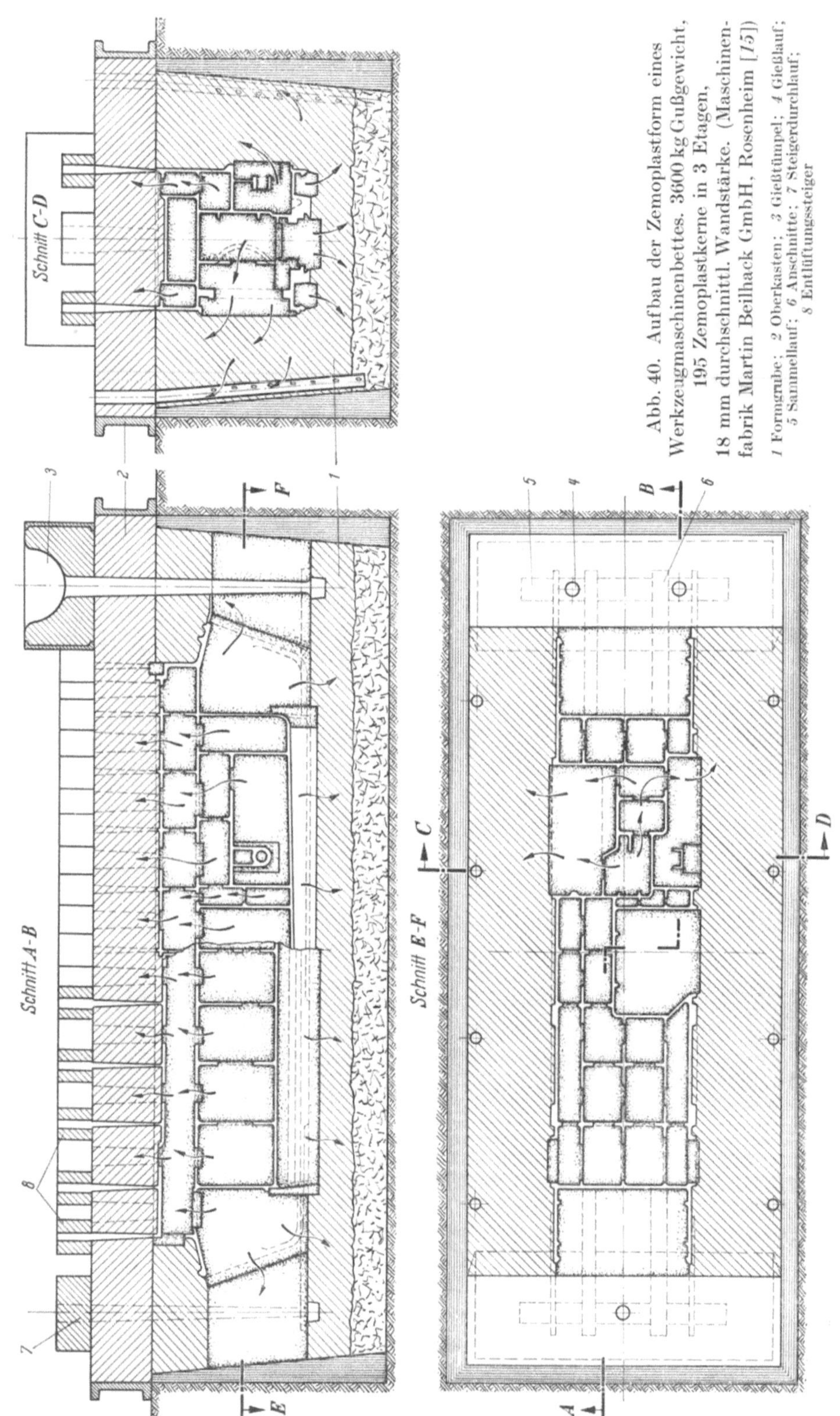

Abb. 40. Aufbau der Zemoplastform eines Werkzeugmaschinenbettes. 3600 kg Gußgewicht, 195 Zemoplastkerne in 3 Etagen, 18 mm durchschnittl. Wandstärke. (Maschinenfabrik Martin Beilhack GmbH, Rosenheim [15])

1 Formgrube; *2* Oberkasten; *3* Gießtümpel; *4* Gießlauf; *5* Sammellauf; *6* Anschnitte; *7* Steigerdurchlauf; *8* Entlüftungssteiger

b) Arbeitsweise. Der Sand wird in die Kernbüchse hineingeschleudert und mehrmals leicht mittels Handstampfer verdichtet. Die mit der oben angeführten Mischung sich ergebenden hohen Festigkeitswerte erlauben eine schwache Kerneisenarmierung. Zwecks Einsparung von Sand und zur Erhöhung der Luft- und Gasdurchlässigkeit der Kerne werden diese zweckmäßig hohl erstellt. Mittels Plattstampfer wird die oberste Schicht des Kernes gestampft. Der überschüssige Sand kann mit Holz- oder Metalleisten abgestrichen werden. Infolge der hohen Gasdurchlässigkeit des Zemoplastsandes ist die Einbringung von Luftkanälen durch Luftspieße nicht nötig. Zweiteilige Kerne werden mittels einer Mischung von Zemoplast und Portlandzement zusammengeklebt und gegen das Eindringen flüssigen Eisens abgedichtet.

Abb. 41. 195 Zemoplastkerne für das Werkzeugmaschinenbett

Die für dieses Werkzeugmaschinenbett hergestellten Kerne sind in Abb. 41 zu ersehen. Da sie in der Form in 3 Etagen eingebracht sind, ist für eine sorgfältige Entlüftung Sorge zu tragen. Die Kerne der untersten Etage sind nach unten entlüftet. Bei den Kernen der mittleren Etage dagegen ist die Entlüftung zu den Kernen der oberen Etage, wie aus der Zeichnung entnommen werden kann, durchgeführt.

Abb. 42. Entlüftung zweier Kerne der mittleren Etage

Abb. 42 zeigt die Entlüftung zweier Kerne der mittleren Etage. Vor dem Zusammenkleben der beiden Kernhälften wird, wie aus der Abbildung ersichtlich ist, die Luftabführung des linken Kernes zum rechten Kern mittels eines eingebauten Gasrohres vorgenommen, dieses muß gegen das Eindringen des flüssigen Eisens gut abgedichtet werden.

c) Aufbau der Formgrube. Da bei diesem Verfahren keine besonders große Stampfarbeit geleistet werden muß, kann die Herstellung eines Modells in Sparbauweise, d. h. ohne irgendwelche besondere Verstärkung im Innern der Modellwand durchgeführt werden.

Abb. 43. Modell zum Werkzeugmaschinenbett

Abb. 43 zeigt das Modell für das Werkzeugmaschinenbett. Die Formgrube wird um ca. 40 cm größer als das Modell angefertigt. Um dem hydrostatischen Druck des flüssigen Eisens standzuhalten, können die Formgrubenwände mit einer Zementsandmischung mit ca. 8 bis 15% Zement aufgebaut werden. Nach Einbringung eines Koksbettes wird die

Modellsandschicht für das Unterteil des Bettes in einer Stärke von 10 cm eingefüllt und das Modell daraufgelegt. Die Bodenentlüftung ist in der üblichen bekannten Art und Weise durchzuführen (Abb. 44).

Die Zemoplastsandmischung für die Formwand und für den Formboden ist die gleiche wie die der Kernsandmischung. Der zwischen Grubenwand und Modellwand liegende freie Raum wird nun in der bekannten Art und Weise mit Zemoplastmodellsand aufgefüllt und leicht eingestampft. Um den ruhigen, wirbelfreien Lauf des flüssigen Eisens zu sichern, befindet sich der Gießsammellauf im Boden der Grube (Abb. 40, Teil *5*). Die Anschnitte, deren Querschnitt entsprechend der rascheren Abkühlung der Formwände größer sein müssen als jene bei den Verfahren mit natürlichen Formstoffen, befinden sich oberhalb des Sammellaufes (Abb. 40, Teil *6*). Sie sind so gelegt, daß ihre unterste Kante mit der Kokillenoberfläche des Maschinenbettes zusammenfällt (Abb. 45). Diese Art des Angusses macht es nötig, daß an den beiden Stirnflächen des Modells zwei separate Kernstücke mit eingebaut werden (Abb. 45). Sammellauf und Anschnitte müssen, da sie hohen Gießdrücken und langen Durchlaufzeiten ausgesetzt sind, mit einer Zirkonschlichte versehen werden. Auf das besprochene Kernstück wird dann noch ein zweites Kernstück gesetzt, das mit einem Gußeisenrost geringer Stärke armiert ist (Abb. 46). Nun kann der Oberkasten auf die fertiggestellte Formgrube aufgesetzt und aufgebaut werden.

Abb. 44. In die Formgrube eingebrachtes Modell

Abb. 45. Formgrube mit eingebauten Kokillen und Gießanschnitten

Aus Abb. 46 ist die Anbringung einer Reihe von sogenannten Entlüftungssteigern zu sehen. Diese sind nötig, um dem während des Gießprozesses auftretenden Wasserdampf einen freien und ungehinderten Durchbruch nach außen zu erleichtern. Es sei in diesem Zusammenhang darauf hingewiesen, daß die Entlüftungssteiger vor allem dort am nötigsten sind, wo dünne Rippen in den Oberkasten hineinragen.

Da das Bett von einer Seite aus gegossen wurde, mußte an der dem Einguß gegenüberliegenden Seite ebenfalls ein Sammellauf für einen gemeinsamen Gießsteiger (Abb. 46, Teil *7*) mit aufgebaut werden. Mit seiner Hilfe können Gasblasen, die sich im Augenblick des Gießprozesses bilden, in den Steigerdurchlauf hinausgeschoben werden. Das Stellen von Stangenstützen zur Fixierung der in die Form untergebrachten 195 Kerne, ist in diesem Falle nicht nötig, da die Festigkeit der Formwand die Anbringung von gewöhnlichen Kernstützen gestattet.

Nach Fertigstellung der Form kann der Oberkasten sofort abgehoben werden, da er infolge der Zemoplastzugabe bereits so in sich durchgehärtet ist, daß keine Verzögerung in der Formherstellung durch eine längere Lufttrocknung nötig ist. Im Gegensatz zu reinen Zementsandformen, ohne Zugabe von Zemoplast, kann das Modell ohne Losklopfen gezogen werden. Die Maßgenauigkeit des Abgusses ist gut.

Abb. 46. Einbau des zweiten oberen Kernstückes

Es war in einem früheren Abschnitt (S. 5) über die Modellgestaltung darauf hingewiesen, daß die Modelle für die Zementsandformerei eine besondere Teilung erfahren müssen, da sie sonst infolge des Preßdruckes der Zementsandformwand kaum aus der Form herausgenommen werden können. Diese Vorsichtsmaßnahme ist bei dem Zemoplastverfahren nicht nötig. Die Abbinde- bzw. Erhärtungszeiten können entsprechend der Größe des Modells und der aufgewendeten Formarbeit so eingestellt werden, daß ein müheloses und einwandfreies Ziehen des Modells möglich ist. Durch geeignete Zugabe des plastischen Binderstoffes erreicht man die gewünschten Erhärtungszeiten. Trotz der Tiefe der Formwand und ihrer überspringenden oder unterzogenen Stellen besteht bei diesem Verfahren keine Gefahr, daß die Form in sich zusammensackt, d. h. die Wände besitzen bereits die Grünstandsfestigkeit um sich selbst zu tragen.

Nach dem Ziehen des Modells und Ausbessern der beschädigten Stellen kann und muß die Form sogleich mit dem Schwärzeüberzug gespritzt werden.

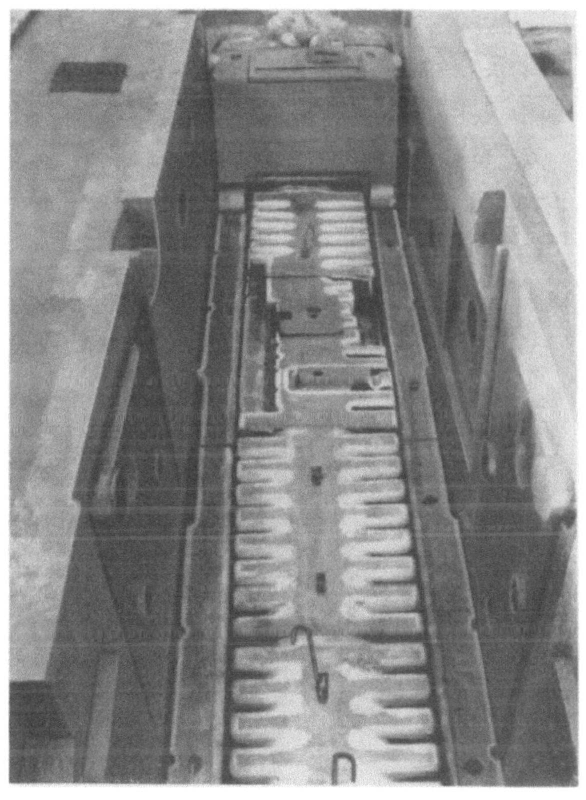

Abb. 47
Formgrube mit eingebauten Kernen der untersten Etage

Das Flicken der Formwand geschieht durch Auflegung neuen Zemoplastmodellsandes auf die beschädigten Stellen, wobei diese mit Zemoplastwasserverdünnung leicht angefeuchtet werden. Bei größeren Beschädigungen komplizierter Formwandteile ist als

Abb. 48. Einbau der Zemoplastkerne der Mitteletage

Abb. 49. Teilausschnitt der fertig zugerichteten Form

Abb. 50. In die Form eingebaute Plattenkerne

Klebestoff für die Flickstellen eine Mischung von Zemoplastzement geeignet.

Das Erhärtungsstadium der Zemoplastform beseitigt nach dem Bespritzen mit dem Schwärzeüberzug die Gefahr eines Wegwaschens oder Nachziehens einzelner Sandkörner. Durch das Spritzen oder Streichen der nassen Form wird ein Teil des Schwärzewassers aufgenommen.

Zur Beschleunigung der Erhärtungszeit, d. h. um die Form gießreif zu machen, können die in Abb. 30 gezeigten elektrischen Luftwärmeöfen auf die Formgrube sofort nach deren Fertigstellung gesetzt werden. Es ist empfehlenswert, die ersten beiden Stunden nur mit Kaltluft durchzublasen, um eine bessere Verbindung zwischen Schwärzeschicht und Formsandschicht zu erhalten. Hernach beschleunigt die Einschaltung von Warmwind (ca. 60 °C) die Trocknung der Formgrube. Die Trocknung braucht nur so weit durchgeführt werden, daß ein eventuell sich bildender Wasserdampf keinen Schaden zufügt.

Ist die Form gießreif, d. h. nach Beachtung all der oben angeführten Vorkehrungen fertiggestellt, so kann mit dem Einbauen der Kerne begonnen werden.

Die unterste Etage der aus Einzelkernstücke sich zusammensetzenden Kerne kann nun in die Formgrube eingebaut werden (Abb. 47).

Die guten Festigkeitswerte erlauben dem Former unbedenklich auf diesen Kernen zu stehen, um die Mitteletage der Kerne aufzubauen (Abb. 48).

Wegen der Entlüftung der einzelnen Etagen sei nochmals auf das in einem vorhergehenden Abschnitt Erwähnte hingewiesen. Abb. 49 gestattet einen Einblick in die nahezu fertig zugerichtete Form.

Nunmehr werden noch die obersten Plattenkerne, die sich in der dritten Etage befinden, mit eingebaut (Abb. 50) und der Oberkasten aufgesetzt. Die Entlüftungsöffnungen der einzelnen obersten Kerne müssen sorgfältig mit einer Mischung aus Zemoplast und Zement gegen das Eindringen flüssigen Eisens abgedichtet werden. Hierauf werden noch der Gießtümpel, der ebenfalls aus Zemoplastsand vorher hergerichtet wurde sowie die Aufbauten für die Steiger auf den Oberkasten aufgesetzt. Die Gießzeit beträgt für dieses Werkzeugmaschinenbett 48 sek.

Abb. 51. Werkzeugmaschinenbett im Gewicht von 3600 kg

Abb. 51 zeigt den fertigen Abguß und Abb. 52 die Fertigmontage der Maschine, zu der dieses Gußstück gehört.

Abb. 52. Fertigmontage der Werkzeugmaschine (Wanderer-Werke, Haar bei München)

4. *Aufbau einer Naß-Zemoplastform*

Das Zemoplastverfahren ermöglicht Gußstücke bis zu 1 t Stückgewicht im Naßgußverfahren abzugießen.

Es eröffnet damit auch der Maschinenformerei die Möglichkeit, das Verfahren mit Erfolg anzuwenden. Es werden bei diesem Naßgußverfahren höhere Druckfestigkeitswerte als in der altherkömmlichen Naßformerei erreicht. Der Gebrauch von Formstiften zur Verfestigung von Kanten und diffizilen Formwänden entfällt.

Der Altsand kann nach seiner Regenerierung, d. h. Siebung und Entstaubung, wieder zu 95% dem Naß-Modell-Zemoplastsand beigegeben werden.

Abb. 53. Getriebegehäuse für ein Schlepperaggregat, Gewicht 185 kg (Maschinenfabrik Martin Beilhack, Rosenheim)

a) Mischungsbeispiel für ein mittleres Gußstück im Gewicht von 300 bis 400 kg.

95 kg	regenerierter Altsand
5 kg	Silbersand in der Körnung von 0,05—0,2 mm
4 kg	Portlandzement DIN 375
1,5 kg	Zemoplast
3—3,5 kg	Steinkohlenstaub
8—9 l	Wasser

Durch die Beigabe des Steinkohlenstaubes und die Verwendung feinst gekollerten Sandes ist das Schwärzen der Form hinfällig.

Abb. 54. Schleifmaschinenbett, 21 t (Obering. MEYDER †, J. M. Voith, Heidenheim/Brenz)

Abb. 55. Schleifmaschinenbett mit eingelegten Zemoplastkernen (Obering. MEYDER †, J. M. Voith, Heidenheim/Brenz)

Abb. 56. Kaplanturbinendeckel, 18 t (Obering. MEYDER †, J. M. Voith, Heidenheim/Brenz)

Abb. 57. Kaplanturbinendeckel, 18 t (Obering. MEYDER †, J. M. Voith, Heidenheim/Brenz)

Abb. 58. Zugerichtete Unterform zum Turbinendeckel (Obering. MEYDER †, J. M. Voith, Heidenheim/Brenz)

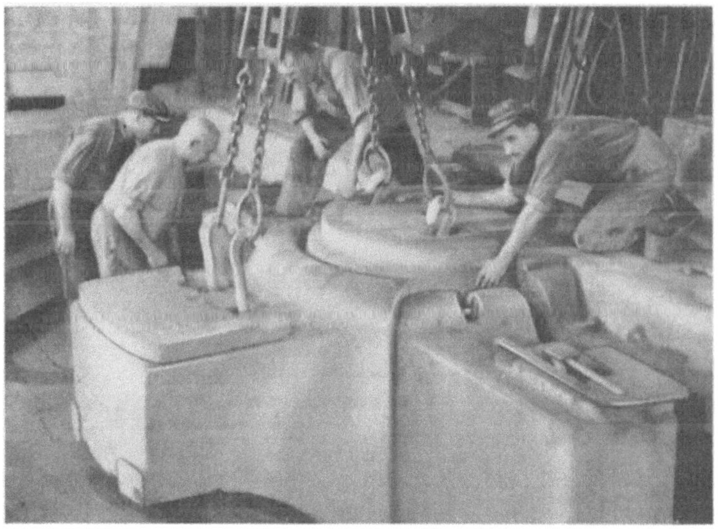

Abb. 59. Mittelhauptkern für Kaplanturbinendeckel (Obering. MEYDER †, J. M. Voith, Heidenheim/Brenz)

Ist die unter a) angegebene Sandkörnung nicht vorhanden, weil z. B. man aus der Sandaufbereitungsanlage Altsand in dieser Körnung nicht regenerieren kann (Körnung zwischen 0,2 und 0,4 mm), dann müssen die Naßguß-Zemoplastformen noch mit einem Schwärzeüberzug versehen werden. Damit diese innerhalb weniger Stunden abgegossen werden können, darf die Schwärze nicht mit Wasser angemacht werden, sondern man verwendet statt dessen alkoholische Schwärze. Nach dem Anspritzen der Formwand mit dieser Schwärze-Alkoholmischung und nochmaligem Nachstreichen mit Alkohol muß die Form sogleich an einer Stelle angezündet werden. Der Alkohol brennt dann kontinuierlich aus der Form heraus. Freies Wasser fehlt dann. Die Feuchtigkeit einer solchen Naß-Zemoplastform darf jedoch nicht mehr als 6% betragen.

Die Abb. 53 zeigt ein Getriebegehäuse für ein Schlepperaggregat im Stückgewicht von 185 kg und einer Wandstärke von 8 mm, das nach dem Naßgußverfahren in Serie auf der Maschine hergestellt wurde. Sämtliche Formen, die auf diese Weise maschinell während der Vormittagsstunden hergestellt wurden, konnten bereits am Nachmittag abgegossen werden. Die Härtezahl liegt über 100 (FISCHER-Härteprüfer).

5. Einige Beispiele von Gußstücken aus der Großformerei im Stückgewicht zwischen 5 und 22 t [16]

Abb. 54 zeigt ein Schleifmaschinenbett im Stückgewicht von 21 t, dessen Kerne nach dem Zemoplastverfahren hergestellt wurden. Abb. 55 zeigt die zugerichtete Form. Abb. 56 und 57 läßt einen mit Zemoplastkernen angefertigten Turbinendeckel einer Kaplanturbine im Stückgewicht von 18 t erkennen. In Abb. 58 ist die für dieses Stück zugerichtete Form zu erkennen. Der Mittelhauptkern war früher nach alten Formstoffen hergestellt worden. Infolge der schlechten Schrumpffähigkeit eines solchen Kernformstoffes bildeten sich im fertigen Abguß leicht Risse, so daß die Stücke verworfen werden mußten. Durch die Anfertigung dieser Kerne mit Zemoplastsand war diese Ausschußgefahr behoben. In Abb. 59 ist der Mittelhauptkern für das Gußstück (Abb. 56 und 57) zu ersehen. An der Armierung des Kernes konnte nach Anwendung des Zemoplastverfahrens eingespart werden.

Da Zemoplastkerne und Formen durch die Hitzeeinwirkung des flüssigen Eisens leichter zerfallen, ist ein müheloses Entfernen der Kerne beim Putzen der Gußstücke und damit auch eine wesentliche Einsparung an Putzzeiten zu erreichen (Abb. 60).

Abb. 60. Putzen einer Grundplatte von 12 t Gußgewicht (Obering. MEYDER †, J. M. Voith, Heidenheim/Brenz)

D. Baukastensystem-Verfahren

In der Schiffsschraubengießerei hat man das Baukastensystem-Verfahren mit Zementsand mit großem Erfolg eingesetzt. Der Zementsand in Körnungen von 0,1 bis 0,2, 0,2 bis 0,3, eventuell in gröberen Kornbereichen wird verarbeitet. Die Amplitude der Form wird aus Teilschnitten durch das zu erstellende Gußstück unter Berücksichtigung der Schwindung schabloniert. Die Wanddicke dieser Formteile wird dem Druck des Gießmetalls angepaßt. Die Formteile werden durch Verbaueisen verstärkt. Der Zusammenbau wird vorgenommen. Man arbeitet mit Nut- und Federflächensicherung

Durch Klebemittel, die z. B. auf Tonbasis beruhen, wird eine geeignete Dichtung der Teilflächen erzielt. Das Anschnittsystem liegt meist innerhalb, seltener außerhalb der Gießform. Bei schweren Gußstücken, bei denen viel Gießmetall durch die Anschnitte durchläuft, ist ein zusätzlicher Zirkonüberzug erwünscht. Die zusammengebauten Formen werden meist mit einem dem Zementsand angepaßten temperierten (120 bis 150 °C) Luftstrom getrocknet. In Abb. 61 [*17*] sind Formteile vor dem Zusammenbau und in Abb. 62

Abb. 61. Blick in die Gießereihalle mit Zusammenbau von Zementformen (Schiffsschrauben-Gießerei LIPS N.V., Drunen, Niederlande)

Abb. 62. Bandanlage besetzt mit Zementformen für Schiffsschrauben (Schiffsschrauben-Gießerei LIPS N.V., Drunen, Niederlande)

[*17*] nach dem Zusammenbau zu erkennen. Man kann bei kleineren Gußstücken eine Bandanlage anwenden und damit die Gußstücke nach dem Abgießen der Putzerei zuführen.

Die in Metallgießereien für Schiffsschrauben angewendete Methode, ein Grenzfall des Maskenverfahrens, ist auch für Fe-C-Gußlegierungen anwendbar.

Zusammenfassung. Vergleicht man das übliche alte Sandverfahren mit dem Zementsandverfahren, so ergeben sich folgende Erkenntnisse:

Vergleich des Zementsandverfahrens mit dem herkömmlichen alten Sandformverfahren

(zusammengestellt von F. Roll)

	Altes Sandformverfahren	Zementsandverfahren
I. Formstoffe	*1. Formsand*	
	Tonhaltige Sande und Bindemittel.	Quarzsand und Zement.
	2. Kernsand	
	Kern- oder Quarzsande. Letztere unter Beigabe von Kernbindemitteln.	Quarzsand, Zement und organische Binder.
II. Sandaufbereitung	*Sandaufbereitung*	
	Kollern, Schleudern u a.	Einfache Mischer (z. B. Bottich Mischer).
III. Formverfahren	*Formverfahren*	
	a) Modellsand und Füllsand und Verdichten. b) Einheitssand und Verdichten.	Zementsand anlegen und trocknen Füllsand (Quarzsand) hinterfüllen.
	Fertigmachen der Form	
	Form flicken, polieren, Stiftestecken (Zeitverbrauch).	Einfaches Flicken, meist ohne Stift.
IV. Formtrocknung	*Formtrocknung*	
	Trocknen notwendig, Anlagen notwendig, Raumbeanspruchung, Warte- und Instandhaltungskosten, Rauch- u. Gasbelästigung.	Kein Trocknen, weitere Verkürzung der Fertigzeiten.
	Überzüge	
	Schwärzen notwendig (ev. 2×).	Schwärzen üblich.
	Verbrauch an Verbaueisen	
	Verbaueisen in größerem Umfang notwendig.	Wenig oder keine Verbaueisen.
	Formzeiten	
	Formzeiten erhöht.	Formzeiten geringer (20—50%).
V. Form	*Form*	
	Treiben möglich. Schülpen möglich.	Treiben kaum möglich. Schülpen kaum möglich.
VI. Formstoffeigenschaften	*Formstoffeigenschaften*	
	Geringe Gasdurchlässigkeit, relativ geringe Druckfestigkeit, gröbere Gußstruktur.	Hohe Gasdurchlässigkeit, hohe Druckfestigkeiten, gute Sinter- und Feuerbeständigkeit, leichtes Abschrecken an der Formwand, und damit feinere Gußstruktur.
VII. Putzen	*Ausleeren*	
	Langsames Erkalten, schwieriges Ausstoßen (Preßluftwerkzeuge), großer Zeitaufwand, große Staubentwicklung.	Schnelleres Erkalten, bessere Wärmeableitung, Ausgraben entfällt, einfaches Ausleeren von Formkasten bzw. Zerschlagen der Blockformen (große Zeitersparnis), wenig und kurze Staubentwicklung.

	Altes Sandformverfahren	Zementsandverfahren
	Putzen	
VII. Putzen	Oberfläche durch Nähte beeinflußt, erhebliche Nacharbeitszeiten.	Saubere glatte Oberfläche, geringere Nacharbeiten, geringere Gesamtputzzeiten.
	Altsand	
	Weniger Möglichkeit der Verwendung von Altsand.	Leicht wieder verwendbar.
	Fehlerquellen	
	Schülpen leicht möglich, Treiben möglich, Luftblasen leichter möglich, Unruhe durch Gießen leicht möglich.	Keine Schülpenbildung, Treiben nicht möglich, Luftblasen nicht zu erwarten, ruhiges sicheres Gießen.
	Maßhaltigkeit	
VIII. Toleranzen	Gewichts- u. Maßtoleranzen nicht gesichert.	Gewichts- u. Maßtoleranzen gesichert.
	Arbeitskräfte	
IX. Arbeitskräfte	Hilfskräfte nur beschränkt einsetzbar, Formarbeit anstrengender.	Hilfskräfte leicht einsetzbar, Formarbeit weniger anstrengend.
	Ausbringen je m² *Formfläche*	
	Geringeres Ausbringen, 1 m² Formfläche.	Größeres Ausbringen, 1 m² Formfläche.

Literatur und Quellenverzeichnis

[*1*] Iron Age (17. 4. 1952) S. 116/119. — [*2*] Gießerei 22 (1935) Nr. 25, S. 603/604. — [*3*] Gießerei 23 (1936) S. 381/386. — [*4*] American Foundry Man (Mai 1952) S. 67/69. — [*5*] Foundry Trade Journal (23. Juni 1938) S. 520/526). — [*6*] Gießerei 40 (1953) S. 391/393. — [*7*] Die neue Gießerei 36 (1949) Nr. 3, S. 74/78. — [*8*] Foundry (Oktober 1950) S. 103/226. — [*9*] The Engineer 1938, 7. Okt., S. 398. — [*10*] Foundry Frade Journal 1940, S. 287/288. — [*11*] Die Gießerei 39 (1952) S. 121/127, H. 6. — [*12*] Schieß-AG, Düsseldorf, Obering. Karl Ingendahl. — [*13*] Deutsches Patentamt, Anmeldung 31 c, 5/01, p 24370 D, Josef Gaebel, Hattingen. — [*14*] Dr.-Ing. M. Beilhack, Rosenheim. — [*15*] Maschinenfabrik Martin Beilhack, GmbH, Rosenheim. — [*16*] J. M. Voith, Heidenheim/Brenz. — [*17*] Schiffsschrauben — Gießerei Lips N. V., Drunen, Niederlande.

Formschalenverfahren

Von **F. Roll**, Duisburg

Mit 6 Abbildungen

Die Einsparung von Formstoffen war seit jeher eines der wesentlichen Probleme des Gießers. Der sogenannte Sparkasten, dessen Umrisse dem Gußstücke (große Serien) angepaßt wird (Bd. II/1), so daß z. B. nur zweimal soviel Volumen an Formstoffen angewendet werden braucht, ist ein heute noch bewährter Vorläufer des Formschalenverfahrens, das seine letzte Entwicklungsstufe im Croning-Verfahren erreicht.

Mit dem Aufkommen großer Serien von Rippenzylindern und anderer Gußteile ist ein Formschalenverfahren bei Meier & Weichelt, Leipzig, durch Martin und weitere Mitarbeiter im Jahre 1940 entwickelt worden. Das Verfahren beruht auf dem Einblasen geeignet gebundener Sandmischungen in Schalen aus GG. Erhard Martin berichtet darüber wie folgt:

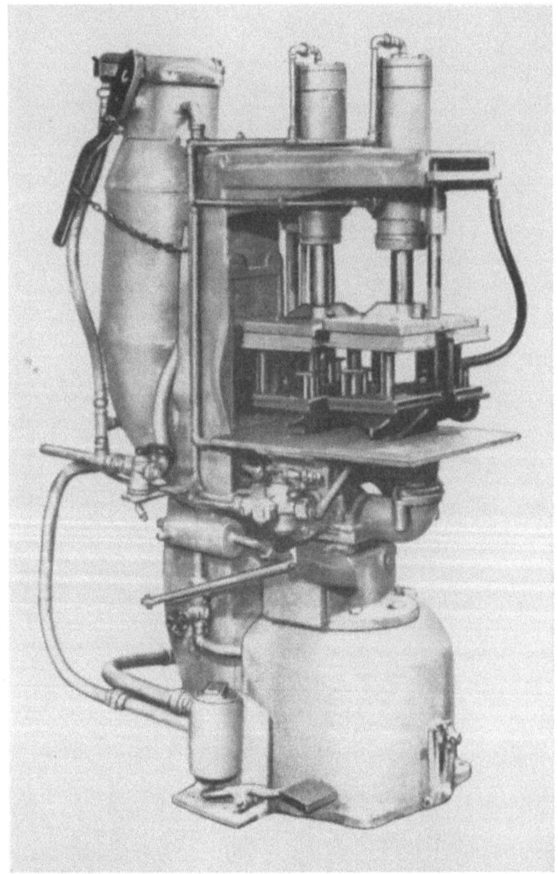

Abb. 1a. Blasmaschine System Martin

Die Blasmaschine (7 atü — in Abb. 1a und 1b dargestellt —) weicht von der Konstruktion der damals bekannten Typen ab. Der Sandbehälter ist hornförmig verlängert, so daß die Austrittsöffnung nach oben gerichtet unter der Tischplatte endet. Auf das Langloch der Tischplatte wurden die Formschalen aus Gußeisen, die

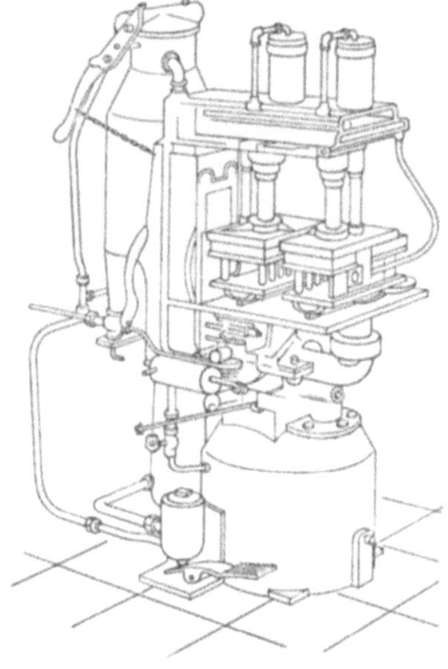

Abb. 1b. Blasmaschine System Martin in Skizze

ebenfalls ein Langloch haben, aufgesetzt. Der zur Form benötigte Sand hatte folgende Zusammensetzung: 80 kg Sperrgauer Kernsand mit dem Mittel 0,1 bis 0,2 mm Korndurchmesser, 20 kg Elsterwerdaer Kernsand, 2 kg Kernöl, 0,5 kg Radiatoren-Kernöl, 3 kg Schlichte (vornehmlich Graphit) = 105,5 kg. Die Kennzahlen dieses Sandes lagen in folgenden Grenzen: Druckfestigkeit trocken: (50 ⌀; 50 h in je mm 2,5 kg/cm², Gasdurchlässigkeit: 100 bis 150, Gaszahl: 60—80.

Der fertig gemischte Sand wurde pneumatisch über ca. 20 m zu den Behältern der Blasmaschinen gefördert. Die Behälter faßten je nach der Größe der zu blasenden Formschalen 5, 10 und 20 kg Sand. Vom Kopfstück der Maschine senkte sich die in einem

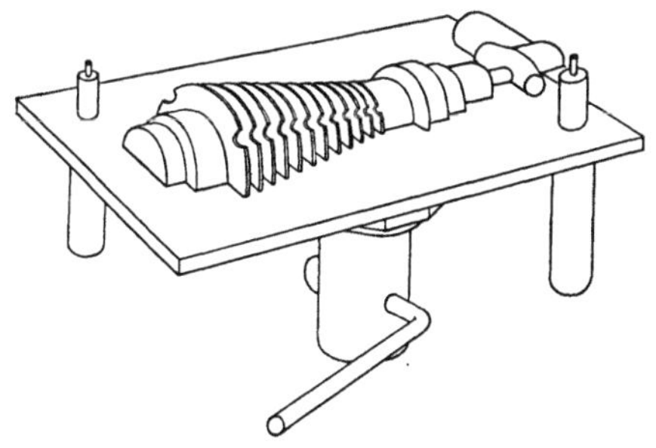

Abb. 2. Die Modelleinrichtung von oben gesehen

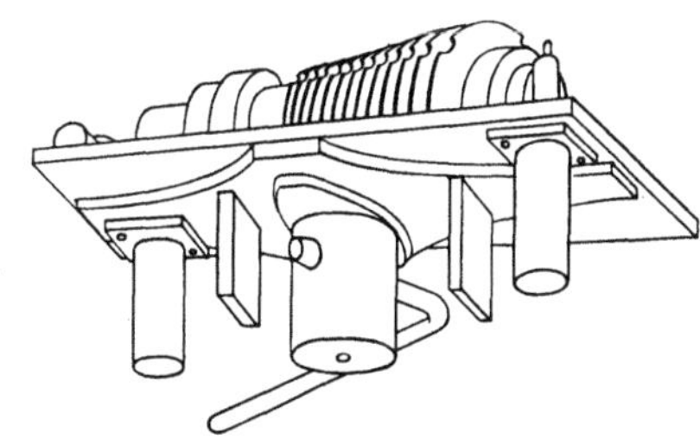

Abb. 3. Die Modelleinrichtung von unten gesehen

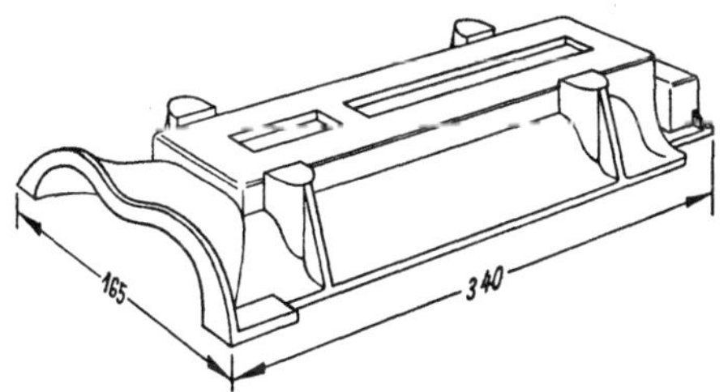

Abb. 4. Formschalenhälfte von oben gesehen

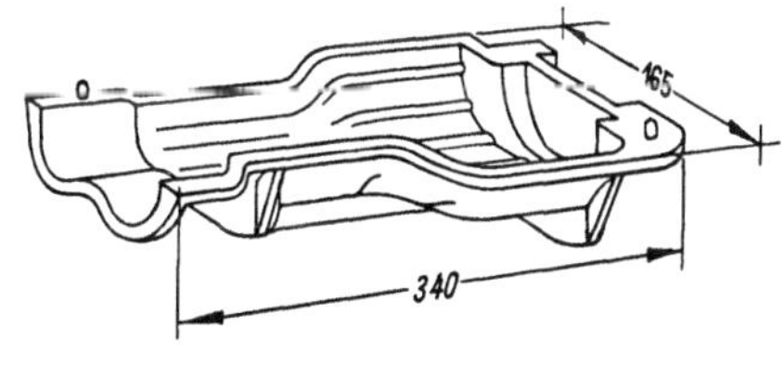

Abb. 5. Formschalenhälfte von unten gesehen

Preßluftzylinder auf und ab beweglich angeordnete Modelleinrichtung (Abb. 2 u. 3) auf die Formschalen (Abb. 4 u. 5).

Durch einen im unteren Teil der Maschine befindlichen Druckausgleichsbehälter unterstützt, wurde das Luft-Sand-Gemisch eingeschossen. Die Dicke der Sandschicht betrug je nach Gußstückgröße (5) 10 bis 25 mm. Durch Luftrillen an der Deckplatte der Formeinrichtung entwich die Luft und die Sandmischung legte sich an die Modellpartien an. Nach Beendigung des Blasvorganges wurde die Modelleinrichtung unter Betätigung eines Vibrators nach oben aus der Form gezogen. Die beiden fertig geformten Zylinderhälften wurden seitlich von der Maschinengrundfläche abgezogen, auf eine Rollstrecke gesetzt und durch eine kleine Blaskabine geführt. Hier wurden die Formen mit einem leichten Anblasöl angeblasen. Bereitstehende Trockenregale nahmen die Formen auf. Die Trocknung erfolgte in einer mit Gas beheizten Trockenkammer bei ca. 210 °C etwa 60 Minuten lang.

Nach dem Auskammern wurden die noch warmen Formen mit einem Wasser-Graphit-Gemisch angeblasen und zur Montagestrecke geführt. In je zwei Formhälften wurde ein Bohrungskern eingelegt, die Form zusammengesetzt und unter Beilage eines geriffelten Bleches zur Luftabführung in einen Spannrahmen gesetzt.

Abgegossen wurden die Formen mit Handgießpfannen. Anschließend wurden die Spannrahmen entfernt, die Formen geöffnet und die Abgüsse in Spezialbehältern zur Putzerei gebracht. In Abb. 6 sind die Spannrahmen fertig zum Abguß zu finden. Das Verfahren hatte sich bei der Herstellung von Rippenzylinder jeder Art durch seine Einfachheit und die billigen Sandmischungen gut bewährt.

Beispielsweise sind für die Produktion der Rippenzylinder des Volkswagens 2,3 kg Schalenmischung und 1,3 kg Kernsand verwendet worden. Zur Produktion von 800 Rippenzylindern je Tag sind angesetzt worden: ein Fünftel der Arbeitszeit eines Sandmischers, ein Mann bediente die Blasmaschine, ein weiterer Mann überwachte die Trocknung und die Zu- und Abfuhr aus dem Ofen; ein vierter Mann war zur Kontrolle und ein letzter und fünfter Mann wurde zum Zusammenbau eingesetzt.

Abb. 6. Spannrahmen mit den Formschalen zum Gießen fertiggestellt

Eine andere Variante des Formschalenverfahrens wird von DIETERT [1] beschrieben. Dabei wird ebenfalls durch eine Blasmaschine die Schale — hier Maske genannt — hergestellt. Die Sandmischung ist durch einen nicht näher beschriebenen Ölbinder (1 bis 3%) gekennzeichnet.

RABINOWICH und Mitarbeiter [2] legten dem internationalen Gießereikongreß, Wien 1961, eine Arbeit vor, die ebenfalls ein Formschalenverfahren zum Gegenstand hat. Die ersten Vorschläge zur Einsparung an Formstoffen und Verbesserungen der in solchen Formschalen vergossenen Gußteile gehen auf das Jahr 1944 zurück. In der ersten Stufe des Formverfahrens wird eine Gußsandschicht durch Einblasen geformt. Danach wird diese Schicht in der zweiten Stufe unter hohem Druck verdichtet. Damit wird eine gleichmäßige Dichte der Sandschicht ermöglicht. Für die Massenproduktion wird eine vorprofilierte Formkastenschale mit einer dünnen Sandschicht empfohlen. Die Sandschicht kann als Grünform, angetrocknet oder getrocknet verwendet werden. Der Kontakt der Sandschicht mit der Formkastenschale erfolgt durch den Preßvorgang der zweiten Stufe. Für eine Serienproduktion werden Formen mit Versteifungsrippen benutzt. Man verwendet dazu das CO_2-Verfahren. Die Oberfläche sowie die Maß- und Gewichtssicherheit der Gußteile sind infolge des Preßdruckes der zweiten Stufe verbessert. Der Rückgang der Gasdurchlässigkeit des Sandes, der eine Folge des Pressens ist, wird durch die dünne Sandschicht ausgeglichen.

Auch bei diesem Verfahren wird der wirtschaftliche Vorteil, der durch Einsparung der Formstoffe, Binder u. a. entsteht, und der vor allem eine höhere Arbeitsleistung sichert, hoch eingeschätzt.

Literatur

[1] DIETERT, H. W.: Foundry 1953, Nr. 7, S. 169; BARLOW, T. H.: Castings 1956, Nr. 9, S. 24. — [2] RABINOWICH, B. V., PLATONOV u. F. F. REZINSKICH: Kongreßvorträge: Int. Gieß.-Kongreß, Wien 1961, S. 293; s. dort auch weitere Literatur.

Das Gipsformverfahren

Von **F. Roll**, Duisburg

Mit 2 Abbildungen

Gips als Formverfahren war schon im Altertum bekannt. In Altsyrien (Antiochia) ist dieser Formstoff schon um 4000 v. Chr. in Verbindung mit dem Wachsausschmelzen zur Herstellung von Kunstgußgegenständen angewendet worden. Auch die Römer zur Zeit Cäsars haben sich dieses Verfahrens bedient. So ließ der Kriegsbaumeister Vitruvius als Formstoff Gips verwenden. In unserer Zeit sind mehrere Verfahren zu verschiedenen Zwecken ausgebaut worden:

1. das Sulzer-„G"-Verfahren [*1*] für Leicht- und Buntmetalle und auch für GG und GS,
2. das Antioch- und ALCO-Verfahren [*2*] für Al-Guß,
3. das Capaco-Verfahren für Schwermetallguß vor allem für Modellplatten [*3*] und
4. das Schaumgipsverfahren [*3*] für den gleichen Zweck.

Die Anwendung von Gips als Formstoff findet sich auch in der Zahn- [*4*] und in der Bijouterie-Technik und hat hier beachtliche Vorzüge. Gips kommt in der Natur als Dihydrat ($CaSO_4 \cdot 2\,H_2O$) vor, das durch *Brennen* in verschiedene Hydratformen überführt werden kann (Bd. I/1, S. 365). Für GG und GS wird Gips als Halbhydrat ($CaSO_4 \cdot {}^1/_2H_2O$) angewendet. Durch Wasser wird der Dihydratzustand wieder zurückgebildet. Diese Rückbildung verläuft wahrscheinlich über einen sich zuerst bildenden gelartigen Zustand, in dem sich dann feine Nädelchen [*4* und *5*], bilden, die untereinander stark verfilzt sind.

Um diesen Formstoff für das Gießen von Fe-C-Guß-Legierungen geeignet zu machen, werden verschiedene Stoffe zugesetzt. Neben Sand bis 50% des Volumens hat sich auch Zirkon- und Olivinsand besonders bewährt.

Die Oberfläche solcher Formen kann, um den Gießtemperaturen besser widerstehen zu können, mit Überzügen (spritzen) aus Graphit, Zirkonmehl u. a. ähnlichen Mitteln versehen werden. Die Gasdurchlässigkeit wird mit Zusätzen wie Asbest, Talkum — in einem Fall Holzmehl bzw. Häcksel — versetzt. Portlandzement (5 bis 20%) kann die Festigkeit der Formen erhöhen. Entscheidend für die Zusätze ist die Schwindung nach dem Trockenprozeß. Der Abbindeprozeß ist durch weitere Zusätze wie Wasserglas und weitere Salze der Alkalien zu steuern. Wasserglas z. B. verzögert den Abbindeprozeß. Die Abbindung wird auch durch eine Erhöhung der Gewichtsverhältnisse Wasser/Gips (Faktor: WGF) verzögert.

Als Modelle werden Metalle, meist Messing, das dem Gipsbrei gegenüber widerstandsfähig genug ist, verwendet. An die Oberflächengüte der Modelle stellt das Verfahren hohe Ansprüche. Um die Toleranzen der Gußstücke auf das kleinstmögliche Maß zu beschränken, kann man auch Modellplatten aus niedrig schmelzenden Metallen, die nach dem Druckgußverfahren erstellt werden, herstellen. In solchen Fällen sind jedoch größere Serien notwendig. Als Trennmittel werden u. a. Silikone vorgeschlagen (sprühen). Die auf einer Grundplatte gut verankerten Modelle sind von einem Formrahmen umgeben, der dann den Gipsbrei aufnehmen kann. Der vergießfähige gut durchgearbeitete Gipsbrei wird vorsichtig und unter Vermeidung von Luftblasen auf die Platte vergossen. Das Trocknen erfolgt in einer mittleren Zeit von etwa 20 Minuten. Das Abheben geschieht meist durch Abhebestifte. Danach folgt das Trennen vom Formrahmen. Wesentlich ist nun das Trocknen der Formen. Jede Formhälfte wird dabei für sich getrocknet. Neben dieser offenen Trocknung kann man auch die sogenannte geschlossene Trocknung, wobei die Hälften zusammengelegt werden, durchführen.

Die Trocknung wird auf verschiedene Weise vorgenommen. Beim Capaco-Verfahren (Castings Patent Corporation, Chicago) erhitzt man die Formen bis auf 800 °C, um sie dann wieder auf etwa 200° abzukühlen. Eigenartigerweise entstehen bei dieser Art der Mischung des Gipsbreies fast keine Formrisse.

Man nimmt an, daß daran die rasche Wasserabführung beteiligt ist. Nach den Berichten sind nach dieser Art des Trocknens nur noch etwa 5% des chemisch gebundenen Wassers vorhanden. Die Gesamtzeit der Trocknung liegt bei etwa 20 Minuten bei ungefähr 800 °C und 90 Minuten bei etwa 200°, die dem Temperaturausgleich dienen. Das ergibt zusammen 110 Minuten.

Trocknet man dagegen bei niedriger Temperatur (100 bis 250 °C), so muß mit Trockenzeiten bis 24 Stunden gerechnet werden. Das Antioch-Verfahren der Antioch College in Yellow Springs, Ohio, arbeitet mit einer Behandlung mit überhitztem Dampf, die 5 bis 10 Stunden beträgt. Diese Art der Trocknung verbürgt eine gute Gasdurchlässigkeit der Form, da der Gips sich grobkristallin ausscheidet. Beim Schaumgipsverfahren werden dagegen Trockentemperaturen bei etwa 100 °C angewendet. Das Kristallwasser scheidet sich erst beim Gießen ab. Gußsorten, die auf Wasserstoff ansprechen, sind deswegen

a

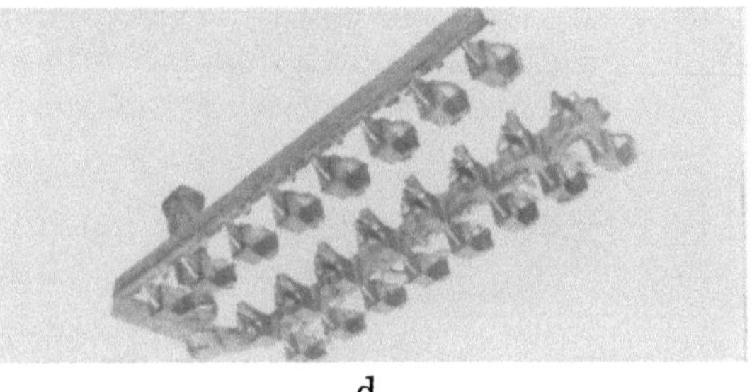

d

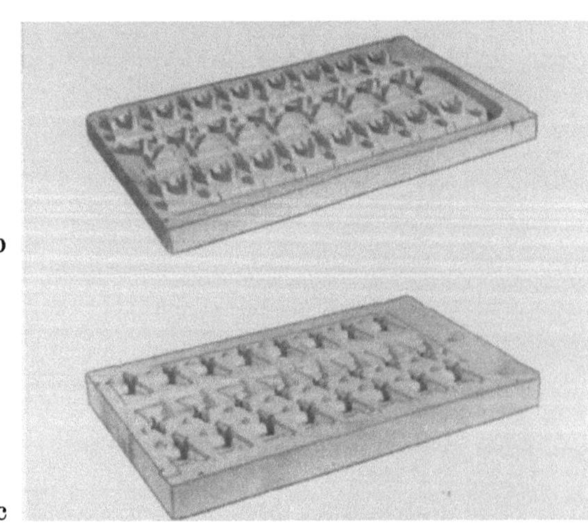

b

c

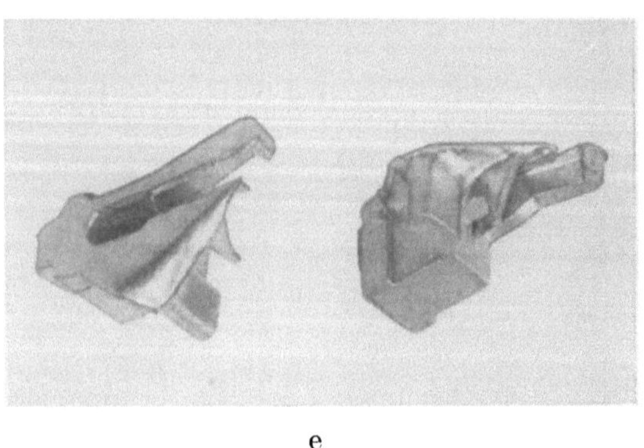

e

Abb. 1a—e. Gipsformverfahren für GS (INJECTA Aktiengesellschaft, Teufenthal/Aargau, Schweiz)

a) Modell mit Formrahmen; b) und c) Formhälften;
d) Abgüsse an den Läufen (von unten gesehen); e) Gußstücke

diesen Verfahren gegenüber empfindlich, wenngleich der hohe Porengehalt einen guten Abzug der Gießdämpfe sichert.

Man trocknet in den üblichen mit Gas oder Öl beheizten Trockenöfen (Kammer- und Durchlauföfen). Da das Dihydrat einen Dipolcharakter aufweist, kann auch mit Hochfrequenztrocknung gearbeitet werden. Dabei läßt sich das freiwerdende Wasser bei guter Spülung mittels Luft leicht abführen.

Die Kerne werden entweder in Ölsand oder in Maskenkernen bereitgelegt.

Wesentlich ist das rasche Zulegen der Formen und das unmittelbar darauffolgende Gießen (Abb. 1 u. 2). Die Anschnitt-Technik ist auf das Gußstück abzustellen. Für eine gute Luftabführung ist zu sorgen. Bremsläufe (Zirkonsandüberzüge) haben sich bei senkrecht fallendem Guß bewährt. Da die Gipsform viel Wärme speichert, sind Kokillen an dickwandigen Übergängen notwendig. Sehr dünnwandige Gußteile können durch Anlegen von Vakuum mit Erfolg vergossen werden.

Abb. 2. Formen beim Abgießen
(INJECTA Aktiengesellschaft, Teufenthal/Aargau, Schweiz)

Dem Flüssigkeitsauftrieb begegnet man am einfachsten durch Spannrahmen. Das Putzen erfolgt auf bekanntem Wege. Die so erzeugten Gußteile aus GG oder GS, vor allem hochlegierter Art, sind sehr maßhaltig.

Nach Mitteilungen der Firma Sulzer, Winterthur, liegen die Grenzen der Gußstücke aus GG und GS, einschließlich rostfreier, korrosionsbeständiger sowie warmfester Sorten bei 15 kg. Als Modelle hat sich am besten Messing bewährt. Holzmodelle können bei Kleinserien verwendet werden, jedoch müssen dann die Genauigkeitsanforderungen zurückgesetzt werden. Die möglichen Toleranzen für funktionswichtige Maße werden angegeben mit:

$$\pm 0{,}5\%;\ \text{minimal} \pm 0{,}2\ \text{mm, maximal} \pm 0{,}5\ \text{mm.}$$

Bei Kernpartien kann minimal $\pm 0{,}1$ bis maximal $\pm 0{,}3$ mm eingehalten werden. Für untolerierte Maße bis 20 mm sind Werte von $\pm 0{,}3$ mm für über 20 mm $\pm 1{,}5\%$ möglich.

Diese engen Toleranzwerte machen das Formverfahren wettbewerbsfähig. Ein Teil des ausgeschlagenen Gipses kann wieder verwendet werden.

Literatur

[1] Sulzer, W.: Techn. Rundschau, Sulzer 38 (1956) Nr. 1, S. 1. — [2] Irmann: Aluminiumguß in Sand und Kokille. — [3] Piwowarsky, E., u. A. Schorr: Gießerei, Technisch-wissensch. Beihefte (1954) H. 13, S. 685. — [4] Weikart, F.: Werkstoffkunde, München: Hanser 1953. — [5] Kruis, A., u. H. Späth: Tonindustrie-Zeitung 75 (1951) H. 21/22, S. 341; H. 23/24, S. 395.

Das Formmaskenverfahren nach Croning

Von **F. Pölzguter** †, Bochum

Mitbearbeitet von H. L. Kalthoff, Bochum

Mit 42 Abbildungen

I. Grundlage des Verfahrens

Der Einsatz von Kunststoffen als Bindemittel des Sandes bildet die Grundlage des Formmaskenverfahrens. Im Gegensatz zu dem im Sandgußverfahren üblichen Quellton entwickeln Kunstharze als Bindemittel von Quarzsand derartige Festigkeiten, daß an Stelle der kompakten Formen und Kerne leichte, stabile Formmasken und Hohlkerne verwendet werden. Diese Masken werden nach dem Einlegen der Kerne wie Ober- und Unterkasten zusammengelegt, verklammert oder verklebt und vergossen.

II. Geschichtliches

Der Erfinder des Verfahrens ist der Hamburger Johannes Croning. In einem Privatlaboratorium begann er seine Forschungsarbeiten mit dem Ziel, ein technisches Form- und Kernherstellungsverfahren auszuarbeiten, das es ermöglichen sollte, besonders maßgenaue und spannungsfreie Gußstücke zu erzeugen. Bei den Vorstufen des heutigen Verfahrens wurden zuerst Quarzsand und Kaolin als Trägerflüssigkeiten zur Herstellung von Formen verwendet. Zur Fertigung von Hohlkernen wurden in verschiedenen Richtungen Versuche nach dem Schlicker-Sturzgußverfahren durchgeführt, die jedoch wegen technischer Schwierigkeiten, besonders wegen mangelnder Gasdurchlässigkeit, zu keinem Erfolg führten. Auch Versuche, die Formen oder Kerne aus mehreren Schichten zu bilden, führten nicht zum Ziel.

Erfolgversprechende Ergebnisse zeigte der Einsatz wasserlöslicher Kunstharze als Bindemittel. Der Weg zum trockenen, rieselfähigen Sand-Kunstharz-Gemisch war damit gewiesen. Diese Verfahrensabschnitte führten zur Erteilung des Basispatentes DBP 832 937 vom 2. Februar 1944. Die Einführung von Silikonölen als wirksames Trennmittel zwischen Maske und Modellplatte bzw. zwischen Hohlkern und Kernkasten beseitigte die letzten technischen Schwierigkeiten und gab damit den Weg zur breiten, industriellen Anwendung frei.

III. Verfahrenstechnik

Die Verfahrenstechnik besteht zur Zeit darin, daß ein rieselfähiges Sand-Kunstharz-Gemisch verwendet wird, das sich zu 94 bis 96 Gewichts-% aus trockenem, feinem Quarzsand und 6 bis 4 Gewichts-% Phenol- bzw. Phenol-Kresol-Kunstharzen zusammensetzt. An Stelle eines Sand-Kunstharz-Gemisches kann ebenfalls harzumhüllter Sand verwendet werden. Hierbei kann man von dem preislich wesentlich günstigeren flüssigen Kunstharz ausgehen.

Bei Anwendung eines harzumhüllten Sandes wird der unliebsamen Entmischung von Sand und pulverförmigem Harz vorgebeugt, die Dichtigkeitsunterschiede in den fertigen Masken hervorrufen kann. Ebenfalls wird eine störende Staubentwicklung in der Gießerei vermieden.

Die Kunstharzbinder enthalten als Härtungsmittel Hexamethylentetramin. Der Schmelzpunkt der Harze liegt bei etwa 100 °C. Zur Herstellung von Formmasken wird der rieselfähige Formstoff auf ca. 250 °C heiße Metallmodellplatten aufgebracht. Durch Einwirkung der Modellplattentemperatur schmilzt der Harzanteil der Mischung. Dadurch bildet sich gleichförmig um das Metallmodell eine Schicht aus Quarzkörnern und geschmolzenem Kunstharz als Bindemittel. Die erwünschte Schichtdicke (gleich Formmaskenwandstärke) von etwa 5 mm entsteht in 6 bis 12 sek. Der überschüssige, von der Temperatur der Modellplatte noch nicht beeinflußte Formstoff wird zur Wiederverwendung abgekippt.

Die auf der Modellplatte anhaftende Schicht wird bei einer Temperatur von 450 °C etwa 45 sek lang ausgehärtet und anschließend als gebrauchsfertige Maske abgehoben. Hohlkerne werden nach demselben Prinzip durch Einbringen des Formstoffes in erwärmte Metallkernkästen hergestellt. Von der Kernkasteninnenfläche aus bildet sich innerhalb weniger Sekunden eine angebackene Schicht. Der Formstoff im Innern des Kernkastens wird zur Wiederverwendung ausgeschüttet, während die angebackene Schicht ebenfalls im Kernkasten ausgehärtet werden muß und dann als gebrauchsfertiger Kern entnommen werden kann.

Nach dem Einlegen der Kerne werden die Maskenhälften zusammengelegt und durch Klammern oder Anwendung eines geeigneten Klebemittels fest zusammengehalten. Zur Aufnahme des Gießdruckes werden die Masken meist mit Sand oder Stahlkies hinterfüllt und sind damit zum Abguß bereit. Der Wärmeinhalt des erstarrten Gußstückes ist immer noch groß genug, um den Binderanteil des Formstoffes vollständig zu verbrennen, so daß der reine Quarzsand von der Oberfläche und aus den Kernpartien des Gußstückes frei wegrieselt.

A. Formstoffe

1. Sande

Der für das Formmaskenverfahren zur Verwendung kommende Quarzsand muß trocken und möglichst frei von Beimengungen sein, wie z. B. Kalk, Ton und Oxyde aller Art. Der Tongehalt sollte nicht mehr als 0,5% betragen; höhere Tongehalte führen zu geringeren Maskenfestigkeiten. Zur Erzielung einer möglichst hohen Oberflächengüte werden feinkörnige Sande eingesetzt, deren Körnung meistens zwischen 0,1 und 0,2 mm liegt.

Um eine möglichst hohe Festigkeit der Formmasken zu erhalten, wählt man für die Herstellung am besten ein rundes Sandkorn, da dieser Sand durch seine dichte Packungsmöglichkeit eine hohe Biegefestigkeit gewährleistet.

Für die Kernherstellung ist eckiger Sand nicht zu empfehlen; hier muß der überschüssige Formstoff aus dem Kernkasten durch Herausrieseln entfernt werden, was bessere Fließeigenschaften der Formstoffmischung erfordert. Aus diesem Grunde ist bei Kernen die Verwendung eines möglichst runden Kornes zu empfehlen.

Vom wirtschaftlichen Standpunkt aus gesehen, ist eine Sandart anzustreben, die einen möglichst geringen Kunstharzanteil der Formstoffmischung erfordert, denn zur Erzielung einer bestimmten Maskenfestigkeit ist der notwendige Kunstharzgehalt abhängig von der Gesamtkornoberfläche; d. h., je feinkörniger der Sand, desto größer der Kunstharzbedarf. Der Einfluß zweier verschiedener Körnungen auf die Kaltbiegefestigkeit des Formstoffes wird in Abb. 1 dargestellt.

Aus der Abbildung geht deutlich hervor, daß bei gleichen Harzgehalten der gröbere Sand Nr. 2 eine wesentlich größere Festigkeit aufweist als der Sand Nr. 1. Das bedeutet, daß man zur Erzielung der gleichen Festigkeit bei groben Sanden mit wesentlich geringeren Kunstharzgehalten auskommen kann, als bei feineren Sanden. Andererseits senken gröbere Sande die Oberflächengüte. Die Auswahl einer geeigneten Körnung muß den jeweiligen Anforderungen an das Gußstück entsprechen. An Stelle von Quarzsanden kann ebenfalls Zirkonsilikatsand eingesetzt werden.

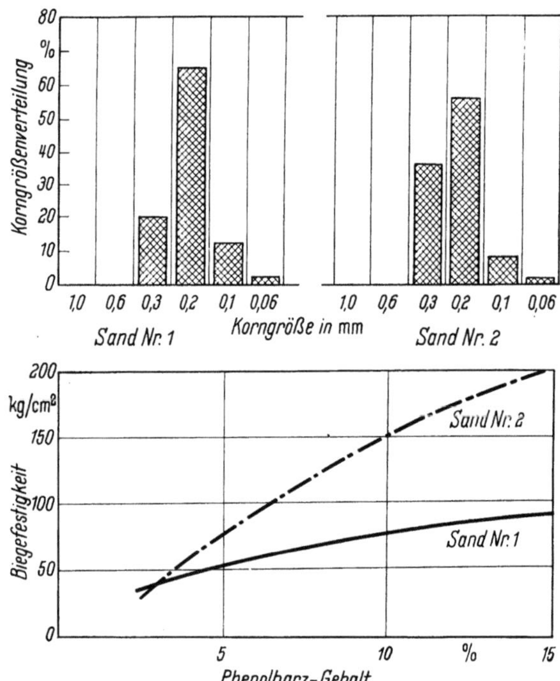

Abb. 1. Einfluß der Sandkörnung auf die Kaltbiegefestigkeit bei unterschiedlichen Harzgehalten

2. *Kunstharz als Bindemittel*

Die Grundlage des Einsatzes von Phenol- bzw. Phenol-Kresol-Formaldehyd-Harzen als Bindemittel des Sandes bildet ihre Härtbarkeit durch Wärmeeinwirkung. Als Härtungsmittel wird den Harzen 10 bis 14 Gewichts-% Hexamethylentetramin zugesetzt.

Die Phenol-Kresol-Harze gehören zu der Gruppe der sogenannten Kondensationsharze. Diese entstehen dadurch, daß mehrere einfache niedermolekulare Verbindungen, z. B. Phenol und Formaldehyd miteinander reagieren unter Bildung von Kondensationsprodukten, die zu hochmolekularen Polykondensaten ausgehärtet werden können.

Der Aufbau dieser Phenol-Formaldehyd-Kunstharze kommt dadurch zustande, daß die einzelnen Phenolkerne als Folge der Formaldehydeinwirkung durch Brücken verschiedener Art, wie z. B. über Methylen- (CH_2)-, Dimethylenäther- (CH_2–O–CH_2)- und Dimethylenamin- (CH_2–NH–CH_2)-Gruppen miteinander verbunden werden. Die Dimethylenamingruppe tritt auf, wenn Ammoniak oder Hexamethylentetramin als Kondensationsmittel oder Härter verwendet werden. Dabei werden unter Verkettung und schließlich unter Vernetzung hochmolekulare Stoffe aufgebaut. Solange in Phenolharzen nur Ketten, also zweidimensionale Moleküle, vorliegen, bleiben diese reversibel schmelzbar und löslich. In dem Maße, in dem sich vernetzte, also dreidimensionale Moleküle im Verlauf der Kondensation und Aushärtung bilden können, gehen Phenolharze in den unschmelzbaren und unlöslichen Zustand über.

Die Zusammenstellung nach K. HULTZSCH gibt eine Übersicht über das Gebiet der Phenol-Formaldehydharze (Abb. 2).

Für eine technische Betrachtung können zwei Harzgruppen unterschieden werden:

1. Die in alkalischer Reaktion herstellbaren Resole, die folgende drei Zustände bilden können:

a-Zustand (Resol): löslich, schmelzbar, eigenhärtend.

b-Zustand (Resitol): nur noch erweichbar im Quellbad, eigenhärtend.

c-Zustand (Resit): unlöslich, unschmelzbar, ausgehärtet.

2. Die durch saure Kondensation herstellbaren Novolake, die löslich und reversibel schmelzbar sind, jedoch durch Zusatz eines Härtemittels, das Methylengruppen liefert, können indirekt gehärtet werden. Hierzu verwendet man Hexamethylentetramin.

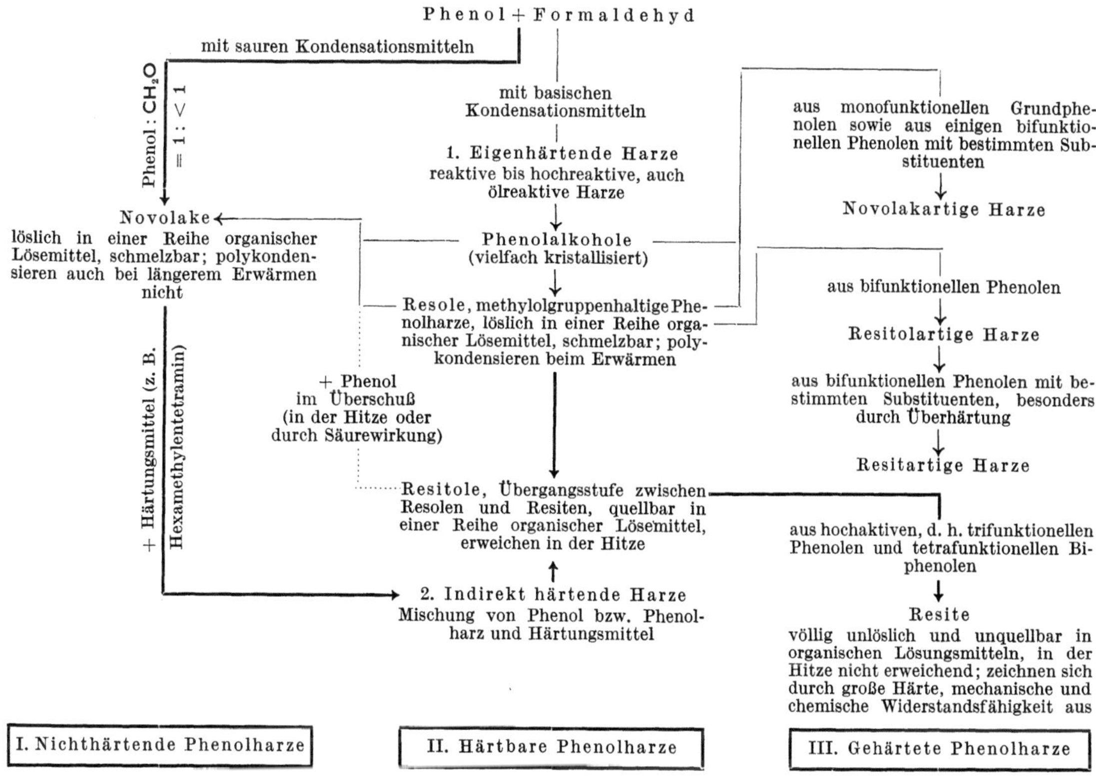

Abb. 2. Einteilung der Phenolharze (nach K. HULTZSCH)

Die Abb. 3 gibt einen Überblick über die Arten der Phenolharzhärtung.

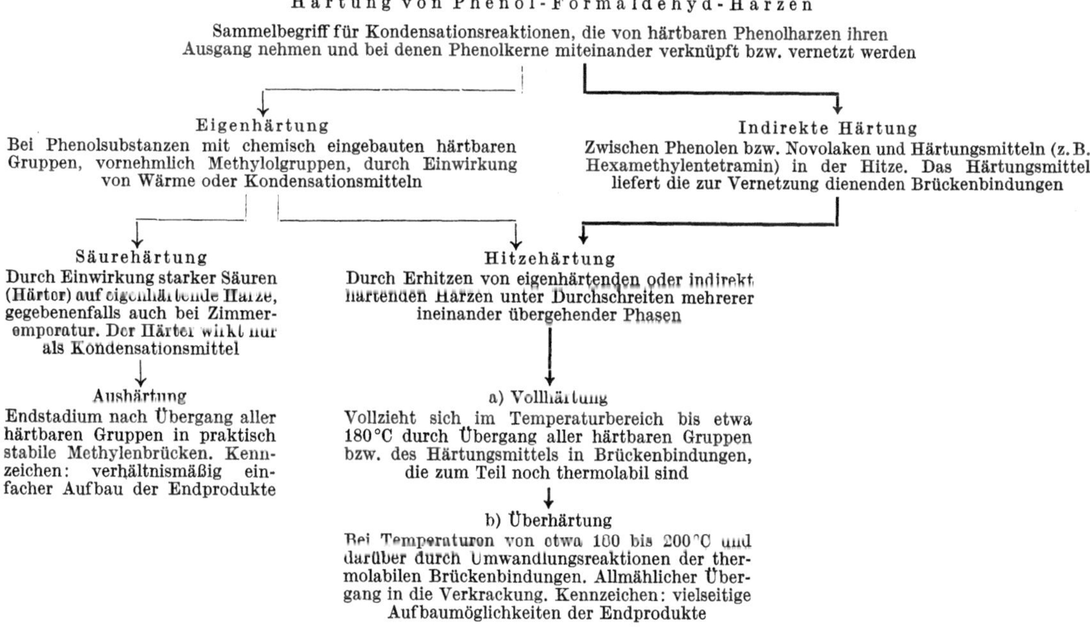

Abb. 3. Arten der Phenolharzhärtung (nach K. HULTZSCH)

In den Abb. 2 und 3 sind die für das Formmaskenverfahren geeigneten Harzgruppen und Härtestufen durch fettgedruckte Linien gekennzeichnet.

Die mit alkalischen Katalysatoren gewonnenen Resole sind im a-Zustand schmelzbar und enthalten die zu Brückenbildungen führenden Methylolgruppen. Diese werden durch Temperatureinwirkungen aktiviert. Unter Wasserabspaltung tritt die Aushärtung durch Verkettung der einzelnen Phenolkerne untereinander ein. Dieser Harztyp ist also eigenhärtend und wird als einstufiges Harz bezeichnet. Härtbare, resolartige Phenolharze können grundsätzlich für das Formmaskenverfahren verwendet werden, haben jedoch vor allem infolge der langsamen Aushärtung bisher keine große Verwendung für diesen Zweck gefunden. Weiterhin läßt ihre Lagerfähigkeit zu wünschen übrig.

Dagegen lassen sich die mit sauren Kontaktmitteln gewonnenen sogenannten Novolake hervorragend für das Formmaskenverfahren einsetzen. Sie sind nicht selbsthärtend, durch Zusatz von Hexamethylentetramin können sie jedoch bei Wärmeeinwirkung zur Aushärtung gebracht werden. Die Novolake sind indirekt härtende Phenol-Formaldehyd-Harze, denen die benötigte restliche Formaldehydmenge zur Aushärtung in einer zweiten Stufe über Hexamethylentetramin zugeführt wird. Sie werden daher zweistufige Harze genannt. Der Schmelzpunkt der Novolake liegt bei etwa 90 bis 100 °C. Bei den angewendeten Modellplattentemperaturen von 250 °C verflüssigen sich die Harzteilchen innerhalb kurzer Zeit und gewährleisten dadurch eine gute Benetzung, Einhüllung und Verbindung der einzelnen Sandkörner untereinander.

Die zum Einsatz für das Formmaskenverfahren gelangenden Kunstharze sind auf 0,06 mm Körnung feinstgemahlen. Auf dem Maschensieb 10000 nach DIN 1171 Nr. 100, soll höchstens ein Rückstand von 1% bleiben. Bei kühler und trockener Lagerung bereiten diese zweistufigen Phenolharze keinerlei Schwierigkeiten.

3. Herstellung der Formstoffmischung

Der Formstoff besteht aus 94 bis 96 Gewichts-% Quarzsand und 6 bis 4 Gewichts-% Kunstharzbinder sowie 0,5 Gewichts-% Entmischungsverhinderungsmittel. Hierbei handelt es sich um ein Spindelölraffinat, dessen Viskosität etwa 5 Englergrade betragen soll. Der Mischvorgang selbst kann in den verschiedensten Mischaggregaten durchgeführt werden, seien es nun Rührwerke oder Kollergänge. Beim eigentlichen Mischprozeß wird zuerst der Sand mit dem Spindelöl so lange durchmischt, bis das Sandkorn benetzt ist und daraufhin das Kunstharz untermischt. Die sorgfältige Zubereitung der Mischung ist von großer Bedeutung, da von ihr die Festigkeit der Formen und Kerne, deren saubere und glatte Oberfläche und damit auch die Oberfläche des Gusses abhängt.

Das Kunstharz darf nicht volumenmäßig zugegeben werden, sondern muß für jede einzelne Mischung besonders abgewogen werden, da sich der Binder in den Behältern mehr oder weniger dicht lagert. Die beste Kontrolle für die richtige Zusammensetzung der Mischung geschieht durch Ausbrennen des Kunstharzbinders bei nachfolgender Zurückwaage des Sandgehaltes. Hierbei müssen mindestens zwei Proben von je 20 g gemessen werden.

4. Harzumhüllter Sand

An Stelle eines Sand-Kunstharz-Gemisches kann ebenfalls harzumhüllter Sand verwendet werden. Im Gegensatz zu der oben beschriebenen Formstoffmischung, bei der Sand und Kunstharzpartikel getrennt nebeneinander liegen und nur durch eine geringe elektrostatische Ladung zusammengehalten werden bzw. durch den Mischvorgang durch Reibung teilweise aneinandergerieben worden sind, wird bei harzumhülltem Sand jedes einzelne Sandkorn mit einem dünnen Kunstharzfilm umgeben. Die Abb. 4 zeigt die normale Mischung, in der Sand und Harzteilchen nebeneinander liegen, während die Abb. 5 harzumhüllten Sand gleicher Körnung wiedergibt.

Zur Herstellung harzumhüllter Sande werden zur Zeit noch mehrere Verfahren nebeneinander angewendet. Allen Verfahren liegt das gleiche Prinzip zugrunde: den Kunstharzbinder kurzzeitig zu verflüssigen, und durch den Mischvorgang jedes einzelne Sandkorn mit einem Kunstharzfilm zu überziehen. Durch Erkalten des Harzes oder Austreiben des Lösungsmittels des Harzes muß der Kunstharzfilm auf dem Sandkorn anschließend getrocknet werden. Die flüssigen Lösungsmittel werden über dem Mischaggregat abgesaugt und können in entsprechenden Anlagen zur Wiederverwendung zurückgewonnen werden. Bei der Trocknung des Kunstharzes ballt sich die gesamte Mischung zu einem festen Block zusammen, der in einzelne Sandkörner gebrochen werden muß, um den erwünschten rieselfähigen Formstoff zu erhalten.

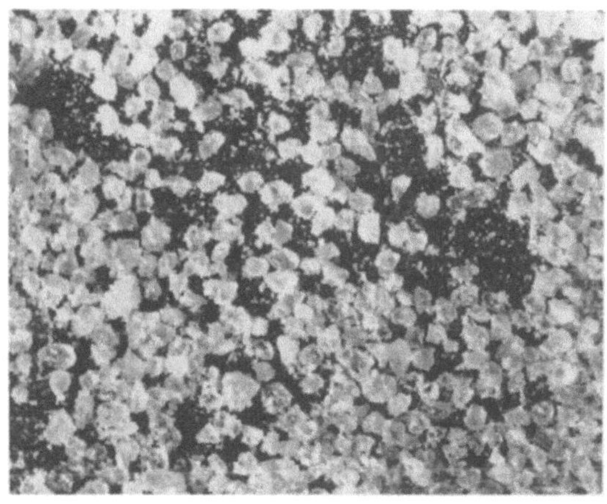

Abb. 4. Trockene Sand-Kunstharz-Mischung, 6% Harzgehalt, Nivelsteiner Quarzsand

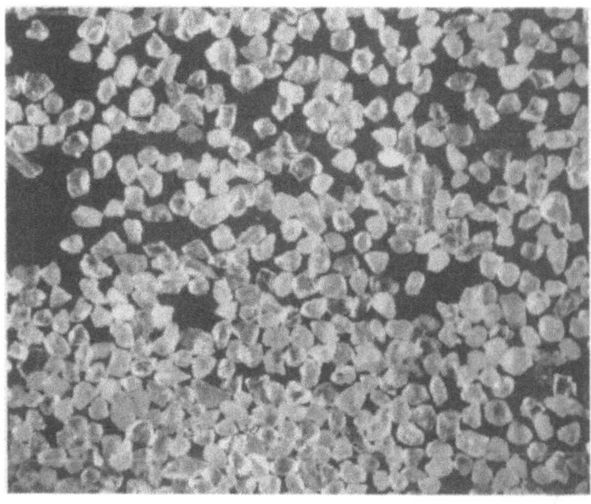

Abb. 5. Harzumhüllter Sand, 3% Kunstharz, Nivelsteiner Quarzsand

Die verschiedenen Herstellungsverfahren seien kurz beschrieben:

a) Pulverförmiges Kunstharz und Lösungsmittel, kalter Sand. Phenolharze sind in Alkoholen löslich. Das erste Verfahren macht sich die Löslichkeit der Harze in flüchtigen Lösungsmitteln zunutze, um trockene harzumhüllte Sandkörner zu erhalten. Sand und pulverisiertes Kunstharz werden in einem Mischer trockengemischt, darauf wird Methylalkohol oder Spiritus mit einem Wasserzusatz als Lösungsmittel des Harzes zugesetzt. Nach Verdunstung des Lösungsmittels wird so lange gemischt, bis die Mischung trocken und freifließend ist. Nachteil dieser Mischung: Die Verwendung von pulverisiertem Kunstharz ist unwirtschaftlich.

b) Erwärmter Sand und körniges Kunstharz. Novolake härten durch Wärmeeinwirkung ohne Hexamethylentetraminzusatz bekanntlich nicht aus. Zur Herstellung von harzumhülltem Sand wird der Sand auf eine Temperatur von 150 bis 200 °C erhitzt und mit grob gemahlenem Novolak von 1 bis 3 mm Körnung in einem Mischaggregat gemischt. Die Harzkörner schmelzen sofort und umhüllen jedes einzelne Sandkorn. Die Zugabe von Hexamethylentetramin in wäßriger Lösung erfolgt bei einer Temperatur, die niedriger liegt als die Aushärtungstemperatur von Hexamethylentetramin und Formaldehyd. Der Mischvorgang wird fortgesetzt, bis jedes einzelne Sandkorn absolut trocken und die Mischung selbst frei fließend ist. Diese Methode hat den Nachteil, daß der Sand auf eine relativ hohe Temperatur gebracht werden muß.

c) Flüssiges Kunstharz und Lösungsmittel, kalter Sand. Pulverisiertes Kunstharz gewinnt man aus flüssigem Novolak, das zu einer festen Masse erstarrt und in Kugelmühlen auf eine Kornfeinheit von 0,06 mm gemahlen werden muß. Es erhält dann einen Zusatz von gemahlenem Hexamethylentetramin gleicher Körnung. Während man beim zweiten Verfahren schon auf das mit geringerem Arbeitsaufwand hergestellte und daher billigere grobkörnige Novolak überging, wird bei dieser Methode das beim Kondensationsprozeß anfallende flüssige Novolak noch vor seiner Erstarrung in alkoholartigen Lösungsmitteln gelöst. Eine derartige Fertigung verbilligt natürlich den Binderpreis. Beim eigentlichen

Mischvorgang werden Sand und Hexamethylentetramin trocken gemischt, dann erfolgt die Zugabe der Kunstharzlösung. Während dieser Zeit wird der Mischvorgang weiter fortgesetzt. Nach restloser Verdunstung des Lösungsmittels ist der Formstoff rieselfähig und gebrauchsfertig.

Der Mischvorgang kann bei diesem Verfahren durch den Einsatz von erwärmtem Sand wesentlich verkürzt werden. Der Sand braucht dabei nur eine Temperatur von 70 bis 80 °C aufzuweisen, um das Lösungsmittel, das meistens zur Gruppe der Alkohole gehört, schnell zu verflüchtigen. Sande mit einer Temperatur von 70 bis 80 °C fallen laufend in jeder Gießerei an, die ihren Sand selbst trocknet. Der Einsatz von erwärmtem Sand bei der Herstellung von harzumhülltem Sand dürfte also bei geeigneter Abstimmung auf die Sandtrocknung keine zusätzlichen Kosten verursachen.

Zur Austreibung des Restalkoholgehaltes wird bei allen drei Verfahren das Mischgut einem Kalt- bzw. einem Warmluftstrom ausgesetzt und anschließend über Siebe geleitet, um eine Kornvergröberung durch noch zusammengebackene Körner zu vermeiden. Harzumhüllte Sande weisen wesentlich höhere Biegefestigkeiten auf als Formmaskenmischungen, bei denen Sand und Kunstharz nebeneinander liegen. Der Grund für ihre höhere Festigkeit besteht allein in der dichteren Kugelpackung der umhüllten Sandkörner im Vergleich zur Trockenmischung, bei der die einzelnen Sandkörner durch Untermischung mit dem pulverisiertem Kunstharz weiter auseinander liegen, so daß beim Aushärten die Kunstharzbrücke zwischen ihnen größer sein muß.

Durch Entwicklung geeigneter flüssiger Novolake zur Herstellung von harzumhüllten Sanden lassen sich heute bei Festkunstharzgehalten von 3 Gewichts-% Biegefestigkeiten erzielen, die Trockenmischungen mit einem Harzgehalt von 6 Gewichts-% entsprechen. Die Verarbeitung von harzumhülltem Sand verbilligt das Formmaskenverfahren einmal durch Einsparung des Binderanteiles um 50% und zum anderen durch den Einsatz des billigeren flüssigen Kunstharzes. Die Verwendung dieses Formstoffes ist sehr wichtig, weil er ein staubfreies Arbeiten bei der Herstellung von Masken und Kernen ermöglicht und Entmischungserscheinungen ausschließt. Aus dem letzteren Grunde eignet sich diese Sandart auch besonders gut zum pneumatischen Fördern bei der Maskenherstellung sowie zum Blasen von Hohlkernen.

Ein weiteter Vorteil ist darin zu sehen, daß senkrechte Flächen besonders dicht und sauber ausfallen. Dies ist für die Ausbildung schwierig auszuformender Vertiefungen wie Sacklöcher und bei der Rippenzylinderherstellung von Wichtigkeit. Außerdem wird bei dieser Sandart die für eine bestimmte Maskenwanddicke notwendige Anbackzeit um rund 25% verkürzt, so daß die gesamte Maskenherstellung beschleunigt wird.

B. Modellplatten

Ein wesentlicher Bestandteil des Formmaskenverfahrens ist die Metallmodellplatte, auf die Metallmodelle hoher Präzision mit dem dazugehörigen Anschnittsystem montiert werden (Abb. 6).

Die Modellplatten müssen kräftig, dauerhaft, widerstandsfest gegenüber Abnutzung und verzugsfrei konstruiert sein, um wiederholtes Erhitzen bis zu Temperaturen von ca. 300 °C auszuhalten. Die Grundplatte wird zweckmäßig aus Grauguß hergestellt. Eine geeignete Graugußanalyse, die sowohl verschleißfest, wie auch verzugsfrei ist, und eine hohe Oberflächengüte durch Schleifen erhalten kann, hat folgende Zusammensetzung: C 3,1 %,

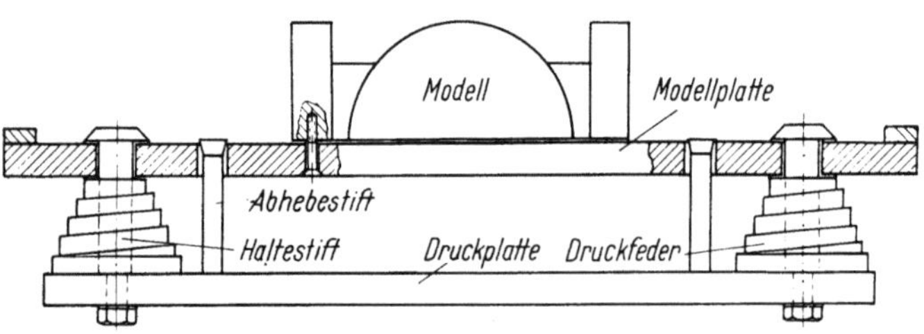

Abb. 6. Schematische Darstellung einer Metallmodellplatte

Si 1,9%, Mn 0,8%, S kleiner als 0,1%, P kleiner als 0,1%. Da der Formstoff selbst kleinste Unebenheiten mit abformt, empfiehlt es sich, die Modellplatten durch Schleifen vollständig plan zu gestalten.

Aufgesetzte Modelle können aus Grauguß, Stahl, Bronze oder Rotguß bestehen. Die Auswahl der genannten Werkstoffe ist abhängig von der Größe der Serie, die von den Modellen abgeformt werden soll. Für mittlere und große Serien haben sich sowohl Bronze- wie auch Graugußmodelle als genügend haltbar erwiesen. Die oben genannten Modellplattenwerkstoffe unterscheiden sich weiterhin hinsichtlich ihrer Wärmeleitfähigkeit. Bei Modellen, die sowohl flache Partien, wie sehr hohe Konturen aufweisen, besteht die Schwierigkeit einer gleichmäßigen Erhitzung und Aufrechterhaltung der Temperatur während des Arbeitsablaufes. Durch Ausnutzung der unterschiedlichen Wärmeleitfähigkeiten kann man die hohen Partien aus Stahl gestalten, um eine möglichst gleichmäßige Temperaturverteilung auf der gesamten Modelleinrichtung zu sichern.

Bei geringen Stückzahlen kann auch Aluminium als Modellplattenwerkstoff eingesetzt werden. Aluminiummodelle haben den Nachteil großer Empfindlichkeit gegen Schläge und Kerben, besonders bei der Modellplattensäuberung.

Die nutzbare Fläche der Modellplatte liegt zur Zeit zwischen 200 × 300 mm und 700 × 1000 mm. Bei großen Modellplatten können Modelle für beide Maskenhälften aufmontiert werden, so daß in einem Arbeitsgang eine komplette Form gefertigt werden kann. Über eine auf der Modellplatte angebrachte Brechleiste läßt sich die Maske in Ober- und Untermaske trennen.

Es ist besonders darauf zu achten, daß die einzelnen Modelle möglichst sauber und glatt gearbeitet sind. Je sauberer das Modell, desto maßgenauer ist der Abguß. Rauhtiefen über 3 μ verursachen Abhebeschwierigkeiten. Weiterhin müssen alle, auch die geringsten Hinterschneidungen sorgfältig vermieden werden, da die ausgehärtete Maske in der Hinterschneidung äußerst fest haftet. Die Dicke der Modellplatte, auf die die Modelle aufmontiert werden, beträgt im allgemeinen 8 bis 10 mm. Die Modelle selbst und das Anschnittsystem werden meistens mit einer Formschräge von 0,5° gearbeitet, sofern nicht die Form des Stückes oder die vorgeschriebene Toleranz dem entgegensteht. In die Modellplatten sind Führungen für das einwandfreie Zusammenpassen der beiden Formmaskenhälften eingearbeitet. Im allgemeinen sollte die positive Führung um 0,75 mm länger sein als die negative Führung.

Da Hohlkerne absolut maßgenau anfallen und die Maske selbst in den Kernmarken nicht wie im Sandguß verformbar ist, werden die Kernmarken auf der Modellplatte zweckmäßig im Durchmesser 0,15 mm größer als die Hohlkerne gehalten. Abhebestifte sind an geeigneten Stellen möglichst nahe am Modell anzubringen. Ihr Durchmesser beträgt meistens 8 bis 10 mm. Die Abhebestifte müssen in Ruhestellung etwas über der Modellplattenoberfläche hervorragen, im allgemeinen 0,5 mm. Diese erhöhten Abhebestifte bilden kleine Vertiefungen in der Maskenoberfläche, die beim Zulegen keinerlei Schwierigkeiten verursachen. Die unter der Modellplattenoberfläche zurückstehenden Abhebestifte würden in der Maske unliebsame Erhöhungen bilden, die zur Gratbildung während des Abgusses führen.

Die Abhebestifte selbst sind auf einer Druckplatte montiert, die durch Haltestifte und Druckfedern in ihrer Ruhestellung festgehalten wird. Von der Modelleinrichtung sind die Druckfedern dem größten Verschleiß ausgesetzt, weil sie durch die ständige Hitzeeinwirkung ganz besonders beansprucht werden. Im allgemeinen wird für die Fertigung der Federn ein Edelstahl 80 Ni, 20 Cr eingesetzt. Ebenfalls haben sich Federn aus Nimonic 90 bewährt, die sich besonders wegen ihrer hohen Kriechfestigkeit bei Temperaturbeanspruchung für diesen Verwendungszweck eignen.

Bei sehr hohen Toleranzanforderungen ist es zweckmäßig, für Modell und Modellplatte das gleiche Metall zu verwenden. Man vermeidet so unterschiedliche Ausdehnungskoeffizienten und bewirkt damit eine größere Maßgenauigkeit der Abgüsse.

C. Trennmittel

Die Modellplatte muß vor Aufbringen des Formstoffes mit einem Trennmittel überzogen werden, damit ein Kleben der Maske an der Modellplatte vermieden wird. Die isolierende Wirkung tritt nur dann ein, wenn der Verdampfungspunkt des Trennmittels höher liegt als die Arbeitstemperatur der formgebenden Teile. Als geeignetes Trennmittel haben sich die Silikone erwiesen. Silikone sind mit Kohlenwasserstoffradikalen verbundene Silizium-Sauerstoff-Atome. Sie stellen eine Kunststoffgruppe dar, die weder rein organische noch rein anorganische Substanzen enthält. Diese Siliziumverbindungen können flüssig oder im festen Zustand nach Art der Phenolharze hergestellt werden. Sie sind in der Wärme aushärtbar.

Jede neue Modellplatte wird vor Gebrauch mit reinem Silikonöl überzogen und bei einer Temperatur von 450 °C eingebrannt. Für die laufende Fertigung von Formmasken wird eine Silikon-Wasser-Emulsion (2% Silikongehalt) angewendet, die vor jeder Formstoffaufbringung durch Spritzpistolen kurz auf die Modellplatte gesprüht wird.

D. Herstellungsarten von Formmasken

Zur Herstellung von Formmasken wird der Formstoff auf die erwärmte Metallmodellplatte entweder aufgekippt oder mit einem Becherwerk über ein Kippgefäß aufgebracht (Abb. 7, links).

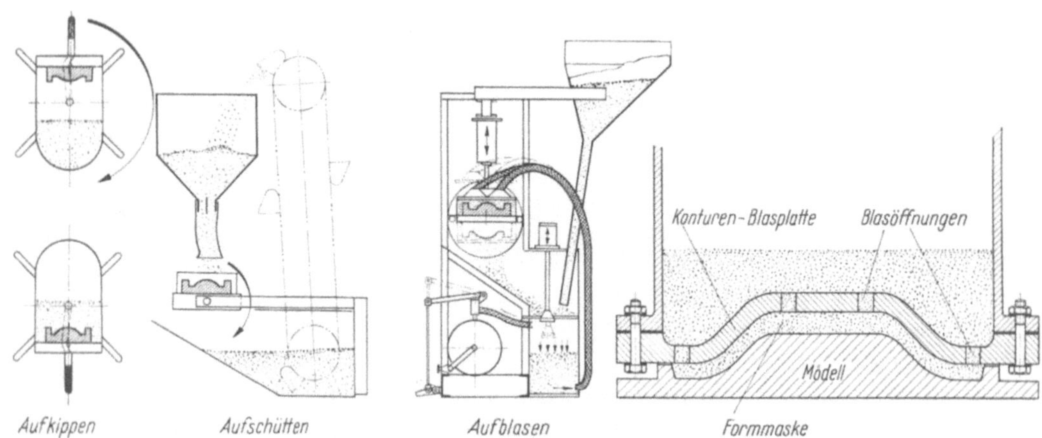

Abb. 7. Herstellungsarten von Formmasken

Eine andere Möglichkeit besteht in der pneumatischen Förderung. Hierbei wird der Formstoff von oben in den Druckbehälter gefüllt und durch eine Schlauchleitung über einen entsprechenden Verteilerkopf unter leichtem Überdruck auf die Modellplatte aufgerieselt. Eine vierte Art der Formstoffzuführung auf das erwärmte Modell unter Anwendung eines Blaskopfes mit einer dem Modell entsprechenden Konturplatte ist aus der Abb. 7 rechts zu ersehen. In diesem Falle wird der Formstoff mit Überdruck durch die gelochte, den Konturen des Modelles angepaßten Konturplatte zugeführt. Die Maskendicke wird hierbei durch den Abstand von der Modellplatte und Konturplatte bestimmt. Da für jedes Modell ein besonderer Blaskopf erforderlich ist, handelt es sich bei diesem Verfahren um eine arbeitsschnelle Einzweckmethode für große Serien.

Durch Einwirkung der Modellplattentemperatur schmilzt der Harzanteil der Mischung. Dadurch bildet sich gleichförmig um das Modell eine Schicht aus Quarzkörnern und geschmolzenem Kunstharz als Bindemittel. Nach einer Einwirkungsdauer, die abhängig von der Modellplattentemperatur, der gewünschten Formmaskendicke und der Art des Harzes zwischen 6 und 20 sek schwankt, wird der überschüssige Formstoff abgekippt. Eine Modellplattentemperatur von 250 bis 300 °C hat sich allgemein als die günstigste herausgestellt. Temperaturen über 300 °C erfordern eine größere Leistung der Wärmequelle, um den jeweiligen Temperaturverlust beim Aufbringen der Masse wieder auszugleichen. Der wirtschaftliche Nutzen fehlt jedoch, da sich aus der Temperatursteigerung der Modellplatte keine wesentliche Verkürzung der Anbackzeit bis zur Bildung der gewünschten Maskendichte ergibt, wie aus der Abb. 8 hervorgeht. Die auf der Modellplatte anhaftende 4 bis 6 mm dicke Schicht wird anschließend bei einer Temperatur von 450 °C ausgehärtet und als fertige Formmaske abgehoben.

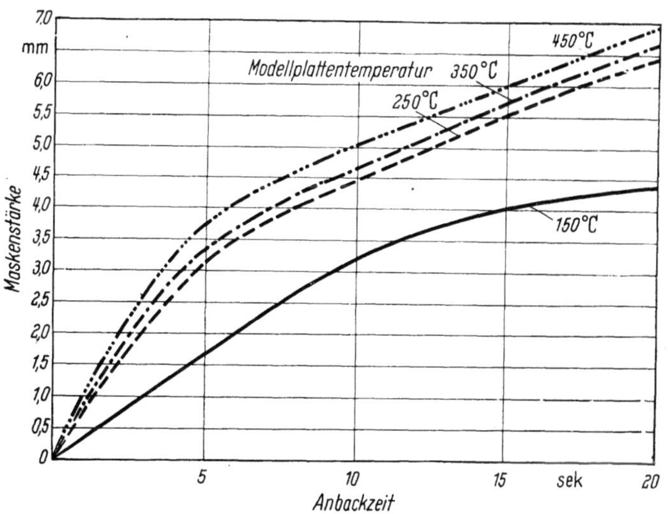

Abb. 8. Maskendicke in Abhängigkeit von Temperatur und Zeit

Der Modellplattentemperatur von 250 bis 300 °C entspricht die Aushärtetemperatur von etwa 450 °C, um arbeitsschnell gleichmäßig ausgehärtete Masken zu erzeugen. Höhere Aushärtetemperaturen härten Masken an der Außenseite im Verhältnis zur Maskenmitte vorzeitig aus. Dies führt zu Verwerfungen der Maske, außerdem erfolgt die vollständige Durchhärtung der Maskenmitte durch teilweises Verbrennen der Maskenaußenseite auf Kosten der Maskenfestigkeit, ohne daß man dabei wesentlich an Zeit sparen könnte.

Das Aushärten selbst kann auf zweierlei Arten erfolgen, einmal direkt, zum anderen indirekt. Bei der direkten Aushärtung ist die Modellplatte elektrisch beheizt und sorgt für die notwendige Unterhitze. Die Oberhitze wird durch Aufschwenken einer Heizhaube über die Modellplatte aufgebracht, die ebenfalls elektrisch oder gasbeheizt sein kann. Auch die Möglichkeit einer Ausrüstung mit Infrarotstrahlern besteht. Bei der indirekten Aushärtung der Masken wird die Modellplatte mit angebackener Formmaske in einen Ofen eingefahren, der ebenfalls gas- oder elektrisch beheizt ist. Dieser Ofen bringt einmal die notwendige Wärmemenge zum Aushärten auf, zum anderen gleicht er Wärmeverluste der Modellplatten während des Aufbringens von Formstoff und des Anbackens aus.

Der Zeitpunkt vollständiger Aushärtung ist an der Farbe der Formmasken zu erkennen. Die ursprünglich weiß bis graue angebackene Schicht ändert ihre Farbe bis zur vollständigen Aushärtung in ein mittleres Braun. Zu diesem Zeitpunkt wird sie als fertige Formmaske abgenommen.

Der Rhythmus zur Erstellung einer Formmaske ist allein abhängig von der notwendigen Anbackzeit, die etwa 6 sek beträgt. Bei Einsatz zahlreicher, gleichartiger Modellplatten auf einer Maschine kann man die theoretische Leistungsfähigkeit der Formmaskenherstellung erreichen.

An dieser Stelle sei erwähnt, daß es auch möglich ist, Masken aus Doppelschichten zu erstellen, z. B. mit einer Feinschicht aus Quarzmehl bzw. Zirkonmehl und Bindemittel. Diese Feinschicht wird wenige $^1/_{10}$ mm stark in wäßriger Lösung mit einer Spritzpistole auf die Metallmodellplatte aufgetragen, wobei das Wasser durch Wärmeeinwirkung verdampft. Die normale Formstoffmischung wird unmittelbar nach dem Aufsprühen der Feinschicht aufgebracht und verbindet sich mit der Feinschicht zu einer Doppelschichtmaske.

Zur Einsparung an Kunstharzbinder besteht eine weitere Möglichkeit, Doppelschichtmasken zu erzeugen, wobei die unmittelbar mit der Modellplatte in Berührung kommende Maskeninnenfläche aus dem üblichen, feinkörnigen Sand mit 6 Gewichts-% Binderanteil in einer Schichtstärke von 2 mm besteht; als Hinterfüllschicht wird ein grobkörniger

Sand mit entsprechend geringerem Binderanteil verwendet. Die Abb. 8a läßt die technischen Daten und die Kostenersparnis bei der Verwendung von Doppelschichtmasken erkennen.

Formstoff	Biegefestigkeit kg/cm²	Gasdurchlässigkeit	Formstoff DM/kg	Kosten in %
Sand Nr. 1 + 6% Phenolharz	65	84	0,27	100
Sand Nr. 2 + 6% Phenolharz	90	146	0,25	
Doppelschicht 1/3 Schichtstärke Sand Nr. 1 + 6% Phenolharz + 2/3 Schichtstärke Sand Nr. 2 + 3% Phenol-Kresol-Harz	75	108	0,16	60

Abb. 8a. Angaben zweier Maskenformstoffe im Vergleich zur Doppelschichtmaske

Für den Stapelguß müssen Formmasken beiderseitig glatte Oberflächen aufweisen. Bei normalen Masken fällt die Innenfläche glatt an, während die Außenfläche rauh bleibt. Durch eine besondere Konstruktion der Modellplatte ist es jedoch möglich, Formmasken zu fertigen, die beiderseitig glatte Oberflächen aufweisen (Abb. 9).

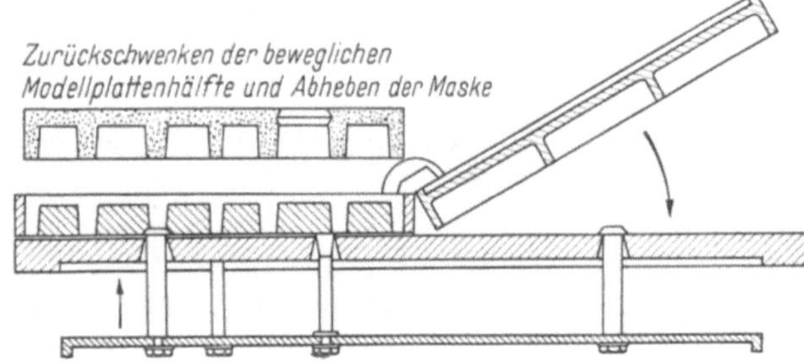

Abb. 9. Schematische Darstellung einer Modellplatte zur Herstellung von Stapelgußmasken

Die Abbildung zeigt den Herstellungsgang im Prinzip. Man verwendet dazu eine geteilte Modellplatte, deren eine Hälfte fest montiert ist, während die andere Hälfte um 180° klappbar gelagert ist. Nach Anbacken der Formmaskenschicht wird der bewegliche Teil der Modellplatte mit angebackener Schicht auf den festen Teil aufgeklappt. Während des Aushärtevorganges schweißen beide Formmaskenschichten zusammen. Nach Zurückklappen der beweglichen Modellplattenhälfte kann die fertige, beiderseitig glatte Stapelgußmaske abgehoben werden.

Alle verschiedenen Typen von Formmasken sind auf Grund ihrer Zusammensetzung unbegrenzt lagerfähig. Diese Lagerfähigkeit wirkt sich besonders bei diskontinuierlich anfallenden Schmelzen günstig aus.

Bevor die Fertigung von Hohlkernen beschrieben werden soll, sei darauf hingewiesen, daß in einzelnen Fällen Kerne völlig fortgelassen werden können. Der Formstoff für die Maskenfertigung ist im Gegensatz zur üblichen Sandform derartig stabil, daß zahlreiche Ausnehmungen und Bohrungen direkt von der Maske ausgeformt werden können. So werden z. B. Bohrungen in Flanschen immer von der Maske mit ausgeformt.

E. Herstellungsarten von Hohlkernen

Der Vorgang der Hohlkernherstellung gleicht dem der Maskenherstellung. Hohlkerne werden durch Schütten oder Blasen der Sand-Kunstharz-Mischung oder des umhüllten

Sandes in erwärmten Metallkernkästen hergestellt. Von der Kernkasteninnenfläche aus bildet sich durch Einwirkung der Temperatur auf den Kunstharzbinder innerhalb weniger Sekunden eine angebackene Schicht. Der von der Temperatur des erwärmten Kernkastens noch nicht beeinflußte Formstoff im Innern des Kernkastenhohlraumes wird zur Wiederverwendung ausgeschüttet. Die angebackene Schicht wird im Kernkasten ausgehärtet.

Die zur Herstellung der Metallkernkästen verwendeten Werkstoffe sind Aluminium, Kupferlegierungen oder Grauguß. Sind die Kernkästen in einer Schwenkvorrichtung eingebaut, so bestehen sie in den meisten Fällen aus Grauguß oder Kupferlegierungen, während bei Bedienung von Hand Aluminiumkernkästen, ihres geringeren Gewichtes wegen, vorgezogen werden. Der größere Verschleiß von Aluminiumkernkästen muß in diesem Falle in Kauf genommen werden.

Auf besondere Standfestigkeit der Kernkästen gegen Verzug bei Erwärmung ist in allen Fällen zu achten. Dies geschieht am besten durch starke Verrippung. Die Wandstärke der Kernkästen soll möglichst einheitlich sein und kann zwischen 8 und 10 mm betragen. Der Wärmeübergang auf den eingefüllten Formstoff soll möglichst gleichmäßig erfolgen. Zweckmäßigerweise ist daher die Außenform des Kernkastens unter Einhaltung gleichmäßiger Wandstärken der inneren Form anzupassen. Die Innenseite als Arbeitsfläche des Kernkastens ist wie bei der Modellplattenherstellung möglichst glatt zu gestalten, um entsprechend glatte Hohlkerne zu erzeugen. Der Kern soll an den Kernmarken um etwa 1 mm kürzer gehalten sein, damit er sich reibungslos einsetzen läßt.

Die Metallkernkästen werden entweder direkt oder indirekt beheizt. Die direkte Beheizung erfolgt durch an den Kernkastenhälften angebrachte Gas- oder elektrische Beheizung. Bei der indirekten Beheizung wird die notwendige Wärmemenge in einem nebenstehenden Ofen aufgebracht. Die günstigste Anbacktemperatur liegt wie bei der Formmaskenherstellung bei ca. 250 °C, während die entsprechende Aushärtetemperatur 450 °C beträgt. Mittelbraune Färbung zeigt die vollständige Aushärtung des Kunstharzbinders an.

Bei einfachen, glatten Kernen wird der Formstoff in den Kernkasten eingeschüttet. Dies kann mittels eines frei beweglichen Gefäßes oder durch an dem Kernkasten angebrachte Schwenkgefäße erfolgen. Komplizierte Kerne werden durch Einblasen des Formstoffes gefüllt. Das Einblasen soll bei der trockenen Sand-Kunstharz-Mischung mit möglichst geringem Druck erfolgen, um eine Entmischung zu verhindern. Drücke von 0,75 bis 2 atü sind im allgemeinen ausreichend. Da der Kern seine Festigkeit durch das Aushärten des Binders infolge der Wärmeeinwirkung erreicht, also durch einen chemischen Vorgang, ist eine Verdichtung des Formstoffes wie in den sonst üblichen Kernblasmaschinen nicht erforderlich. Bei Verwendung von harzumhülltem Sand ist eine Entmischung beim Einblasen ausgeschlossen, es können daher Blasdrücke beliebiger Art gewählt werden.

Die zum Blasen der Kerne erforderliche Preßluft muß weitgehend entwässert und entölt sein, da sich sonst durch Wasseraufnahme des Formstoffes Klumpen bilden können, die die Blasrohre und Düsen verstopfen. Bei der normalen Kernherstellung und Verwendung von Kernölen ist die Luftabführung im Kernkasten Voraussetzung für einen einwandfreien Kern. In diesen Fällen werden Schlitzdüsen im Kernkasten angebracht. Bei der Herstellung von Hohlkernen nach Croning genügt in den meisten Fällen die Teilfuge des Kernkastens zur Luftabführung. Bei etwaigen Luftstauungen genügt ein Einsägen von Rillen in die Kernkastenteilung, um die Luft abzuführen.

Für große Stückzahlen können Kernkästen ebenfalls als Mehrfachkernkästen ausgebildet werden. Für eine einwandfreie Entnahme der Kerne aus dem Kernkasten werden die Metallkernkästen nach dem gleichen Verfahren wie die Modellplatten mit Silikonöl vorbehandelt und laufend mit einer 2%igen wäßrigen Silikonlösung vor dem Einfüllen des Formstoffes eingesprüht. Herstellungsgeschwindigkeit, geringes Gewicht und absolute Maßhaltigkeit der Hohlkerne bringen viele Vorteile gegenüber den Vollkernen. Die vielfach gestellte Forderung nach einem sauberen, von Sandstellen freien Guß in verwickelten

Kernpartien wird bei Verwendung von Hohlkernen in hohem Maße erfüllt. Da die Kerne unmittelbar nach dem Aushärten gebrauchsfertig sind, entfällt das Herrichten der Kerneisen, der oft sehr teure Park an Kernablageschalen, sowie eine Trockenofenanlage. Die Kerne sind sehr abriebfest und ebenso wie die Masken unbegrenzt lagerfähig.

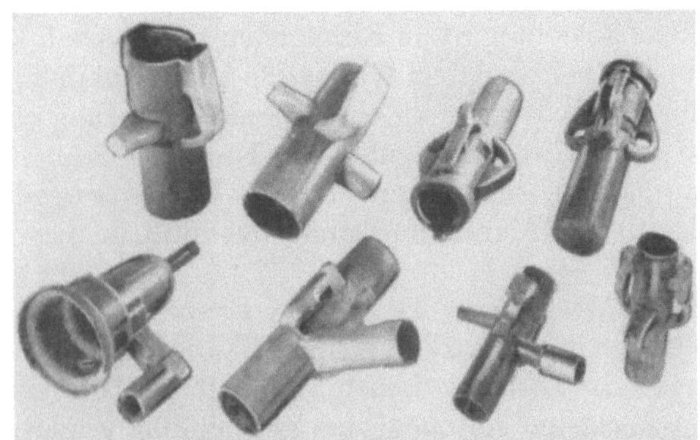

Abb. 10. Hohlkerne für Zweitaktmotoren

Hohlkerne finden neben ihrem Einsatz in Formmasken wegen ihrer hohen Abriebfestigkeit, Oberflächenglätte und gutem Zerfall weitere Verwendung beim Kokillengußverfahren. Außerdem werden Hohlkerne in Sandformen an Stellen eingelegt, die erhöhte Maßgenauigkeit und Oberflächengüte erfordern.

Eine Auswahl komplizierter Hohlkerne wird in der Abb. 10 dargestellt.

F. Säuberung der Modellplatten und Kernkästen

Nach längerem, ständigem Gebrauch der Modellplatten und Kernkästen können sich auf den Arbeitsflächen wenige Zehntel Millimeter dicke Schmutzschichten absetzen, die entfernt werden müssen, da sie die Maßgenauigkeit beeinflussen. Bei Verwendung von Stahl oder Grauguß als Modellwerkstoff können diese Schichten in einem Strahlputzhaus mit feinstem Stahlsand entfernt werden. Eine andere Reinigungsmöglichkeit besteht im Auflösen der Schmutzschicht durch Eintauchen der Modelleinrichtung in eine 10%ige Natronlauge, die auf 50 bis 70 °C erwärmt werden muß. Dieser Reinigungsvorgang ist nur für aluminiumfreie Modellplatten und Kernkästen zu verwenden, da die Lauge Aluminium angreift.

G. Vorrichtungen und Maschinen zur Herstellung von Formmasken

Die gegebenen Bedingungen zur Fertigung von Formmasken sind:

1. Aufbringen des Formstoffes und Anbacken der Maskenschichtdicke,
2. Wenden der Modellplatten um 180 bzw. 360° zum Abschütten der überschüssigen Formstoffmischung,
3. Aushärten der Maske durch eine Wärmequelle,
4. Abheben der Maske von der Modellplatte.

Zahlreiche konstruktive Lösungen dieser vier Punkte werden im In- und Ausland als Formmaskenmaschinen in der Praxis eingesetzt. Die Auswahl an Maschinen reicht von handgetriebenen über teilmechanisierte bis zu vollautomatischen Formmaskenmaschinen. Der markanteste Unterschied innerhalb der verschiedenen Bauarten besteht in der Art der Formstoffaufbringung auf die Modellplatte, wie sie schematisch in der Abb. 7 dargestellt ist.

Die breiteste Anwendung hat das Aufkippen des Formstoffes auf die Modellplatte durch ein Kippgefäß gefunden. Dabei wird die Modellplatte wie ein Deckel durch eine Drehung um 180° auf dem Kippgefäß verklammert.

Wenn die pneumatische Förderung des Formstoffes auf die Modellplatte bisher noch von wenigen Formmaskenmaschinen-Herstellern aufgegriffen wurde, so hat dies seinen Grund in der erhöhten Entmischungsgefahr, der die trockene Sandkunstharzmischung beim Blasen ausgesetzt ist. Der Einsatz von entmischungsfreiem, harzumhülltem Sand erschließt den Konstrukteuren neue Möglichkeiten, die zu großen Erwartungen hinsichtlich ihrer Leistungsfähigkeit berechtigen.

Weiterhin sind als besondere Merkmale der unterschiedlichsten Maschinentypen Einplatten- und Mehrplatten-Formmaskenmaschinen zu unterscheiden.

Bei Mehrplattenmaschinen werden in den meisten Fällen drei oder vier Modellplatten eingesetzt, die in einem Arbeitsrhythmus Formmasken fertigen. Diese Anzahl der Modellplatten ergibt sich aus den zur Zeit notwendigen Zeiten für den Anback- und Aushärtevorgang. Formmaskenmaschinen, die weit mehr Modellplatten gleichzeitig einsetzen, sind nur vereinzelt für Großserienproduktion konstruiert worden. Derartig große zusammenhängende Maschinenaggregate sind störungsanfällig und oft besser durch eine Anzahl kleinerer Maschinen gleicher Leistung zu ersetzen.

Aus der Vielzahl an Maschinen seien nur einige wenige näher beschrieben:

1. Maschinen mit Kippgefäß

Bei der Konstruktion des Kippgefäßes sind folgende Punkte zu beachten:

1. Das Kippgefäß muß ausreichend tief sein. Der Formstoff muß gleichmäßig aufrieseln, er darf nicht aufgeschoben werden. (Freier Fall.) Dieses Problem wird bei einigen Maschinentypen durch den Einbau von Lenkblechen oder beweglichen Klappen in das Kippgefäß gelöst, die stets ein senkrechtes Aufrieseln der Masse auf die Modellplatte gewährleisten (Abb. 11).

2. Der Rand des Kippgefäßes muß thermisch isoliert oder gekühlt werden, um ein Anbacken des Formstoffes zu vermeiden, das die noch plastischen Formmasken beim Abheben der Modellplatte vom Kippgefäß beschädigen könnte.

3. Das Abheben der Modellplatte vom Kippgefäß muß so gestaltet werden, daß sich die noch plastische Maske ohne Abfallen wenden läßt.

Abb. 11. Schematische Darstellung eines Kippgefäßes mit eingebauter Vorrichtung zum senkrechten Aufschlagen der Masse

Das Aufbringen des Formstoffes durch ein Kippgefäß bringt einige Nachteile mit sich:

1. Kippgefäße ohne Lenkbleche oder dergleichen neigen zur Ausbildung toter Schüttwinkel beim Aufbringen des Formstoffes auf die Modellplatte, die zu ungleichmäßiger Maskendichte führen können.

2. Beim Abheben der Modellplatte vom Kippgefäß kann das Zurückfallen von Maskenteilen in den Mischungsbehälter nicht ganz vermieden werden.

3. Durch das Aufschwenken der Modellplatte um 180° auf das Kippgefäß entfällt die Möglichkeit, Kühlplatten zum Abschrecken von Materialanhäufungen in die Maske mit einzubacken.

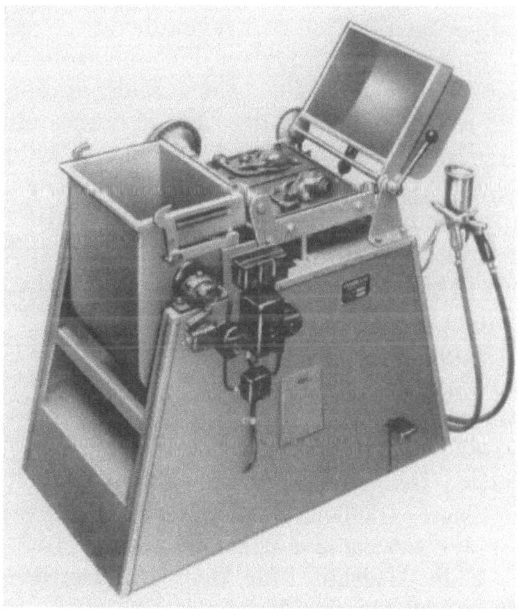

Abb. 12. 1-Platten-Formmaskenmaschine, Bauart Croning, Hamburg

Eine leistungsfähige Einplatten-Formmaskenmaschine mit Kippgefäß zeigt die

Abb. 12. In dieser Maschine sind die vier Hauptbauteile, Kippgefäß, elektrisch beheizte 350 × 450 mm große Modellplatte, Aushärtehaube und Abhebevorrichtung in einem Ständer zusammengebaut. Die elektrisch beheizte Aushärtehaube und die Abhebevorrichtung werden von Hand betätigt. Alle übrigen Vorgänge steuert ein Zeitgeber, so daß sie automatisch ablaufen. Eine Maschine leistet bis zu 40 Maskenhälften je Stunde. Während der Aushärtezeit der Masken kann der Bedienungsmann entweder eine zweite Maschine gleicher Art oder eine Klebepresse zum Zulegen der hergestellten Masken bedienen.

Abb. 13. 1-Platten-Formmaskenmaschine, Bauart Sutter, USA

Eine in Amerika häufig verwendete Maschine ist in der Abb. 13 dargestellt. Sie wird für Plattengrößen von 510 × 760 mm und 660 × 1040 mm gebaut. Die Maschine arbeitet mit elektrisch beheizten Modellplatten, über die zum Aushärten ein zusätzlicher, elektrisch beheizter Ofen gestülpt wird. Die automatische Steuerung dieser Maschinen ist so eingerichtet, daß sie bei etwaigen Störungen z. B. durch zurückfallende, angebackene Maskenteile oder durch Brechen der Masken beim Abheben außer Betrieb gesetzt und der Arbeitsablauf von Hand zu Ende geführt werden kann. Die Maskenfolge schwankt je nach Art des verwendeten Kunstharzes und Ausbildung der Modellplatten zwischen 90 und 120 sek. Das Auswechseln der Platten ist verhältnismäßig umständlich und zeitraubend.

Eine weitere Einplatten-Formmaskenmaschine mit Kippgefäß für eine Plattengröße von 425 × 620 mm ist in der Abb. 14 dargestellt. Der Ofen ist schwenkbar und mit einem Anschlußwert von 12 kW elektrisch beheizt. Durch einen Preßluftzylinder wird er auf die Modellplatte herabgesenkt. Die Modellplatte wird ebenfalls elektrisch mit 12 kW Anschlußwert beheizt. Der Rahmen des Kippgefäßes ist wassergekühlt. Zur Maskenfertigung wird der Formstoff zweimal auf die Modellplatte aufgekippt. Eingebaute Lenkbleche im Innern des Kippgefäßes sorgen für einen senkrechten Auffall des Formstoffes auf die Modellplatte. Der gesamte Arbeitsablauf ist voll automatisiert. Die Leistung der Maschine in 8 Stunden beträgt 400 bis 500 Maskenhälften.

Abb. 14. 1-Platten-Formmaskenmaschine, Bauart Aage Moller, Dänemark

Eine Maschine für den gleichzeitigen Einsatz von zwei Modellplatten wird in der Abb. 15 schematisch gezeigt. (Modellplattengröße 400 × 500 mm.) An der Außenseite des Grundständers sind Gelenke angebracht, in denen die Kippgefäße gelagert sind. Die elektrisch beheizte Aushärtehaube ist fahrbar und versorgt beide Modellplatten mit den erforderlichen Wärmemengen. Die Maschine ist mit zwei luftdruckbetriebenen Abhebevorrichtungen ausgestattet. Da alle Arbeitsgänge von Hand ausgeführt werden, sind die Modellplatten mit Gegengewichten ausgerüstet, um eine leichte Bedienung zu ermöglichen.

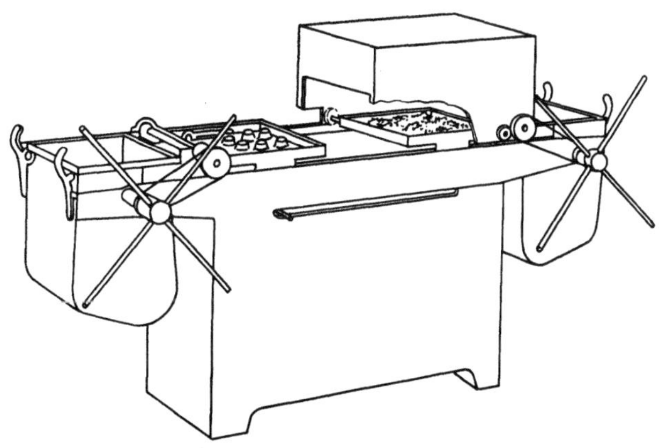

Abb. 15. 2-Platten-Formmaskenmaschine, Bauart Shalco, USA

Eine Maschine für den gleichzeitigen Einsatz von vier Modellplatten der Größe 300 × 400 mm zeigt die Abb. 16. Der Ofen bildet einen Kreisausschnitt von 270 °C. Das restliche Viertel, das nicht zum Ofen gehört, ist als Arbeitstisch mit Abhebevorrichtung ausgenutzt. Im Ofen befindet sich ein Drehkreuz, auf dem ständig drei Platten zum Aushärten der Masken gelagert sind. Eine vierte Platte wird zur Maskenbildung mit dem Kippgefäß verklammert, anschließend zurückgeschwenkt und durch eine Drehung um 90° in den Ofen geschoben.

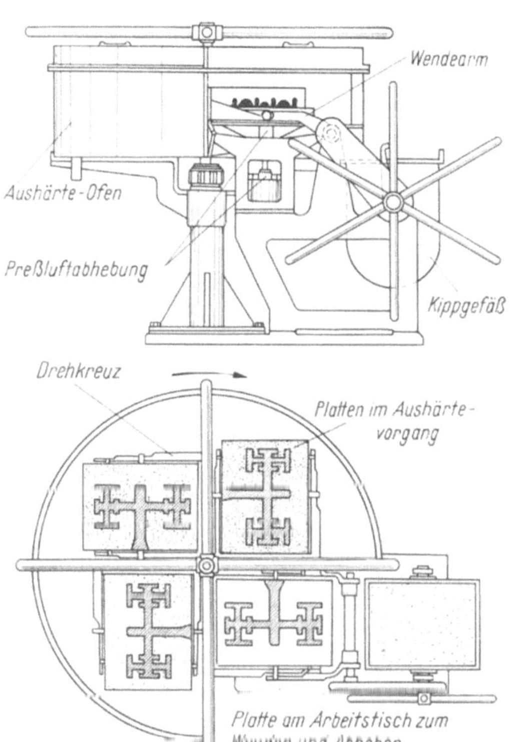

Abb. 16. 4-Platten-Formmaskenmaschine, Bauart Deutsche Edelstahlwerke AG, Bochum

Eine weitere Maschine für den Einsatz von vier Modellplatten der Größe 330 × 510 mm zeigt die Abb. 17. Bei dieser Maschine ist das soeben beschriebene Drehkreuz durch einen Transportkranz ersetzt worden, der aus zwei konzentrischen Ringen besteht. Die Bewegung des Kranzes, das Abheben der Maske, das Aufbringen der Modellplatte auf das Kippgefäß und die Bewegung des Kippgefäßes geschehen automatisch. Der Bedienungsmann braucht nur die abgedrückte Maske abzuheben und die mit dem Formstoff angebackene Modellplatte zu wenden, um sie vom Kippgefäß auf den Transportkranz zu legen.

Eine Besonderheit dieser Maschine ist die Druckverdichtung des Formstoffes auf der Modellplatte. Zu diesem Zweck ist im Kippgefäß ein Kolben angebracht, der durch einen am Kippgefäß befestigten Preßluftzylinder gesteuert wird. Nach Aufbringen des Formstoffes in Kippstellung preßt der Kolben den Formstoff auf die Modellplatte an.

Eine vollautomatische 4-Platten-Formmaskenmaschine zeigt die Abb. 17a. Die Maschine wird wahlweise für Modellplattengrößen von 510 × 610 mm mit Preßluftantrieb oder für Modellplattengrößen von 610 × 915 mm mit Hydraulikantrieb gebaut. Jede Modellplatte durchläuft im Takt vier Stationen. Erstens, Maskenbildung durch Aufbringung des Formstoffes mit einem Kippgefäß. Eine automatische Formstoffmeßvorrichtung läßt nur gewählte Formstoffmengen aus dem Kippgefäß auf die Modellplatte fallen. Zweitens und drittens, Aushärtung der Maske durch zwei gas-, elektrisch- oder infrarotbeheizte, automatisch gesteuerte Aushärtehauben. Die Modellplatten sind direkt elektrisch beheizt und werden einzeln durch Thermostaten geregelt. Viertens automatische Maskenabhebevorrichtung. Der Platzbedarf dieser Maschine ist sehr groß. Die Leistung der Maschine ist hoch; im Takt kann alle 15 sek eine Maske abgenommen werden.

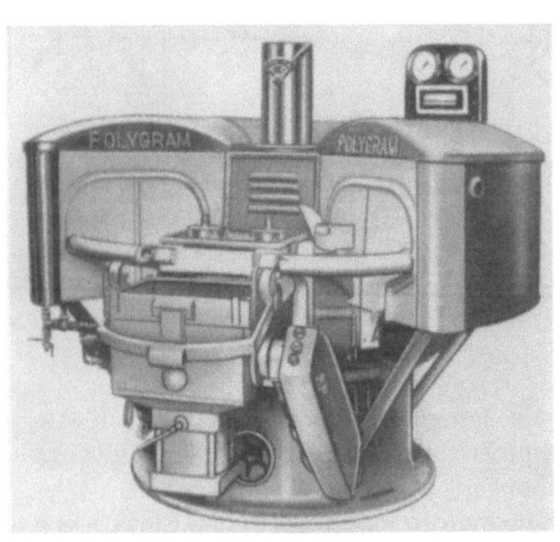

Abb. 17. 4-Platten-Formmaskenmaschine, Bauart Polygram, England

Abb. 17a. 4-Platten-Formmaskenmaschine, Bauart Beardsly & Pieper, USA

Abb. 18. 7-Platten-Formmaskenmaschine, Bauart Bühler, Schweiz

Eine nach dem Kipp-Prinzip arbeitende vollautomatische Maschine für den Einsatz von sieben 450 × 650 mm großen Modellplatten zeigt die Abb. 18.

Durch den erhöhten Modellplatteneinsatz und durch die Vollautomatisierung wird die Maskenfolge beschleunigt. Die Leistung der Maschine beträgt etwa 640 Masken in 8 Stunden. Ein besonderes Merkmal dieser Maschine ist die Beheizung ihres Aushärteofens mit Warmluft durch einen Wärmeaustauscher mit 140 kW Leistung.

Die größte, zur Zeit gebaute Maschine für den gleichzeitigen Einsatz von 12 Modellplatten mit Kippgefäß steht in den USA. Für eine Maskengröße von 640 × 710 mm ausgelegt, soll die Maschine mit nur einem Bedienungsmann in der Lage sein, 500 Masken je Stunde herzustellen. Die Maschine enthält eine eigene Formstoffmischeinrichtung, die das Sand-Kunstharz-Gemisch selbsttätig in der verlangten Zusammensetzung nacheinander in die 12 Kippgefäße verteilt.

2. *Maschinen mit Aufschüttvorrichtung*

Das vielfach angewendete Aufschüttprinzip spiegelt sich in zahlreichen, zum Teil einfachen Konstruktionen wider, die oftmals von den Gießereien selbst gebaut werden. Die Modellplatten sind 360° um ihre eigene Achse drehbar und in Tragarmen in einem Drehkreuz großen Durchmessers gelagert. Die Wärmemengen zur Aufheizung der Modellplatte und zum Aushärten der angebackenen Formmaskenschicht werden entweder durch elektrisch beziehungsweise gasbeheizte Tunnelöfen aufgebracht oder durch elektrische Modellplattenbeheizung in Verbindung mit einer beheizten Aushärtehaube. Der Formstoff kann aus großen Behältern über bewegliche Schläuche auf die Modellplatten aufgerieselt werden. Diese, an sich primitive Art der Formstoffaufbringung, hat den Vorteil, daß unterschiedliche Modellplattengrößen auf einer Maschine zum Einsatz kommen können. Bei Aufbringen des Formstoffes durch eine starre Blechkonstruktion entfällt die Möglichkeit des Einsatzes unterschiedlicher Modellplatten; jedoch kann die Formstoffaufbringung in diesem Fall mechanisiert werden.

Abb. 19. 6-Platten-Formmaskenmaschine

Der überschüssige, nicht zur Formmaskenbildung verbrauchte Formstoff wird in einem unterhalb der Füllstation angebrachten Behälter abgekippt. Durch eine Schnecke mit anschließendem Becherwerk oder durch pneumatische Förderung wird der Formstoff in den Aufschüttbehälter zurückbefördert.

Diese Art der Formstoffaufbringung gestattet es, dort Abschreckplatten oder Zirkonsand-Kunstharz-Mischungen auf der Modellplatte anzubringen, wo gekühlt werden muß. Weiterhin fallen abgefallene Maskenteile nicht direkt in den Mischungsbehälter zurück, sondern können durch ein Sieb abgesondert werden.

Eine einfache, nach diesem Prinzip gebaute Maschine zeigt die Abb. 19. Sechs Modellplatten unterschiedlicher Größe bis zu 700 × 700 mm können auf dieser Maschine gleichzeitig eingesetzt werden. Die Maschine ist mit einem gasbeheizten Rundofen ausgestattet. Der Formstoff wird von einem Mischungsbehälter durch einen beweglichen Schlauch auf die Modellplatte aufgebracht, der abgekippte Formstoff pneumatisch zur Wiederverwendung in den Aufgabebehälter zurückgeführt. Die Abdrückvorrichtung zur Entnahme der ausgehärteten Masken ist am Ausgangsende des Ofens getrennt angebracht. Diese Maschine weist zwar keine weitgehende Mechanisierung auf, ist jedoch vielseitig anwendbar.

Eine hochmechanisierte, nach dem Aufschüttprinzip arbeitende Formmaskenmaschine ist in der Abb. 20 dargestellt. Vier Modellplatten der Größe 510 × 760 mm kommen zum Einsatz. Sie sind elektrisch beheizt und in einem vierarmigen Drehkreuz gelagert. Sie durchlaufen die Stationen: Aufbringen des Formstoffes, erste Aushärtehaube, zweite Aus-

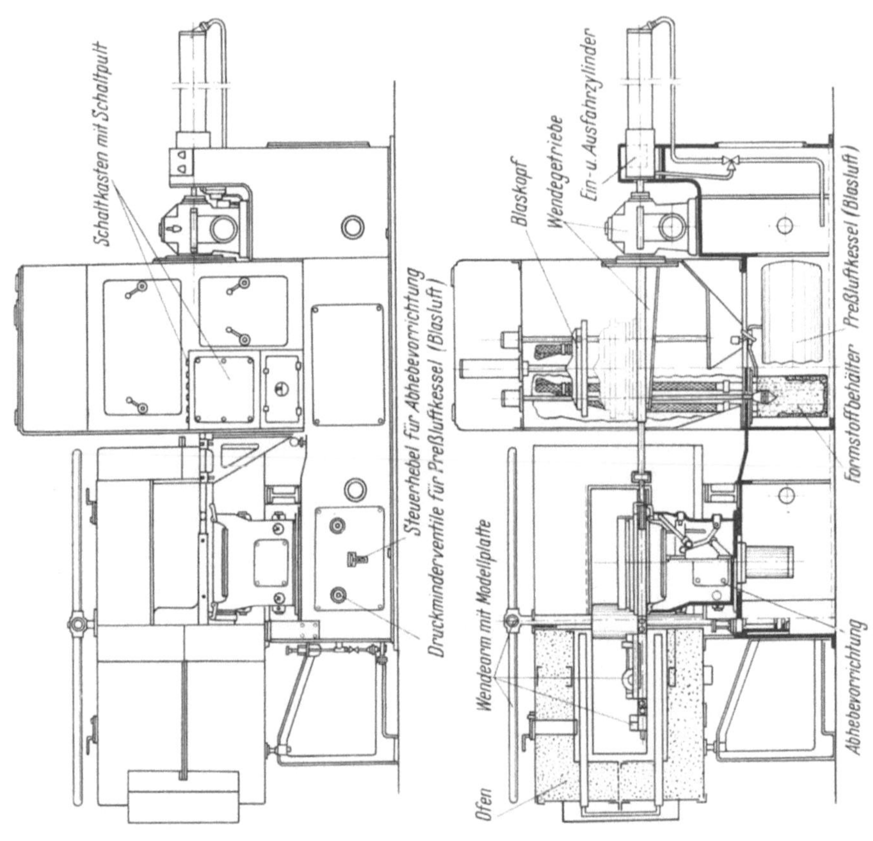

Abb. 21. 4-Platten-Formmaskenmaschine, Bauart Deutsche Edelstahlwerke AG, Bochum

Abb. 20. 4-Platten-Formmaskenmaschine, Bauart Link-Belt, USA

härtehaube und Abhebevorrichtung. Eine abgemessene Formstoffmenge fällt aus einem geschlossenen Behälter, dessen unterer Rand wassergekühlt ist, über ein Vibrationssieb auf die Modellplatte. Nach Anbacken der Maske wird der Formstoff abgekippt und durch eine horizontal gelagerte Schnecke in ein Becherwerk gefüllt, das die Masse in den Aufgabebehälter zurückbefördert. Die Aushärtehauben sind mit Infrarotstrahlern ausgerüstet. Der gesamte Arbeitsablauf ist vollautomatisch, bei Betriebsstörungen kann jedes Teilstück der Anlage einzeln gesteuert werden. Die Leistung der Maschine beträgt 120 Masken pro Stunde.

3. *Maschinen mit Aufblasvorrichtung*

Von den bisher beschriebenen Maschinentypen grundsätzlich abweichend in der Art der Formstoffaufbringung ist die Konstruktion einer Maschine, die in der Abb. 21 schematisch dargestellt ist.

Der Formstoff wird hierbei pneumatisch durch Anwendung von Preßluft auf die Modellplatte aufgeblasen. Die erwärmte Modellplatte wird mit einem Ein- und Ausfahrzylinder unter die Blasvorrichtung gefahren. Das Aufblasen des Formstoffes geschieht durch Preßluft, die den Formstoff aus dem Formstoffbehälter durch Schläuche in einen vertikal beweglichen Blaskopf fördert. Der Luftdruck ist regelbar, so daß er den jeweiligen Erfordernissen an die Maske Rechnung tragen kann. Vom drucklosen Aufrieseln bis zum Aufbringen unter hohem Druck sind alle Stufen möglich. Dieses Aufbringen des Formstoffes gewährleistet gleichmäßige, einwandfrei dichte Masken, da der Formstoff an allen Stellen gleichzeitig und gleichmäßig aufgebracht wird und somit keine toten Winkel entstehen können. Diese Maschine stellt eine Weiterentwicklung der auf S. 63 (Abb. 16) beschriebenen Maschine dar. Auch bei dieser Maschine kommen vier Modellplatten gleichzeitig zum Einsatz in der Größe 320 × 520 mm. Die Anordnung des elektrisch beheizten Ofens, der einen Kreisausschnitt von 270° bildet, ist im Prinzip von der alten Konstruktion übernommen worden. Bei der Rückführung des überschüssigen, nicht zur Maskenbildung verwendeten Formstoffes in den Formstoffbehälter wird durch eine gleichmäßige Drehbewegung der Modellplatte um 360° das lästige Zurückfallen der abgefallenen Maskenteile in den Formstoffbehälter vermieden, das bei den ruckartigen Bewegungen bei Kippgefäßen auftreten kann. Wie bei den Maschinen, die nach dem Aufschüttprinzip konstruiert sind, besteht auch bei dieser Maschinentype die Möglichkeit, Kühleisen oder Zirkonsand-Kunstharz-Mischungen an bestimmten Stellen der Modellplatte anzulegen, ehe die normale Formstoffmischung aufgebracht wird. Die Leistung dieser Maschine beträgt in 8 Stunden 600 Formmasken.

Die zur Zeit einzige Konstruktion einer Doppelschicht-Formmaskenmaschine für eine Modellplattengröße von 500 × 650 mm stellt eine Weiterentwicklung der in der Abb. 21 beschriebenen Maschine dar (Abb. 22).

Die Konstruktion dieser Doppelschicht-Formmaskenmaschine ermöglicht es, sowohl vier Modellplatten der Größe 500 × 650 mm als auch acht Modellplatten der kleineren Maschine mit 320 × 520 mm Plattengröße in Einsatz zu bringen. Die kennzeichnenden Merkmale der in der Abb. 21 beschriebenen Formmaskenmaschine, wie pneumatische Formstoff-Förderung, gleichzeitiges Aufbringen der Mischung auf die Modellplatte, die Möglichkeit des Anlegens von Kühleisen und Zirkonsand-Kunstharz-Mischungen, die Halbautomatik, bilden die konstruktiven Grundlagen der Doppelschicht-Formmaskenmaschine.

Die Anfertigung von Doppelschichtmasken wird durch eine besondere Lösung des Formstofftransportes und seiner getrennten Rückführung ermöglicht, wie im Schnitt in Abb. 22 ersichtlich. Doppelschichtmasken mit einer etwa 2 mm dicken Feinschicht aus hochwertigen feuerfesten Stoffen und einer beliebig dicken Hinterfüllschicht lassen sich ohne weiteres herstellen. Die Hinterfüllschicht kann dabei aus groberem Quarzsand mit einem Kunstharzbinderanteil bestehen, der auf 3 Gew.-% gesenkt werden kann. Der Vorteil derartiger Masken liegt einmal in einer verbesserten Oberflächengüte bei erhöhter

Gasdurchlässigkeit, bedingt durch die Verwendung groberer Quarzsande als Hinterfüllschicht, zum anderen in der Verringerung der Kosten durch Einsparung des Kunstharzbinderanteils. Mit einer entsprechend dicken Hinterfüllschicht weisen Doppelschichtmasken derartige Festigkeiten auf, daß sich große Gußgewichte und starke Querschnitte freistehend ohne Hinterfüllung vergießen lassen. Die Maschine gestattet es auch, Einschichtmasken in üblicher Weise herzustellen. In diesem Falle werden die Behälter mit dem gleichen Formstoff gefüllt und wechselseitig einmal der vordere und der rückseitige Behälter zum Aufbringen des Formstoffes auf die Modellplatte benutzt.

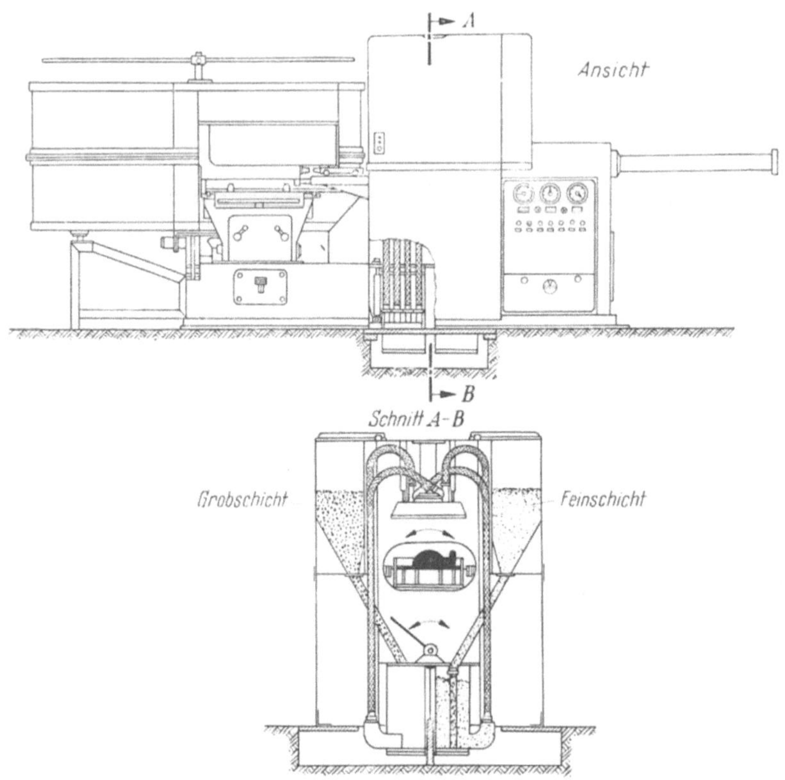

Abb. 22. 4-Platten-Doppelschicht-Formmaskenmaschine, Bauart Deutsche Edelstahlwerke AG, Bochum

4. *Maschinen mit Aufblasvorrichtung und Konturplatte*

Bei allen bisher beschriebenen Maschinenkonstruktionen wird ein Überschuß an Formstoff auf die erwärmte Modellplatte aufgebracht, damit auch erhöhte Stellen der Modellplatte vollständig bedeckt werden. Nach Bildung der Maskenschichtdicke durch Einwirkung der Temperatur der Modellplatte auf das Sand-Kunstharz-Gemisch wird der überschüssige Formstoff durch Drehung der Modellplatte um 180° zur Wiederverwendung abgekippt.

Bei Großserienproduktion von Formmasken wird bei Verwendung einer Konturplatte

1. die überhöhte Formstoffzufuhr,
2. die Zeit zur Maskenbildung und
3. das Abkippen des nicht zur Maskenbildung notwendigen Formstoffes als Teil des Arbeitsvorganges eingespart.

Bei Einsatz derartiger Einzweckmaschinen werden mehrere gleichartige Modellplatten unter einen Blaskopf gebracht. Der Kopf ist als Konturplatte ausgebildet und paßt sich in einem entsprechend der gewünschten Maskenschichtdicke gewählten Abstand der

Form der Modellplatte an. Die Konturplatte des Blaskopfes ist gelocht, der Formstoff wird in den verbleibenden Raum zwischen Modellplatte und Konturplatte in Maskenstärke durch Preßluftzufuhr eingeblasen. Die Abb. 23 zeigt schematisch Blaskopf mit Konturplatte und zugehöriger Modellplatte.

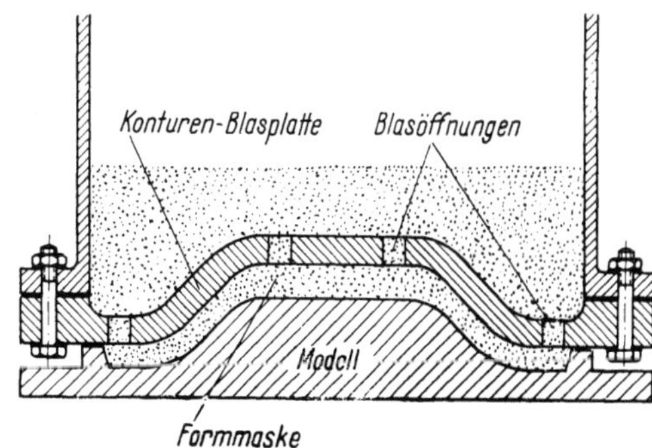

Abb. 23. Schematische Darstellung eines Blaskopfes mit Konturplatte

Dieses Verfahren zur Herstellung von Formmasken ist außerordentlich arbeitsschnell und wird vornehmlich von Automobilfabriken zur Massenproduktion von Rippenzylindern, Kurbel- und Nockenwellen eingesetzt. Das Verfahren hat neben der Möglichkeit, Kühleisen an geeigneten Stellen der Modellplatte anzulegen, den Vorteil, die Maskenwanddicke genau den Erfordernissen des Gußstückes anzupassen. Während die Maske bei normaler Maskenbildung in gleicher Schichtdicke auf der gesamten Formfläche anfällt und da die Schichtdicke bei größeren Gußstücken auf den am stärksten beanspruchten Querschnitt abgestellt werden muß, läßt die Ausbildung der Konturplatte eine nur örtliche Verdickung der Maske an beanspruchten Stellen zu. Dadurch lassen sich erhebliche Mengen an teurem Formstoff einsparen.

H. Vorrichtungen und Maschinen zur Herstellung von Hohlkernen

Die wesentlichen Arbeitsgänge bei der Kernherstellung sind:

1. Füllung des Kernkastenhohlraumes mit Formstoff und Anbacken der Kernschichtdicke,
2. Ausschütten der überschüssigen Formstoffmischung,
3. Aushärten des Hohlkerns im Kernkasten und
4. Entnahme des Hohlkernes durch Öffnen des Kernkastens.

Der Formstoff wird in den Kernkasten entweder eingeschüttet oder eingeblasen. Die Entscheidung, ob ein Kern durch Schütten oder Blasen hergestellt wird, ist abhängig von der Gestalt und seinem Volumen. Einfache Kerne werden zur Zeit meistens geschüttet, um Schwierigkeiten beim Blasen durch Entmischung der trockenen Sand-Kunstharz-Mischung zu vermeiden. Bei Verwendung von harzumhülltem Sand entfällt dieser Punkt. In Zukunft dürften also auch einfache Kerne geblasen werden, da die Füllzeit beim Blasen kürzer ist als beim Schütten.

Kerne großer Volumina ab 3 l Inhalt aufwärts, werden in den meisten Fällen durch Einschütten des Formstoffes gefüllt. Der Grund dafür liegt in den Schwierigkeiten, die das Blasen großer Kerne bereitet. Es erfordert

a) große Formstoffbehälter, die laufend nachgefüllt werden müssen,

b) die Handhabung großer, heißer Kernkästen, wie auch das Aufsetzen oder Aufspannen auf die Blasvorrichtung und Ausschütten der überschüssigen Formstoffmischung von Hand.

Alle diese Operationen sind mit Schwierigkeiten verbunden.

Die Abb. 24 zeigt schematisch die Vorrichtung zur Herstellung von Hohlkernen mit großem Volumen durch Schütten. Dabei ist der Kernkasten um 360° drehbar gelagert. Er ist bis auf eine Öffnung geschlossen, an die ein auswechselbares Schüttgefäß mit Formstoffmischung angebracht ist. Das Schüttgefäß ist so dimensioniert, daß mit einer Füllung mehrere Kerne hergestellt werden können, ehe es nachgefüllt werden muß. Den Herstellungsgang eines komplizierten geschütteten Kernes zeigt die Abb. 25. Die Aushärtung großer Hohlkerne erfolgt immer durch direkte Beheizung des Kernkastens mit Gas oder Strom, um einen unnützen Transport der schweren Kästen in einen Aushärteofen zu vermeiden.

Kleine, komplizierte Kerne werden durch Einblasen des Formstoffes in den Kernkasten gefüllt. Die Kernkästen werden dann meistens von Hand auf Kernblasmaschinen aufgesetzt, verklammert und geblasen. Nach dem Ausschütten des überschüssigen Formstoffes in den Mischungsbehälter der Maschine wird der Kernkasten in einen nahestehenden Ofen zum Aushärten eingebracht. Je nach Schwierigkeitsgrad der Kerne arbeitet ein Mann mit zwei bis drei Kernkästen gleichzeitig.

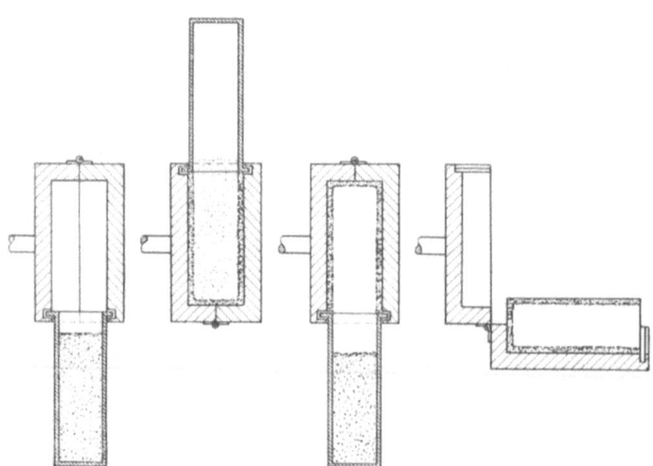

Abb. 24. Schüttvorrichtung für Hohlkerne großer Volumina

Verschiedene Typen von Kernblasmaschinen werden zur Herstellung von Kernen eingesetzt. Während das Blasen oder Schießen von Kernen üblicher Kernsandmischungen mit Öl- oder Stärkebinder immer senkrecht nach unten in den Kernkasten erfolgt, sind beim Blasen von Hohlkernen mit Sand-Kunstharz-Mischungen auch seitliches und vor allem Einblasen von unten in Anwendung.

Am verbreitetsten ist das Einblasen des Formstoffes von unten in den Kernkasten. Diese Konstruktionslösung bietet zwei Vorteile:

1. Bei den niedrigen Blasdrücken von maximal 2 atü entfällt in den meisten Fällen die Notwendigkeit der Verklammerung des Kernkastens auf der Blasdüse als Arbeitsgang. Der Kernkasten braucht nur lose auf den Blaskopf aufgesetzt zu werden.

2. Der überschüssige Formstoff aus dem Innern des Kernkastens fällt direkt in den Formstoffblasbehälter zurück, während er beim Blasen von oben getrennt aufgefangen und in den Formstoffbehälter oberhalb des Blaskopfes hochgefördert werden muß.

geöffneter Kernkasten

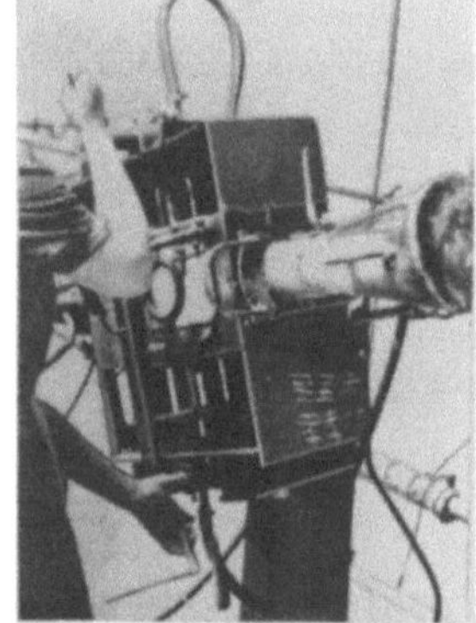

Schüttvorgang

geöffneter Kernkasten m. ausgehärtetem Kern

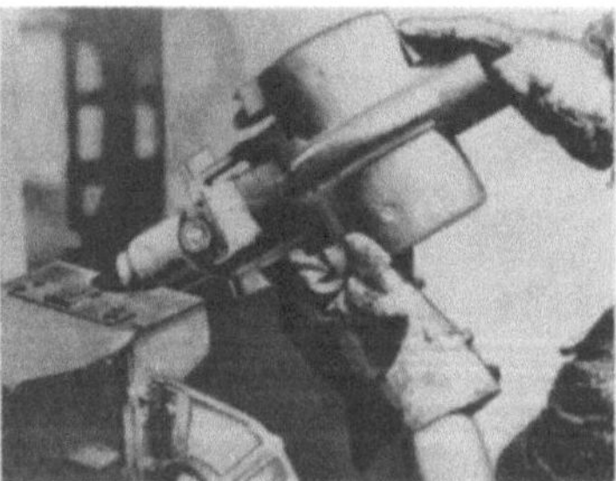

Entnahme des Kernes

Abb. 25. Herstellung eines Schüttkernes

Die schematische Darstellung der Kernherstellung mit einer einfachen Blasvorrichtung durch Einblasen des Formstoffes von unten zeigt die Abb. 26. Eine nach dem gleichen

Prinzip arbeitende Kernblasmaschine mit Doppeldüse im Schnitt wird in der Abb. 27 dargestellt. Zwei Schwenkbecher werden wechselseitig durch den Mischungsbehälter geführt und füllen sich für jede Kernherstellung neu auf. Da nur ein Becher beim Blasen unter Blasdruck steht, entfällt die notwendige Entlüftung des Blaskopfes. Durch Aufsetzen von Spezialdüsen können unterschiedliche Kernkästen zum Einsatz kommen.

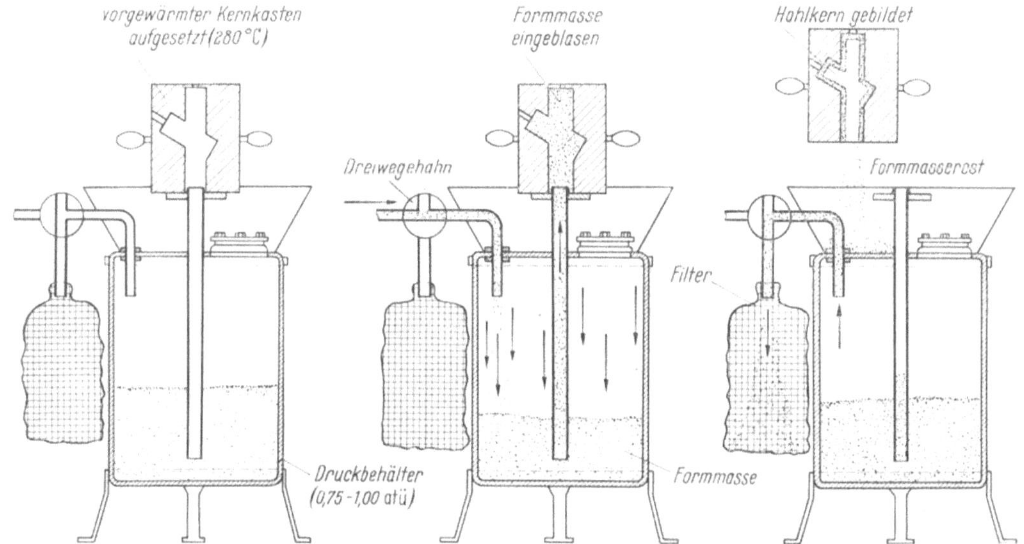

Abb. 26. Hohlkernherstellung mit einer einfachen Blasvorrichtung

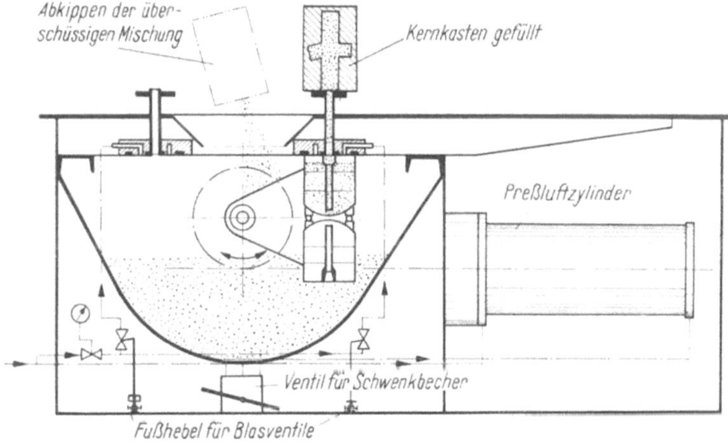

Abb. 27. Kernblasmaschine, Bauart Deutsche Edelstahlwerke AG, Bochum

I. Zulegen und Hinterfüllen von Formmasken

Für das Zulegen von Formmasken kommen zwei Möglichkeiten in Betracht.

1. Das Zusammenfügen der Masken nach Abkühlung auf Raumtemperatur,

2. das Zulegen unmittelbar nach dem Abheben der Maske von der Modellplatte bei Temperaturen, die um 150 °C liegen.

Beim Zusammenfügen der Masken im kalten Zustand muß dem Ablegen der von der Modellplatte abgehobenen heißen Masken besondere Beachtung geschenkt werden. Bei Modellplattentemperaturen von 250 °C weisen die abgehobenen Masken noch Temperaturen von etwa 200°C auf. Das Ablegen soll möglichst in der Weise geschehen, daß ein Verzug durch ungleichmäßige Abkühlung vermieden wird. Bei hohen Toleranzanforderungen werden Masken zweckmäßig bis zu ihrer Erkaltung auf geschliffenen Metallplatten abgelegt, unter Druckanwendung von Stiftpressen. Diese Anordnung zeigt schematisch die Abb. 28.

Eine andere Möglichkeit, einen Verzug in der Maske auszuschalten, besteht in der Abformung blinder Versteifungsrippen, die an geeigneten Stellen auf der Modellplatte angebracht werden können. Eine weitere Möglichkeit besteht darin, daß ein Rahmen aus Leichtmetall oder Blech in die Maske mit eingebacken wird. Der Rahmen wird nach dem Anbacken der Maske auf die Modellplatte aufgesetzt und in den noch plastischen Formstoff eingedrückt.

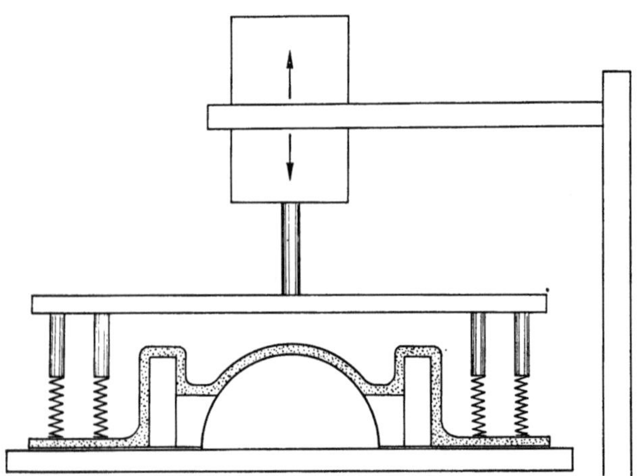

Abb. 28. Vorrichtung für verzugsfreies Ablegen heißer Masken

Masken, die in geringen Stückzahlen anfallen oder bei denen sich ein ständiges Ummontieren der für das heiße Zusammenlegen notwendigen Klebepressen nicht lohnt, werden kalt zusammengelegt. Weiterhin kann auch der Fall eintreten, daß das Kerneinlegen in die Maske so viel Zeit erfordert, daß die Maske so stark abgekühlt ist, daß sie nicht mehr heiß geklebt werden kann. Hohlkerne werden vor dem Einlegen in die Maskenhälfte nur dann mit trockenem Quarzsand gefüllt, wenn das Eindringen von flüssiger Schmelze in den Kern über die Kernmarke erfolgen kann. Eine Maske mit eingelegtem Hohlkern zeigt die Abb. 29.

Nach dem Einlegen der Kerne werden die Maskenhälften durch Klammern aus einfachem Bandeisen, die über den Rand der Maske geschoben werden, zusammengehalten. Ebenfalls können handelsübliche Drahtkrampen zur Anwendung kommen, die über den Maskenrand gelegt und mit einem leichten Schlag angezogen werden. Bei besonders hohen Gießdrucken können in Masken neben der Formhöhlung Löcher gebohrt oder mit eingeformt werden, in die Schrauben eingesetzt werden.

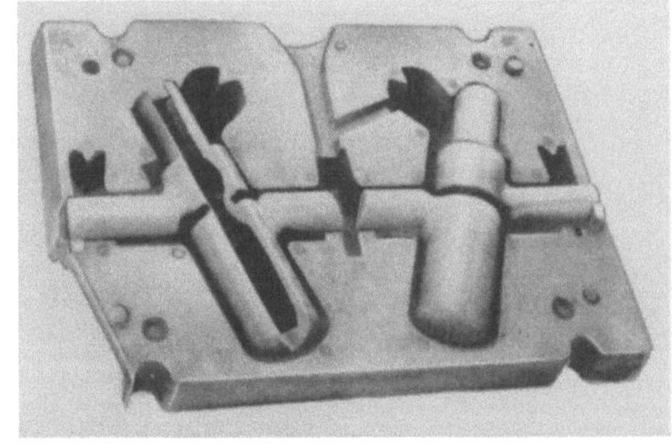

Abb. 29. Formmaske mit eingelegtem Hohlkern

Eine Neuentwicklung ist das Zusammenkleben kalter Formmasken unter Anwendung eines Harnstoffharzes als flüssiges Klebemittel. Der Klebstoff wird dabei durch Anlegen eines Hochfrequenzfeldes auf der Teilungsebene der Maske kurzzeitig erhitzt und dadurch ausgehärtet.

In der Massenfertigung setzt sich das heiße Kleben der Masken immer mehr durch. Als Klebemittel kann sowohl pulverisiertes Kunstharz wie auch flüssiger Kleber aufgetragen werden, die beide in der Hitze aushärten. Bei Großserien wird man am zweckmäßigsten pulverisiertes Kunstharz verwenden, das sich auf bestimmte Stellen der noch heißen Maskenhälfte durch eine Vibrationsvorrichtung aufbringen läßt. Die Formhöhlung und das Anschnittsystem sind dabei zweckmäßig mit einer Schablone abzudecken.

Bei mittleren Stückzahlen, bei denen sich die Anfertigung einer Abdeckschablone nicht lohnt, verwendet man flüssigen Klebstoff, der von Hand mit Spritzpistolen auf die heiße

Maskenhälfte aufgetragen wird. Beim Heißkleben wird die eine von der Modellplatte abgehobene Maskenhälfte auf das Unterteil einer Stiftpresse abgelegt, die Kerne eingesetzt, Klebemittel aufgetragen und dann nach Aufsetzen der zweiten heißen Maskenhälfte beide Maskenhälften durch den Druck der Stiftpresse zusammengepreßt, bis das Klebemittel abgebunden hat. Die Abb. 30 zeigt das Auftragen eines flüssigen Klebemittels mit einer Spritzpistole auf das Maskenunterteil, während auf der rechten Seite beide Maskenhälften unter der Stiftpresse zusammengepreßt werden.

Abb. 30. Kleben von Formmasken in einer Stiftpresse

Ein bemerkenswertes Zulegeverfahren von heißen Formmasken ist die Anwendung eines zwischen zwei Gummimembranen erzeugten Vakuums zum Zusammenpressen der mit dem Kleber versehenen Maskenhälften. Die zugelegten heißen Masken werden dabei zwischen zwei über Metallrahmen gespannte Gummimembranen gelegt. Darauf wird der Raum zwischen den beiden Membranen kurzzeitig evakuiert, so daß der atmosphärische Druck gleichmäßig auf die Oberflächen der Formmasken einwirkt. Diese Art der Klebepresse hat den Vorteil, daß sie ohne Umbau zum Kleben der unterschiedlichsten Formen verwendet werden kann.

Ein wesentlicher Vorzug des Heißklebens als Zulegeverfahren gegenüber dem kalten Zusammenfügen besteht darin, daß das Klebemittel unmittelbar neben der Formhöhlung aufgetragen werden kann, während beim kalten Zusammenlegen die Ränder der Formmaske besonders zusammengehalten werden. Diese feste Haftung der beiden Maskenhälften unmittelbar neben der Formhöhlung beim Heißkleben wirkt sich natürlich besonders günstig auf die Aufnahme des Gießdruckes in der Teilungsebene aus.

Die Entscheidung darüber, ob ein Gußstück mit oder ohne Hinterfüllung oder mit welcher Maskenwanddicke es vergossen werden soll, wird durch den hydrostatischen Druck, durch die Gießtemperatur der zu vergießenden Legierungen und durch den größten Querschnitt des Gußstückes gefällt. Dünnwandige Gußstücke oder solche aus niedrigschmelzenden Legierungen können ohne Hinterfüllung stehend oder liegend abgegossen werden. Beim Einguß hochschmelzender Legierungen wie Grauguß und Stahl nimmt die Maskeninnenfläche im Vergleich zum Vergießen von Nichteisenmetallen eine Temperatur an, bei der die Maskenfestigkeit schnell fällt. Die geringe Wärmeleitfähigkeit der Formmasken verhindert jedoch einen vorzeitigen Zerfall oder ein Brechen der Masken. Bei Grauguß und Stahllegierungen ist ein Abstützen der Masken durch eine Hinterfüllung mit Formsanden oder Stahlkies erfahrungsgemäß zu empfehlen, um ein Treiben oder Durchgehen der Gußstücke zu vermeiden.

Bei nicht hinterfüllten Masken dickwandiger Gußstücke läßt sich ein vorzeitiges Brechen der Masken durch Einbacken von metallischen Stützkörpern vermeiden, die nach Anbacken des Formstoffes in die noch plastische Maske eingedrückt und ausgehärtet werden.

Die Frage, ob ein Gußstück stehend oder liegend abgegossen wird, ist abhängig von der zu vergießenden Legierung und der Form des Gußstückes. Nichteisenmetalle neigen

Abb. 31. Formmaskenstapel und Abguß

Abb. 32. Zusammenbau von Schüsselmasken

auf Grund ihrer geringen Oberflächenspannung zum Eindringen in die Form; dies kann rauhe Oberflächen zur Folge haben. Bei hohen Druckhöhen treten diese Fehler besonders im unteren Teil der Maske auf. Gelingt es nicht, diesen Fehler durch ein geeigneteres Anschnittsystem auszuschalten, so muß das Gußstück liegend vergossen werden.

Bei dieser Gießmethode werden auf der Modellplatte zweckmäßig Nocken gleicher Höhe angebracht, die die höchste Stelle des Modelles wenige Millimeter überragen. Diese Nocken werden von der Maske mit abgeformt und bilden Stützpunkte gleicher Höhe als Auflage für das Beschwergewicht.

Je nach Ausbildung der Maskenform lassen sich bei liegendem Vergießen mehrere Masken übereinander anordnen, wobei die Zwischenräume durch Formsand ausgefüllt werden. Aus Gründen der Platzersparnis ist immer ein vertikales Gießen anzustreben.

Eine weitere Möglichkeit des Vergießens von Formmasken ohne Hinterfüllung ist der Stapelguß. Die Masken werden dabei zu einem Stapel aufgebaut, mit einem Eingußkern versehen und für den Abguß in einer Vorrichtung zusammengehalten (Abb. 31).

Der Stapelguß gilt als die wirtschaftlichste Gießtechnik, da man ein sehr hohes Ausbringen an gutem Guß erzielt. Im Sandguß kann die Stapelgußtechnik wegen des hohen Gießdruckes und der geringen Abriebfestigkeit der Sandkanten nur selten und dann nur für sehr dünne Gußstücke eingesetzt werden.

Die Hinterfüllung mit Stahlkies ist dann nicht zweckmäßig, wenn man Metall- oder Stahllegierungen vergießt, die beim Überlaufen mit dem Stahlkies verschweißen und eine Wiederverwendung des Gußabfalles ausschließen. Um diesen Mißstand zu vermeiden, besteht ein Verfahren, bei dem an Stelle einfacher Masken sogenannte Schüsselmasken Verwendung finden (Abb. 32).

Die Masken sind mit einem Rand ausgebildet, dessen Höhe die durch das Modell gegebenen äußeren Konturen der Masken etwas übersteigt; der Rand dient einerseits als Versteifung, andererseits zur Aufnahme des Hinterfüllsandes. Die Abbildung zeigt die Hinterfüllung mit Sand, das Zusammenlegen und die Preßvorrichtung. Bei nicht allzu schweren Gußstücken aus Gußeisen, z. B. Rippenzylindern und ähnlichen Teilen genügt zur Aufnahme des hydrostatischen Druckes manchmal schon ein teilweises Einpacken der Masken in Sand.

K. Mechanisierung des Verfahrens

Die Entwicklung zielt allenthalben darauf hin, den gesamten Ablauf des Formens und Gießens weitgehend zu mechanisieren. Dem kommt zugute, daß sich die Formmaskenherstellung in besonders einfacher Weise vollautomatisch gestalten läßt. Weiterhin kann die Fließbandfertigung wegen der guten Lagerfähigkeit und Transportierbarkeit der Formmasken und Hohlkerne so mit dem Schmelzvorgang abgestimmt werden, daß der ganze Arbeitsvorgang ohne Stocken abläuft. Eine mechanisierte Formmaskengießerei wird im Volkswagenwerk in Wolfsburg betrieben, wo zur Zeit arbeitstäglich 8000 Rippenzylinder hergestellt werden.

Die Anlage der Firma Fichtel & Sachs mit einer Leistung von etwa 20000 Rippenzylindern im Monat unter Anwendung von zwei nach dem Aufblasprinzip arbeitenden Formmaskenmaschinen, Abb. 21, ist aus der Abb. 33 zu ersehen. Sie zeigt u. a. im Grundriß die Lage der Kupolöfen, den Formmaskenmischer und die beiden Formmaskenmaschinen. Den Maschinen gegenüber befindet sich ein Fließband, das die Masken zur Einpackstation befördert. Von dort aus gelangen sie über einen Quertransport zum Stapelplatz.

Die Zuführung der Hohlkerne geschieht über ein im Obergeschoß befindliches Zwischenkernlager. Die Kerne werden nach dem Schüttprinzip in der gleichen Etage hergestellt. Die fertigen zusammengesetzten Zwingen kommen auf die Gießstrecke, werden dort vergossen, ausgeleert und der Putzerei zugeführt. An Stelle von Schüsselmasken verwendet man bei dieser Firma einen Metallrahmen, der in die Maske mit eingebacken und mit Sand hinterfüllt wird.

Mechanisierte Anlagen dieser Art sind auch in den Vereinigten Staaten in Betrieb. So arbeiten Ford, General Motors und die Walworth Company mit derartigen Anlagen. Die

Lynchburg Foundry hat eine mechanisierte Formmaskengießerei für Gußeisen und Kugelgraphitguß mit einer Tagesleistung von 150 t in Betrieb genommen (Abb. 34). Die Abbildung zeigt die Anlage der mechanisierten Formmaskengießerei.

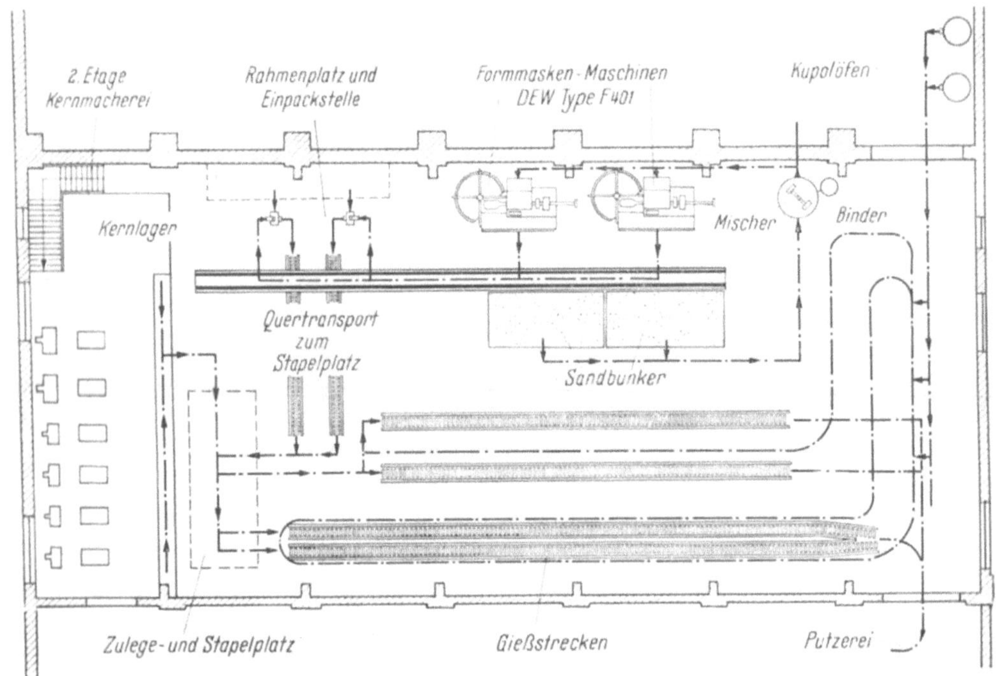

Abb. 33. Mechanisierte Formmaskengießerei Fichtel & Sachs, Schweinfurt

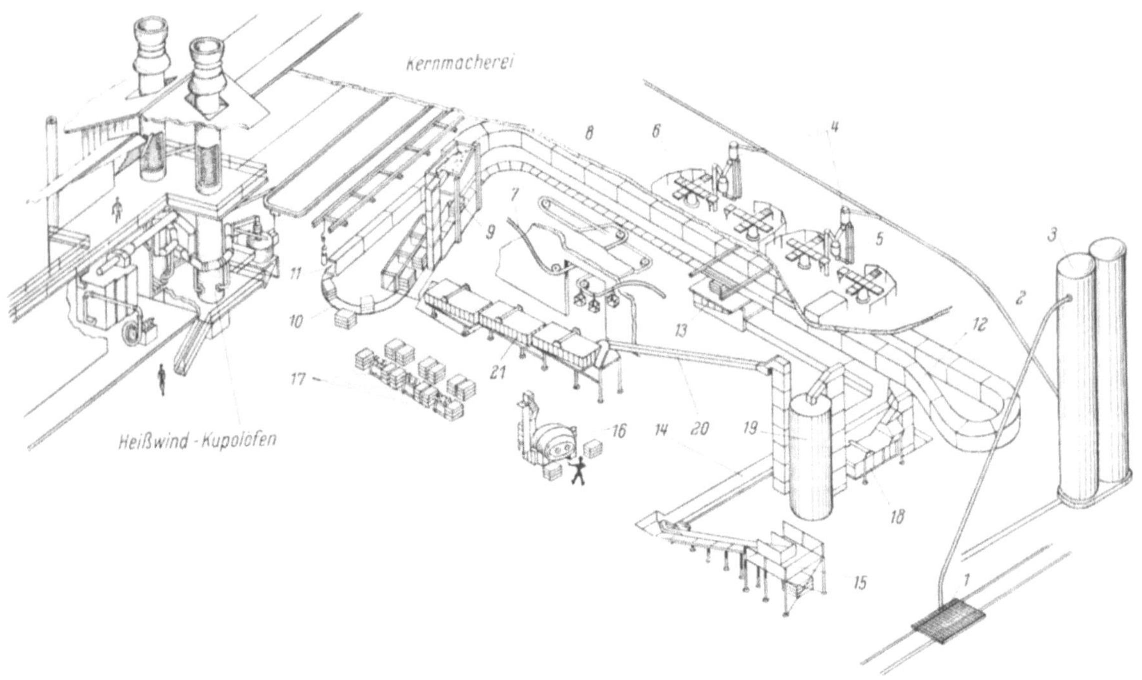

Abb. 34. Mechanisierte Formmaskengießerei Lynchburgh Foundry USA

1 Sandausladeplatz; *2* Pneumatische Sandförderung; *3* Sandsilos; *4* Sandbehälter; *5* Sand-Kunstharz-Mischer; *6* Formmaskenmaschinen; *7* Hängebahn für Maskentransport; *8* Einsetzen der Masken in Kästen; *9* Stahlkieshinterfüllung; *10* Sandaufgabestation; *11* Gießstrecke; *12* Kühlstrecke; *13* Ausleerstelle; *14* Aussortieren von Gußstücken; *15* Magnetscheideanlage; *16* Sandstrahlgebläse; *17* Schleifböcke; *18* Stahlkiesreinigung; *19* Stahlkiessilo; *20* Stahlkiesrückführung; *21* Stahlkieskühlsiebe

IV. Vergießbare Werkstoffe

Von den zahlreichen Gußlegierungen, die mit Erfolg nach dem Formmaskenverfahren vergossen werden, erfordern einige besondere Vorsichtsmaßnahmen.

Magnesiumlegierungen reagieren bekanntlich beim Vergießen mit dem Sauerstoff, der Feuchtigkeit und dem Quarzsand. Als Schutzmittel zur Verhinderung dieser Umsetzungen werden Masken entweder mit geeigneten Formschlichten überzogen oder der Formstoffmischung werden Schutzmittel untermischt. Als aufspritzbare Formschlichten eignen sich Borsäure und Schwefel, die in Methylalkohol gelöst sind. Als Zusätze zur Sand-Kunstharz-Mischung kommen entweder Borsäure (H_3BO_3) oder Ammoniumborfluorid (NH_4BF_4) in Gehalten von 1 Gew.-% zur Anwendung. — Ammoniumborfluorid hat sich besser als Borsäure bewährt, da sich der Zusatz von Borsäure zum Formstoff nachteilig auf die Maskenfestigkeit auswirkt.

Bei der Herstellung von dünnwandigem Magnesiumguß zerfallen die mit Phenolharz gebundenen Hohlkerne auf Grund der geringen Wärmemenge des erstarrten Gußstückes zum Teil ungenügend. Die verbleibende Festigkeit ist dann so hoch, daß die Entfernung der Hohlkerne aus den Abgüssen Schwierigkeiten bereiten kann. An ihrer Stelle können mit gutem Erfolg Harnstoff-Phenol-Formaldehyd oder Furfurol-Formaldehydharze als Binder eingesetzt werden.

Bei Aluminium und seinen Legierungen reicht oft der Wärmeinhalt des Gußstückes nicht aus, die Masken und Hohlkerne zum vollständigen Zerfall zu bringen. Eine Herabsetzung des Harzgehaltes beseitigt diese Schwierigkeit bei noch ausreichender Maskenfestigkeit.

Phosphor- und Aluminiumbronzen neigen dazu, die Form durch Erosion anzugreifen. In diesen Fällen genügt eine Umstellung auf feinere Sande oder ein Zusatz von Quarzmehl zur Formstoffmischung bei Verwendung höherer Harzgehalte.

Die hochgekohlten Eisenlegierungen, wie Grauguß, Temperguß und Grauguß mit Kugelgraphit lassen sich sehr gut in Formmasken normaler Formstoffzusammensetzung vergießen. Ebenfalls werden niedrig- und hochlegierte Stähle gut in Formmasken vergossen. Materialanhäufungen werden zweckmäßig durch Einbacken metallischer Schreckplatten in die Maske oder durch Anlegen einer Zirkonsand-Kunstharz-Mischung gekühlt.

Bei reinen Kohlenstoffstählen können Oberflächenrauhigkeiten an größeren Querschnitten auftreten; der Grund hierfür mag in der höheren Gießtemperatur gegenüber den legierten Stählen zu suchen sein, die allgemein beim Vergießen an die Grenze der Feuerfestigkeit der Formstoffe heranreicht. Diese auftretende Oberflächenrauhigkeit läßt sich jedoch durch Auftragen einer Zirkon-Silikat-Schlichte an gefährdeten Stellen der Maske beseitigen.

Der neue Werkstoff Titan mit seinen Legierungen ist neben seinen ausgezeichneten mechanischen und chemischen Eigenschaften bekannt für seine große Reaktionsfähigkeit im flüssigen Zustand mit der Atmosphäre und feuerfesten Stoffen. Auf der Suche nach einem geeigneten Formstoff für das Vergießen von Titan wurden die besten Ergebnisse bisher mit Formmasken erzielt. Die Formmasken bestanden dabei aus einer Mischung von 96% geschmolzenem Zirkonoxydsand und 4% Kunstharz.

V. Grenzen des Verfahrens, Toleranzen, Oberflächenrauhigkeit

Die Grenzen der nach dem Formmaskenverfahren herstellbaren Teile sind einmal durch das Gußgewicht, zum anderen durch die zu vergießenden Gußquerschnitte gegeben. Das Formmaskenverfahren ist ein Maschinenformverfahren. Die gängigsten Modellplattengrößen liegen bei 400 × 500 mm, während die zur Zeit größten Modellplatten Abmessungen von 700 × 1000 mm aufweisen. Das maximale Gußgewicht liegt heute bei etwa 100 kg, den zur Herstellung der Masken verwendeten Modellplattengrößen entsprechend. Es ist aber durchaus möglich, daß auch größere Gußstücke bei entsprechenden Wandstärken zu vergießen sind. Besonders beim Vergießen von Eisen und Stahl sollten Gußquerschnitte über 35 bis 40 mm nicht überschritten werden, um nicht den Vorteil größerer Oberflächengüte gegenüber dem Sandformverfahren aufzugeben.

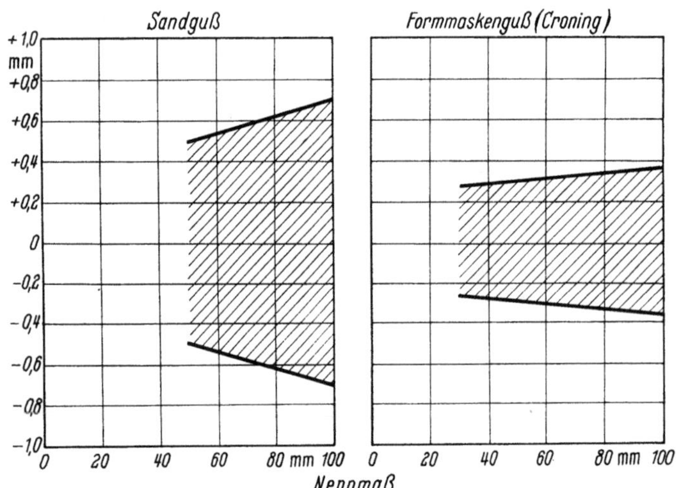

Abb. 35. Gegenüberstellung der Toleranzen

Formmaskengußstücke zeichnen sich durch Maßgenauigkeit, scharfe Konturenwidergabe und Gleichmäßigkeit der Abgüsse untereinander aus. Grünsandformen können unterschiedlich verdichtet anfallen, was zum Treiben der Form führen kann. Beim Formmaskenverfahren entfällt diese Fehlerquelle. Unabhängig von der Geschicklichkeit des Arbeiters fällt jede Maske an allen Stellen in gleicher Härte und Festigkeit an. Toleranzen von $\pm 0{,}3$ mm auf eine Länge von 25 mm können an Formmaskenabgüssen eingehalten werden. Bei größeren Abmessungen verschiebt sich die Toleranz zu Werten, wie sie die Abb. 35 wiedergibt.

Die Abb. 35 zeigt eine Gegenüberstellung der beim Sandguß und Formmaskenguß erreichbaren Toleranzen.

Die Oberflächenrauhigkeit von Formmaskenabgüssen ist abhängig von der Sandkörnung, den zu vergießenden Legierungen, der Wanddicke, vom Gießdruck und der Anschnittechnik. Bei geeigneter Anschnitt- und Gießtechnik lassen sich selbst beim Vergießen von Stahllegierungen im Gußzustand Oberflächengüten mit einer Rauhtiefe zwischen 60 und 150 μ erzielen. Abbildungen von Oberflächenrauhigkeiten, die nach dem Lichtschnittverfahren nach SCHMALTZ an dünnwandigen Rotgußstücken gemessen wurden, zeigt die Abb. 36.

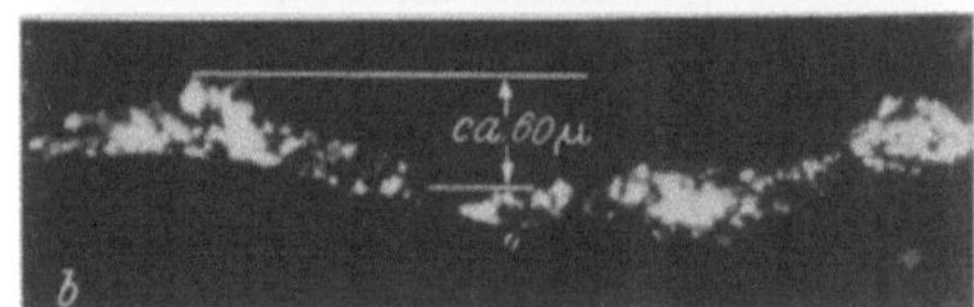

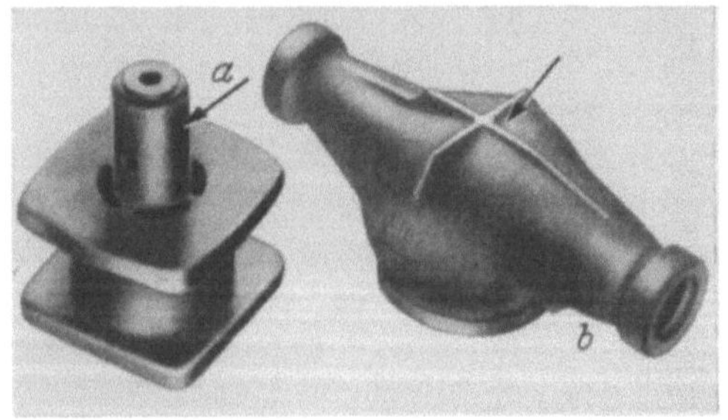

Abb. 36. Bestimmung der Oberflächengüte an zwei Rotgußstücken, Wasserzählergehäuse und Doppelflansch

VI. Wirtschaftlichkeit

Für die Anwendbarkeit des Verfahrens ist die Wirtschaftlichkeit der zu fertigenden Gußstücke von ausschlaggebender Bedeutung. Die Wirtschaftlichkeit des Verfahrens läßt sich zweckmäßig durch einen Vergleich mit der ursprünglichen Fertigungsmöglichkeit in der Maschinenformerei darstellen.

Für die Erzeugung von 1 t guten Formmaskengusses beträgt der mittlere Kunstharzverbrauch einer 6%igen Sand-Kunstharz-Mischung zwischen 40 bis 60 kg. Dieser Bindermenge entspricht ein Sandaufwand von 660 bis 1000 kg. Bei der Verwendung von harzumhülltem Sand, der Harzgehalte von 3% aufweist, senkt sich der Kunstharzanteil um 50%, bei Beibehaltung der angegebenen Sandmenge. Den verhältnismäßig hohen Binderkosten stehen jedoch erhebliche Einsparungen an Transportmitteln und Sandumlauf gegenüber, da beim Formmaskenverfahren maximal 10 bis 20% der Sandmenge zur Formbildung, im Vergleich zur üblichen Formpraxis gebraucht werden. Weiterhin kommt der Fortfall der einem ständigen Verschleiß unterliegenden Formkästen und Kerntrockenschalen hinzu. Das Formmaskenverfahren erlaubt einmal den Einsatz von ungelernten Arbeitskräften, auch von Frauen, zum anderen bietet es die Möglichkeit weitgehender Automatisierung des Verfahrensablaufes.

Wegen der unbegrenzten Lagerfähigkeit der Masken und Hohlkerne ist eine gute Abstimmung zwischen Formerei und Schmelzbetrieb möglich, so daß jederzeit ein kontinuierlicher Fertigungsprozeß gewährleistet werden kann. Engpässe in der Formerei, wie sie bei Spitzenabrufen an Gußstücken auftreten können, lassen sich durch Arbeiten auf Vorratsmasken- und -kernlager leicht auffangen.

Entscheidend für die Wirtschaftlichkeit sind nicht allein die Vorteile beim Formverfahren selbst, sondern auch ein geringerer Ausschußanfall, Einsparungen an Putzkosten und mechanischer Bearbeitung durch erhöhte Maßgenauigkeit und Oberflächengüte. Die hohe Abriebfestigkeit der Masken und Hohlkerne schließt einen Ausschuß durch Auftreten von Sandstellen im Guß aus. Das Anschnittsystem kann bei Formmaskenabgüssen im Vergleich zu entsprechenden Grünsandabgüssen einmal durch den geringeren Strömungswiderstand der glatten Maskenoberfläche, zum anderen durch die geringere Abschreckwirkung des Formstoffes auf die flüssige Schmelze, kleiner gehalten werden. Damit erhöht sich das Ausbringen bei einer Senkung der Putzkosten. Das gute Formfüllungsvermögen erlaubt das druckdichte Gießen dünnerer Querschnitte als beim Grünsandverfahren. Die erzielbare Maßgenauigkeit ermöglicht die Senkung der sonst erforderlichen Bearbeitungszugaben. Die hohe Oberflächengüte ersetzt in vielen Fällen eine Bearbeitung durch Schruppen. Weiterhin sind die Formmaskenabgüsse allgemein leichter zu bearbeiten. Dies gilt besonders für Graugußstücke. Auf Grund der verminderten Abschreckwirkung der Formmasken gegenüber Grünsandformen fallen die Gußoberflächen in einer geringeren Härte an.

VII. Anwendungsbeispiele

Das Formmaskenverfahren wird im In- und Ausland mit Erfolg zur Herstellung von Leicht- und Schwermetallgußstücken, sowie von Teilen aus Grau- und Stahlguß angewendet. Der Einsatz des Verfahrens lohnt sich immer dann, wenn an die Maßgenauigkeit hohe Anforderungen gestellt werden und genügende Stückzahlen vorhanden sind, um die Kosten der Herstellung einer Modellplatte zu rechtfertigen. Schwierige Profile, wie sie für Kleinmaschinen im Motorenbau gebraucht werden, Maschinenteile, bei denen man mechanische Bearbeitung einspart oder Strömungsverluste durch eine glatte Gußoberfläche vermeiden will, sind gießgerechte Teile, für die sich das Verfahren wirtschaftlich anwenden läßt.

Für die Herstellung von Leichtmetallgußstücken sei in der Abb. 37 ein Beispiel für die Verbindung von Kokillenguß und Hohlkernen angeführt.

Die Abbildung zeigt den Volkswagen Zylinderkopf im Schnitt mit dazugehorigem Kern. Vor der Umstellung auf den Hohlkern wurde der Verbrennungsraum durch einen Stahlkern gebildet, auf den zur Ausformung der Ansaug- und Auspuffkanäle drei Ölsandkerne aufgesetzt werden mußten. Schwierigkeiten wie Kernmontage, glatte Kanalführung, Gasabführung und Entkernung wurden durch den Einsatz eines einteiligen Hohlkernes beseitigt. Dieser Kern erlaubt zudem eine strömungsmäßig günstigere Kanalführung bei einem verringerten Strömungswiderstand durch die hohe Oberflächenglätte des Hohlkernes.

Gußstücke aus Schwermetallegierungen werden für den Maschinenbau, die Elektroindustrie und den Schiffbau nach dem Formmaskenverfahren gefertigt. Oft genügt schon die Einsparung des teuren Werkstoffes durch Herabsetzung der Bearbeitungszugabe an den Gußteilen und das Ausformen von Bohrungen in der Maske ohne Einsatz von Kernen, um den Einsatz dieses Verfahrens zu rechtfertigen. Als Beispiel hierfür sei die Abb. 38 angeführt.

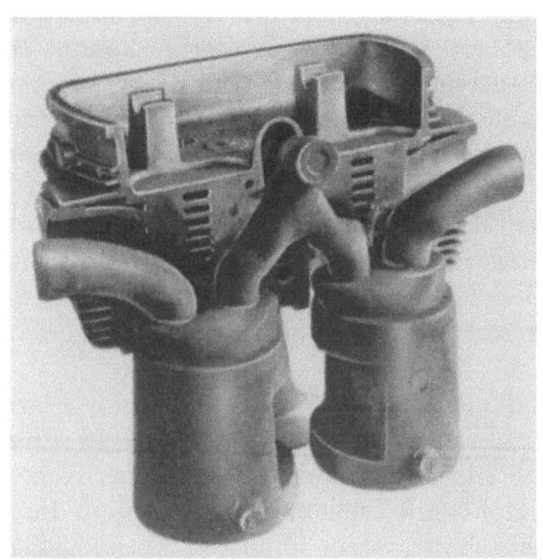

Abb. 37. Kokillengußstück aus Leichtmetall mit Hohlkern

Sie zeigt eine Gegenüberstellung der Fertigung von Hochdruckteilen aus GSnBz 10 einmal im Sandguß und zum anderen im Formmaskenguß.

Für die Massenproduktion von Graugußstücken wird das Verfahren im großen Umfang eingesetzt. Bei Gußteilen mit verwickelten Kernpartien, die absolut frei von Sandeinschlüssen sein müssen und glatte Kanalführung aufweisen müssen, wie z. B. beim Hydraulikguß, besonders aber bei Automobilguß-Massenteilen lohnt sich der Einsatz des Verfahrens, da die fortschreitende Automatisierung der Bearbeitung von Massenteilen eine erhöhte Qualitätsanforderung an den Guß stellt (Abb. 39). Bei Rippenzylindern z. B. lassen sich engere Rippenabstände bei Erhöhung der Rippenhöhe als bisher möglich durch

Formmaskenguß			Sandguß		
Gegenstand	Gußgew in kg	Bearbtg min/Stck	Gegenstand	Gußgew in kg	Bearbtg min/Stck
Stopfbuchsbrille	0,370	keine	Stopfbuchsbrille	0,740	15
Grundbuchse	0,050	keine	Grundbuchse	0,130	5
Überwurfmutter	0,210	8	Überwurfmutter	0,470	13
Ventilkegel	0,970	10	Ventilkegel	2,000	20
Ventilsitz	0,370	10	Ventilsitz	0,950	20
	1,970	28		4,290	73

Abb. 38. Vergleich bei Gußteilen für Hochdruckventil NW 165 (nach Mikroforma, Hamburg)

die Maske ausformen. Ein- und Austrittskanäle sowie Schlitze werden mit Toleranzen bis zu $\pm 0{,}1$ mm in die Zylinderwand mit eingegossen.

Die Tendenz zu höheren Umdrehungsgeschwindigkeiten im Automotorenbau gibt dem Werkstoff Gußeisen bei der Fertigung von Kurbelwellen wegen seiner höheren Dämpfungsfähigkeit den Vorzug vor Stahl (Abb. 40).

Die Abbildung zeigt eine gegossene Kurbelwelle aus Gußeisen mit Kugelgraphitausbildung für einen Viertaktmotor. Zur Gewichtseinsparung ist die Kurbelwelle hohl gestaltet worden. Die Schmierlöcher wurden mit eingegossen.

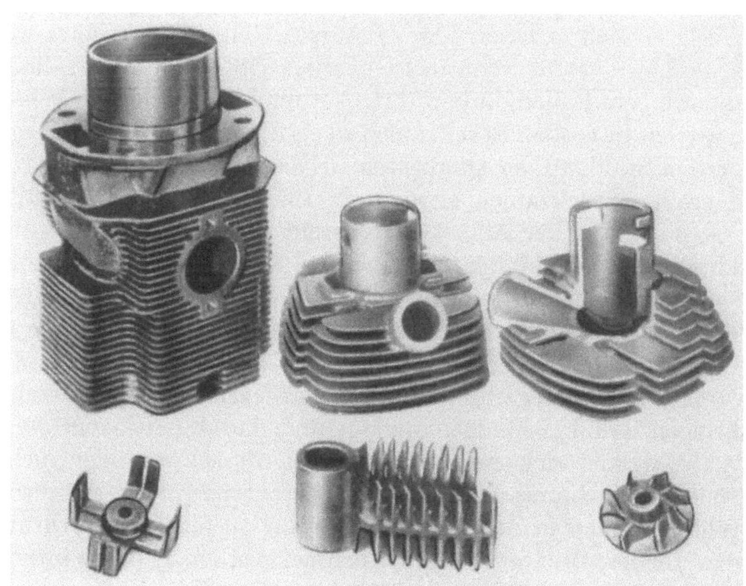

Abb. 39. Formmaskenabgüsse aus Grauguß

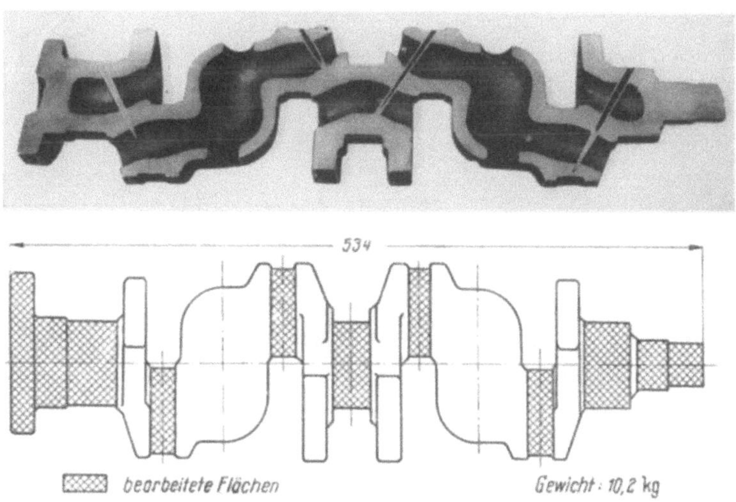

Abb. 40. Kurbelwelle für Ford M 15, Sphäroguß ®, Formmaskenverfahren

Abb. 41. Formaufbau und Abguß eines Pumpenlaufrades

Temperrohguß neigt wegen seiner hohen Schwindung von 2% leicht zur Rißbildung. Kerne müssen sehr schnell zerfallen oder es müssen Reißrippen gesetzt werden, die später weggearbeitet werden müssen, wenn das Gußstück rißfrei anfallen soll. Der Einsatz von Hohlkernen hat sich gerade hier gut bewährt. Automobilgußteile, wie Achslager, Lenkungsgehäuse usw., werden in großen Stückzahlen nach diesem Verfahren hergestellt.

Aus unlegiertem Stahlguß der Qualitäten GS 38, 45 und 60 werden Kettenglieder und Armaturen in großen Stückzahlen erzeugt. Kernmontagen und Abguß eines Pumpenlaufrades aus GS 45 sind in der Abb. 41 dargestellt.

Die Wanddicken der Schaufelblätter liegen bei 5 mm und sind eng toleriert, zudem ist die Einhaltung der Schaufelabstände untereinander von Einfluß auf den Wirkungsgrad der Pumpe. Der Einsatz des Formmaskenverfahrens für die Fertigung dieser Laufräder steigerte die Leistung der Pumpe um 15%.

Für das Vergießen legierter Stähle hat sich das Verfahren als wirtschaftlich erwiesen. Höheres Ausbringen, erhöhte Maßgenauigkeit und dadurch Einsparung an Bearbeitung und Schleifzugabe wirken sich gerade bei diesen oft schwer oder nicht bearbeitbaren Werkstoffen günstig aus. Säurebeständige Armaturenteile für die chemische Industrie aus 18/8-Cr-Ni-Stählen werden in den Nennweiten von 10 bis 150 mm druckdicht gefertigt (Abb. 42). Kettenglieder, Brennerköpfe, Mitnehmer werden z. B. als hitzebeständige Gußstücke aus Cr-Ni-Stählen im Ofenbau eingesetzt. Bei Werkstoffen, die sich nur durch

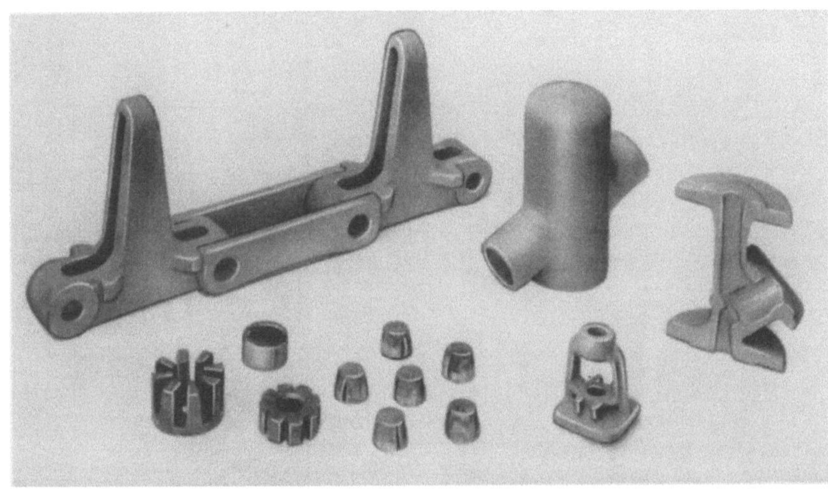

Abb. 42. Formmaskenabgüsse aus hochlegiertem Stahl

Schleifen bearbeiten lassen, wie Stellite und AlNiCo-Dauermagnete ist die Anwendung des Formmaskenverfahrens zur Zeit die rationellste Fertigungsmethode. Die erzielbare Maßgenauigkeit wirkt sich kostensparend aus durch Herabsetzung der Schleifzugabe, durch höheres Ausbringen und durch die Möglichkeit, die Modelle dichter auf der Modellplatte zusammenzulegen, sowie durch die Anwendung der Stapelgußtechnik (vgl. Abb. 32).

Literatur

HULTZSCH, K.: Chemie der Phenolharze. Berlin/Göttingen/Heidelberg: Springer 1950.

BRIGGS, C. W.: The shell molding process for plain carbon and low-alloy steel castings. Steel Founders Society of America, Research Report 34.

PÖLZGUTER, F.: Formmaskenverfahren nach Croning, ein neues deutsches Formverfahren. Gießerei 39 (1952) H. 19, S. 467ff.

Metals. (Mai 1954) H. 5 der japanischen Ausgabe.
The Durez guide to resin coated sand. Bulletin der Hooker Electrochemical Company North Tonawanda, N.Y.
Plasti-Sand Process. Bulletin der ACME Resin Corporation, 1401 Circle Avenue, Forest Park, Ill.
GATY, F.: Possibilités actuelles au «shell-molding» ou «moulage en écailles». La Fonderie Belge (November 1955) H. 11, S. 197ff.; (Dezember 1955) H. 12, S. 217ff.
Gießerei-Sonderheft über das Croning-Verfahren vom 24. Mai 1956, H. 11.
PÖLZGUTER, F.: Fortschritte in der Herstellung und Anwendung von Edelstahlformguß für die chemische Industrie. Dechema-Monographien Bd. 28 (1956) S. 264ff.
BAILY, D. F.: Recent Development and current trends of the british shell-moulding practice. Foundry Trade Journal vom 28. Juni 1956, S. 507ff.
LEMON, P.: Fundamentals of shell-moulding. Foundry Trade Journal vom 26. Juli 1956, S. 113ff.

DBP 810174 DBP 832935 DBP 832937 DBP 862650 DBP 939529
DBP 832934 DBP 832936 DBP 861306 DBP 932323 DBP 940851

Das Shaw-Verfahren

Von **U. Klein**, Remscheid

Mit 14 Abbildungen

Die Entwicklung der Formverfahren war in den vergangenen Jahren und Jahrzehnten gekennzeichnet durch das Bestreben, der Forderung nach immer höherer Maßgenauigkeit und Oberflächengüte der Gußstücke Rechnung zu tragen. Dies gilt sowohl für den konventionellen Sandguß, bei welchem gerade in den letzten Jahren die Tendenz zur Verwendung feiner Korngrößen sich immer mehr durchsetzte, als auch für die zahlreichen speziellen Formverfahren, die im Zuge der Entwicklung bekannt geworden sind und eine mehr oder weniger breite Anwendung gefunden haben. Die Reihe dieser Verfahren reicht vom Croning- bis zum Wachsausschmelzverfahren, womit zugleich die bekanntesten der gesamten Gruppe genannt sind.

Ähnlich wie in den englisch sprechenden Ländern, wo alles, was nicht in einer normalen Sandform vergossen wird, als *Precision Casting* bezeichnet wird, hat es sich auch in Deutschland, vor allem in Verbraucherkreisen, eingebürgert, alle diese Verfahren unter dem Sammelbegriff *Genaugießverfahren* zusammenzufassen. Die Zweckmäßigkeit dieser Bezeichnung kann man durchaus in Frage stellen; allerdings beinhaltet das Wort „Genau" ja keine absolute Aussage, so daß die Verwendung in diesem Zusammenhang zumindest nicht grundsätzlich falsch ist.

Läßt man also den Begriff *Genaugießverfahren* im obigen relativen Sinne gelten, so kann man auch das Shaw-Verfahren als solches bezeichnen. In Abb. 1 ist der Versuch gemacht, das Shaw-Verfahren entsprechend seiner Verfahrensweise und Anwendbarkeit den übrigen Formverfahren zuzuordnen.

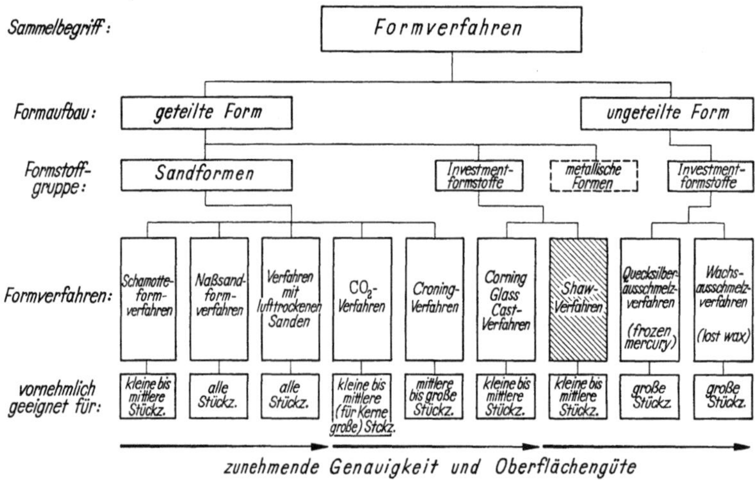

Abb. 1. Einordnung des Shaw-Verfahrens in die übrigen Formverfahren

A. Technische Angaben

Das SHAW-Verfahren ist nach seinen britischen Erfindern NOEL und CLIFFORD SHAW benannt, die es in den vierziger Jahren entwickelten. Das deutsche Patent wurde im Jahre 1955 [*1*] erteilt. Wie alle Genaugießverfahren ist es gekennzeichnet durch den verwendeten Formstoff. Er besteht aus einer Mischung von Sillimanit (Al_2SiO_5) oder ähnlich hochfeuerbeständigen Stoffen mit einer vorhydrolysierten Lösung von Äthylsilikat. Im Verlaufe der Hydrolyse entsprechend

$$Si(O_2CH_5)_4 + 4H_2O \rightarrow Si(OH)_4 + 4C_2H_5OH$$

entsteht Kieselgel, wobei die Geschwindigkeit des Reaktionsablaufes und damit des Überganges vom flüssigen in den Gelzustand abhängig ist vom p_H-Wert der Lösung. Dieses Verhalten gestattet die Verwendung eines Äthylsilikates als Binder oder, besser gesagt, als Trägersubstanz für den eigentlichen Formstoff. Dieser besteht aus Sillimanit oder dergleichen. Es werden meist zwei verschiedene Korngrößen miteinander gemischt, wobei die eine entsprechend der gewünschten glatten Oberfläche unter 0,5 mm Korngröße betragen soll, während die andere beliebig, meist 1 bis 3 mm, gewählt werden kann.

Durch Einrühren dieses Füllstoffes in die Äthylsilikatlösung erhält man einen Formstoffbrei, dessen p_H-Wert man unmittelbar vor dem Aufgießen auf das Modell mittels eines vorwiegend basischen Beschleunigers entsprechend der gewünschten Gelierungszeit einstellt. Diese Zeit richtet sich nach der Größe des betreffenden Modells und der Menge des zu verarbeitenden Formstoffes und liegt bei den verfahrensüblichen Gußstückgrößen zwischen etwa 30 Sekunden und 3 Minuten. Nach dieser Zeit hat der Formstoff einen gummiähnlichen Zustand erreicht, der ein leichtes Abheben der Form vom Modell gestattet.

Der sich während der Hydrolyse bildende Alkohol wird schließlich dem gelierten und vom Modell befreiten Formteil durch Wärme entzogen, wodurch die Form ihre Elastizität endgültig verliert. Während dieses Erhitzens der Formen wird nicht nur der Alkohol, sondern auch das Wasser des $Si(OH)_4$ ausgetrieben, so daß von dem Binder im Endzustand lediglich SiO_2 übrigbleibt. Diese Bindung ist daher nicht im üblichen Sinne einer Verklebung der Füllstoffkörner zu verstehen, sondern besteht in einem starren Kieselsäureskelett.

Auf Grund des oben charakterisierten Verhaltens des Formstoffes ergibt sich die im folgenden beschriebene Arbeitsweise.

1. *Modellvorbereitung*

Grundsätzlich können alle Modellwerkstoffe verwendet werden, die auch für Sandguß modelle gebräuchlich sind, also Holz, Gips, Aluminium, Messing, Kunststoffe und andere. Im Einzelfall wird sich die Auswahl des Modellwerkstoffes nach der Formgebung des betreffenden Teiles, der geforderten Stückzahl und nicht zuletzt auch nach der angestrebten Maßgenauigkeit richten müssen. In den meisten Fällen wird man aus diesen Gründen einen metallischen Modellwerkstoff vorziehen. Insbesondere Holz fällt in vielen Fällen aus, einmal weil die Teile meist zu dünnwandig sind, und zum anderen, weil es den Genauigkeitsanforderungen nicht genügt, zumal die Holzmodelle nicht lackiert werden dürfen, da die damit in Berührung kommenden chemischen Stoffe den Lack zersetzen und lösen. Wenn gleichwohl Holz verwendet werden kann, und das ist im wesentlichen nur bei verhältnismäßig kompakten Teilen mit kleinen Stückzahlen der Fall, so sollte man ein möglichst dichtes Holz, etwa Nußbaum, wählen und das Modell mit Öl oder Wachs imprägnieren.

Die besten Ergebnisse werden mit polierten Metallmodellen erzielt. Das Schwindmaß richtet sich nach dem zu vergießenden Werkstoff, ist jedoch meist etwas geringer als die Schwindung des entsprechenden Werkstoffes in einer Sandform.

Sofern das Modell eine gerade Teilebene hat, kann eine einfache Metallplatte als Formunterlage verwendet werden; zweckmäßiger ist die Verwendung einer Modellplatte aus Gips oder Holz, die den Umrissen des Modells angepaßt ist. Da es sich bei dem SHAW-Verfahren um kastenlose Formen handelt, hat man hierdurch vielfach die Möglichkeit, die benötigte Formstoffmenge zu verringern.

Die Modellplatte wird von einem mehrteiligen adjustierbaren Rahmen umgeben. Um ein Ankleben der Formmasse zu verhindern, werden Modell und Rahmen mit einem Trennmittel versehen; hierfür verwendet man entweder eine Lösung von Wachs in Tetrachlorkohlenstoff oder noch besser ein Silikonsprühmittel. Ein solcherart formfertig vorbereitetes Modell zeigt Abb. 2.

a) Formen. Der Formstoff muß wegen des nach Zusatz des Beschleunigers schnell fortschreitenden Gelierens für jede Form gesondert angesetzt werden. Zu der genau abgemessenen Binderlösung gibt man den nach der gewünschten Erstarrungszeit bemessenen Zusatz an Beschleuniger und rührt in diese Flüssigkeit entweder von Hand oder mechanisch den Füllstoff ein, bis eine etwa sirupartige Konsistenz erreicht ist. Der so erhaltene Brei wird nun auf das Modell gegossen (Abb. 3) und erstarrt dort innerhalb weniger Sekunden.

Abb. 2. Formfertig vorbereitetes Modell

Abb. 3. Das Gießen des Formstoffes auf das Modell

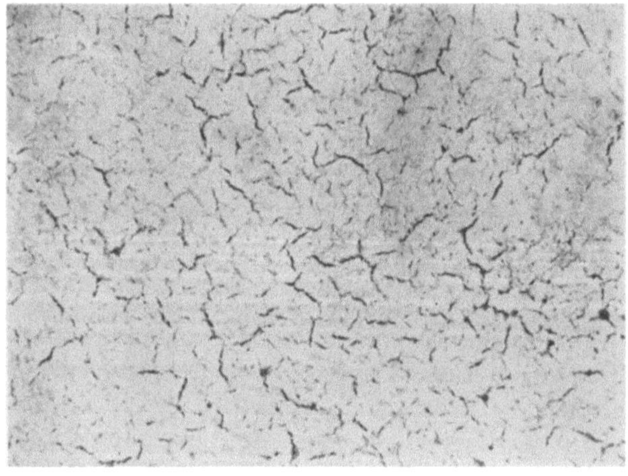

× 25

Abb. 4. Netzförmige Rißstruktur im Formstoff nach Austreibung des Alkohols

b) Abflammen. Nach der Entfernung des Rahmens und dem Abheben der Formhälften vom Modell werden diese unter einen gut entlüfteten Abzug gebracht. Beim Gelieren wird, wie gesagt, Alkohol frei, der an die Formoberfläche diffundiert und dort verdunstet. Ließe man diesen Vorgang bei Raumtemperatur, also verhältnismäßig langsam, verlaufen, so würden sich an der Oberfläche der Form Risse bilden, die sich mit der Zeit zu millimeterbreiten Spalten ausweiten. Dies wird dadurch vermieden, daß man den austretenden Alkohol entzündet, indem man offene Gasbrenner allseitig an die Form heranbringt. Hierdurch wird der Alkohol schneller abgeführt, das Konzentrationsgefälle zum Forminneren vergrößert und die Diffusion beschleunigt. Auch hierbei bildet sich ein Netzwerk von Rissen, das jedoch so fein ist, daß man es mit dem bloßen Auge kaum wahrnehmen kann (Abb. 4). Die Risse sind also im Normalfall so fein, daß das flüssige Metall nicht in sie eindringen kann. Andererseits gewähren sie dem Formstoff eine zwar geringe, jedoch völlig ausreichende Gasdurchlässigkeit. Eine zweite wichtige Funktion dieser Rißstruktur besteht darin, daß maßliche Veränderungen in Abhängigkeit von der Temperatur nicht eintreten, da sich das einzelne Korn in die Risse hinein ausdehnen kann, ohne die Ausdehnung des Nachbarkornes zu behindern. Damit bleibt die Gesamtabmessung praktisch konstant.

Abb. 5. Abgeflammte Formhälften vor dem Zulegen

Nach dem Erkalten werden die Formhälften zusammengelegt und die Trennfuge mit einem feuerfesten, lufthärtenden Kitt abgedichtet. Abb. 5 zeigt zwei abgeflammte Formhälften vor dem Zulegen. Die auf der Modellplatte vorgesehenen Zentriermarken zur versatzfreien Führung der Formhälften sind deutlich zu erkennen.

c) Glühen. Die gießfertig zugelegten Formen, insbesondere solche, die nach dem Formen längere Zeit gelagert wurden, werden zur Entfernung der letzten Reste von Alkohol und Feuchtigkeit unmittelbar vor dem Gießen in einem Glühofen etwa 1 Std. lang auf 800 bis 1000 °C erhitzt. In Anbetracht der niedrigen Gasdurchlässigkeit von 15 bis 20 Einheiten muß Vorsorge getroffen werden, daß beim Vergießen in Formstoff selbst keine Gase mehr frei werden können. Daher ist eine sorgfältige Durchführung dieser Glühung unerläßlich.

Abb. 6. Schaukel-Kippofen mit indirekter Lichtbogenbeheizung

d) Gießen. Man kann nun je nach Wanddicke der Gußstücke und Laufeigenschaften des flüssigen Metalls entweder in die hell rotglühenden Formen gießen oder sie zuvor wieder abkühlen lassen. Hier gilt die gleiche Regel wie für die Temperatur des Metalls: so heiß wie nötig und so kalt wie möglich!

Die Frage des Schmelzaggregates ist in diesem Zusammenhang ohne Bedeutung, jedoch wird man im allgemeinen einen nicht zu großen Ofen wählen, dessen Kapazität auf diejenige der Formenglühöfen abgestimmt ist. Ebenso ist es eine Frage der Zweckmäßigkeit, ob man über eine Gießpfanne oder unmittelbar aus dem Ofen gießt. Für den direkten Guß eignen sich u. a. die bekannten Schaukelkippöfen mit indirekter Lichtbogenbeheizung, wie sie auch in Wachsausschmelzgießereien vielfach verwendet werden (Abb. 6).

2. *Putzen und Wärmebehandlung*

Das Putzen geschieht in der üblichen Weise durch Sandstrahlen, Trennen, Schleifen, Beizen usw. Daß die manuelle Sorgfalt und die Auswahl der Betriebsmittel dem speziellen Zweck angepaßt werden müssen, ist selbstverständlich und bedarf keiner Erörterung.

Das gleiche gilt auch für die Wärmebehandlung. Die Genauigkeitseinbußen durch Verzug und Oxydation der Oberfläche können unter Umständen alle Sorgfalt beim Formen und Gießen zunichte machen. In jedem Falle müssen diese Einflüsse, sofern sie unvermeidlich sind, bei der Frage der im Einzelfall erreichbaren Toleranzen mit berücksichtigt werden.

B. Wirtschaftlichkeit

Die Anwendbarkeit eines jeden Verfahrens ist nicht nur von technischen, sondern auch von wirtschaftlichen Überlegungen bestimmt. Daher sollen der Erörterung von Anwendungsbeispielen einige Gedanken zur Wirtschaftlichkeit vorangestellt werden.

Wie schon aus den technischen Ausführungen hervorgeht, ist der Grad der Mechanisierung des SHAW-Verfahrens und damit der erforderliche Investitionsaufwand zur Zeit noch vergleichsweise gering. Tatsächlich ist der Formstoff der kostenbestimmende Faktor. Zusätzliche Kosten entstehen ferner durch die oben bereits erwähnte Verwendung kleiner Schmelzkapazitäten (wodurch der Preis des flüssigen Metalls naturgemäß ansteigt) sowie durch die erforderliche manuelle Sorgfalt bei allen Arbeitsgängen, die sich in den Stückzeiten ausdrückt. Dies führt zu nachstehenden Folgerungen:

1. Durch die geringe Mechanisierung liegt der Schwerpunkt bis jetzt bei der Fertigung von kleinen bis mittleren Stückzahlen und Prototypen. Die größte Häufigkeit liegt erfahrungsgemäß zwischen 20 und 100 Stück je Auftrag. Dies ist ein Vorteil und eine Begrenzung des Verfahrens zugleich; ein Vorteil insofern, als die übrigen Genaugießverfahren das Optimum ihrer Wirtschaftlichkeit erst bei wesentlich höheren Stückzahlen erreichen und damit das SHAW-Verfahren einem echten Bedarf entgegen kommt. Eine Begrenzung liegt darin, daß damit der Kreis der Anwendungsmöglichkeiten ziemlich fest umrissen ist und nur durch eine größere Mechanisierung ausgeweitet werden könnte.

2. Die anteilig hohen Formstoffkosten schließen eine Kalkulation auf der Basis von Kilopreisen aus. (Ein dünnwandiges und sperriges Teil erfordert weit mehr Formstoff als ein kompakteres Stück gleichen Gewichtes.)

3. Das SHAW-Verfahren ist in seiner Anwendung gegenüber anderen Fertigungsverfahren nur dann wirtschaftlich, wenn die oben genannten Mehrkosten durch Einsparungen bei der Weiterverarbeitung bis zum Endzustand ausgeglichen werden (Konstruktionsschweißen, maschinelle Bearbeitung, Vorbereitung zum Polieren usw.).

4. Der relative Anteil der Formstoffkosten am Gesamt-Gestehungspreis wird um so geringer, je teurer das vergossene Metall ist. Dementsprechend liegt ein Schwerpunkt in dieser Hinsicht bei den mittel- bis hochlegierten Stählen, wenngleich grundsätzlich alle metallischen Werkstoffe in SHAW-Formen vergossen werden können, sofern sie überhaupt gießfähig sind.

5. Auch die Begrenzung der Stückgröße ist mehr durch wirtschaftliche als durch technische Überlegungen bedingt. Die größte Häufigkeit liegt erfahrungsgemäß bei Stücken von 0,5 bis 5 kg, wenn auch besonders in Großbritannien und den Vereinigten Staaten von Amerika bereits Stücke von mehreren 100 kg nach dem SHAW-Verfahren gegossen werden.

Naturgemäß sind die oben angeführten Überlegungen gleichzeitig richtungweisend für die weitere Entwicklung, die zum Ziel hat, das Verfahren zu verbilligen und seine Anwendbarkeit zu vergrößern.

So wurden zunächst Möglichkeiten gesucht und zum Teil gefunden, die teuersten Formrohstoffe ganz oder teilweise durch billigere zu ersetzen, ohne daß dadurch eine Beeinträchtigung der Gußoberfläche in Kauf genommen werden muß.

Darüber hinaus kann man, insbesondere bei größeren Formen, lediglich die unmittelbar mit dem Metall in Berührung kommenden Teile der Form aus SHAW-Masse formen und für den Rest eine billige Hinterfüllmasse verwenden. Bei dieser sogenannten *Composite-Mold*-Methode (Abb. 7) wird so verfahren, daß man entweder eine dünne Schicht SHAW-Masse auf das Modell aufgießt und mit einer Schamotte-Wasserglas-Mischung hinterfüllt, die mit Kohlensäure ausgehärtet wird, oder daß man einen vorgeformten Block aus Schamotte herstellt, der so ausgeführt ist, daß zwischen Modell und Block ein Spalt verbleibt, den man mit SHAW-Masse vergießen kann. Welche dieser beiden Methoden zur Anwendung kommt, hängt von der Formgebung des jeweiligen Stückes ab. Die erste Methode ist im wesentlichen nur für Stücke mit überwiegend horizontaler Flächenausdehnung geeignet. Gleichzeitig erreicht man eine höhere Stabilität der Formen, die es gestattet, auch größere Formteile herzustellen. Eine Form von der in Abb. 8 gezeigten Größe würde in Anbetracht der relativ geringen Festigkeit des trockenen SHAW-Formstoffes schon durch ihr eigenes Gewicht sehr leicht zerbrechen. Die ausgehärtete CO_2-Hinterfüllung verringert dieses Risiko ganz beträchtlich

Abb. 7. Sogenannte *Composite-Mold*-Methode (Formen bestehend aus SHAW-Formstoff unmittelbar am Modell mit billiger Hinterfüllmasse auf Schamottebasis)

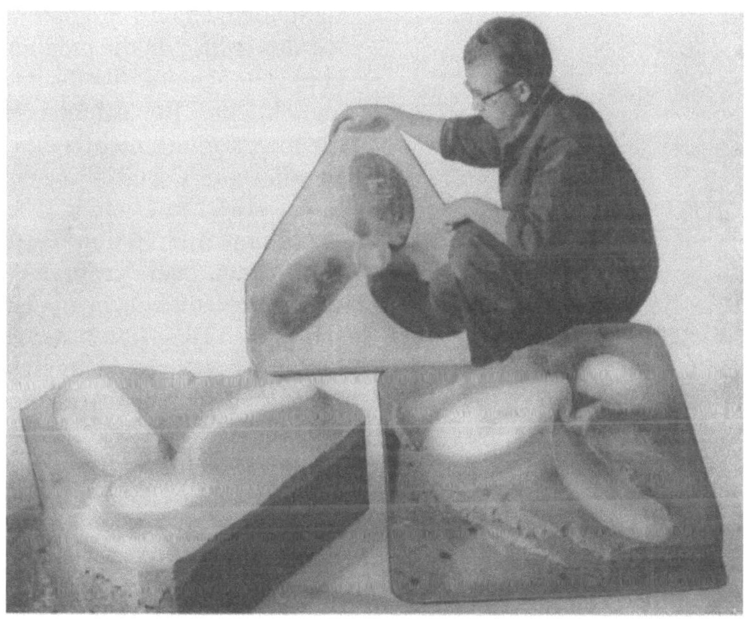

Abb. 8. Beispiel für die Möglichkeit der Herstellung größerer Formen nach der *Composite-Mold*-Methode

und gestattet damit eine Ausweitung der Anwendungsmöglichkeiten in Richtung auf Stückgrößen, die bisher ausschließlich den Sandformverfahren vorbehalten waren.

Schließlich sind an dieser Stelle die vielseitigen Kombinationsmöglichkeiten mit anderen Verfahren zu nennen, d. h. zum Beispiel durch Einlegen eines SHAW-Kernes in eine (trockene) Sandform nur diejenigen Partien aus dem teuren Formstoff zu formen, bei denen es auf die erhöhte Genauigkeit tatsächlich ankommt.

Diese wenigen Hinweise mögen genügen, zumal gerade auf diesem Gebiet die Entwicklung noch in Fluß ist und noch zu wenig Erfahrungen vorliegen, um ausführlicher darüber zu berichten.

C. Anwendungsgebiete und Beispiele

Bei dem gegenwärtigen Stand der Entwicklung liegen die Anwendungsmöglichkeiten des Shaw-Verfahrens grundsätzlich dort, wo folgende Voraussetzungen gegeben sind:

1. kleine bis mittlere Stückzahlen;
2. Einsparung von Zerspanungsarbeit, vorzugsweise bei schwer bearbeitbaren Werkstoffen;
3. geringe Wanddicken, die nicht mehr in Sandformen gegossen werden können.

Zur Beurteilung der Möglichkeiten unter 2. wird es im allgemeinen notwendig sein, Angaben über die erzielbaren Toleranzen heranzuziehen. Man muß hier ganz klar sagen, daß die Erzielung einer glatten Oberfläche nicht automatisch entsprechend enge Maßtoleranzen zur Folge hat. Die glatte Oberfläche ist einzig und allein abhängig von der Korngröße des verwendeten Füllstoffes und dessen Feuerbeständigkeit; die Maßhaltigkeit dagegen ist bedingt durch das Verhalten der Form in bezug auf Schwindung und Ausdehnung während der verschiedenen Arbeitsgänge im Verlauf des Herstellungsprozesses und den dabei auftretenden Beanspruchungen. Ein ursächlicher Zusammenhang zwischen Oberflächenbeschaffenheit und Maßhaltigkeit besteht also, wenn überhaupt, nur sehr bedingt.

Soweit eine allgemeine Aussage ohne Bezugnahme auf ein bestimmtes Stück überhaupt möglich ist, ist zu sagen, daß eine Tolerierung von Maßen, welche die Teilebene der Form schneiden, nach Möglichkeit vermieden werden sollte, da die mögliche Gratbildung eine genügende Treffsicherheit zumeist ausschließt. Bei solchen Maßen, welche die Formteilung nicht schneiden, d. h., die parallel zur Formteilung verlaufen, kann man etwa mit einer Genauigkeit von $\pm 0{,}2$ mm auf 25 mm Bezugslänge rechnen. Auch bei größeren Bezugsmaßen wird die Toleranz von 1% nicht überschritten. Dies kann jedoch nur als Anhaltswert gelten, da nicht nur die Formgebung des Stückes, sondern auch der verwendete Werkstoff und die erforderliche Wärmebehandlung einen Einfluß auf die erzielbare Genauigkeit ausüben. Eine einigermaßen verläßliche Aussage wird daher nur an Hand des in Frage stehenden Stückes gemacht werden können. Die Oberflächenrauhigkeit beträgt ca. 10 bis 20 μ.

Abb. 9. Pumpenteile (Stückgewicht 0,1 bis 1,2 kg)

Nachstehend seien einige typische Beispiele angeführt, bei denen die Herstellung im Shaw-Verfahren gegenüber anderen Fertigungsverfahren in dieser oder jener Hinsicht Vorteile gebracht hat.

Abb. 9 zeigt eine Anzahl von Pumpenteilen für selbstansaugende Pumpen. Insbesondere bei den Laufrädern konnte die Wanddicke der Schaufeln gegenüber Sandguß beträchtlich verringert und die kostspielige Nacharbeit des Glättens der zwischen den Schaufeln liegenden Flächen eingespart werden. Die Stückzahlen bei diesen Teilen liegen bei 20 bis 100 Stück je Type und Bestellung.

In Abb. 10 sind einige Teile gezeigt, die in Verpackungsmaschinen Verwendung finden. Auch hier war es möglich, durch gießgerechte Umkonstruktion manuelle Nacharbeit einzusparen. Gerade derartige Teile werden oft poliert, und die SHAW-Gußoberfläche stellt hierfür einen vorteilhaften Ausgangszustand dar.

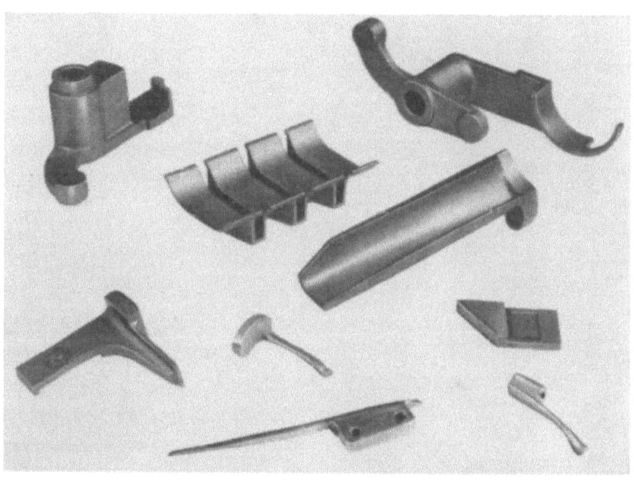

Abb. 10. SHAW-Gußteile für Verpackungsmaschinen (Stückgewicht 0,2 bis 2 kg)

Abb. 11 zeigt eine Gruppe von Ventilteilen aus korrosionsbeständigem Stahlguß, bei denen im wesentlichen nur noch die Sitzfläche bearbeitet zu werden braucht. Das Bild vermittelt ferner einen Eindruck von dem zur Zeit wirtschaftlich optimalen Bereich der Stückgröße.

Ein noch sehr wenig erschlossenes Gebiet ist die Fertigung von Kokillenrohlingen für alle möglichen Anwendungsgebiete von der Kunststoffverformung bis zum Leicht- und Schwermetall-Kokillenguß. Besonders in England und Amerika wird gerade diesem Gebiet besondere Aufmerksamkeit geschenkt. Dies zeigt schon die Tatsache, daß von den etwa

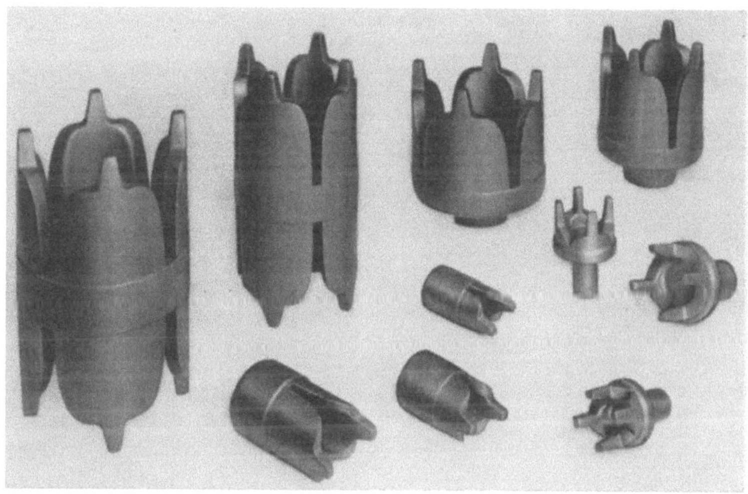

Abb. 11. Ventilteile (Stückgewicht 0,2 bis 4,5 kg)

dreißig amerikanischen Lizenznehmern etwa zwanzig das SHAW-Verfahren überwiegend oder ausschließlich zur Herstellung von Kokillen benutzen. Hier ist am ehesten die Voraussetzung der Einsparung schwieriger Bearbeitungsgänge gegeben. Auf der anderen Seite spielt die Werkstofffrage, ja sogar die Verwendbarkeit des gegossenen Werkstoffes überhaupt, eine mindestens ebenso wichtige Rolle wie die rein formtechnischen Probleme.

Abb. 12 zeigt den Rohling eines Formeinsatzes für Aluminiumdruckguß, der für einen Versuch zur Ermittlung der Standzeit in Zusammenarbeit mit dem Fachausschuß Druckguß im Verein Deutscher Gießereifachleute nach dem SHAW-Verfahren gegossen wurde. Bei diesem Teil mit einem Rohgewicht von 35 kg wurde ein kombiniertes Formverfahren angewandt derart, daß nur die Konturenfläche auf einem SHAW-Kern gegossen wurde, der in eine trockene Sandform eingelegt war. Die Abb. 13 gibt einen Eindruck von verschiedenen Formteilen, die in der Kunststoffindustrie verwendet werden. Die Abb. 14 zeigt eine Glaspreßform im unbearbeiteten Zustand. Auch hierbei wurde mit der kombinierten *Composite-Mold*-Methode gearbeitet.

Bezüglich weiterer Anwendungsbeispiele sei auf das Schrifttum [2] verwiesen.

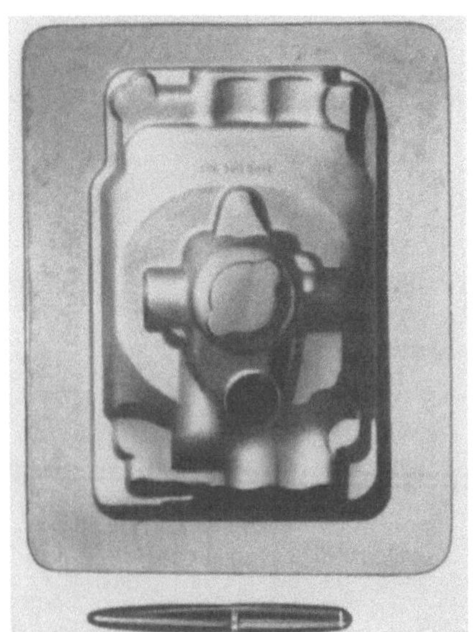

Abb. 12. Rohling eines Formeinsatzes für Aluminium-Druckguß (Stückgewicht 35 kg)

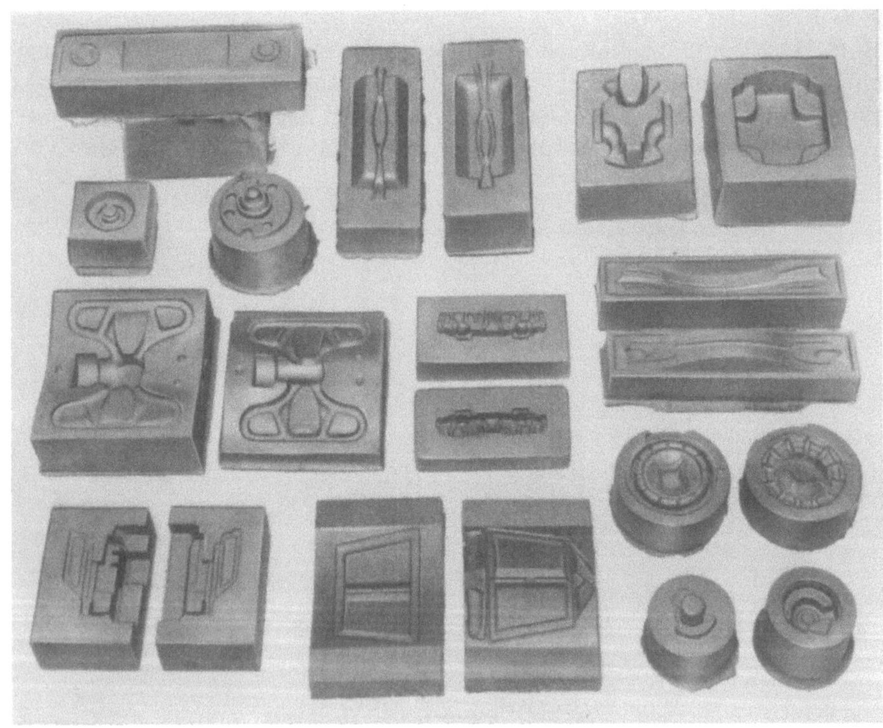

Abb. 13. Verschiedene Werkzeugrohlinge für die Kunststoffverarbeitung (Stückgewicht 3 bis 15 kg) (Zur Verfügung gestellt von Shaw Development Corp., Post Washington, N. Y.)

D. Zusammenfassung

Das SHAW-Verfahren ist ein neuzeitliches Formverfahren zur Herstellung von Gußstücken in kleinen bis mittleren Stückzahlen mit verhältnismäßig guter Oberflächenbeschaffenheit und Maßgenauigkeit. Das Verfahren ist gekennzeichnet durch die Verwendung eines typischen Investment-Formstoffes, aus dem nach festen Modellen geteilte, kastenlose Formen hergestellt werden.

In Anbetracht der verhältnismäßig hohen Formstoffkosten liegt das Anwendungsgebiet des SHAW-Verfahrens vor allem dort, wo durch geringere Wanddicken oder wegen der erreichbaren Maßgenauigkeit Bearbeitungskosten in entsprechendem Ausmaß eingespart werden können.

Auf Grund dieser charakteristischen Eigenschaften stellt das SHAW-Verfahren keine direkte Alternative zu irgendeinem der bereits länger bekannten Formverfahren dar;

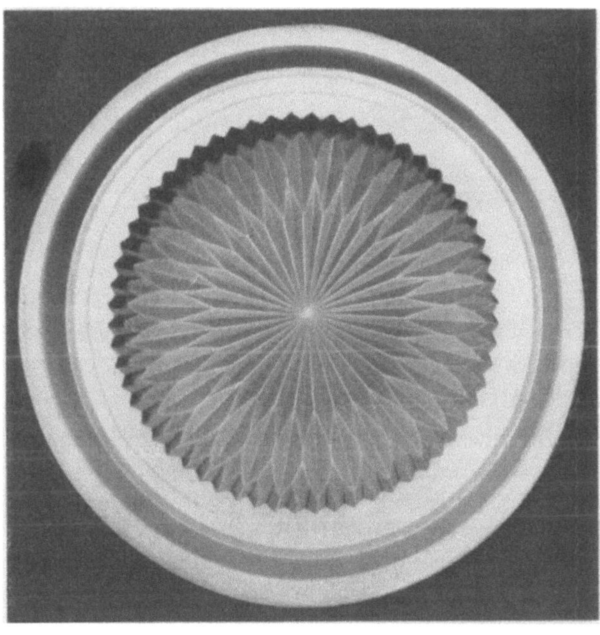

Abb. 14. Rohling für eine Glaspreßform (Stückgewicht 12 kg)

vielmehr hat es sich sowohl nach der Seite der Sandformverfahren als auch in Verbindung mit dem Wachsausschmelzverfahren zur Ergänzung und Abrundung der bestehenden Fertigungsmöglichkeiten bewährt.

Ziel und Aufgabe der künftigen Entwicklung ist es, die Formstoffkosten weiter zu senken und eine gewisse Mechanisierung der Formherstellung zu ermöglichen, um damit die Anwendbarkeit des SHAW-Verfahrens in Richtung auf zunehmende Stückzahlen und Stückgrößen zu erweitern.

Literatur

[*1*] DBP Nr. 924340 vom 18. Dezember 1952. — [*2*] Machinery 2. September (1955) und 9. Dezember (1955) vom 17. Februar 1956.

Feinguß nach verlorenen Modellen

Von **F. Pölzguter** †, Bochum

Mitbearbeitet von E. G. Nickel, Bochum

Mit 33 Abbildungen

Einleitung

Die Technik des Präzisionsgusses — oder nach der inzwischen genormten Bezeichnung *Der Feinguß* — ist eine Erweiterung und Vervollkommnung des bereits seit Jahrtausenden bekannten Wachsmodell-Ausschmelzverfahrens, auch *lost wax* oder *cire perdue* genannt, wobei der Dental- und Bijouterieguß als Zwischenstufen anzusehen sind. Im Gegensatz zu den üblichen Formmethoden, wo zwei- oder mehrteilige Formen benutzt werden, aus denen das Modell herausgenommen und der Wiederverwendung zugeführt werden kann, verwendet die Feingußtechnik genau wie beim alten Kunstguß einteilige, kompakte Formen, aus denen zur Erzeugung des Formhohlraumes das Modell herausgeschmolzen oder herausgebrannt wird. Als Modellmaterial kommen heute im allgemeinen neben Wachs auch Kunststoffe und gefrorenes Quecksilber in Frage, und demzufolge nennt man auch heute entsprechend den verwendeten Modellstoffen die Verfahren *Wachsausschmelz-*, *lost wax-*, *cire perdue-* und *Mercast*-Verfahren.

Da bei der Feingußtechnik die Modelle vor dem Einformen vielfach noch einen dünnen Überzug aus einem besonders hochwertigen Formstoff erhalten, nennt man im englischen Sprachgebrauch das Verfahren auch *Investment*-Verfahren, abgeleitet aus dem Altenglischen *investment* für Kleidungs- und Uniformstoffe, die an der Oberfläche besonders präpariert bzw. mit einem Überzug versehen wurden.

Im Zusammenhang mit der Feingußtechnik hat sich jedoch eine Teilung des genannten Begriffes eingebürgert. Der erwähnte dünne Überzug wird meist *dipcoat* oder *spraycoat* genannt, weil er durch Tauchen oder Spritzen aufgebracht wird, während unter *investment* der eigentliche Formstoff verstanden wird, der die kompakte Form bildet. Die Bezeichnung *investment* findet man hin und wieder auch bei anderen Formverfahren.

In der vorliegenden Abhandlung werden als entsprechende Ausdrücke *Feinschicht* und *Hinterfüll-* oder *Stütz*masse benutzt, während die Bezeichnung *investment* nur dort gebraucht wird, wo sie als Kennzeichen einer besonderen Modifikation in die Literatur eingegangen ist.

Als industrielles Massenproduktionsmittel erscheint der Feinguß erstmalig im Jahre 1930 in Amerika, wo die Firma Austenal Laboratories of New York aus einer *Vitallium* genannten Kobaltlegierung die verschiedenartigsten chirurgischen Ersatzteile herstellte. Aus dem Handwerklichen kommend, hat sich inzwischen der Feinguß zu einer umfassenden Verfahrenstechnik entwickelt, welche durch zahlreiche Patente geschützt ist, wobei sich die Schutzrechte nicht auf das Verfahren als solches beziehen, sondern auf die zur Durchführung notwendigen Hilfsmittel wie z. B. auf die Matrizen zur Herstellung der Modelle, auf die Zusammensetzung der Wachsmassen, auf die verbesserten Bindemittel für die Feinschicht wie für die Stützmassen, auf die Schmelz- und Gießeinrichtungen usw.

Besonderen Auftrieb erhielt das Feingußverfahren während des letzten Krieges in Amerika, als es bei der Herstellung von kriegswichtigen Gütern galt, den Engpaß an Bearbeitungsmaschinen zu überbrücken. Zunächst war, wie in jedem Kriege, weniger die Wirtschaftlichkeit als vielmehr die Fertigungsmöglichkeit an sich maßgebend. Ermuntert durch die im Kriege gewonnenen Erfahrungen wurde die Feingußtechnik dann auf den Friedensbedarf übertragen. Als industrielles Massenverfahren zur Metallformgebung hat der Feinguß nach einer Welle von Begeisterung auch Enttäuschungen dadurch gebracht, daß man vom Begriff *Präzision* die gleiche Genauigkeit erwartet hatte, wie sie durch die mechanischen Bearbeitungsverfahren erzielt werden. Man hatte ganz außer acht gelassen, daß es sich um ein Unterscheidungsmerkmal handelte, welches die mit dem neuen Formverfahren erreichbare Genauigkeit anderen Formverfahren gegenüber kennzeichnete. Die Feingußtechnik will und kann die Werkzeugmaschine nicht verdrängen oder ersetzen. Auf Grund ihrer Eigenart wird sie aber auf bestimmten Gebieten der Fertigung als Ergänzung der Maschine auftreten oder die Maschine entlasten und wird auf diesen Gebieten, nachdem man die Vorteile und Einsatzmöglichkeiten wie auch die Grenzen erkannt hat, mit Erfolg eingesetzt werden können. Zu den zahlreichen Anwendungsgebieten, die sich der Feinguß inzwischen gesichert hat, kommen laufend in dem Maße neue hinzu, wie bei den Konstrukteuren die Erkenntnisse über die Vorteile und Anwendungsmöglichkeiten zunehmen.

Nach dem Wesen des Verfahrens werden, von einem meistens aus Metall bestehenden Urmodell ausgehend, bei welchem alle Maßberichtigungen für die während des Form- und Gießprozesses auftretenden Volumenveränderungen berücksichtigt worden sind, Spritzformen hergestellt, mit denen in besonderen Pressen die Wachs- oder Kunststoffmodelle erzeugt werden. Quecksilbermodelle hingegen werden durch einfaches Gießen in Eisenformen mit anschließendem Erstarrenlassen in Kältemischungen erhalten. Aus gießtechnischen wie aus wirtschaftlichen Gründen vereinigt man stets eine Anzahl Modelle mit einem besonders geformten Trichter- und Laufsystem zu Modelltrauben, auch Modellbäume genannt.

Die Weiterbehandlung der Modelltrauben erfolgt je nach dem zu vergießenden Metall nach verschiedenen Methoden. Für hochschmelzende Eisen- und Nichteisenmetalle erhalten die Modelltrauben eine Feinschicht aus einem feinkörnigen, hochwertigen, meist silikatgebundenen keramischen Formstoff, die entweder durch Tauchen oder durch Spritzen aufgebracht wird. Die Feinschicht hat eine ähnliche Aufgabe zu übernehmen wie die Formschlichte bei den üblichen Formverfahren. Während jedoch die Schlichte auf die fertige formgebende Fläche aufgetragen wird und dabei durch Ungleichmäßigkeiten und Anhäufungen bereits Feinheiten verwischt und maßliche Abweichungen hervorgerufen werden, steht die Feinschicht in unmittelbarem Kontakt mit der Modelloberfläche und kann beim Gußstück neben der Erzeugung einer sauberen, glatten Oberfläche auch die feinsten Konturen mit hoher Maßgenauigkeit wiedergeben. Erst dann folgt der Formstoff, welcher der Gießform die erforderliche Standfestigkeit verleiht, um dem Gießdruck widerstehen zu können. Dazu wird jede mit Feinschicht überzogene Modelltraube mit dem Eingußtrichter auf einer gewachsten Metallplatte befestigt, eine Formhülse übergestülpt, mit Wachs gedichtet und die Formhülse mit einem grobkörnigen, mit einem Bindemittel versehenen, keramischen Formstoff gefüllt. Nach dem Abbinden und Trocknen der Form folgt das Ausschmelzen oder Ausbrennen der Modelltrauben, worauf nach einem weiteren Erhitzen sich das Abgießen der Form anschließt.

Bei niedrigschmelzenden Metallen benutzt man meistens das Einfachformverfahren. Dabei entfällt die Feinschicht und man verwendet von vornherein eine so feinkörnige und dünnflüssige Formstoffmasse, daß sowohl eine glatte Oberfläche beim Gußstück, gute Wiedergabe der Modellkonturen als auch die erforderliche Festigkeit und Durchlässigkeit der Form gewährleistet ist. Als Bindemittel wird in der Regel Gips benutzt. Zuweilen wird das Einfachformverfahren auch bei höher schmelzenden Metallen benutzt, wobei dann aber entsprechende Bindemittel vorgesehen werden, weil bei Temperaturen, die z. B. über die Gießtemperaturen der Bronze hinausgehen, die Bindekraft des Gipses verlorengeht.

Der erste Verfahrensschritt ist die Anfertigung des Urmodells, nach welchem bei Wachs- und Kunststoffmodellen die Spritzmatrizen gebaut werden. Sie müssen sehr sauber und genau sein, da ein Gußstück niemals genauer sein kann als sein Vorbild. Als Modellmaterial dient in der Regel Messing, Bronze oder Stahl, wobei je nach dem Verfahren, welches zur Herstellung der Matrizen benutzt wird, Stahlmodelle auch gehärtet sein müssen. Das Schrumpfmaß für die während des Form- und Gießprozesses auftretenden Volumenveränderungen schwankt zwischen 1,1 und 2%, wobei je nach den Abmessungen des Gußstückes und seiner Lage in der Form die Schrumpfung nicht nach allen Seiten gleichmäßig linear erfolgt. Die genauen Bedingungen müssen durch Probeabgüsse festgestellt und danach das Urmodell oder die Matrize berichtigt werden.

Wachsspritzmatrizen

Diese Werkzeuge, welche mindestens zweiteilig sein müssen, um das Wachsmodell aus der Spritzform herausnehmen zu können, sind den Preßwerkzeugen ähnlich, wie sie bei dem Metall- und Kunststoffspritzguß zur Anwendung kommen. Für verhältnismäßig einfach gestaltete Gußstücke mit nicht zu hohen Anforderungen an die Genauigkeit kommen daher die gleichen Herstellungsmethoden in Frage, wie sie seit Jahrzehnten bei Metall- und Kunststoffspritzformen für ähnlich geformte Teile benutzt werden. Analog diesem Verfahren wird von einem sauber polierten Urmodell aus gehärtetem Stahl ausgegangen. Da jedoch die Beanspruchung beim Wachsspritzen erheblich geringer ist als beim Metall- und Kunststoffspritzguß, verwendet man als Matrizenwerkstoff niedrigschmelzende Weißmetalle. Das Urmodell wird zunächst bis zu einer genau angerissenen Teilungslinie in das Unterteil der Matrize eingepreßt, worauf nach entsprechender Bearbeitung der Paßfläche und Einlegen des Urmodells in die Formhöhlung das Oberteil der Matrize gepreßt wird. Beide Teile erhalten dann zur genauen Fixierung Stiftdübel und Bohrungen. Falls der Einspritzkanal nicht schon am Urmodell vorgesehen war, ist dieser nachträglich einzuarbeiten. Solche Matrizen deformieren jedoch sehr schnell durch das Einspannen in die Spritzpresse wie auch durch den Wachsdruck selbst und müssen daher oft nachjustiert werden.

Allgemein benutzt man heute gegossene Weißmetallmatrizen, welche mit Stützrahmen oder Stützkästen aus einem verschleißfesten Material wie Eisen oder Stahl versehen sind, wobei die Fixierungsmittel direkt in den Rahmen oder Kästen angebracht werden. Solche Matrizen sind infolge ihrer Maßbeständigkeit für die Serienfabrikation geeignet und außerdem verhältnismäßig billig in der Herstellung. Die Herstellung erfolgt in besonderen Gießvorrichtungen und kann nach zwei Methoden vor sich gehen.

Nach der einen Methode, welche Stützrahmen verwendet, wird das Urmodell in einem Unterrahmen, der zunächst als Hilfsrahmen dient, in eine Trägermasse wie Ton, Plastilin, Wachs oder dergleichen eingebettet, nach sorgfältiger Glättung der Oberrahmen aufgesetzt und dieser mit einem Brei aus hartem Spezialgips oder einer entsprechenden Steinmasse gefüllt. Der Massebrei muß vor dem Eingießen unter einer Vakuumglocke von Luft befreit werden, wobei zur Beschleunigung des Austreibens ein zusätzliches Rütteln vorgesehen wird, da die Gießfähigkeit der Masse verhältnismäßig kurz ist und im Durchschnitt etwa 7 bis 8 Minuten beträgt. Nach 20 bis 30 Minuten ist die Gießmasse so weit abgebunden und erhärtet, daß mit der Anfertigung der eigentlichen Matrize begonnen werden kann. Dazu wird nach dem Wenden die Trägermasse aus dem Hilfsrahmen entfernt, der Rahmen wieder aufgesetzt und mit einem flüssigen, niedrigschmelzenden Weißmetall vollgegossen. Die Erstarrung des Weißmetalls erfolgt dann unter einem zusätzlichen Preßdruck, welcher dadurch aufgebracht wird, daß ein passender, angewärmter Stempel aufgesetzt und unter der Presse ein Druck von 700 kg/cm² erzeugt wird. Während des Pressens wird die Matrize mittels einer Wasserbrause von außen gekühlt. Der zusätzliche Druck wirkt der Schwindung des Metalles beim Erstarren entgegen, wodurch ein maßgenaues Negativ des Urmodells entsteht. Die zweite Matrizenhälfte wird in gleicher Weise hergestellt, indem man zuvor die Gips- oder Steinmasse aus dem einen Kasten entfernt und das Urmodell in die fertige Hälfte einlegt. Zuvor ist die Fläche der ersten Hälfte mit feinem Schmirgelpapier zu glätten, gegebenenfalls unter Belassung des Urmodells in der Formhöhlung bis zur Teilungslinie nachzuarbeiten. Das Weißmetall für die zweite Matrizenhälfte soll einen niedrigeren Schmelzpunkt haben als für die erste Hälfte, damit diese an der Oberfläche nicht aufgeschmolzen wird. Als Trennmittel beim Gießen der zweiten Hälfte ist Graphitpuder geeignet oder das Anrußen mittels einer Azetylenflamme od. dgl.

Bei der zweiten Methode kommen Stützkästen aus Eisen, insbesondere Gußeisen, zur Anwendung. Sie sind also bis auf die Arbeitsfläche allseitig geschlossen; sie haben im Boden eine Bohrung zum Eingießen der Trägermasse und des Weißmetalls und in den Seiten konisch nach außen verlaufende Bohrungen zur festen Verankerung der Weißmetalleinlagen. Weiterhin ist eine besonders gestaltete Einspritzöffnung vorhanden sowie eine Druckplatte mit Auswerferstiften zum einwandfreien Ausheben des Wachsmodells. Solche Matrizen haben gegenüber der ersten Ausführung erhebliche Vorteile hinsichtlich der Maßgenauigkeit und Lebensdauer zu verzeichnen. Als Weißmetall kommt eine praktisch nicht schrumpfende Legierung aus 60% Zinn und 40% Wismut zur Anwendung, wodurch nur noch ein zusätzlicher Druck von 2 bis 7 kg/cm^2 erforderlich ist, der mittels Druckluft über einem mit der Matrize gasdicht verklammerten Gießaufsatz, welcher gleichzeitig die Gießkelle enthält, aufgebracht wird.

Die Anfertigung der eigentlichen Weißmetalleinlage erfolgt in ähnlicher Weise wie bei der vorherigen Methode, wobei bei verwickelten Formen das Urmodell zuerst in Paraffin ausgerichtet und eingebettet und zum Zwecke des Gießens der ersten Matrizenhälfte ein Gipsbett hergestellt oder bei einfachen Formen direkt in Gips ausgerichtet und eingebettet wird.

Als Trennmittel beim Gießen der Weißmetallegierung dient eine dünne Folie von vernachlässigbarer Stärke, z. B. 0,025 mm aus Gummi oder einem anderen dehnbaren Material, welches über das im Stützkasten eingebettete Urmodell gespannt und in geeigneter Weise an den äußeren Wandungen des Kastens befestigt wird. Mittels Vakuums von unten her wird die Folie dicht um das Urmodell wie auch die Matrizenfläche gesaugt, wobei sich die Stärke der Folie infolge weiterer Dehnung auf 0,005 mm und darunter vermindert. Dieses Trennmittel hat den Vorzug, daß auch die feinsten Konturen und Zeichnungen des Urmodells wiedergegeben werden, im Gegensatz zu puderförmigen Trennmitteln, die sehr leicht durch Anhäufungen die Feinheiten verwischen. Für scharfkantige Urmodelle ist das Anrußen mittels einer Azetylenflamme vorzuziehen. Bei der Anfertigung der ersten Matrizenhälfte erfolgt das Festsaugen der Folie durch das Gipsbett hindurch, während für die zweite Hälfte an geeigneten Stellen der Matrize kleine durchgehende Löcher gebohrt werden müssen, die nachher mit Stiften aus der gleichen Legierung verschlossen werden. Matrizen für verwickelte Teile mit Unterschneidungen, Kernen und Bohrungen erhalten genau wie beim üblichen Formenbau Abzugteile, Einlegeteile u. dgl.

Für sehr große Serien und dort, wo sehr hohe Anforderungen an die Gleichmäßigkeit gestellt werden, kommen nur Stahlmatrizen in Frage, die aus Vollmaterial unter Anwendung der bekannten mechanischen Bearbeitungsmethoden wie Drehen, Fräsen, Bohren und Gravieren herausgearbeitet werden. Da solche Matrizen teuer sind, lohnt sich der Einsatz nur dann, wenn es durch ausreichende Vorserien möglich ist, alle Bedingungen bis zum äußersten zu klären oder der Verbraucher gewillt ist, die höheren Kosten zu übernehmen.

Ein Verfahren, das spanabhebende Herausarbeiten aus dem vollen zu umgehen, benutzt das schon früher bei der Herstellung von Matrizen angewandte Metallspritzverfahren, ohne jedoch dessen Nachteile hinsichtlich der Anfertigung zu besitzen. Bei diesem Verfahren wird unter Berücksichtigung der notwendigen Formteilbarkeit eine bis zu 5 mm starke Stahlschicht auf das Urmodell ausgespritzt, wobei der Stahl einen anderen Ausdehnungsbeiwert besitzen muß als das Material des Urmodells. Die abgehobene Stahlmaske wird dann zur Abstützung mit einem niedrigschmelzenden Metall ausgegossen, während die Wirkseite zur Erhöhung der Verschleißfestigkeit nach bekannten Verfahren hartvernickelt, hartverchromt, siliziert oder inchromiert werden kann. Zum leichten Auseinandernehmen der einzelnen Formenteile kommen Trennmittel zur Anwendung, deren Schichtstärke nur einige Mikron betragen darf und deren Schmelz- oder Zersetzungstemperatur unter den Schmelzpunkten der Formenbaumaterialien liegen muß oder gegenüber diesen nur eine beschränkte Haftfähigkeit hat. Geeignete Stoffe sind Zinn, WOODsches oder ROOSEsches Metall, Kunstharz, Alkalisilikate und ähnliche Salze. Schließlich besteht noch die Möglichkeit, auf das Urmodell elektrolytisch eine dicke Schale von Hartnickel niederzuschlagen, welche nach der Entfernung des Urmodells auf Hochglanz poliert und dann auf eine entsprechend zugerichtete Stahlplatte befestigt wird.

Abb. 1. Mehrfachmatrize zum Spritzen von Wachsmodellen

Wenn es die Form und die Abmessungen zulassen, werden Mehrfachmatrizen verwendet, so daß gleichzeitig mehrere Wachsmodelle mit einem Schuß gespritzt werden können.

Matrizen zur Herstellung von Kunststoffmodellen müssen wegen des erheblich höheren Spritzdruckes, der bei diesen Stoffen angewendet werden muß, aus Stahl bestehen. Für die äußeren, weniger beanspruchten Teile genügt Maschinenstahl mit einer Festigkeit von 60 bis 70 kg/mm^2. Die inneren Formenteile hingegen müssen aus Chrom-Nickel- oder aus Chrom-Molybdän-Stahl gefertigt und im Einsatz gehärtet werden. Die Abb. 1 zeigt die Ausführung einer Mehrfachmatrize zum Spritzen von Wachsmodellen.

Herstellen der Wachsmodelle

Allen Wachsarten ist ein verhältnismäßig hoher Ausdehnungsbeiwert eigen, der sich schon bei geringen Temperaturunterschieden durch meßbare Volumenänderungen bemerkbar macht. Eine starke Volumenzunahme ist weiterhin beim Übergang vom festen in den flüssigen Zustand zu verzeichnen, die bei manchen Wachsarten bis zu 9% und höher betragen kann. Diese Eigenschaften sind bei Modellwachsen unerwünscht. Um daher den Forderungen, die an Modellwachse gestellt werden müssen, gerecht zu werden, werden diese aus verschiedenen natürlichen wie auch synthetischen Wachsen zusammengesetzt, wobei zum Teil noch andere Zusätze hinzukommen. Die Zusammensetzungen sind sehr unterschiedlich und basieren auf Erfahrungen.

Grundbedingung bei allen Modellwachsen ist, daß sie praktisch ohne Rückstand verdampfen und verbrennen, im festen Zustand ausreichende Festigkeit und Härte haben, ohne dabei ausgesprochen spröde zu sein, damit die Modelle beim Hantieren nicht deformieren, noch im Verlaufe der nachfolgenden Verfahrensstufen von den Modelltrauben abbrechen. In diesem Zusammenhang ist besonders das Erstarrungsintervall wichtig; es soll zwar eng, jedoch nicht zu eng sein, da bei zu engem Erstarrungsintervall die Bruchgefahr begünstigt wird. Weiterhin sollen Modellwachse im festen Zustande niedrige Schwindung und beim Übergang in den flüssigen Zustand möglichst geringe Volumenzunahmen aufweisen, damit die keramischen Formen beim Ausschmelzvorgang nicht gesprengt werden oder reißen. Die letzte Bedingung ist auf Grund der Eigenart der Wachse schwer einzuhalten und durch die Zusammensetzung nur zum Teil erreichbar auf Kosten der anderen Forderungen.

Je nach den Querschnittsverhältnissen, den Stückgrößen und den angewendeten Spritzdrucken kommen Wachse mit verschiedenen Schmelzpunkten und entsprechend variierten Spritztemperaturen zur Anwendung, wobei die günstigsten Bedingungen stets durch Versuche ermittelt werden müssen. Niedrigschmelzende Wachse sind meist so abgestimmt, daß ihr Schmelzpunkt zwischen 60 und 65 °C liegt, während höher schmelzende Wachse zwischen 65 und 90 °C schmelzen.

Trotz der durch die Zusammensetzung erreichten günstigen Eigenschaften zeigen geschmolzene Wachse, statisch vergossen, nach dem Erstarren noch in erheblichem Maße eine ungleichmäßige und nicht reproduzierbare Schrumpfung bzw. Schwindung. Daher ist diese Gießart zur Herstellung von Wachsmodellen völlig ungeeignet. Um dieser unerwünschten Eigenschaft zu begegnen, muß das Wachs in die Matrizen unter Druck eingespritzt werden wie auch die Erstarrung unter Druck erfolgen. Je nach den physikalischen Eigenschaften des Wachses wie Schmelz- und Fließpunkt, Erstarrungsintervall usw. einerseits und dem Volumen bzw. den räumlichen Abmessungen und Querschnittsverhältnissen des Modells andererseits werden Drucke bis zu 100 kg/cm^2 und darüber angewendet. Hohe Drucke gewährleisten ein vollständiges Entlüften der Matrize während des Einspritzvorganges, so daß sich in den Konturen der Formen keine Luftblasen ansetzen können.

Für kleinere Querschnitte bevorzugt man Wachse mit leichterem Fließgrad, während für voluminösere Modelle Wachse mit höherer Viskosität gebraucht werden. Aus Gründen der Maßstabilität ist es beim Spritzpressen in Verbindung mit höheren Drucken zweckmäßiger, nicht den schmelzflüssigen, sondern mehr einen teigflüssigen Zustand des Wachses zu benutzen. Dies hat den Vorteil, daß das Wachs in den Matrizen schneller erstarrt und die Modelle dichter und härter werden. Auch die Einspritzzeit bzw. Einspritzgeschwindigkeit und die Haltezeit sind von Bedeutung, wobei für ähnliche Teile die gleichen Bedingungen gelten.

Um die Gewähr für die Konstanz aller Bedingungen und damit die größte Reproduzierbarkeit zu haben, ist der Wachsspritz- und Modellmontageraum mit einer Klimaanlage versehen. Infolge der stets gleichmäßigen Raumtemperatur kann man mit wenigen Wachsmischungen auskommen, während sonst sowohl für die warme als auch für die kalte Jahreszeit eine erhebliche Anzahl von Mischungen mit den verschiedensten physikalischen Konstanten vorrätig gehalten werden muß.

Wachsspritzvorrichtungen

Das Herstellungsprinzip der Wachsmodelle ist der Spritzgußtechnik entnommen. Von den einfachen, durch Preßluft beaufschlagten Vorrichtungen, bei denen die Preßluft unmittelbar auf die Wachssäule einwirkt, wie es in der Abb. 2 beispielsweise dargestellt ist, bis zu den heute fast ausschließlich benutzten Kolbenmaschinen haben sich die verschiedensten Bauarten entwickelt.

Die Kolbenmaschinen arbeiten nach dem in Abb. 3 gezeigten Schema, in welchem der Deutlichkeit halber das Saug- und Druckventil sowie die Steuerorgane fortgelassen wurden.

Die neueren Bauarten haben eine Stundenleistung bis zu 90 Einspritzungen, wohingegen ältere Bauarten es nur bis zu 25 bringen. Allen Bauarten gemeinsam ist die thermostatische Regelung der Wachstemperatur, wodurch die einmal eingestellte Temperatur dauernd gleichmäßig mit einer maximalen Schwankung von ± 2 °C gehalten werden kann. Als Wärmeübertragungsmittel dient Wasser, Öl od. dgl., welches elektrisch erhitzt wird. Der Vollständigkeit halber sei noch erwähnt, daß man das Formwerkzeug auch schon in eine Vakuumkammer gesetzt hat, weil trotz Anwendung von Druck oft Entlüftungsschwierigkeiten bei der Form auftraten und das Wachsmodell im Inneren Luftblasen enthielt, obwohl der Formhohlraum gut gefüllt erschien. Nachdem man inzwischen alle Bedingungen einwandfrei zu beherrschen gelernt hat und insbesondere schon bei der Konstruktion der Spritzmatrize auf den obigen Umstand achtet, erübrigt sich im allgemeinen die Anwendung von Vakuum. In Sonderfällen hingegen kann das Spritzen im Vakuum von Vorteil sein, wie weiter unten noch gezeigt wird.

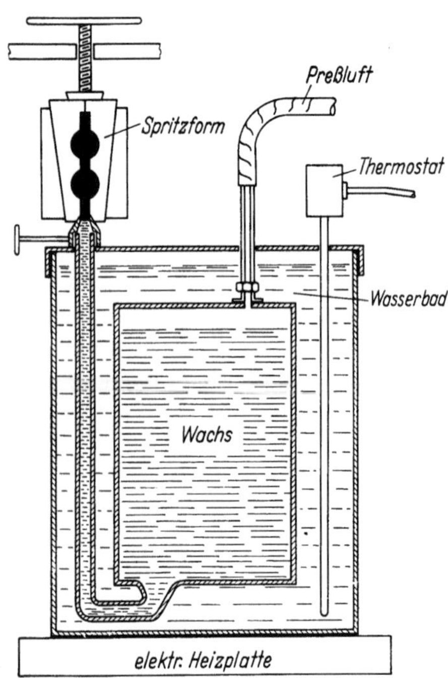

Abb. 2. Wachsspritzvorrichtung mit Preßluftbeaufschlagung

Die heutigen Spritzgießmaschinen arbeiten selbständig. Nach dem Einsetzen und Verklammern der Matrize setzt sich der Einspritzmechanismus in Gang, füllt die Form und hält den Druck auf die Dauer der eingestellten Warte- bzw. Erstarrungszeit aufrecht, worauf sich die Verklammerung wieder löst. Es ist somit möglich, zwei bis drei Matrizen jeweils im Umlauf zu haben, wodurch eine schnelle Fabrikationsfolge gewährleistet ist.

Beim Spritzvorgang ist eine dauernde Überprüfung der Matrizen auf Deformierungen notwendig, die sich leicht an besonders schwierigen Stellen bilden können und dann zu Maßabweichungen führen. Infolge der dunklen Färbung des Wachses werden diese Fehler oft bei der visuellen Prüfung des Modells übersehen und erst bei der Prüfung des fertigen Gußstückes entdeckt, welches dann verworfen werden muß.

Das Nachfüllen des Wachses in die Spritzmaschinen erfolgt zweckmäßig aus einem größeren thermostatisch geregelten Vorratsbehälter, in welchem das Wachs dauernd 2 °C über der Betriebstemperatur gehalten wird.

Während das Spritzgießen von kleinen und mittleren Wachsmodellen keine Schwierigkeiten bietet, müssen für Großmodelle zusätzliche Vorkehrungen getroffen werden, um das Einfallen der Modelloberfläche, welches physikalisch bedingt ist, durch die Volumenverminderung des Wachses beim Übergang vom flüssigen in den festen Zustand, zu vermeiden. Durch die Anwendung eines höheren Spritzdruckes allein kann der Volumenverminderung nicht begegnet werden, weil infolge der ungünstigen Querschnittsverhältnisse zwischen dem Einspritzkanal und der Formhöhlung das Wachs in dem ersteren früher erstarrt als in der letzteren und so die Übertragung des Druckes verhindert.

Durch Einlegen entsprechend bemessener Wachskerne in die Matrize können zwar günstige Einspritz-und Erstarrungsbedingungen geschaffen werden, doch verursachen solche Maßnahmen zusätzlichen Zeitaufwand und zusätzliche Werkzeugkosten.

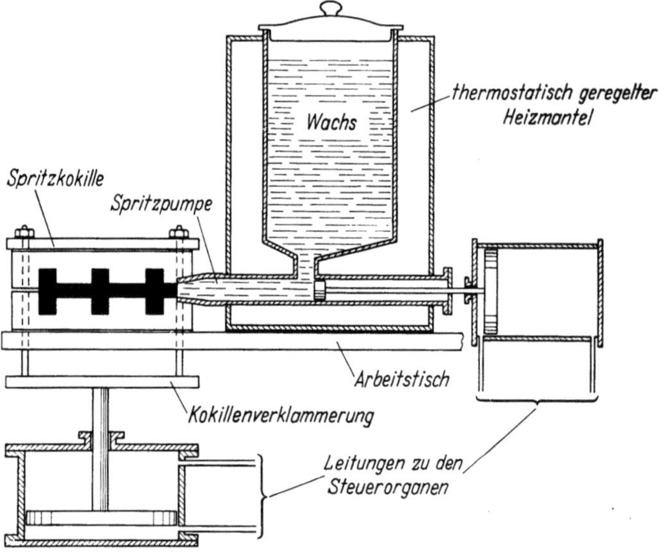

Abb. 3. Wachsspritzvorrichtung nach dem Kolbenprinzip

Ein weiteres Verfahren besteht darin, daß das Wachs mit einer um 20°C über dem Erstarrungspunkt liegenden Temperatur und einem Druck von etwa 7 bis 8 kg/cm² in die Matrize eingespritzt wird und nach Bildung einer erstarrten Schale von ausreichender Stärke mittels einer besonderen Umsteuervorrichtung Preßluft vom gleichen Druck von innen her auf das flüssige Wachs bis zur vollständigen Erstarrung aufgebracht wird. Obwohl diese Methode bei mäßig großen Modellen befriedigende Ergebnisse zeigt, versagt sie infolge der geringen Wärmeleitfähigkeit des Wachses bei sehr großen Modellen auch dann, wenn man eine zusätzliche Kühlung bei der Spritzmatrize vorsieht, da die Kühlung sich nur auf die Oberfläche des Modells auswirkt, während das Hauptvolumen des flüssigen Wachses im Inneren kaum beeinflußt wird.

Maßgenaue Modelle großer Abmessung lassen sich aber unter Anwendung der vorstehend geschilderten Methode dadurch herstellen, daß die Einspritzmatrize gegenüber dem Einspritzkanal mit einer verschließbaren Bohrung von etwas kleinerem Durchmesser als dem des Einspritzkanales versehen wird. Die Bohrung wird beim Einspritzvorgang mit einem genau passenden Stift, der genügend tief in die Formhöhlung hineinreicht, verschlossen. Nachdem sich an der kalten Formoberfläche eine genügend starke Schicht von

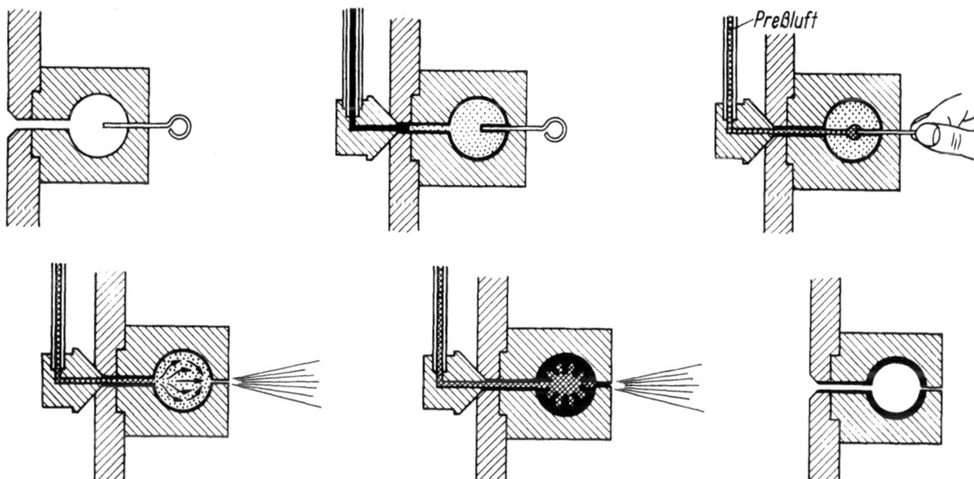

Abb. 4. Herstellung größerer Wachsmodelle durch Ausblasen des flüssigen Kerns mittels Preßluft

erstarrtem Wachs gebildet hat, wird durch Umsteuerung der Maschine Preßluft aufgebracht und anschließend der Verschlußstift aus der Matrize herausgezogen. Das noch flüssige Wachs wird durch die Preßluft herausgeblasen und die entstandene Schalenform durch Luftwirbelung schnell abgekühlt. Die aus der Matrize entnommene Hohlform erhält dann einen Wachsstopfen. Während der nachfolgenden Verfahrensstufen müssen solche Hohlmodelle infolge der verminderten Festigkeit mit äußerster Sorgfalt behandelt werden. Die schematische Darstellung des Verfahrens wird in der Abb. 4 veranschaulicht.

Große und größte Vollmodelle, soweit sie für das Feingießverfahren in Frage kommen, können erfolgreich durch Spritzvorrichtungen mit Vakuumkammer hergestellt werden, wie sie z. B. die Abb. 5 zeigt.

Bei diesen Maschinen ist die Anwendung von höheren Preßdrucken zur Kompensierung der Wachsschwindung nicht erforderlich, da das Vakuum für sattes Anliegen des Wachses an der Formenwand sorgt. Bei großen Modellen lassen sich im Verhältnis zur Größe sehr hohe Maßgenauigkeiten mit dem Vakuumverfahren erreichen. Gegenüber den Universalmaschinen ist naturgemäß die Leistungsfähigkeit geringer.

Modelle für den Feinguß können auch aus bestimmten Kunststoffen angefertigt werden. Zum Beispiel ist Polystyrol ein vielfach benutztes Material. Es gehört zu den nicht aushärtbaren Kunststoffen, ist ein reiner Kohlenwasserstoff und entsteht durch Polymerisation des auf der Basis von Äthylen chemisch hergestellten Styrols. Polystyrol ist glasklar und je nach der Sorte farblos bis leicht gelb gefärbt. Die Verarbeitung erfolgt ebenfalls nach dem Spritzgießverfahren, jedoch bei Spritztemperaturen von 165 bis 175 °C, wobei der Rohstoff als Granulat, Tabletten, Perlen oder Würfel vorliegen muß. Infolge der guten Fließfähigkeit können fließtechnisch selbst recht verwickelte Formen einwandfrei erzeugt werden. Die Spritzgußteile besitzen eine hochglänzende Oberfläche und sind völlig wasserfest. Da sie außerdem eine Dauerwarmfestigkeit von 65 bis 75 °C (nach MARTENS) aufweisen, ist diese Eigenschaft von besonderer Bedeutung, weil die Modelle im Gegensatz zu Wachs im Verlaufe der nachfolgenden Verfahrensstufen nicht so leicht durch Hantieren, Lagern usw. deformiert oder beschädigt werden. Polystyrol hat einen anderen Ausdehnungsbeiwert als Wachs, worauf Rücksicht zu nehmen ist. Diese unterschiedliche Ausdehnung veranschaulicht die Abb. 6.

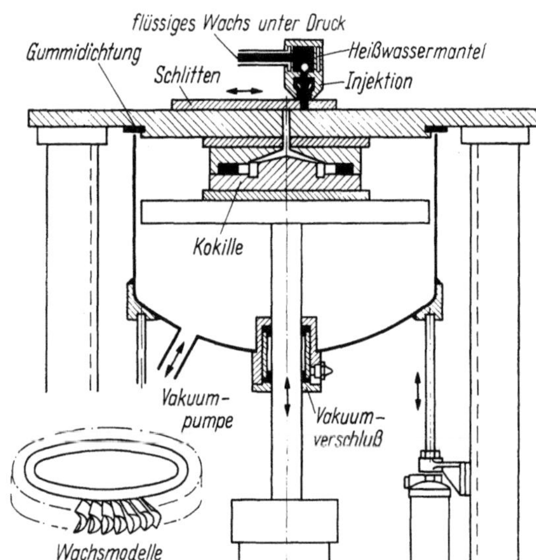

Abb. 5. Spritzvorrichtung mit Vakuumkammer

Ein weiterer geeigneter Kunststoff ist ein Gemisch eines Superpolyamides wie z. B. Nylon mit Paratuolensulfonamid, welches unter dem Handelsnamen Zelludol bekannt ist. Der Schmelzpunkt des Gemisches liegt bei 137 °C.

Mechanisch hochbeanspruchbare Modelle können auch durch eine Mischung aus Polyäthylen mit Ozokerit oder aus Mischungen von Polyäthylenprodukten mit unterschiedlichen Molekulargewichten, gegebenenfalls unter Zusatz von Paraffin hergestellt werden, wobei die Schmelzpunkte je nach den Mischungsverhältnissen zwischen 107 und 140 °C liegen.

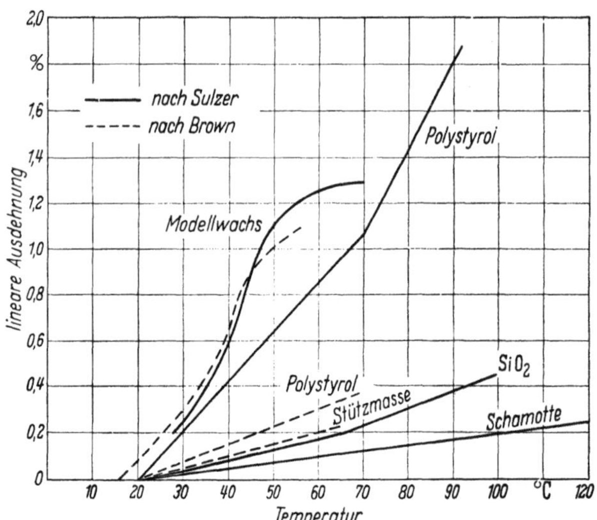

Abb. 6. Ausdehnung von Wachs und Polystyrol

Kunststoffmodelle besitzen auch gewisse Nachteile, die die Anwendungsmöglichkeit beschränken. So wird z. B. beim Ausschmelzen bzw. Ausbrennen die keramische Form stärker beansprucht als bei der Verwendung von Wachs. Teilungsebenen und Kernfugen werden infolge des höheren Preßdruckes stärker zum Abdruck gebracht als bei Wachs. Kunststoffe besitzen nicht die scharfe Konturenwiedergabe wie Wachs. Zum Beispiel ist es nahezu unmöglich, Sacklöcher einwandfrei zu füllen. Große Querschnitte neigen stärker zur Hohlraumbildung als gleich große Wachsquerschnitte. Diese Neigung ist derart stark und unbeeinflußbar, daß schwere Querschnitte ohne Ausgleichsmöglichkeit mit dem Anschnitt unterlassen werden müssen. Die genannten Nachteile werden aber bei weitem durch die Vorzüge wie Dauerfestigkeit und Spritzgeschwindigkeit aufgewogen. In Fällen, wo die Anwendung von Kunststoffen möglich ist, sind die Maßabweichungen der einzelnen Modelle untereinander sehr gering.

Die Herstellung der Kunststoffmodelle erfolgt auf den üblichen Spritzgießmaschinen für plastische Kunststoffe, die nach dem in Abb. 7 gezeigten Schema arbeiten.

Aus dem Aufgabetrichter kommend, wird das körnige Rohmaterial in dem mit Heizmantel versehenen Preßzylinder verflüssigt oder erweicht und dann durch einen Kolben über die Düse in die wassergekühlte Form gedrückt.

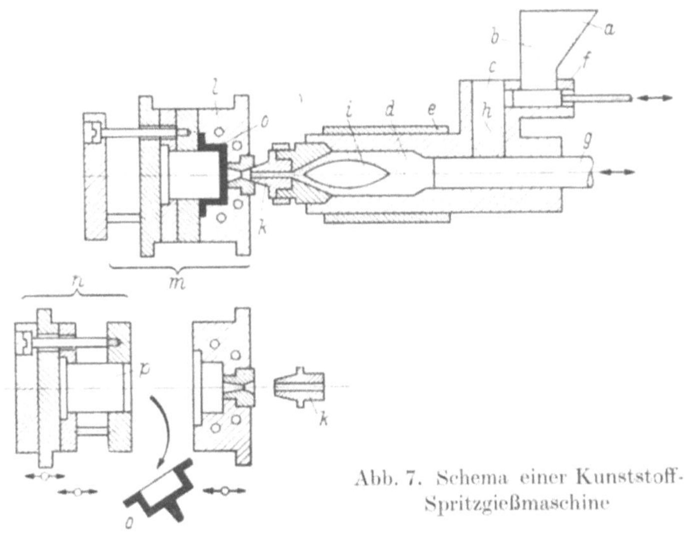

Abb. 7. Schema einer Kunststoff-Spritzgießmaschine

Bei automatischen Maschinen erfolgt das Schließen und Öffnen der Spritzform selbsttätig, wobei gleichzeitig das fertige Preßstück ausgeworfen wird. Infolge des verhältnismäßig scharf ausgeprägten Erweichungspunktes des Polystyrols ergibt sich eine sehr hohe Spritzgeschwindigkeit, so daß die Maschinen eine Stundenleistung von 200 bis 300 Stück bei einer Einzelform erreichen. Mit Mehrfachformen kann die Leistung entsprechend erhöht werden. Bei den Spritzformen genügt eine Modellschräge von 0,5° zum einwandfreien Auswerfen der Spritzlinge.

Die im Schema gezeigte Maschine arbeitet nach dem Volumenmeßprinzip. Neuerdings geht man dazu über, nach dem Gewicht zuzuteilen durch automatische Dosierungswaagen. Beim Abwägen des Rohstoffes je Schuß ist der Toleranzbereich enger, weil der Einfluß des Schüttverhaltens des Granulats ausgeschaltet wird, wodurch gleichmäßigere Wandstärken und schwächere Gratbildung beim Spritzling und geringerer Formenverschleiß bei größerer Schußgleichheit erhalten werden.

Der beim Spritzgießen von Polystyrol aufzuwendende Druck liegt erheblich höher als beim Wachsspritzen. Er beträgt im allgemeinen am Kolben etwa 1000 bis 3000 kg/cm². Infolge von Reibungsverlusten, die durch die Reibung der Masse an der Zylinderwand, dem Verdränger und an der Düse entstehen, wie auch durch die Reibung innerhalb der Masse selbst, wird nur etwa ein Drittel des Druckes auf die Form übertragen, so daß hier z. B. bei 1000 kg Kolbendruck nur etwa 350 kg/cm² zur Auswirkung kommen. Wie beim Wachsspritzen muß der Spritzling insbesondere bei dickwandigen Modellen oder bei solchen mit ungleichmäßigen Querschnitten auch während der Abkühlzeit unter vollem Druck stehen, weil sonst infolge der beim Abkühlen entstehenden Schrumpfung Einfallstellen oder Lunker entstehen können. Bei sehr dünnen Querschnitten ist der Nachdruck nicht unbedingt notwendig, aber im Interesse engster Toleranzen zweckmäßig. Wegen des hohen Spritzdruckes können nur Matrizen aus Stahl verwendet werden.

Modelltrauben bzw. Modellbäume

Nachdem die Modelle eine visuelle und maßliche Kontrolle durchlaufen haben, erfolgt der Zusammenbau zu einem Gießsystem. Bei Wachsmodellen geschieht dies durch Aufschmelzen der zu verbindenden Flächen mittels elektrisch erhitzter oder durch Gasflammen erwärmter Spatel und Andrücken der zu verbindenden Teile von Hand. Zur leichteren Montage wird das Gießsystem mit dem Gießtrichter in einen leicht drehbaren Fuß eingespannt. Abb. 8 zeigt z. B. den Zusammenbau einer Wachstraube.

Die einzelnen Teile des Gießsystems wie Gießtrichter, Verteiler, Läufe u. dgl. werden statisch in Gips- oder Steinmasseformen gegossen oder auch in Metallformen nach dem

Spritzgießverfahren hergestellt und, wo angängig, aus Ersparnisgründen hohl gehalten. Läufe u. dgl. von rundem, quadratischem oder rechteckigem Querschnitt lassen sich wirtschaftlicher nach dem Strangpreßverfahren erzeugen.

Abb. 8. Zusammenbau einer Wachstraube

Bei Polystyrol und anderen Kunststoffen ist eine ausgesprochene Gießfähigkeit nicht vorhanden. Die Teile des Gießsystems müssen, soweit sie sich nicht nach dem Strangpreßverfahren herstellen lassen, nach dem Spritzgießverfahren in Metallformen erzeugt werden. Der Zusammenbau erfolgt durch Benetzen der zu verbindenden Flächen mittels geeigneter Lösungsmittel wie Benzol, Toluol, Xylol u. dgl. Auch kann als Kitt eine Lösung von Polystyrol in den genannten Lösungsmitteln benutzt werden. Als Hilfsmittel beim Zusammenbau ist die Verwendung von Klammern zweckmäßig, die die Teile in ihrer gegenseitigen Lage festhalten, da die Verfestigung der Kittflächen eine gewisse Zeit erfordert, um ausreichend tragfähig zu sein. Kleinere Kunststoffmodelle werden oft mit einem Gießsystem aus Wachs verbunden, so daß besondere Hilfsmittel für den Zusammenbau nicht erforderlich sind. Beim Zusammenbau der Wachs- wie auch der Kunststoffmodelle muß darauf geachtet werden, daß keine Kittfugen, Vertiefungen oder Einbuchtungen entstehen, weil in diese keramisches Material der Feinschicht eindringt, wodurch in den Gießkanal hineinragende Grate zurückbleiben, die beim Gießen abreißen und in die Form gespült werden.

Die Größe einer Modelltraube wird von folgenden Faktoren bestimmt:

1. Von der Anzahl der durchzusetzenden Gußstücke.
2. Von dem Volumen der Traube.
3. Vom Ausbringen bzw. von der Anzahl der brauchbaren Gußstücke, die innerhalb der geforderten Toleranz liegen, wobei zu berücksichtigen ist, daß infolge des vorhandenen Druckunterschiedes in der flüssigen Metallsäule je nach Lage des Modells leichte Maßabweichungen zu verzeichnen sind.
4. Von der Anzahl der Modelle, die angebracht werden können, ohne der Aufbringung einer ausreichenden und gleichmäßigen Feinschicht Schwierigkeiten zu bereiten.
5. Von der Größe und Gestalt der Modelle unter Berücksichtigung einer möglichst gleichmäßig fortschreitenden Erstarrung des Gießmetalls.
6. Schließlich muß auch die Möglichkeit des Abtrennens der einzelnen Gußstücke von der Gußtraube berücksichtigt werden.

Weder Wachs noch Kunststoffe sind ideale Modellwerkstoffe. Jeder von ihnen besitzt bestimmte Vorzüge, die dem anderen wiederum abgehen. Das Verlangen nach immer größeren verwickelten Feingußteilen hat nun zur Entwicklung von Verbundmodellen geführt, also zu Modellen, bei denen bestimmte Teile aus Kunststoff, andere Teile dagegen aus Wachs bestehen. Diese Kombination wird in zunehmendem Maße zur Lösung schwieriger Probleme angewendet. Zum Beispiel werden dünne Querschnitte und Abschnitte mit gleichbleibendem Querschnitt, die im Rahmen des Gesamtmodelles besonders auf Festigkeit beansprucht werden oder besondere Oberflächengüte aufweisen müssen, aus Kunststoff hergestellt. Die eingefügten Kunststoffteile unterdrücken bestimmte Unzulänglichkeiten des Wachses bzw. gleichen diese aus. Kleinere Teile aus Kunststoff werden direkt mit dem Lauf oder Gießtrichter verbunden, so daß das Wachs ungehindert ausfließen kann und die Kunststoffteile sich frei dehnen können, ohne die Gießform besonders zu beanspruchen.

Die Feinschicht

Nach einer eventuellen Reinigung, um Fett und Schmutz zu entfernen, folgt als nächster Verfahrensschritt die Aufbringung der Feinschicht auf die Modelltrauben. Dabei werden breiige Massen aus einem hochwertigen, feinkörnigen Formstoff und einem Bindemittel durch Tauchen, Spritzen, Aufpinseln oder Elektrophorese aufgetragen.

Da die Feinschicht unmittelbar mit dem Gießmetall in Berührung kommt und nicht durch einen Gasschleier von der Formoberfläche getrennt ist, wie bei den üblichen Gießverfahren, müssen die keramischen Stoffe von besonderer Reinheit sein und dürfen keine Beimengungen enthalten, die mit dem jeweiligen Gießmetall reagieren.

Je nach dem Gießmetall kommen Quarz, geschmolzener Quarz, natürliches oder geschmolzenes Zirkonoxyd, natürlicher oder geschmolzener Korund, Silimanit, Mullit, Chromoxyd und andere Stoffe oder Mischungen solcher Stoffe in Frage.

Die Korngröße soll nicht über 0,04 mm liegen, wobei ein ausreichender Anteil bis zu Mikrongröße herunter vorhanden sein muß, um die Wiedergabe der feinsten Konturen zu gewährleisten.

Als Bindemittel dienen Lösungen, die durch Zersetzen oder Hydrolyse oder auch durch einfache Verflüchtigung des Lösungsmittels Kieselsäuregallerte abscheiden, welche dann während des Erhitzens der Formen in amorphes Siliziumdioxyd übergehen. Auch Phosphorsäure und deren Salze, welche in der Wärme mit der Oberfläche der keramischen Stoffe reagieren, kommen zur Anwendung, wobei zum Teil Zusätze bestimmter Erdalkalimetallverbindungen zugesetzt werden. Weiterhin werden wäßrige oder alkoholische Lösungen von Aluminium- und Chromchlorid, denen kleine Mengen einer Trägersubstanz beigemischt werden, benutzt.

Hauptsächlich kommen jedoch Ester der Kieselsäure bzw. der Orthokieselsäure, Alkalisilikate, insbesondere Natriumsilikat und alkalifreie oder alkaliarme wäßrige Kieselsäuresole in Frage. Für Metalle bis zum Schmelzpunkt der Bronze genügen bestimmte Gipsarten.

Von den Estern der Orthokieselsäure wird vorwiegend das Tetraäthylsilikat gebraucht. Es ist in Wasser praktisch unlöslich. Als Lösungsmittel dienen technisch reine Alkohole wie Äthylalkohol, Methylalkohol oder Gemische von beiden.

Die Hydrolyse erfolgt durch einen Zusatz von Wasser, dessen Menge so bemessen wird, daß nur eine Teilhydrolyse stattfindet, die noch nicht zur Ausfällung von Kieselsäure führt. Es entsteht so eine Vorratslösung, die eine gewisse Zeit flüssig bleibt. Die vollständige Hydrolyse wird erst bei der Verwendung durch Zusatz eines katalytisch wirkenden Beschleunigers wie z. B. Salzsäure zur Silikatlösung oder durch Zusatz einer geringen Menge eines basischen Materials wie z. B. Magnesiumoxyd zu den pulverigen, feuerfesten Stoffen herbeigeführt.

Tetraäthylsilikat hydrolisiert nach der Gleichung

$$Si(OC_2H_5)_4 + 4\,H_2O = Si(OH)_4 + 4\,C_2H_5OH\,.$$

Der durch die Hydrolyse freigewordene wie auch der Lösungsalkohol und ein Teil des Hydratwassers des Kieselsäuregels verdampfen im Verlaufe des Trockenprozesses bei Raumtemperaturen, während das restliche Hydratwasser gemäß der Gleichung

$$Si(OH)_4 + \text{Wärme} = SiO_2 + 2\,H_2O$$

beim Erhitzen der Form auf höhere Temperaturen ausgetrieben wird.

Von den Alkalisilikaten kommt eigentlich nur das Natriumsilikat zur Anwendung. Natriumsilikat ($Na_2H_2SiO_4$ + aqu.) ist ein saures Salz der Orthokieselsäure (H_4SiO_4). Die Kieselsäure selbst ist eine so außerordentlich schwache Säure, daß ihre Salze in wäßrigen Lösungen stark hydrolysieren entsprechend der Gleichung

$$Na_2H_2SiO_4 + H_2O \rightleftharpoons H_4SiO_4 + 2\,Na + 2\,OH$$

und daher stark alkalisch reagieren. Nur durch einen großen Überschuß an Hydroxylionen ist die dem Silikat zugrunde liegende Orthokieselsäure beständig. Durch Zugabe von Säuren z. B. kann die Hydroxylionenkonzentration vermindert und dadurch die Orthokieselsäure freigesetzt werden. Orthokieselsäure ist jedoch im freien Zustande nicht beständig, sondern es lagern sich entsprechend der Abnahme der Hydroxylionenkonzentration fortlaufend jeweils zwei $Si(OH_4)$-Moleküle unter Austritt eines Moleküls Wasser aneinander an, so daß außerordentlich hochmolekulare Kieselsäuren entstehen, wobei die Polykieselsäuren mit wachsendem Polymerisationsgrad allmählich in den wasserunlöslichen kolloidalen Zustand übergehen und mit zunehmender Aggregation schließlich als gallertartige Niederschläge ausfallen. (Ein ähnlicher Reaktionsablauf ist auch bei den Kieselsäureestern zu verzeichnen.)

Alkalisilikate sind bis zur Tetrakieselsäure löslich. Solche Lösungen werden Wasserglas genannt. Als solches werden sie hauptsächlich beim Feinguß angewandt. Die allmähliche Verminderung der Hydroxylionenkonzentration bzw. die Erhöhung der Wasserstoffionenkonzentration bei einer Alkalisilikatlösung durch eine Säure, z. B. verdünnte Salzsäure, erfolgt nach der Gleichung

$$x\, Na_2H_2SiO_4 + HCl = 2x\, NaCl + H_{2x} + Si_xO_{3x+1} + {}^{(x-1)}H_2O\,.$$

Außer mit Säuren läßt sich die Hydroxylionenkonzentration auch durch Ammoniumsalze wie z. B. Ammoniumchlorid herabsetzen, da sich Ammoniumhydroxyd bildet durch die Umsetzung des bei der Hydrolyse entstehenden Natriumhydroxyds zu Natriumchlorid entsprechend der Gleichung

$$NaOH + (NH_4)Cl = NH_4OH + NaCl\,.$$

Ammoniumsalze wirken aktiver als die entsprechenden freien Säuren und wiederum Salze schwacher Säuren aktiver als solche von starken Säuren.

Beim Feinguß bevorzugt man Salzsäure, Salpetersäure und gegebenenfalls Schwefelsäure oder Phosphorsäure, weil mit Mineralsäuren die Gelierzeit besser geregelt werden kann. Dabei darf der Säuregehalt nicht zu hoch sein, da ein zu hoher Säuregehalt ein sofortiges Gelieren mit Klumpenbildung in der Formmasse hervorruft, welche zu unbefriedigenden Resultaten führt. Der Silikatgehalt darf ebenfalls nicht zu hoch gewählt werden, da Na_2O die Feuerbeständigkeit des Formstoffes herabsetzt.

Je nach der beabsichtigten Gelierzeit schwankt bei angesetzten Binderlösungen der Säuregehalt zwischen 0 und 25% und der Silikatgehalt zwischen 10 und 40%.

Angesetzte Binderlösungen sind hinsichtlich der Gelierzeit unstabil und müssen schnell verarbeitet werden. In neuerer Zeit ist man deshalb dazu übergegangen, zwei getrennte standardisierte Vorratslösungen zu benutzen, welche erst vor Gebrauch in äquivalenten Mengen gemischt und titrimetisch eingestellt werden.

Die eine Lösung besteht aus einer Mineralsäure wie z. B. Salzsäure, Salpetersäure, Schwefelsäure oder Phosphorsäure, die andere ist eine wäßrige Lösung eines Alkalimetallsilikates wie z. B. Natriumsilikat, Kaliumsilikat od. dgl.

Wäßrige, praktisch alkalifreie kolloidale Kieselsäuresole oder solche mit erniedrigtem Alkaligehalt werden durch Entzug des Alkalimetallhydroxydes erhalten, wobei der Entzug gegebenenfalls bis 0,2% Na_2O durchgeführt werden kann. Dies geschieht dadurch, daß z. B. übliche Natriumsilikatlösungen mittels eines Ionenaustauschers behandelt werden oder durch Elektrolyse mittels einer Quecksilberkathode. Oft genügt es, die Elektrolyse nur bis zu einem $Na_2O : SiO_2$-Verhältnis von 4 : 6, vorzugsweise bis 5 durchzuführen.

Bei den praktisch Na_2O-freien wäßrigen kolloidalen Kieselsäuresolen lassen sich durch Zusatz bestimmter Stabilisatoren Lösungen herstellen mit einem p_H-Wert zwischen 2 und 11. Sie können somit sauer oder alkalisch sein. Die Gelierung wird durch Änderung des p_H-Wertes mittels Gelbeschleuniger herbeigeführt, wobei der Zeitpunkt der Ausfällung im voraus genau bestimmt und geregelt werden kann.

Bei alkalischen Lösungen dienen Säuren wie Salzsäure, Schwefelsäure u. dgl. als Beschleuniger; bei sauren Lösungen Alkalien wie Kalciumkarbonat, Magnesiumkarbonat, Ammoniumkarbonat, Natriumkarbonat, Magnesiumoxyd u. dgl.

Die Wirkung der Beschleuniger wird bereits durch Gehalte zwischen 0,01 und 1% der anzuwendenden Flüssigkeitsmenge hervorgerufen.

Die Konzentration der anzuwendenden kolloidalen Kieselsäurelösung und deren Menge kann in weiten Grenzen schwanken und hängt jeweils von der Korngröße und den Eigenschaften des feuerfesten Materials wie auch von der gewünschten Viskosität der Formstoffmischung ab.

Bei dem oben erwähnten kolloidalen Sol mit teilweise erniedrigtem Na_2O-Gehalt erfolgt die Gelierung durch einen Zusatz von konzentrierter Salzsäure vom spez. Gewicht 1,19, wobei die Höhe des Zusatzes abhängig ist vom SiO_2-Gehalt und der gewünschten Gelierzeit. Sie schwankt zwischen 1 und 5% der angewendeten Lösungsmenge.

Lösungsmenge

Vorstehende Bindemittel sind gewissermaßen einstufig. Sie binden also innerhalb eines engen Temperaturbereiches ab. Es werden jedoch auch zweistufige benutzt, die einen Niedertemperatur- und einen Hochtemperaturbinder enthalten, wobei der Niedertemperaturbinder schon bei Raumtemperaturen oder mäßig erhöhten Temperaturen aushärtet, während die Wirkung des Hochtemperaturbinders bei etwa 250 °C beginnt und bis zu den höchsten Temperaturen der Formen anhält.

Als Niedertemperaturbinder dienen flüssige oder pulverisierte Kunstharze wie Harnstoff-Formaldehyd-, Phenol-Formaldehyd-, Melamin-Formaldehyd-, Furan-Formaldehyd- und Harnstoff-Melamin-Formaldehyd-Harze, die durch einen Katalysator in den unlöslichen und unschmelzbaren Endzustand übergeführt werden.

Als Katalysatoren dienen Säuren und Salze, insbesondere solche mit dem PO_4-Radikal, da diese nach Beendigung ihrer Aufgabe als Kondensations- oder Polymerisationsmittel als Hochtemperaturbinder wirken sollen.

Es kommen auch basische Katalysatoren zur Anwendung, deren Basen verdampfen, bevor die Bindewirkung bei höheren Temperaturen einsetzt, wie z. B. Ammoniumphosphat. Weiterhin auch mehrbasische Säuren wie Ammoniumvanadat oder Ammoniumwolframat. Mittels der Katalysatoren kann je nach den Erfordernissen die Aushärtezeit zwischen 1 Minute und 48 Stunden oder auch länger eingestellt werden.

Bei einem weiteren zweistufigen Bindemittel dienen als Niedertemperaturbinder Zelluloseäther, Leime u. dgl., während als Hochtemperaturbinder Alkaliborate, Alkaliboratgläser, Phosphatgläser oder Phosphorsäure-Borsäuregläser fungieren.

Das Zusammenmischen der keramischen Stoffe mit den Bindemitteln erfolgt in besonders dafür geeigneten Vorrichtungen. Dabei wird vielfach bei wasserlöslichen Bindemitteln noch ein Benetzungsmittel zugesetzt, um ein gleichmäßiges Überziehen und Haften auf den Modellen zu gewährleisten. Geeignet ist z. B. eine Seifenlösung, von der 0,5 bis 1% ausreichen, oder ein von der chemischen Industrie herausgebrachtes Netzmittel, wie z. B. Wetanol (ein Kohlenwasserstoffsulfonat), Aerosol OT (Natriumdioktylsuccinat) oder Tergitol (Sulfate höherer Alkohole), wovon auf das Gesamtgewicht der Masse bezogen, 0,01 bis 1% zugesetzt werden. Größere Mengen führen zur Blasenbildung bei der Formstoffmischung und müssen vermieden werden, weil dadurch rauhe Oberflächen beim Gußstück entstehen.

So zusammengesetzte Feinschichtmassen trocknen jedoch sehr schnell an, werden im Verlauf des Trocknungsprozesses hart und spröde — Eigenschaften, die sich bei den nachfolgenden Verfahrensstufen oft recht nachteilig auswirken. Neben der Neigung zum Reißen und Abblättern vom Modell zeigt sich ungenügende Dehnung in der Wärme, so daß beim Erhitzen der Form auf höhere Temperaturen die Feinschicht nicht der Ausdehnung der Stütz- bzw. Hinterfüllmasse folgen kann und darum stellenweise abbröckelt. Um diesem Nachteil zu begegnen, werden neben Glyzerin noch wasserlösliche Alginate zugesetzt, wodurch die filmbildende Eigenschaft des Bindemittels verstärkt, die Zähigkeit und die Wasserfestigkeit der Feinschicht erhöht werden. Alginate gelieren ebenfalls durch die anwesende Säure. Um die Blasenbildung zu verhindern, erfolgt schließlich noch die Beigabe eines Entschäumungsmittels wie z. B. Oktylalkohol oder eines unter dem Namen *Fomax* bekannten Mittels (eine Mischung aus aliphatischen Estern).

Im allgemeinen bleiben im Verlaufe aller Verfahrensstufen die keramischen Stoffe der Feinschicht unverändert bzw. sintern nur zusammen. Für bestimmte Legierungen wie rostfreie Stähle, Stellite, den bekannten Kobalt-Chrom-Molybdän-Legierungen und anderen chromhaltigen Legierungen werden auch Feinschichten angewendet, bei denen mehrere geeignete verschiedenartige feuerfeste Stoffe in einem solchen Verhältnis zueinander stehen, daß durch die Wärme des Gießmetalles ein Eutektikum gebildet wird. Solche Feinschichten besitzen die Eigenschaft, daß die Oxydhaut stets an ihr selbst und nie am Gußstück haften bleibt, so daß glatte, glänzende Oberflächen erhalten werden, die keinerlei oder nur eine unbedeutende Putzarbeit erfordern.

Die Verhinderung einer Reaktion zwischen dem flüssigen Gießmetall bzw. den Oxyden und der Feinschicht, wie es häufig bei Stahl zu beobachten ist, kann auch durch zwei nacheinander aufgebrachte Schichten erfolgen, wovon die zuerst aufzutragende Schicht aus gebranntem Kaolin oder Schamott, Silimanit, Mullit, Kalziumaluminat, Korund oder Chromoxyd und einer wäßrigen oder alkoholischen Lösung von Aluminium- oder Chromchlorid besteht, der Gelatine, lösliche Stärke, Gummi arabicum, Schellack, Kaolin, Bentonit od. dgl. zugesetzt worden ist. Die zweite Schicht besteht aus Quarz mit Natriumsilikat als Bindemittel.

Tauchmassen sollen eine sahneartige Viskosität haben, spritzfähige Massen müssen dagegen dünnflüssiger sein. Beide Arten müssen so eingestellt werden, daß es möglich ist, eine bestimmte Anzahl Modelltrauben mit der Feinschicht zu versehen, bevor Gelierung eintritt.

Abb. 9 zeigt z. B. das Tauchen von Modelltrauben aus Wachs.

Nach dem Aufbringen der Feinschicht erfolgt in noch feuchtem Zustande das Auftragen einer Rauhschicht, die als Zwischenschicht die Aufgabe hat, die Feinschicht unlösbar mit der Stützmasse zu verbinden. Gleichzeitig dient sie auch als Magerungsmittel für die Feinschicht. Diese Maßnahme wurde erstmalig durch das Austenalverfahren eingeführt. Das Aufbringen der Rauhschicht wird *Besanden* genannt und erfolgt durch Berieseln mit trockenem Quarzsand oder einem anderen feuerfesten Stoff mittels einer Vorrichtung, wie sie z. B. die Abb. 10 zeigt.

Abweichend hiervon setzen manche Feingießer den gröberen Stoff bereits der Feinschichtmasse zu.

Die angewendeten Korngrößen sind dabei sehr unterschiedlich. Sie schwanken zwischen einer Größe, die mindestens der der Stützmasse gleich sein soll und einer Größe, die bis zum 10fachen der Korngröße der Stützmasse gehen kann. Lediglich die anzuwendende Menge des gröberen Stoffes ist ziemlich einheitlich und beträgt im Durchschnitt etwa 30% vom feinen Anteil.

Stärkere Feinschichten, wie sie z. B. beim *Investment X*- und beim *Mercast*-Verfahren erforderlich sind, werden durch mehrmaliges Tauchen oder Spritzen erhalten.

Das Trocknen der mit Feinschicht versehenen Modelltrauben wird in der Regel an Luft durchgeführt. Dabei wird die Luft des Trockenraumes stets auf einen bestimmten Feuchtigkeitsgehalt eingestellt, damit das Trocknen immer unter den gleichen Bedingungen erfolgt. Der Trockenvorgang dauert im Mittel etwa 10 bis 12 Stunden. Abb. 11 zeigt mit Feinschicht versehene Modelltrauben, die zum Trocknen an besondere Gestelle aufgehängt sind.

Wenn für die Feinschicht sowie für die Stützmasse wasserlösliche Bindemittel benutzt werden, schließt sich an den Trocknungsprozeß noch ein Wasserfestmachen der Feinschicht an, damit diese durch die Stützmasse nicht erweicht wird und sich vom Modell löst, was sonst beim Gußstück zu rauhen Oberflächen führen würde. Das Wasserfestmachen kann durch verschiedene Methoden erreicht werden, z. B. durch Tauchen in Tetraäthylensilikatlösung, in Dimethylchlorosilan oder in Methyltrichlorosilan, insbesondere in Mischungen von beiden, wobei die letzteren auch aufgepritzt werden können.

Abb. 9. Tauchen der Modelltrauben in Feinschichtmasse

Abb. 10. Besanden der mit Feinschicht überzogenen Modelltrauben

Die Unlöslichkeit der Feinschicht kann auch durch einen nicht umkehrbaren Umwandlungsprozeß herbeigeführt werden, indem nach dem Trocknen der Feinschicht noch solche Metallsalzlösungen aufgebracht werden, deren Silikate sowohl feuerfest als auch wasserunlöslich sind. Geeignete Metallsalzlösungen sind z. B. Kalzium oder Magnesiumchlorid in Alkohol, Aluminiumchlorid in Tetrachlorkohlenstoff, Äther oder Alkohol, oder Magnesiumazetat oder Magnesiumbenzoat in Alkohol.

Abb. 11. Trocknen der mit Feinschicht versehenen Modelltrauben an Luft

Auch Lösungen von Titantetrachlorid, Zirkontetrachlorid oder Chromtrichlorid in Äthyl- oder Methylalkohol oder Trichloräthylen werden benutzt.

Eine andere Methode sieht das Einbringen von Phenol-Formaldehyd-Harz in die Feinschicht vor, was durch mehrmaliges Tauchen in einer alkoholischen Lösung erreicht wird. Der dabei auf der Oberfläche nach dem Trocknen entstehende Harzfilm wird durch ein kurzes Tauchen in warmen Alkohol entfernt, so daß nur die tiefer liegenden Harzanteile in der Feinschicht verbleiben.

Zur Erzielung des oben genannten Zweckes sieht eine weitere Methode zwei Feinschichten vor, wovon die zuerst aufzubringende eine saure wäßrige Natriumsilikatlösung enthält, während bei der zweiten Schicht ein alkoholisches Kieselsäuresol als Bindemittel dient.

Eine andere Methode geht von der Erkenntnis aus, daß bei Kieselsäuresolen nach Unterschreitung eines bestimmten Wassergehaltes die Reversibilität der Wasseraufnahme — die je nach den vorliegenden Verhältnissen die Ursache des Quellens oder Schrumpfens ist — von diesem Punkt an aufhört, so daß weder durch Trocknen noch durch wasserhaltige Stützmassen eine Beeinflussung der Feinschicht eintritt. Erreicht wird dieser Zustand durch Tauchen der Trauben in wasserentziehende Medien, wie z. B. in hochkonzentrierten Alkohol. Auf die so vorbehandelten Trauben kann anschließend sofort die Stützmasse aufgebracht werden.

Die kompakte Gießform

Zur Bildung der eigentlichen Formhöhlung erhalten die Modelltrauben nun die erforderliche Abstützung. Dazu wird jede Modelltraube mit ihrem Eingußtrichter auf eine gewachste Metallplatte befestigt, eine meist runde Formhülse aus hitzebeständigem Blech übergestülpt, die innen mit einer die Hülse um etwa die Hälfte überragenden gewachsten Papiermanschette ausgekleidet ist. Durch Umgießen mit flüssigem Wachs werden Formhülse und Metallplatte miteinander verbunden und abgedichtet. Eine so vorgerichtete Formhülse zeigt die Abb. 12.

Abb. 12. Formhülse mit Modelltraube

Abb. 13. Einfüllen der Stützmasse

Anschließend erfolgt das Hintergießen der Stützmasse, ein steifbreiiger, verhältnismäßig grobkörniger, ebenfalls mit einem Bindemittel versetzter Formstoff. Er wird aus einer besonderen Abfüllvorrichtung, wie sie z. B. die Abb. 13 zeigt, gegen die Hülsenwand bis auf ca. 2 cm unterhalb des Papiermanschettenrandes eingefüllt.

Sodann erfolgt ein Dichtrütteln auf besonderen Rütteltischen, wodurch die Modelltrauben allseitig gleichmäßig mit Formstoff umgeben werden, während die überschüssigen feinen Anteile des Formstoffes in den oberen Teil der Papiermanschette aufsteigen, wobei auch eventuell vorhandene Luftblasen beseitigt werden. Die Rütteldauer beträgt je nach den Erfordernissen 1 bis 3 Stunden. Das Einrütteln der Stützmasse veranschaulicht die Abb. 14.

Abb. 14. Einrütteln der Stützmasse

Um die Luft aus Formen für niedrigschmelzende Metalle und Legierungen zu entfernen, wird das Einrütteln unter vermindertem Druck vorgenommen, weil der dabei meist verwendete Gipsbinder verhältnismäßig schnell erstarrt. Man stellt die Formen darum unter Vakuumglocken.

Als keramische Massen für die Stützmasse kommen die verschiedenen Modifikationen der Kieselsäure wie Quarz, Tridymit und Kristobalit sowie andere Stoffe wie Schamott, Korund, Silimanit usw. oder Mischungen von diesen Stoffen in Frage. Die Körnung ist gröber als die der Feinschicht und liegt zwischen 0,2 und 0,8 mm, wobei als Bindeglied noch eine bestimmte Menge noch feinerer Anteile bis zu etwa 0,07 mm herab und gegebenenfalls noch feiner vorhanden sein muß. Bei den gröberen Anteilen bevorzugt man eine möglichst gut abgerundete Kornform, da abgerundete Körner infolge besseren gegenseitigen Gleitens eine gleichmäßigere Packung beim Einrütteln ergeben als eckige Körner. Eine gleichmäßige Packung der Form ist äußerst wichtig für eine Anzahl von Eigenschaften, die die Form aufweisen muß. Eine ungleichmäßige Packung kann nämlich zu Hohlräumen unmittelbar hinter der Feinschicht führen, wodurch beim Abgießen der Form Metalldurchbrüche eintreten, zumindest aber infolge des Reißens der Feinschicht Oberflächenfehler beim Gußstück entstehen können. Hinzu kommt noch die ungleichmäßige Ausdehnung der Form, die zu Maßabweichungen beim Gußstück führt.

Um die thermischen Eigenschaften der Form an bestimmte physikalische Eigenschaften des Gießmetalles und an die Abmessungen des Gußstückes genau anzupassen, um weiterhin eine genügende Gasdurchlässigkeit und leichtere Zerstörbarkeit der Form nach beendetem Guß zu erhalten, werden neben der Wahl der keramischen Stoffe bestimmte Kornfraktionen angewendet, wobei der Anteil an mehlfeiner Körnung möglichst niedrig bemessen wird. Um die Gasdurchlässigkeit für bestimmte Zwecke zu erhöhen, erfolgt zuweilen noch ein Zusatz von Magerungsmitteln wie Graphit, reine Kohle, verkokter Anthrazit od. dgl., wobei die Korngröße wie die groben Anteile der Stützmasse gewählt wird.

Die genaue Kenntnis des thermischen Verhaltens der keramischen Massen ist Grundbedingung. Abb. 15 zeigt das thermische Verhalten verschiedener keramischer Stoffe.

Ausdehnung und Kontraktion der Form werden zusätzlich noch durch die Bindemittel beeinflußt, wobei das Maß der Beeinflussung von der Art des Bindemittels und dessen Konzentration abhängt. Obwohl die in Abb. 15 veranschaulichten Kurven gewisse Anhaltspunkte geben, so müssen doch die genauen Werte des thermischen Verhaltens der Stützmassen durch dilatometrische Messungen bestimmt werden.

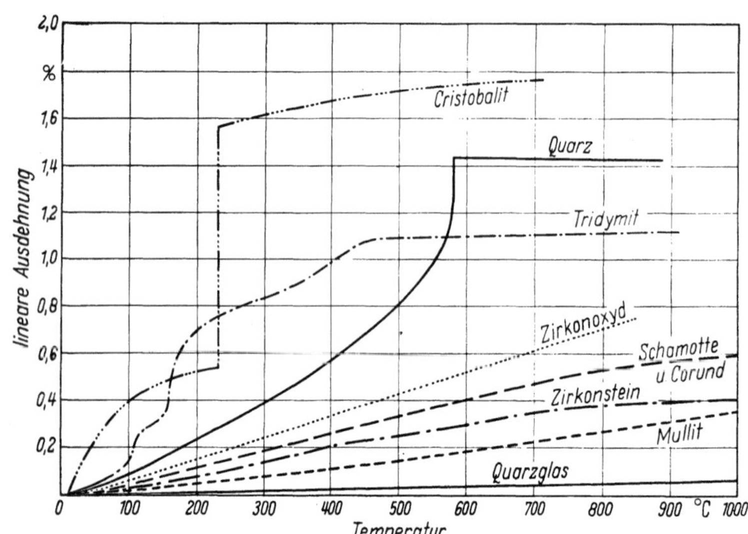

Abb. 15. Thermische Ausdehnung verschiedener keramischer Stoffe

Als Bindemittel für die Stützmassen können die gleichen angewendet werden wie bei der Feinschicht. Dabei muß jedoch berücksichtigt werden, daß für die Stützmasse ein anders geartetes Bindemittel benutzt wird, wenn ein Wasserfestmachen der Feinschicht nicht vorgesehen ist.

Weiterhin werden als Bindemittel benutzt Ton, Bentonit, Kaolin, Borsäure sowie alkoholische Lösungen von Phosphorpentoxyd, welche in Verbindung mit alkalischen, feuerfesten Materialien wie z. B. Magnesiumoxyd u. dgl. aushärten.

Während die mit den vorgenannten Bindemitteln angesetzten Stützmassen langsam abbinden, können für bestimmte Fälle auch schnell abbindende angewendet werden. Zum Beispiel besteht eine solche Stützmasse zur Hälfte aus gemahlenen Ton- bzw. Schamottsteinen, zu einem Viertel aus Quarzsand und der Rest aus Zirkonzement. Die Mischung wird mit Wasser angemacht und unmittelbar in die Formhülse eingerüttelt. Die Abbindung beginnt bereits nach 3 Minuten und nach Erreichung genügender Festigkeit kann die Form den nachfolgenden Verfahrensstufen unterworfen werden.

Die Aufbereitungsanlagen für die Stütz- bzw. Hinterfüllungsmassen sind gegenüber denen für die Feinschicht erheblich umfangreicher, da die benötigten Mengen ein Vielfaches der Feinschicht betragen.

An Stelle der oben geschilderten Naßverfahren kann die Stützmasse als trockenes, rieselfähiges Gut eingebracht werden. Dabei kann das Bindemittel bereits im Gut enthalten sein oder es wird nach dem Einrütteln zugesetzt. Diese Methoden erfordern gelochte Formhülsen, welche mit einem Filtermaterial ausgekleidet sind.

Nach der ersteren Methode besteht der trockene Formstoff aus mit feuerfestem Aluminiumzement überzogenen Schamottsandkörnern. Die eingerüttelte Formhülse wird in einen größeren Behälter gestellt, der Zwischenraum mit Wasser langsam bis zur vollständigen Durchtränkung gefüllt und das Wasser wieder abgelassen. Die Form bleibt dann bis zur vollständigen Erhärtung sich selbst überlassen, wird anschließend in bekannter Weise zum Abgießen auf 900 °C erhitzt und abgegossen. Durch die Erhitzung erhält die Masse ihre hydraulischen Eigenschaften voll wieder, so daß sie nach dem Mahlen beliebig oft wiederverwendet werden kann.

Eine Modifikation der vorgenannten Methode sieht an Stelle des mit Tonerdezement überzogenen Formstoffes Quarzsand allein oder Quarzsand mit Schamott oder mit Korund gemischt vor. Zur Durchtränkung wird eine gelierende Flüssigkeit benutzt wie z. B. eine Natriumsilikatlösung, die Ammoniumchlorid als Beschleuniger enthält.

Schließlich besteht noch eine Kombination der beiden genannten Methoden. Bei dieser werden den trockenen Formstoffen noch geringe Mengen von Portland- oder Tonerdezement oder ein Gemisch von beiden zugesetzt. Da Natriumsilikat in Gegenwart von Zement schneller reagiert, kann die Lösung schwächer sein als bei der vorgenannten Methode.

Ausschmelzen bzw. Ausbrennen der Modelltrauben

Nach dem Abbinden bzw. Erhärten und Vortrocknen der Formen wird der über den Formhülsenrand hinausragende Teil der Papiermanschette samt dem darin befindlichen Formstoff mittels Trennscheiben oder Sägen abgeschnitten und die Form nach Abnahme der Bodenplatte zum Entfernen des Wachses in den Wachsausschmelzofen gestellt. Meistens als Durchlaufofen gebaut, können hier 70 bis 80% des Wachses zurückgewonnen werden. Das übrige Wachs ist zum größten Teil in die Poren der Form eingedrungen und muß bei höheren Temperaturen und reichlichem Luftüberschuß im Formenbrennofen herausgebrannt werden. Dieser ebenfalls nach dem Durchlaufprinzip arbeitende Ofen besitzt mehrere verschieden hoch einstellbare Brennzonen, in welchem die Formen, beginnend mit der Ausgangstemperatur des Wachsausschmelzofens, langsam den Ofen durchwandern, um am Ende die Abgießtemperatur zu erreichen, die z. B. bei hochschmelzenden Metallen und Legierungen etwa 1000 °C beträgt. Bei niedrigschmelzenden Metallen und Legierungen beträgt die Endtemperatur meistens 600 bis 700 °C. Bei Aluminium- und Magnesiumlegierungen läßt man die Form vor dem Abgießen sogar bis auf Raumtemperatur wieder erkalten.

Abb. 16. Wachsausschmelz- und Formenbrennofen

Kunststoffmodelle werden nicht ausgeschmolzen, sondern herausgebrannt bzw. sie verdampfen durch Depolymerisation. Die Ansicht eines Wachsausschmelz- und eines Formenbrennofens zeigt die Abb. 16.

Bohrungen, Sacklöcher und andere Hohlräume

Bohrungen, Sacklöcher u. dgl. sowie andere symmetrisch gestaltete Hohlräume lassen sich oft durch Selbstkerne erzeugen. Selbstkerne sind solche, die durch Füllen des entsprechenden Hohlraumes des Modells mit Formstoff während des Tauch- und Hinterfüllprozesses gebildet werden. Infolge verschiedener beeinflussender Faktoren ist die Länge von Selbstkernen beschränkt. Bei Bohrungen beträgt die Länge das Vier- bis maximal Fünffache des Durchmessers. Sacklöcher mit einer Tiefe, die das Zweifache des Durchmessers übersteigt, lassen sich durch Selbstkerne nicht mehr einwandfrei herstellen.

Bestimmte Schwierigkeiten, die beim Selbstkernen dadurch entstehen, daß z. B. die Stützmasse in Bohrungen u. dgl. schwer zu verdichten ist, können durch eine besondere Hinterfülltechnik umgangen werden. Dabei wird zuerst eine gebrannte Mantelform aus Stützmasse mit einem Hohlraum erzeugt, dessen Größe so bemessen ist, daß der Abstand zwischen der größten Ausladung der Modelltraube und der Wandung des Hohlraumes nur einige Millimeter beträgt. Dieser Hohlraum reicht bis zur Oberkante der Formhülse, während er entsprechend dem Gießtrichter sich nach unten verjüngt. Nachdem die Mantelform zusammen mit der Modelltraube in bekannter Weise auf eine Metallplatte aufgewachst worden ist, wird langsam eine feinkörnige Formmasse eingegossen, bis die Modelltraube ausreichend bedeckt ist, jedoch oberhalb derselben noch ein angemessener Raum frei bleibt. Die feinkörnige Masse dringt leicht in alle Bohrungen, Löcher, Schlitze u. dgl. ein und gewährleistet eine genaue Wiedergabe derselben. Der oberhalb freigebliebene Raum wird anschließend mit einer grobkörnigeren Stützmasse, wie sie z. B. für die Mantelform benutzt wird, gefüllt und die so zugestellte Form einer Rüttelbehandlung unterworfen. Dabei durchdringen die groben Anteile der Stützmasse den feinkörnigen Formstoff, so daß die Modelltraube in einer Masse von zusammengesetzter Körnung eingebettet ist und auch alle Hohlräume damit durchsetzt sind. Die Weiterbehandlung der Formen erfolgt dann in üblicher Weise.

Für längere Bohrungen benutzt man keramische Kerne, die entweder durch Gießen von keramischen Massen in Kernbüchsen erhalten und danach gebrannt werden oder aus gezogenen kalibrierten Keramik- oder Glasröhren bestehen. Die letzteren zeichnen sich durch engere Maßtoleranz und absolute Geradheit aus. Auch gezogene austenitische Chrom-Nickel-Stahldrähte finden Anwendung, die aus dem Gußstück dadurch entfernt werden, daß beiderseitig eine Zugkraft angelegt wird, wodurch sich der Durchmesser vermindert und die Drähte herausgezogen werden können.

Gußstücke mit verwickelt gestalteten Hohlräumen lassen sich zwar mit gebrannten Einlegekernen herstellen, doch bereitet die Entfernung des Kernmaterials fast unüberwindliche Schwierigkeiten, wenn der Hohlraum nur kleine Ausgangsöffnungen besitzt. Verwickelt gestaltete Hohlräume werden darum hauptsächlich durch Einlegekerne erzeugt, die aus dem Wachs- oder Kunststoffmodell durch geeignete Mittel herausgelöst oder herausgeschmolzen werden können, worauf die im Modell entstandenen Hohlräume durch Selbstkernen mit Formstoff gefüllt werden.

Geeignete Kernwerkstoffe, die in Wasser löslich oder in Wasser dispergierbar sind, sind bestimmte mehrwertige Alkoholester wie Diglycolstearat, Diäthylenglycolmonostearat, Glyzeryltartrat u. dgl. sowie bestimmte dehydrierte kondensierte Glycole wie die Polyglycole oder bestimmte unter dem Namen *Karbo-Wax* bekannte Polyalkylenoxyde sowie Azetamide.

Weitere wasserlösliche Materialien sind gewisse Salze, die als heiße übersättigte Lösungen in die Kernbüchsen eingegossen werden und beim Erkalten auskristallisieren. Solche Salze sind z. B. Natriumthiosulfat, Magnesiumchlorid, Natriumchromat und Ammoniumaluminiumphosphat. Außerdem können Salze zur Anwendung kommen, die in Alkohol oder in wäßrigem Alkohol löslich sind, wie z. B. Kalziumchlorid.

Einige geeignete ausschmelzbare Stoffe mit Schmelzpunkten, die unter dem der Modellwerkstoffe liegen, sind:

Gelbes Bienenwachs	Schmelzpunkt	61 °C	Kakaobutter	Schmelzpunkt	30—35 °C
Diglycolstearat	,,	53 °C	Laevulinsäure	,,	33 °C
Tetrachlor 1, 2, 3, 4-Benzol	,,	47,5 °C	Bornylazetat	,,	29 °C
Polyäthylenglycol 1000	,,	35—40 °C			

Das Ausschmelzen wird in einem Wasserbad oder in einer anderen Vorrichtung mit konstant einregelbarer Temperatur durchgeführt. Die Kernwerkstoffe sind so zu wählen und auf den Modellwerkstoff abzustimmen, daß ein einwandfreies Umpressen ohne Beeinflussung des Kernes gesichert ist. Bei den Kernwerkstoffen können entsprechende Füllstoffe, die die Maßbeständigkeit günstig beeinflussen, zur Anwendung kommen.

Zur genauen Lagerung des Kernes in der Spritzmatrize wie auch in der Gießform werden an geeigneten Stellen Kernmarken vorgesehen. Die dadurch im fertigen Gußstück entstehenden Öffnungen müssen nachträglich mit Stopfen aus dem gleichen Gießmetall verschlossen werden, entweder durch Hartlöten oder Einschweißen.

Das *Investment X*-Verfahren

Die starke Volumenzunahme des Wachses, welche vom festen bis zum flüssigen Zustand zu verzeichnen ist, führt bei mittelgroßen Modellen oft, bei großen Modellen stets zum Reißen oder gar zum Sprengen der Form.

Das *Investment X*-Verfahren umgeht diese physikalisch bedingten Unzulänglichkeiten durch Verwendung von freitragenden Schalenformen, aus denen das Wachs durch geeignete Lösungsmittel herausgeschmolzen wird.

Bei diesem Verfahren erhalten die Wachsmodelle bzw. Modelltrauben eine 7 bis 13 mm starke Umhüllung aus einer äthylsilikatgebundenen Feinschichtmasse. Die Umhüllung wird durch mehrmalige Wiederholung des Tauch- und Besandungsvorganges erhalten, wobei jedesmal ein Trockenprozeß zwischengeschaltet werden muß. Im allgemeinen sind 6, bei großen Modellen 8 Tauchschichten notwendig. Die nach dem Umlaufprinzip gebauten Trockenöfen haben in der Regel ein Fassungsvermögen von 20 Trauben und die Umlaufzeit ist so eingestellt, daß jede Traube nach einmaligem Durchgang kontinuierlich entnommen und die nächste Schicht aufgebracht werden kann. Das Herauslösen des Wachses erfolgt in besonderen Behältern mittels Trichloräthylendampfes, der durch die Poren der Form hindurch unmittelbar auf die an der Formwandung anliegenden Wachspartien einwirkt und diese auflöst, bevor die Hitze des Dampfes ein Ausdehnen der tiefer liegenden Partien hervorrufen kann. Die Wachslösung fließt sowohl durch den Gießtrichter als auch durch die Poren der Form ab und sammelt sich im unteren Teil des Behälters an. Nach genügender Wachsanreicherung können in einer gesonderten Destillationsanlage die beiden Komponenten getrennt werden und nach einer Filtrierung der Wiederverwendung zugeführt werden. Der Umlauf kann beliebig oft ohne Beeinträchtigung der Eigenschaften vor sich gehen.

Die entwachsten Formen werden bei etwa 1050 °C gebrannt und können vielfach, insbesondere bei Nichteisenmetallen, als Schalenform ohne Abstützung nach bekannten Verfahren vergossen werden. Zum Abgießen mittels Schleuderkraft erhalten die Schalenformen durch einfaches Einrütteln in Formhülsen eine Abstützung aus einer Sand-Molochitmischung. Beim Brennen der Form frittet das Abstützmaterial derart fest zusammen, daß eine kompakte Form entsteht. Während des Abkühlens der Form auf Raumtemperatur erreicht die Abstützung wieder ihre vollständige Rieselfähigkeit, kann aus der Formhülse herausgeschüttet und stets wiederverwendet werden.

Das *Mercast*-Verfahren

Bei diesem Verfahren wird mit Modellen aus erstarrtem Quecksilber gearbeitet.

Das Wesen des Verfahrens besteht darin, daß zwei- oder mehrteilige Formen aus Eisen oder Stahl mit flüssigem Quecksilber gefüllt werden, die Formen dann in einem Kältebad unter den Erstarrungspunkt des Quecksilbers gebracht und die den Formen entnommenen Modelle nach dem Zusammensetzen zu einem Gießsystem durch mehrmaliges Tauchen mit einer 3 bis 6 mm starken Umhüllung versehen werden. Die Tauchmassen enthalten neben den keramischen Formstoffen einen Niedertemperatur- und einen Hochtemperaturbinder. Als Trägerflüssigkeiten kommen wegen der tiefen Arbeitstemperatur nur solche in Frage, die noch unterhalb des Erstarrungspunktes des Quecksilbers flüssig bleiben.

Die nach dem Ausschmelzen des Quecksilbers anfallenden Schalenformen können nach dem Trocknen und Brennen je nach Größe und Gießmetall statisch ohne Abstützung vergossen werden. Beim Gießen unter Schleuderdruck oder bei großen Gußstücken ist hingegen Abstützung durch eine Hinterfüllmasse notwendig.

Der Schmelzpunkt des Quecksilbers liegt bei — 38,83 °C. Im erstarrten Zustande gleicht es in Farbe, Härte und Duktilität dem Blei. Gegenüber den Modellwachsen beträgt die Volumenzunahme beim Übergang vom festen zum flüssigen Zustand nur 3,5%, so daß auf die Formwand ein erheblich geringerer Druck beim Ausschmelzen ausgeübt wird als bei Wachs. Ein weiterer Vorzug des erstarrten Quecksilbers ist die durch seine hohe Selbstdiffusion gegebene Eigenschaft des Selbstverschweißens. Dadurch können z. B. große oder verwickelte Modellformen aus Einzelteilen durch einfache Druckberührung zusammengesetzt werden. Auch das Zusammensetzen zu Gießsystemen erfolgt in gleicher Weise. Ebenso einfach gestaltet sich das Ausbessern beschädigter Modelle. Je nach Größe des Fehlers genügt das Aufbringen eines Tropfens flüssigen oder eines Stückes erstarrten Quecksilbers. Die Beiarbeitung erfolgt durch geeignete Werkzeuge.

Infolge seines hohen spez. Gewichtes und der Eigenschaft, sich wie eine Flüssigkeit zu verhalten, füllt Quecksilber sehr dünne Formquerschnitte aus, so daß Modelle mit großen Querschnittsunterschieden ohne Schwierigkeiten hergestellt werden können.

Wegen der erforderlichen Kälteerzeugungs- und Gasverdichtungsanlagen zur Erzeugung und Wiedergewinnung der Trägerflüssigkeiten und wegen der geringen Arbeitsgeschwindigkeit arbeitet das Verfahren teurer als das Wachsausschmelzverfahren. Es wird daher hauptsächlich als Ergänzung des Wachsausschmelzverfahrens für Sonderfälle benutzt.

Die keramischen Formstoffe sind die gleichen, wie sie für die anderen Modellausschmelzverfahren verwendet werden.

Als Niedertemperaturbinder dienen bestimmte Kohlenwasserstoffe wie n-Butylmethylacrylat, hoch- oder niederviskoses polymerisiertes Isobutylacrylat, polymerisiertes Vinylazetat oder Äthylzellulose, die zu 46,5% oder höher äthyliert worden ist. Ferner Acrylonitril mit Butadien im Verhältnis von 33 bis 40% Acrylonitril zu 67 bis 60% Butadien gemischt, wobei sowohl polymerisiertes Butadien allein als auch ein Gemisch von zwei oder mehreren der genannten Bindemittel geeignet ist.

Für die erste Schicht kann gegebenenfalls auch ein Kunstharz wie z. B. ein Phenol-Formaldehyd-Kondensationsprodukt benutzt werden, welches bis zu seinem mittleren Lösungszustand kondensiert worden ist.

Als Hochtemperaturbinder sind primäre bis tertiäre Ammoniumphosphate, Alkali- oder Alkali-Ammoniumphosphate, Alkalifluoride, Alkalisilikate, Alkaliborate, Borsäure, Boroxyd oder ein Gemisch von zwei oder mehreren der genannten Verbindungen geeignet. Für manche Fälle ist es zweckmäßig, den Hochtemperaturbinder nicht der Tauchmasse zuzusetzen, sondern die nur mit Niedertemperaturbinder fertiggestellten und bei 90 °C getrockneten Schalenformen nachträglich mit einer Hochtemperaturbinderlösung zu tränken.

Als Lösungs- oder Trägerflüssigkeiten sind z. B. Monochlordifluoromethan, Methylchlorid, insbesondere Monochlorfluoromethan oder Gemische von beiden brauchbar. Ebenso sind Gemische der vorstehend genannten Trägerflüssigkeiten mit Di- oder Trichlorfluoromethan geeignet.

Die Viskosität der Tauchmassen richtet sich nach der Gestalt der Modelle wie auch nach der Reihenfolge der aufzubringenden Schichten. Für verwickelte Modellformen wird bei der ersten Schicht die Viskosität verhältnismäßig niedrig gewählt, damit die Masse in allen feinen Bohrungen, engstehenden Rippen und Einschnitte eindringen kann. Bei weniger verwickelten Formen wird die Viskosität gegenüber der vorherigen höher eingestellt. Bei den nachfolgenden Schichten wird entsprechend der Dicke der Zunahme der Schichten für jede Schicht die Viskosität höher gewählt als bei der vorhergehenden.

Vor dem Zusammenmischen der Tauchmassen müssen insbesondere die keramischen Stoffe unter den Erstarrungspunkt des Quecksilbers abgekühlt werden. In den fertigen Tauchmassen liegen beide Binderarten in gelöster wie in feindisperser Form vor.

Wie bereits bemerkt, müssen die Formen zur Herstellung der Quecksilbermodelle stets aus Eisen oder Stahl gefertigt sein, weil diese Werkstoffe praktisch die einzigen sind, die sich nicht mit Quecksilber amalgamieren. Die Formen sind zumindest zweiteilig. Für bestimmte Modellausführungen sowie für größere und große Modelle ist meist eine

Zwischenplatte notwendig, weil es zweckmäßiger ist, solche Modelle aus zwei Hälften zusammenzufügen. Außerdem hat diese Bauart den Vorzug, daß die Zwischenplatte z. B. bei Hohlmodellen die Kernteile u. dgl. aufnehmen kann. Zum genauen Aufeinanderpassen müssen entsprechend lange Führungsstifte vorhanden sein, da die Urform gleichzeitig dem Zusammenfügen der beiden Modellhälften dient. Das Zusammenfügen der Modellhälften erfolgt in der Weise, daß nach Entfernung der Zwischenplatte beide Formhälften wieder zusammengeschoben und mittels eines leichten Hammerschlages auf eine Seite der Urform die Selbstverschweißung herbeigeführt wird. Große Flächen werden vorher angeritzt.

Die Erstarrung des Quecksilbers in den Urformen wird in einem besonderen Kühlbehälter durchgeführt. Dieser ist oben offen und außen allseitig einschließlich des Bodens stark mit Kork od. dgl. isoliert. Bündig mit der Oberkante ist ein kleinerer, mit Deckel versehener, aus rostfreiem Blech hergestellter Kasten eingehängt. Der Zwischenraum enthält Methylenchlorid, während der Innenbehälter mit Methylenchlorid und Trockeneis oder Trockeneis allein gefüllt ist. Vermittels des Trockeneises lassen sich bequem Temperaturen bis unter minus 70 °C aufrechterhalten. Für die Tauchmassen werden Behälter gleicher Bauart benutzt.

Vor dem Einfüllen des Quecksilbers in die zusammengesetzten Urformen werden diese erst mit Aceton als Benetzungs- und Verdrängungsmittel gefüllt, damit sich keine Luftblasen bilden oder ansetzen können. Dann erst wird Quecksilber eingegossen und damit das Aceton verdrängt. Da Quecksilber bei der Erstarrung sich genauso verhält wie jedes andere Metall, werden die Formen langsam und allmählich in das Kältebad eingetaucht, damit die Erstarrung von unten her beginnen und flüssiges Quecksilber von oben nachgesaugt werden kann. Vor der Erstarrung des oberen Teiles wird in den Gießtrichter oder das Modell ein kräftiger Drahtbügel aus Eisen mit eingefroren, um als Handgriff für die nachfolgenden Verfahrensschritte zu dienen. Je nach Größe der Formen erfordert der Erstarrungsprozeß 10 bis 15 Minuten. Das Öffnen der Form und das Herausnehmen des Modells erfolgt auf einem im Kühlbehälter befindlichen Zwischenpaneel oder in einem gesonderten Kältebehälter. Es folgt dann unter Beachtung der erforderlichen Maßnahmen die Aufbringung der ersten Tauchschicht. Zwischendurch können andere Formen gekühlt werden. Da der erste Überzug verhältnismäßig dünn ist, trocknet er innerhalb weniger Minuten. Mit zunehmender Viskosität der nachfolgenden Tauchmassen und der Stärkenzunahme der Schicht verlängert sich der Trockenprozeß, so daß zwischen dem Aufbringen der einzelnen Schichten Trockenzeiten von 15 bis 30 Minuten entstehen können. Je nach der Größe der Modelle bzw. Modellgruppen beträgt die Schalenstärke 1,5 bis 6 mm, wozu in der Regel 8 bis 12 Tauchoperationen notwendig sind.

Das Ausschmelzen des Quecksilbers wird bei normaler Raumtemperatur durchgeführt, wobei auf die Eingußöffnung oder den Trichter etwas flüssiges Quecksilber aufgebracht und die Formen umgekehrt auf geeignete Gestelle gesetzt werden. Das herausfließende Quecksilber sammelt sich in untergestellte, mit Wasser als Sperrflüssigkeit versehene Wannen, aus welchen es nach einem Reinigungsprozeß der Wiederverwendung zugeführt wird.

Umhüllte Modelle für verwickelte Teile kommen vor dem Ausschmelzen des Quecksilbers in eine mit feinen Löchern versehene Formhülse und werden mit einem losen anorganischen Füllstoff wie z. B. Schlacke, gemahlener Ton, Schiefer, Titanquarz, Aluminiumoxyd od. dgl., welche bei etwa 1000 °C mit Phosphorsäure oder Alkalisilikat behandelt worden sind, und vor dem Einfüllen unter den Erstarrungspunkt des Quecksilbers abgekühlt wurden, abgestützt. Sodann werden die Formhülsen mit einem den Einguß umgreifenden Deckel verschlossen und den nachfolgenden, zum Abgießen erforderlichen Verfahrensstufen unterworfen.

Das Trocknen der Schalenformen wird bei 90 °C in besonderen Trockenschränken durchgeführt, worauf dann das Brennen in Hochtemperaturöfen bei ca. 1050 °C für eine Zeitdauer von 2 Stunden folgt. Die Formen können nun nach Abkühlung auf die günstigste

Gießtemperatur vergossen oder nach Abkühlung auf Raumtemperatur auf Lager genommen werden. Die Festigkeit der gebrannten Schalenformen ist sehr beträchtlich und sie widerstehen allen durch die normale Handhabung auftretenden Beanspruchungen.

Schmelzen und Gießen (allgemein)

Die Schmelzeinrichtung muß den Erfordernissen der Feingußtechnik angepaßt sein, da die zu vergießenden Metallmengen nur einen kleinen Bruchteil derjenigen Mengen ausmachen, wie sie zur Herstellung von Gießereierzeugnissen üblicherweise benötigt werden.

Für kleine und kleinste Gußstücke aus hochschmelzenden Eisen- und Nichteisenmetallen benutzt man hauptsächlich kleine, indirekte Lichtbogenöfen, deren Fassungsvermögen gerade ausreicht, um eine einzige Gießtraube zu füllen. Es handelt sich dabei meistens um Mengen zwischen 2 und 6 kg. Jede Anlage enthält daher eine Reihe solcher Öfen, die zweckentsprechend aufgestellt sind. In Abb. 17 ist ein derartiger Ofen im Schnitt dargestellt, während die Abb. 18 die Ansicht einer Reihe solcher Öfen in einer Feingießerei zeigt.

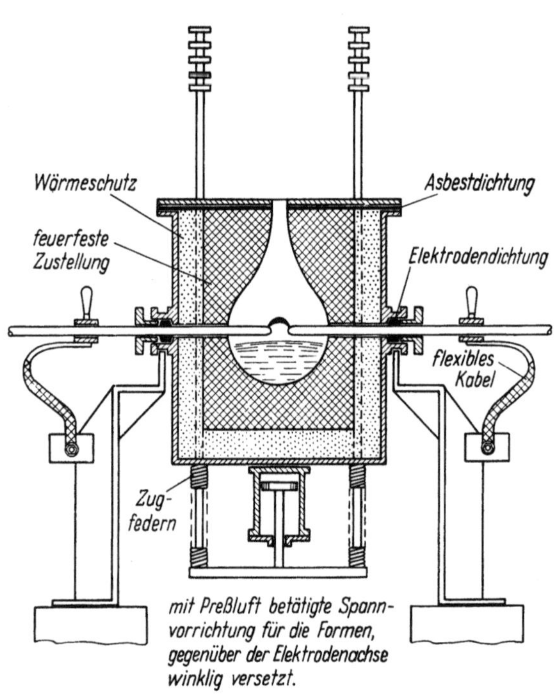

Abb. 17. Schnitt durch einen indirekten Lichtbogenofen

Das zylindrisch ausgebildete Ofengehäuse besitzt einen gasdicht verschweißten Boden und einen durch Schrauben befestigten Deckel mit einer in der Mitte befindlichen Bohrung, in welche die Gießöffnung der feuerfesten Auskleidung mündet. Mittels zweier hohler Drehzapfen, durch welche die Elektroden gasdicht in den Schmelzraum hineinragen, kann der Ofen auf Lagerböcken während der Schmelzperiode in Schaukelbewegungen gehalten und zum Abgießen um 180° gekippt werden. Der kugelförmige Schmelzraum wird entweder durch Formsteine gebildet oder durch Umstampfen einer Holzschablone, die später herausgebrannt wird, hergestellt. Im oberen Teil der feuerfesten Auskleidung ist noch eine weitere bis zum Ofenmantel führende kleine Öffnung vorhanden, durch die mittels einer am Ofenmantel angebrachten Zuführungsleitung Druckluft oder ein unter Druck stehendes neutrales Gas in den Ofen geleitet werden kann. Die Elektrodenregulierung erfolgt bei diesen Öfen stets von Hand.

Die abzugießende Form wird unter Anwendung einer Asbestdichtung mit dem Eingußtrichter genau auf die Chargier- bzw. Gießöffnung gesetzt, durch eine pneumatische Spannvorrichtung mit dem Ofen verklammert, gemeinsam um 180° gekippt und anschließend sofort Preßluft oder Druckgas von 0,5 bis 3 kg/cm² aufgebracht. Der zusätzliche Druck gewährleistet, daß auch die feinsten Konturen und dünne Querschnitte der Formhöhlung vollständig mit Metall gefüllt werden.

Nach Lösen der Verklammerung wird die Form zwecks Abkühlung auf Raumtemperatur beiseite gesetzt oder in einem gesonderten Ofen einer geregelten Abkühlung unterworfen. Einen Ofen mit verklammerter Form in Gießstellung zeigt die Abb. 19.

Infolge der kleinen Chargieröffnung und des geringen Fassungsvermögens der Öfen kann als Einschmelzmaterial nur in kleine Stücke zerteiltes Stangenmaterial oder Granalien aus der zu vergießenden Qualität Verwendung finden. Bei der chemischen Zusammensetzung des Stangenmaterials wird der durch das Umschmelzen entstehende Abbrand berücksichtigt. Es ist aber auch möglich, mit Aufbauchargen eine gute Analysentreffsicherheit zu erreichen.

Für niedriggekohlte und kohlenstofffreie hochschmelzende Qualitäten wird in der Regel der Mittel- oder Hochfrequenzofen benutzt. Obwohl es bei sorgfältigster Schmelzführung und unter Anwendung von inerten Gasen möglich ist, mit den beschriebenen Lichtbogenöfen verhältnismäßig niedrige Kohlenstoffwerte einzuhalten, werden doch die vorgenannten Induktionsöfen vorgezogen. Induktionsöfen haben neben ihrer leichten Bedien- und Regelbarkeit den Vorzug, daß ganze Reihen von Formen nacheinander vergossen werden können. Je nach den Erfordernissen kommen stationäre Kippöfen oder tragbare von Hand zu kippende Öfen in Frage. Dabei lassen sich die verschiedensten Gießtechniken anwenden. Für den Vakuumguß ist die Induktionserwärmung die zuverlässigste und am einfachsten durchzuführende Schmelzart, die aber beim Feinguß zur Zeit noch im Entwicklungsstadium steht.

Abb. 18. Ansicht einer Schmelzeinrichtung mit indirektem Lichtbogenöfen

Eine weitere Ofenart, die gegebenenfalls noch in Frage kommen kann, ist der Graphitstabtrommelofen.

Die beim Feinguß am meisten angewendeten Gießverfahren sind neben der bereits beschriebenen statischen Gießart, die mit zusätzlichem Niederdruck mittels gasförmiger Medien durchgeführt wird, noch der normale statische Guß und der Schleuderguß. Vereinzelt ist auch der statische Guß mit zusätzlicher Hochdruckbeaufschlagung für strengflüssige hochschmelzende Legierungen benutzt worden. Über die Durchführung und die Vorteile sind jedoch nur spärliche Hinweise vorhanden, so daß über dieses Verfahren nichts Näheres ausgesagt werden kann.

Abb. 19. Ofen in Gießstellung

Erwähnenswert ist aber ein weiteres statisches Verfahren unter Anwendung von Unterdruck. Für erhitzte wie auch für kalte Formen hat sich das Verfahren sehr gut bewährt, insbesondere besteht bei kalten Formen noch der Vorteil der Korngrößenregulierung. Hauptsächlich wird diese Gießmethode für Schalenformen angewendet, wobei diese mit losem Stützmaterial hinterfüllt werden. Die Formhülsen besitzen einen feingelochten

Boden, der in einem kleinen Abstand vom unteren Rand angebracht ist. Zur Erzielung eines luftdichten Abschlusses werden die beschickten Formhülsen oben bis zum Eingußtrichter mit feuerfestem Zement abgedichtet und zum Abguß auf besondere, mit feuchtem Asbest ausgelegte Saugtische gestellt, die für jede Form eine gesonderte, zur Saugpumpe führende, mit Absperrorganen versehene Rohrleitung besitzt.

Zum Schleudergießen werden die Formen sternförmig um einen zentralen Einguß angeordnet, wie es beispielsweise die Abb. 20 zeigt.

Durch entsprechende Wahl der Umdrehungsgeschwindigkeit kann der Gießdruck eingestellt werden. Dabei ist aber auch die Schleuderzeit zu berücksichtigen, und je nach den vorliegenden Bedingungen und dem beabsichtigten Zweck müssen beide Faktoren aufeinander abgestimmt werden, um z. B. das Gefüge zu beeinflussen und Seigerungen zu unterbinden oder Oxyde und Einschlüsse auszuscheiden. Der Schleuderguß besitzt den Vorteil, daß nur kurze Eingüsse und keine Steiger notwendig sind, so daß das Ausbringen gegenüber den anderen Gießverfahren bedeutend höher ist. Außerdem verhindert das Schleudern die Porenbildung im Gußstück.

Abb. 20. Schleudergießvorrichtung für Feingußformen
Schutzklappen geöffnet, um den Schleudervorgang zu veranschaulichen

Die Gießtechnik des Feingusses erfordert in weit höherem Maße die Berücksichtigung aller beeinflussenden Faktoren, als es beim üblichen Formguß schon notwendig ist. Wegen der viel kleineren Gußstücksvolumina führen bereits geringe Abweichungen oder Verschiebungen des Formfüllvermögens zum Ausschuß infolge Maßveränderungen.

Das Formfüllungsvermögen bzw. die Vergießbarkeit eines Metalles ist die Fähigkeit, auch dünne Querschnitte und feine Konturen im Abguß scharf wiederzugeben. Sie ergibt sich aus einer Anzahl von Faktoren und Bedingungen des Massen- und Wärmeflusses zwischen dem flüssigen Gießmetall und der Formwandung, wie z. B. aus dem Temperaturunterschied zwischen der Form und dem Gießmetall, der Viskosität und dem Erstarrungsintervall des Gießmetalles, dem spez. Gewicht des Gießmetalles, der Ausscheidung fester Phasen, den Querschnittsverhältnissen des Gießsystems, der Reibung des Gießmetalles an der Formwandung, aus der inneren Reibung des Gießmetalles selbst, der Wärmeleitfähigkeit der Form und der des Gießmetalles, der Gasdurchlässigkeit der Form, dem Gießdruck und der Gießgeschwindigkeit, um nur die wichtigsten zu nennen.

Das Formfüllungsvermögen verbessert sich zwar bedeutend mit steigender Gießtemperatur, gleichzeitig nimmt aber auch die Neigung zum Lunkern und zur Warmrißbildung zu, wie auch die Neigung zur verstärkten Gasaufnahme aus der Ofenatmosphäre. Deshalb wird die Gießtemperatur nur so hoch gewählt, daß gerade maßgenaue Formfüllung gewährleistet ist. Das Maß der notwendigen Überhitzung über den Schmelzpunkt ist natürlich bei den einzelnen Metallen und Legierungen verschieden und von den bereits genannten Bedingungen abhängig. Da es bis heute noch nicht gelungen ist, alle Faktoren zahlenmäßig so genau zu erfassen, daß eine völlige Vorausberechnung möglich wäre, müssen für jeden Einzelfall die günstigsten Bedingungen für die jeweils anzuwendende Gießmethode durch Versuchsreihen ermittelt werden. Die dabei gesammelten Erfahrungen und Werte dienen dann als Grundlage für Nachbestellungen oder für ähnlich gelagerte Fälle.

Putzen der Gußtrauben, Abtrennen der Gußstücke

Bei diesen Arbeiten ist die schwierigste das Entfernen der Gußtrauben aus den Formhülsen, da infolge des vorausgegangenen Brennprozesses sehr harte Massen entstanden sind. Andererseits muß das Entfernen mit der erforderlichen Vorsicht durchgeführt werden, damit die Gußstücke keine Deformationen oder Beschädigungen erleiden.

Vorrichtungen zum Ausschlagen der abgegossenen Formen arbeiten in der Regel mit Vibratoren und Drucklufthämmern, wobei beide Aggregate meist derart miteinander kombiniert sind, daß der Vibrator zunächst die Form lockert und die Masse zerstückelt, während mit dem Preßlufthammer die Masse samt Gußtraube aus der Formhülse herausgestoßen wird. Anschließend erfolgt ein Sandstrahlen der Gußtrauben, dem gegebenenfalls noch ein Beizen mit

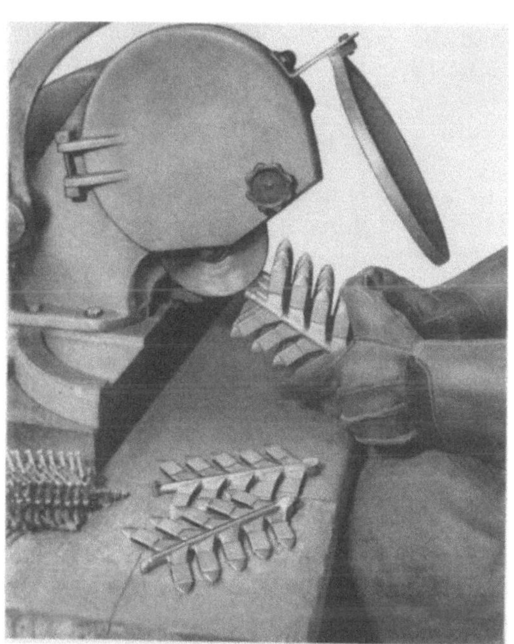

Abb. 21. Abtrennen der Gußstücke mittels Trennscheiben

Abb. 22. Schleifraum einer Feingießerei

Ätznatronlauge folgen kann, falls es nicht möglich war, alle anhaftenden Formstoffreste durch Sandstrahlen zu entfernen, was besonders für Bohrungen, Nuten, Schlitze u. dgl. zutrifft.

Von den fertiggeputzten Gußtrauben werden die Gußstücke einzeln meist mittels Trennscheiben möglichst dicht am Gußstück abgeschnitten, was ebenfalls mit größter Vorsicht zu geschehen hat, damit nicht andere noch an der Gußtraube festsitzende Gußstücke beschädigt werden. Abb. 21 zeigt einen Ausschnitt der Abtrennabteilung einer Feingießerei.

Nach dem Abtrennen erfolgt zunächst ein Ausscheiden aller offensichtlich fehlerhaften Gußstücke. Die restlichen wandern zur Schleiferei, in welcher der noch stehengebliebene Stumpf des Anschnittes mittels Schleifscheiben und Schleifbändern beigeschliffen und diese Stellen anschließend poliert werden. Eine solche Schleiferei zeigt die Abb. 22.

In einem besonderen Prüfraum werden dann durch eine visuelle Prüfung alle Gußstücke zuerst auf etwaige noch sichtbare Fehler kontrolliert, anschließend durch zerstörungsfreie Prüfverfahren wie z. B. UV-Fluoreszenzverfahren, Durchstrahlungsverfahren u. a. auf Rißfreiheit und innere Fehler geprüft, durch Stichproben die Oberflächenrauheit, die physikalischen und mechanischen Eigenschaften bestimmt, während im chemischen Laboratorium die Zusammensetzung kontrolliert wird.

Die für brauchbar befundenen Gußstücke gelangen dann zur Maßkontrolle, wo alle kritischen Abmessungen nach den zwischen dem Hersteller und Verbraucher vereinbarten Toleranzbedingungen nachgemessen werden. In Abb. 23 wird ein solcher Kontrollraum gezeigt.

Abb. 23. Prüfung der Maßhaltigkeit der Gußstücke

Man ersieht, daß die Maßkontrolle eine sehr lohnintensive Arbeit ist, weil jedes einzelne Stück vom Kontrolleur in die Hand genommen und mittels Lehren und anderer Instrumente nach verschiedenen Richtungen hin geprüft werden muß.

Schließlich werden vor dem Versand alle Gußstücke mit feinem Sand nachgestrahlt, um ihnen ein gleichmäßiges Aussehen zu geben. Erforderliche Wärmebehandlungen der Gußstücke, wie Härten, Vergüten u. dgl. können gegebenenfalls auf Grund von Vereinbarungen zwischen dem Feingießer und dem Verbraucher vorher vom Feingießer durchgeführt werden.

Anwendungsmöglichkeiten, Konstruktionsregeln und Grenzen des Feingusses

Das Feingußverfahren bietet im Vergleich zu allen bekannten Formgebungsverfahren die größte Konstruktionsfreiheit, wobei alle praktisch gießbaren Metalle und Legierungen zum Einsatz kommen können. Verwickelt gestaltete Stücke, welche nach maschinellen Verfahren aus mehreren Einzelteilen zusammengesetzt werden müssen, lassen sich durch Feingießen als Ganzteil herstellen. Einen besonderen Vorteil bietet das Verfahren in den Fällen, wo verwickelte Konstruktionsteile aus Werkstoffen gefertigt werden müssen, die weder warm verformbar sind noch spanabhebend bearbeitet werden können.

Das Einhalten der für Guß allgemein üblichen Konstruktionsrichtlinien sichert dem Verbraucher die wirtschaftliche Nutzung des Verfahrens. Bei der Umstellung auf Feinguß wird es daher meistens notwendig sein, die für eine maschinelle Fertigung ausgelegten Teile gießgerecht umzukonstruieren. Die Abb. 24 und 25 zeigen einige Konstruktionshinweise, während die Abb. 26 veranschaulicht, wie sich aus Einzelstücken hergestellte Teile als Feingußganzteil herstellen lassen.

Geringste Wandstärken

Die niedrigst erreichbare Wandstärke ist abhängig von der Gießbarkeit bzw. von dem Formfüllungsvermögen der betreffenden Metalle. Bei den üblichen Eisenlegierungen beträgt die geringste Wandstärke 1,3 mm. Austenitische nichtrostende Eisenlegierungen z. B. lassen sich bei nicht zu großen Flächen hingegen wegen ihres leichteren Fließvermögens bis zu einer Wandstärke von 0,8 mm vergießen. Durch das MERCAST-Verfahren können sogar Wandstärken bis zu 0,6 mm herab erzielt werden.

Um bei Eisenlegierungen die Wirtschaftlichkeit nicht in Frage zu stellen, sollten im allgemeinen Wandstärken unter 1,5 bis 2 mm nicht gefordert werden.

Bei Nichteisenmetallen wie Kupfer, Aluminium, Magnesium u. dgl. beträgt die dünnste Wandstärke im allgemeinen 0,8 mm, wobei infolge der Dünnflüssigkeit der meisten

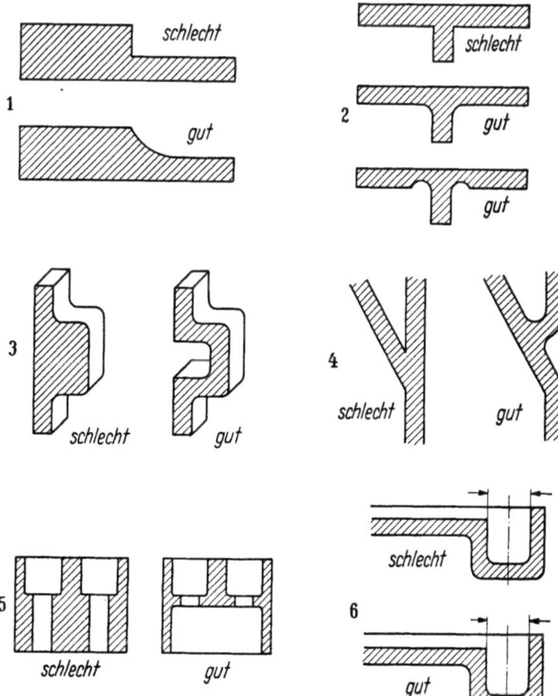

1 Starke Wandstärkenübergänge vermeiden, um Lunkergefahr herabzumindern! *2* Scharfe Innenkanten verursachen Sandkanteneffekt und Lunkerbildung. Kanten abrunden! *3* Materialanhäufungen vermeiden! *4* Spitzwinklig zueinanderlaufende Flächen können durch Umkonstruktion gießtechnisch günstiger gestaltet werden. *5* Materialanhäufungen bei Bohrungen vermeiden, um günstigere Kernlagerung zu schaffen! So können auch lange Bohrungen mit geringem Durchmesser gefertigt werden, die sonst entfallen müßten! *6* Sacklöcher nicht kleiner als 5 mm! Mögliche Tiefe des Sackloches über 5 mm das 1,5fache des Durchmessers. Empfehlenswert ist das Anbringen von engen Durchbrücken zur besseren Kernlagerung.

Abb. 24. Einige Konstruktionshinweise

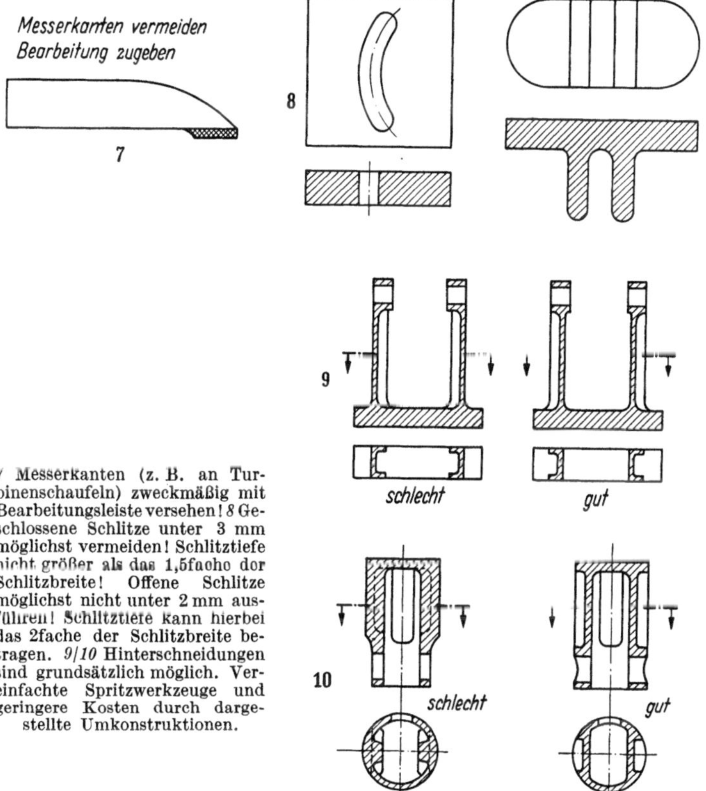

7 Messerkanten (z. B. an Turbinenschaufeln) zweckmäßig mit Bearbeitungsleiste versehen! *8* Geschlossene Schlitze unter 3 mm möglichst vermeiden! Schlitztiefe nicht größer als das 1,5fache der Schlitzbreite! Offene Schlitze möglichst nicht unter 2 mm ausführen! Schlitztiefe kann hierbei das 2fache der Schlitzbreite betragen. *9/10* Hinterschneidungen sind grundsätzlich möglich. Vereinfachte Spritzwerkzeuge und geringere Kosten durch dargestellte Umkonstruktionen.

Abb. 25. Weitere Konstruktionshinweise

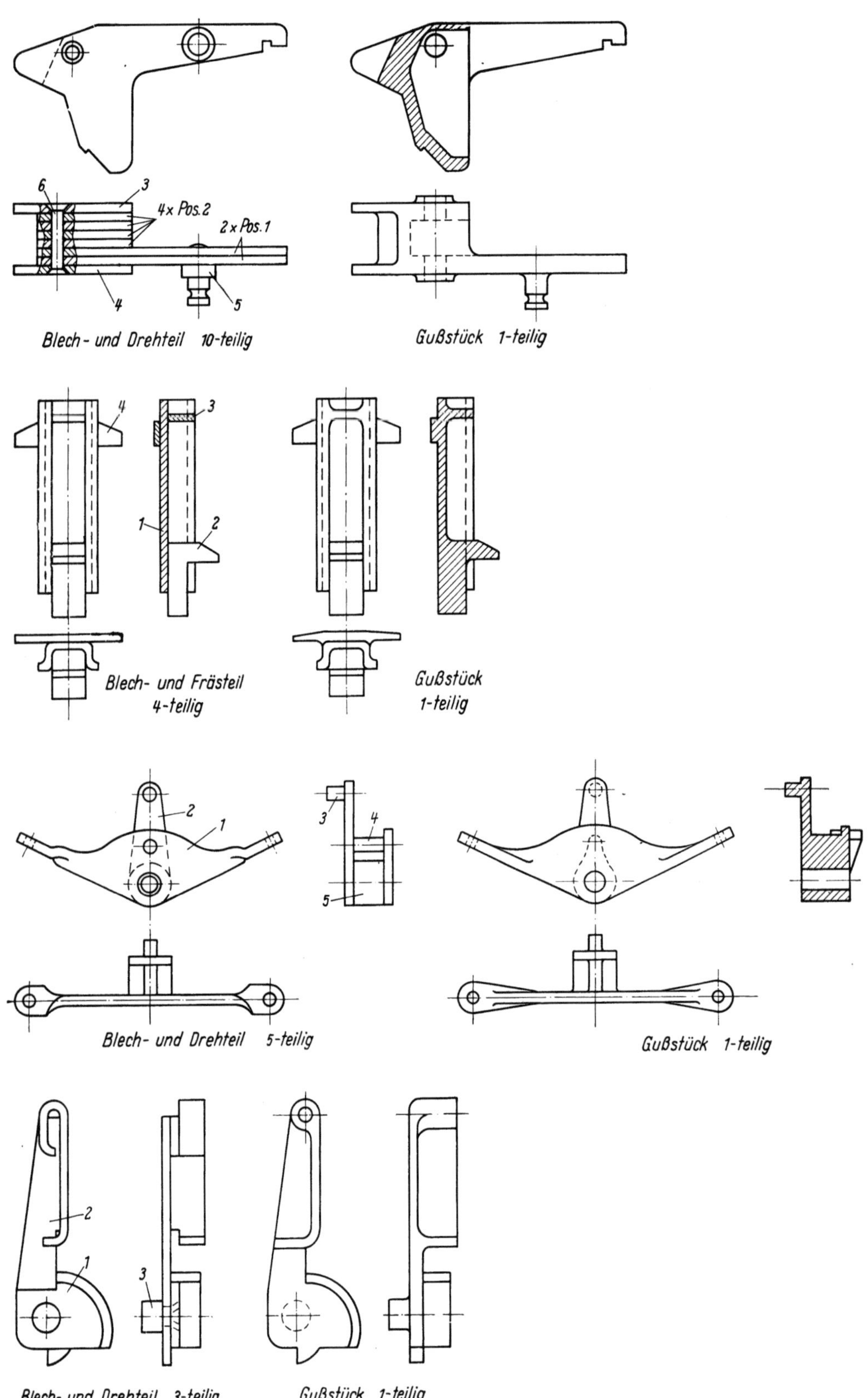

Abb. 26. Feinguß-Ganzteile, die früher aus mehreren Stücken zusammengesetzt wurden

dieser Metalle noch Wandstärken bis zu 0,6 mm herab möglich sind. Zu bedenken ist jedoch dabei, daß solche dünne Flächen wegen der Weichheit der genannten Metalle keine funktionellen Aufgaben übernehmen können. Bei Teilen mit verjüngt zulaufenden Wänden können die meisten Metalle bis zu einem Kantenradius von 0,3 mm einwandfrei auslaufen, wenn der Verjüngungswinkel nicht zu klein ist. Dünnere Kanten fallen selten befriedigend aus. Außerdem bereitet die Einhaltung dünnerer Kanten schon beim Modellmaterial erhebliche Schwierigkeiten. In Fällen, wo tatsächlich scharfe Kanten notwendig sind, wie z. B. bei Turbinenschaufeln, sind an den betreffenden Stellen Bearbeitungsleisten vorzusehen, die nachträglich beigeschliffen werden.

Übergänge bei Querschnittsänderungen

Bei Querschnitts- oder Richtungsänderungen aufeinanderstoßender Flächen muß der Übergang oder Wechsel allmählich erfolgen, wie z.B. durch richtig bemessene Hohlkehlen.

Bei gleich starken Wänden ergibt sich der genaue Radius für die Hohlkehle zu $r = 2S$, während bei unterschiedlichen Wandstärken $r = \mathrm{p},5S_1 + S_2$ den richtigen Radius ergibt (S = Wandstärke). Überdimensionierte Radien führen infolge ungünstiger Materialanhäufung stets zu Schwindungshohlräumen, zu kleine Hohlkehlen dagegen zu Anrissen, insbesondere dann, wenn bei dünnen Wandstärken zur Erhöhung der Festigkeit Verstärkungsrippen vorgesehen werden. Als beste Lösung zwischen einem starken und einem schwächeren Querschnitt gilt der verjüngte Übergang, wobei die Verjüngung mindestens die vierfache Länge des Unterschiedes zwischen der stärkeren und der schwächeren Wandstärke betragen soll. Krasse Querschnittsunterschiede sollen überhaupt vermieden werden. Es ist zweckmäßig, diese mittels Naturballen so auszukernen, daß möglichst gleichmäßige Querschnitte zustande kommen, da es beim Feinguß im Gegensatz zur üblichen Formpraxis nicht möglich ist, die Erstarrungsbedingungen durch Schreckschalen oder -platten zu beeinflussen oder die Speisung der dünnen Querschnitte entsprechend durchzuführen.

Gerade und einheitlich gekrümmte Flächen

Ausgedehnte gerade oder einheitlich gekrümmte Flächen ohne Narben oder Oberflächenporen sind schwierig herzustellen. Obwohl diese Oberflächenfehler oft nur das Aussehen des Gußstückes beeinträchtigen, sind sie vielfach die Quelle von Meinungsverschiedenheiten zwischen dem Feingießer und dem Verbraucher. Dabei haben maschinell hergestellte Teile an nicht funktionswichtigen Flächen auch solche Fehler, ohne daß dadurch die Brauchbarkeit beeinträchtigt wird. Beim Übergang auf Feinguß sollen daher zwischen dem Feingießer und dem Verbraucher Toleranzvorschriften vereinbart werden, über die bei jeder Fläche zulässige Höchstzahl von Narben bzw. Oberflächenporen und deren Höhe bzw. Tiefe.

Auch andere Oberflächenfehler, die sich nicht immer vermeiden lassen, können beim Gießen entstehen, so geraten z. B. gewisse Metallmengen ins Pendeln, wenn sie durch enge Querschnitte hindurch sich mit der Hauptmasse wieder vereinigen, wodurch etwa vorhandene Oxyde an der Innen- oder Außenwand der Form abgeschieden werden. Dabei können Unterbrechungen entstehen, die die Festigkeit des Gußstückes beeinträchtigen oder Gußstücke, die druckdicht sein müssen, unbrauchbar werden. Wenn dagegen der Oxydfilm sich nur als Schönheitsfehler bemerkbar macht und die funktionelle Brauchbarkeit nicht beeinträchtigt wird, sollte ein solches Gußstück durch die Abnahme nicht verworfen werden.

Andere Oberflächenfehler sind z. B. kleine aufliegende Metallkügelchen, die durch die im Formstoff eingeschlossenen Luftbläschen entstehen. Falls solche Flächen nicht für funktionelle Aufgaben unbedingt glatt sein müssen, sollte die Entfernung solcher Schönheitsfehler durch die Gießerei schon wegen der zusätzlichen Kosten nicht gefordert werden. Weiterhin zeigen sich zuweilen zwar an sich sichtbare, jedoch nicht meßbare Haarlinien, die vom Fließweg des Wachses oder vom Netzmittel der Spritzformen herrühren oder auch durch feine Risse der Feinschicht entstanden sein können.

Bohrungen und Löcher

Bei größeren Wandstärken ist die Einhaltung der genauen Lage einer Bohrung immer etwas schwierig. Wenn die Flächen außerdem noch unregelmäßige Querschnitte besitzen oder die Bohrung bei einer symmetrischen Fläche unsymmetrisch angeordnet ist, erhöhen sich die Schwierigkeiten, während dies bei einer Bohrung im geometrischen Mittelpunkt einer Fläche keine Schwierigkeiten bereitet.

Auch die Kreisform wird weitgehend davon beeinflußt, ob die umgebende Metallmasse gleichmäßig oder ungleichmäßig um die Bohrung verteilt ist. Eine Nabe z. B. mit gleichmäßig um die Bohrung verteilten Metallmassen wird stets genaue Kreisform aufweisen. Hingegen wird eine Bohrung vom gleichen Durchmesser und gleicher Tiefe bei ungleichmäßiger Flächenverteilung Abweichungen von der Kreisform zeigen. Infolge der gestörten Erstarrungsbedingungen wird sich das Loch in Richtung der größeren Metallmasse leicht dehnen und quer dazu sich verengen. Entsprechende Veränderungen ergeben sich auch bei quadratischen, rechteckigen und dreieckigen Löchern. Je nach den Spannungen, die durch die Erstarrung hervorgerufen werden, ergeben sich leicht nach außen oder nach innen gekrümmte Flächen.

Bei dünnwandigen Gußstücken ist die Einhaltung der genauen Lage mehrerer Bohrungen dann schwierig, wenn sich diese in mehreren aneinanderstoßenden Flächen befinden. Dies ist nicht allein auf die durch die ungleichmäßige Materialverteilung hervorgerufenen Erstarrungsverhältnisse zurückzuführen, sondern zum Teil auch von der Lage des Anschnittes, von der Lage der Flächen in der Form, von der Entfernung derselben vom Rande der Form oder den benachbarten Hohlräumen und von der Entfernung vom Gießtrichter abhängig. Hinzu kommt unter Umständen die Notwendigkeit, Entlüftungen, blinde oder offene Steiger vorsehen zu müssen, um entfernt liegende Querschnitte zu speisen. Alle genannten Faktoren fördern infolge der verschiedenen Erstarrungsverhältnisse die Neigung zu Deformierungen.

Konstrukteure und Verbraucher müssen über diese Schwierigkeiten informiert sein, damit sie schon von vornherein den Versuch unterlassen, bei zueinander stehenden Flächen genau zueinander liegende Bohrungen erzwingen zu wollen.

Grenzen gegossener Bohrungen

Der kleinstmögliche Durchmesser von gegossenen Bohrungen ist abhängig von den Eigenschaften des Gießmetalles, von der Wandstärke und vom Formstoff.

Bei Eisen- und hochschmelzenden Nichteisenlegierungen liegt der kleinstmögliche Durchmesser zwischen 0,8 und 1,5 mm. Die kleinstmöglichen Bohrungen bei nicht bearbeitbaren Metallen und Legierungen werden im Gußzustand belassen. Von etwa 6 mm ab können sie gegebenenfalls durch Schleifen oder durch Hartmetallwerkzeuge nachbearbeitet werden.

Bei niedrigschmelzenden Legierungen lassen sich Bohrungen von 0,25 mm bis zu einer Wandstärke von 0,75 mm herstellen. In Aluminium-, Magnesium- und Kupferlegierungen beträgt die kleinste Bohrung normalerweise 0,5 mm bis zu Wandstärken von 1,5 mm. Bohrungen, in welche lose Stifte eingesetzt oder in diesen Bohrungen gleitend geführt werden, beläßt man im Gußzustand, wobei jedoch das Maß der Oberflächenrauheit berücksichtigt werden muß. Oft machen sich dabei die Unregelmäßigkeiten der Bohrungen störend bemerkbar, weshalb es zweckmäßig ist, die Bohrungen 0,07 bis 0,12 mm größer zu wählen. Bei Preßsitz ist Aufbohren oder Räumen auf genaues Maß notwendig.

In manchen Fällen, wo z. B. Stifte einzusetzen sind, kann die Duktilität des Metalls ausgenutzt werden, indem man die Stifte mit Zapfen versieht und diese einpreßt. Die Bohrungen erhalten dann nur den Durchmesser des Zapfens. Diese Maßnahme ist z. B. möglich bei Siliziumbronze, Manganbronze, Phosphorbronze, Rotguß, austenitischen nichtrostenden Legierungen und geglühten niedriggekohlen Stählen.

Falls genau zueinander liegende Bohrungen durch Nachbohren oder Räumen auf Fertigmaß gebracht werden müssen, ist entsprechende Zugabe vorzusehen. Bei bearbeitbaren Metallen ist es jedoch in den seltensten Fällen wirtschaftlich, solche Bohrungen durch Auskernen vorzugießen, da die Einhaltung ihrer genauen Lage durch die Gießtoleranzen nicht möglich ist. Viel zweckmäßiger ist es in solchen Fällen, nur einen einzigen als Bezugspunkt dienenden Körner zu gießen und von diesem ausgehend die anderen Löcher mittels Schablone zu bohren. Auf diese Weise werden am sichersten Schrumpfungsprobleme umgangen.

Bohrungen durch Selbstkerne lassen sich bis zu einer maximalen Länge des vierfachen Durchmessers herstellen, während für längere Bohrungen Einlegekerne benutzt werden müssen.

Sacklöcher können mit einer Tiefe bis zum zweifachen Durchmesser gegossen werden, jedoch sollte man im allgemeinen nicht über eine $1^1/_2$fache Tiefe hinausgehen. Sacklöcher unter 5 mm Durchmesser sollen möglichst vermieden werden.

Gegossene Gewinde und Zähne

Im allgemeinen ist es nicht zweckmäßig, Gewinde zu gießen, da infolge der Teilungsfuge der Spritzmatrize meistens ein Grat gebildet wird. Außerdem entstehen durch zurückgebliebene Luftbläschen leicht Metallkügelchen an den Spitzen und im Zahngrund, so daß die Gewinde nachgeschnitten werden müssen. Darum sollten nur die Bohrungen vorgegossen werden.

Außergewöhnliche Gewindeformen lassen sich oft nur durch Gießen herstellen, doch ist wirtschaftliche Herstellungsmöglichkeit Voraussetzung dafür. Für nicht bearbeitbare Metalle ist das Gießen der einzige Weg zur Herstellung von Gewinden. Dies ist jedoch nur bei verhältnismäßig groben Gewinden möglich. Wird außerdem einwandfreie Passung gefordert, dann sind solche Gewinde nachzuschleifen, falls man es nicht vorzieht, Gewinde von vornherein durch Schleifen herzustellen.

Bei Zahntrieben, Zahnsegmenten usw. ergeben sich hinsichtlich der Metallkügelchen am Zahnkopf und Zahngrund die gleichen Erscheinungen wie bei Gewinden. Die bei diesen Teilen als geringfügig zu bezeichnenden Oberflächenfehler lassen sich jedoch durch Feilen od. dgl. sehr leicht entfernen, wodurch die Teile genau wie mechanisch gefertigte eingesetzt werden können.

Toleranzen

Diese sind abhängig von der Größe des Gußstückes, dessen Gestalt und vom Gießmetall. In grober Annäherung gilt für Gußstücke bis 15 mm eine Toleranz von $\pm 0{,}075$ mm, für solche über 15 mm $\pm 7^0/_{00}$ vom Nennmaß. Die Winkeltoleranz liegt bei $\pm {}^1/_2{}^\circ$.

Der Konstrukteur muß den Toleranzen die größte Beachtung schenken, denn je enger das Toleranzfeld ist, desto höher sind die endgültigen Kosten für ein Gußstück. Aus Wirtschaftlichkeitsgründen sollen Toleranzen nur so eng gewählt werden, wie sie dem tatsächlichen Verwendungszweck gerade noch entsprechen.

Aus dem Diagramm Abb. 27 ist z. B. der Einfluß der Toleranz auf das wirtschaftliche Ausbringen von Feingußteilen ersichtlich. Bei einem Längenmaß von 20 mm und einer Toleranz von $\pm 0{,}15$ mm würde sich ein 100%iges Ausbringen ergeben. Eine Toleranzeinengung auf 0,05 mm bei gleichem Längenmaß führt bereits zu 50% maßlichem Ausschuß

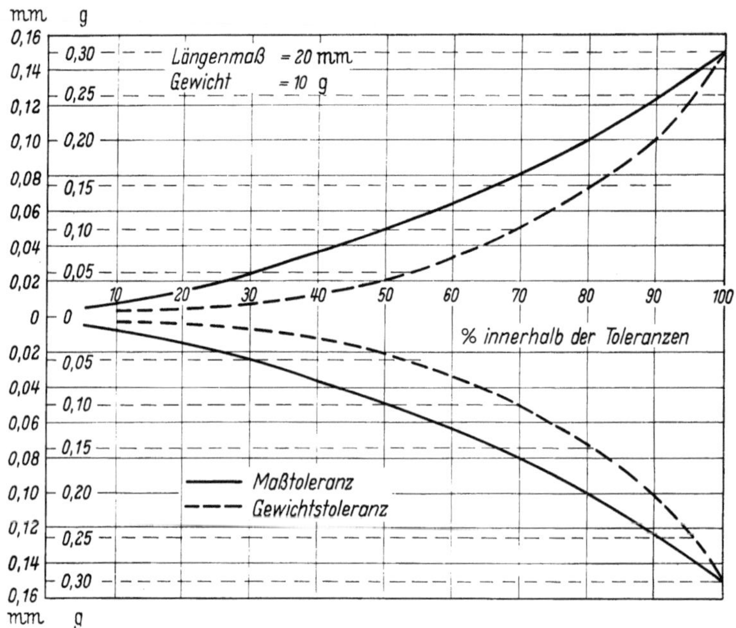

Abb. 27
Einfluß der Toleranzen auf die Wirtschaftlichkeit von Feinguß

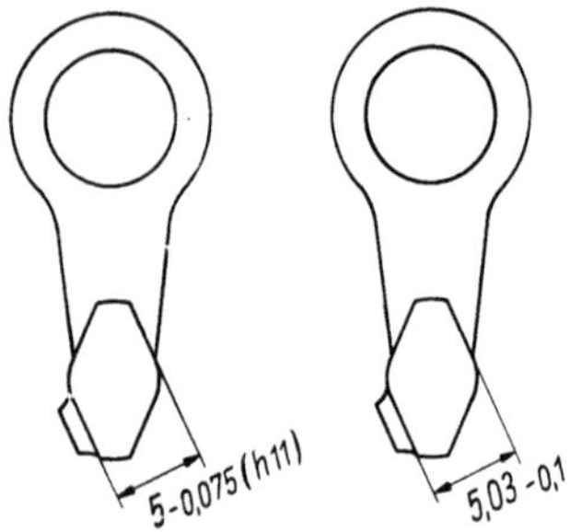

Abb. 28
Erhöhte Genauigkeit durch 0-Serie

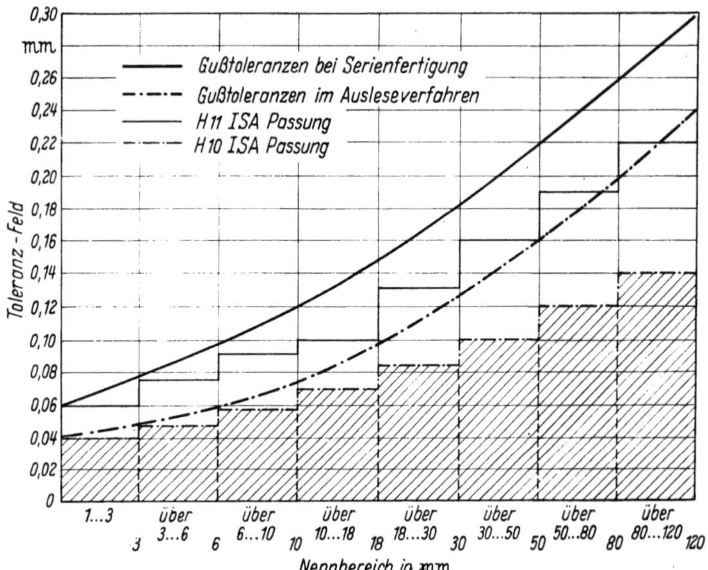

Abb. 29
Erreichbare Gußtoleranzen nach dem Ausleseverfahren

bei der Fertigung. Parallel zu diesen Werten verläuft auch die Gewichtstoleranz, die für bestimmte Zwecke von Bedeutung sein kann.

Neben den Toleranzen wird die wirtschaftliche Fertigung weiterhin entscheidend durch die Bestellmenge beeinflußt. Wenn bei großen Stückzahlen die Möglichkeit gegeben ist, durch Vorschaltung einer 0-Serie alle Faktoren zu überprüfen, die den Fertigungsablauf beeinflussen, dann lassen sich wesentlich engere Toleranzen erreichen, wie z. B. die Abb. 28 eines Schaltfingers zeigt, der über seine Schaltkurve im Passungsmaß 5h11 fertiggegossen wird.

In manchen Fällen, wo bei besonders schwierigen Konstruktionsteilen eine Fertigung nach anderen Verfahren nicht möglich ist, wird zuweilen auch das Ausleseverfahren angewendet. Die nach dem Ausleseverfahren erreichbaren Gußtoleranzen bei Serienfertigung veranschaulicht die Abb. 29. Aus reinen Wirtschaftlichkeitsgründen wird das Ausleseverfahren nur in Sonderfällen durchgeführt.

Die erreichbare Oberflächengüte ist jeweils vom verwendeten Werkstoff abhängig und liegt etwa bei 10 bis 30 μ.

Die Kalkulation bei Feingußteilen

Während bei anderen Gießverfahren in erster Linie das Gewicht die Kalkulation beeinflußt, ist diese beim Feinguß vom Sperrigkeitsgrad abhängig. Die Darstellung nach Abb. 30 zeigt, wie Volumen und Gewicht das Kostenbild beim Feinguß beeinflussen. Man

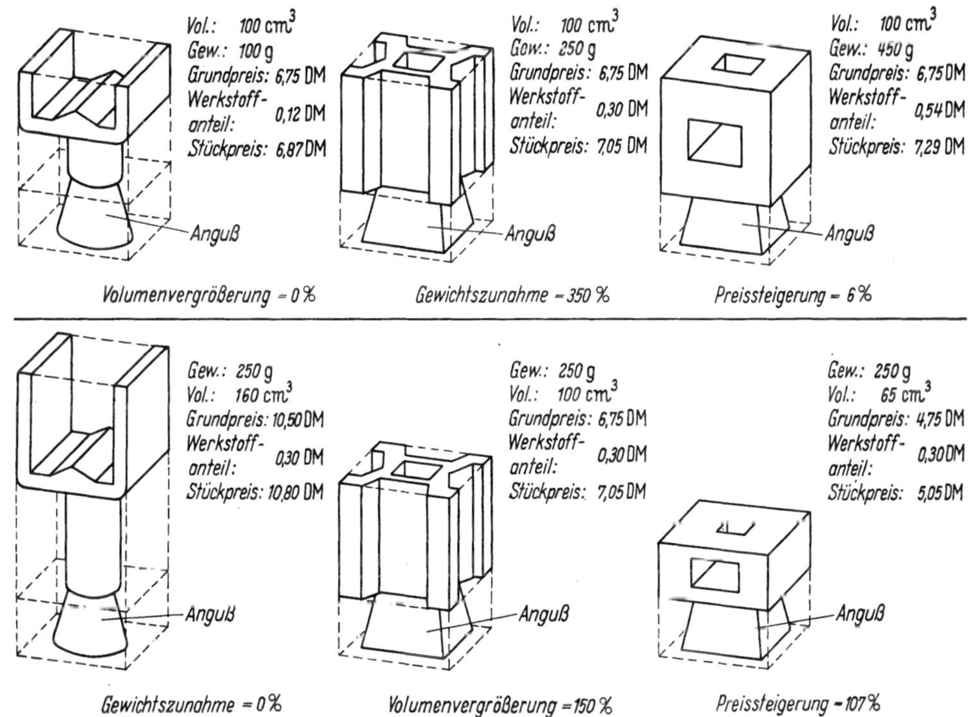

Abb. 30. Einfluß von Volumen und Gewicht auf das Kostenbild von Feinguß

ersieht daraus, daß bei konstantem Volumen und einer Gewichtszunahme von z. B. 350% die Preissteigerung 6% ausmacht, während diese bei Gewichtskonstanz und einer Volumenzunahme von nur 150% schon 107% beträgt.

Der Konstrukteur muß daher bei Neukonstruktionen auch den Sperrigkeitsgrad berücksichtigen.

Zusammenfassend ist zu bemerken: Das Feingußverfahren gestattet bei uneingeschränkter Auswahl des Werkstoffes größte konstruktive Gestaltungsfreiheit. Dabei können fast ohne Ausnahme alle gießbaren Metalle und deren Legierungen sowie alle Stahlqualitäten vergossen werden. Trotzdem wird empfohlen, bei der Werkstoffauswahl eine Abstimmung mit dem Hersteller zu treffen, da die einzelnen Feingießereien aus wirtschaftlichen Gründen, wie z. B. vereinfachte Lagerhaltung und vereinfachter Schmelzbetrieb, besonders geeignete und erfahrungsgemäß am meisten gebrauchte Gießwerkstoffe ausgewählt und damit eine allen Kundenwünschen gerecht werdende Typenbeschränkung eingeführt haben.

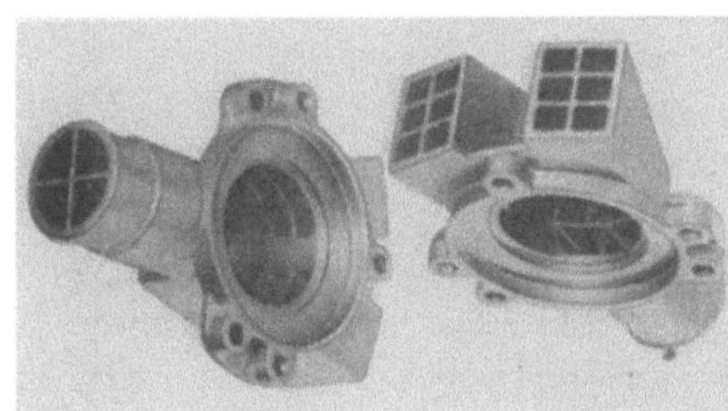

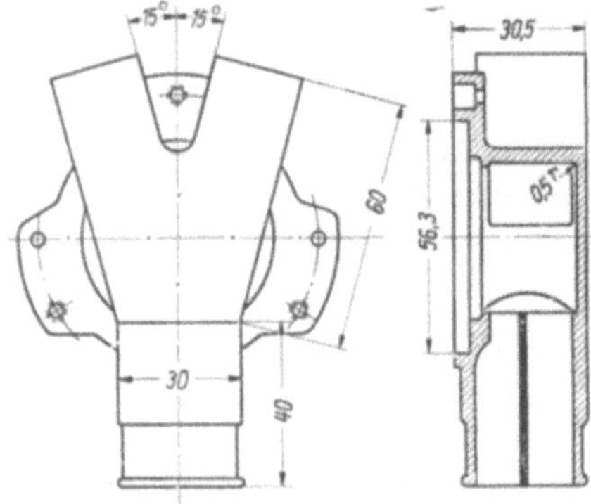

Abb. 31. Lüfterkopf für die Rundfunktechnik
Dieses Feingußteil ist aus einem 28%igen Cr-Stahl mit 4% Ni hergestellt. Eine wirtschaftliche Fertigung in diesem Werkstoff dürfte für den Lüfterkopf nur nach dem Feingußverfahren gegeben sein. Das eingegossene Gitterwerk hat eine Wandstärke von nur 1 mm

Bei Stahlgußstücken tritt eine verfahrensbedingte Randentkohlung auf. Die Feingießereien benötigen daher Angaben, wo sich diese störend auswirken kann, um gegebenenfalls Gegenmaßnahmen vorzuschlagen.

Durch geeignete Werkstoffwahl und Wärmebehandlung ist es in vielen Fällen möglich, die physikalischen Eigenschaften denen der Walz- und Schmiedewerkstoffe anzugleichen, wobei beim Gußstück im Gegensatz zu Walz- und Schmiedematerial es oft von Vorteil sein kann, daß die physikalischen Eigenschaften richtungsunabhängig sind.

Infolge der hohen Maßgenauigkeit und der hohen Oberflächengüte kann in vielen Fällen die spanabhebende Bearbeitung entfallen. Erforderlich ist sie hingegen bei Teilen mit funktionswichtigen Kanten, Paß- und Gleitstellen, wobei aber nur eine geringe Bearbeitungszugabe für diese Stellen vorgesehen werden muß.

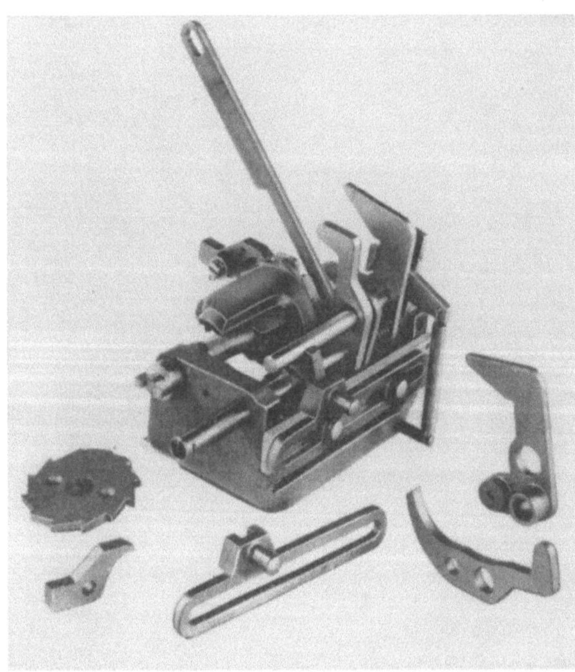

Abb. 32. Schaltgesperre für eine Büromaschine mit fünf funktionstechnisch wichtigen Feingußteilen

Abb. 33. Einzelteile für den Turbinenbau nach dem Feingußverfahren

Das Hauptanwendungsgebiet liegt bei kleinen Stückgewichten von weniger als 1 g bis zu 500 g. Mittlere Stückgewichte von 1 bis 2 kg werden laufend gefertigt. Wirtschaftlichkeit vorausgesetzt, sind auch höhere Stückgewichte möglich. So sind z. B. mit dem Investment-X-Verfahren Gußstücke bis zu 25 kg, mit dem Mercast-Verfahren solche sogar bis zu 80 kg hergestellt worden.

Die Wirtschaftlichkeit ist im allgemeinen erst von einigen 100 Stück ab gegeben. In Sonderfällen, z. B. bei nicht bearbeitbaren Werkstoffen, können auch schon geringere Stückzahlen wirtschaftlich sein.

Feinguß ist schon in vielen Industriezweigen mit Erfolg eingeführt worden, z. B. beim Dampf- und Gasturbinenbau, in der Elektro-, Büro- und Nähmaschinenindustrie, im allgemeinen Maschinenbau und in der Kraftfahrzeugindustrie, in der Werkzeugindustrie u. a. In den Abb. 31 bis 33 sind einige typische Anwendungsbeispiele veranschaulicht. Wegen weiterer Anwendungsmöglichkeiten wird auf die Kataloge und Werbeschriften der einzelnen Feingießereien verwiesen.

Beim Übergang auf Feingußteile ist enge Zusammenarbeit des Verbrauchers mit dem Hersteller unerläßlich, denn nur dadurch kann entschieden werden, ob sich ein Teil erfolgreich und wirtschaftlich nach dem Feingußverfahren herstellen läßt.

Literatur

Albin, J.: Equipment and Materials for Precision Casting. Iron Age (9. Nov. 1944).

Turnbull, J. S.: Development of the Lost-Wax-Process of Precision Casting. Foundry Trade Journal (13. und 20. Jan. 1955).

Cady, E. L.: Precision Investment Castings. New York: Reinhold 1948.

Wood, R. L., u. D. von Ludwig: Investment Castings for Engineers, New York: Reinhold 1952.

Patentschriften

USA	1.909.008	Frankreich	942.709	England	709.544
	2.027.932		968.361		716.121
	2.204.123		968.900		722.816
	2.233.702		970.232		722.884
	2.244.325		1.041.406		725.319
	2.306.516		1.041.456		725.813
	2.362.875		1.041.936		727.264
	2.380.945		1.041.938		
	2.383.812		1.041.939	Österreich	167.114
	2.388.299		1.041.944		168.685
	2.420.851		1.041.977		179.383
	2.439.207		1.042.032		182.485
	2.441.695		1.042.207		
	2.459.402		1.042.208	DBP	824.847
	2.491.006		1.060.073		876.746
	2.491.146		1.067.216		923.933
	2.521.614		1.067.333		
	2.521.839			Schweiz	262.667
	2.522.548				272.634
	2.680.890				299.305
					301.032

Keramische Dauerformen

Von **G. Unterberg**, Duisburg

Mit 15 Abbildungen

I. Allgemeines

Keramische Formstoffe sind in der Gießerei für Sonderfälle teils in verlorenen Formen (PÖLZGUTER, Bd. II/2, S. 95, BRÜGGER, Bd. II/2, S. 191) und teils als Dauerformen anwendbar. In Tab. 1 wird eine Übersicht über die verschiedenen Formstoffe und ihre Anwendung gegeben. DIKINSON[1] berichtet darüber.

Tabelle 1

Form	Anwendung	Grenze der Gießtemperatur
Quarzglasformen	Zink, Blei und deren Legierungen	bis 500 °C
Porzellanemaillierte Stahlbleche a) Brennen der Emaille (bis 1400 °C) b) Deckemaille aus Mischungen aus Zirkon, Ton u. a.	Al, Zn, Mg u. a. Legierungen	bis 850 °C
Tonerde in Gußschalen a) Brennen bei 830—1100 °C b) Glasieren	Al, Buntmetalle, GG; GS	1500 °C
Fette Formsande ev. mit Schamotte u. a. Zusätzen (BÜSSELMANN-Verfahren)	GG, Hartguß	1400 °C
nicht keramisch: Holz (hart)	Al, Zn, Pb u. a. tief schmelzende Me. u. ihre Leg.	600 °C
Speckstein u. a.	versch. Me. u. ihre Leg.	bis 1000 °C
Graphit	bis zu GS	bis 1600 °C

Während bei Gießmetallen mit geringer Gießtemperatur die keramische Form einen wirtschaftlichen Weg zur Erstellung von Gußstücken zeigt, ist die Anwendung solcher Formstoffe bei Metallen mit hohen Gießtemperaturen Sonderfällen vorbehalten.

Das abgeänderte BÜSSELMANN-Verfahren — das hier beschrieben wird — wird für Gußeisen und eventuell auch für Hartguß (siehe Bd. I/1, S. 189 und Bd. II/1) verwendet. Meist handelt es sich bei den Gußteilen um geometrisch einfachere Stücke, deren Serienzahl beschränkt ist. Die Gußgewichte sind, wie die nachfolgende Aufstellung (Tab. 2) erkennen läßt, unterschiedlich.

Man hat auch versucht, weitere Gußteile wie Preßluftzylinder, Grundplatten für Dieselmotore, Rundtische sowie Schlitten für Werkzeugmaschinen u. a. Teile in solchen Massen zu vergießen. Auf längere Sicht betrachtet sind die Versuche jedoch an der noch unvollkommenen technischen Beherrschung der Formmassen, insbesondere der Schlichten u. a. gescheitert.

[1] Siehe Literatur S. 138.

Tabelle 2

Gußstück	Wanddicke	Gewicht	Zahl der Abgüsse
Zackenhauben	8—20 mm	12—20 kg	90
Generatorverschlußkappen	20 mm	20 kg	40—60
Gegengewichte	150 mm	bis 300 kg	30—60
Kühlerplatten	50 mm	350 kg	30
Kokillenböden		unterschiedlich	90—100
Schlackenpfannen	40—60—90	11—18 t	12—20
Stahlwerkskokillen	100—200	3—12 t	unbekannt
Textilmaschinenzylinder	bis 80 mm	bis 3 t	unbekannt
Überhitzerköpfe	unbekannt	unbekannt	20
Lokomotivzylinder	unbekannt	unbekannt	34
Zylinderköpfe	unbekannt	unbekannt	100
Tiefofendeckel	unbekannt	850 kg	29
Kupplungen (Walzwerke)	unbekannt	1000 kg	13

Die Vorteile des Verfahrens beruhen auf den Ersparnissen im Lohn (30%), der Verringerung des Sandumlaufes (30%) und der Ausgabensenkung für die Trocknung (70%). Auch die Platzersparnis ist zu nennen. Die gute Dichte solcher Gußstücke ist hervorzuheben. Die Gefahr der Gasblaseneinschlüsse ist gering, und damit wird der Bearbeitungsausschuß von dieser Seite sehr begrenzt.

Auf die Nachteile, die durch eine festgelegte Gestalt und die Begrenzung des Gewichtes der Gußstücke gegeben sind, ist oben schon verwiesen worden. Die am meisten verwendeten Formmassen bestehen aus:

1. lehmigem Sand mit Schlämmstoffanteilen bis 40% (Abb. 1 u. 2).

2. Sondermassen, deren Hauptanteil gebrannte Schamotte ist. Die Bindung erfolgt durch geeignete (SK > 30) ff Tone. Der Anteil an diesen Tonen liegt bis 30%. Als Magerungsmittel kann noch Altmasse oder seltener Sand zugesetzt werden. Ein Körnungsbild ist in Abb. 1 und 2 zu finden.

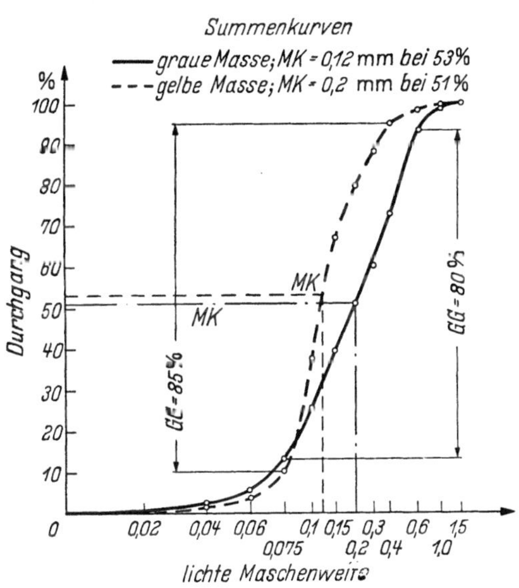

Abb. 1. Körnungsbild von zwei Massen für Dauerformen

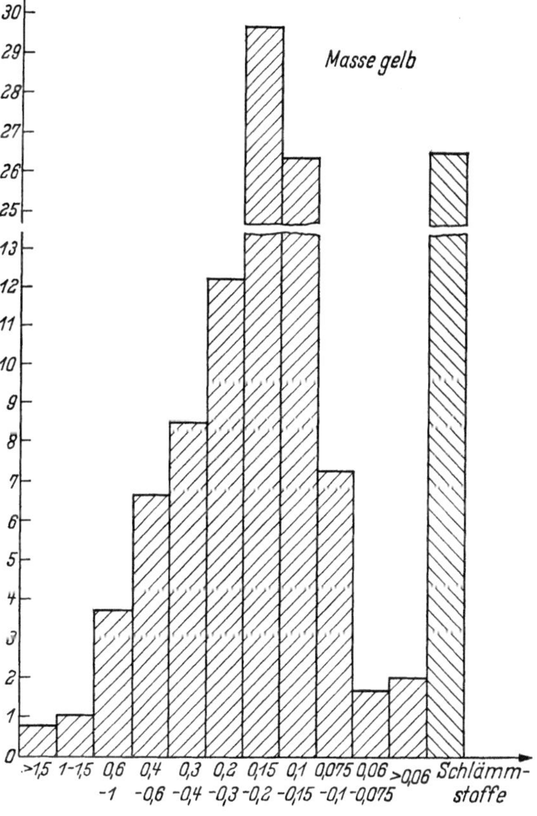

Abb. 2. Körnungsbild an einer Masse für Dauerformen

Um Schwindungsspannungen in der Form begegnen zu können, setzt man z. B. Häcksel u. a. zu.

Die Trocknung überschreitet selten den Wert von 450 °C. Daraus ergeben sich Eigenschaften, die in folgenden Grenzen schwanken:

Gasdurchlässigkeit:	40—100
Druckfestigkeit:	3— 12 kg/cm²
Scherfestigkeit:	1— 3 kg/cm²

Durch mehrmaliges Abgießen nimmt die Festigkeit der Masse zu.

3. Weitere Sondermassen setzt man aus sauren Klebsanden (Bd. I/1, S. 352) unter Zumischung von Schamotte, Graphit, ff Ton und eventuell Wasserglas zusammen.

4. Zementsand-Dauerformen siehe: BEILHACK, Bd. II/2, S. 28.

Die Schwärzen sind auf Ton-Graphitbasis, neuerdings auch auf Zirkonbasis abgestellt. Entscheidend ist der gute Verband zwischen dem Formstoff und der Schwärze. Ungleichmäßige Ausdehnung bringt eine Verminderung der Haltbarkeit der Dauerform. Die Dicke der Schwärzeschicht kann bis 3 mm betragen.

II. Beispiele

a) Lehmdauerform für einen Schlackentopf mit 8,5 m³ Inhalt. Für Schlackentöpfe dieser Größe (Abb. 3), die ein Gießgewicht von ca. 11 t aufweisen, wurden im Laufe der Zeit mehrere Formverfahren entwickelt.

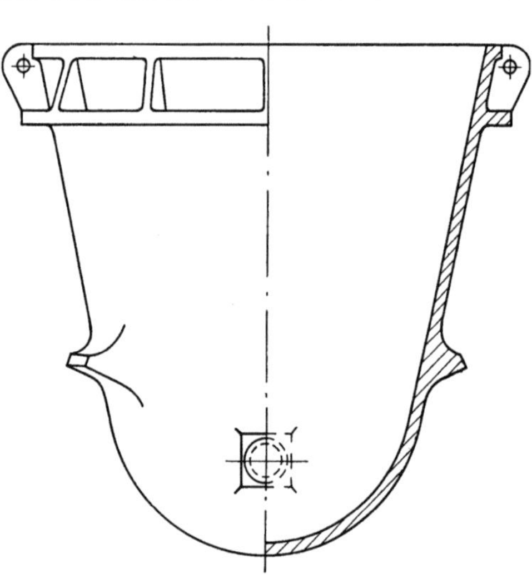
Abb. 3. Schlackenpfanne

Bekannt sind:

1. Die Fertigung in einer vorgemauerten Lehmform, wobei Bodenform wie auch Kern getrennt aus Lehm- oder Ziegelsteinen an Hand einer Schablonenführung aufgemauert und mit einem aufschablonierten Lehmüberzug versehen wurden.

2. Die Fertigung von Bodenform und Kern aus Natursand im Trockengußverfahren, wobei mit einem mehrfach in der Höhe geteilten Naturmodell gearbeitet wurde.

3. Eine Kombination dieser beiden Verfahren, wobei die Bodenform aus Lehm bzw. Zement schabloniert wird, der Kern jedoch nach zusätzlichem Auflegen der später zu entfernenden Wandstärke in Natursand aufgestampft wird.

4. Das *Dauerformverfahren*, das nach jedem Ausleeren nicht unerhebliche Flickarbeiten an den beiden Formteilen notwendig macht. Der Schlackenkübel wird in der skizzierten Weise geformt und gegossen (Abb. 4). Die Bodenform besteht aus einem dem Gußstück entsprechenden und mittels Schablonenführung vorgemauerten Kranz aus normalen Ziegelsteinen, die dem zu erwartenden hohen Gießdruck entsprechend fest verfügt sind (Abb. 5). Diese Vorform erhält nach dem Anschlichten mit Tonbrei einen ca. 30 mm starken Überzug aus Steiflehm (Abb. 6 u. 7), der nach zweimaligem Brennen und zwischenzeitlichem Waschen mit einer Schlichtlehmschicht von ca. 3 bis 5 mm Stärke versehen wird. Diese Schlichtlehmschicht wird nach dem Trocknen zweimal geschwärzt (Abb. 8). Die Brenn- bzw. Trockentemperaturen erreichen eine Höhe von ca. 450°C. Damit ist natürlich eine Sinterung nicht zu erzielen. Die Temperatur reicht aber aus, um dem Lehm die beim Abguß erforderliche Beständigkeit gegen Schülpen usw. zu geben.

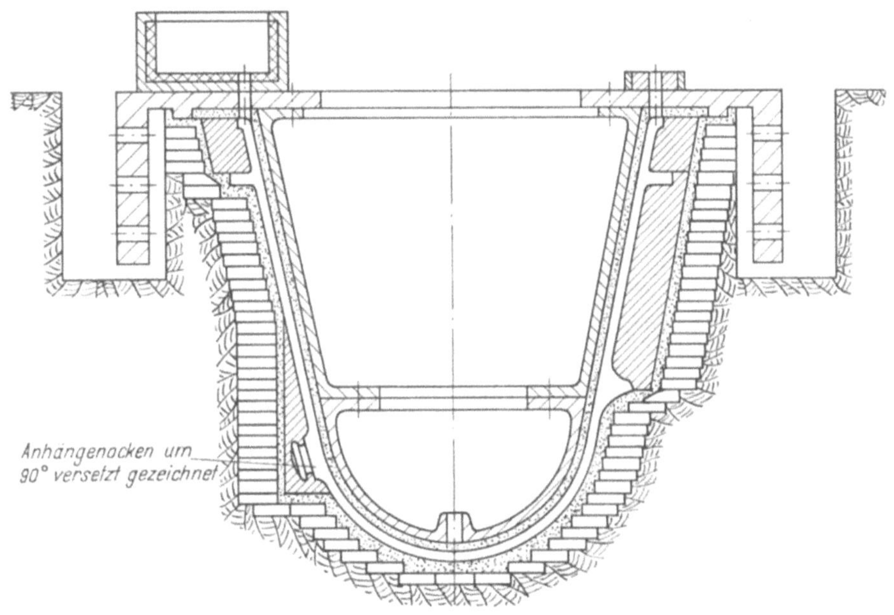

Abb. 4. Formeinrichtung für Schlackenpfannen

Abb. 5. Vorgemauerte Bodendauerform vor dem Aufbringen der ersten Steiflehmschicht

Abb. 6. Das Aufbringen der ersten Steiflehmschicht

Abb. 7. Schablone und eingesetzte Kernmarken in der Bodendauerform

Anhängenocken und Auflageringe werden durch Ölkerne gebildet; diese Kerne werden kurz vor dem Zulegen in die Form eingebaut (Abb. 9).

Der Kern besteht aus einer gußeisernen Vorform, die gleichzeitig Kern und Oberkasten bildet. Diese Vorform kann man als Vorrichtung betrachten, da sie bestimmte Arbeitsgänge, die zur normalen Kern- bzw. Oberkastenfertigung gehören, in Wegfall bringt (Abb. 10 u. 11).

Abb. 8. Fertigschablonierte und getrocknete Bodendauerform

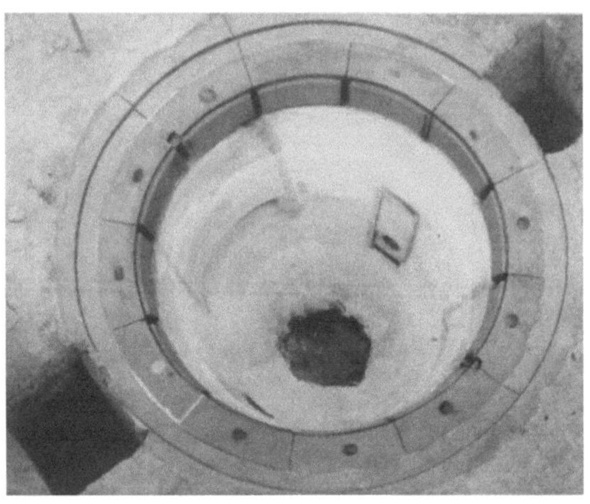

Abb. 9. Bodendauerform mit eingesetzten Kernen. Vor dem Zulegen

Die gußeiserne Vorform wird in gewendetem Zustand mit Tonbrei bestrichen. Auf diese Bindeschicht wird eine Streiflehmlage in Stärke von ca. 60 mm aufgebracht (Abb. 12 u. 13). Nach ebenfalls zweimaligem Trocknen (Abb. 14) und anschließendem Waschen und Schlichten ist der Kern nach dem Wenden einbaufertig (Abb. 15). Das sichere Zulegen wird auf einfache Weise durch eine an der Vorform angebrachte Lagensicherung erreicht, die gleichzeitig zur Halterung der Wendenocken dient.

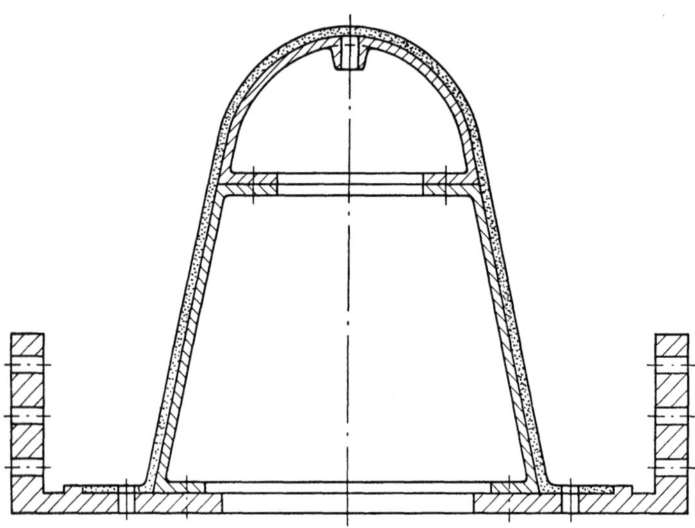

Abb. 10. Kernpilz für Schlackenpfannen

Nach Aufsetzen des Gießkastens und nachfolgendem Beschweren ist die Form gießfertig.

Um der starken Aufschrumpfgefahr zu entgehen, wird der Kern ca. 50 bis 55 Minuten nach dem Abguß entfernt. Dabei verbleibt die Lehmschicht auf der Innenwandung des Gußstückes, die Vorform wird praktisch sauber gezogen und kann anschließend gewendet und für den nächsten Abguß vorbereitet werden. Die Bodenform wird nach dem Entleeren je nach Zustand geflickt oder ebenfalls mit einem neuen Lehmmantel in der vorher beschriebenen Weise versehen.

Vergleicht man die hier gezeigte Formmethodik mit anderen Verfahren, so wird der direkte Einfluß auf die Gestehungskosten über den stark reduzierten Lohnaufwand deutlich. Außerdem ist die Formfläche im Gegensatz zu anderen Verfahren weitaus besser ausgenutzt, was wiederum der Produktivität der Betriebsabteilung zugute kommt.

b) Dauerform für Gespannplatten. Die zum Stahlwerkszubehör gehörenden Gespannplatten laufen häufig in Serie durch die Herstellerbetriebe, so daß sich auch hier ein Dauerformverfahren empfiehlt.

Als Dauerformmasse für die Herstellung von Gespannplatten hat sich eine Mischung aus zwei Teilen Klebsand, einen Teil Stahlformmasse und einen Zusatz von Wasserglas bewährt.

Zunächst wird der Formboden mit der aufbereiteten Masse vorgestampft und nach dem Abziehen auf Höhe fertig verdichtet. Die Höhe der Formmasse soll im Bodenteil ca. 60 mm betragen. Nach dem Fertigziehen des Bettes wird das Modell aufgelegt. An die Seitenflächen wird Masse in Stärke von ca. 40 mm angelegt und verstampft. Als Hinterfüllsand dient gewöhnlicher Naturaltsand. Der Oberkasten wird getrennt hergestellt. Hier empfiehlt sich Zementsand als Formmaterial.

Abb. 11. Die Kernvorrichtung zu Beginn der Kernherstellung

Bei diesem Verfahren tritt die Sinterung der Bodenform schon beim ersten Abguß ein, d. h. die Form erhält dann erst die hohe Festigkeit, welche größere Beschädigungen beim Ziehen des ohnehin unkomplizierten Gußstückes ausschließt. Allerdings sollten Formen dieser Art ca. 2 mm stark geschwärzt werden.

c) Dauerformen für Stahlwerkskokillen. Bei Stahlwerkskokillen gleichen Typs, die praktisch in Serie laufen, schien die Anwendung des Dauerformens wirtschaftliche und betriebliche Vorteile zu bringen. Es bedarf jedoch eines großen Spezialkastenparkes, um bei der Vielzahl von Kokillentypen einen für die erforderliche Produktion ausreichenden Dauerformvorrat auf Lager zu haben. Dazu verhindert der in den meisten Gießereien bestehende Platzmangel eine Ausweitung des Verfahrens.

Abb. 12. Auftragen der ersten Steiflehmschicht

Abb. 13. Vorschablonierte Kernvorrichtung. Die Steiflehmlage ist durch 8 mm ∅ Stabeisen gehaltert

Gearbeitet wurde mit einer dreiteiligen Form, die aus je einer Mantel- und Oberkastenhälfte und dem Boden bestand. Um Ausbesserungsarbeiten leichter durchführen zu können sowie zum Zwecke des einfacheren Ausleerens war die zusammenhängende Mantel-Oberkastenpartie diagonal geteilt. Die Kasten selbst waren nach innen, d. h. zum

Abb. 14. Fertigschablonierte Kernvorrichtung nach dem Trocknen

Abb. 15. Geschlichtete und einsatzfertige Kernvorrichtung

Modell hin, stark verrippt. Der Abstand der Rippen bis zum Modell betrug ca. 20 mm. Die obere Partie dieses Kastens war — auf den Querschnitt bezogen — zugefüllt und lediglich mit Steiger- und Gießtrichterdurchbrüchen versehen. Zur sicheren Halterung des Kerns war an der Unterseite dieser massiven Formpartie die obere Kernmarke und die notwendige Kernentlüftung angebracht.

Dieser Mantelkasten wurde beim Zulegen auf einen ebenfalls mit Dauerformmasse gefüllten Boden abgesenkt, der in einer Kernmarke den aus Natursand gestampften Kern trug. Mantelkasten und Boden wurden verklammert, ein nachträgliches Beschweren erübrigte sich. Gegossen wurden diese Dauerformen fallend von oben.

III. Zusammenfassung

Das aufgezeigte keramische Dauerformverfahren ist nur begrenzt anwendbar. Die technologischen Schwierigkeiten des Verfahrens und die Betriebsverhältnisse in den meisten Gießereien erlauben im allgemeinen nur die Herstellung einfacher Gußstücke. Beim Brennen der Formen tritt immer eine gewisse Rißgefahr auf. Ausgebrochene bzw. beschädigte Formpartien können nur unter Schwierigkeiten geflickt werden.

Literatur

Kalpers, H.: Gieß. Praktiker (1950) Nr. 22, S. 345; Die Technik 2 (1947) H. 10, S. 441; Arch. Metallkunde 2 (1948) S. 318. — Longdon, E.: Denseing and Chilling in Foundry Work, London: Charles Griffin Comp. 1954, S. 81. — Dikinson, T. A.: Foundry, Cleveland, 78 (1953) S. 84; 80 (1952) S. 102, 228, 232. — Schulenburg, A.: Neuzeitliche Metallgießereien. Berlin: Schiele u. Schön 1955, S. 312.

Kokillenguß-Verfahren

Von **W. Szubinski**, Frankfurt am Main

Mit 29 Abbildungen

Einführung

Unter Kokillenguß versteht man Guß, der in metallische Dauerformen vergossen wird. Durch die erhöhte Abkühlungsgeschwindigkeit wird das Gießmetall in günstigem Sinne beeinflußt. Kokillenguß wird bei Fe-C-Guß: GGL, GGG, GH seltener bei GT und GS angewendet. Bei Nichteisenguß also: GBz u. a. GAl, GMg wird dieses Verfahren seit langem angewendet. Die Abgrenzung gegenüber dem keramischen Dauerformverfahren wird durch den Formstoff bestimmt. Neuerdings wird die Graphitform (erhöhte Abkühl geschwindigkeit) verstärkt eingesetzt.

Kokillen werden aus Gußeisen, seltener aus Stahlguß oder Stahl hergestellt. Nur in Sonderfällen werden sie legiert.

Kokillenguß wird für eine Vielzahl von Verwendungszwecken mit besonderem Vorteil eingesetzt. Für Guß für Motoren- und Kraftfahrzeugbau wird dieses Verfahren sowohl in den USA wie in Europa in ausgesprochener Großserienfertigung angewendet. Die zunehmende Einführung von Hydraulik-Antriebs- und Steuerorganen in vielen Zweigen des Maschinenbaues eröffneten dem Kokillenguß eine weite Verbreitung. Die Erzeugung von Gußteilen nach dem Kokillengußverfahren ist jedoch auf einen kleineren Kreis von Gießereien beschränkt geblieben, die ihre eigenen Sonderverfahren ausgearbeitet haben. Hieraus erklärt es sich, daß gerade über den Fe-C-Kokillenguß bisher verhältnismäßig wenig Veröffentlichungen vorlagen und seine spezielle Technik wie auch seine Einsatzmöglichkeiten und Vorteile, jedenfalls in ihren Einzelheiten, nur einem beschränkten Kreis von Fachleuten bekannt geworden sind.

Im Gegensatz zum Schleuderguß handelt es sich beim Kokillenguß um ein Standgußverfahren, welches — abgesehen vom verwendeten Formwerkstoff — ähnlich dem Sandformverfahren ein-, zwei- oder mehrteilige Formen verwendet und zur Ausbildung von Hohlräumen Kerne aus Sand oder anderen Werkstoffen benutzt. Die verwendeten Kokillen können ferner Eingüsse und, falls erforderlich, Steiger besitzen.

Die häufig vertretene Ansicht, die Entwicklung des Kokillengusses sei dem Weg von niedrig schmelzenden Metallen (Zinn) über Metalle mit höheren Schmelzpunkten (Aluminium, Kupfer) bis zu den schwer schmelzenden Metallen (Fe-C-Guß) gefolgt, trifft zeitlich betrachtet nicht zu. Vielmehr setzten auf dem Eisengußgebiet schon sehr frühzeitig und unabhängig vom Metallguß Versuche zur Entwicklung geeigneter Kokillengußverfahren ein. Ohne auf die historische Entwicklung näher einzugehen, sei in diesem Zusammenhang lediglich kurz auf die von Beck [*1*] erwähnte Herstellung gußeiserner Kanonenkugeln in zweiteiligen gußeisernen Dauerformen gegen Ende des 15. Jahrhunderts, also rund 200 Jahre vor Einführung des Sandformverfahrens, hingewiesen.

Metallische Dauerformen für die Herstellung von Einzelabgüssen sind schon seit langem allgemein bekannt. Wirklich brauchbare Kokillengußverfahren für die Serienfertigung von Fe-C-Guß wurden nach zahlreichen früheren Vorarbeiten allerdings erst im Laufe der letzten 30 Jahre zur Betriebsreife entwickelt. Dies dürfte einmal auf die im Vergleich zum Metallguß erheblich höheren Gießtemperaturen und die sich hieraus ergebenden Werkstoffprobleme zurückzuführen sein. Wesentlich war aber vor allem, daß erst durch den ständig steigenden Bedarf der Industrie an großen Stückzahlen gleicher Abgüsse die wirtschaftlichen Voraussetzungen für die Herstellung verhältnismäßig teurer metallischer Dauerformen gegeben waren.

Obwohl die Entwicklung des Fe-C-Kokillengusses bisher wenig vom Metallkokillenguß beeinflußt wurde, liegt es durchaus im Bereich des Möglichen, daß künftig Erkenntnisse und Erfahrungen des Metalldruckgusses auf den Fe-C-Kokillenguß und seine Maschinentechnik übertragen werden. Dies gilt sowohl für das Gießen unter Druck wie für die Anwendung eines Vakuums im Innern der Kokille. In den USA soll im übrigen bereits ein für die Herstellung von Stahlformgußteilen bis zu etwa 7 kg Stückgewicht geeignetes Spritzgußverfahren entwickelt worden sein [2].

Von einigen Sonderfällen abgesehen, beispielsweise der Herstellung von Stahlguß und Temperguß in Kokillen, blieb jedoch bisher die Anwendung des Kokillengußverfahrens im wesentlichen auf die Herstellung von Gußeisen- und Hartgußteilen beschränkt. Die folgenden Darstellungen beziehen sich dementsprechend hauptsächlich auf diese Anwendungsgebiete.

I. Arbeitsverfahren und Maschinentechnik

Einleitend seien zunächst die technischen und wirtschaftlichen *Vorteile* des Verfahrens zusammengefaßt:

a) Die im Vergleich zum Sandgußverfahren hohe Wärmeleitfähigkeit des Formwerkstoffes beim Kokillengußverfahren gewährleistet eine erheblich schnellere Erstarrung der Gußteile. Abgüsse nach dem Kokillengußverfahren weisen somit in allen Querschnitten, auch bei größeren Wandstärkeschwankungen oder besonderen Materialanhäufungen, ein völlig dichtes und überaus feinkörniges Gefüge auf.

Dementsprechend können für relativ große Wandstärkenbereiche Standardwerkstoffe gleicher Analyse verwendet werden, während beim Sandguß die Werkstoffanalyse in erheblich engeren Grenzen der jeweiligen Wandstärke angepaßt sein muß.

Somit sind die Festigkeitseigenschaften bei Gußeisen sehr gut, die Bearbeitbarkeit ist überaus günstig, wenn der Werkstoff ferritisch geglüht wird. Aber auch bei Temperguß überrascht die hohe Qualität der Abgüsse.

b) Kokillengußteile liegen maßlich und gewichtsmäßig meist in engeren Toleranzen als Sandgußteile und zeichnen sich zudem durch besondere Oberflächengüte aus. Insoweit können sie also zwischen Gußteile, die in grünen Sandformen und solche, die nach dem Formmaskenverfahren hergestellt sind, eingestuft werden.

Infolge geringer Bearbeitungszugaben werden im Vergleich zu Sandgußteilen daher Werkstoff- und Bearbeitungskosten eingespart.

c) Das Kokillengußverfahren benötigt weder Formsand noch Formmaschinen. Bei vergleichbarer Produktion liegt ferner sein Bedarf an Produktionsfläche und Fertigungszeiten niedriger als bei Sandguß. Infolge sandfreier Oberflächen der Gußteile und geringer Gratbildung sinkt schließlich auch der Arbeitsaufwand in der Gußputzerei beträchtlich ab.

d) Das Ausbringen ist bei Kokillenguß gesteigert.

e) Auch unter Berücksichtigung der Kokillenherstellungskosten und der übrigens nicht für alle Kokillengußteile aufzuwendenden Glühkosten liegen die Erzeugungskosten für Kokillenguß somit meist niedriger als für Sandguß.

f) Die Leistung je m^2 Nutzfläche der Gießerei kann wesentlich gesteigert werden (bis 30 t je Jahr). Der Arbeitsaufwand wird verringert.

g) Bei sorgfältiger Überwachung sinkt der Ausschuß infolge Fehlgüssen. Fremdeinschlüsse und Gasblasen sind selten.

h) Bei Temperguß wird durch die Anwendung der Kokille die Zerfallstufe verkürzt.

In der Kokillengießerei selbst werden außer den üblichen Führungskräften keinerlei Facharbeiter benötigt. Der Bedarf an Facharbeitern im Kokillenbau liegt nicht wesentlich über dem einer Modellschlosserei für eine mechanisierte Sandgußgießerei entsprechender Leistungsfähigkeit.

Die *Nachteile* sind wie folgt einzureihen:

a) Der Kokillenbau bedingt erfahrene Fachkräfte.

b) Kokillenguß kann nur bei Serienherstellung kleiner bis mittlerer Größe angewendet werden. Die Gewichtsgrenze dürfte für Karussellgießanlagen bei 50 kg, für Einzelmaschinen dagegen höher liegen. Die Wanddicke kann in Auswurf- und ähnlichen einfachen Kokillen bis 200 mm betragen. Wanddicken unter 3—5 mm sind nicht mehr tragbar.

c) Verstöße gegen die Konstruktionsregeln des Gußstückes oder der Kokille sind mit Ausschußzunahme verbunden.

d) Verstöße gegen die Gießtechnologie führen zu Massenausschuß.

e) Eine sorgfältige Überwachung beim Arbeitsprozeß ist unerläßlich.

f) Bei Stahlguß werden mehr Kerne (Ecken und Kanten) benötigt.

g) Der Schmelzbetrieb muß sorgfältig auf den Gießvorgang abgestimmt sein.

h) Die im allgemeinen bei Gußeisen nachfolgende Glühung erhöht die Gestehungskosten.

Trotz dieser Nachteile wird Kokillenguß für Gußeisen immer mehr und neuerdings auch für Temper- und Stahlguß mit Erfolg eingesetzt.

Kokillengußteile können grundsätzlich in einfachen handbetätigten Einzelkokillen, auf Einzelgießmaschinen oder auf Karussellgießanlagen gefertigt werden. Welche der vorgenannten drei Möglichkeiten im Einzelfall zu wählen ist, muß nach Stückgewicht und nach Fertigungsstückzahl der in Frage kommenden Modelle entschieden werden.

A. Einzelkokillen

Auf die Anwendung einteiliger Kokillen einfachster Ausführung zur Herstellung von Sandhaken und Kerneisen sowie zur Aufnahme des Resteisens aus Gießpfannen sei lediglich der Vollständigkeit halber einleitend hingewiesen.

Sodann seien diejenigen gußeisernen Dauerformen erwähnt, welche in Gießereien nicht aus formtechnischen, sondern in erster Linie aus metallurgischen Gründen bei der Herstellung von Hartguß Verwendung finden. Hierbei wird die große Wärmeleitfähigkeit des Kokillenwerkstoffes zur Erzielung möglichst hoher Oberflächenhärten der herzustellenden Gußteile ausgenutzt. Angewendet wird diese Sonderart des Kokillengusses für die Herstellung von Walzen, Laufrädern und zahlreichen anderen Hartgußteilen. Im übrigen sei hierzu auf die entsprechenden Ausführungen über den Hartguß im Bd. I/2 u. II/1 des vorliegenden Handbuches verwiesen.

Die härtende Wirkung einer metallischen Dauerform läßt sich in weiten Grenzen variieren. Dies kann durch Änderung der Kokillenwandstärken, durch Anwendung von Kokillenschutzanstrichen oder Schutzschichten sowie durch Wahl verschiedener Haltezeiten, während welcher die Gußstücke in der Kokille verbleiben, geschehen. Sodann ist die Härte auch weitgehend durch die Zusammensetzung des für Kokillengußteile zu verwendenden Werkstoffes zu beeinflussen. Es lag also nahe, abgesehen von der Erzeugung von Hartguß, metallische Dauerformen wegen der bereits einleitend erwähnten Vorteile (dichtes Gefüge, hohe Oberflächengüte) auch für die Erzeugung von Fe-C-Gußteilen zu verwenden. Die in Einzelkokillen hergestellten Gußteile meist einfacherer Form und Art erstarren bei entsprechender Abstimmung der erwähnten Einflußgrößen bei GG einwandfrei grau und sind vorzüglich bearbeitbar. Daß bei der Großserienfertigung von Gußteilen auf Gießmaschinen im Anschluß an das Gießverfahren häufig noch eine Wärmebehandlung angewendet werden muß, hat andere Gründe, auf die später gesondert eingegangen wird.

Einteilige oder zweiteilige Einzelkokillen werden vor allem zur Herstellung von Rund-, Halbrund- und Vierkantstangen, Platten oder sonstigem Vollmaterial sowie einfachen Formteilen mit und ohne Kern verwendet. Abb. 1 zeigt derartige einfache einteilige Wendekokillen. Stangen- oder sonstiges Vollmaterial wird im übrigen meist in vorbearbeitetem Zustand an den Maschinenbau zur Herstellung von Gleitlagern, Führungen, Ritzeln und anderen Teilen geliefert.

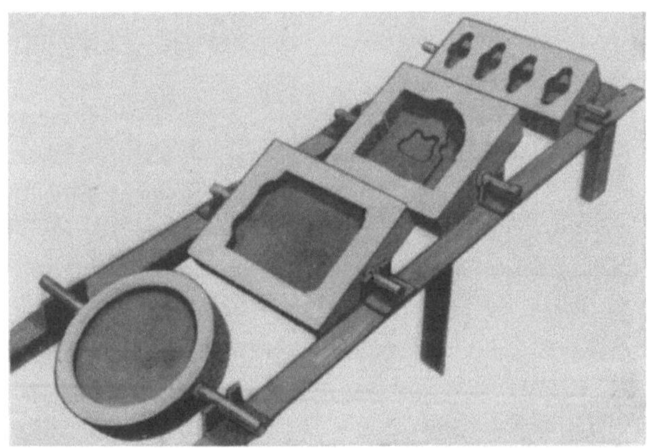

Abb. 1. Einteilige Kokillen zur Herstellung einfacher Formteile (Werksfoto Rexroth)

Bei zweiteiliger Ausführung erfolgt das Schließen der Kokillen vor dem Abguß durch Bügel oder andere Spannvorrichtungen. Die Kokillen werden alsdann auf geeignete Grundplatten aus Gußeisen, Stahl oder Graphit gestellt und meist ebenso wie einteilige Kokillen ohne Anwendung eines besonderen Eingusses von oben im fallenden Guß abgegossen.

Abb. 2. Pumpenkasten aus Spezial-Kokillengußeisen (Werksfoto Rexroth)

Im Gegensatz zur Serienfertigung von Kokillenguß auf Gießmaschinen oder Karussellgießanlagen bestehen bei der Fertigung in Einzelkokillen grundsätzlich keine gewichtsmäßigen Grenzen. So werden für zahlreiche Sonderzwecke sowohl Formteile wie auch Vollkörper bis zu sehr hohen Gewichten in Einzelkokillen hergestellt. Derartiger Kokillenguß wird u. a. für Hohlglasformen, für Leicht- und Schwermetallkokillen, Pumpen- und Steuergehäuse, Steuerzylinder und Druckzylinder verwendet.

Die Eigenart des Kokillengußverfahrens gestattet es, bei der Herstellung schwerer Körper im bewußten Gegensatz zur Modell- und Gießtechnik des Sandgusses weitgehend auf Kerne und auf das Vorgießen von Konturen und Aussparungen zu verzichten.

Wird jedoch ein Kern notwendig, so hat der Hängekern den Vorzug. Seltener findet man Kerne, die von unten oder der Seite her gelagert sind. Bei Stahlguß muß jedoch von Kernen mehr Gebrauch gemacht werden. Hier setzt man, um der großen Schwindung zu begegnen, die sogenannte Halbkokille ein. Dabei besteht der untere Teil der Form aus der Kokille, der obere Teil wird mit einem Sandkern abgedeckt.

Für eine Reihe von Fällen, insbesondere bei Gußeisen, strebt man die Herstellung von Vollkörpern an, welche bei einwandfreiem dichtem Gefüge und meist sehr guter Bearbeitbarkeit nach der Bearbeitung fast spannungsfrei sind. Die aufzuwendenden höheren

Bearbeitungskosten sind in den genannten Sonderfällen in Anbetracht der technischen Vorteile wirtschaftlich tragbar. Die Abb. 2 zeigt den bearbeiteten Pumpenkasten einer Hydraulikanlage, welcher als Vollgußstück in einer Einzelkokille hergestellt wurde.

B. Einzelgießmaschinen

Gleichzeitig mit der Entwicklung geeigneter Kokillen wurden zunächst einfache Vorrichtungen erstellt, welche es gestatten, einteilige oder mehrteilige Kokillen schneller zu entleeren bzw. schneller zu schließen und zu öffnen. Im übrigen war die Entwicklung geeigneter Vorrichtungen nicht nur fertigungsmäßig, sondern auch häufig metallurgisch bedingt, da erst diese es gestatteten, die Gieß- und Abkühlungsbedingungen für Kokillenguß so konstant zu halten, daß Abgüsse stets gleicher Gefügeausbildung in Serienfertigung erzeugt werden konnten.

Im Gegensatz zur Herstellung von Gußteilen in Einzelkokillen ist die Kokillengußerzeugung auf Vorrichtungen und Gießmaschinen gewichtsmäßig begrenzt.

Immerhin lassen sich heute auf Einzelmaschinen schwerer Bauart bereits Abgüsse in einer Größenordnung bis zu etwa 100 kg Stückgewicht erzeugen, während die gewichtsmäßige Grenze für die Fertigung auf Karussellgießanlagen normalerweise bei etwa 50 kg liegen dürfte.

Zylinderlaufbüchsen aus Gußeisen werden bei Einzelfertigung meist nach dem Sandgußverfahren, bei Serienfertigung dagegen heute fast allgemein nach dem Schleudergußverfahren hergestellt. Derartige Laufbüchsen lassen sich jedoch auch sehr vorteilhaft nach dem Standgußverfahren in einfachen stehenden Kokillen mit eingesetztem Kern herstellen [*3*]. Abb. 3 zeigt eine derartige Kokille, deren Boden als Kernmarke zur Aufnahme des von oben einzusetzenden Bohrungskernes ausgebildet ist. Dieser oben in der Kokille durch einen gußeisernen Haltering zentrierte Kern enthält gleichzeitig den Eingußtrichter, den Gießlauf und die Anschnitte für den steigenden Guß. Im übrigen kann die Kokille oben auch mit einem Überlauf versehen werden. Gemäß Abb. 4 können mehrere derartiger Kokillen in einer gemeinsamen Vorrichtung drehbar angeordnet werden. Nach dem Guß wird jede einzelne Kokille geschwenkt, so daß die Laufbüchsen mit Kern herausgleiten. Eine derartige Vorrichtung für die Aufnahme einteiliger Kokillen stellt die einfachste Form einer Gießmaschine dar.

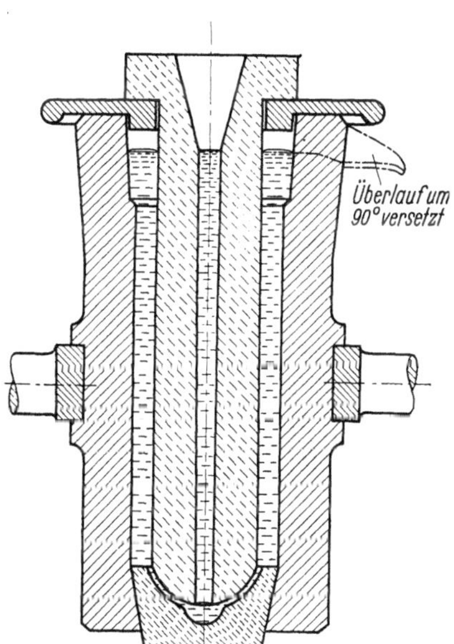

Abb. 3. Einzelkokille mit Sandkern zur Herstellung von Laufbüchsen (nach [*3*])

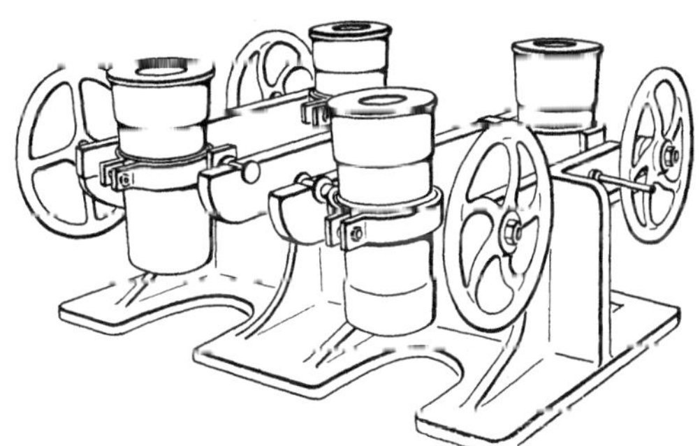

Abb. 4. Gießvorrichtung zur Aufnahme von vier Laufbüchsenkokillen gemäß Abb. 3 (nach [*3*])

Die Entwicklung von Gießmaschinen für die Serienfertigung von Gußteilen mit und ohne Sand-, Graphit- oder Eisenkern in geteilten Kokillen begann im übrigen etwa um 1900. Obwohl die beiden wesentlichen damals entwickelten Verfahren sich nicht durchsetzen konnten und schon bald wieder verlassen wurden, seien sie an dieser Stelle kurz erwähnt, da die ihnen zugrunde liegenden Gedankengänge für das Verständnis des Kokillengußverfahrens wichtig sind.

Das in Deutschland von ROLLE entwickelte Verfahren, auf welches auch verschiedene Patente erteilt worden sind, arbeitete mit ungekühlten, dünnwandigen und auf der Außenseite profilierten gußeisernen Kokillen. Ein keramischer Schutzanstrich der Kokillen sollte diese schützen und zum andern eine zu schroffe Erstarrung der Gußteile verhindern. Hergestellt wurden nach dem Verfahren Rohre und Rohrformstücke. Abb. 5 zeigt eine der letzten Ausführungen der Maschine von ROLLE.

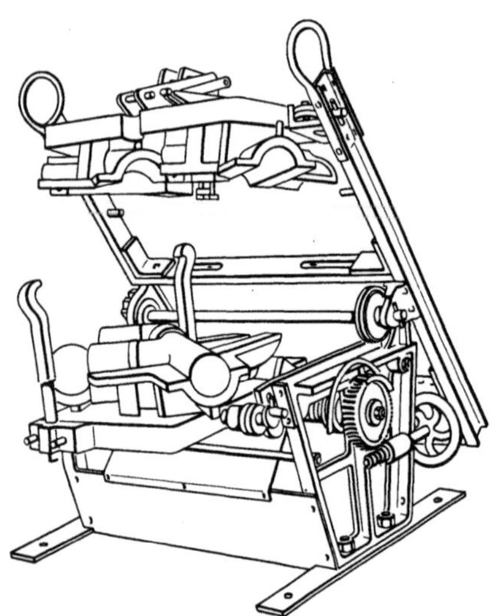

Abb. 5. Gießmaschine nach ROLLE

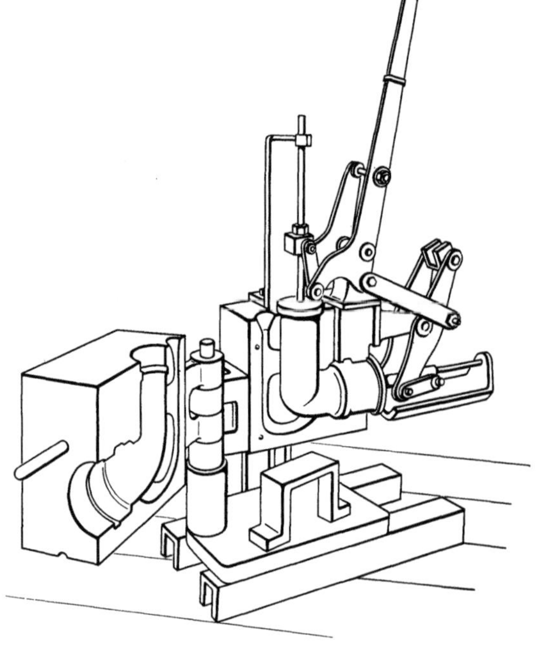

Abb. 6. Gießmaschine nach CUSTER

Etwa zu gleichen Zeit entwickelte CUSTER in den USA ein Verfahren für den gleichen Zweck der Rohrherstellung, welches jedoch im Gegensatz zum ROLLE-Verfahren mit ungekühlten, dickwandigen und auf der Außenfläche glatten Kokillen ohne Schutzanstrich arbeitete. Offenbar hoffte CUSTER, welcher sich im übrigen bereits sehr eingehend mit Fragen der Kokillen- und Gießtemperatur sowie der Eisenzusammensetzung befaßt hatte, auf diese Weise die Abkühlungsbedingungen für die Abgüsse weitgehend konstant halten zu können. Abb. 6 zeigt eine Gießmaschine nach CUSTER mit einer starkwandigen geöffneten Kokille für ein Rohrformstück und den für das Herausziehen der Eisenkerne notwendigen Vorrichtungen. Die beiden vorgenannten sowie andere heute nur noch unter historischen Gesichtspunkten interessierende Verfahren (nach MYERS, SCHWARTZ und PETTIS) wurden im übrigen eingehend von JANSSEN [*4*] behandelt.

Erst das später in den USA entwickelte HOLLEY-Verfahren führte endgültig zum Erfolg. Abgesehen von verschiedensten Abwandlungen in bezug auf Kokillengestaltung und Gießtechnik gehen alle heute verwendeten Kokillengußanlagen grundsätzlich auf dieses Verfahren zurück. Entwickelt wurde es ursprünglich zur Herstellung von Vergasergehäusen aus Gußeisen, welche wegen ihrer verwickelten Form und ihrer verschiedenen Wandstärken nach dem Sandgußverfahren nur schwer einwandfrei dicht herzustellen waren und andererseits auf Grund des großen laufend wiederkehrenden Bedarfes die Voraussetzung für die Herstellung metallischer Dauerformen boten.

Das HOLLEY-Verfahren, welches im übrigen ähnlich dem ROLLE-Verfahren und im Gegensatz zum CUSTER-Verfahren mit schwachwandigen oder auf jeden Fall nicht zu massiven Kokillen und mit einem Schutzanstrich der Kokillen arbeitete, verwendete einfache Vorrichtungen, in welchen die beiden Formhälften auf Formträgern festgeschraubt waren. Diese Formträger wurden nach Art eines Parallelschraubstockes geöffnet und geschlossen. Die von den verschiedenen Kokillengießereien meist in eigener Fertigung erstellten Einzelgießmaschinen für das Öffnen und Schließen geteilter Kokillen wurden sämtlich nach diesem Prinzip entwickelt. Gemäß Abb. 7, welche eine Einzelgießmaschine der heute üblichen Bauart darstellt, sind die Kokillenhälften auf zwei Trägerplatten montiert; während eine Kokillenhälfte feststeht, kann die andere durch Kniehebel ausgefahren oder angedrückt werden.

Das Gießen auf derartigen Einzelmaschinen ist verhältnismäßig einfach. Nach Einsetzen der Kerne in die feststehende Kokillenhälfte wird die Kokille durch Andrücken der beweglichen Kokillenhälfte geschlossen. Schon kurze Zeit nach dem Abguß kann die bewegliche Kokillenhälfte wieder zurückgezogen werden, wobei gleichzeitig das Gußstück entweder von einer Hilfseinrichtung herausgedrückt oder von Hand herausgestoßen wird. Hiernach wird die Kokille mittels Preßluft gesäubert, neu angerußt und nach Einsetzen eines Kernes wieder geschlossen. Auf die Gestaltung der Kokillen selbst und ihre Behandlung wird im übrigen im folgenden noch näher eingegangen.

Abb. 7. Kokillengießmaschine (Werksfoto REXROTH)

Kleinere und mittlere Kokillengießereien für Serienproduktion können, sofern die Voraussetzungen zur Aufstellung einer Karussellanlage noch nicht gegeben sind, mit Einzelmaschinen der beschriebenen Art ausgerüstet werden. Je 3 bis 5 Maschinen werden sodann zu Fertigungsgruppen unter einem gemeinsamen Bedienungsmann (für das Öffnen, Säubern und Schließen der Kokillen) zusammengefaßt. Die Maschinen werden im übrigen meist über eine Einschienenhängebahn laufend mit flüssigem Eisen versorgt und, je nach der Größe der Anlage, von 1 oder 2 Gießern abgegossen. ENGLISCH [5] beschreibt im Rahmen einer größeren Veröffentlichung über die Herstellung von Gußeisen (speziell für Hydraulikbremsanlagen und Kühlanlagenkompressoren) im Kokillengußverfahren sehr eingehend eine derartige Kokillengießerei, welche mit 50 Gießmaschinen und 12 Arbeitskräften (für die Maschinenbedienung und das Abgießen) auf einer Grundfläche von 300 m² etwa 6 t guten Guß täglich in einfacher Schicht erzeugt. Zur besseren Vergleichsmöglichkeit mit den Leistungen der später beschriebenen EATON-Karussellgießanlage seien die vorstehenden Angaben in folgenden Kennzahlen zusammengefaßt:

Eingesetzte Kokillen	50
Erzeugung an gutem Guß	150 t/200 Std. bzw. 3 t/Kokille
Gießereifertigungszeit	16 Std./t Guß
Gießereigrundfläche	2 m²/t Guß/Monat

Um die Kokillentemperatur mit Rücksicht auf möglichst gleichmäßige Abkühlungsbedingungen und im Hinblick auf eine höhere Kokillenhaltbarkeit in gewissen Grenzen konstant zu halten (Temperaturspitzen unmittelbar nach dem Abguß sind unvermeidlich, sollten aber möglichst schnell abgebaut werden), ist es empfehlenswert, die Kokillen auch bei Einzelmaschinen im Falle einer Serienfertigung von der Rückseite her zu kühlen. Dies geschieht durch Gebläseluft oder durch Wasserkästen mit Durchlauf, welche zwischen Kokillenrückwand und Kokillenträger eingesetzt und mit beiden verschraubt werden. In diesem Fall müssen allerdings die Kokillenrückseiten voll statt profiliert und verrippt ausgeführt werden.

Einzelmaschinen der oben beschriebenen Art können schließlich noch mit pneumatischen Vorrichtungen zum Öffnen und Schließen versehen werden, was bei größeren

Kokillen auch mit Rücksicht auf die erforderlichen höheren Schließdrücke wünschenswert ist.

Mit Einzelmaschinen ausgerüstete Kokillengießereien entsprechen leistungsmäßig etwa kleinen Sandguß-Maschinenformabteilungen mit Rollenbahnanlagen und sind durchaus wirtschaftlich. Wo Herstellungsprogramm und Fertigungsserien es gestatten, sollten jedoch moderne Karussellgießanlagen eingesetzt werden, welche eine erheblich höhere Leistung mit sehr viel größerer Wirtschaftlichkeit vereinigen. Im allgemeinen werden bereits bei einer Serienfertigung von über 100 bis 150 t Kokillenguß im Monat hierfür die Voraussetzungen gegeben sein.

C. Karussellgießanlagen

Da gerade der Bedarf an großen Serien gleicher Abgüsse den Anstoß zur Entwicklung von Gießmaschinen gegeben hatte, ist es verständlich, daß gleichzeitig oder sogar noch früher Versuche einsetzten, mehrere Kokillen oder Gießmaschinen unter Verwendung von Drehtischen zu weitgehend automatisierten leistungsfähigen Fertigungseinheiten zusammenzufassen.

Als Erster verwendete Custer einen Drehtisch von rund 12 m Durchmesser, auf welchem die sehr große Zahl von 30 Kokillen für 1,5 m lange Abflußrohre montiert war. Das Karussell arbeitete im Takt und benötigte für einen vollständigen Umlauf 450 sek, so daß zum Abguß jeder Kokille 15 sek zur Verfügung standen. Das Öffnen und Schließen der Kokillen sowie das Ziehen der verwendeten Eisenkerne unmittelbar nach dem Guß wurde mechanisch über Hebel gesteuert. Der Antrieb des Drehtisches erfolgte durch zwei Druckwasserzylinder, die den Tisch mit jedem Hub um eine Kokillenteilung weiterschoben. Gießtechnisch wesentlich an dieser im übrigen guten Konstruktion, die möglicherweise noch heute an der Entwicklung interessierten Werken den einen oder anderen Hinweis geben könnte, war, daß der Gießvorgang während der Ruhestellung erfolgte.

Während die beschriebene Einrichtung von Custer selbst schon bald wieder verlassen und durch seine Einzelgießmaschine ersetzt wurde (das schnelle Ziehen der Eisenkerne war auf dem mechanisierten Drehtisch nicht befriedigend zu lösen), und während auch Anlagen anderer Systeme nicht zum Erfolg führten, stellte der nach dem Holley-Verfahren arbeitende Drehtisch seine Brauchbarkeit für eine einwandfreie Kokillengußserienfertigung bei verschiedenen Werken schon sehr bald unter Beweis. Er wurde dann auch in der Folgezeit unter Beibehaltung seiner Grundgedanken zu der heute ausschließlich angewendeten Eaton-Karussellgießanlage weiterentwickelt.

Das ursprüngliche Holley-Gießkarussell besaß einen Tisch von 3 m Durchmesser und arbeitete mit 12 luftgekühlten Kokillen, welche mit einem Schutzanstrich versehen und vor jedem Guß außerdem mit Ruß geschwärzt wurden. Im Gegensatz zur Custer-Anlage wurde im übrigen bei kontinuierlichem Betrieb während der Bewegung des Tisches gegossen. Die Kokillengießereien der Firma Holley und anderer amerikanischer Werke verfügten über eine größere Zahl von Drehscheibengießanlagen, denen unmittelbar Trommel- oder Bandglühöfen sowie die erforderlichen Putzanlagen nachgeschaltet waren. Im einzelnen sei auf die sehr eingehenden Darstellungen von Janssen [*4*] verwiesen.

Wie bereits an anderer Stelle bemerkt, ist es durch sorgfältige Abstimmung aller Einflußgrößen (Kokillentemperatur, Kokillenanstrich, Werkstoffzusammensetzung, Gießtemperatur) möglich, nicht nur schwere, sondern auch leichte Kokillengußstücke geringer Größe und Wandstärke so herzustellen, daß die Teile in allen Querschnitten einwandfrei grau erstarren, gut bearbeitbar sind und keiner anschließenden Glühbehandlung bedürfen. Bei der Herstellung von Kokillenguß auf Karussellgießmaschinen mit einer größeren Anzahl von Kokillen würde dies aber praktisch voraussetzen, daß jeweils nur Abgüsse gleicher oder sehr ähnlicher Art gleichzeitig erzeugt werden. Aus wirtschaftlichen Gründen ist dies jedoch, von wenigen Sonderfällen abgesehen, nicht möglich. Meist sind die Kokillengießereien vielmehr gezwungen, auf Karussellgießmaschinen gleichzeitig Abgüsse sehr verschiedener Art und stark schwankender Abmessungen und Gewichte herzustellen. In diesen, meist die Regel darstellenden Fällen muß daher in bezug auf Kokillentemperatur, Gießfolge, Werkstoffzusammensetzung und Gießtemperatur mit Durchschnittswerten gearbeitet werden. Als Folge hiervon werden die verschiedenen Abgüsse, je nach ihrer Wandstärke, ein graues oder meliertes Bruchgefüge mit teilweiser Weißeinstrahlung an Kanten und in besonders schwachen Querschnitten aufweisen. Es wird daher dem Gießverfahren auf Karussellmaschinen in den meisten Fällen ein Glühverfahren nachgeschaltet, mit welchem die Abgüsse entweder ferritisch geglüht oder auf höhere Festigkeitswerte vergütet werden können.

Wie bereits bemerkt, wird heute als Karussell-Kokillengießverfahren sowohl in den Vereinigten Staaten wie in Europa nur noch das EATON-Verfahren angewendet. In den westeuropäischen Ländern dürften gegenwärtig etwa 25 derartiger Karussellanlagen arbeiten. Die EATON-Anlage entsprechend Abb. 8 besitzt einen Rundtisch von etwa 5 m Durchmesser, der elektrisch angetrieben ist und 12 Kokillen trägt. Die einzelnen Kokillenhälften sind paarig zwischen den radial angeordneten Tragarmen auf entsprechenden Kokillenträgern starr befestigt. Ein Kokillenträger ist jeweils zwischen den Tragarmen beweglich angeordnet und wird zum Öffnen und Schließen der Kokillen pneumatisch betätigt. Das Öffnen und Schließen der Kokillen wird mechanisch über Kurvenscheiben und Anschläge gesteuert. Die Rückseiten beider Kokillenhälften werden durch Saugzug gekühlt, wobei die Kühlluft durch die hohlen Tragarme und anschließend durch den in der Mitte des Drehtisches angeordneten Zentralabzug abgesaugt wird.

Abb. 8. Ansicht einer EATON-Karussell-Gießanlage (Eaton Manufacturing Co.)

Zu unterscheiden sind im übrigen gemäß Prinzipskizze in Abb. 9 insgesamt 5 Operationen. Nach dem Abgießen einer Kokille im Punkt *a* durchläuft diese zunächst $^{4}/_{12}$ des Kreisumfanges und öffnet sich dann selbsttätig im Punkt *b*, wobei gleichzeitig das Gußstück durch einen Auswerfer ausgestoßen wird. Anschließend durchläuft die geöffnete Kokille $^{3}/_{12}$ des Umfanges, wobei in den Punkten *c* und *d* eine Reinigung mittels Preßluftstrahl und ein Anrußen mittels Azetylen erfolgt. An diesen Stellen ist über dem Drehtisch eine gemeinsame Absaughaube angeordnet. Sodann bleibt die Kokille im gesäuberten und angerußten Zustand noch auf weiteren $^{2}/_{12}$ des Umfanges geöffnet, damit gegebenenfalls im Punkt *e* Kerne eingesetzt werden können. Anschließend wird die Kokille selbsttätig geschlossen, durchläuft die letzten $^{3}/_{12}$ des Umfanges und gelangt wiederum zur Gießstelle.

Die Kühlzeit zwischen dem Abgießen und dem Auswerfen der Abgüsse kann je nach Wandstärke und Abmessung der Gußteile durch Verstellen der Steuerungsanschläge und Veränderung der Umlaufgeschwindigkeit des Drehtisches variiert werden. Die Umlaufzeiten liegen im allgemeinen zwischen 90 und 300 sek. Während dieser Zeiten werden also jeweils 12 Kokillen abgegossen. Da entsprechend der Modellgröße 1, 2, 4, 8 oder mehr Abgüsse in jeder Kokille angeordnet werden können, bedeutet dies praktisch, daß innerhalb eines Zeitraumes von 90 bis 300 sek 12 bis 96 Abgüsse und mehr hergestellt werden können. Weitere Einzelheiten sind der Abb. 10 zu entnehmen.

Im Durchschnitt kann bei einfacher Schicht mit einer Monatsleistung von rund 150 t gutem Guß gerechnet werden, wobei insgesamt 3 Arbeitskräfte, und zwar an den Punkten *a*, *b* und *e* benötigt werden. Bei Herstellung von kernlosen Gußteilen werden sogar nur

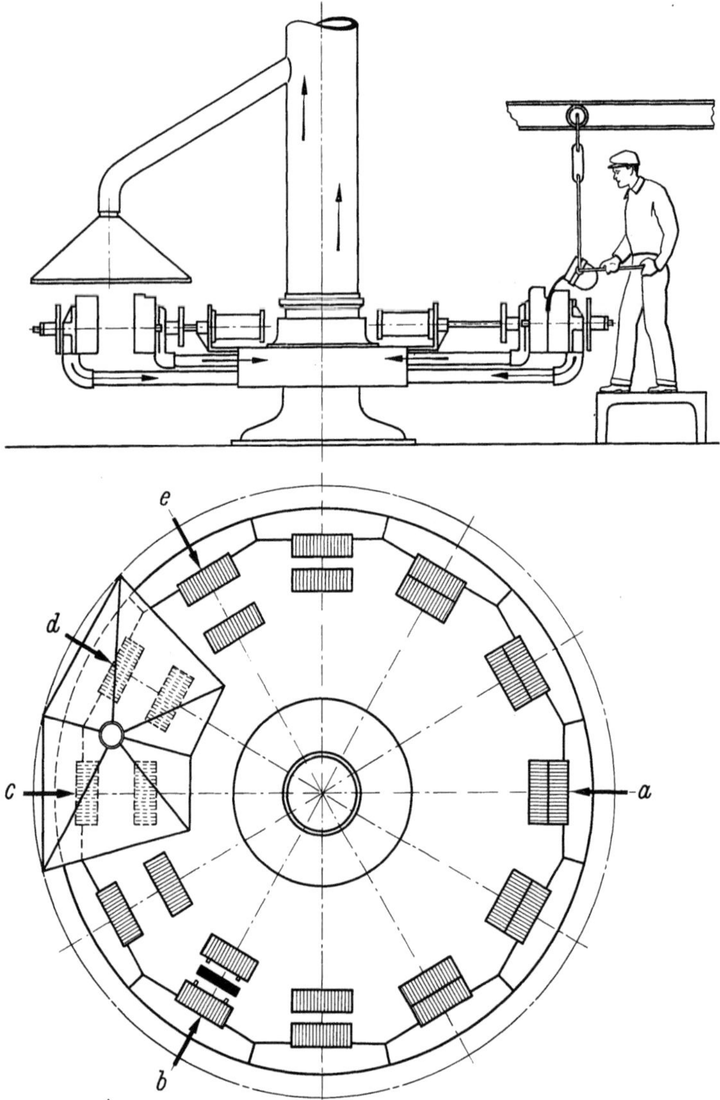

Abb. 9. Prinzipskizze einer Eaton-Anlage (Eaton Manufacturing Co.)

2 Arbeitskräfte gebraucht, wobei das Ausbringen an gutem Guß u. U. noch zusätzlich steigt. Der Flächenbedarf ist im Vergleich zu anderen Fertigungsverfahren sehr niedrig. So wird beispielsweise für eine Gießhalle mit 8 Karussellanlagen und einer Durchschnittsmonatsleistung von 1200 t gutem Guß bei einfacher Schicht nur eine Grundfläche von rund 17 × 34 m benötigt. Hieraus ergeben sich folgende Kennzahlen:

Eingesetzte Kokillen	96
Erzeugung an gutem Guß	1200 t/200 h bzw. 12,5 t/Kokille
Gießerei-Fertigungszeit	4 Std./t Guß
Gießereigrundfläche	0,5 m^2/t Guß/Monat

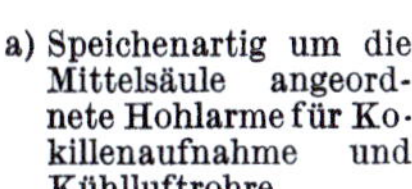
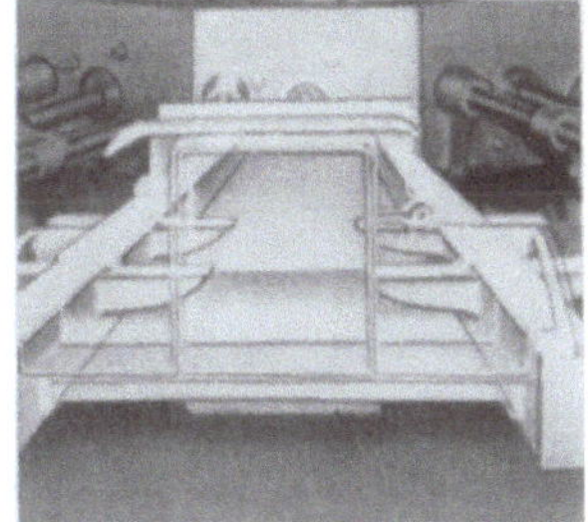
a) Speichenartig um die Mittelsäule angeordnete Hohlarme für Kokillenaufnahme und Kühlluftrohre

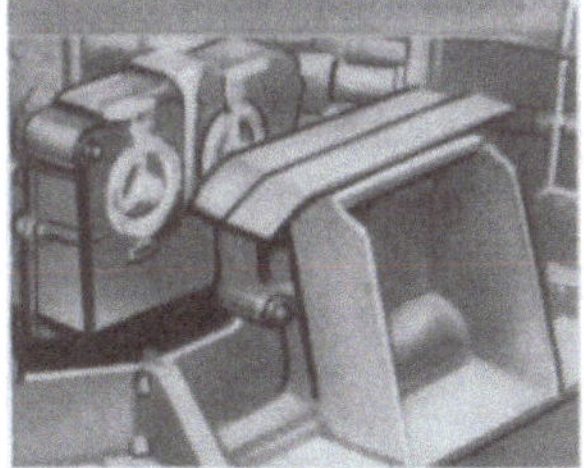
b) Festes Kopfstück und bewegliches Gegenstück zur Aufnahme der beiden Kokillenhälften

c) 3-Wege-Ventil mit Schaltnocken und Druckluftzylinder zum Kokillen-Öffnen und Schließen

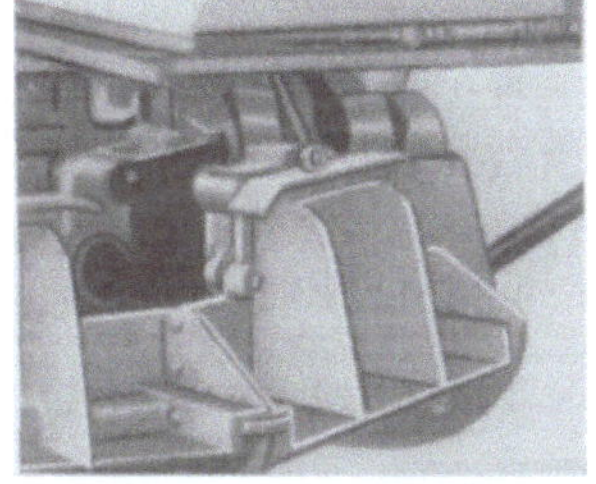
d) Schaltnocken zur Steuerung des Ausblasens und Berußens der geöffneten Kokillen

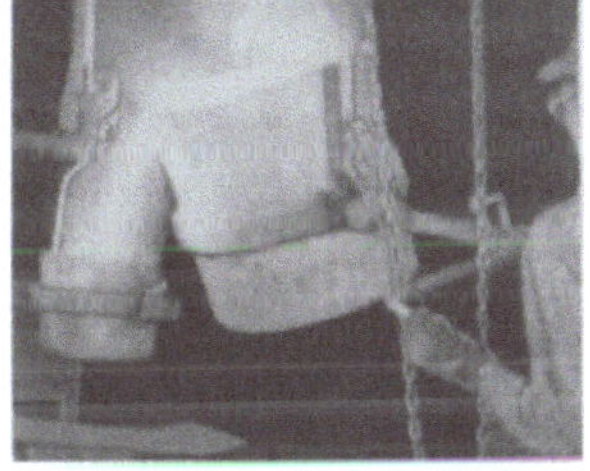
e) Eisentransportpfanne für Gießpfannenversorgung

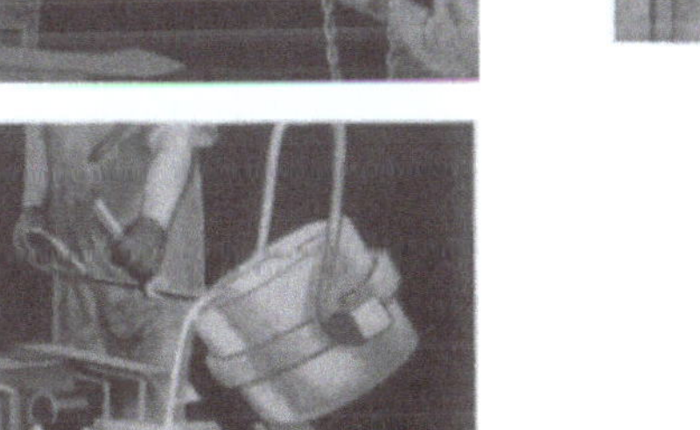
f) Abgießen mittels Hängegießpfanne

g) Gußentnahmestation

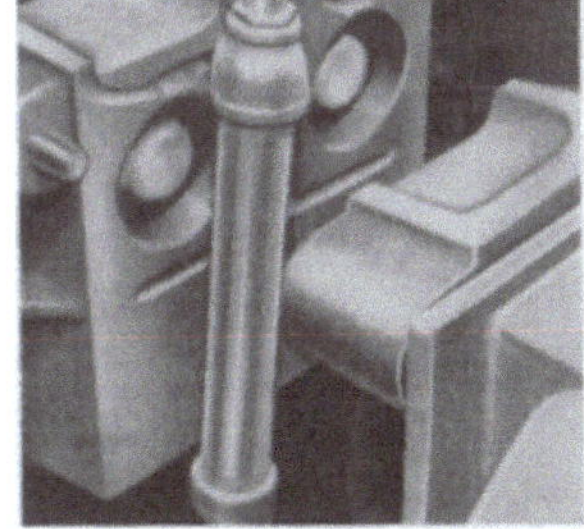
h) Kokillenreinigung durch Preßluft

i) Anrußen der Kokillen mittels Azetylen

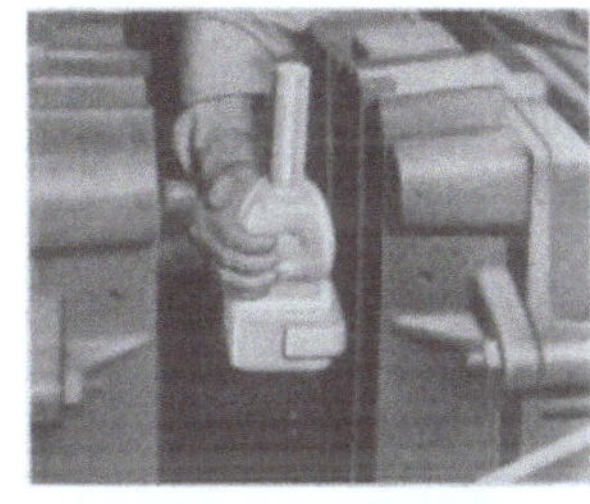
k) Einsetzen von Kernen

l) Einsetzen des Gusses in den Glühofen

Abb. 10a—l. Einzelheiten des EATON-Verfahrens (Eaton Manufacturing Co.)

Ein Vergleich mit den Kennzahlen der besprochenen Gießerei mit 50 Einzelgießmaschinen zeigt, daß die Leistung der Karussellgießanlage das Vierfache beträgt, während gleichzeitig der Kräfte- und Flächenbedarf auf 25% absinken. Auch qualitätsmäßig sind Karussellanlagen, vor allem bezüglich der Gleichmäßigkeit der erzeugten Gußteile, Gießanlagen mit Einzelmaschinen eindeutig überlegen.

II. Kokillen

Die Leistung einer Kokillengießerei und die Qualität ihrer Erzeugnisse hängen wesentlich davon ab, daß Kokillen in einwandfreier Gestaltung, maßgerechter Ausführung und ausreichender Stückzahl zur Verfügung stehen. Darüber hinaus müssen der verwendete Kokillenwerkstoff sowie die Betriebsbedingungen eine genügend hohe Kokillenhaltbarkeit gewährleisten.

Vor Behandlung der vorstehenden Fragen sei einleitend noch kurz darauf eingegangen, welche spezifischen Anforderungen an die Konstruktion von Gußteilen gestellt werden, die nach dem Kokillengußverfahren hergestellt werden sollen. Für die Formteilungen, die Querschnittsübergänge und die allgemeine Gestaltung mit Rücksicht auf einen günstigen Materialfluß beim Abgießen gelten zunächst einmal die gleichen Gesichtspunkte wie bei allen übrigen Gießverfahren. Gegenüber der Modellgestaltung beim Sandgußverfahren ist darüber hinaus die Konizität bestimmter Modellflächen bei Kokillengußteilen etwas stärker zu wählen, um ein leichtes Entfernen der Gußteile aus der Kokille zu gewährleisten. Sodann sind mit Rücksicht auf die besonderen Abkühlungsbedingungen die schwächsten Querschnitte mit etwa 3 mm zu begrenzen. Andererseits läßt das Kokillengußverfahren dem Konstrukteur in bezug auf die Wahl der stärksten Querschnitte eines Gußstückes erheblich mehr Spielraum als das Sandgußverfahren.

Zusammenfassend kann hiernach gesagt werden, daß das Kokillengußverfahren modelltechnisch gegenüber anderen Gießverfahren kaum nennenswerte Nachteile, in bezug auf die Wahl stärkerer Querschnitte, welche noch einwandfrei dicht und feinkörnig ausfallen müssen, jedoch ausgesprochene Vorteile besitzt. Im Prinzip dürfte es daher bei entsprechender Zusammenarbeit zwischen Konstrukteur und Kokillengießer in nahezu allen Fällen möglich sein, ein Gußstück den spezifischen Forderungen des Kokillengußverfahrens anzupassen oder für ein gegebenes Gußstück eine entsprechende gußeiserne Dauerform zu entwickeln.

Für Eisenkokillenguß werden bisher fast ausschließlich Gußeisenkokillen verwendet, und die folgenden Ausführungen befassen sich dementsprechend nur mit dieser Kokillenart. Der Vorteil der Verwendung von Gußeisen für die Herstellung von Kokillen liegt darin, daß einteilige Dauerformen oder Formhälften jeweils in einem Stück gegossen werden können, während Stahlformen meist aus mehreren Teilen zusammengesetzt werden müßten. Zudem ist der Aufwand an Bearbeitungskosten bei der Verwendung von Stahl erheblich höher als bei der Verwendung von Grauguß.

A. Gestaltung

Die Gestaltung gußeiserner Dauerformen erfordert im Rahmen des Kokillengusses Sondererfahrungen, die sich jede Kokillengießerei in langjähriger Tätigkeit infolge Fehlens an einschlägigem Schrifttum selbst erarbeiten muß oder die ihr bei der Beschaffung einer Karussellgießanlage zur Verfügung gestellt werden. Innerhalb der vorliegenden Darstellung sei lediglich auf die Hauptgesichtspunkte eingegangen, welche für die Gestaltung, die Anfertigung und den Betrieb gußeiserner Kokillen besonders wichtig sind.

1. Modellanordnung und Anschnittechnik

Wie bereits früher erwähnt, können in einer Kokille je nach der Größe des abzugießenden Modells ein oder mehrere Abgüsse angeordnet werden. Können mehrere Abgüsse in der gleichen Kokille untergebracht werden, so erfolgt ihre Anordnung meist symmetrisch. Diese Symmetrieebene liegt für GG meist senkrecht, für GS und GT wird die Waagerechte bevorzugt. Die Verwendung von mehr als zweiteiligen Kokillen ist selten.

Das Einlaufsystem richtet sich nach der Art der Kokille. Bei direkt angegossenen Kokillen wird kein Einlauf verwendet. Die Anwendung von Ziehstopfen in der Pfanne ist bei fallendem Guß erwünscht. Bei indirekt vergossenen Kokillen über Gießtümpel und Lauf wird das Eingußsystem in die Teilfläche gelegt. Selten findet man es außerhalb der Form. Bei Verwendung von Kernen wird das Eingußsystem vorteilhafter in den Kern gelegt. In Abb. 11 bis 14 sind einige Anordnungen des Einlaufsystems zusammengestellt.

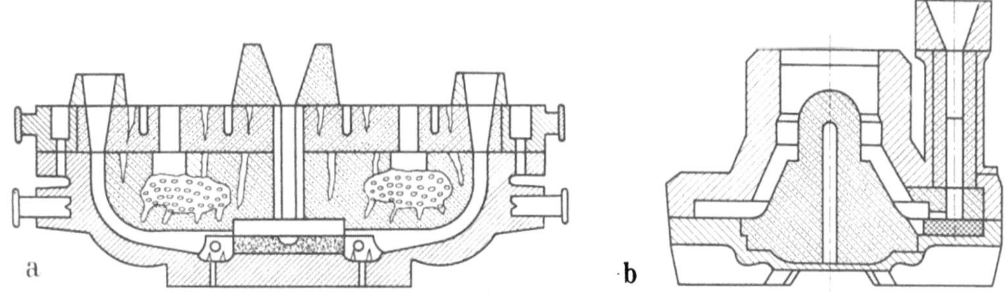

Abb. 11a u. b. Verlegen des Eingußsystems in Kerne (nach PETRISCHENKO)
a) innerhalb der Form; b) außerhalb der Form

Abb. 12. Handräder von unten steigend gegossen (GG) (nach F. SCHIRM [18])

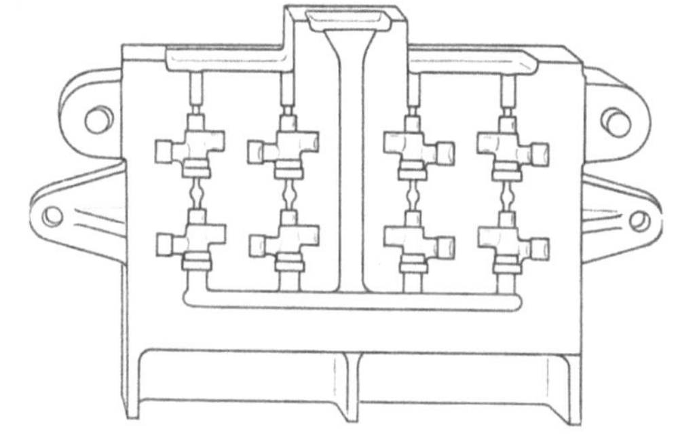

Abb. 13. Gußeisen-Hahnverbindungen (nach F. SCHIRM [18])

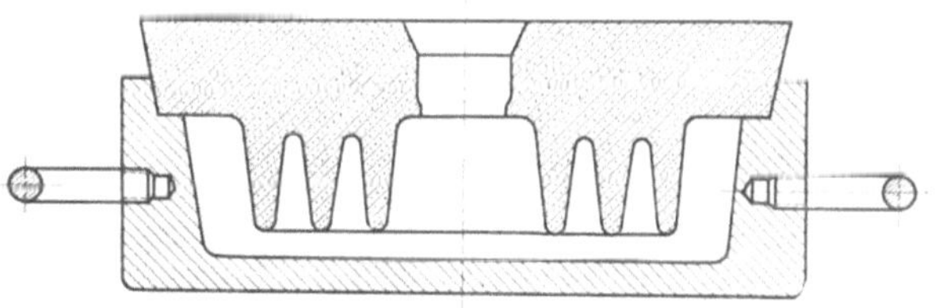

Abb. 14. Halbkokille für GS (nach PETRISCHENKO)

Bei der Herstellung solcher zweiteiligen Kokillen werden die Modelle bei steigendem Guß so eingeordnet, daß die stärksten Querschnitte möglichst nach unten zu liegen kommen, um die durch die Kokille fließende Eisenmenge — mit Rücksicht auf die Kokillenlebensdauer — auf ein Minimum zu beschränken. Muß eine Kokille von oben und fallend gegossen werden, so empfiehlt es sich, die Modelle so anzuordnen, daß die stärksten Querschnitte oben liegen.

Alle Kokillen unterliegen einem gewissen Verschleiß. Erfahrungsgemäß sind jedoch, abgesehen von den sehr hoch beanspruchten Gießläufen, nur bestimmte Kokillenflächen einem laufenden Verschleiß unterworfen, während andere Flächen praktisch bis zum Ausscheiden der betreffenden Kokille völlig maßhaltig bleiben. Diesem Umstand muß bei Wahl der Bezugsflächen für die spätere Bearbeitung Rechnung getragen werden. Die

Modelle sind also in der Kokille so anzuordnen, daß die Bezugsflächen in ihrer Maßhaltigkeit nicht durch den laufenden Kokillenverschleiß beeinträchtigt werden können.

Die profilierten Rückseiten der Kokillenhälften werden zur Erzielung einer größeren Steifigkeit durch einen umlaufenden mitangegossenen Rahmen verstärkt. Die Anschnitte sind sorgfältig zu berechnen und so zu wählen, daß die Kokillen zwar möglichst schnell, aber ruhig und gleichmäßig gefüllt werden können. Zu schwache Anschnitte verursachen sehr leicht Kaltschweißigkeit, während zu starke Querschnitte Wirbelbildungen begünstigen. Derartige Wirbelbildung hat dann häufig die Entstehung von Spritzkugeln zur Folge, die anschließend nicht mehr aufschmelzen und zu Ausschuß führen können.

Um die Gießgeschwindigkeit abzubremsen, werden auch Bremsläufe gemäß Abb. 15 verwendet. Dadurch werden auch Schlackenteilchen zurückgehalten. Eine andere Anordnung besteht in Verwendung eines vor- und nachgeschalteten Gießtümpels, zwischen denen,

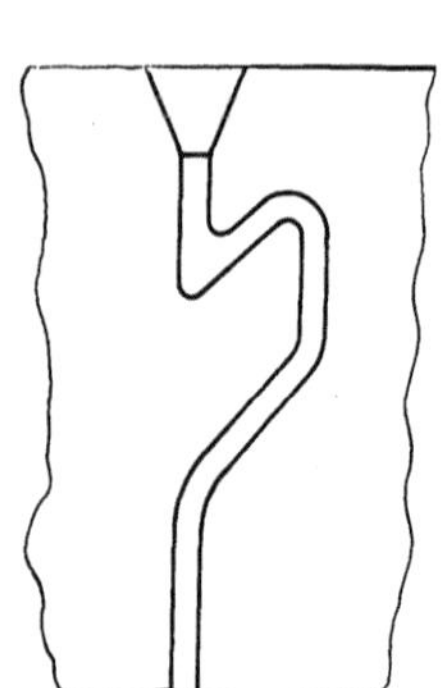

Abb. 15. Lauf mit Siphon

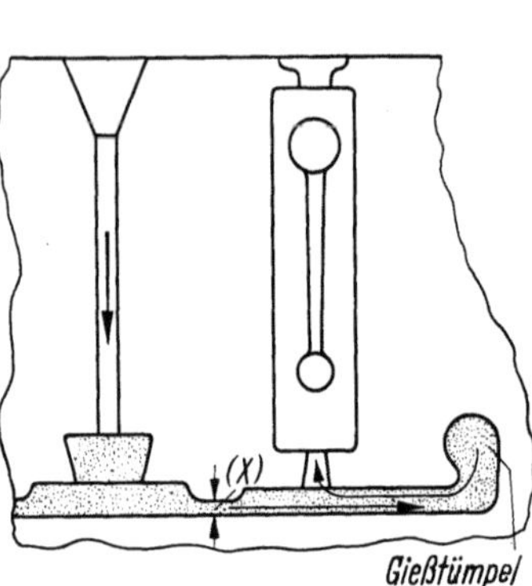

Abb. 16. Lauf mit Gießtümpel

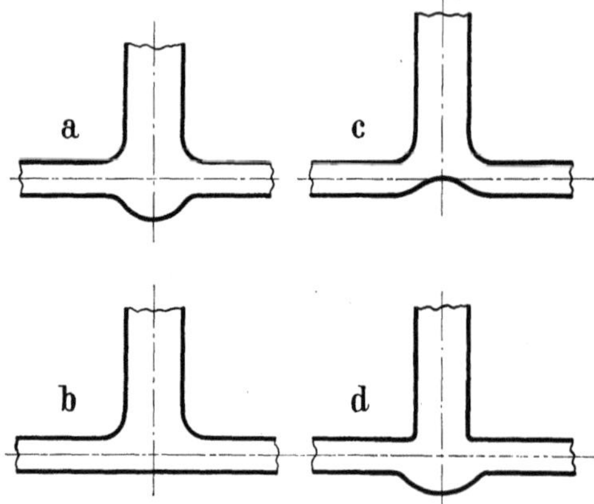

Abb. 17a bis d. Ausbildung des Eingußsystems (nach Petrischenko)
a) richtig; b) noch zulässig; c) falsch; d) falsch

wie in Abb. 16 bei × dargestellt, eine Absperrung angeordnet ist. Weitere Erfahrungen über den Ausbau des Einlaufsystems hält die Abb. 17 fest.

Besonders wichtig sind nicht nur die Abmessung, Gestalt und Lage der Anschnitte selbst, sondern auch die Dimensionierung der Eingüsse und Querläufe mit Rücksicht auf günstigste Gießgeschwindigkeiten und Gießdrücke. Den bekannten Gesichtspunkten der modernen, zuerst beim Leichtmetallguß entwickelten Anschnittechnik kommt somit für den Kokillenguß eine besondere Bedeutung zu.

Schließlich muß bei der Anordnung von Anschnitten noch darauf geachtet werden, daß kein freier Eisenstrahl auf eine Kokillenwandung oder auf eine Kernfläche auftrifft. Es besteht sonst stets die Gefahr, daß die betreffende Stelle der Kokillenwandung (auch bei Anwendung eines guten Schutzanstriches und einer zweckmäßigen Kühlung) zu stark aufgeheizt und frühzeitig zerstört wird oder daß Kernsand abgespült wird und zu Gußausschuß führt.

2. *Kokillenwandstärken und Entlüftung*

Mit Rücksicht auf eine gleichmäßige Kühlung und eine entsprechend hohe Lebensdauer der Kokillen sollen ihre Wandstärken gleichmäßig ausgebildet und außerdem der Durchschnittswandstärke des jeweiligen Gußteiles möglichst angepaßt sein. Bei zweiteiligen Kokillen werden daher die Rückseiten der Formhälften nicht voll, sondern den Konturen der Gußteile entsprechend profiliert ausgeführt, so daß die verschiedenen Kokillenquerschnitte annähernd gleiche Wandstärken aufweisen.

Eine geeignete Kokillenkonstruktion ist mindestens so wichtig wie der verwendete Werkstoff. Dabei sind die Wanddicken möglichst so zu konstruieren, daß ein Wärmestau vermieden wird. Als Richtwerte dürften die von PETRISCHENKO [9] angegebenen Verhältnisse angenommen werden:

Gußstück-Wandstärke	Kokillen-Wandstärke
20 mm	10–20 mm
20–50 mm	20–35 mm
über 50 mm	50–70%*

Wandstärken über 50 mm sind meist nur bei Kokillen für Stangen oder Platten oder bei Ausschüttkokillen üblich. Neben einer guten Profilierung fangen geeignete Verrippungen, beispielsweise gemäß den Abb. 18 bis 20, den Wärmeverzug auf.

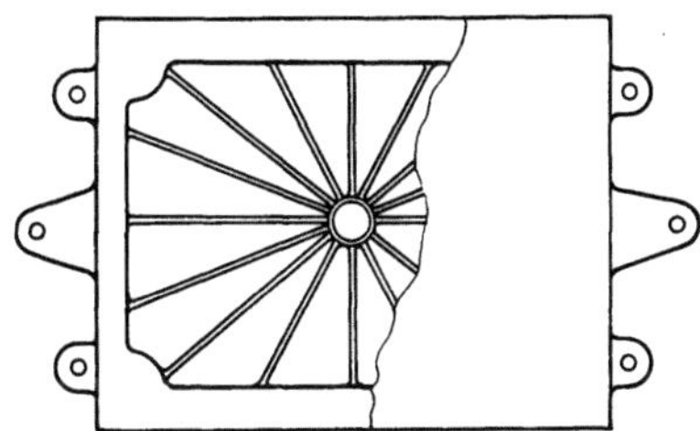

Abb. 18. Sternverrippung von Kokillen

Abb. 19. Fassonverrippung von Kokillen

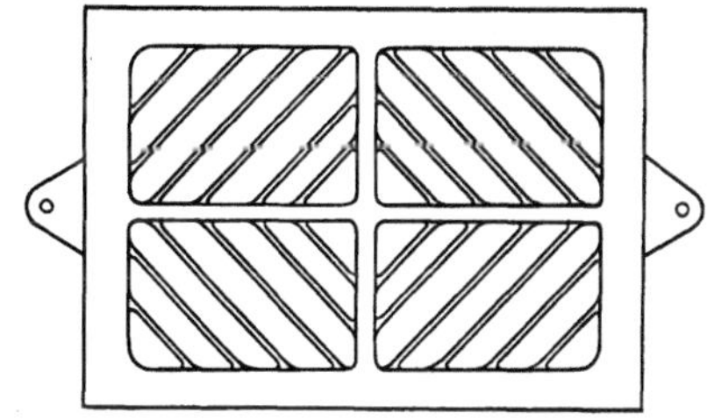

Abb. 20. Quadratische Querverrippungsart von Kokillen

Die sogenannte Igelkokille, Abb. 21, hat sich besonders in Verbindung mit Saugzug- oder Druckluftkühlung zur Erzielung eines gleichmäßigen Wärmeabflusses gut bewährt. Bei hohen Stückzahlen sind in dicken Kokillenwänden auch Wasserkühlungen eingebaut worden.

Da metallische Dauerformen im Gegensatz zu Sandformen keine Gasdurchlässigkeit besitzen, müssen die Kokillen in ausreichender Weise entlüftet werden. Vor allem muß verhindert werden, daß sich beim Einlaufen des flüssigen Eisens Luft in Ecken oder im oberen Teil einer Form staut und hierdurch das scharfe Auslaufen bestimmter Querschnitte und Kanten eines Kokillengußteiles verhindert. Auch blasiger Guß kann auf nicht genügende Entlüftung zurückzuführen sein.

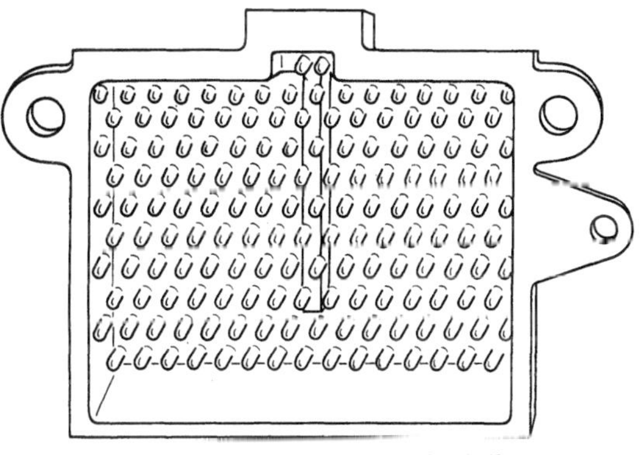

Abb. 21. Beispiel einer Igelkokille

Falls Steiger vorgesehen werden müssen, werden diese häufig bereits eine hinreichende Luftabführung gewährleisten. Andernfalls sind Luftabzugskanäle auf den Stoßflachen beider Kokillenhälften anzuordnen, wobei bereits schwächste Querschnitte genügen (Abb. 22). Schließlich können auch Entlüftungsbohrungen erforderlich werden, welche senkrecht zu den genannten Entlüftungskanälen durch die Kokillenwandungen hin durch verlaufen. Häufig genügen jedoch auch an Stelle von Steigern, Kanälen oder Bohrungen kleine Auslaufrippen oder sonstige schwache Ansätze, um die Oberflächenspannung des einlaufenden und in der Kokille hochsteigenden flüssigen Eisens zu brechen und den Werkstoff zum Auslaufen zu zwingen.

Schließlich liegt der Gedanke nahe, noch über die erwähnten Maßnahmen hinauszugehen und Kokillen durch ein Vakuum zu entlüften. Analog dem Schleudergußver-

* der Wandstärke des Gußstückes.

fahren, wo die Fliehkraft auf den in die Schleudergußform einlaufenden flüssigen Werkstoff entsprechend einwirkt, müßte ein solches Vakuum beim Kokillenguß eine Art von zusätzlicher Entgasung zur Folge haben.

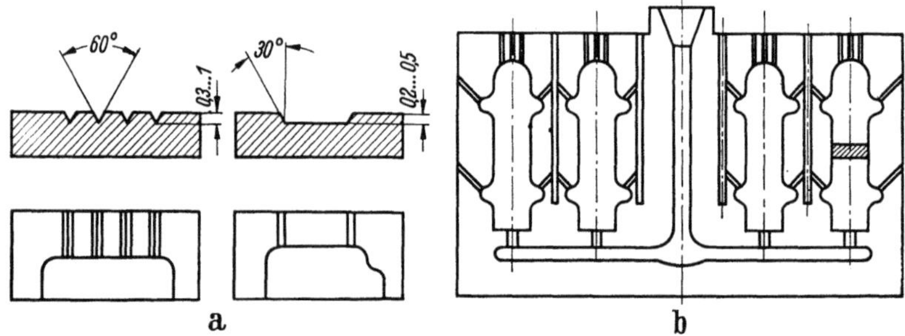

Abb. 22a u. b. Ausführung der Entlüftungskanäle in Kokillen
a) Form und Abmessungen der Kanäle; b) Anordnung der Kanäle in der Kokille

3. Anordnung der Kerne

Im Gegensatz zum Verfahren beim Metallkokillenguß ist die Verwendung metallischer (eiserner) Kerne zur Ausbildung von Bohrungen oder anderen Hohlräumen beim Fe-C-Kokillenguß nur in beschränktem Umfange möglich. Einmal werden die Abkühlungsgeschwindigkeiten bei Verwendung größerer Eisenkerne in eisernen Dauerformen zu hoch, was sich in einer zu starken Weißerstarrung der fraglichen Querschnitte mit entsprechender Gefahr des Reißens schon vor dem anschließenden Glühprozeß auswirkt. Zum andern ist es meist auch nicht möglich, derartige Eisenkerne rechtzeitig vor beginnender Schwindung zu ziehen. Aus diesem Grunde verwendet man beim Fe-C-Kokillenguß vorwiegend Sandkerne, obwohl die Kombination *Eisenform—Sandkern* anfänglich keine sonderlich günstige Lösung darstellte und häufig zu Schwierigkeiten führte. Die Weiterentwicklung der Technik der Sandkernherstellung, welche es gestattete, die Maßhaltigkeit, Gasdurchlässigkeit und Abriebfestigkeit derartiger, mit den verschiedensten Bindern hergestellter Kerne laufend zu verbessern, hat die anfänglichen Nachteile dann aber weitgehend wieder aufgehoben. Auch das Croning-Kernmaskenverfahren hat sich gut bewährt.

Bezüglich der Verwendung von Sandkernen in einteiligen Kokillen sei auf das Beispiel einer Laufbüchse gemäß Abb. 3 verwiesen. In diesem Fall lag auch der Einguß im Kern. In Abb. 23 und 24 sind waagerecht geteilte Kokillen mit Kernen für GS dargestellt.

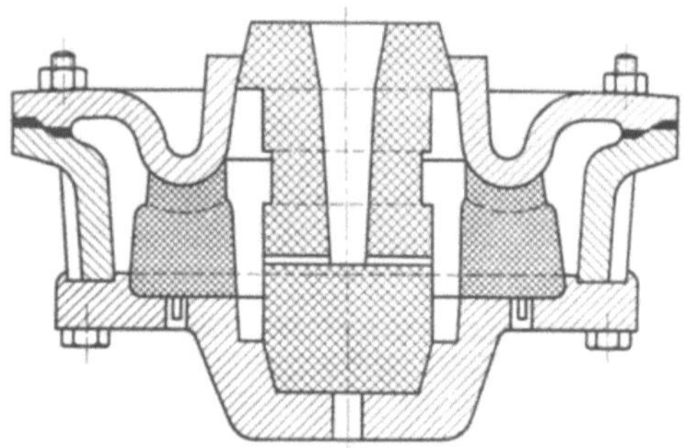

Abb. 23. Geteilte Radkokille (waagerechte Teilung)

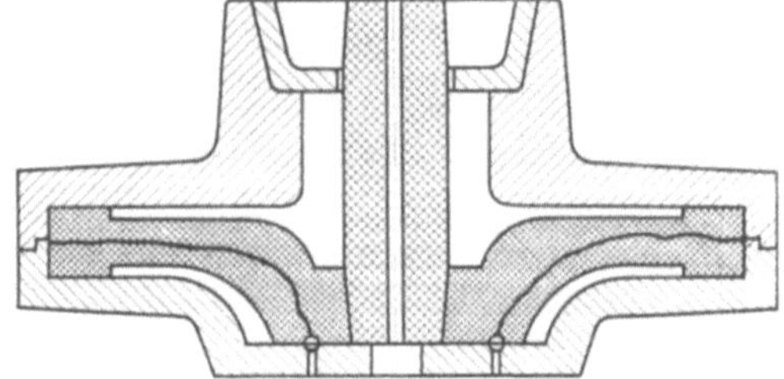

Abb. 24. Waagerecht geteilte Kokille eines Schaufelrades

Bei Verwendung von Kernen in zweiteiligen Formen werden die Kernmarken am günstigsten in die Teilungsebene verlegt, wobei sie in einer oder in beiden Formhälften liegen können. Es ist dann ohne weiteres möglich, einen Kern in die Kernmarke der feststehenden Formhälfte einer Gießmaschine einzusetzen und die bewegliche Formhälfte anschließend darüberzuschieben.

Schwieriger ist das Arbeiten mit sogenannten fliegenden Kernen, deren Kernmarken seitlich in einer Kokillenwandung angeordnet sind und welche im übrigen frei in der Form hängen. In diesem Fall werden an die Genauigkeit der Kernmarke besondere Anforderungen gestellt. Die Kernmarken derartiger Kerne sind möglichst lang auszubilden, im übrigen können sie auch durch die Kokillenwandung hindurch bis nach außen geführt werden, was die Entlüftung des Kernes erleichtert.

Enthält eine Kokille schließlich mehrere Abgüsse der gleichen Art, welche einen Kern besitzen, so ist es möglich, die Kernmarken zwischen den einzelnen Formen zu verbinden und ein gemeinsames Kernaggregat für mehrere oder alle Abgüsse einer gemeinsamen Kokille zu verwenden. Weitere Einzelheiten sowie zahlreiche Darstellungen von Kokillen verschiedenster Art finden sich in der bereits angezogenen Veröffentlichung von Englisch [*5*].

B. Herstellung

Einteilige Kokillen für Rundgüsse oder sonstige Formteile, etwa denen der Abb.1 entsprechend, können in beliebiger Art nach einfachsten Methoden hergestellt werden, so daß hierauf nicht näher eingegangen zu werden braucht.

Für die Herstellung geteilter Kokillen werden eine Konstruktionszeichnung sowie ein geteiltes Muttermodell des in der fraglichen Kokille herzustellenden Gußteiles benötigt. Die Konstruktionszeichnung muß Auskunft über die Außenabmessungen der Kokille und ihre Wandstärken, die Zahl und Anordnung der Abgüsse sowie die Lage und Querschnitte des Eingusses, der Gießläufe und der Anschnitte geben. Das Muttermodell für den eigentlichen Abguß wird meist in Holz und je nach seiner Gestalt und den zu erwartenden Schwindungsverhältnissen mit einem Schwindmaß von 1,5 bis 2,0% angefertigt.

1. Abguß und Bearbeitung

Mit Hilfe des geteilten Muttermodells und weiterer Standardmodellteile für Kokillenrand und Kokillenrückseiten wird das Kokillenmodell am zweckmäßigsten in Gips hergestellt. Meist sind 2 Gipsmodelle für die beiden Kokillenhälften erforderlich. Bei völliger Symmetrie und Lage des Eingusses in der Symmetrieachse genügt allerdings ein gemeinsames Gipsmodell für beide Kokillenhälften. Bei der Herstellung des Gipsmodells sind im übrigen entsprechende Zugaben für die spätere Bearbeitung der Teilungsebenen und, sofern erforderlich, auch für die Bearbeitung der eigentlichen Formflächen zu berücksichtigen.

Nach den Gipsmodellen werden anschließend beide Kokillenhälften aus Grauguß nach dem Sandformverfahren oder nach Spezialverfahren hergestellt. Hierbei kommen allen Maßnahmen besondere Bedeutung zu, welche eine hohe Maßgenauigkeit, besondere Oberflächengüten und ein dichtes Gefüge der Abgüsse gewährleisten. Die Einhaltung engster Toleranzen bei der Herstellung der Kokillenmodelle und ihrer Abgüsse ist in erster Linie mit Rücksicht auf die Einsparung von Bearbeitungskosten geboten. Das Gießen von Kokillen auf Fertigmaß (abgesehen von der stets erforderlichen Bearbeitung der Teilungsflächen) würde einen Idealfall darstellen. Abgesehen von den niedrigen Bearbeitungskosten würden derartige Kokillen, da die Gußhaut der eigentlichen Formkonturen unverletzt erhalten bleibt, auch eine erheblich höhere Haltbarkeit besitzen als Kokillen mit geschliffenen oder gefrästen Formkonturen. Dieser Idealfall könnte bei einer Weiterentwicklung entsprechender, auch für größere Abgüsse geeigneter Genaugußverfahren durchaus erreicht werden.

Die Kokillenrohlinge werden zunächst auf ihren Teilungsebenen und Rückseiten vorgehobelt. Schwerere Kokillen und solche, bei denen nach ihrer Form die Gefahr eines späteren Verzuges in besonderem Maße gegeben ist, werden anschließend häufig künstlich gealtert. Die Wahl entsprechender Temperaturen und eine sorgfältige Abstimmung der

Abkühlungsgeschwindigkeit auf die Durchschnittswandstärke gewährleistet einen weitgehenden Spannungsabbau. Im Anschluß an die Alterung erfolgt die Fertigbearbeitung sowie die Herstellung von Probeabgüssen aus Blei und, vor allem bei Gußteilen mit Sandkernen, anschließend aus Gußeisen.

Das gute Zusammenpassen der Kokillenteile ist zu beachten. Das Spiel zwischen den Flächen soll in den Grenzen von 0,04 bis 0,15 mm liegen. Bei dünnflüssigem Gußeisen ist der untere, bei Stahlguß der obere Grenzbereich einzuhalten. Über das Verklammern von Kokillen berichtet [*5aα*].

Man unterscheidet unbearbeitete Kokillen, wobei es auf Genauigkeit also nicht ankommt. Stangen und anderer ähnlicher Formguß wird meist in solchen Kokillen abgegossen.

Eine andere Gruppe von Kokillen wird nur zum Teil, und zwar an den Paßflächen bearbeitet. Auch die Flächen der Kernmarken werden bearbeitet. Kokillenguß erfährt jedoch erst eine günstige Anwendung im Serienverfahren, wenn die ganze Kokilleninnenform bearbeitet wird. Damit sind dann gut maßgerechte Gußteile zu erzielen.

Die Bearbeitungszugabe schwankt z. B. bei Gußeisenkleinguß um 0,5 bis 0,75 mm.

Kokillen bedürfen vor und während ihres Arbeitsganges einer ständigen Überwachung, die in der Beobachtung der Innen- und Außenflächen, der Maße, der evtl. Rißbildungen und der Anfressungen u. a. besteht.

2. Kokillenwerkstoff

Für die Herstellung metallischer Dauerformen für Fe-C-Guß wird am zweckmäßigsten ein unlegierter Grauguß mit nicht zu feinem Gefüge verwendet. Legierter Grauguß besitzt demgegenüber nach den bisherigen Erfahrungen keine sonderlichen Vorteile [*5a*], s. a. [*5b*]. Auch teure geschmiedete Kokillen aus unlegiertem oder legiertem Stahl haben sich nicht bewährt. Im einzelnen soll ein Gußeisenwerkstoff für die Herstellung von Kokillen folgende Bedingungen erfüllen:

a) Das perlitische oder perlitisch-ferritische Grundgefüge (ohne Zementit) soll grob-lamellar ausgebildet sein.

b) Der Graphit soll in nicht zu feiner bis mittelgrober Ausbildung vorliegen (A_2 bis A_3).

c) Der P-Gehalt soll möglichst niedrig liegen, wobei ein Wert von 0,10% anzustreben ist. Nach anderen Beobachtungen kann noch bis 0,25% P zugelassen werden.

d) Auch eine weitgehende Senkung des S-Gehaltes, möglichst bis auf 0,05 (0,12)%, scheint von Bedeutung zu sein und die Haltbarkeit zu erhöhen.

e) Zwischen Kokillenaußenwand und Kokilleninnenwand sollen möglichst keine Härteunterschiede bestehen.

f) Der Kokillenwerkstoff muß dicht sein.

Als Richtanalyse [*5a* und *9*] sind hiernach folgende Werte anzustreben, wobei der Si-Gehalt jeweils der entsprechenden Wandstärke angepaßt sein muß:

C	Si	Mn	P	S
$\frac{3{,}30}{3{,}50\ (3{,}70)}$ %	$\frac{1{,}20}{2{,}20}$ %	$\frac{0{,}60}{0{,}80}$ %	max. 0,10 (0,25) %	max. 0,05 (0,12) %

Im übrigen können, trotz der etwas anders gelagerten Verhältnisse, die bei Stahlwerkskokillen gemachten Erfahrungen, über die sich im Schrifttum eine Fülle von Angaben findet, in mancher Beziehung auf Graugußkokillen für das Kokillengußverfahren übertragen werden. Es sei daher auf die Ausführungen von PIWOWARSKY [*6*] über Stahlwerkskokillen verwiesen, der seinerseits auf zahlreiche weitere Veröffentlichungen eingeht.

C. Betriebsbehandlung und Lebensdauer

Die Haltbarkeit von Kokillen und ihr Betriebsverhalten sind nicht nur eine Funktion des gewählten Kokillenwerkstoffes, sondern werden außerdem sehr stark von den jeweiligen Betriebsbedingungen beeinflußt.

1. Schutzanstrich und Betriebstemperaturen

Schutzanstriche und andere Überzüge auf Kokillen haben den Zweck, einmal die Kokillenwandung vor der unmittelbaren Berührung mit dem flüssigen Eisen, andererseits aber auch die Kokillengußteile vor einer zu schroffen Erstarrung zu schützen. Im allgemeinen werden die Kokillen im angewärmten Zustand vor der Inbetriebnahme zunächst mit einem Grundüberzug aus Wasserglas und keramischen Zusätzen überzogen. Dieser anschließend sorgfältig getrocknete Anstrich soll so gut haften, daß die Kokille für eine größere Anzahl von Abgüssen und zumindest während einer Schicht ohne Erneuerung des Anstriches verwendet werden kann. Vor jedem Einzelabguß wird die Kokille ferner mit Preßluft gereinigt und erhält sodann einen zusätzlichen Rußüberzug, der eine besonders wirksame Isolationsschicht zwischen Kokillenwandung und Gußstück darstellt (Abbrennen von Azetylengas). Über den Einfluß von Schlichten auf Grauerstarrung berichtet Bavovsky [*4a*].

Sogenannte Kokillenschlichten und andere Flüssigkeiten [*9*], die vor jedem Einzelabguß an Stelle eines Rußüberzuges aufgespritzt werden können, haben sich im Gegensatz zu den Verhältnissen beim Metallkokillenguß für Fe-C-Kokillenguß weniger bewährt, da sie vor allem infolge zu schroffer Abkühlung der heißen Kokillenwandung deren Lebensdauer ungünstig beeinflussen.

Neben der Wahl geeigneter Schutzmittel für die Kokillenwandung ist sodann die Einhaltung möglichst konstanter Temperaturverhältnisse besonders wichtig, und zwar wiederum einmal mit Rücksicht auf die Kokillenhaltbarkeit und sodann im Hinblick auf eine möglichst gleichmäßige Qualität des Erzeugnisses. Vor Beginn des Gießens muß die Kokille zunächst auf die stets anzustrebende Betriebstemperatur von 200 bis 300 °C vorgewärmt werden. Anschließend sollen die Gießtemperatur, Gießfolge und die Kühlungsbedingungen gleichmäßig und so eingestellt werden, daß die Kokillentemperaturen nur in einem möglichst engen Bereich schwanken. Immerhin dürfte dieser Bereich, abgesehen von gewissen örtlichen Temperaturspitzen, bei kontinuierlicher Fertigung doch mindestens 250 bis 300 °C umfassen.

Die Gießtemperaturen sind dem jeweiligen Gußstück anzupassen und können im allgemeinen für Kokillenguß niedriger gewählt werden als für Sandguß. Im Prinzip sollen sie noch gerade ein einwandfreies Auslaufen der Abgüsse gewährleisten.

Auch bei Beachtung aller vorstehenden Gesichtspunkte ist die Wärmebelastung einer Kokille sehr hoch. Besonders ungünstig wirken sich in dieser Beziehung stark profilierte Abgüsse aus, da hier einzelne Formquerschnitte besonders hoch erwärmt werden. Auf der anderen Seite werden Kokillen für flache Abgüsse gleicher Wandstärke thermisch am gleichmäßigsten und somit am günstigsten beansprucht.

2. Kokillenhaltbarkeit

Bei Berücksichtigung aller für die Lebensdauer einer Kokille wichtiger Faktoren (Tab. 1) werden im Durchschnitt hohe Haltbarkeitszahlen erreicht, welche eine Wirtschaftlichkeit des Verfahrens zusätzlich zu den übrigen Vorteilen sichern. So erreicht beispielsweise bei kleinen und einfachen Gußteilen eine Kokille ohne weiteres Werte von 5000 Güssen und mehr, bevor sie infolge zu starken Verschleißes ausgeschieden werden muß. Bei Anordnung von acht derartigen Abgüssen in einer Kokille entspricht dies einer Produktion von mindestens 40000 Abgüssen je Kokille (Tab. 2). In besonders günstigen Fällen lassen sich auch noch erheblich höhere Leistungszahlen erreichen. Mit zunehmenden Größen und Gewichten der herzustellenden Abgüsse sinken die Haltbarkeitszahlen der entsprechenden Kokillen ab. Größere Kokillengießereien erfassen derartige Zahlen für die einzelnen Abgußgruppen sehr sorgfältig, da diese Werte eine wichtige Unterlage für die Weiterentwicklung der Kokillenqualität darstellen.

Tabelle 1. *Einflüsse auf die Kokillenhaltbarkeit*

I. Konstruktion	*II. Werkstoffauswahl*	
a) Wanddicke	a) GG unlegiert	Oberflächengüte
b) Verrippung	b) GG schwach legiert Cr oder CrMo, CrMoNi	Wärmeausdehnung
c) Verschluß	c) Stahlguß	Wärmeleitfähigkeit
d) Paßflächen	d) Stahl unlegiert, legiert	Temperaturwechselbeständigkeit
e) Anschnittsystem		

III. Betriebsbedingungen	
Gießtemperatur	Betriebsstillstandzeiten
Betriebstemperatur	Auswerfstöße
Kühlung einschl. Preßluft u. a.	Schlichten, Verhalten u. a.
Verzug	

Tabelle 2
Haltbarkeit von Kokillen (nach PETRISCHENKO [*9*])

Größengruppe der Gußstücke	Kokillenhaltbarkeit in Stückzahl der Abgüsse	
	aus GG	aus GS
kleinere	über 5000	500—1000
mittlere	1000—5000	300— 500
große	200— 500	100— 250
sehr große	50— 200	20— 50

Kokillenverbrauchszahlen (Verbrauch an bearbeiteten Kokillen in kg je t Erzeugung an gutem Guß) stellen zudem einen wichtigen Kostenfaktor in der Kalkulation von Kokillengußteilen dar. Allgemeine Richtwerte lassen sich nicht angeben, da die Zahl der bestimmenden Einflüsse sehr groß ist und zudem bisher praktisch keinerlei Veröffentlichungen hierzu erfolgten. ENGLISCH [*5*] geht lediglich kurz auf die Beziehungen zwischen dem Gewicht von Kokillen und demjenigen der ihnen zugehörigen Abgüsse sowie auf das Ausbringen an gutem Guß in Abhängigkeit vom Stückgewicht ein.

Die allmähliche Zerstörung einer Kokille im Laufe ihrer Betriebszeit wird zu einem geringen Teil durch eine rein mechanische Beanspruchung beim Entfernen der Gußteile aus der Kokille verursacht. Hiervon werden vor allem Konturen, Kanten und Ballen, die zudem bis auf 500 °C und darüber aufgeheizt werden, betroffen.

Sodann kann die durch den ständigen Temperaturwechsel bedingte Wechselbeanspruchung zur allmählichen Ausbildung von Oberflächenrissen führen, wobei gleichzeitig auch Oxydationserscheinungen und andere chemische Einflüsse eine Rolle spielen können.

Im wesentlichen beruht die Zerstörung, welche meist in den thermisch besonders beanspruchten Eingußläufen einsetzt, jedoch auf dem bekannten Wachsen.

Alle genannten Vorgänge werden sich im übrigen in ihren Einflüssen überlagern. Metallographische Untersuchungen an Oberflächen unbrauchbar gewordener Formen lassen deutlich den allmählich eintretenden Perlitzerfall erkennen. Auch der schädliche Einfluß eines zu hohen P-Gehaltes läßt sich im übrigen metallographisch nachweisen, wie JANSSEN [*4*] sehr anschaulich gezeigt hat. Die von ihm wiedergegebenen Gefügeaufnahmen lassen Steaditzerstörung erkennen, die zu Rißbildungen und Materialausbrüchen führt.

Zur Frage chemischer Einflüsse sei schließlich noch auf Schwefelbestimmungen hingewiesen, welche ebenfalls von JANSSEN [*4*] durchgeführt wurden. Proben aus der Formenoberfläche, der Mitte und der Außenfläche von drei verschiedenen Kokillen lassen deutlich eine starke Schwefelanreicherung an der Formoberfläche erkennen:

Kokillen Nr.	S-Gehalte in %		
	Innen	Mitte	Außen
1	0,321	0,119	0,115
2	0,251	0,101	0,103
3	0,186	0,098	0,098

Ob diese starke Schwefelaufnahme über die gasförmige Phase erfolgte, bleibe dahingestellt. Daß sich eine derartige Schwefelaufnahme auf den thermisch besonders beanspruchten Formflächen ungünstig auswirken muß, erscheint jedoch sicher.

Die Frage des genauen Temperaturverlaufes innerhalb der einzelnen Kokillen und während der Gieß- und Abkühlvorgänge ist für den Kokillengießer besonders wichtig und interessant. Die Durchführung entsprechender Messungen ist jedoch apparativ schwierig. Entsprechende Ergebnisse wurden daher auch bis heute kaum veröffentlicht. Frühere Untersuchungen von SCHÜZ [7] an Hartgußwalzen sind nicht auf die Verhältnisse beim Kokillenguß übertragbar, gestatten jedoch gewisse Analogieschlüsse. JANSSEN [4] führte später in ähnlicher Art Messungen an einer wassergekühlten Kokille für Eisenkokillenguß durch. Aus diesen Messungen bzw. aus der Interpolation seiner Kurven schloß er alsdann auf eine Temperatur von etwa 400 °C dicht unterhalb der Formoberflächen. Die genaue Temperatur auf den Oberflächen selbst muß dann noch entsprechend höher liegen. Auch der bis zu einer Tiefe von 0,2 mm an zerstörten Kokillen regelmäßig feststellbare Perlitzerfall läßt auf einen höheren Temperaturbereich von mindestens 600 °C schließen. Schließlich muß als sicher angenommen werden, daß örtliche Temperaturspitzen an besonders wärmebeanspruchten Teilen der Form noch erheblich höhere Werte erreichen. Gehemmt wird die Wärmeableitung durch Wanddickenteile, welche gewachsen sind. Dabei kann die Leitfähigkeit wesentlich zurückgehen, wie noch unveröffentlichte Versuche von ROLL erkennen ließen.

III. Eigenschaften des Kokillengusses

Die Anwendung des Kokillengusses ist in den letzten Jahren immer mehr angestiegen. Über die Anwendung bei Hartguß s. Bd. I/2, S. 188. Über Gußeisenkokillenguß berichten SCHÜZ [7], JANSSEN [4], ENGLISCH [5], PETRISCHENKO [9], REXROTH [10], NAUMANN [11], SCHWARZ u. JUNGHANS [12], VEBR, MLEOCH u. SOBESLAV [13], und weitere Sachbearbeiter [14 bis 17]. STÖLZEL [19] gibt über die Anwendung bei Temperguß Auskunft. Über die Verfahrenstechnik bei Stahlguß hat sich PETRISCHENKO [9] verbreitet. Einige der Anwendungsbeispiele sind in Tab. 3 zusammengestellt.

Tabelle 3. *Anwendungsbeispiele für Kokillenguß* (nach ROLL)

GGL	GT	GS
Stangen bis 500 mm ∅	Bremstrommeln	Räder
Platten, Barren, Würfel	Fahrzeugguß (einfacher Gestaltung)	Dampfarmaturen
Buchsen, Ringe	Landmaschinenguß (einfacher Gestaltung)	
Hydraulikguß	Meßwerkzeugguß	
Schwungscheiben	Dampfarmaturen	
Lagerschalen u. a.	Dichtungsringe	
Bremstrommeln	Schlüsselguß	
Drehkolben	Elektrische Armaturen	
Drehschieber		
Glasformen		
Keilriemenscheiben		
Leittrommeln		
Kolben, Kolbenringe		
Läppscheiben, Hülsen, Dorne		
Reibräder		
Richtplatten		
Schieber und Scherenbüchsen		
Schneckenräder und Kränze		
Zahnräder		
Spindelguß		

1. Gußeisen

Auf verschiedene kennzeichnende Eigenschaften von Kokillengußteilen aus Gußeisen (feinkörniges und feingraphitisches Gefüge, Lunker- und Porenfreiheit, Maßhaltigkeit und Oberflächengüte) und die sich hieraus ergebenden technischen und wirtschaftlichen

Vorteile des Kokillengußverfahrens wurde bereits an anderer Stelle hingewiesen. Es sei jedoch abschließend noch etwas näher auf die Zusammensetzung und die Wärmebehandlung eingegangen. Im allgemeinen wird für Kokillenguß ein unlegierter GG annähernd eutektischer Zusammensetzung verwendet, der nach dem Abguß ferritisch geglüht wird. In Sonderfällen können Kokillengußteile, die besonderem Verschleiß oder sonstigen höheren Beanspruchungen unterworfen werden, auch auf höhere Festigkeits- und Härtewerte vergütet werden. Schließlich kann auch legierter GG für Sonderzwecke vergossen werden.

Handelt es sich um ein eng begrenztes Fertigungsprogramm mit nur gleichen oder ähnlichen Gußteilen annähernd gleicher Gewichte und Wandstärken, so wird die Werkstoffanalyse diesem speziellen Verwendungszweck genau angepaßt. Bei sorgfältiger Abstimmung der übrigen für die Ausbildung des Gefüges maßgebenden Einflußfaktoren (Gieß- und Kokillentemperatur, Kühlbedingungen, Abkühlungszeit der Gußteile in der Kokille) kann ein feinkörniger und feingraphitischer, perlitisch-ferritisch erstarrter Sondergrauguß erzeugt werden, der bei gleichmäßiger Härte und guter Bearbeitbarkeit keiner anschließenden Glühbehandlung bedarf.

Normalerweise werden jedoch bei der Herstellung von Kokillenguß eine Vielzahl verschiedenster Gußteile mit stark schwankenden Wandstärken gleichzeitig aus einer Einheitslegierung abgegossen. Die schwächeren Querschnitte der verschiedenen Gußteile erstarren dann perlitisch-zementitisch, so daß ein anschließender Glühprozeß erforderlich wird.

ENGLISCH [5] behandelt die Herstellung kleiner und mittlerer Kokillengußteile aus einem Standardwerkstoff folgender Zusammensetzung:

C	Si	Mn	P	S	
3,30	2,50	0,50	0,50	0,10	je %

Alle aus diesem Werkstoff hergestellten Teile wurden einheitlich bei 900 °C, mit anschließender langsamer Ofenerkaltung bis auf 300 °C, geglüht. Die Teile besaßen dann bei rein ferritischem Grundgefüge Härten von etwa 150 bis 180 Brinelleinheiten und waren dementsprechend besonders gut bearbeitbar. Trotz des ferritischen Grundgefüges lagen andererseits die Zugfestigkeiten dieses geglühten Kokillengusses bei Probestäben, die aus verschiedenen Gußteilen mit Wandstärken von etwa 8 bis 14 mm entnommen waren, mit 22 bis 26 kg/mm² überraschend hoch. Gerade diese, trotz ferritischen Grundgefüges relativ hohe Zugfestigkeit ist eine weitere typische Eigenschaft des Kokillengusses. Die ferner ermittelte Schlagbiegefestigkeit entsprechender Proben betrug 0,25 mkg/cm².

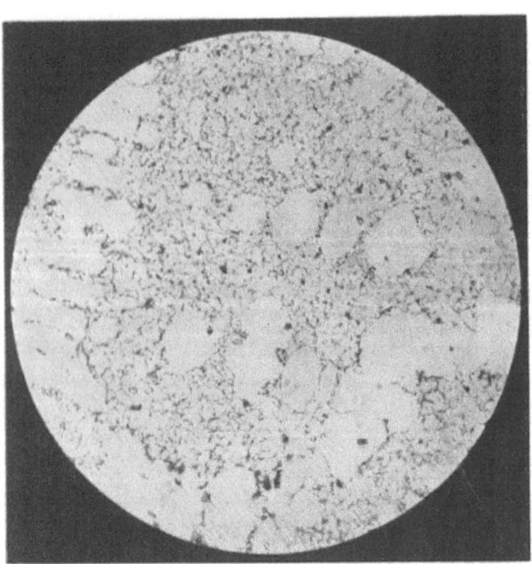

×500

Abb. 25. Gußeisen mit Graphit-Eutektikum (nach ROLL), vergossen in Kokille und bei 880 °C geglüht. Grundmasse Ferrit

Der gleiche ferritische Werkstoff bewährte sich im übrigen auch für Teile, welche nicht allzu hohem Verschleiß unterworfen waren (Kompressorengehäuse für Kühlschrankkompressoren) in mehrjähriger Erprobung. Handelte es sich dagegen um höherem Verschleiß unterworfene Motorenteile (Ventilsitzringe und Ventilführungen), so wurde statt der normalen Glühbehandlung eine Vergütung gewählt. Derartige Teile aus unlegiertem Grauguß wurden dann durch Ölabschreckung aus einem Temperaturbereich oberhalb des A_3-Umwandlungspunktes zunächst auf eine Rockwell-C-Härte von etwa 50 bis 54 Einheiten gehärtet und anschließend angelassen. Legiertes GG (C und CrMo oder CrMoNi) eignet sich dafür besonders gut. Nach Mitteilung von ROLL sind auch kernreiche GG-Gußstücke z. B. Großpreßluftventile (Eisenbahn) mit einer Zusammensetzung von C 3,3; Si 2,9 bis 3; Mn 0,4; P 0,2; S 0,06% gut herstellbar. Die

Glühung erfolgte bei 880 °C und ergab bei langsamer Abkühlung ein dichtes ferritisches Gefüge (Abb. 25). Die Eigenschaften sind wie folgt:

Zugfestigkeit	30— 36 kg/mm²	Volumenbeständigkeit	sehr gut
Brinellhärte	120—150 kg/mm²	Bearbeitbarkeit	sehr gut
Druckfestigkeit	70— 80 kg/mm²	Dichtigkeit	sehr gut

Nachreiner [*8*] gibt für geglühten Kokillenguß für Hydraulikteile folgende mechanische Werte an:

Zugfestigkeit	26—28 kg/mm²	Brinellhärte	150—170 kg/mm²
Biegefestigkeit	46—50 kg/mm²	Druckfestigkeit	70 kg/mm²
Durchbiegung	8—10 mm		

Im übrigen behandelt er speziell die Frage von Prüfzylindern gleichen Innendurchmessers jedoch verschiedener Wandstärken zur Prüfung der Undurchlässigkeit von Hydraulikkokillengußteilen gegen Flüssigkeiten und Gase. Die von ihm an derartigen Prüfkörpern und an fertigbearbeiteten Abgüssen vorgenommenen Druckprüfungen ergaben, daß bei Überschreitung des kritischen Druckes bzw. der sich hieraus ergebenden zulässigen Zugbeanspruchungen der Werkstoff selbst stets zu Bruch ging, bevor eine Gasdurchlässigkeit feststellbar war. Hieraus erhellt in besonderem Maße die Eignung von Eisenkokillenguß für Hydraulikzwecke.

Wahrscheinlich wird der Eisenkokillenguß auf Grund seiner spezifischen Eigenschaften und Vorzüge für bestimmte Graugußteile künftig noch an Bedeutung gewinnen. Mit Sicherheit kann dies für das gesamte Gebiet der Hydraulik vorausgesagt werden, wo nicht nur normaler Grauguß, sondern auch andere Werkstoffe bereits in zunehmendem Maße durch Kokillen-Sondergrauguß ersetzt worden sind. Die Ausschußursachen werden von Herfurth [*20*] behandelt.

Abgesehen von diesen rein technischen Gesichtspunkten mögen aber künftig auch wirtschaftliche Überlegungen, Mangel an Arbeitskräften und die größere Sauberkeit von Kokillengießereien im Vergleich zu Sandgußgießereien zugunsten des Kokillengußverfahrens sprechen und seine weitere Ausdehnung innerhalb der Gießereiindustrie begünstigen.

2. Temperguß

Nach Mitteilung von Roll muß GTW und GTS der größeren Abkühlungsgeschwindigkeit entsprechend in einer Zusammensetzung gewählt werden, die im Kohlenstoff- und Siliziumgehalt höher liegt. Besonders GTS-Gußstücke gleichmäßiger Wanddicke eignen sich für dieses Verfahren. Da der Rohguß eine Schwindung um 2% besitzt, sind alle Vorkehrungen für eine sichere vorperlitische Schwindung zu treffen. Das Ausleeren erfolgt möglichst schnell nach der Erstarrung um 900 bis 1000 °C. Durch Einbringen in einen Abkühlofen kann der Schwindung ohne Rißbildung begegnet werden. Es ist interessant, daß ein solcher Ofen gleich als Temperofen ausgebaut werden kann, so daß nach Beseitigung des Anschnittsystems eine wesentliche Abkürzung des gesamten Zeitablaufes gewährleistet werden kann.

Auch das Einbringen des aus der Kokille entnommenen Gusses in ein auf 900 bis 1000 °C erhitztes Salzbad schließt wertvolle Möglichkeiten für die Herstellung von Schnell-Temperguß, insbesondere aus GTS, ein.

Die dem Zerfall günstigere Zusammensetzung und die Abschreckwirkung in der Kokille bedingen einen schnellen Zerfall des Karbids in der ersten Graphitisierungsstufe. Bei GTS-Bremstrommeln konnte die Gesamtzeit der Temperung auf 6 Stunden reduziert werden. Die Festigkeitseigenschaften lagen in folgenden Grenzen:

Zugfestigkeit	43— 48 kg/mm²
Dehnung	16— 12%
Brinellhärte	120—140 kg/mm²

Das Gefüge war bei langsamer Abkühlung ferritisch, bei schnellerem Abfangen aus dem Austenitgebiet perlitisch mit beachtlichen Festigkeiten wie:

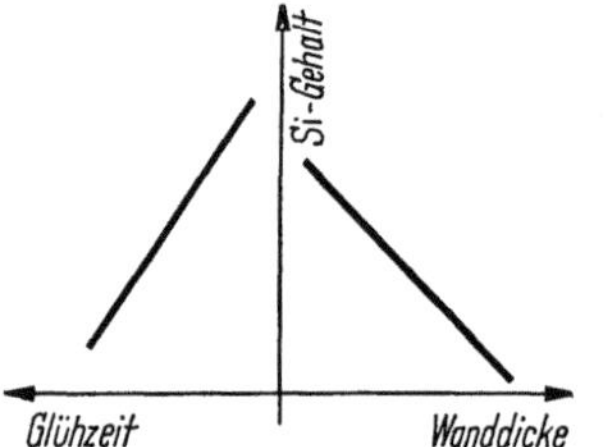

Abb. 26. Tendenz der Abhängigkeit des Si-Gehaltes von der Wandstärke und der Glühzeit vom Si-Gehalt (nach Stölzel)

Zugfestigkeit	50—59 kg/mm²
Dehnung	8—10%
Brinellhärte	180—220 kg/mm²

Das Ausbringen lag um 55 bis 63%. Untersuchungen liegen auch von Stölzel [*19*] über den gleichen Werkstoff vor. Danach wird dieser Werkstoff auch an halbautomatischen Drehtischen hergestellt. In der Arbeit wird unter anderem auch über Fahrzeugguß berichtet.

Die Weiterentwicklung der Anwendung von Kokillen bei GT wird von Stölzel [*21*] beschrieben. Auch hier werden die Vorteile dieses Verfahrens, nämlich der schnellere Zerfall in der ersten Glühstufe (5 bis 15 Stunden) und die mögliche

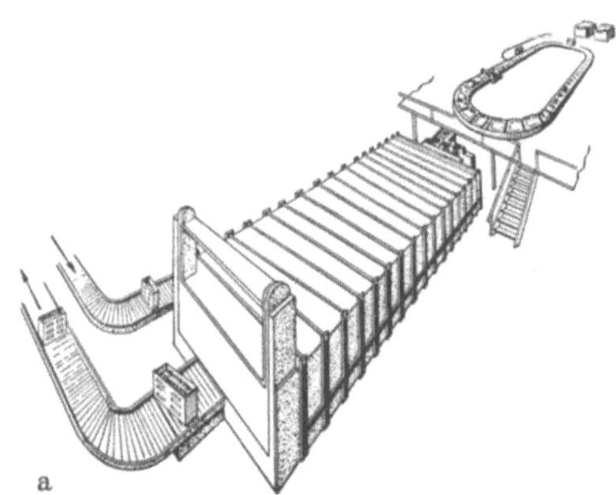

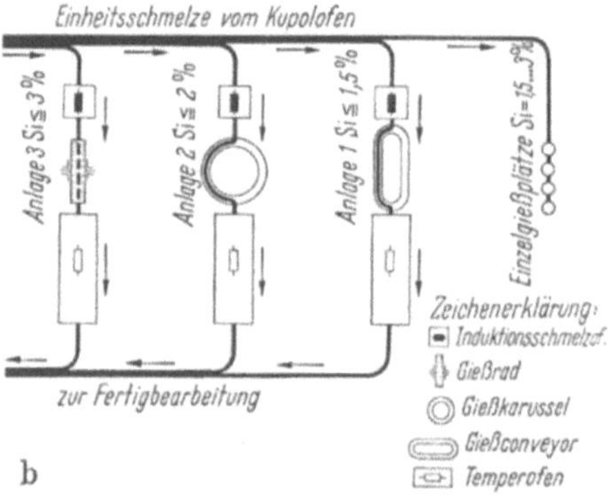

Abb. 27a. Aus Gieß- und Glühanlage bestehende Fertigungseinheit (nach Stölzel)

Abb. 27b. Schema einer Kokillengießerei für GT (nach Stölzel)

Steigerung der Wanddicke hervorgehoben. Es wird hierzu ein Si-Gehalt von 3% erwähnt. Abb. 26 zeigt in Form eines Prinzip-Schaubildes die Tendenz der Abhängigkeit des Si-Gehaltes von der Wandstärke und die Tendenz der Abhängigkeit der Glühzeit vom Si-Gehalt. Die Abb. 27a und 27b zeigen ferner eine aus Gieß- und Glühanlage bestehende Fertigungseinheit sowie das Schema einer Kokillengießerei mit einzelnen, auf verschiedene Si-Gehalte abgestimmten Fertigungseinheiten. Die Abb. 28a und 28b zeigen das Schema einer Glühanlage sowie ein Glühdiagramm. Gemäß Tab. 4 werden außerdem Leistungszahlen für Kokillengießereien der beschriebenen Art aufgeführt.

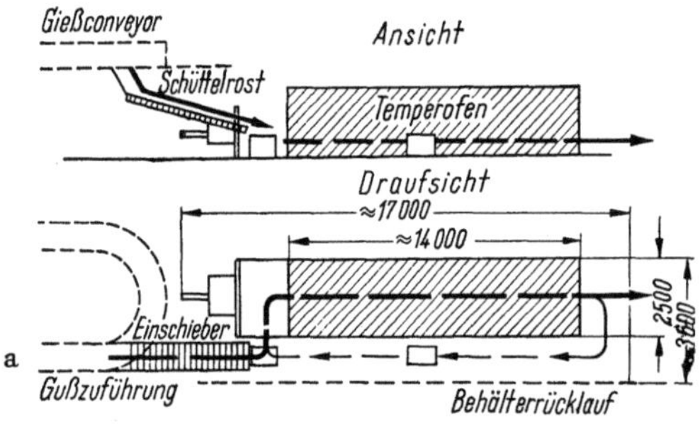

Abb. 28a. Schema einer Glühanlage für GT (nach Stölzel)

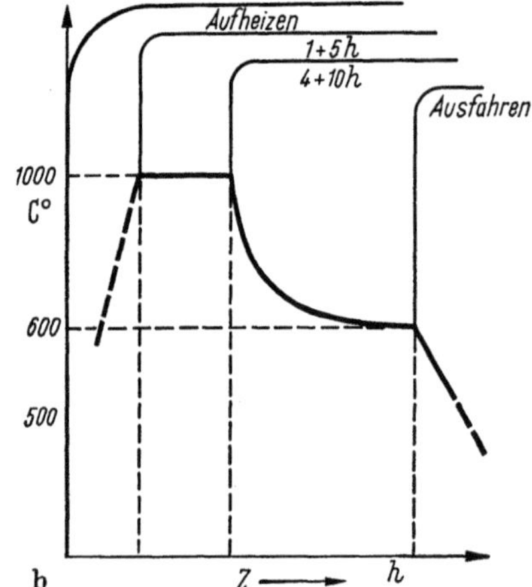

Abb. 28b. Glühdiagramm für Kokillen-GT (nach Stölzel)

Tabelle 4. *Leistungen von Kokillengießanlagen für GT* (nach STÖLZEL [*21*])

Daten des Gießconveyors	
Größte Länge	11 m
Größte Breite	5 m
Mittlere Umlaufgeschwindigkeit	3,5 m/min
Mittlere Umlaufzeit	8 min/Umdrehung
Kraftbedarf	7 kW
Mittleres Gußgewicht je Kokille	3,5 kg
Mittlere Stundenleistung an Guß	940 kg

(Die Stundenleistung kann bei veränderlichen Stückgewichten in bestimmten Grenzen durch Regulierung der Umlaufgeschwindigkeit konstant gehalten werden.)

Daten des Gießrades	
Anzahl der Kokillen	12
Größter Durchmesser des Rades	2500 mm
Flächenbedarf	18 m²
Umlaufzeit regelbar zwischen	2 und 8 min
Mittleres Gußgewicht je Kokille	2 kg
Mittleres Ausbringen	50%
Bedarf an flüssigem Eisen je Kokille	4 kg
Mittlere Leistung an Guß je Stunde	480 kg

3. *Stahlguß*

Nach Mitteilungen von PETRISCHENKO ist GS in Ganz- und in Halbkokillen herstellbar (Abb. 29). Eine Gegenüberstellung von Sandguß und Halbkokillenguß läßt das günstige Ausbringen bei geeigneten (einfachen) Stahlgußstücken erkennen (Tab. 5).

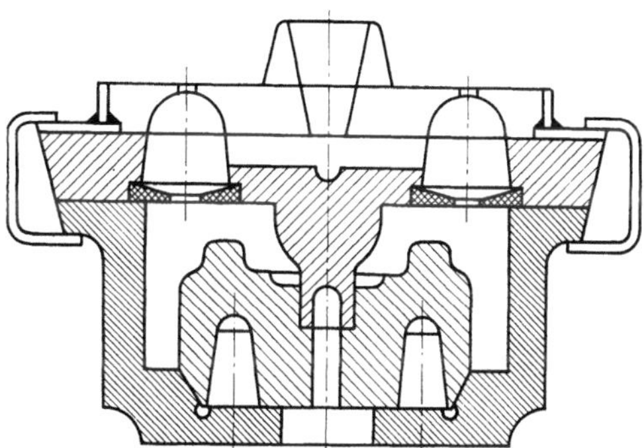

Abb. 29. Halbkokille für Stahlguß (nach PETRISCHENKO)

Tabelle 5. *Gegenüberstellung der Werte für in Sandguß und in Halbkokillen vergossene Teile* (nach PETRISCHENKO [*9*])

Bezeichnung des Gußstückes	Gewicht der Gußstücke in kg		Gewicht der verlorenen Köpfe in kg		Ausbringen an guten Gußstücken in %		Verringerung des Platzbedarfs in der Gießerei
	Kastenguß	Kokillenguß	Kastenguß	Kokillenguß	Kastenguß	Kokillenguß	
DU 15	10	11	20,8	5	34,5	67,0	auf ein Drittel
DU 20	18	15	31,2	7	36,5	68,5	
DU 25	20	18	31,0	8	36,2	69,5	

Der gleiche Verfasser hält einige Richtlinien ([*9*], S. 43) wie folgt fest:

a) Werkstücke und Kokillen sind nach Möglichkeit einfach zu gestalten.
b) Man soll geteilte, besonders senkrechte Kokillen vermeiden.
c) Auswerfer an Kokillen sind zu vermeiden.
d) Für leichte und mittelschwere Gußstücke eignet sich die Mehrfachkokille.
e) Die Verwendung von Halbkokillen ist zu empfehlen. Für freies Schwinden ist Sorge zu tragen.

Literatur

[1] Beck, L.: Geschichte des Eisens. Braunschweig 1884, Abt. 2, S. 286. — [2] Technik 4 (1949) Nr. 11, S. 515 (Hinweis ohne Quellenangabe). — [3] Das Gießereiwesen in gemeinfaßlicher Darstellung. 3. Aufl., Düsseldorf: Gießereiverlag 1951, S. 64 mit Bild 43 und 44. — [4] Janssen, F.: Eisenguß in Dauerformen. Berlin: Springer 1930. — [4a] Bavovsky, E.: Gießtechn. 6 (1960) S. 353. — [5] Englisch, C.: Die Gießerei 30 (1943) S. 181/89. — [5aα] Fonderie (1957) S. 225. — [5a] Everest, A. B.: Foundry Trade J. 89 (1950) II, S. 57 u. 95; Gieß.-Kal. (1961) S. 152, Gieß.-Verlag. — [5b] Gieß.-Kal. 1960, S. 152. — [6] Piwowarsky, E.: Hochwertiges Gußeisen. 2. Aufl., Berlin/Göttingen/Heidelberg: Springer 1951, S. 1011/20. — [7] Schüz, E.: Stahl u. Eisen 42 (1922) S. 1610/17, 1673/81 u. 1900/06. — [8] Nachreiner, H.: Werkstatt und Betrieb 87 (1954) S. 239/242. — [9] Petrischenko, A. M.: Kokillenguß. Leipzig: Fachbuchverlag 1953, S. 30. — [10] Rexroth, A.: Gießerei 46 (1950) S. 684. — [11] Naumann, F.: Gießereitechn. 2 (1956) S. 217; Metall u. Gießereitechn. (1954) S. 118. — [12] Schwarz, G., u. D. Irmgans: Gießereitechn. 5 (1959) S. 139; Gießtechn. 1 (1955) S. 230; Gießereitechn. 5 (1959) S. 35. — [13] Vebr, J., K. Mleoch u. L. Sobeslav: Gießereitechn. 1 (1955) S. 159. — [14] Chase, H.: Foundry (Oct. 1955) S. 111. — [15] Hoenike, E. C.: Mech. Eng. (July 1953) S. 549. — [16] Keilitz, R.: Gießtechn. 2 (1956) S. 220. — [17] Bavovsky, E.: Gießtechn. 2 (1956) S. 225. — [18] Schirm, F.: Ing.-Arbeit, Hüttenschule Duisburg 1953. — [19] Stölzel, K.: Gießtechn. 2 (1956) S. 233. — [20] Herfurth, K.: Gießtechn. 6 (1960) S. 364/67. — [21] Stölzel, K.: Gießtechn. 7 (1961) S. 113.

Weitere Literatur: Okromeško: Mechanisierung und Automatisierung in der Gießerei; siehe Litejnoe proizvodstoo (1961) Nr. 10, S. 51 (Zentralinstitut für Gießereitechnik, Leipzig). — Naumann, F.: Fachtagung: Entwicklung von Kokillenguß für Eisenwerkstoffe, Berlin: Verlag Technik (1961).

Graphit-Dauerformen

Von **F. Roll**, Duisburg

Mit 11 Abbildungen

Die Graphitform wird sowohl zu Standguß als auch zu Zentrifugal- und Druckguß verwendet. Dabei ist zunächst die ganze Form aus Graphit hergestellt worden. Bei Standguß sind aber auch kombinierte Einlaufsysteme, die großer Metallspülung ausgesetzt sind, zur Anwendung gekommen [*1*]. Über die Bedingungen, die für Graphitformen beim Gießen einzuhalten sind, hat SOSNENKO [*2*] berichtet. Von den Nicht-Fe-C-Guß-Metallen bzw. deren Legierungen ist das Gießen von Titan und Zirkon von ROBERSON [*3*] beschrieben worden. Dabei handelt es sich um Dauerformen. Die Kohlenstoffaufnahme ist gering (0,003% C in einer Dicke von 0,64 mm). Auch Formen aus Graphit mit Wasserglas als Binder haben sich bewährt. Über die Erfahrungen mit den gleichen Metallen berichten sodann LANG, KURA und JACKSON [*4*], ANTES, NORTON und EDELMANN [*5*], sowie TORTI [*6*].

Das Gießen von Uran in Graphitformen, die mit Zirkon-Mullit-Mischungen überzogen sind, beschreibt CHANDLEY [*7*]. Dieser Formstoff hat sich unter den festgelegten Bedingungen gut bewährt. In der Literatur wird auch über Standguß und Schleuderguß für massiven Kupferguß berichtet.

Beim Fe-C-Guß sind ebenso beide Arten als Graphit-Dauerformguß interessant (Abb. 1). Einfach konstruierte Gußteile lassen gewisse Vorteile in der Genauigkeit und Sauberkeit erkennen. Bei GG z. B. sind auch Kostenersparnisse von 10 bis 20% erzielt worden.

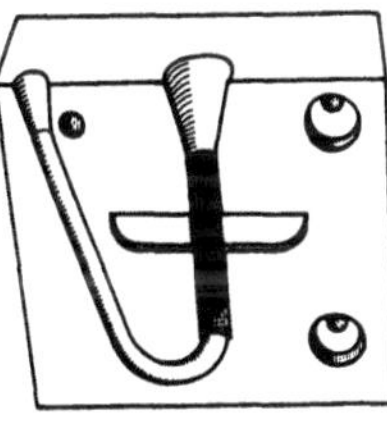

Abb. 1. Graphitform für Standguß (mit Äthylsilikat behandelt) (Foundry 86 (1952) August, S. 102)

Bei GG sind in dichten aus dem Vollen gedrehten Formen Abgußzahlen bis 1000 erreicht worden. Da Graphit gut und genau zu bearbeiten ist, da er dazu beim Gieß- und Erstarrungsprozeß auch eine reduzierende Atmosphäre sichert, ist dieser Formstoff auch wegen seiner guten Leitfähigkeit (Bd. I/1, S. 469, 335) für ähnliche Teile, wie sie sich für Kokillenguß eignen, technisch und auch wirtschaftlich recht interessant.

Bei GTS ist auch das Schleuderverfahren, wenn auch beschränkt, aber doch erfolgversprechend zur Anwendung gelangt. Kleine Gehäuse, Bremstrommeln und andere Teile hat man so hergestellt.

Bei der Herstellung von Stahlguß sind besondere Fortschritte durch die Arbeiten der Gießereifachleute der Griffin Wheels Company erzielt worden, über die mehrere Berichte vorliegen [*8*]. Bei diesem Verfahren wird die Graphitform als Dauerform für die Herstellung von Eisenbahnrädern verwendet.

Entscheidend für die Anwendung der Graphitform sind die Vorzüge, die diesen Stahlgußrädern nachgesagt werden:

1. sind sie mit besserer Konstruktion-Formgebung verbunden;
2. die Schwindung wird durch die Graphitform weniger behindert;
3. das Druckverfahren sichert eine größere Festigkeit und
4. engere Freimaß-Toleranzwerte der Gußteile.

Nach HURSEN verträgt eine Graphitdauerform selbst die Gießtemperaturen, die bei GS auftreten. Graphit ist einer derjenigen Formstoffe, die auch einen plötzlichen Temperaturwechsel aufnehmen können (SCHOCK). Sodann ist der geringere und gleichmäßige Wärmeausdehnungswert von Bedeutung. Die leichte Bearbeitbarkeit und die geringen Schwierigkeiten beim Ausbessern der Form sind weitere günstige Merkmale der Graphitform. Unangenehm sind die Auswaschungen der Form durch den Stahl, die jedoch durch geeignete Gießmethodik im Rahmen gehalten werden können.

Die Dichte der Form muß genau eingehalten werden. Eine höhere Verdichtung erzeugt Gasblasen und Oberflächenrauhigkeiten, eine zu geringe Verdichtung fördert die Penetration und bringt Abspülungen der Form mit sich.

Im Falle dieser Waggonräder benutzt man Stahlformkästen mit einem Durchmesser von etwa 1000 mm bei 430 mm Dicke für den Ober- und Unterkasten. Der Stahlblechmantel schützt auch die äußeren Konturen der Dauerform. Das Gesamtgewicht beträgt in diesem Fall 453 kg.

Im Oberkasten sind drei leicht konische Räume für die Steiger, die mit einem hohlen, aus Quarz-Phenol gebrannten Kern ausgekleidet sind, zu finden. Diese Kerne müssen bei jedem Abguß erneuert werden. Sodann ist im Oberkasten noch ein keramischer Verschlußstopfen untergebracht (ähnlich wie beim Stranggießverfahren). Die Form, die aus synthetischem Graphit besteht, verträgt bis 2000 Abgüsse. Nach ungefähr je 150 Abgüssen wird die Form ausgedreht, mit einer Graphitpaste ausgebessert und nachgefräst. Dieser Vorgang kann in einer Stunde abgewickelt werden. Nach dem Ausleeren wird die heiße Form auf einer Heißplatte abgesetzt, und dabei werden die 3 Steiger in die Form eingebaut. Um die Gußoberfläche gut glatt zu halten, wird die Innenfläche der Form mit einer Silikat (Wasserglas-) Lösung eingesprüht.

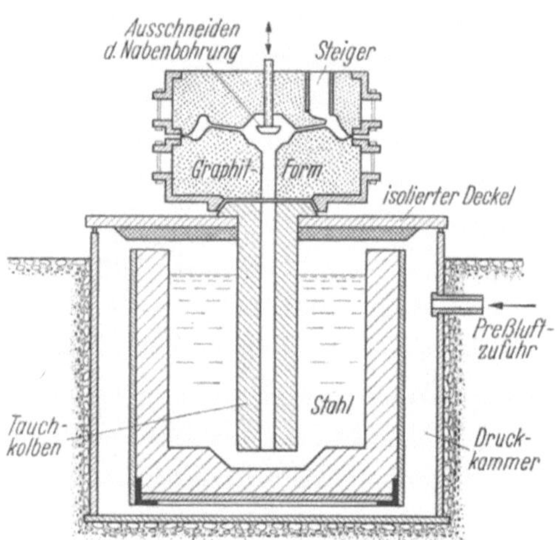

Abb. 2. Die schematische Darstellung zeigt, wie das flüssige Metall in die Form gedrückt wird

Abb. 3. Einsetzen der Pfanne (nach HURSEN)

Die Gießvorrichtung ist so eingerichtet, wie es die Abb. 2 zeigt. Eine Pfanne mit einem großen Fassungsvermögen (7 t) (s. Abb. 3) für Stahlguß der Zusammensetzung C 0,65 bis 0,85%, Si min. 0,15%, Mn 0,60 bis 0,85%, P und S max 0,05% wird in eine Gießgrube eingesetzt, und zwar so, daß der Rand wenig unter Bodenflur zu liegen kommt (Abb. 4).

Abb. 4
Einführen des Deckels (nach HURSEN)

Abb. 5
Vorrichtung mit aufgesetzter Form (nach HURSEN)

Die Pfanne wird dann mit einem feuerfesten Deckel luftdicht verschlossen (Abb. 5). In die Pfanne ragt ein am Deckel befestigtes feuerfestes Rohr. Durch dieses Rohr wird der Stahl aus der Pfanne mittels Preßluft in den Formhohlraum eingedrückt. Bei diesen, bei der Griffin Wheel Company hergestellten, Waggonrädern hat sich eine Gießmenge des von unten zugedrückten Stahles mit 75 kg je Sekunde bewährt. Die Form selbst ist in 4 Sekunden gefüllt. Der Zulauf wird durch Niederdrücken des keramischen Stopfens unterbunden. Danach wird die Druckluft weggenommen. Überschüssiger Stahl läuft in die Pfanne zurück. Danach wird die Form abgehoben (Abb. 6) und etwa 5 Minuten auf einem Band abgekühlt. Inzwischen ist eine neue Form auf der Pfanne befestigt worden. Nach der Abkühlung der ersten Form kann der Oberkasten abgenommen werden (Abb. 7). Die in ihm hängenden Steiger sind noch nicht erstarrt und reißen ab. Das noch im Unterkasten befindliche heiße Rad wird abgehoben und einer Wärmebehandlung unterzogen.

In Abb. 8 und 9 sind die Kerne für die Steiger zu erkennen, und in Abb. 10 ist die Form mit dem keramischen Verschlußkegel sowie in Abb. 11 das Aufsetzen von Ober- und Unterkasten zu sehen.

Die Anlage ist für Waggonräder voll mechanisiert.

Abb. 6. Oberteil der Form wird abgenommen (nach Hursen)

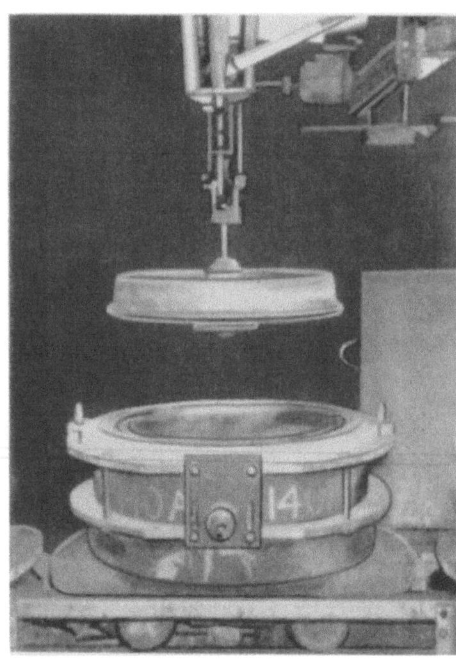

Abb. 7. Waggonrand aus dem Unterteil der Form entnommen (nach Hursen)

Abb. 8. Einbau der Kerne in den Oberteil der Form (nach Hursen)

Abb. 9. Hinterfüllen der Kerne mit Quarzsand (nach Hursen)

Abb. 10. Oberteil der Form mit Verschlußkegel (nach HURSEN)

Abb. 11. Zusammensetzen der Form (nach HURSEN)

Literatur

[1] SARIKOW, M. A., u. E. A. MERKULOV: Litejnoe Proizvodstvo (1960) Nr. 10, S. 41. — [2] SOSNENKO, M. N.: Litejnoe Proizvodstvo (1960) Nr. 2, S. 34. — [3] ROBERSON, A. H.: J. Inst. Metalls 86 (1957/58) Nr. 1, S. 1; Gießerei 45 (1958) Nr. 15, S. 424. — [4] LANG, R. M., J. G. KURA u. J. H. JACKSON: Trans-Amer. Foundrymen's Soc. 61 (1953) S. 540. — [5] ANTES, H. W., J. T. NORTON u. R. E. EDELMAN: Trans. Amer. Foundrymen's Soc. 66 (1958) S. 135. — ANTES, H. W., u. R. E. EDELMAN: Mod. Castings 35 (1959) Nr. 3, S. 97; Trans. Amer. Foundrymen's Soc. 67 (1959) S. 166. — MCCURDI, H. H., H. W. ANTES u. R. E. EDELMAN: Mod. Castings 38 (1960) Nr. 2, S. 76; Trans. Amer. Foundrymen's Soc. 68 (1960) S. 422 u. 830. — [6] TORTI, M. L.: J. Metalls 11 (1959) Nr. 9, S. 616. — [7] CHANDLEY, G. D., u. D. G. FLACK: Foundry 88 (1960) Nr. 2, S. 76. — [8] HURSEN, H. H.: Trans. Amer. Foundrymen's Soc. 63 (1955) S. 367. — GUDE, W. G.: Foundry 85 (1957) Nr. 10, S. 110. — CLOSE, G. C.: Automation 6 (1959) Nr. 5, S. 79. — FRASER, D. S. C.: Foundry Trad. J. 168 (1960) Nr. 2252, S. 131.

Stranggießen von Gußeisen [1]

Von **A. Wittmoser**, Lampertheim/Hessen

Mit 33 Abbildungen

I. Einleitung

Wer als Ingenieur vor die Aufgabe gestellt wird, eine bestimmte, relativ eng begrenzte Entwicklungsarbeit durchzuführen, wird sich naturgemäß zunächst über die erforderlichen theoretischen Grundlagen sowie das auf dem interessierenden Gebiet bereits bekannte Erfahrungsgut unterrichten. Nach eingehender Kenntnis der bereits bestehenden Gesetzmäßigkeiten für den speziellen Gegenstand der Untersuchung wird dann versucht, teils durch logische Weiterentwicklung, teils aber auch durch geistvolle neue Gedankengänge (Erfindungen) die bearbeiteten Probleme entscheidend weiterzuentwickeln.

Leider ist bisher allgemein die Meinung verbreitet, daß für eine nutzbringende Prognose langfristiger Entwicklungen praktisch keine Hilfsmittel zur Verfügung stehen und daher nur die reine Intuition des genialen Ingenieurs den richtigen Weg weisen könnte. Niemand wird die Notwendigkeit der geistvollen Eingebung bei der Auslösung weitreichender Entwicklungen abstreiten, doch darf nicht übersehen werden, daß auch hier Möglichkeiten zum vorhergehenden Studium der die anstehenden Fragenkomplexe bestimmenden Gesetzmäßigkeiten gegeben sind. Ihre Kenntnis setzt die für die Festlegung der Entwicklungslinien Verantwortlichen in die Lage, das (naturgemäß immer bestehende) große Risiko von Fehlentscheidungen weitgehend einzuschränken. Die Kenntnis solcher übergeordneter Beziehungen könnte dann sogar dazu Veranlassung geben, die schrittweise Weiterentwicklung bereits bekannter Verfahren vorübergehend zurückzustellen, um sich einer langzeitigen, zunächst nicht unmittelbar produktiv auswirkenden Entwicklungsarbeit von voraussichtlich sprunghafter technischer Bedeutung zuzuwenden und damit für die Weiterentwicklung des gesamten Fragenkomplexes einen neuen, eindrucksvollen Impuls zu geben. Dies um so mehr, als gegenüber den an sich im Einzelfall wichtigen speziellen Forschungsaufgaben (wie sie z. B. zu den täglichen Aufgaben einer Versuchsanstalt gehören) die langzeitigen Entwicklungen für den Bestand und die Weiterentwicklung des Unternehmens von besonderer Bedeutung sind. Durch sie wird in manchen Fällen sowohl das Bild des gesamten Unternehmens im Hinblick auf den technischen Stand als auch die wirtschaftliche Ertragslage auf Jahrzehnte hinaus beeinflußt.

Die vergleichende Betrachtung des historischen Ablaufs langzeitiger Entwicklungen organischer und anorganischer Vorgänge [*1* bis *3*] führt auch bei der Betrachtung technischer Entwicklungen immer wieder zu der gleichen Gesetzmäßigkeit, die sich in einfacher Weise durch die Gaußsche Parabel (oder Glockenkurve) beschreiben läßt. In logischer Auswertung dieser Erkenntnisse wurde von K. Daeves [*4*] (zum Teil gemeinsam mit R. Beckel [*5*]) ganz bewußt versucht, Voraussagen über den weiteren Verlauf bestimmter technisch allgemein interessierender Entwicklungen zu machen. Wie sich Kulminations-

---

[1] Unter weitgehender Benutzung eines Vortrages bei dem 23. Internationalen Gießereikongreß vom 1. bis 9. September 1956 in Düsseldorf (s. a. Gießerei 43 (1956) Heft 18, S. 473/84).

punkte bei der Kohlenförderung im Ruhrgebiet oder in den Vereinigten Staaten von Amerika finden ließen, so zeigt auch das Beispiel der Stahlerzeugung, wie ein Stahlherstellungsverfahren nach dem anderen durch neuere Methoden abgelöst wird und gleichzeitig die Gesamtstahlerzeugung, als Umhüllende ebenfalls ein Teil einer Gaußschen Parabel, zu immer höheren Werten ansteigt (Abb. 1). Daß die Erzeugung der Flußstähle den aus Abb. 1 folgenden Höchstwert nach 1930 überschritten hat, könnte, wie H. Bohr [*6*] ausführt, seine Ursache in der Entwicklung des Sauerstoff-Frischblasverfahrens [*7*] haben, das im letzten Jahrzehnt mit bemerkenswerter Schnelligkeit in die Verfahrenstechnik der Stahlwerke eingedrungen ist und das als Ausgangspunkt einer erneuten Entwicklung (Kollektiv) angesehen werden könnte (vgl. Abb. 1, gestrichelte Linie [*8*]). Auch H. Schenck [*9*] hatte schon früher ähnliche Betrachtungen angestellt.

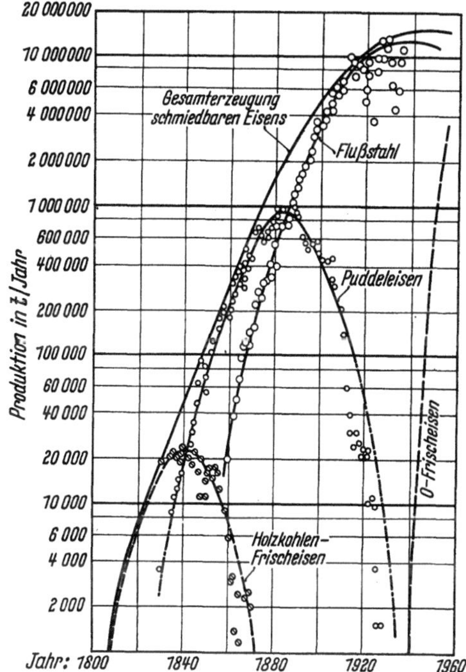

Abb. 1. Entwicklung der Stahlerzeugung in Rheinland-Westfalen von 1830 bis 1940 (nach K. Daeves [*4*], vom Verfasser der neuen Entwicklung entsprechend erweitert)

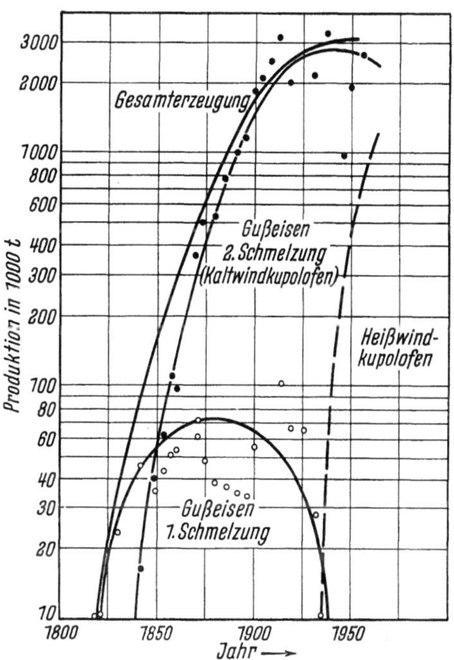

Abb. 2. Gußeisenerzeugung in Deutschland nach verschiedenen Schmelzverfahren

Im Anschluß an die von K. Daeves entwickelten Gedankengänge haben auch E. Piwowarsky und A. Wittmoser [*10*] eine ähnliche Darstellung für die Gußeisenerzeugung in Deutschland seit Beginn des 19. Jahrhunderts gegeben. Auch hier zeigte sich grundsätzlich die gleiche Tendenz wie bei der Stahlerzeugung. Aber auch hier bietet es sich an, in dem bereits auf breiter Basis zum Einsatz gelangenden Heißwindverfahren den Ausgangspunkt zu einer weiteren Entwicklung der Gußeisenerzeugung zu sehen [*11*] (Abb. 2). Selbstverständlich kann mit derartigen Darstellungen nur versucht werden, einen qualitativen Hinweis zu geben, während das Ausmaß der Entwicklung und ihr derzeitiges Stadium nur schwer zu bestimmen sind und z. B. in einzelnen Ländern auch bei gleichem Gegenstand sehr verschieden sein können (so ist gerade der Heißwindofen in England und Amerika noch viel weniger eingeführt als in Deutschland; doch zeigt sich gerade auch hier in den letzten zwei bis drei Jahren eine starke Tendenz zur Einführung dieses Schmelzverfahrens).

In diesem Zusammenhang soll auch ganz grundsätzlich der Ablauf während der Weiterentwicklung eines Problems betrachtet werden. Eine schematische, an Hand des vielfältigen Erfahrungsgutes entworfene Darstellung [*11*] zeigt, daß im allgemeinen in dem ersten zündenden Gedanken z. B. zur Ausführung eines Verfahrens eine ganz bedeutende (vielleicht die größte) gedankliche Leistung liegt (Abb. 3). Dieser genialen Idee, die als „Gedankensprung“ bezeichnet ist, folgt nun in zäher Kleinarbeit die systematische fleißige Weiterentwicklung des Problems (hier als „unechter Fortschritt“ bezeichnet), deren Erfolg, wie der sich asymptotisch der Abszisse nähernde Kurventeil zeigt, immer geringer wird. Erst wenn durch einen neuen, aber naturgemäß immer diskontinuierlichen Gedankensprung diese „Potentialschwelle“ wieder überwunden ist, besteht die Möglichkeit für eine weitere Entwicklung des Problems.

Selbstverständlich kann mit dem Begriff „Gedankensprung“ und „systematische fleißige Weiterentwicklung“ keine Beurteilung in wirtschaftlicher Hinsicht verbunden werden. Beispielsweise hat für die Entwicklung des Stranggießverfahrens wohl H. Bessemer [*12*] das Verdienst, als erster um 1850 das Grundprinzip

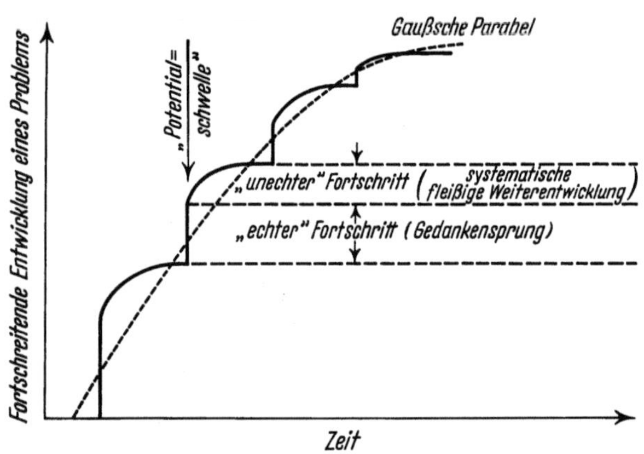

Abb. 3. Schematische Darstellung des historischen Ablaufes eines Problems

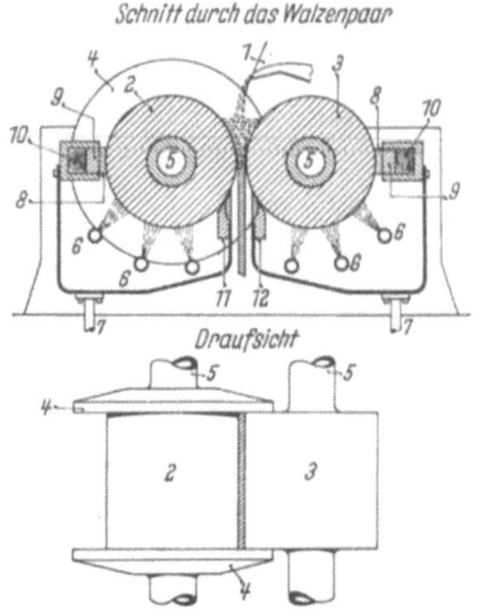

Abb. 4. Vorschlag von H. Bessemer zum Gießwalzen von Stahl aus dem Jahre 1846
1 Metallzuführung; *2* u. *3* Kokillenwalzen; *6* Kühlung

mit zahlreichen Ausführungsbeispielen, z. B. Abb. 4, vorgeschlagen zu haben. Trotz dieser zweifellos außerordentlich hohen geistigen Leistung mit dem Grundgedanken, Blöcke und auch Fertigteile, wie Schienen, Bleche u. dgl., im kontinuierlichen Guß herzustellen, konnte der Strangguß jedoch wegen des damaligen unzureichenden technischen Standes und auch weiterer fehlender Voraussetzungen (Massenbedarf) nicht zu einem wirtschaftlich brauchbaren Verfahren ausgebaut werden. Erst S. Junghans war es um 1925 möglich, durch zum Teil geniale Lösungen auf einzelnen Teilen der Verfahrenstechnik [*13*] (die entsprechend Abb. 3 wieder als „Gedankensprünge“ zu werten sind), die Entwicklung wieder in Fluß zu bringen. Nicht zuletzt hat aber dieser Pionier des Stranggießens gerade auch durch systematische und fleißige Weiterentwicklung die völlige Ablösung des Kokillenblockgusses durch das Stranggußverfahren bei Leichtmetall- und Schwermetallegierungen erreicht, so daß heute eine Bereitstellung der zum Herstellen von Halbzeug erforderlichen Rohblöcke aus diesen Legierungen ohne das Stranggußverfahren undenkbar erscheint [*14*].

II. Kokillenguß von Gußeisen

Wie bereits angedeutet, können in vielen Fällen auch für das Gebiet der Gußeisenlegierungen die gleichen oder ähnliche allgemeine Gesetzmäßigkeiten gelten, wie sie für die Entwicklung vieler anderer Werkstoffe, Verfahren und Lebensvorgänge Gültigkeit haben [*10*].

Unter diesem Blickwinkel betrachtet, scheint auch die Entwicklung der für Gußeisenlegierungen verwendeten Gießverfahren, insbesondere im Hinblick auf die zur Anwendung gelangenden Formstoffe, immer mehr zum Guß in metallische Dauerformen (Kokillenguß) zu gehen. Es läßt sich leicht erkennen, wie durch den Zwang zur Massenerzeugung die Anforderungen an die Maßgenauigkeit der Gußteile laufend gesteigert werden. Nun müssen aber, worauf anläßlich eines Internationalen Gießereikongresses auch H. Brown [*15*] verwiesen hat, alle Bemühungen, durch sogenannte Präzisionsgießverfahren (wie Formmaskenverfahren, Feinguß u. dgl.) die Maß- und Oberflächengenauigkeit der Gußstücke zu steigern, nur als Übergangsstufen zu dem wohl „genauesten Genauguß", dem Kokillenguß, zu betrachten sein. Abb. 5 zeigt, wie etwa diese Gießverfahren im Hinblick

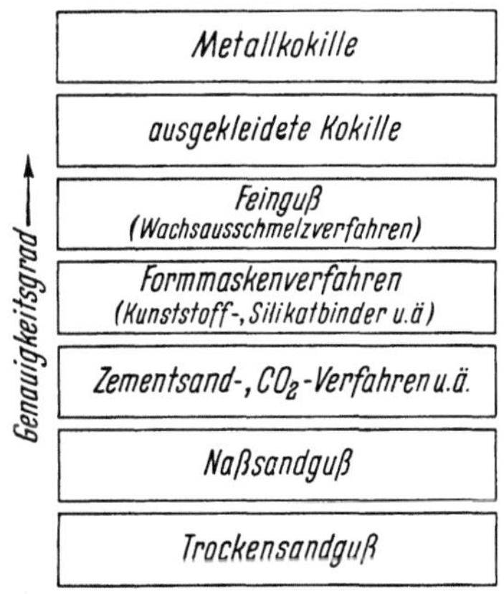

Abb. 5. Einige Formverfahren, geordnet nach ihrer Oberflächengenauigkeit

Abb. 6. Frühgeschichtlicher Kokillenguß in Cornwall (T. W. Lippert [*16*])
links: Abguß, rechts: Kokillenhälften

auf ihren Genauigkeitsgrad einzuteilen sind [*11*]. Die ersten Abgüsse wurden wohl in frühester Zeit in mineralischen Dauerformen durchgeführt, wie sich an einem schönen Beispiel aus prähistorischer Zeit [*16*] im englischen Fundgebiet ergibt (Abb. 6). Eine größere Gußerzeugung war jedoch erst möglich, als es durch die Auffindung des Sandes als Formstoff möglich war, ohne größere Schwierigkeiten in nahezu unbeschränktem Maße einen billigen und leicht zu formenden Werkstoff für die Herstellung von Gießformen zur Verfügung zu stellen. Der in den letzten Jahrzehnten laufend gestiegene Bedarf an Massengütern hat jedoch dazu geführt, wieder verstärkt Dauerformen, aber nunmehr überwiegend aus metallischen Werkstoffen (in Sonderfällen aus Graphit), anzuwenden.

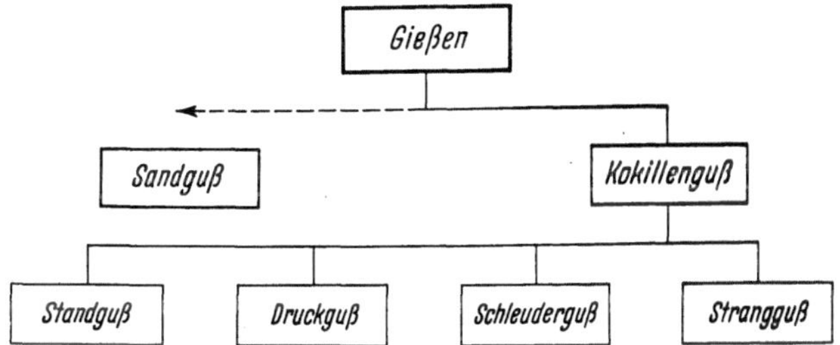

Abb. 7. Gliederung der Kokillengießverfahren

Bei der Anwendung der Kokillengießverfahren für die Formgebung von *Gußeisen* wirkt sich gegenüber dem Verhalten anderer Metalle seine Neigung, nach dem instabilen System zu erstarren, wegen der hierdurch hervorgerufenen hohen Härte des Werkstoffes oft störend aus. Zweifellos hat diese Eigentümlichkeit der Gußeisenlegierungen dazu beigetragen, die Anwendbarkeit dieser Gießverfahren stark zu hemmen.

Unter den einzelnen Arten des *Kokillengusses* (Abb. 7) [*11*] ist der Standguß naturgemäß, wie für andere Gußlegierungen, auch für Gußeisen das älteste Verfahren. Doch hat sich bisher seine Anwendung für die Formgebung von Gußeisen noch auf einen relativ geringen Anteil der Gesamterzeugung beschränkt (druckdichter Guß für hydraulische

Teile, kleinere Automobilgußteile u. dgl. [*17*, *18*]). Das Druckgießverfahren blieb fast ausschließlich der Verarbeitung niedriger schmelzender Legierungen vorbehalten. Ansätze, Gußeisen nach dem Druckgießverfahren zu verarbeiten, sind bisher wohl kaum über das Stadium des Betriebsversuches hinausgelangt [*19*].

Im Gegensatz dazu ist der *Kokillenschleuderguß* gerade bei Gußeisen in größtem Umfang zum Einsatz gelangt. Hier war die Möglichkeit gegeben, durch Anwendung eines weitgehend mechanisierten Verfahrens den überaus großen Bedarf an gußeisernen Rohren zu decken, der sich aus dem raschen Wachstum der Städte mit ihrem ständig steigenden Bedarf an Wasser- und Gasleitungen ergab. So erreicht heute die Herstellung von gußeisernen Teilen allein nach dem Schleudergußverfahren mehr als 15% der gesamten Gußeisenerzeugung in Deutschland (Abb. 8) [*20*]. Dieses Zahlenverhältnis entspricht im wesentlichen auch der Situation in anderen hochindustrialisierten Ländern. Gerade das Gebiet der Schleudergußrohre gibt ein sehr gutes Beispiel dafür, wie der Massenbedarf eine unerläßliche Voraussetzung für den Einsatz fortschrittlicher, aber naturgemäß in ihrer Investition teurer und komplizierter Gießverfahren darstellt. Trotz der Notwendigkeit, die in der meist wassergekühlten Metallkokille gegossenen Rohre zu glühen, und der begrenzten Lebensdauer der Schleudergußkokillen (die gerade bei Rohren größerer Dimensionen einen hohen Kostenanteil darstellen) war es möglich, die Gußrohrherstellung wirtschaftlich zu gestalten und so den laufend steigenden Bedarf an Rohrleitungen abzudecken.

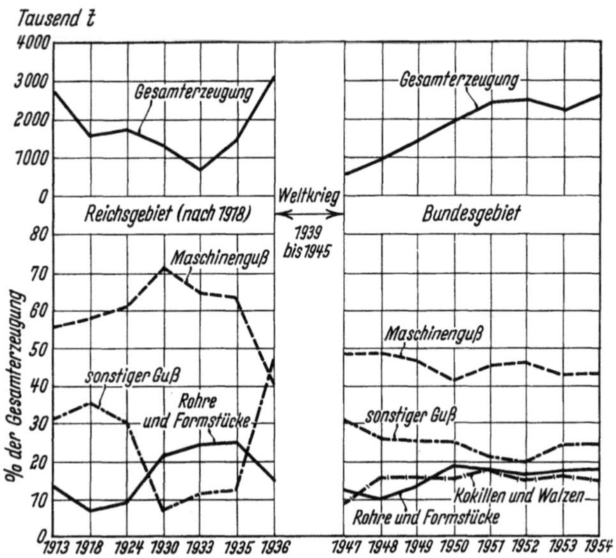

Abb. 8. Eisengußerzeugung in Deutschland

Nach der überragenden Bedeutung, die das Schleudergußverfahren für wichtige Gebiete der Gußeisenerzeugung sowohl technisch als auch wirtschaftlich hat, erscheint es zunächst besonders erstaunlich, daß das *Stranggießverfahren* für die Formgebung von Gußeisenlegierungen praktisch noch keine Anwendung gefunden hat. Dabei haben beide Verfahren im Hinblick auf ihren technischen Einsatz das gleiche Merkmal: Wie beim Schleudergußverfahren ist auch die Anwendung des Stranggießverfahrens überwiegend auf Gußstücke beschränkt, die zumindest über einen wesentlichen Teil ihrer Längenausdehnung einen gleichbleibenden Querschnitt haben. Dabei bietet der Strangguß gegenüber dem Schleudern noch einige beachtliche Vorteile:

a) Es ist das einzige Kokillengießverfahren, das wirklich einen kontinuierlichen Arbeitsfluß möglich macht und in dieser Hinsicht den Erfordernissen der Fließarbeit und der Massenherstellung am weitesten entgegenkommt.

b) Der Aufwand für die Kokillen und ihre Herstellung ist weitaus geringer als bei den anderen Verfahren. Die Abmessungen der Kokillen sind nur dem Querschnitt der zu formenden Gußstücke entsprechend ausgebildet, während sie in der axialen Richtung im allgemeinen nur einen Bruchteil der Gesamtlänge des Gußstückes zu haben brauchen.

c) Der Kokillenverschleiß ist bemerkenswert gering.

d) Auf einer einmal bestehenden Stranggußanlage könnten verschiedene Profile (in weiten Grenzen) durch leicht durchzuführenden Austausch der Kokillen hergestellt werden.

Zur Formgebung von Schwermetall- und bald darauf auch Leichtmetallegierungen ist das Stranggießverfahren bereits seit etwa dreißig Jahren mit bestem Erfolg im Einsatz, da das diskontinuierliche Gießen von Blöcken, Barren und Hohlzylindern in einzelnen Standkokillen mit großem wirtschaftlichem und qualitativem Erfolg durch das kontinuierlich arbeitende Stranggießverfahren abgelöst werden konnte. Es hat für die Verarbeitung dieser Legierungen eine weit größere Bedeutung als das Schleudergießverfahren. Stranggußerzeugnisse dienten aber bisher nahezu ausschließlich als Vormaterial für die Herstellung von Halbzeug zur späteren Weiterverarbeitung durch Walzen, Pressen u. dgl.

Von den gleichen Gedankengängen ausgehend, wurde in den letzten Jahren wieder unter besonderer Förderung durch ausgedehnte Forschungsarbeiten von S. Junghans auch in zunehmendem Maße versucht, dieses Verfahren zur Formgebung von Stahllegierungen einzusetzen [*21*]. Die hierbei zu überwindenden Schwierigkeiten haben aber einen umfassenden Einsatz dieses Verfahrens in den Stahlwerken noch behindert. Während beim Strangguß von Edelstählen bereits gute Fortschritte gemacht werden konnten [*22*, *23*], ist es insbesondere für die Verarbeitung von Massenstählen noch ungünstig, daß entgegen den kontinuierlichen Stranggießverfahren die heute immer noch angewendeten Stahlschmelzverfahren einen diskontinuierlichen Charakter haben. So liegt zum Teil das Hauptproblem darin, die aus den immer größer werdenden Schmelzaggregaten stoßweise abgegebenen Schmelzmengen in möglichst kurzer Zeit zu vergießen. Die Verarbeitung von unlegierten Stählen dürfte daher nur durch den gleichzeitigen Abguß von mehreren Strängen wirtschaftlich lösbar sein [*21*, *24*, *25*]. Es erscheint daher wichtig, festzuhalten, daß so bereits der umfassende Einsatz des Stranggießens von Stahllegierungen im Gegensatz zu der Lage auf dem Gebiet der Schwer- und Leichtmetallegierungen trotz des im wesentlichen gleichgelagerten Massenbedarfs an Vormaterial für die Weiterverarbeitung bis heute noch nicht die an sich zu erwartenden Fortschritte gemacht hat.

Für die Verarbeitung von Gußeisenlegierungen im Stranggießverfahren schien aber seit jeher die wichtigste Voraussetzung für den Einsatz des Stranggießverfahrens zu fehlen: ein Anwendungsgebiet, das eine Massenerzeugung bestimmter Gußteile nach diesem Verfahren rechtfertigte. Selbstverständlich wurde bei früheren dahingehenden Überlegungen wohl auch der laufende Bedarf der Maschinenfabriken an zylindrischem Vormaterial aus Gußeisenlegierungen zur Herstellung von Lagern, Büchsen u. dgl. berücksichtigt. Doch konnten derartige Erwägungen lange Zeit nicht den Anreiz vermitteln, der erforderlich war, um die Gedankenschwelle zur Einführung und Weiterentwicklung eines neuen Kokillengießverfahrens in den Eisengießereien zu überwinden.

Eigenschaften	Gußeisen	Stahl	Kupfer	Aluminium
Abzuführende Wärme	100	116	92	59
Gießtemperatur	100	107	83	48
Temperaturleitfähigkeit	100	122	1640	1380
Wirtschaftlich tragbare Gießgeschwindigkeit	100	92	6,6	39

Abb. 9. Vergleichszahlen zum Stranggießen einiger Metalllegierungen

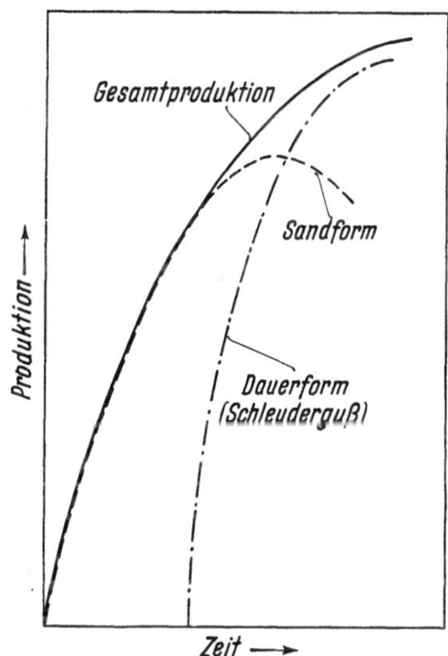

Abb. 10. Herstellung von Gußrohren nach verschiedenen Verfahren (schematisch)

Dazu zeigte eine Abschätzung unter Verwendung einiger von O. Schaaber [*26*] zusammengestellten physikalischen Daten, daß, wenn schon für das Stranggießen von Stahllegierungen ungünstige Voraussetzungen vorliegen, die Verhältnisse bei Gußeisenlegierungen (mit Ausnahme der etwas geringeren Gießtemperatur) noch ungünstiger waren als bei Stahl (Abb. 9). Die gegenüber den Schwer- und Leichtmetallegierungen sehr geringe Wärmeleitfähigkeit der Gußeisenlegierungen zwingt bei vergleichbaren Wanddicken zu stark verminderten Gießgeschwindigkeiten, während die auf Materialpreisbasis errechnete wirtschaftlich tragbare Gießgeschwindigkeit den höchsten Wert haben sollte.

Wenn damit auch zunächst die wirtschaftlichen und technischen Voraussetzungen für einen Einsatz des Stranggießverfahrens zur Verarbeitung von Gußeisen ungünstig erschienen, so führten doch übergeordnete, unter Verwertung der vorstehend angedeuteten Gesetzmäßigkeiten angestellte Überlegungen zwangsläufig zu der Erkenntnis, daß die Anwendung dieses Kokillengießverfahrens für Gußeisenlegierungen besondere Bedeutung erlangen könnte. Da das allgemeine Streben zu der Ablösung des Sandgußverfahrens durch die Kokillengußverfahren zu führen schien, war auch für die Formgebung der Gußeisenlegierungen diese Entwicklung zu erwarten. Auch die Untersuchung des historischen Ablaufs der Gußrohrherstellung gab Anhaltspunkte in dieser Richtung (Abb. 10). Die eingehenden Überlegungen, auf welchen Gebieten des Kokillengusses von Gußeisen eine Weiterentwicklung besonders aussichtsreich sein könnte, ergaben zumindest für das Stranggießen bestimmter Gußstücke günstige Voraussetzungen.

III. Stranggießen von Vollkörpern

Schon die wenigen vorstehend gegebenen Ausführungen machen es verständlich, warum das Stranggießen von Gußeisen noch immer nicht zu den üblichen Arbeitsverfahren der Eisengießereien gehört. Daher lassen sich auch im Schrifttum nur wenige Arbeiten zum Gegenstand finden, von denen sich auch noch einige mit dem Gießwalzen von Gußeisen beschäftigten. Hier werden nun schon seit etwa zwei Jahrzehnten in Rußland in zäher Entwicklungsarbeit Versuche durchgeführt, um dünne gußeiserne

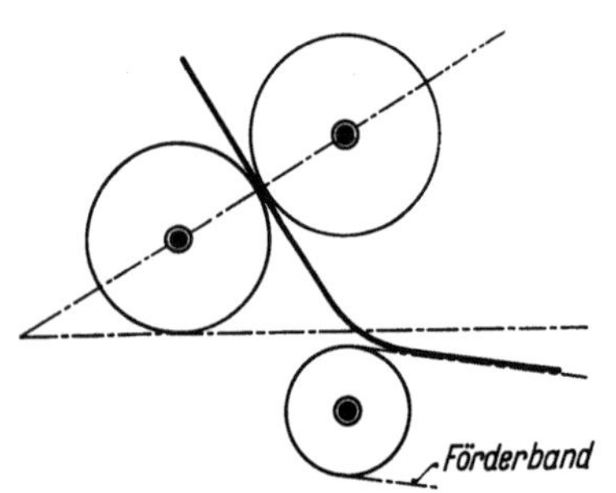

Abb. 11. Walzenanordnung zum Gießwalzen von Gußeisenbändern (A. ULITOWSKI [27])

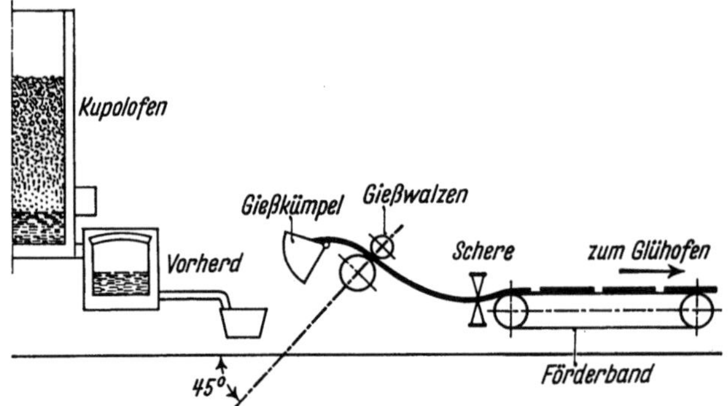

Abb. 12. Anlage zur Herstellung von Gußeisenblechen (schematisch) (L. ANDREJEW [29])

Bleche und Bänder nach dem Gießwalzverfahren im Strang herzustellen. A. ULITOWSKI [27] sowie weitere russische Forscher, wie A. G. KALATSCHNIKOW [28], L. ANDREJEW [29] und W. W. GUSJEW [30], haben in systematischer Kleinarbeit das Verfahren offenbar so weit entwickelt, daß es in das Stadium des Betriebsversuchs gelangt ist. Grundlage des Verfahrens dürfte zweifellos die schon vor zwanzig Jahren von A. ULITOWSKI [27] vorgeschlagene Anordnung der Gießwalzen sein (Abb. 11). Abb. 12 zeigt schematisch den Aufbau eines Betriebes zur Herstellung von Blechen von 0,5 bis 3 mm Dicke aus Gußeisen, der durch das Fehlen der sonst zur Blechherstellung über das Walzen von Stahlknüppeln erforderlichen umfangreichen Gieß- und Walzanlagen gekennzeichnet ist. Die in derartigen Versuchsanlagen hergestellten Bleche sollen nach einem mehrstündigen zweistufigen Glühen (Stufe I etwa 990 °C, Stufe II 650 °C) Zugfestigkeiten zwischen 30 und 40 kg/mm² bei rd. 4% Dehnung haben. Das bei der Erstarrung zwischen den Gießwalzen ledeburitische

Gefüge enthält nach der Glühbehandlung knotigen Graphit in rein ferritischer Grundmasse. In seinen Untersuchungen glaubte L. ANDREJEW auch die Vorzüge derartiger Gußeisenbleche (z. B. als Werkstoff für Dachplatten) im Hinblick auf ihre Korrosionsbeständigkeit in Industrieatmosphäre nachweisen zu können (Abb. 13).

In Anlehnung an die gleichen Gedankengänge, die zum Stranggießen von Blöcken aus Schwermetall-, Leichtmetall- und Stahllegierungen führten, hatten auch E. PIWOWARSKY und A. WITTMOSER [*31*] vorgeschlagen, Knüppel und anderes Vormaterial zur Warmverformung von Gußeisenlegierungen ebenfalls im Stranggießverfahren herzustellen, um so bereits die Herstellungskosten für warmverformtes Gußeisen zu senken. Infolge der seinerzeitigen (1947/48) ungünstigen Umstände kam es aber nicht zu einer praktischen Ausführung dieser Vorschläge.

Abb. 13. Korrosion von Dachblechen aus verschiedenen Werkstoffen in unterschiedlicher Atmosphäre (L. ANDREJEW [*29*])

Zum Stranggießen von Gußeisen in offenen, ortsfesten, wassergekühlten Vertikalkokillen ließen sich überhaupt nur zwei ausführlichere Schrifttumsstellen finden. 1952 gaben die russischen Forscher A. N. MJASSOJEDOW und I. R. DUDNIK [*32*] Ergebnisse von Versuchen bekannt, die in kleinen (gegebenenfalls transportablen) Stranggießanlagen durchgeführt wurden. Die Gießanlage (Abb. 14a) entspricht

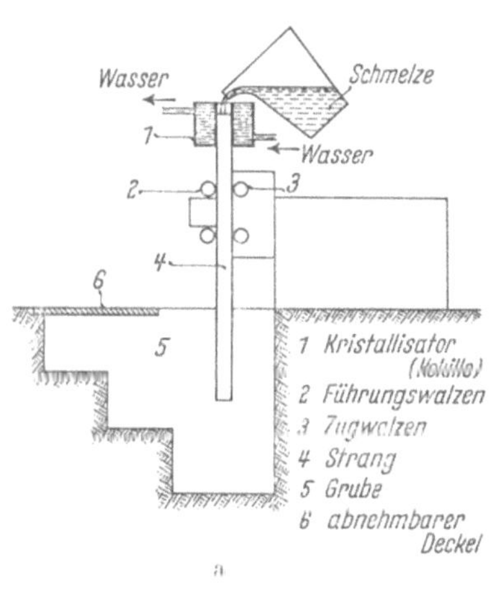

a

b

c

Abb. 14 a—c. Stranggießanlage zum Gießen von gußeisernen Blöcken (nach A. N. MJASSOJEDOW u. I. R. DUDNIK [*32*])

a) schematisch; *1* Kristallisator (Kokille); *2* Führungswalzen; *3* Zugwalzen; *4* Strang; *5* Grube; *6* abnehmbarer Deckel
b) Ansicht bei Beginn; c) bei Ende des Gießens

völlig der von S. JUNGHANS schon vor Jahrzehnten für Schwer- und Leichtmetallegierungen entwickelten Anordnung [*33*]. Die Ansicht (Abb. 14b) zeigt eine recht primitive Anlage, deren Hauptbestandteile eine freistehend angeordnete, von einem gußeisernen Wassermantel umgebene, in der Längsrichtung oszillierende Stahlkokille sowie eine aus zwei Walzenpaaren bestehende Transporteinrichtung darstellen. Hier wurden aus 200-kg-

Pfannen Vollblöcke von etwa 100 mm Dmr. und 1,7 m Länge gegossen. Als Gießtemperatur wurden 1300 bis 1500 °C angegeben. Das Gießen des 1,7 m langen Stranges dauerte etwa 5 Minuten, woraus eine Absenkgeschwindigkeit von rd. 320 mm/min folgt.

Tabelle 1. *Eigenschaften von gußeisernen Vollsträngen 100 mm Dmr.* (A. N. MJASSOJEDOW u. I. R. DUDNIK [*32*])

Bezeichnung des Probekörpers	Chemische Zusammensetzung %					Mechanische Eigenschaften			
	C	Si	Mn	P	S	Biegefestigkeit kg/mm²	Durchbiegung mm	Druckfestigkeit kg/mm²	Brinellhärte
A	3,12	1,8	0,3	0,36	0,125	42,0	4,8	120,2	259
B	3,10	1,77	0,27	0,35	0,110	54,8	5,1	136,6	257*
C	3,15	1,77	0,28	0,36	0,12	48,8	4,4	121,1	252*
D	3,20	1,83	0,27	0,36	0,12	—	—	—	258
Mittelwerte für den gesamten Abguß	3,14	1,79	0,28	0,36	0,12	51,8	4,8	125,7	255

Härte über den Blockquerschnitt (HB):

	Abstand von der Blockmitte in mm				
	40	30	20	10	0
* Probekörper B	249	262	255	251	245
* Probekörper C	261	267	258	255	245

In Tab. 1 sind einige Untersuchungsergebnisse an den so gegossenen Gußeisensträngen aus einer Legierung zusammengestellt, die eine dem üblichen Gußeisen GG 18 etwa entsprechende Zusammensetzung hatte. Die chemische Zusammensetzung ist über den Querschnitt praktisch nicht verändert. Die Festigkeitseigenschaften sind gegenüber Sandguß infolge der stärkeren Abkühlung in der Metallkokille erwartungsgemäß erhöht, dagegen ist die Härteverteilung über den Querschnitt unter Berücksichtigung der starken Außenkühlung als durchaus günstig anzusprechen. Die gute Bearbeitbarkeit des Werkstoffes wird noch besonders hervorgehoben. Die Graphitverteilung im Gefüge ändert sich von der feineutektischen Form in den äußeren Querschnitten zur mehr groblamellaren Ausbildung in den inneren Teilen des Stranges. Besonders bemerkt wurden die Poren- und Lunkerfreiheit des mit 100 mm Dmr. für die Sandgußpraxis schon recht dicken Stranges. Gerade die Erwartung dieses Ergebnisses dürfte ja wohl den Hauptanreiz zur Durchführung dieser Versuche gegeben haben.

Dem gleichen Zweck, nämlich der Herstellung von Vollsträngen für den Rohmaterialbedarf von Maschinenfabriken, dienten auch die Versuche der englischen Firma Harold Andrews Grinding Co. zur Entwicklung des sogenannten *Flowcast*-Verfahrens [*34*]. Auch hier lag das Problem vor, lunker- und blasenfreie zylindrische Gußeisenknüppel wirtschaftlicher als bisher in Sandguß herzustellen. Die Prüfung der Möglichkeiten, die benötigten Gußteile in Kokillenstandguß in Form von Blöcken herzustellen, zeigte sehr bald, daß Stücklängen über 1 m im Standguß nur schwer zu fertigen waren. Daher wurde versucht, mit einer bereits zum Gießen von Bronzeknüppeln benutzten Stranggießeinrichtung diese gußeisernen Teile herzustellen.

Im Gegensatz zu den üblichen vertikalen Stranggießverfahren, in denen der Strang kontinuierlich mit überwiegend gleicher Geschwindigkeit aus der Kokille austritt, erfolgt hier die Absenkbewegung des Stranges intermittierend. Die Arbeitsweise entspricht im wesentlichen dem z. B. von J. F. JACQUET [*35*] schon 1942 für horizontalen Strangguß vorgeschlagenen Verfahren. Die nicht näher beschriebene Kokille ist direkt in den Boden des Warmhalteofens eingebaut. Bei Gießbeginn wird ein zylindrisches Stahlstück durch die Kokille in den noch leeren Schmelzbehälter hineingeführt, an welches die dann hineingegossene Schmelze sofort ankristallisiert. In einem periodischen Zyklus wird nun der in der Kokille zur Erstarrung gelangte Teil des Stranges herausgezogen, um dann die Absenkbewegung zu unterbrechen, bis die neu in die Kokille einschießende Schmelze wiederum erstarrt ist und herausgezogen werden kann. Durch eine elektrisch gesteuerte Greifvorrichtung wird nunmehr der Strang schrittweise aus der Kokille herausgezogen (Abb. 15). Die Stränge mit 20 bis etwa 80 mm Dmr. werden in Längen von 2 bis 2,50 m geschnitten. Der Werkstoff zeigte keine Poren und hat eine Härte von etwa 200 bis 230 Brinelleinheiten. Durch das Vergießen legierter Schmelzen, z. B. Chrom-Nickel-Gußeisen, konnten jedoch auch Härten bis zu 450 HB und darüber erreicht werden. Der Strang wird etwa 2 mm im Durchmesser größer gegossen, als dem Nenndurchmesser entspricht, um durch einen eingehenden Schleifprozeß, der bis zu vier Stufen haben kann, geglättet zu werden.

Abb. 15. Greifvorrichtung für das diskontinuierliche Ziehen des Stranges nach dem Flowcast-Verfahren [34]

In einer ähnlichen (wenn auch nicht näher beschriebenen) Stranggießanlage wurden kürzlich auch bei der Firma Sheepbridge Alloy Castings Ltd. [36] Vollstränge aus Chrom-Nickel-Gußeisen mit 20 bis 75 mm Dmr. in Längen von 3 bis 4,5 m hergestellt.

Im Gegensatz zu den obenerwähnten Anlagen ist die von G. Stähli und E. Sinner [37] beschriebene von A. Wertli, Winterthur, Schweiz, konstruierte Einrichtung zum Stranggießen von Gußstangen horizontal angeordnet. Eine ähnliche Anlage beschreibt auch I. Cumberland [38]. Wie die schematische Prinzipskizze zeigt (Abb. 16), enthält diese Stranggießanlage grundsätzlich die gleichen Elemente wie die englischen Anlagen. Neben dem für die Handhabung aber wesentlich einfachereren horizontalen Aufbau muß noch die auch die besonderen Bedürfnisse der Gießereien abgestimmte und weitgehend ausgereifte Konstruktion der Maschine hervorgehoben werden (Abb. 17): Die Schmelze erstarrt in der unmittelbar am Schmelzebehälter angeordneten wassergekühlten Graphitkokille. Aus dieser wird der erstarrte Strang durch den intermittierenden Zug einer Ziehvorrichtung mit einer Geschwindigkeit von 6 bis 10 m/h herausgezogen. Im Anschluß daran kann der so entstandene Strang leicht in gewünschte Längen aufgeteilt werden (Abb. 18). Der Betrieb der Anlage wird mit vier Mann durchgeführt. Wenn auch mit einer solchen Einrichtung Rundstangen von 20 bis 120 mm Dmr. gegossen werden können, so liegen die qualitativ und wirtschaftlich günstigsten Abmessungen zwischen 35 und 80 mm Dmr. Bei kleineren Durchmessern nimmt die Gefahr der Weißerstarrung zu, während bei größeren Abmessungen infolge der relativ geringen Kühlwirkung der Graphitkokillen die Erstarrungsdauer stark ansteigt, wodurch sich eine

Abb. 16. Prinzip der Wertli-Maschine bei Beginn einer Hubbewegung [37]

wirtschaftlich kaum tragbare Verminderung der Ziehgeschwindigkeit ergibt. Auch bereitet dann die Einwirkung einer in den meisten Fällen erwünschten perlitischen Grundmasse im Gußstrang Schwierigkeiten.

Wegen ihrer einfachen Handhabung gehört diese horizontale Stranggießmaschine zur Einrichtung einer Anzahl europäischer Gießereien und deckt dort den laufenden Bedarf der Maschinenfabriken an Stangenguß aller Art.

Abb. 17. Ansicht der Wertli-Maschine [*37*]
1 Warmhalteofen; *2* Kokille mit Kühlmantel; *3* elektro-hydraulische Ziehvorrichtung; *4* Steuerpult; *5* Abbrechvorrichtung

Abb. 18. Ansicht der Abdruckvorrichtung mit versandbereiten Stangen

IV. Gießen von Hohlsträngen

Über das Gießen von rohrförmigen Körpern aus Gußeisen, insbesondere Muffenrohren, ließen sich bis 1956 keine Arbeiten finden. Hier lagen bisher nur verschiedene Patentvorschläge vor, über deren Verwirklichung in industriellem Maßstab bis heute nichts bekannt wurde. Eine Anzahl dieser Vorschläge (vgl. u. a. [*39*] bis [*41*]) befaßt sich mit Anordnungen zum Schleuderstranggießen von Muffenrohren (vgl. Abb. 19), andere suchten nach Wegen zum Einsatz des vertikalen Stranggießverfahrens [*42*, *43*].

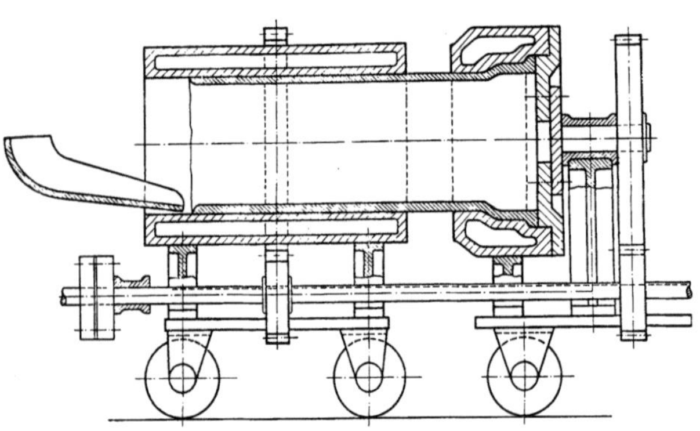

Abb. 19. Schleuderstranggießmaschine nach DRP 417 227 [*40*]

Der Vollständigkeit halber sei noch auf ein in einer Dresdener Tageszeitung erschienenes Referat über kontinuierliches Gießen von Muffenrohren hingewiesen. Hier wurde in einer um 1952 erschienenen Tageszeitung ein Auszug aus der sowjetischen Zeitschrift *Technik für die Jugend* veröffentlicht, der eine Gießanlage zur Herstellung von gußeisernen Muffenrohren nach den Konstruktionen von A. N. Mjassojedow[1] enthält (Abb. 20). Nähere Angaben sind diesem Aufsatz leider nicht zu entnehmen. Das gezeigte Schema der Anlage geht aber in keiner

[1] Die russische Originalarbeit konnte nicht ermittelt werden.

Weise über den Stand der Technik hinaus, der sich aus den Vorschlägen nach A. Sonnenschein [*42*] aus dem Jahre 1910 und S. Junghans [*43*] ergibt.

Es wurde bereits darauf hingewiesen, daß eine wesentliche Voraussetzung für den Einsatz des Stranggießverfahrens — wie für jedes Kokillengießverfahren — das Vorliegen eines Massenbedarfs ist. Hier lagen nun bei Gußrohrwerken besonders günstige Umstände vor, da ein großer Anteil der Gießereiproduktion auf gußeiserne Rohre entfiel, wobei für die verschiedenen Dimensionen jeweils große Stückzahlen herzustellen waren. Diese Situation war schließlich auch in den Jahren 1920/23 für die Entscheidung bestimmend, gerade bei dem damaligen *Schalker Verein* als der ersten deutschen Gießerei das Schleudergießverfahren in wassergekühlter Metallkokille nach dem de-Lavaud-Verfahren [*44*] einzuführen und seither ausschließlich für die Herstellung von gußeisernen Druckrohren für Gas- und Wasserleitungen von 50 bis 600 mm Dmr. in Längen bis zu 6 m einzusetzen.

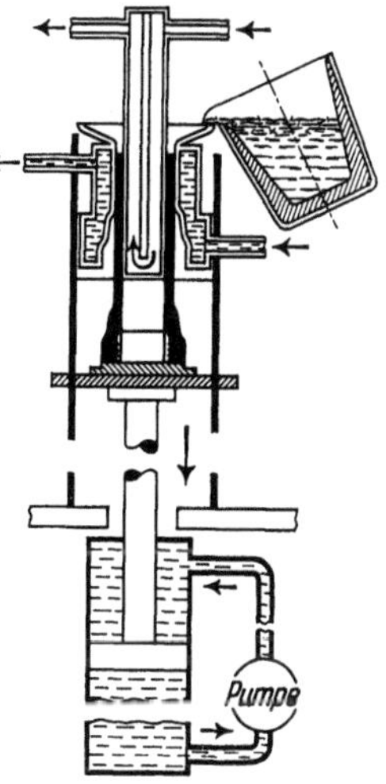

Abb. 20. Einrichtung zum Stranggießen von Muffenrohren, schematisch (A. N. Mjassojedow)

Das Schleudergießverfahren in wassergekühlter Kokille ist zweifellos bereits ein Fertigungsverfahren, das den Forderungen einer Massenerzeugung weitgehend entgegenkommt. Jedoch zeigten sich im Laufe der Zeit auch hier — wie bei jedem anderen Fertigungsverfahren — gewisse technische und wirtschaftliche Grenzen, die eine Ergänzung dieses Gießverfahrens durch andere wünschenswert erscheinen ließen. Während beim Schleudergießverfahren die Innenkonturen des Gußstücks (wenigstens überwiegend) durch Zentrifugalkräfte gebildet werden, muß die der Formung des Außenprofils dienende Kokille die gleiche Länge und den gleichen Durchmesser haben wie das darin zu schleudernde Gußstück. Das gleiche gilt besonders im Hinblick auf die Länge auch für die Dimensionierung der Schleudergießmaschinen. Von der einmal festgelegten Länge der Schleudergießkokille erforderliche Abweichungen können bei geringerer Länge nur unter Inkaufnahme der durch entsprechendes Abschneiden eintretenden Verluste erzielt werden. Zur Herstellung längerer Rohre ist dagegen die Bereitstellung neuer Einrichtungen und Maschinen erforderlich. Hinzu kommt, daß mit zunehmendem Durchmesser die Innenoberfläche der Rohrkörper infolge der Schwerkraftseigerung der leichteren Schmelzanteile immer ungünstiger wird, so daß beträchtliche Putzkosten entstehen. Mit zunehmendem Rohrdurchmesser werden aber auch immer größere Anforderungen an die maschinelle Ausrüstung gestellt, da die Fliehkräfte nach einer exponentiellen Funktion zunehmen. Die gerade für die größeren Rohrdimensionen relativ kurzlebigen Schleuderkokillen stellen allein derartige Wertobjekte dar, daß — abgesehen von den gewaltigen Abmessungen der zu ihrer Bewegung erforderlichen Schleudermaschinen — bereits die aus dem Verschleiß der wassergekühlten Kokille entstehenden Kosten die Wirtschaftlichkeit einer derartigen Rohrherstellung sehr stark belasten. Aus allen diesen Gründen wurde bisher allgemein davon abgesehen, Rohre über 700 mm Dmr. in wassergekühlten Schleuderkokillen herzustellen.

Hier setzten Anfang 1950 die Bemühungen an, für die Herstellung insbesondere größerer Rohrdimensionen das Stranggieß-Verfahren einzusetzen. Schon bei den ersten Überlegungen waren natürlich einige gedankliche Schwierigkeiten zu überwinden:

a) Über die technischen Möglichkeiten, Gußeisen im Strang zu vergießen, war bisher offenbar überhaupt noch nichts bekannt.

b) Abgesehen von unerheblichen Ausnahmen, wurde bisher im Stranggießverfahren ausschließlich Halbzeug hergestellt, dessen Oberfläche vor der Weiterverarbeitung einer Bearbeitung unterzogen wurde. Völlig ungeklärt war aber, ob es beim Stranggießen möglich sein würde, Oberflächengüten zu erreichen, wie sie verkaufsfähige Fertiggußstücke erfordern.

c) Für den Fall der im Vordergrund der Überlegungen stehenden Rohrherstellung bestand infolge der geringen Wanddicke ein für die bisherige Stranggießpraxis derart ungewöhnliches Verhältnis von Wanddicke zu Durchmesser, daß es selbst den erfahrensten Fachleuten auf dem Gebiet des Stranggießens von Schwer- und Leichtmetallguß zweifelhaft erschien, ob es jemals gelingen würde, Hohlstränge mit Wanddicken von 10 bis 20 mm und Durchmessern bis 1000 mm und darüber herzustellen.

Eine Durchsicht des Schrifttums sowie die kritische Betrachtung der derzeit angewandten Stranggießverfahren zeigen sehr bald, daß für diesen Fall dem vertikalen Verfahren gegenüber dem horizontalen der Vorzug zu geben sei. Zu dem gleichen Ergebnis kam auch A. BUNGEROTH [*45*] in einer ausführlichen Untersuchung dieser Frage. Beim vertikalen Stranggießverfahren haben sich inzwischen im wesentlichen drei verschiedene Kokillentypen mit unterschiedlichem Kühlsystem eingeführt (Abb. 21). Nachdem sich bereits für das versuchsweise Stranggießen von Stahl die lange Junghans-Kokille ohne direkte Wasserkühlung durchgesetzt hatte, führten auch die eigenen Überlegungen unter Berücksichtigung der Erstarrungsverhältnisse bei Gußeisenlegierungen zwangsläufig dazu, einer derartigen Kokille den Vorzug zu geben. Gerade die Neigung des Gußeisens, bei rascher Abkühlung nach dem instabilen System zu erstarren, legte es nahe, eine Kokille mit möglichst sanfter Kühlwirkung zu benutzen. Damit kam die Anwendung des Wassergusses oder einer Wasserberieselung [*46*], zumindest für das erste Stadium der Entwicklung, nicht in Frage.

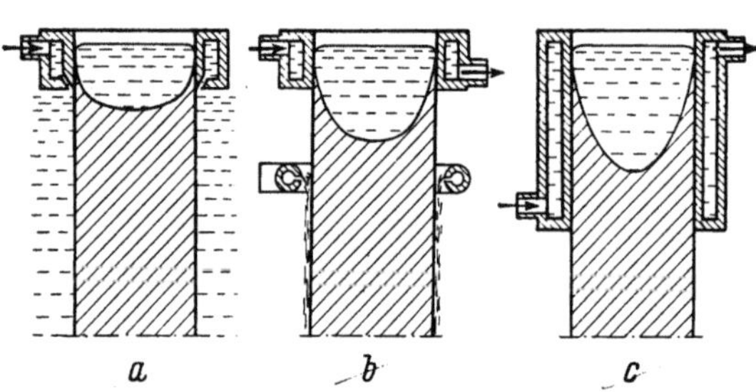

Abb. 21 a—c. Grundtypen der Stranggußkokille
a) Kurz-Kokille, Wasserguß nach W. ROTH [44]; b) Kurz-Kokille mit Anspritzen des Stranges; c) lange, *trockene* Junghans-Kokille

In der Erkenntnis, daß ein Einsatz des Stranggießverfahrens für die Verarbeitung von Gußeisenlegierungen in absehbarer Zeit nur unter Ausnutzung aller bereits derzeit bestehenden Erkenntnisse für das Stranggießen anderer Metallegierungen möglich sei, gelangten seinerzeit die Eisenwerke Gelsenkirchen mit dem verdienten Pionier auf dem Gebiet des Stranggießens, Dr.-Ing. E. h. S. JUNGHANS †, Schorndorf, zu einem Übereinkommen, die ersten Versuche zum Stranggießen von gußeisernen Rohren in seiner Versuchsanlage in Schorndorf und unter seiner Beratung durchzuführen.

Als Ziel dieses ersten Versuchsabschnittes galt es, die grundsätzliche Möglichkeit zur Herstellung eines glatten, etwa 3 m langen Rohres mit 400 mm Dmr. aus üblichem Gußeisen im Stranggießverfahren nachzuweisen. An dieser Stelle kann darauf verzichtet werden, Einzelheiten dieser an Fehlschlägen reichen Entwicklung zu schildern. Hier sei zusammenfassend nur mitgeteilt, daß es nach etwa zwei Jahren schließlich gelang, die Gießbedingungen für die Herstellung eines glatten 400-mm-Rohres mit innen und außen

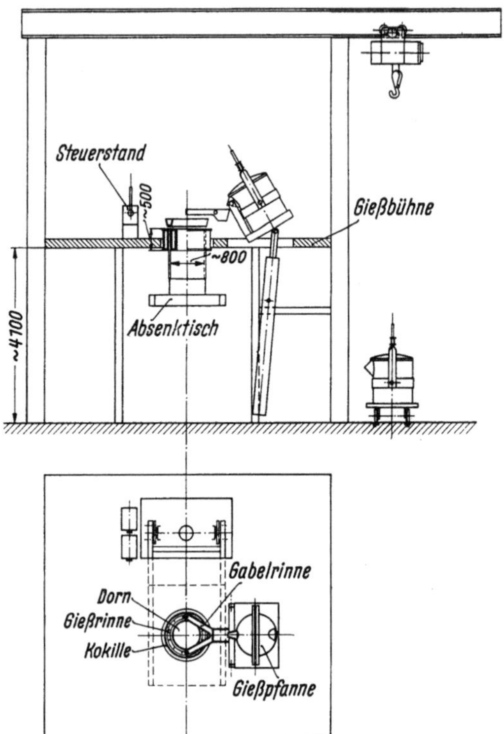

Abb. 22. Versuchsanlage zum Stranggießen von Gußeisen der Eisenwerke Gelsenkirchen

brauchbarer Oberfläche so weit abzuklären, daß Anfang 1952 die grundsätzliche Entscheidung zugunsten der Weiterverfolgung dieser Entwicklung gefällt wurde.

Zu diesem Zeitpunkt erschien es jedoch zunächst zweckmäßig, die weitere Versuchsdurchführung nunmehr nach Gelsenkirchen zu verlegen, um in systematischen Versuchsreihen die Bedingungen für eine technisch durchführbare und wirtschaftlich tragbare Herstellung gußeiserner Voll- und Hohlstränge verschiedener Größen zu ermitteln. Daher wurde eine Versuchsstranggießanlage gebaut, in der Voll- und Hohlstränge bis zu 2 m (später dann 3,30 m) Länge mit einem größten Außendurchmesser von 1,50 m hergestellt werden konnten. Abb. 22 zeigt ein Schema der Versuchsstranggießanlage, die in dem Flügel eines Gießereibetriebes errichtet werden konnte, der sowohl über Kupolöfen als auch einen 6-t-Lichtbogenofen verfügte und so jede beliebige Gußeisenlegierung bereitstellen konnte.

Sie arbeitet mit hydraulisch absenkbarem Tisch und auch hydraulisch gesteuerter Pfannenkippvorrichtung. Die ruhende Gießform ist als wassergekühlte Langkokille ausgebildet. Als Kokillenwerkstoff diente im allgemeinen Kupfer. Als Innenüberzüge lassen sich auch, wie bereits beim Stranggießen von Stahl bekannt [*47*], Chromplattierungen oder galvanische Chromüberzüge aufbringen. Darüber hinaus wurden auch innenalitierte Eisenkokillen erprobt, die durch an sich bekannte Diffusionsverfahren derart mit Aluminium angereichert sind, daß die innerste Schicht praktisch aus Aluminiumoxyd besteht.

Mit Hilfe dieser Anlage war es dann in den nachfolgenden Versuchsreihen bald möglich, den Abguß von 2 m langen Rohren mit 400 mm Dmr. unter den in Schorndorf erprobten Gießbedingungen durchzuführen. Darüber hinaus gelang es aber auch, die Güte der Rohroberfläche bedeutend zu verbessern und die Absenkgeschwindigkeit (und damit die Wirtschaftlichkeit) entscheidend zu erhöhen. In weiteren Versuchsreihen wurden dann auch die Gießbedingungen für die Herstellung von Rohren von 800 mm Dmr. mit normgerechten Abmessungen festgelegt, da hierzu in Schorndorf mangels einer geeigneten Gießanlage nur einige Testversuche durchgeführt werden konnten.

Die Zusammenstellung in Tab. 2 zeigt, daß die Eigenschaften der Stranggußrohre denen der nach anderen Verfahren hergestellten Rohre zumindest gleich sind.

Tabelle 2

Mechanische Eigenschaften von gußeisernen Rohren mit 400 mm Dmr. nach verschiedenen Verfahren hergestellt

Gießverfahren	C %	Si %	Zugfestigkeit kg/mm²	Ringfestigkeit kg/mm²	Biegefestigkeit kg/mm²	Durchbiegung mm	Härte HB/30
Sandguß	3,42	1,68	15,6	31,0	36,5	3,6	208
Schleuderguß	3,39	1,97	22,5	46,0	36,5	3,3	203
Strangguß	3,46	2,00	27,5	47,5	49,5	3,5	215

Alle diese Rohre waren als Glattrohre hergestellt, sie hatten also keine Muffe. Das entsprach durchaus dem Endziel der Entwicklung einer vollkontinuierlichen Rohrherstellung im Stranggießverfahren. Die Anwendung glatter Rohre für Leitungen hat auch durch die hohe Beweglichkeit der verwendeten Rohrverbindungen (Überschieber) gegenüber der Schraubmuffe Vorteile. Es schien aber doch wünschenswert, auch die Möglichkeiten zu untersuchen, nach denen gußeiserne Muffenrohre im Strang hergestellt werden konnten, sei es auch nur, um die Grenzen des Verfahrens abzustecken. Selbstverständlich war dafür grundsätzlich nur eine halbkontinuierliche Herstellungsweise geeignet, da jeweils mit dem Abguß der Muffe begonnen werden mußte, während erst daran anschließend der Rohrschaft in der gewünschten Länge im Strang zu gießen war. Die bereits bestehenden älteren Vorschläge [*42, 43*] kamen aus verschiedenen Gründen für eine laufende Herstellung im praktischen Betrieb nicht in Frage. Es ist leicht einzusehen, daß der hier vorgesehene Einsatz von Sandkernen dem Prinzip des Kokillengusses und damit auch des Stranggusses widerspricht und zudem infolge der starken Wärmestauung im Muffenquerschnitt auch gießtechnisch nachteilig ist. Daher sollten auch für die Formgebung des Muffenteils ausschließlich Kokillen Verwendung finden. Der Entwicklung dieser Gießvorrichtung lag die Erkenntnis zugrunde, daß eine Herstellung von Muffenrohren wirtschaftlich und technisch nur möglich sein könnte, wenn alle zur Bildung des Gußstücks erforderlichen Formteile, also auch der Muffenkern, aus metallischen, gegebenenfalls wassergekühlten Kokillen bestehen. Dieser Forderung konnte durch eine Anordnung (vgl. Abb. 23) entsprochen werden, die eine relative und voneinander unabhängige Bewegung der Muffenaußenform und des Muffenkerns während des Stranggießens in Richtung auf die Stranggußachse ermöglichte [48]. Da bis zu Rohrdurchmessern von 600 mm überwiegend die Schraubmuffe verwendet wird, richteten sich die Bemühungen zur Herstellung von Muffenrohren trotz der Erschwerung, die durch das erforderliche Eingießen des Schraubringgewindes entstand, ausschließlich auf die Fertigung von Rohren mit Schraubmuffe.

Abb. 23a—d. Prinzip zum Stranggießen von Muffenrohren nach DBP 887989

1 Kokille; *2* Dorn; *3* Absenktisch; *4* äußere Muffenkokille; *5* innere Muffenmetallkokille

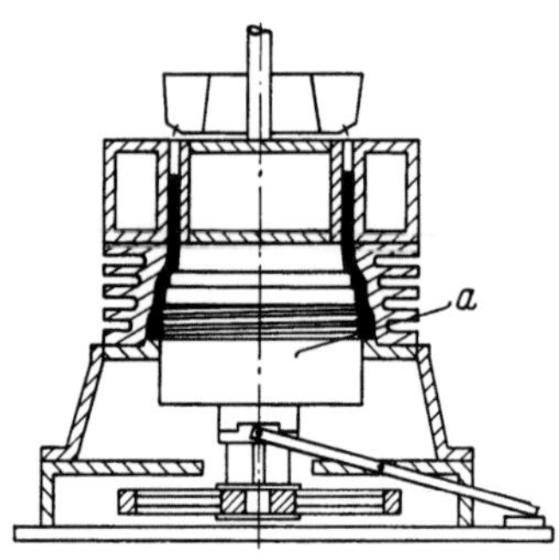

Abb. 24. Vorrichtung zum Stranggießen von Muffenrohren (schematisch)

Nach eingehenden Vorversuchen an einer stationären kleinen Modellgießeinrichtung für Muffenstücke (100 mm Dmr., 300 mm lang) wurde eine Vorrichtung mit den metallischen Formteilen für die Formgebung der Muffe auf den Absenktisch der Stranggußanlage aufgesetzt und mit dieser als Anfahrstück direkt die untere Kokillenöffnung abgeschlossen (Abb. 24). Während des Gießens wurde vor dem Aufschrumpfen des soeben erstarrten Muffenteils der das Gewinde bildende Formteil *a* nach unten herausgedreht. Als Ergebnis dieser Versuchsreihen gelang es schließlich, gußeiserne Schraubmuffenrohre mit 400 mm Dmr. in einer Länge bis zu 3 m in halbkontinuierlicher Gießweise herzustellen (vgl. Abb. 25c).

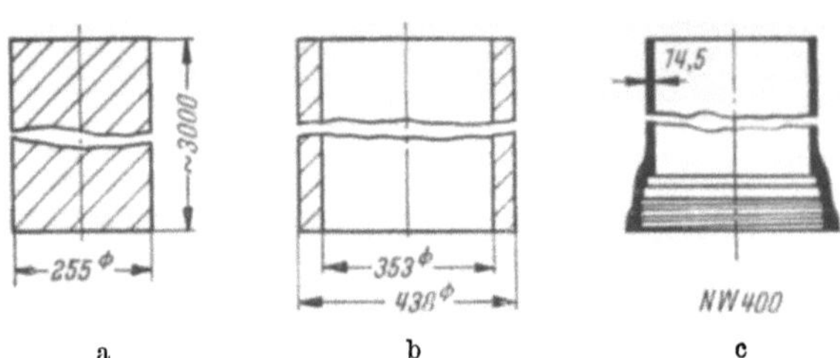

Abb. 25a—c. Beispiele für im Stranggießverfahren gegossene Teile aus Gußeisen

a) Vollstrang; b) Rollenmantel; c) Muffenrohr

Zwischenzeitliche Überlegungen zur Eröffnung weiterer Anwendungsgebiete für stranggegossene gußeiserne Teile zeigten, daß auch auf weiteren Gebieten der Einsatz des Stranggießverfahrens gegeben war. Neben der sich vor allem anbietenden Möglichkeit der Fertigung von Stangen verschiedener Dimensionen als Vormaterial für Maschinenfabriken schien auch die Herstellung von gußeisernen Rollenmänteln für Walzwerke nach dem Stranggußverfahren besondere Vorteile zu bieten. Nach Einstellung der optimalen Gießbedingungen war es möglich, Hohlstränge von 3 m Länge und etwa 440 mm Außendurchmesser bei 45 mm Wanddicke zu gießen (Abb. 25b). Im Gegensatz zu den bisher durch Schleudern gefertigten Rollenmänteln war für die im Strangguß hergestellten infolge der einwandfreien Innenoberfläche eine weit geringere spanabhebende Bearbeitung erforderlich: zum Einsetzen der Lager wurde die Innenoberfläche nur an den Enden geringfügig glatt gedreht, während die Unwucht bereits durch die Genauigkeit des Gießverfahrens in den erforderlichen Grenzen gehalten werden konnte. Darüber hinaus gelang es, Hohlzylinder für Papierwalzen von 1000 bis 1500 mm Durchmesser und bis zu 5 m Länge in einer nach dem Sandgußverfahren kaum erreichbaren Oberflächengüte herzustellen.

Durch den Einsatz eines weiterentwickelten Verfahrens zur Herstellung von Abflußrohren in vorgewärmten gußeisernen Schleudergußformen (Åkers-Styckebruk-Verfahren) ergab sich zwanglos ein weiteres Anwendungsgebiet für im Strangguß gegossene Teile. Die für die Herstellung der Schleuderformen erforderlichen Rohlinge (etwa 255 mm Dmr., rd. 2600 mm Länge) wurden bisher als Vollblöcke im wesentlichen in Sandguß (oder vereinzelt in Kokillenstandguß) hergestellt. Bereits die ersten Versuchsreihen zeigten, daß es ohne jede Schwierigkeit und mit großem wirtschaftlichen Erfolg möglich ist, derartige Rohlinge nach dem Stranggießverfahren herzustellen (vgl. Abb. 27a). Die Untersuchung des Werkstoffs (Abb. 26b) ergab erwartungsgemäß ein wesentlich dichteres Gefüge mit gleichmäßigerer und feinerer Graphitverteilung als bei Sandguß (Abb. 26a); auch die mechanischen Eigenschaften waren merklich erhöht (vgl. Tab. 3). Abb. 27 zeigt an dem Härteverlauf über den Blockquerschnitt, wie durch die verstärkte Kühlwirkung des Stranggießverfahrens eine merkliche Erhöhung der Härte im Bereich der Kokillenbohrung erzielt werden kann. Inzwischen wurden bereits weit über 1000 aus stranggegossenen Rohlingen gefertigte Kokillen eingesetzt. Diese zeigten infolge der günstigeren Beschaffenheit des bei hoher Abkühlungsgeschwindigkeit erstarrten Gußeisens gegenüber den Sandgußkokillen eine größere Lebensdauer bei wesentlich niedrigeren Herstellungskosten.

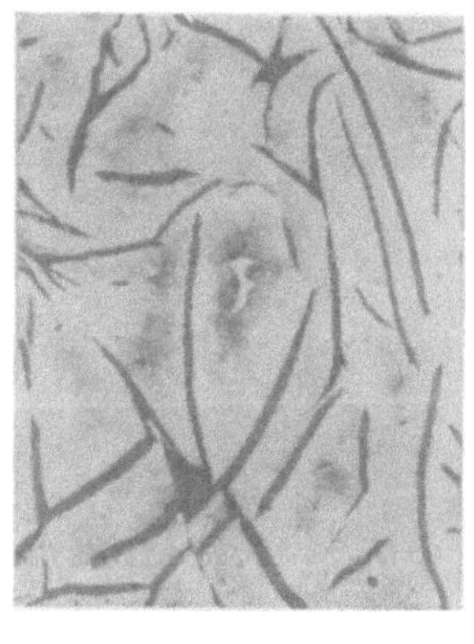

a

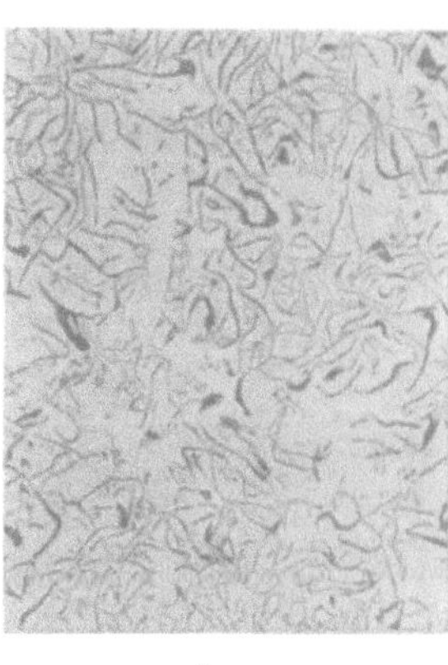

b

Abb. 26a u. b. Gefüge von Kokillenrohlingen verschiedener Herstellung im Bereich der Bohrung (geätzt, 100 : 1)
a) Sandguß; b) Strangguß

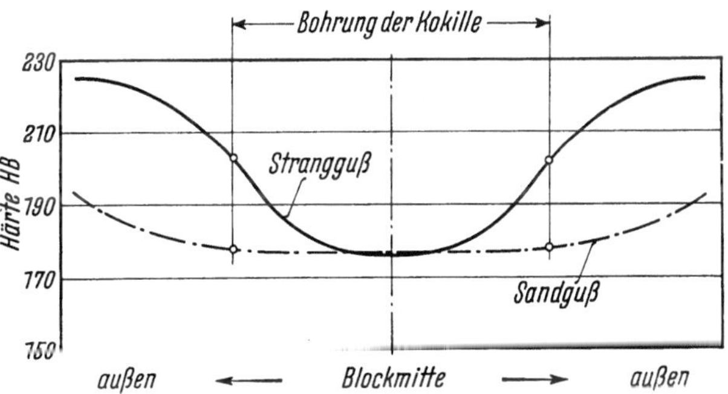

Abb. 27. Härteverlauf im Querschnitt von Gußeisenblöcken nach verschiedenen Gießverfahren

An einem letzten Beispiel sei aber gezeigt, wie bei Vorliegen besonderer Umstände auch die Herstellung solcher Gußstücke nach dem Stranggießverfahren interessant sein kann, deren komplizierte Gestalt zunächst eine Fertigung nach dem in seiner Formgebungsmöglichkeit beschränkten Stranggießverfahren praktisch ausgeschlossen erscheinen läßt. In die z. Z. in großer Zahl gebauten schweren Schiffsdieselmotoren werden je nach Größe des Motors bis acht Zylinderlaufbüchsen für einen Kolbendurchmesser von 780 mm eingebaut. Infolge des Einsatzes von legiertem Gußeisen ist die fehlerfreie Herstellung dieses empfindlichen Bauteils — insbesondere bei den großen Abmessungen — nach dem Sandguß- und Schleudergußverfahren nicht ganz einfach. Die Eisenwerke Gelsenkirchen haben nun versucht, die Rohlinge für diese Zylinderlaufbüchsen nach dem Stranggießverfahren herzustellen. Es war von vornherein klar, daß das ganze Gußstück infolge seiner sehr verwickelten Gestalt (vgl. Abb. 30) keineswegs ein ideales Stranggußteil darstellte. Anderseits konnte aber angenommen werden, daß es möglich sein müßte, durch die beim Strangguß erhöhte Abkühlungsgeschwindigkeit und die hierdurch erzielte größere Werkstoffdichte und günstigere Graphitausbildung Eigenschaften in diesem für den Schiffsmotor außerordentlich wichtigen Bauteil zu erreichen, die einen Versuch seiner Herstellung mittels des Stranggießverfahrens rechtfertigten.

a

b

c

d

Abb. 28a—d. Stranggießen eines Rohlings für Zylinderlaufbüchsen; Außendmr. rd. 1000 mm

So stellte sich zunächst die Aufgabe, zylindrische Hohlkörper von rd. 5,5 t Rohgewicht mit einem Außendurchmesser von 1000 mm, einer Wanddicke von etwa 125 mm und einer Länge von rd. 2,2 m mit nach der Bearbeitung völlig einwandfreier Innenoberfläche abzugießen. Hierbei erwies es sich als besonders nützlich, daß seinerzeit die Versuchsanlage (Abb. 22) für größere Gewichte und Durchmesser ausgelegt worden war, als es die als Nahziel geltende Herstellung von Rohren erforderlich gemacht hätte. Die Abb. 28a bis d zeigen einzelne Phasen des Gießvorgangs eines derartigen Rohlings, während Abb. 30 die fertigen Zylinderlaufbüchsen nach der Bearbeitung wiedergibt. In Weiterentwicklung dieser Fertigung wurden die Rohlinge dann mit angegossenem Flansch hergestellt (Abb. 29), wodurch sich die Wanddicke im Schaft auf 85 mm und das Rohgewicht auf 3,5 t vermindern ließen. Schließlich gelang es auch, die Zylinderlaufbüchsen in einer Länge von nahezu 3 m herzustellen und damit den Einsatz einteiliger Büchsen anstelle der bisher üblichen zweiteiligen Ausführung zu ermöglichen (Abb. 30).

Tabelle 3. *Mechanische Eigenschaften von Gußblöcken mit 255 mm Dmr., nach verschiedenen Verfahren hergestellt*

	Chemische Zusammensetzung in %					Härte	Zugfestigkeit
	C	Si	Mn	P	S	HB/30	kg/mm²
Strangguß	3,31	1,54	0,85	0,092	0,064	180	18,0
Sandguß	3,34	1,35	0,93	0,068	0,082	170	16,5

Tabelle 4. *Mechanische Eigenschaften von Rohlingen für Zylinderlaufbüchsen nach verschiedenen Verfahren*

	Chemische Zusammensetzung in % C	Si	Mn	P	S	Härte HB/30	Zugfestigkeit kg/mm²
Strangguß	3,40	2,01	1,03	0,60	0,041	223	24,7
Sandguß	3,31	0,74	0,84	0,56	0,118	191	19,5

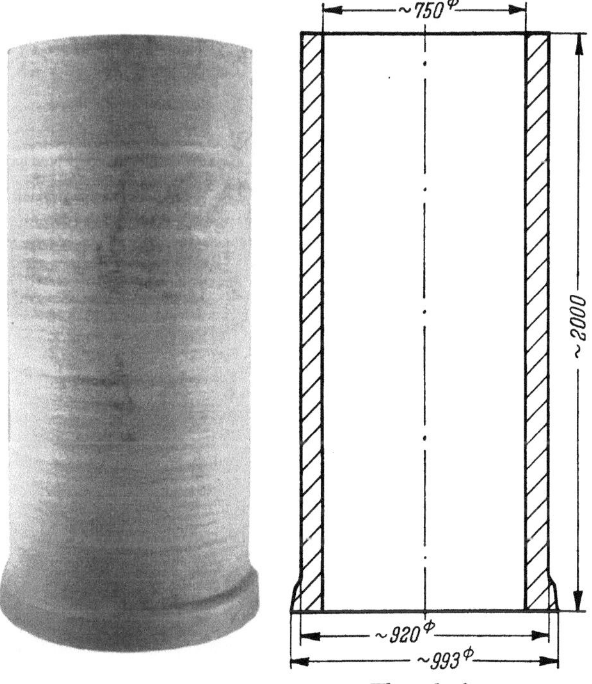

Abb. 29. Rohling mit angegossenem Flansch für Zylinderlaufbüchsen

Abb. 30. Zylinderlaufbüchsen für Schiffsmotoren in zweiteiliger (links) und einteiliger (rechts) Ausführung nach dem Stranggießverfahren hergestellt

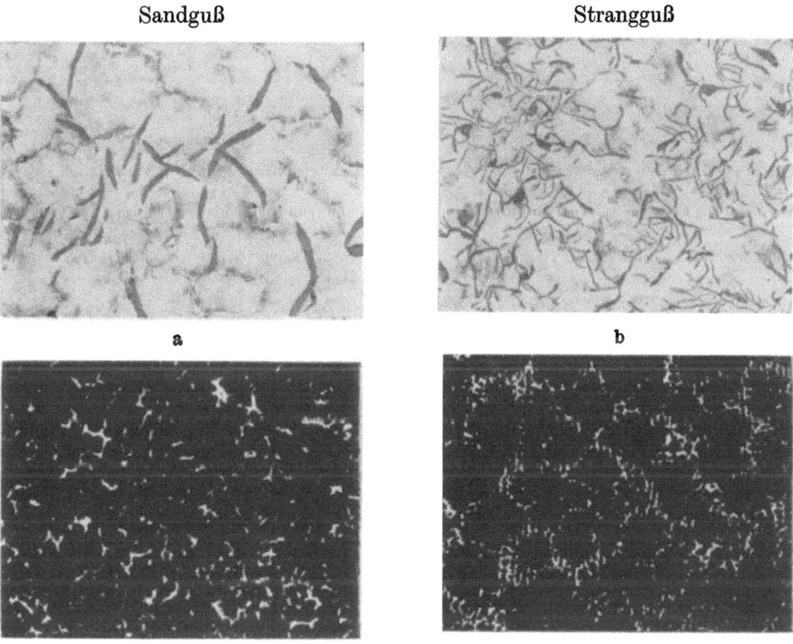

Abb. 31 a—d. Gefüge von Zylinderlaufbüchsen, im Sandguß- und Stranggießverfahren hergestellt
a) und b) geätzt, 100 : 1; c) und d) Phosphidätzung, 25 : 1

In Tab. 4 sind die mechanischen Eigenschaften der nach verschiedenen Verfahren gegossenen Zylinderlaufbüchsen einander gegenübergestellt, während die Abb. 31a bis d das in der Lauffläche vorliegende Gefüge zeigen. Die Vorteile dieser nach dem Stranggießverfahren hergestellten Laufbüchsen, insbesondere im Hinblick auf das Verschleißverhalten, sind im wesentlichen in dem dichten, völlig porenfreien Gefüge, der günstigeren Verteilung des Phosphidnetzes (Abb. 31d) sowie der gleichmäßigen Graphitausbildung bei fehlenden Ferritanteilen in der metallischen Grundmasse zu sehen. Insgesamt sind inzwischen über 300 Zylinderlaufbüchsen ausgeliefert und in Schiffen eingebaut worden. Die bisher vorliegenden Lauf- und Verschleißergebnisse werden als gut bezeichnet.

Abb. 32. Produktionsanlage zum Stranggießen von Rohren großer Durchmesser bei den Eisenwerken Gelsenkirchen

Abb. 33. Im Strangguß hergestellte gußeiserne Rohre 800 mm Dmr., 10 m lang

Auf Grund der beim Betrieb der Versuchsanlage (Abb. 22 u. 28) gemachten Erfahrungen wurde bereits um 1953 mit der Planung einer Produktionsanlage begonnen. Anfang 1957 war es dann möglich, die Anlage (Abb. 32) in Betrieb zu nehmen und hier Rohre mit 800 mm Dmr. und dann auch 1000-mm-Rohre in Längen bis zu 10 m zu gießen. Abb. 33 zeigt derartige auf der technischen Messe in Hannover und auf der Internationalen Gießerei-Fachmesse in Düsseldorf ausgestellte, nach dem Stranggießverfahren gegossene gußeiserne Druckrohre für Wasser- und Gasleitungen. Diese dürften wohl die längsten gußeisernen Rohrkörper überhaupt sein, die bisher gegossen wurden.

V. Ausblick

In den vorstehenden Ausführungen wurde zum Teil von der in Fachberichten sonst üblichen reinen Beschreibung technischer Einzelheiten abgewichen und bewußt auch auf übergeordnete, die großen Entwicklungslinien der Werkstoffe und ihre Herstellungsverfahren bestimmende Gesetzmäßigkeiten hingewiesen. Unter diesem Aspekt sollten auch die vielfältigen und an Rückschlägen reichen Bemühungen gesehen werden, das Stranggießverfahren für die Verarbeitung von Gußeisenlegierungen einzusetzen. Der laufende Bedarf der Maschinenfabriken an Vollmaterial (Stangen) aus Gußeisen bis zu etwa 100 mm Dmr. dürfte mit Hilfe der in einer Anzahl größerer Gießereien aufgestellten, meist horizontal unter Verwendung einer Graphitkokille arbeitenden Einrichtungen gedeckt werden. Für das Gießen von Vollkörpern mit größerem Durchmesser dürfte wohl nur der Vertikalguß mit der *trockenen* Junghans-Kokille geeignet sein. Allerdings scheint bis heute der Massenbedarf, der die Aufstellung einer solchen Anlage nur für Vollkörper großer Dimensionen rechtfertigen würde, zu fehlen. Die technisch weit interessantere, aber auch ungleich schwierigere Herstellung von gußeisernen Hohlkörpern größerer Durchmesser und Längen durch das Stranggießen erfordert dagegen wesentlich höhere Investitionen, so daß vor ihrem Einsatz sorgfältige Marktanalysen notwendig sind. Die Wirtschaftlichkeit der an sich naheliegenden Fertigung von Gußrohren wird durch den in den letzten Jahren eingetretenen Preisverfall und den gleichzeitig stark nachlassenden Bedarf an Gußrohren großer Durchmesser in Frage gestellt. Dagegen erscheint der Abguß hochwertiger Maschinenteile, wie z. B. Papierzylinder u. dgl., im Stranggußverfahren durchaus aussichtsreich. Darauf deuten auch die in der gleichen Linie liegenden neueren Bemühungen der Osnabrücker Kupfer- und Drahtwerke hin, die zur Herstellung von Schiffswellenbezügen großer Durchmesser anstelle des bisher benutzten Schleudergießverfahrens mit technischem und wirtschaftlichem Erfolg das Stranggießverfahren einsetzten [*49*].

Es ist also zu erwarten, daß das Stranggießverfahren auch für Gußeisenlegierungen in absehbarer Zeit in allen größeren Gießereien Anwendung finden wird und damit, wie es bei den Nichteisen-Metallgießereien schon lange der Fall ist, Stranggußanlagen zu den üblichen Einrichtungen der Eisen- und Stahlgießereien gehören werden.

Literatur

[*1*] Spengler, O.: Untergang des Abendlandes. München 1920/22.
[*2*] Piper, H.: Die Gesetze der Weltgeschichte. Leipzig 1929.
[*3*] Bavink, B.: Ergebnisse und Probleme der Naturwissenschaften. Leipzig 1944, S. 672.
[*4*] Korrespondenz Handel u. Ind. 68 (1947) Nr. 46 u. 69 (1948) Nr. 84, S. 108 u. 110.
[*5*] Stahl u. Eisen 67 (1947) S. 112/16.
[*6*] Stahl u. Eisen 70 (1950) S. 158/63.
[*7*] Vgl. H. Trenkler: Stahl u. Eisen 72 (1952) S. 992/97.
[*8*] Nach geschätzten Angaben des Vereins Deutscher Eisenhüttenleute, Düsseldorf.
[*9*] Techn. Mitt. 46 (1953) Nr. 1, S. 1/7.
[*10*] Piwowarsky, E., u. A. Wittmoser: Gewalztes Gußeisen. Essen 1949, S. 17ff.
[*11*] Wittmoser, A.: Unveröffentlichte Vorlesungsunterlagen.
[*12*] Bessemer, H.: BP 11317 aus dem Jahre 1846; vgl. auch Hermann, H.: Aluminium-Arch. 16 (1940) S. 5.
[*13*] Hermann, E.: Aluminium-Arch. 16 (1940) S. 1/71 u. 17 (1941) S. 1/16.
[*14*] Brenner, P.: Z. Metallkde. 43 (1952) S. 325/32.
[*15*] Foundry Trade J. 99 (1955) S. 85/92.
[*16*] Lippert, T. W.: Iron Age 135 (1935) Nr. 21, S. 17/18.
[*17*] Chase, H.: Foundry, Cleveland, 78 (1950) Nr. 10, S. 111/14.
[*18*] Pollard, C. D.: Foundry Trade J. 83 (1947) S. 237/45 u. 265/68.
[*19*] Herb, C. O.: Ind. Press (1936) S. 279/91; vgl. auch Werkstattstechn. u. Werkleiter 30 (1936) S. 250/52.
[*20*] Statistische Jahrbücher für die Eisen- und Stahlindustrie. Düsseldorf 1947/54.
[*21*] Vgl. Speith, K. G., u. A. Bungeroth: Stahl u. Eisen 72 (1952) S. 809/85.
[*22*] Krainer, H., u. B. Tarmann: Stahl u. Eisen 69 (1949) S. 813/19.
[*23*] Krainer, H., u. B. Tarmann: Stahl u. Eisen 70 (1950) S. 1098/1108.
[*24*] Baake, R., u. R. Rosahl: Neue Hütte 1 (1956) S. 293/303.
[*25*] Speith, K. G., u. A. Bungeroth: Stahl u. Eisen 76 (1956) S. 437/42.
[*26*] Z. Metallkde. 43 (1952) S. 181/90.
[*27*] Stal 7 (1937) S. 99; vgl. Stahl u. Eisen 58 (1938) S. 524.
[*28*] Theor. prakt. mes. 9 (1937) S. 72.
[*29*] Hutnik 18 (1951) S. 463/64.
[*30*] Litjein. Proisw. 1952, Nr. 11, S. 5/8.
[*31*] Piwowarsky, E., u. A. Wittmoser: Gewalztes Gußeisen. Essen 1949, S. 121.

[32] Litjein. Proisw. 1952, Nr. 11, S. 2/5.
[33] JUNGHANS, S.: DRP 750301; vgl. auch KÄSTNER, H.: Stahl u. Eisen 66/67 (1947) S. 11.
[34] Machinery, Lond. 84 (1954) Nr. 2155, S. 506/07 u. 516.
[35] 1942 DPA — J. 438, VIa 31c.
[36] Engineer 199 (1955) S. 777.
[37] STÄHLI, G., u. E. SINNER: Gießerei 48 (1961) S. 545/8.
[38] CUMBERLAND, I.: Foundry Trade Journ. 109 (1960) 27. Okt., Nr. 2290, S. 523; Metall Working Production 101 (1957) 27. Dez., Nr. 52, S. 2303.
[39] DRP 62034.
[40] DRP 63330 vom 8. September 1891.
[41] DRP 417227 vom 3. Oktober 1924.
[42] ÖP Nr. 52679 vom 1. Dezember 1910.
[43] DP Nr. 877930 vom 25. Januar 1951.
[44] PARDUN, K.: Stahl u. Eisen 44 (1924) S. 905/11, 1044/48 u. 1200/08.
[45] BUNGEROTH, A.: Sonderdruck des VDEh vom 21. Dezember 1953 „Ansichten über die technischen Möglichkeiten horizontal oder schräg arbeitender Gießverfahren bei der Eisen- und Stahlerzeugung".
[46] ROTH, W.: Aluminium-Ber. 24 (1943) S. 283/91.
[47] BROWN, D. J.: Iron Age 168 (1951) Nr. 12, S. 113/18.
[48] WITTMOSER, A.: DP Nr. 887989 vom 17. Juni 1951.
[49] MANN, H., A. KIRCH u. E. TUSCHY: Gießerei 49 (1962) S. 385/90.

Der Schleuderguß und seine Maschinentechnik

Von **F. Brügger**, Essen

Mit 37 Abbildungen

I. Begriffe und Verfahren

Schleuderguß umfaßt alle Arten von Gießverfahren, bei denen durch Rotation eines Teiles der Gießmaschine die Zentrifugalkraft Einfluß auf die Formgestaltung, Formfüllung oder Kristallisation nimmt. Der Zentrifugalguß unterscheidet mehrere Arten von Verfahren:

I. *Echter Schleuderguß.* Verformung von Metallen im flüssigen Zustand durch die Zentrifugalkraft.

II. *Metallurgisches Schleudern.* Erzielung einer bestimmten Kristallinenstruktur durch den Zentrifugaldruck.

III. *Gießformschleudern.* Erzeugung eines konstanten Gießdruckes zur Erreichung einer genauen Gußtoleranz.

IV. *Zentrifugalvergießen.* Bessere Formfüllung der Gußformen bei schwer zu gießenden hochlegierten Metallen.

V. *Unechter Schleuderguß.* Gießen bei geringen Drehzahlen, bei denen Zentrifugalkräfte nicht wirksam werden können.

Echter Schleuderguß und *metallurgisches Schleudern* sind oft miteinander gekoppelt.

Rotierende Formen drehen sich um eine Achse mit so hohen Umdrehungsgeschwindigkeiten, daß praktisch das Schwerefeld der Erde aufgehoben wird und das Gießmetall gegen die Innenfläche der rotierenden Form gepreßt wird. Da die hohen Umdrehungsgeschwindigkeiten bis zur festen Erstarrung des Materials beibehalten werden, nimmt das Metall als Oberfläche die Innenfläche der rotierenden Form an, während sich im Innern symmetrisch um die Drehachse ein Zylinderhohlkörper bildet. Der Durchmesser dieses Hohlzylinders kann durch genaues Abmessen der eingegebenen Metallmenge variiert werden. Aus Tab. 1 sind nach Werkstoffen geordnet die verschiedenen Anwendungsgebiete zu ersehen.

Da der innere zylindrische Hohlkörper sich stets zentrisch um die rotierende Achse bildet, die Außenfläche sich aber nicht zentrisch zur rotierenden Achse drehen muß, vermag man auch Körper mit unterschiedlichen Wandungen zu schleudern. Beim Schleudern kann nun die Drehachse waagerecht, lotrecht, oder auch eine geneigte Lage einnehmen. Bei genügend hohen Umdrehungsgeschwindigkeiten erhält man praktisch gleiche Rotationskörper. Die Überwindung des Schwerefeldes der Erde verlangt bei verschiedenen Achsenstellungen verschiedene Zentrifugalkräfte. Für Maschinen mit senkrechten Drehachsen benötigt man deshalb höhere Drehzahlen als für die mit waagerechten. Entsprechend der Neigung liegen die benötigten Drehzahlen für diese Art Schleuderguß zwischen den beiden Grenzwerten.

Tabelle 1. *Schleuderguß*

Echter Schleuderguß		*Verbundguß*		*Gießformschleudern*	
Gußeisen	Stahl, Stahlguß	Gußeisen	Stahlguß	Stahlguß, Gußeisen Temperguß	Unlegierter Stahlguß Hochlegierter Stahlguß
Druckrohre	Rohre, schw. leg. Rohre, hoch leg.	Rippenzylinder, auß. Cu — in. GG	Zylinderbüchsen auß. GS — in. GG	Feinguß, GG und GT	Präzisionsguß, hochleg. hitzebest. Stahl
Abflußrohre Zylinderbüchsen, schwach legiert	Brammen für Bandeisen und Stabeisen	Zylinderbüchsen auß. Al — in. GG	Bremstrommeln auß. Stahlbl. — in. GG	Bremstrommeln, GT	Zahnräder, Tellerräder, Getrieberäder
Zylinderbüchsen, unmagnetisch Kolbenringrohlinge für Großmotore Ventilsitzringe, leg. und gehärtet	Stahlhohlrohre für Kessel Stahlhohlblöcke für Rohre Eisenbahnräder	Walzen: auß. GH — in. GG auß. rostfr. — in. GG Zylinderbüchsen auß. GS — in. GG	Walzen: auß. GH — in. GS auß. rostfr. — in. GS auß. GS hart, — in. GS weich	Fahrzeugteile, GT	
Rippenzylinder Großbüchsen für Schiffsdiesel Walzen	Radreifen Geschützrohre, Granaten Zylinderbüchsen für Flugzeugmotore				

Die beim Schleudergießen auftretenden Fragen nach den kritischen Drehzahlen und nach der Druckverteilung im Innern eines rotierenden Zylinders wurden von L. Cammen [*1*], M. v. Schwarz [*2*], J. Hurst [*3*], A. Väth [*4*] und E. Diepschlag [*5*] in der Literatur eingehend behandelt. Für die günstigsten Drehzahlen wurde das Verhältnis von Gewicht pro cm^2 Kokillenfläche zum Zentrifugaldruck pro cm^2 Kokillenfläche zugrunde gelegt. Pierre Lefranc [*6*] hat in einer graphischen Darstellung (Abb. 1) die verschiedenen Flächendrucke P in kg/cm^2 in Abhängigkeit von der Umdrehungszahl n = U/min an einem horizontal rotierenden Zylinder aufgestellt. Dieser Darstellung liegt die Formel

$$P = \frac{d}{g} w^2 \quad \frac{R - r^2}{2}$$

zugrunde, wobei

$g = 981$ cm/sek^2;
w = Winkelgeschwindigkeit

ist.

Theoretisch ist der Druck in einem Querschnitt durch die Einwirkung der Erdbeschleunigung nach einer Parabel verteilt.

Zusammengefaßt kann man die Ergebnisse in der Literatur für Rotation mit horizontaler Drehachse wie folgt grundsätzlich festlegen:

Bei gleichmäßiger Drehung einer Flüssigkeit ist es gleichgültig, ob die Flüssigkeit zäh ist oder nicht. Die Flüssigkeitsinnenfläche nimmt Kreisform an. Der Mittelpunkt des Kreises wird durch die Fliehkraft vertikal nach oben versetzt, und zwar um den Betrag g. Je größer die Winkelgeschwindigkeit, desto geringer ist die Exzentrizität des Kreises. Die Exzentrizität für $n = 1000 n$/min hat den Wert von 0,05 cm. In der Praxis können bei den in Frage kommenden Drehgeschwindigkeiten diese Exzentrizitäten vernachlässigt werden. Der Druck im Querschnitt ist nach einer Parabel verteilt. Aber auch hier sind die Unterschiede so gering, daß sie bei den Konstruktionsberechnungen zu vernachlässigen sind und man mit hinreichender Genauigkeit mit einem konstanten Druck rechnen kann. Für die günstigste Drehzahl n = U/min ist das Verhältnis von Gewicht pro cm² zum Zentrifugaldruck pro cm² Kokillenfläche bestimmend.

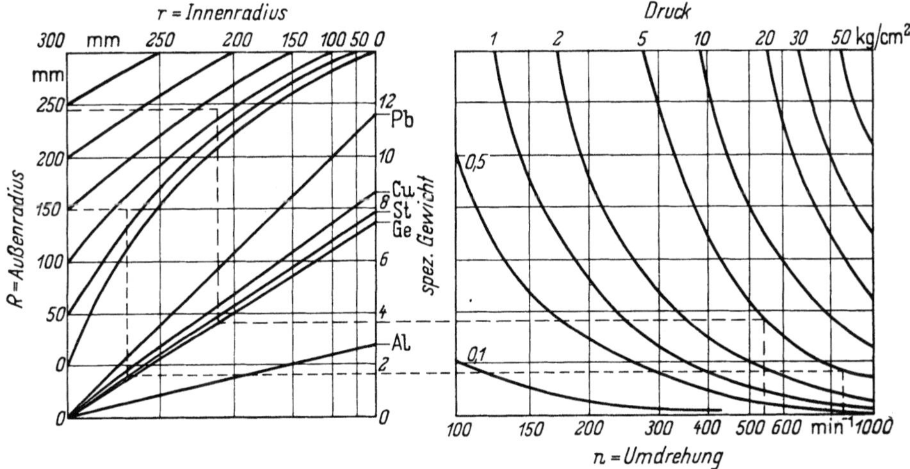

Abb. 1. Zentrifugaldruck in kg/cm² bei verschiedenen Zylinderradien (außen und innen), verschiedenen spezifischen Gewichten, verschiedenen Umfangsgeschwindigkeiten (nach [6])

Beim Senkrechtschleuderguß ist nach J. Hurst [7]

$$n = 423 \sqrt{\frac{1}{R^3 - r^3}} \cdot \sqrt{H} = 423 \sqrt{\frac{1}{R^2 - r^2}} \cdot \sqrt{H}.$$

Bei gleichem Außenradius R sinkt die Drehzahl mit zunehmender Wandung ($R^2 - r^2$) und abnehmender Höhe H des rotierenden Körpers.

Praktisch werden Drehzahlen verwandt, die höher als die theoretischen kritischen Drehzahlen liegen. Bei Berücksichtigung der spezifischen Dichte des Metalls d gilt darum als Faustformel $\frac{7200}{d \cdot D}$. Auf Abb. 2 sind die Drehzahlbereiche für verschiedene Dichten d in Abhängigkeit vom Durchmesser D aufgetragen.

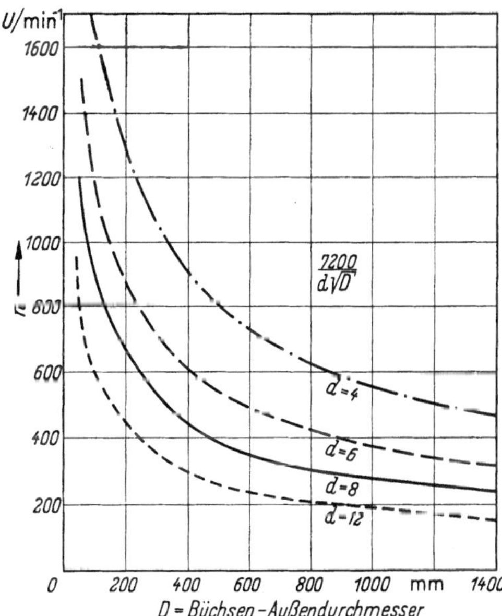

Abb. 2. Drehzahlbereiche in Abhängigkeit vom Durchmesser bei verschiedenen spez. Dichten

Nach E. Diepschlag [5] ist für die Güte des Schleudergusses das Verhalten kleiner Masseteilchen durch die Fliehkraft wesentlich. Auf Masseteilchen mit anderen Dichten als das Gießmetall wirkt im freien Fall die Schwerkraft und beim Schleudern die Fliehkraft ein. Für erstere gilt die Beziehung für die Fortbewegung der Masseteilchen:

$$W = \psi \cdot \frac{\gamma_m}{g} \cdot d^2 \cdot v^2,$$

wobei mit W der Widerstand der Flüssigkeit, ψ der Widerstandsbeiwert, γ_m das spezifische Gewicht der Flüssigkeit, d der Teilchendurchmesser und v die Geschwindigkeit bezeichnet wird. Bei dem spezifischen Gewicht des Teilchens γ_f ergibt die Geschwindigkeit im freien Fall die Formel von RITTINGER [8]

$$v = \sqrt{\frac{\pi \cdot \vartheta \cdot d \cdot (\gamma_m - \gamma_f)}{6 \cdot \psi \cdot \gamma_m}}.$$

Ist dabei γ_f kleiner als γ_m, so ergibt sich ein Ausweichen des Teilchens nach der Innenfläche des Gußkörpers. Beim Schleudervorgang wird g durch den Wert der Fliehkraft vertreten. Ist r der Halbmesser der Schleuderkokille, so ergibt sich umgeformt:

$$v_s = \sqrt{\frac{\pi \cdot d \cdot (\gamma_m - \gamma_f)}{6 \cdot \psi \cdot \gamma_m} \cdot q^2 \cdot r}.$$

Damit ist die Bewegungsgeschwindigkeit von Fremdteilchen im Gießmetall zuerst von der Winkelgeschwindigkeit abhängig. DIEPSCHLAG [5] hat in seinen Mitteilungen die Winkelgeschwindigkeit q mit der Drehzahl n je Minute $\left(q = \frac{\pi \cdot n}{30}\right)$ umgetauscht und die Geschwindigkeit der Teilchen, die durch die Schleuderwirkung (v_s) entsteht mit derjenigen, die sich aus dem freien Fall (v) ergibt, verglichen.

Es ergibt sich:

$$\frac{v_s}{v} = q\sqrt{\frac{r}{g}} = \frac{\pi \cdot n}{30}\sqrt{\frac{r}{g}} = \frac{\pi \cdot n}{940}\sqrt{r}.$$

Auch bei kleinsten Teilchen wird gemäß des Zusammenhangs mit dem Flüssigkeitswiderstand u. a. Größen, wie die STOKEsche Gleichung nachweist, die Bewegungsgröße eben dieser Teilchen von der Winkelgeschwindigkeit bzw. von der Drehzahl bestimmt.

Für den Mathematiker sind die Ausführungen von C. TÖNNIES „Die Hydrodynamik des Schleudergusses" wertvoll:

II. Die Hydrodynamik des Schleuderns

Die beim Schleuderguß interessierenden Fragen nach der Druckverteilung im Innern eines um eine horizontale Achse rotierenden Zylinders, nach der Oberfläche der rotierenden Flüssigkeit, nach der Sedimentationsgeschwindigkeit kleiner Teilchen und schließlich nach der wahrscheinlichen Verteilung kleiner Teilchen um die Rotationsachse finden ihre allgemeine Beantwortung, wenn wir das Problem hydrodynamisch behandeln. Es versteht sich, daß der physikalischen Betrachtung durch die Forderung der Praxis natürliche Grenzen gesetzt sind. Obige Fragestellung verdeutlicht, daß wir uns hier nicht mit der physikalischen Chemie des Schleudergusses beschäftigen werden. Diese müßte sich folgerichtig unserer Betrachtung anschließen.

Die Hydrodynamik wird von zwei Gleichungen beherrscht: der Bewegungsgleichung (analog der NEWTONschen Bewegungsgleichung)

$$\varrho \frac{d\mathfrak{v}}{dt} = \mathfrak{f}^* + \mathfrak{f}_p + \mathfrak{f}_r$$

oder

$$\varrho \frac{\partial \mathfrak{v}}{\partial t} + \varrho (\mathfrak{v}\nabla)\mathfrak{v} = \mathfrak{f}^* - \operatorname{grad} p + \frac{\eta}{3} \operatorname{grad} \operatorname{div} \mathfrak{v} + \eta \Delta \mathfrak{v} \qquad (1)$$

und der Kontinuitätsgleichung

$$\frac{\partial \varrho}{\partial t} + \operatorname{div} \varrho \mathfrak{v} = 0 \quad \text{oder} \quad \frac{\partial \varrho}{\partial t} + \varrho \operatorname{div} \mathfrak{v} + \mathfrak{v} \operatorname{grad} \varrho = 0. \qquad (2)$$

Es bedeuten: ϱ Dichte, η Zähigkeit, f^* äußere Kraft pro Volumeneinheit, f_p Kraft pro Volumeneinheit vom hydrostatischen Druck herrührend, f_r Reibungskraft pro Volumeneinheit; Geschwindigkeitsvektor $\mathfrak{v} = \{u, v, w\}$; Nablaoperator $\nabla = i\frac{\partial}{\partial x} + j\frac{\partial}{\partial y} + k\frac{\partial}{\partial z}$; i, j, k Einheitsvektoren; $\nabla\varrho \equiv \operatorname{grad}\varrho$, $\nabla\mathfrak{v} \equiv \operatorname{div}\mathfrak{v}$; LAPACE-Operator $\triangle \equiv \nabla^2 = \frac{\partial^2}{\partial x^2} + \frac{\partial^2}{\partial y^2} + \frac{\partial^2}{\partial z^2}$.

Während die erste Gleichung die Bewegung eines Flüssigkeitsteilchens beschreibt, sagt die Kontinuitätsgleichung aus, daß bei der Strömung keine Masse verlorengeht. Beide Gleichungen wollen wir auf unser Problem anwenden.

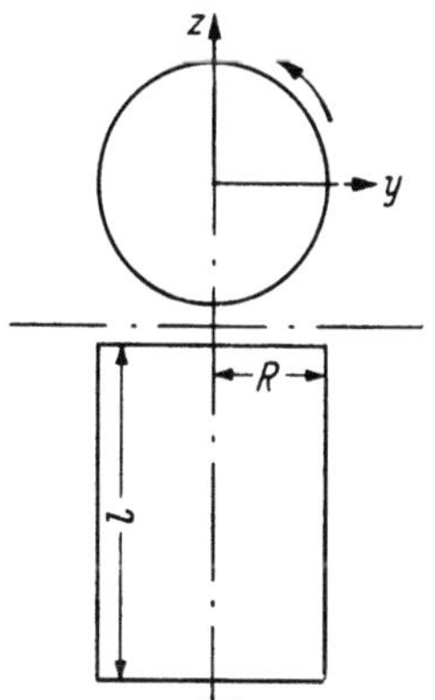

Die x-Achse sei die Rotationsachse, um die der horizontalliegende Zylinder mit konstanter Winkelgeschwindigkeit $\omega = \omega_0$ rotiert. Offensichtlich können wir uns auf die y-z-Koordinaten beschränken (ebenes Problem). Zuvor müssen wir noch die äußeren Kräfte angeben. f^* setzt sich zusammen aus dem Schwerefeld der Erde und der Zentrifugalkraft:

$$f^* = \{f_y^*, f_z^*\} = \mathfrak{g}^* + \mathfrak{z}^* = -k\varrho g - \varrho[\mathfrak{w}[\mathfrak{w}\mathfrak{r}]] = \varrho\{+\omega^2 y; \\ +\omega^2 z - g\}. \tag{3}$$

Die eckigen Klammern kennzeichnen das Vektorprodukt und die geschweiften den Vektor selbst. Der Geschwindigkeitsvektor berechnet sich zu

$$\mathfrak{v} = [\mathfrak{w}\mathfrak{r}] = \omega\{-z; +y\}; \tag{4}$$

ihn führen wir in (1) ein und erhalten

$$\operatorname{div}\mathfrak{v} = o, \quad \Delta\mathfrak{v} = 0, \tag{5}$$

ferner durch Umformung $(\mathfrak{v}\nabla)\mathfrak{v} = \omega^2\{-y; -z\}$.

Wir haben dabei angenommen, daß die Flüssigkeit als Ganzes rotiert. Das hat zur Folge, daß die Volumendilatationsgeschwindigkeit verschwindet und damit die Deformationsgeschwindigkeit der Flüssigkeit. Es ist vollkommen gleichgültig, ob wir die Flüssigkeit zäh oder nicht zäh behandeln, da die mit η behafteten Glieder nach (5) verschwinden. Diese Tatsache verdient ganz besondere Beachtung, weil einerseits die Zähigkeit der Flüssigkeit ihre gleichförmige Rotation als Ganzes ermöglicht, anderseits aber keine Bedeutung mehr für die Kinematik hat. In (1) setzen wir $\frac{\partial\mathfrak{v}}{\partial t} = 0$. Die gesuchte Gleichung ist von der Gestalt

$$\varrho\omega^2\{-y, -z\} = \varrho\{\omega^2 y;\ \omega^2 z - g\} - \left\{\frac{\partial p}{\partial y}, \frac{\partial p}{\partial z}\right\} \tag{1a}$$

oder in Komponenten

$$\frac{\partial p}{\partial y} = 2\varrho\omega^2 y; \quad \frac{\partial p}{\partial z} = 2\varrho\omega^2 z - \varrho g. \tag{1b}$$

Der hydrostatische Druck ist durch diese beiden partiellen Differentialgleichungen definiert; die allgemeine Lösung lautet

$$p = \varrho\omega^2(y^2 + z^2) - \varrho g z + C. \tag{6}$$

Die Integrationskonstante C ergibt sich aus einer einfachen Volumenbetrachtung:

$$C - p_0 = \frac{\varrho g^2}{4\,\omega^2} - \frac{\pi L R^2 - V_0}{l\pi}\,\varrho\,\omega^2. \tag{7}$$

Das eingegossene Volumen V_0 verteilt sich zu einem exzentrischen Hohlzylinder der Länge l; p_0 Luftdruck oder Gasdruck über Flüssigkeitsoberfläche; R äußerer Radius des rotierenden Zylinders; ω konstante Winkelgeschwindigkeit; ϱ Dichte der Flüssigkeit. Aus (6) und (7) erhalten wir die Gleichung der Oberfläche der rotierenden Flüssigkeit

$$\varrho\,\omega^2(y^2 + z^2) - \varrho g z + \frac{\varrho g^2}{4\omega^2} - \frac{\pi l R^2 - V_0}{l\pi}\,\varrho\,\omega^2 = 0. \tag{8}$$

Das ist die Gleichung eines in Richtung positiver z-Achse verschobenen Kreises, und zwar um den Betrag $\frac{g}{2\,\omega^2}$, mit dem Radius zum Quadrat

$$A^2 = \left(\frac{\varrho g^2}{4\,\omega^2} + p_0 - C\right)\cdot\frac{1}{\varrho\,\omega^2} = \frac{\pi l R^2 - V_0}{l\pi}. \tag{9}$$

Die Verschiebung $z^* = z - \frac{g}{2\,\omega^2}$ erlaubt die übliche Schreibweise des Kreises

$$y^2 + z^{*2} = A^2. \tag{9a}$$

Je größer $\omega = \frac{\pi n\ sek\cdot min}{30} = 2\pi\nu$ (n Umdrehungen/min, ν Umdrehungen/sek), desto geringer wird die Exzentrizität des Kreises, die ihre Ursache in der Wirkung der Erdbeschleunigung hat. Mit Hilfe der Drehzahl können wir demnach die vertikale Verschiebung der Mittelachse des geschleuderten Stückes *regeln*; in manchen Fällen sind Stücke mit exzentrischer Mittelachse erwünscht, in anderen nicht. Die Exzentrizität $e = 44700/n^2$ hat für $n = 1000$ U/min den Wert 0,045 cm.

Neben der Oberflächenform der rotierenden Flüssigkeit interessiert die Druckverteilung im Innern. Die Konstante C, die nach (7) von der Winkelgeschwindigkeit abhängt, setzen wir in (6) ein und führen mittels $y = r\cos\varphi$, $z = r\sin\varphi$ Polarkoordinaten ein:

$$p - p_0 = \varrho\,\omega^2 r^2 - \varrho g r\sin\varphi + \frac{\varrho g^2}{4\,\omega^2} - \frac{\pi l R^2 - V_0}{\pi l}\,\varrho\,\omega^2. \tag{10}$$

Über einen Querschnitt, $\varphi = \varphi_0 =$ const. ist der Druck nach einer Parabel verteilt:

$$p - p_0 = \varrho\,\omega^2\left(r - \frac{g}{2\,\omega^2}\sin\varphi_0\right)^2 + \frac{\varrho g^2}{4\,\omega^2}\cos^2\varphi_0 - (\pi l R^2 - V_0)\,\frac{\varrho\,\omega^2}{\pi l}, \tag{11}$$

die sich mit dem rechtwinkligen Zeichendreieck durch Umhüllung ihrer Tangenten leicht zeichnen läßt. Speziell können wir bei genügend hohen Drehzahlen die Erdbeschleunigung $g = 981$ cm/sek^2 vernachlässigen; jedoch ist stets zu überprüfen, wie groß der Fehler ist, der dadurch entsteht. Wenn wir $r = R$ setzen, steht oben der Druck, der auf die rotierende Zylinderwand ausgeübt wird. Der Druckverlauf zeigt zwei Wendepunkte in $\varphi = 0$ und $\varphi = \pi$, ein Minimum für $\varphi = \frac{\pi}{2}$ und ein Maximum für $\varphi = \frac{3\pi}{2}$. Dies folgt einfach aus $\frac{\partial p}{\partial} = 0$ und $\frac{\partial^2 p}{\partial\varphi^2} \gtrless 0$.

Ergebnis. Bei der gleichförmigen Rotation einer Flüssigkeit (Drehachse horizontal) ist es gleichgültig, ob die Flüssigkeit zäh ist oder nicht. Die Flüssigkeitsoberfläche nimmt Kreisform an. Der Mittelpunkt des Kreises ist vertikal nach oben versetzt. Mittels der Drehzahl läßt sich die Exzentrizität regeln. Der Druck in einem Querschnitt ist nach einer Parabel verteilt, deren Konstruktion am einfachsten mit dem Zeichendreieck erfolgt.

Bei der Untersuchung lyophober und lyophiler Kolloide mittels der Ultrazentrifuge gilt für das Verhältnis $n_1 : n_2$ der Zahl der Teilchen, die pro cm³ im Abstande a_1 bzw. a_2 von der Drehachse zu finden sind

$$\frac{n_1}{n_2} = e^{\frac{8\pi^3}{3} \nu^2 r^3 (\varrho - \varrho_0)(\alpha_1^2 - \alpha_2^2) \frac{1}{kT}}. \tag{12}$$

Es bedeuten:

ϱ_0 Dichte des Lösungsmittels, ϱ Dichte der Teilchensubstanz, ν sekundliche Drehzahl, T absolute Temperatur, $k = 1{,}37 \cdot 10^{-16}$ Erg/Grad Boltzmannsche Konstante, r Radius der als Kugeln angenommenen Teilchen, e Exponentialfunktion ($y = e^x$ bzw. $x = \ln y$). Diese Formel gestattet Aussagen über die Verteilung der Teilchen um die Drehachse.

Für die Absinkgeschwindigkeit des Teilchens im Abstande a_1 von der Drehachse gilt

$$u = \frac{8}{9} \frac{\pi^2 \nu^2 a_1}{\eta} r^2 (\varrho - \varrho_0). \tag{13}$$

η Zähigkeit, ϱ Dichte der Teilchensubstanz.

Die Teilchen sind als kleine Kugeln angenommen.

Diese letzten Formeln führt KUHN[1] an. Bei Eiweißuntersuchungen haben sie sich bestätigt. Es fragt sich, ob beim Schleudergußverfahren nicht Korrekturglieder notwendig sind; denn die Graphitkristalle z. B. sind kleine Blättchen. Die Kontinuitätsgleichung erfüllen wir, wenn wir die Dichte konstant setzen. In Wirklichkeit hängt sie vom herrschenden Druck, von der Temperatur und von der örtlichen Konzentration der zusammengesetzten Flüssigkeit ab. Die vorliegende Skizze zeigt, an welchen Stellen weitere Untersuchungen anzusetzen sind, die das Problem durchleuchten zum Nutzen der Praxis.

A. Das Schleudern von gußeisernen Druckrohren[2]

Das Hauptanwendungsgebiet des Zentrifugalgusses besonders mengenmäßig liegt in der Herstellung von gußeisernen Druckrohren (1960 ca. 360000 t). Der geschichtliche Anfang liegt um das Jahr 1881. WHITLY [*9*] und S. FOX [*10*] führten den Kipptrog ein. DE LAVAUD wandte ihn bei seinen Versuchen 1912 an. Während des Krieges 1914/18 kam es zur praktischen Ausführung dieser Versuche in Amerika. OTTO BRIEDE [*11*] erfand im Jahre 1910 die fahrbare Rinne. Das Jahr 1926 wird in Deutschland für den Beginn der Fabrikation von Schleudergußrohren genannt. Zwei Ausführungsarten haben sich hier durchgesetzt:

Das Schleudern in wassergekühlter Kokille nach BRIEDE—DE LAVAUD [*12*] und das Schleudern in Sandform nach dem Moorverfahren [*13*]. Beide Verfahren arbeiten mit umlaufenden zylindrischen Formen, die durch hohe Drehzahlen eine Fliehkraft erzeugen, die das flüssige Eisen gegen die Innenwand preßt und so die Gestalt des Rohres bildet, ohne für den inneren Hohlraum einen Kern zu benutzen. Für die Gestaltung der Muffenform

---

[1] KUHN, F.: Physikalische Chemie, Heidelberg: Quelle & Meyer 1948.

[2] Gußeiserne Druckrohre für Gas- und Wasserleitungen, Girardet: Essen, und BUDERUS: Gußeiserne Druckrohre und Formstücke, Verlag dortselbst.

wird am Kopfende ein Sandkern eingesetzt, der beim Herausziehen des Rohres zerstört wird. Das Briede—de Lavaud-Verfahren verwendet eine wassergekühlte schrägliegende Kokille aus Stahl, die in der Längsrichtung verfahrbar ist. Das Eingießen geschieht mittels einer festliegenden in die Form hineinragenden langen Rinne. Meist ist heute eine Doppelrinne üblich, die quer zur Drehform verschiebbar ist. Während die eine Rinne für den Gießprozeß Verwendung findet, wird die zweite Rinne für den nächsten Guß neu zugestellt. Das Eingießen der dem Rohrgewicht entsprechenden Eisenmenge geschieht durch eine kippbare Zuteilungspfanne, die jeweils das flüssige Eisen von fahrbaren Kranpfannen vom Kupolofen oder vom Mischer zugeführt erhält. Der Sandkern für den Muffenhohlraum wird in die Drehform eingebracht (a in Abb. 3). Die Gießmaschine wird über die Rinne so weit eingefahren, daß der Anfang der Rinne sich kurz hinter dem Muffenkern befindet (b). Nach Erreichung einer bestimmten Drehzahl der umlaufenden wassergekühlten Gießform läßt man das Eisen im gleichmäßigen Strahl durch die Rinne einfließen. Ist der Hohlraum hinter dem Muffenkern gefüllt, fährt der Maschinist auf dem Steuerstand, der durch die Kernöffnung das einfließende Eisen beobachten kann, die Gießform über die Rinne aus (c). Diesen Vorgang gibt die Abb. 5 wieder, an einer neuzeitlichen Schleudergußmaschine der Eisenwerke Gelsenkirchen A.G., Gelsenkirchen. Das flüssige Eisen bildet spiralenförmig ein Eisenband, das durch die Fliehkraft an die Innenform angelagert wird und so die Rohrwandung bildet. Durch Änderung der Kippgeschwindigkeit der Zuteilungspfanne und der Fahrgeschwindigkeit der Drehform kann die Wanddicke des Rohres beeinflußt werden. Nach Beendigung der Erstarrung wird die Maschine abgestellt und eine feststehende Greiferzange am Muffenende des Rohres eingebracht. Durch Ausfahren in die Gießstellung wird das noch rotwarme Rohr aus der Drehform herausgezogen (c in Abb. 3). Greiferarme oder Krane bringen das fertige Rohr auf Schienenbahnen, die durch natürliches Gefälle das Rohr in den Glühofen zur Warmbehandlung laufen lassen.

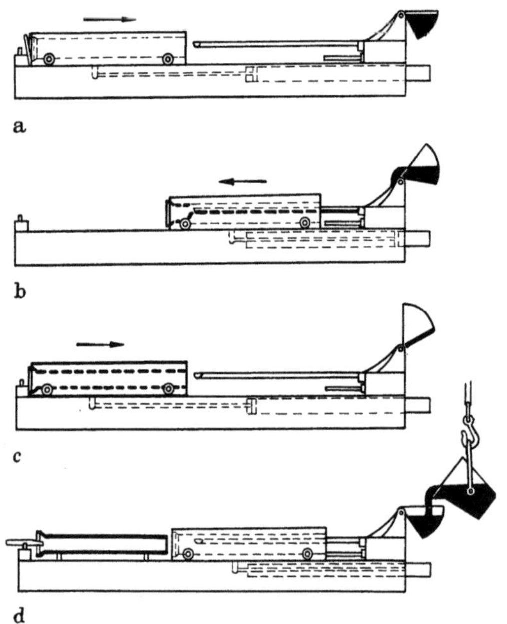

Abb. 3a—d. Arbeitsgänge für Schleuderguß-Rohre (nach [14])

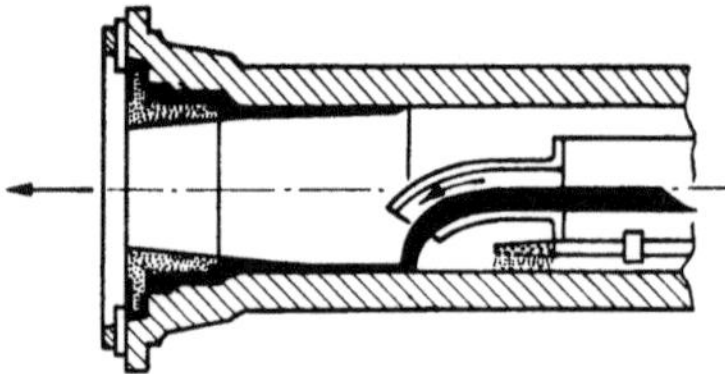

Abb. 4. Muffenhohlraum mit Sandkern, Pulvereinstreuvorrichtung (nach [14])

Zur Verringerung der Abschreckhärte der Gußhaut und zur Schonung der Kokille wird vor dem Gießstrahl eine dünne Schicht einer pulverförmigen Ferro-Legierung (Abb. 4) aufgetragen. Durch die Zentrifugalkraft wird dieses Pulver auf der Innenwand der Stahlkokille fein verteilt und bildet eine Gaspulverzwischenschicht, auf der das flüssige Eisen ruht. Diese Auftragung geschieht durch ein an der Rinne befestigtes Rohr, wobei eine bestimmte Pulvermenge mechanisch oder durch Preßluft eingebracht werden kann.

Der sofort anschließende Glühprozeß hat die Aufgabe, die harte Abschreckschicht der Rohroberfläche zu graphitisieren. Gleichzeitig werden Verzugsspannungen, die durch ungleichmäßige Abkühlungen bei der Erstarrung auftreten können, ausgeglichen. Bei Wärmeöfen, die mit Kettenförderern ausgerüstet sind, müssen die Transportfinger eine solche

Handbuch der Gießerei-Technik

Abb. 5. Schleudergießmaschine (Rheinstahl Eisenwerke Gelsenkirchen AG, Gelsenkirchen)

Abb. 6. Glühofen (Rheinstahl Eisenwerke Gelsenkirchen AG, Gelsenkirchen)

Formbildung haben und so verteilt sein, daß ein Rollen der Rohre und keine Verschiebung eintritt. Aus diesem Grunde sind die Ofenherde so angeordnet, daß sie nach der Entladeseite ansteigen. Bei Öfen mit natürlichem Gefälle (Abb. 6) müssen die Gleitschienen so eingerichtet sein, daß trotz des Muffenendes die Rohre genau und gerade durch den Ofen rollen, damit keine Unrundheit und kein Verziehen eintritt.

J. B. NEALEY [*14*] nennt als Maß für Glühöfen: Heiße Zone 7 Fuß hoch (2,135 m) und 35 Fuß lang (10,7 m), Kühlzone 10 Fuß hoch (3,05 m) und 20 Fuß lang (6,10 m).

Die Glühdauer beträgt bei seiner Fertigung nur eine Stunde. Eine besondere Brennerzone sorgt für zusätzliche Wärmezufuhr an der Muffenseite, da hier durch die zusätzliche Masse eine größere Wärmemenge benötigt wird.

Die Rohre werden vom Ofen auf eine Rollenbahn geführt. Hier werden die Innenflächen mit Schleifscheiben ausgerieben und die Enden gerade abgeschliffen. Danach wird

Abb. 7. Gießhalle Buderus'sche Eisenwerke, Wetzlar

das ganze Rohr in ein Asphaltbad von 120 °C gebracht. Nach der Wasserdruckprobe wird das Rohr gewogen und auf Lager genommen.

Die Stahlkokillen werden meist aus Chrom-(2%)-Molybdän-(0,4%)-Stahl gefertigt. Die Haltbarkeitszahlen werden stark vom Rohrdurchmesser beeinflußt. Mit Zunahme des Rohrdurchmessers werden die anteiligen Kokillenkosten so hoch, daß der Rentabilität für Schleudergußrohre, in Kokille gegossen, wirtschaftliche Grenzen gesetzt sind.

Die Herstellungskosten des Verfahrens werden stark durch die Kokillen-Haltbarkeitszahlen beeinflußt. Gute Wartung und sachgemäße Behandlung der Kokillen vor jedem Guß sind anzustreben. Schleifvorrichtungen an der Gießmaschine montiert, gestatten ohne Ausbau die Nacharbeit an den Gießkokillen. Abb. 7 zeigt die Gießhalle der Buderus'schen Eisenwerke, Wetzlar. Die Maschine 1 im Vordergrund ist beim Schleifvorgang. Die Maschine 2 zieht das fertiggegossene Rohr. Durch wechselnde Abkühlung und Erwärmung werden die Kokillen rissig. Mit jedem Guß erweitern sich die Risse, und das flüssige Eisen dringt in sie ein und zerstört so die Kokille. Durch feine Einkerbung [*15*] in bestimmter Richtung, die man künstlich in die Stahlkokille einarbeitet, kann man die Rißbildung leiten und so die Haltbarkeit auf 50% erhöhen gegenüber Schleudergießformen, deren Innenfläche nicht mit bestimmten Einkerbungsnetzen versehen sind.

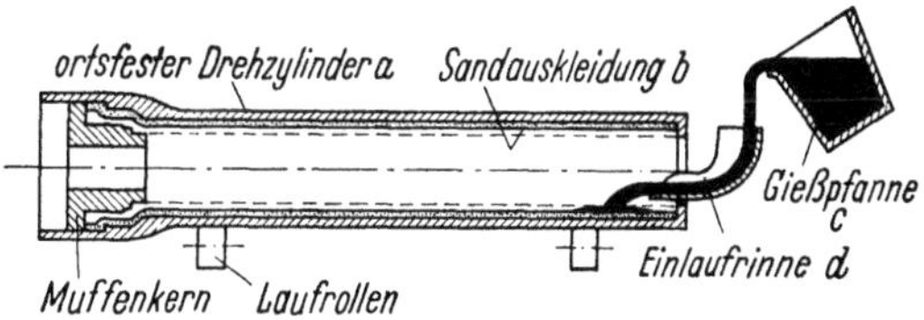

Abb. 8. Rohrschleuderverfahren in sandausgekleideten Drehformen (nach [*16*])

Alte unbrauchbar gewordene Kokillen sucht man durch Schmieden, Stauchen und nachträgliches Ausdrehen wieder für Rohre geringerer Durchmesser verwendungsfähig zu machen. Auch kann man durch Auftragsschweißungen an Muffen- und Spitzende schadhafte Kokillen reparieren.

Das Schleudergießen von Muffenrohren in Gießformen mit Sandauskleidung wurde in Amerika vor allem von Moore und Wood [*13*] entwickelt (Sandspun-Verfahren). Unter anderen Werken arbeitet die Halberger Hütte in Brebach/Saar (s. Abb. 8) heute nach diesem Prinzip. In einem ortsfesten Drehzylinder werden Formen eingelegt, deren Sandauskleidung der Außengestalt des Rohres entspricht. Die Drehform muß gut ausgewuchtet sein und ist im allgemeinen waagerecht gelagert. Im Gegensatz zum Stahl-Kokillenguß erstarrt das flüssige Eisen langsam. Man benötigt dadurch nur eine kurze Einlaufrinne an einem Ende der nicht ausfahrbaren Schleudergußform. Durch die Drehbewegung verteilt sich das flüssige Eisen über die ganze Oberfläche gleichmäßig. Die Wanddicke wird durch eine genau abgemessene Eisenmenge reguliert. Der Muffenkern wird auch hier vor dem Guß gesondert eingesetzt. Nach der Erstarrung wird durch eine besondere Vorrichtung der Sand zwischen Gießform und Rohr entfernt, das Rohr gezogen. Die aus der Schleudermaschine entfernte Form wird mit einer neuen Sandauskleidung ausgestampft und getrocknet. Die Sandschleudergußrohre werden nachher keiner besonderen Wärmebehandlung unterzogen. Bei der langsamen Erstarrung in der Drehform werden durch die Zentrifugalkraft Verunreinigungen nichtmetallischer Art sowie metallische Seigerungen nach innen ausgeschieden, da sie leichter sind als die metallische Grundmasse. Die Rohre sind daher dichter als Sandgußrohre. Auch sind die physikalischen Eigenschaften gleichmäßiger über das ganze Rohr verteilt, so daß neben der Ersparnis durch das Fehlen des Innenkernes auch eine Qualitätsverbesserung durch den Schleuderprozeß erreicht wird.

Tabelle 2. *Wanddicken von Schleudergußrohren für verschiedene Nenndrücke*[1]

Nennweite in mm	Nenndruck in kg/cm²					
	8	10	16	20	25	32
	Wanddicke in mm					
40	6	7	8	8	8	8,5
50	6,5	7	8	8	8,5	9
(60)	7	7,5	8,5	8,5	9	9,5
65	7	7,5	8,5	8,5	9	9,5
(70)	7,5	8	8,5	8,5	9	9,5
(75)	7,5	8	8,5	9	9,5	10
80	7,5	8	9	9	9,5	10
(90)	7,5	8	9	9	9,5	10,5
100	7,5	8	9	9,5	10	11
125	7,5	8,5	9,5	10	11	12
150	8	9	10	10,5	11,5	13
(175)	8,5	9,5	10,5	11	12,5	14
200	9	10	11	12	13	15
(225)	9,5	10,5	11,5	12,5	14	16
250	10	11	12	13	14,5	17
(275)	10,5	11,5	12,5	13,5	15,5	18
300	11	11,5	13	14	16	19
(325)	11,5	12	13,5	14,5	17	20
350	12	12,5	14	15,5	17,5	20,5
(375)	12	12,5	14	16	18,5	21,5
400	12,5	13	14,5	16,5	19	22,5
(450)	13	13,5	15	17,5	20,5	24,5
500	14	14,5	16	19	22	26,5
600	15	15,5	17	20	23	27,5

[1] Die Wanddickenverstärkung für Nenndrücke über 16 kg/cm² erfolgt auf Kosten der Lichtweite. Die eingeklammerten Größen sind möglichst zu vermeiden.

Trotz der geringeren Leistungsfähigkeit gegenüber der de-Lavaud-Herstellung ist das Verfahren infolge Wegfalls der teuren Stahlkokille, insbesondere bei großen Rohrdurchmessern (6 m Länge und 1 m Durchmesser) und bei geringen Stückzahlen, wirtschaftlich. Über Abmessungen der Schleudergußrohre gibt die Tab. 2 Auskunft. Die Tab. 3 zeigt den Herstellungsplan für die gebräuchlichsten Gußrohre nach C. Pardun [*16*].

Tabelle 3. *Herstellungsplan für die gebräuchlichsten Gußrohrarten*[1]

Bezeichnung	Herstellungsart	Nennweite mm von – bis	Nenndruck kg/cm²	Normung	Verbindungsart
1. Muffendruckrohre (Sandgußrohre)	Sandguß	40–1500	10	DIN 2432	Schraubmuffen DIN 2855[2] bis NW 500 Rollgummi-Muffen bis NW 200 Stopfbüchsen-Muffen für NW 600–1200 Stemm-Muffen DIN 2437[2] für alle Nennweiten
2. Muffendruckrohre (Schleudergußrohre)					
Klasse B	Schleuderguß	40–600	16	} DIN 2431	} Schraubmuffen, Stemm-Muffen, Rollgummi-Muffen bis NW 200
Klasse A	„	40–600	10		
Klasse LA	„	40–500	8	Internat. Werknorm	
3. Flanschendruckrohre (Sandgußrohre)	Sandguß	40–1200	10 16 25	DIN 2422 und Normalien vom Jahre 1882	Flanschen DIN 2532 für ND 10 DIN 2533 für ND 16 DIN 2534 für ND 25
4. Flanschendruckrohre (Schleudergußrohre)	Schleuderguß	40–300	8 10 16		} DIN 2532 für ND 10 DIN 2533 für ND 16 } Flanschen aufgeschraubt

[1] Neben den hier angeführten, von allen Werken hergestellten Ausführungsarten, liefern einige Werke noch Sonderausführungen.

[2] Auch als Langmuffen ausführbar.

B. Das Schleudern von Abflußrohren

Abflußrohre werden in Schweden, England und Deutschland auf Rollenmaschinen geschleudert. Abb. 9 zeigt eine Gußanordnung für 2 m lange Abflußrohre. Diese halbautomatische Fertigung ist eine Abwandlung des Karussellschleudergusses. Sie wurde um 1940 in Frankreich beim Gießen von Zylinderlaufbüchsen kleinerer Stückzahlserien erdacht und in Amerika für die Herstellung von Stahlgußzylindern weiterentwickelt. Die dabei verwandte Rollenmaschine ist in Abb. 12 u. 13 dargestellt. Die einzelnen Arbeitsprozesse sind an 4 Stellen örtlich getrennt. Die Kokillen oder die Laufhülsen mit Sandauskleidung werden mechanisch geschlichtet und getrocknet. Der Muffen- und der Verschlußkern, der die Wanddicke des Rohres bestimmt, werden eingesetzt und arretiert (Arbeitspl. 1). Die fertiggestellte Form läuft auf die Rollenmaschinen (Arbeitspl. 2). Dort wird sie in Drehung versetzt, und bei Erreichung der gewünschten Drehzahl wird die Form vergossen. Sie bleibt so lange in Rotation, bis die Erstarrung beendet ist. Die Form wird dann mit dem noch rotglühenden Rohr von der Rollenmaschine gerollt, und auf Arbeitsplatz 3 wird das Rohr mechanisch ausgestoßen. Die Gußform wird auf

Arbeitsplatz 4 gereinigt und auf eine Schienenbahn oberhalb der Gießvorrichtung gehoben und zurück nach Arbeitsplatz 1 gerollt.

Dort beginnt der Arbeitskreislauf von neuem. Die Stillstandszeiten des Bedienungspersonals werden durch die Nebenarbeiten an den drei örtlich getrennten Arbeitsstellen ausgefüllt und gewährleisten so eine wirtschaftliche Fertigung.

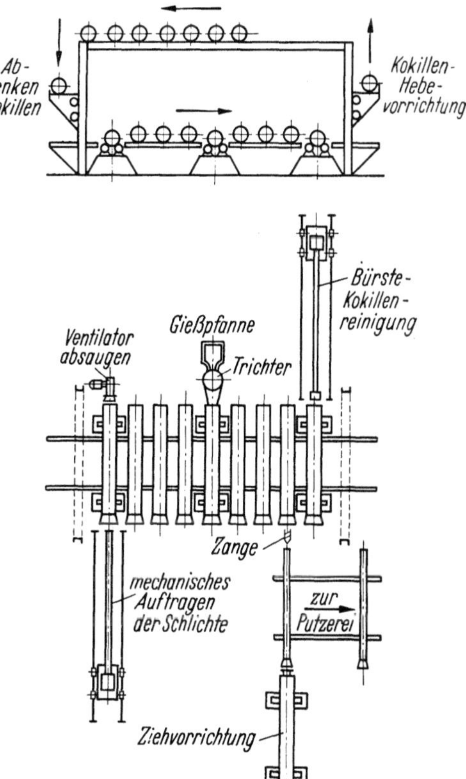

Abb. 9. Gießvorrichtung für 2 m lange Abflußrohre (nach AKERS SLYCKEBRUK, Schweden)

C. Schleudern von Stahl

Die großen Erfolge beim Schleudern von Grauguß und Buntguß legen es nahe, auch Stahlrohlinge im Zentrifugalverfahren herzustellen.

Geschichtlich ist interessant, daß bereits HENRY BESSEMER 1859 Stahlknüppel nach einem Schleudergußverfahren hergestellt hat. M. TRESCA [*17*] berichtete 1867 darüber.

In England schleuderte WHITLY [*18*] 1865 Radreifen für Eisenbahnräder aus Stahl. 1882 berichtete F. W. WEBB [*19*] über das erfolgreiche Schleudern von Lok-Triebrädern. In Deutschland nahm 1894 P. HUTH [*20*] ein Patent auf das Schleudern von Eisenbahnrädern, Zahnrädern und Rollen aus Stahl, und zwar als Verbundguß in Materialien verschiedener Härte (Abb. 10). 1899 berichtete LENIKI [*21*] über Versuche, und 1917 schrieb WALZ [*22*] über eine Schleudermaschine, die das Eingießen bei senkrechter Drehachse erlaubte und das Fertigschleudern bei waagerechter Achsenstellung vornahm (Abb. 11). Die Bethlehem Steel Co in USA schleuderte auf einer Senkrechtschleudermaschine während des ersten Weltkrieges Torpedoluftkessel mit Erfolg. Nach dem DAVIES-Verfahren [*23*] wurden bei John Brown & Co. in Sheffield 1927 Eisenbahnräder in großen Mengen geschleudert. Die Mc Conway & Torley Co. in Pittsburg [*24*] USA schleuderte Stahlblöcke in Scheiben-, Ring- oder Radreifenform. Zur Vermeidung von Rissen wurde das Material während des Erstarrens mittels hydraulisch betriebener Kolben zusammengepreßt. CAMMEN [*25*] in USA hat um 1920 in mehreren Veröffentlichungen beschrieben, wie er durch Verwendung von sehr heißen

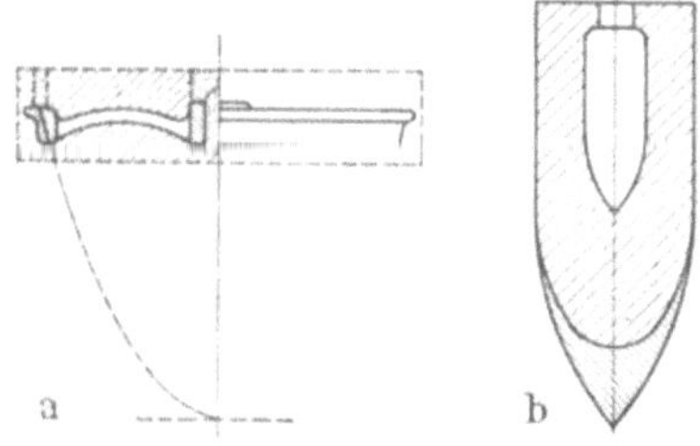

Abb. 10 a u. b. Schleudergußverfahren von HUTH zum Vergießen zweier verschiedener Metalle (1894)
a) Härteres Metall an der Felge; b) härteres Metall an der Spitze

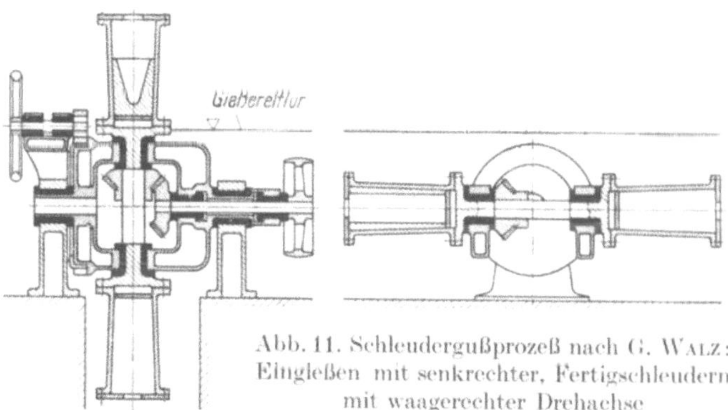

Abb. 11. Schleudergußprozeß nach G. WALZ: Eingießen mit senkrechter, Fertigschleudern mit waagerechter Drehachse

Kokillen diese starke Neigung zur Rißbildung beim Stahl vermeiden will. Er arbeitete mit Kokillentemperaturen von 550 bis 900 °C. Die Kokillen hatten Schutzanstriche von 0,4 bis 0,8 mm Dicke aus Aluminiumoxyd, Kaolin, Magnesia mit Bindemittel aus Naphtha oder Ton. Sie wurden mit Preßluftspritzen aufgetragen. Cammen [*25*] berichtete auch über das Schleudern von Stahlblöcken und beschrieb seine Schleuderguß-Spezialmaschinen. Trotz großer Anstrengung und großer Kapitalinvestitionen blieb ihm ein Erfolg versagt, da seine Verfahren zu kostspielig waren. Im Jahre 1928 entwickelte die Mach. Steele Castings Co. [*26*] in USA eine Schleudergießmaschine mit senkrechter Drehachse zum Schleudern von ringförmigen Stahlbrammen, die nach dem Gießen aufgeschnitten und zu Stabeisen, Streifen, Blechen und Rohren ausgewalzt wurden. Man vermied schnelle Umdrehungsgeschwindigkeiten durch geringe Ringhöhen. Der Querschnitt betrug 100 × 100 mm bei einem Durchmesser von 3 m. Später konnte man den Querschnitt bis auf 400 × 400 mm erhöhen. Das scheint die Grenze zu sein, denn bei größeren Höhen werden Drehzahlen benötigt, die Zentrifugalkräfte erzeugen, die in Addition mit den Schwindungsspannungen größer sind als die Warmfestigkeit der Stähle. Die Versuche der Firma Friedrich Krupp, Essen, 1934 Rohlinge für große Schmiedestücke, Kessel und Rohre durch Schleudern herzustellen, scheiterten an dieser Erkenntnis und wurden abgebrochen, da kostenmäßig die Rohlinge nur von einer gewissen Größe an interessant waren. Ein Patent der Vereinigten Stahlwerke [*27*] über das Schleudern von Stahl trägt die Jahreszahl 1930. Wieweit die Versuche, Geschützrohre aus Schleuderstahl herzustellen, erfolgreich waren, ist leider nicht bekannt, da darüber keine Veröffentlichungen in Deutschland vorliegen. In USA hat T. C. Dickson [*28*] von mehreren Veröffentlichungen über das Schleudern von Geschützrohren bei Watertown Arsenal Boston USA berichtet. Man sparte beim Schleudern durch Vorgießen der Bohrung rund 50% des Werkstoffes. Die Herstellungszeiten waren geringer. Beide Faktoren verringerten die Herstellungskosten bei gleichzeitiger Verbesserung der Qualitätseigenschaften. J. E. Hurst [*29*] berichtete, daß im ersten Weltkrieg in England bereits Stahlbüchsen für Flugzeugzylinder geschleudert wurden. Im Jahre 1939 ist das Verfahren für die serienmäßige Herstellung von Flugzeugzylindern ausgebaut und im großen Umfange angewandt worden. M. L. Samuels und A. E. Schuh [*30*] berichteten in der Foundry 1951 über das Schleudern von Stahlgußzylindern in der amerikanischen Gießerei United States Pipe & Foundry Co. Burlington, H. J., Abb. 12, zeigt das Gießen der Stahlgußzylinder auf einer Rollenmaschine. Hier wird das mittlere Rollenpaar angetrieben, während rechts und links Leitrollen angeordnet sind, die verschiedene Einstellungen zulassen und die für Büchsen verschiedener Durchmesser vorgesehen sind. Je nach Wahl werden die Vorrichtungszylinder auf die linke oder rechte Leitrollenpartie gesetzt.

Die American Cast Iron Pipe Co. schleudert Rohre und Zylinder aus hochlegierten Gußsorten, schwachlegiertem Kohlenstoffstahl und hochlegierten, nichtrostenden und hitzebeständigen Legierungen in Keramikformen. J. C. Miske [*31*] beschrieb in der Foundry, August 1960, die Herstellung der Schleuderformen.

Die Laufhülsen für die Rollenschleudermaschinen werden auf einem Vorbereitungsrollenantrieb mit einer halbflüssigen Keramikmasse ausgegossen. Durch die Fliehkraft bildet sich der genaue Innendurchmesser der Gießform. Nach dem Abbinden wird die Form getrocknet und gebrannt. Die warme Form wird nun hydraulisch auf die Gießmaschine gehoben und nach Erreichung der festgelegten Drehzahl mit der Stahllegierung ausgegossen (Abb. 13). Noch rotglühend werden die Abgüsse mechanisch aus der Keramikform gestoßen und dem Wärmeführungs- und Vergütungsofen zugeleitet. Die Laufhülsen gehen an den Ausgangspunkt der halbautomatischen Fertigung zurück und werden zu dem nächsten Guß vorbereitet.

Der Kristallisationsvorgang wird hier durch ideale Gießbedingung genau gesteuert. Die Gießformtemperatur wird vorbestimmt. Niedrige, für jede Legierung charakteristische, Gießtemperaturen können eingehalten werden. Durch sofortiges Ausstoßen der noch rotglühenden erstarrten Rohre, durch Fortfall des schwingungshemmenden Kernes und durch sofortige Wärmeführung werden Schwindungsspannungen weitgehend vermieden. Die

Abb. 12. Schleudern von Stahlgußzylindern auf einer Rollenmaschine (Unites Stales Pipe & Foundry Co., Burlington H.)

Abb. 13. Schleudern von hochlegierten Stählen in Keramikformen auf Rollenmaschinen (nach Am. Cast-Iron Pipe Co.)

geringe Oberflächenabschreckung in der vorgewärmten keramischen Form vermeidet Warmrisse auch bei den empfindlichsten Stahlsorten. Das Verfahren hat weiter den Vorteil, daß in gleichen Rollenhülsen verschiedene Formendurchmesser durch genaue Bemessung der halbflüssigen Keramikmasse hergestellt werden können. Durch die Zentrifugalausformung und das Vergießen in der gleichen Laufhülle bleibt der Außendurchmesser des Rohlings genau zentrisch zum geschleuderten Innendurchmesser. Die Bearbeitungszugabe für die Verspannung kann dadurch sehr klein gehalten werden. Dieses wirkt sich gerade an den hochlegierten, schwer zu bearbeitenden Stählen kostensparend aus. In gleichen Laufhülsen kann man mehrere Rohlingsdurchmesser schleudern. Zudem sind geringe Stückzahlen ohne große Kosten für die Gießwerkzeuge wirtschaftlich herzustellen. Für das Schleudern von Stahlrohlingen ist dies wohl das günstigste Herstellungsverfahren und außerdem dürften die Fabrikationskosten bedeutend geringer sein, als bei der bisher üblichen Herstellungsart, dem Schmieden und Pressen von Blockrohlingen. Die Güte der Abgüsse wird durch die günstige Einwirkung der Zentrifugalkraft auf die Ausscheidung von nichtmetallischen Einschlüssen von Seigerungen und von Lunkern, sowie geringe Schwindungsspannungen bedingt (s. S. 217 u. 220).

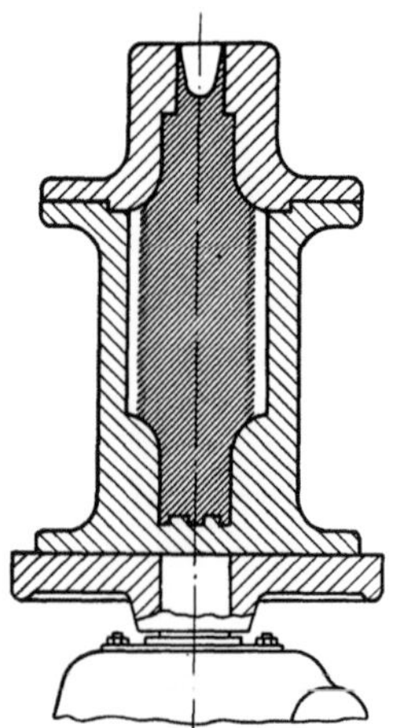

Abb. 14. Stahlschleuderverfahren zur Herstellung von Verbundgußwalzen nach Patenten der Firma Hundt & Weber (nach [*32*]) Schleudern von Verbundguß-Walzen

In senkrechter Kokille versuchte die Fa. Hundt und Weber [*32*] Stahlwalzen aus CrNi-Stahlguß herzustellen (s. Abb. 14). Dabei wurde vorgeschlagen, die Außenschale der Walze mit hoher Geschwindigkeit zu drehen und dann den unlegierten Stahl mit geringen Drehzahlen in den Hohlraum bis zum Kern aufzufüllen.

Ein großes Anwendungsgebiet für Stahl ist das metallurgische Schleudern zur Erzielung einer bestimmten kristallinen Struktur. Es wird meist mit senkrechter Achse in der Kokille geschleudert. Ford [*33*] in USA ordnete die Schleudermaschinen auf einem Gießkarussell an und fertigte in automatischer Fließarbeit Großserien von Zahnrädern aus Stahlguß. Bei der Herstellung von Tellerrädern wurden geteilte Kokillen benutzt. Die Form wurde mit einem Schutzanstrich versehen. Vor dem Schließen und Sichern durch einen Fliehkraftverschluß wurde in die Mitte der unteren Kokille ein Kern eingesetzt. Die Abb. 15 zeigt, daß der Kern in der unteren, fest auf dem Drehteller montierten Kokillenhälfte, für die Aussparung des Tellerrandes eingesetzt wird. Er dient gleichzeitig zum Schutz der Kokille vor dem Auffallen des flüssigen Stahls. Der obere Kern ist als Siebeinguß zum Eingießen des Stahls ausgebildet. Getrieberäder werden auch nach diesem Verfahren hergestellt, wobei immer zwei Räder übereinander gegossen werden. Die Außenzone der Räder wird direkt auf die Kokille gegossen. Sie zeigt eine sehr feine Kornstruktur. Man erhöht so Festigkeits- und Verschleißwerte, die denen geschmiedeter und gehärteter Zahnrädern gleichkommen. Trotz des Einsatzes kostspieliger Schleudermaschinen ist das Verfahren preisgünstig, da die Rohlinge sofort in die Fließbandfertigung eingereiht werden können.

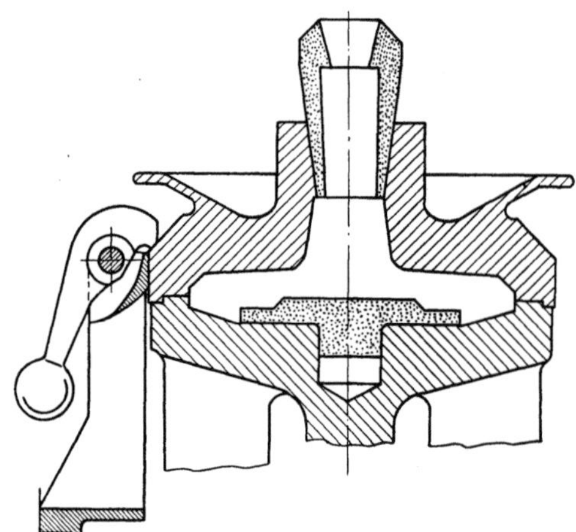

Abb. 15. Kokille für Tellerräder nach Ford [*32*]

Von Paine [*34*] wurde im Jahre 1929 vorgeschlagen, Granaten nach einem ähnlichen Schleudergießverfahren herzustellen, wobei in der Kokille mit der Spitze nach unten vergossen werden soll.

D. Das Gießen von schweren Stahl-Hohlblöcken

Als Ausgangsmaterial für die Herstellung nahtloser Rohre und Kessel dienen Rundblöcke, deren Schmieden, Ausbohren, Verputzen und Überdrehen große Kosten verursachen. Versuche der August-Thyssen-Hütte AG. in Hamborn, solche Rundblöcke zu schleudern, begannen 1933 mit Blockgewichten von 3 t und waren nach 12 Jahren 1945 so weit abgeschlossen, daß Stahlblöcke von 45 t Gewicht im Senkrechtschleuderguß gefertigt wurden. Die in den langen Jahren gewonnenen Erfahrungen und Kenntnisse wurden von WERNER LÜCKRATH [*35*] in dem Bericht Nr. 456 VDEh niedergelegt. Die Fehler, die auftraten, waren Längs- und Querrisse an der Außenwand, sowie im Innern Oxydhäute und Seigerungen. Zur Vermeidung der Blockrisse zog man feuerfeste Futter auf die innere Kokillenwand. Das Futter wurde geschleudert, die Masse wurde möglichst gleichmäßig auf die rotierende Kokillenwand mit der Torkretmaschine aufgespritzt. Die Spritzdüse bewegte sich während des Vorganges in der Kokille auf und ab. Der Abschluß der Entwicklung in der Futterherstellung ist ein Zweischichtenfutter: Eine porige Außenschicht von 10 mm Dicke, bestehend aus trockener Schamotte mit 5 bis 6 mm Körnung, und die 15 mm dicke Innenschicht aus einer feuchten Mischung von 80% Schamotte 0 bis 3 mm Körnung, 6% Ton, 13% Silbersand und 1% Dextrin. Nach dem Trocknen, Glätten und Schlichten wurde das Futter mit Rotglut gebrannt. Die Art des Gießens hatte einen wesentlichen Einfluß auf die Verhinderung von Außenfehlern. Beim Eingießen in eine schnelldrehende Kokille ließ sich eine Bildung von Spritzkugeln und Schalen nicht vermeiden. Man goß mit schwachdrehender Kokille, um Angüsse an der Kokillenwand zu vermeiden. Das Gießrohr wurde immer so geführt, daß es sich nur kurz oberhalb der Metallfläche befand. Nach der vollendeten Einfüllung des Stahls wurde erst der Schleudervorgang durch Steigerung der Drehzahlen der Kokille vorgenommen.

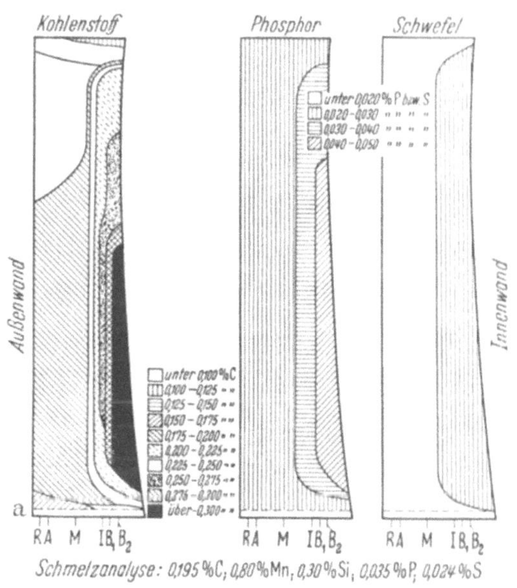

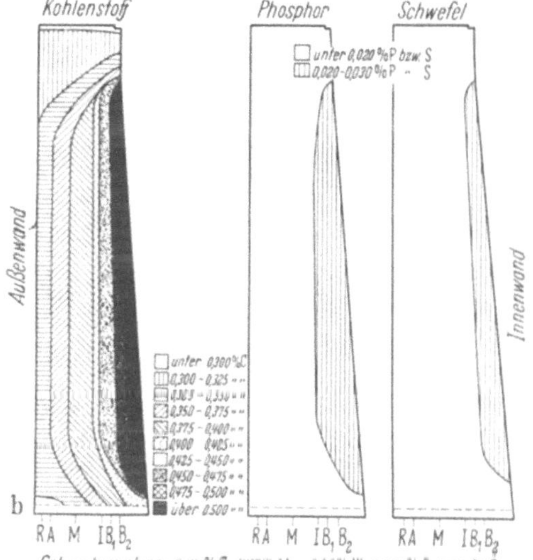

Abb. 16 a u. b. Kohlenstoff-, Phosphor- und Schwefelverteilung [35]
a) im Schleudergußblock 108; b) im Schleudergußblock 106

Die Bildung der Oxydschicht ist wie folgt zu erklären: Dringt Kaltluft in die Kokille ein, so beginnt gleichzeitig mit der Erstarrung an der Außenhaut auch die Erstarrung der Blockinnenfläche. Die festen Innenschalen haben ein spezifisch höheres Gewicht als das flüssige Material. Sie wurden also nach außen in den flüssigen Block geschleudert. Mit den nach innen wandernden Sulfiden und Silikaten reicherten sich auf diesem Wege die Schalen an. Sie lagen dann als Fehlstellen im Innern des Blockes. Durch Einführung von Gasen und Einbringung von Schlackenisolierschichten sowie Heizen des Innenraumes versuchte man diese Erscheinung abzustellen. Als einfachstes Mittel wurde zuletzt mit Erfolg das feste Verschließen der Deckelöffnung sofort nach dem Gießen vor dem Beginn des Schleuderns angewandt. Die Warmhaltung des Hohlblockinnern beeinflußte auch günstig die Seigerungsverteilung. Abb. 16 zeigt die Kohlenstoff-, Phosphor- und Schwefelverteilung in einem Stahlschleudergußblock. Die Kohlenstoffseigerung ist dadurch zu erklären, daß sich bei der Erstarrung zuerst die kohlenstoffarmen und eisenreichen Kristalle aus der flüssigen Schmelze ausscheiden. Sie sind spezifisch schwerer als die Restschmelze und wandern durch die Zentrifugalkraft zur Außenwand. Die Restschmelze wird dadurch an Kohlenstoff angereichert und da die Erstarrung von außen nach innen langsam verläuft, befinden sich die Kristalle mit den hohen C-Gehalten zum Schluß an der Innenwand des Hohlkörpers. Beim Phosphor ist es ähnlich. Nur wirken sich die Unterschiede bei den geringen Phosphorgehalten des Stahls nicht so aus. Beim Schwefel hingegen ist die Seigerung besonders stark. Die leichten Mangansulfide haben einen sehr hohen Schmelzpunkt und sind im Stahl weitgehend unlöslich. Sie scheiden sich schon sehr früh aus und wandern dann, da sie spezifisch leichter sind als die Schmelze, von außen nach innen. Dieser Prozeß geht natürlich in der Außenzone schneller vor sich als in der Innenzone, da dort der Zentrifugaldruck am größten, das flüssige Metall am dichtesten zusammengepreßt ist, also auch die Differenz der beiden spezifischen Gewichte am größten ist.

Die Untersuchungen erstreckten sich auf die Seigerungen der Legierungselemente und der im Stahl befindlichen Gase, die auch entsprechend ihren spezifischen Gewichten wandern. Die Tab. 4, 5 und 6 geben diese Befunde wieder.

Tabelle 4. *Cr-Ni-Mo-Seigerung in einem Schleudergußblock* [35]

Element	Gieß-analyse	Entfernung in mm von der Blockaußenwand (Probestellen in der Mitte der Blockhöhe)					
		25	50	185	280	300	
Cr	2,30	2,26	2,23	2,29	2,36	2,35	% Cr
Ni	1,92	1,88	1,83	1,92	1,97	1,93	% Ni
Mo	0,50	0,49	0,46	0,51	0,56	0,55	% Mo

Tabelle 5. *Gasgehalte von vier Schleudergußblöcken* [35]

Block	Höhe von Blockfuß mm	Sauerstoff %		Stickstoff %		Wasserstoff cm^3/100 g	
		außen	innen	außen	innen	außen	innen
C	900	0,0003	0,0007	0,005	0,009	2,10	2,80
		0,0003	0,0006	0,006	0,006	0,45	2,44
	1800	0,0003	0,0032	0,006	0,009	1,12	2,61
		0,0003	0,0037	0,005	0,008	0,26	2,89
F	900	0,0012	0,0005	0,004	0,006	0,09	0,72
		0,0006	0,0010	0,005	0,006	0,00	1,84
	1800	0,0003	0,0015	0,004	0,010	0,18	3,03
		0,0006	0,0013	0,005	0,007	1,08	2,47
H	900	0,0006	0,0007	0,007	0,009	0,00	2,55
		0,0007	0,0007	0,006	0,009	0,00	2,49
	1800	0,0006	0,0016	0,007	0,007	2,16	2,05
		0,0026	0,0006	0,006	0,007	1,88	2,25
L	900	0,0006	0,0008	0,005	0,004	0,00	1,55
		0,0006	0,0006	0,004	0,005	2,47	4,21
	1800	0,0004	0,0033	0,003	0,005	0,00	3,91
		0,0006	0,0036	0,004	0,005	1,41	2,32
Mittel-werte	900	0,0006	0,0007	0,005	0,006	0,64	2,33
	1800	0,0007	0,0023	0,005	0,007	1,01	2,69
	gesamt	0,0006	0,0015	0,005	0,007	0,82	2,51

Außen = 15 mm von der Außenwand entfernt, innen = 100 mm von der Innenwand entfernt.

Zusammenfassend kann man feststellen, daß beim Schleuderguß ein besonders hoher Reinheitsgrad in bezug auf den Sauerstoff und den Schwefelgehalt erreicht wird, der beim üblich vergossenen Siemens-Martin-Stahl nicht eingehalten werden kann.

Tabelle 6. *Stickstoffseigerung in drei Schleudergußblöcken* [35]

Block	Entfernung in mm von der Blockaußenwand (Probestellen in der Mitte der Blockhöhe)					
	20	54	115	185	215	
K	0,006	0,007	0,007	0,099	0,012	% Stickstoff
R	0,007	0,006	0,008	0,012	0,015	% „
U	0,006	0,007	0,007	0,008	0,011	% „

Diese Qualitätsverbesserung wird sich naturgemäß auf die mechanischen Werkstoffeigenschaften auswirken. Man fand, daß die Streckgrenze und das Streckgrenzverhältnis beim Schleuderguß günstiger wird. Von ganz besonderer Überlegenheit ist beim Schleuderguß die Kerbschlagzähigkeit. Diese Verbesserung ist besonders wichtig für den Kesselbau und die Hochdrucktrommeln. Sie liegt im Mittel um 70% höher als die Vergleichswerte bei Standtrommeln. Die Werte wurden sehr gleichmäßig über den ganzen Querschnitt verteilt gefunden. Die geschleuderten Hohlblöcke wiesen also Güteeigenschaften auf, die denen der üblichen Standgußblöcke in jeder Weise überlegen sind und hier schon die höheren Aufwendungen rechtfertigen. Die Arbeit beschreibt eingehend die Konstruktion der Schleudergießmaschinen für die 45 t schweren Blöcke. Sie ist in Abb. 17 wiedergegeben. Beim Schleudern sind besondere Schutzmaßnahmen erforderlich. Die Maschine stand in einer Grube, die mit eisengepanzertem Beton umgeben war. Die Beherrschung einer senkrechten Schleudermaschine, die 45 t flüssigen Stahl in achtstündiger Laufzeit bei einer Umfangsgeschwindigkeit von 160 km/h schleudert, verlangt große Erfahrung und besondere Sorgfalt aller Beteiligten. Abb. 18 zeigt eine Senkrechtschleudermaschine für die Herstellung von Rohblöcken bis 6,5 m Länge der Buderus'schen Eisenwerke, Wetzlar.

Abb. 17. Groß-Schleudermaschine für 45 t der Aug.-Thyssen-Hütte A.G. [35]

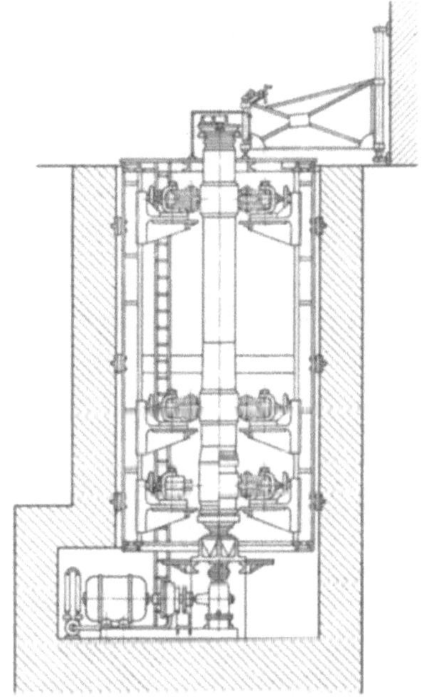

Abb. 18. Senkrechtschleudermaschine der Buderus'schen Eisenwerke für die Herstellung von Rohblöcken bis 6,5 m Länge

E. Das Schleudern von Motoren- und Kompressorenteilen

a) Zylinderlauf-Kolbenring- und Ventilsitzbüchsen. Der hochgezüchtete Dieselmotor, der luftgekühlte Traktor-Diesel, Hochdruckkompressoren und Flugzeugmotore sind ohne die Qualität des heutigen Schleudergusses nicht denkbar. Ventilsitzringe aus legierten und gehärteten Schleudergußrohlingen machen erst die Beanspruchungen der hohen Drehzahlen möglich. Auch Kolbenringe aus geschleuderten Büchsen behaupten neben dem Einzelringguß ihren Platz im Motorenbau. Besonders in England, dem Mutterland des Motorenschleudergusses geht man trotz der höheren Kosten von dem Schleudergußkolbenring nicht ab.

I. E. HURST [*36*] beschrieb 1926 die Entwicklung dieses Herstellungszweiges bei der Cheepbridge Stokes, Centrifugal Castings Co., Chesterfield. 1928 brachte A. TEVES [*37*] das erste Modell einer Schleudermaschine nach Deutschland und schleuderte Büchsen für seine Kolbenringfertigung. Zur gleichen Zeit kam aus Amerika der Einzelkolbenringguß.

Abb. 19. Zylinderbüchsen- und Rippenzylinder-Schleudergußgießerei (Alfred Teves KG, Frankfurt/M.)

Die Firma Alfred Teves, Frankfurt (Main) stellte ihre Kolbenringfertigung auf dieses Verfahren um. 1930 wurden dann auf den freigewordenen Schleudermaschinen in Deutschland die ersten Zylinderlaufbüchsen vergossen. Ein Blick in die Gießhalle der Firma Teves, Werk Bonames, zeigt den heutigen Stand der Fabrikation, Abb. 19. (Im Vordergrund das Schleudern von Rippenzylindern.) 1933 nahmen die Zylinderfabrikation auf: die Firmen Fried. Krupp, A.G., Essen, Pleuio Gesellschaft in Krefeld, jetzt Zell im Wiesental, Halberg, G.m.b.H., Brebach; nach 1945 Goetze A.G., Burscheid, L. u. C. Arnold, Kempen, Wizemann u. Co., Stuttgart.

Schleudergießereien sind Spezialgießereien, die nur auf die Herstellung von Rotationsguß ausgerichtet sind. Die Ofenkapazität muß genau auf die vorhandenen Gießmaschineneinrichtungen eingestellt werden. Mit dem Beginn der Schicht fließt das Eisen und die Ofenreise endet mit dem Stillstand der Gießmaschinen.

Die Anzahl der oben angeführten Werke zeigt, welche Stückzahlen an Zylinderlaufbüchsen allein in Westdeutschland an die Motorenindustrie geliefert werden.

Die ersten Schleudergießmaschinen trugen auf einer in zwei Lagern ruhenden Welle an der Kopfseite ein genau zentriertes Schleudergehäuse zur Aufnahme der Kokillen mit verschiedenen Büchsendurchmessern. Auf der Gegenseite direkt gekuppelt befand sich ein Gleichstrommotor, dessen Drehzahl elektrisch regelbar ist. Die fertige Büchse wurde nach Entfernung des Verschlußdeckels vom Gießer mit einer Hebelstange entfernt. Abb. 20 zeigt einen solchen Schleudermaschinentyp. Mit der Entwicklung einer automatischen Ausstoßvorrichtung, die durch die hohle Achse getätigt wird, nahm die Maschine die in Abb. 21 wiedergegebene Form an. Ein robuster Drehstrommotor ist oberhalb der Welle angeordnet. Der Antrieb geschah durch Keilriemen oder durch Getriebe. Die Drehzahl wird durch Auswechseln der Motorriemenscheibe oder durch stufenlos regelbare mechanische oder hydraulische Getriebe variiert. Als Ausstoßvorrichtung haben sich neuerdings Preßluftgeräte mit 2 Zylindern bewährt, wobei der große Zylinder mit kurzem Weg das Lösen der Büchse aus der Form vornimmt und dann dem kleinen Zylinder mit langem Hub den Ausstoßweg zum Entfernen der Büchse aus der Form überläßt. Die Ausstoßstange mit der in die Gießform einzuführenden Ausstoßplatte ist lose mit der Ausstoßwelle verbunden. Die Ausstoßvorrichtung selbst ist schwenkbar und leicht austauschbar angeordnet, um bei Störungen sofort ausgewechselt zu werden. Die Eingießvorrichtung ist auf Rollen oder um eine Achse schwenkbar angeordnet und durch Verstellschrauben nach Höhe und Seite ausrichtbar, damit sie nach Einfüllen des flüssigen Eisens durch die Bohrung des Verschlußdeckels in die Gießform eingeführt werden kann. Der Gießtümpel ist mit der Gießrinne verbunden und wird durch eine Drehbewegung in die Form entleert. Die Gießrinne hat eine Schneckenform, so daß der Gießstrahl bei der Drehung von hinten nach vorn in der Kokille wandert. Der Gießtümpel ist verstellbar und die Einfüllmenge wird durch die verschiedene Höhe des Tümpelrandes je nach Gewicht der Büchse bemessen. Bei der Anordnung der Gießmaschine auf einem Karussell läuft der Gießvorgang mechanisch mit Rollen über Führungskurven ab. Beim Gießen von verschieden dickwandigen Büchsen kann auf Handeinguß nicht verzichtet werden, da schnell eingegossen werden muß, um Oberflächenfehler zu vermeiden, dann aber langsam Schicht auf Schicht aufgetragen wird, um die Abkühlung der Büchsen richtig zu leiten. Auf die Gestaltung der Bremsen ist besondere Sorgfalt zu legen. Die Bremsscheibe muß aus einem Stück gegossen sein. Sicherheitsbolzen müssen bei Blockierung der Bremsen als schwächste Stelle zu Bruch gehen können, damit der Gießkopf, mit seiner großen Masse und die durch die Fliehkraft bedingten hohen Scherkräfte, nicht von der Welle gerissen wird, sonst sind Unfälle unvermeidbar. Die Befestigung des Verschlußdeckels geschieht durch Keilstifte oder durch Fliehkraftverschlüsse. Das Ausspritzen

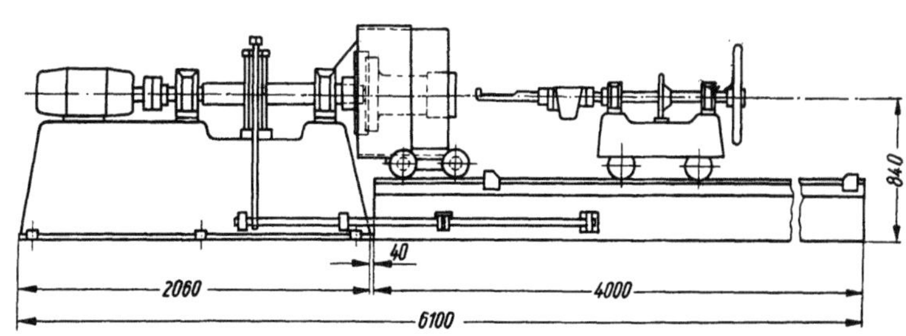

Abb. 20. Schleudergießmaschine

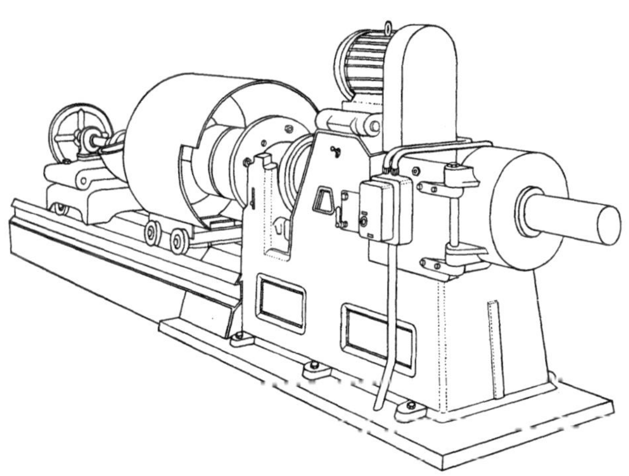
Abb. 21. Schleudergießmaschine mit automatischem Ausstoß

des flüssigen Metalls wird durch Schutzkappen aufgefangen, die oft mit der Gießvorrichtung verbunden sind und mit dieser eingefahren werden.

Bei großen Büchsen, z. B. für Schiffsdiesel, haben sich Rollenmaschinen bewährt, Abb. 22. Hier liegt der Antrieb unterhalb der Grundplatte, auf der die 4 Laufrollen verstellbar montiert sind. Die Schleudervorrichtung zur Aufnahme der Kokille ist als glatter Zylinder ausgebildet, der lose auf die Rollen aufgesetzt wird und der nur durch sein Eigengewicht und der Reibhaftung, von den Antriebsrollen gedreht, in Bewegung gesetzt wird. Die Seitenverschiebung dieses Zylinders wird durch vier Seitenführungsrollen aufgenommen. Diese sind verstellbar, um die Lauffläche zu verändern und das Abnutzungsband auf eine größere Fläche zu verteilen. Die Rollenmaschinenanordnung läßt zu, daß der Vorrichtungszylinder sofort nach der Erstarrung des flüssigen Materials und nach dem Stillstand der Maschine von den Rollen entfernt werden kann. Der gegossene Büchsenrohling kann dann weiter erkalten und später von einer zweiten Kolonne aus der Kokille mit Hubvorrichtungen entfernt werden. Der Gießvorgang selbst geht mit gleichen oder Vorrichtungen anderer Büchsendurchmessern weiter. Es ist hier möglich, die Kokille vorher sorgfältig mit aufgebrachten Schutzanstrichen vorzubereiten. Weiterhin kann man hier eine fließende Fertigung selbst bei verschiedenen Büchsentypen einrichten, die nur in kleinen Serienstückzahlen vorliegen. Bei sehr langen Büchsen gießt man zweckmäßig auf dieser Maschine von zwei Seiten gleichzeitig ein, wobei man zum Eingießen einschwenkbare Horntrichter oder eine kippbare Gießpfanne verwendet.

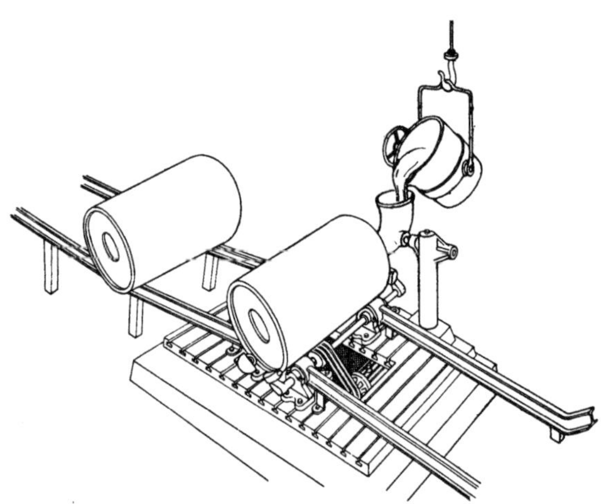

Abb. 22. Rollengießmaschine

Je nach Aufgabenstellung gibt es Gießköpfe oder Gießtrommeln, die außen mit Rippen versehen sind, um eine bessere Wärmeabführung zu erreichen, oder die durch Direkt-Wasseraufspritzung gekühlt werden. Die Gießmaschinen sind individuell auf die Fabrikation eingestellt und werden meistens von den Gießereien nach eigenen Konstruktionen selbst gefertigt.

Die in den Gießmaschinenkopf eingesetzte Kokille wird aus hämatitreichem Grauguß gefertigt. Oft verwenden die Gießereien auch Kokillen, die aus geschleuderten Rohlingen hergestellt sind. Häufigkeitsstudien des Verfassers ergaben bei solchen Kokillen Haltbarkeiten von 1000 bis 1600 Stück geschleuderte Büchsen mit 25 bis 30 mm Wandstärke. Das Schleudern der Büchsen geschieht in der rotwarmen, vorgewärmten Kokille auf einer Gaspulverschicht, die durch sorgfältiges Einbringen von feingemahlenem Graphit, Al-, Si-Pulver oder aus Gemengen dieser Stoffe erzeugt wird. Materialien, die zur Oberflächenrißbildung neigen, werden auf besonders präparierten Isolierschichten gegossen, die durch Spritzverfahren aufgebracht werden. Da fein gepulverter Elektrodengraphit sich als wirksamster Isolierstoff zwischen der metallischen Wand und dem einzugießenden flüssigen Eisen bewährt hat, lag es nahe, die Kokille ganz aus Graphit zu fertigen. Jede Schleudergießerei hat diesen Versuch gefahren, jedoch scheiterte die Ausführung trotz aller Vorteile an den hohen Kosten des Materials. In Amerika scheinen die Preisvergleiche günstiger auszufallen, denn John Putschinsky *[38]* teilt mit, daß die Allis Chalmers Mfg., Co., Milwaukee, in Graphitkokillen schleudert. Besonders bei Nicht-Eisenmetall soll die Kokille vorteilhaft sein und Haltbarkeit von 500 Abgüssen haben. Die normale Haltbarkeit soll bei 250 bis 280 Stück liegen. Die Graphitkokille weist beim Gießen eine reduzierende Atmosphäre auf, die bei Nichteisenmetallen wichtig ist. Sie ist handlich durch das niedrige Gewicht, zeigt eine hohe Hitzebeständigkeit und schreckt das einzugießende Material nicht ab. Für die Maßhaltigkeit ist der niedrige Ausdehnungskoeffizient günstig. Die leichte Bearbeitung wiegt einen Teil der hohen Materialkosten auf. Ähnlich liegen die Verhältnisse bei Kokillen aus Speckstein. In Rußland, dem Ursprungsland dieses Minerales, werden deshalb Kokillen aus diesem Material gefertigt.

b) Das Schleudern von Rippenzylindern. Mit der Entwicklung des luftgekühlten Dieselmotors mit Zwangskühlung durch Ventilatoren wurden komplizierte Verrippungen außen am Zylinder notwendig, um an allen Stellen, auch im Windschatten die Wärme abzuführen. Die komplizierten Rippenkonstruktionen haben nun wieder große Gießempfindlichkeiten zur Folge. Besonders kostenempfindlich ist dabei, daß kleine Sandschlackeneinschlüsse sich erst nach der teuren Verarbeitung — nach dem Schleifen und

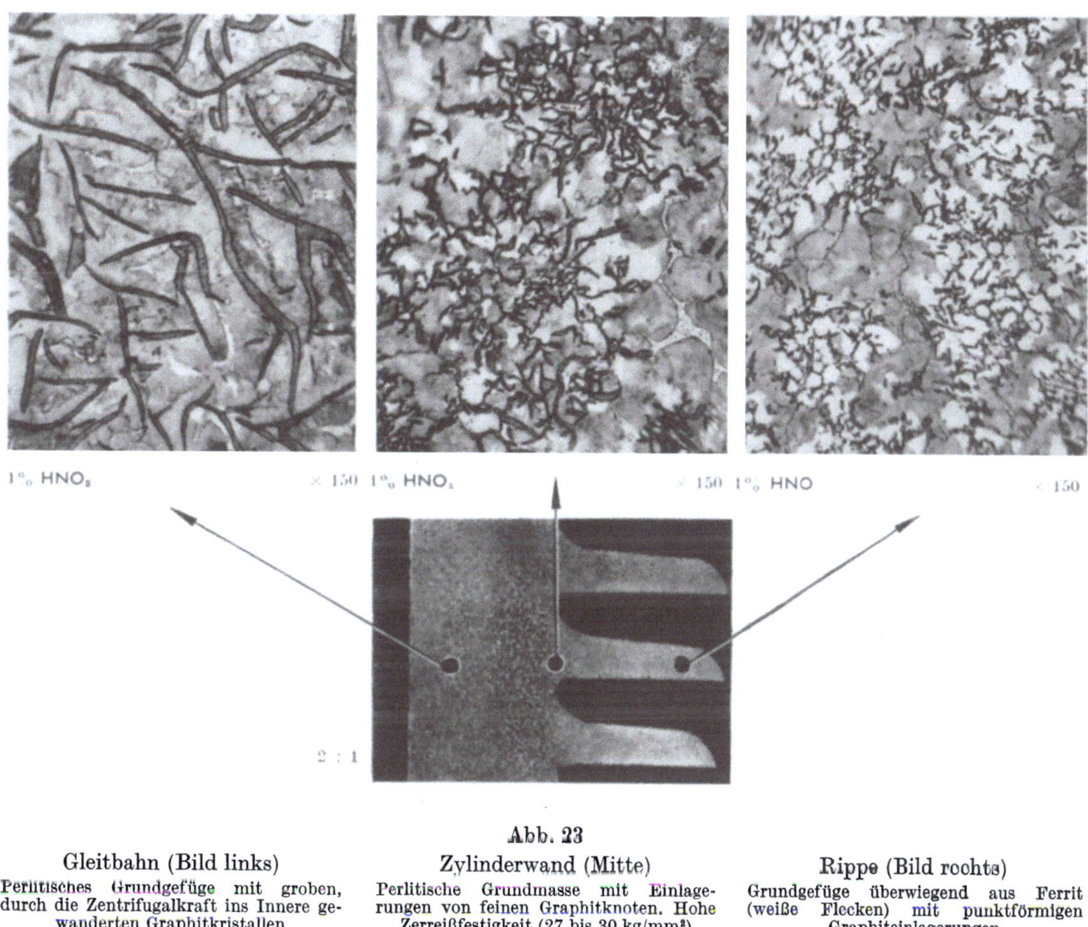

Abb. 23

Gleitbahn (Bild links)
Perlitisches Grundgefüge mit groben, durch die Zentrifugalkraft ins Innere gewanderten Graphitkristallen

Zylinderwand (Mitte)
Perlitische Grundmasse mit Einlagerungen von feinen Graphitknoten. Hohe Zerreißfestigkeit (27 bis 30 kg/mm²)

Rippe (Bild rechts)
Grundgefüge überwiegend aus Ferrit (weiße Flecken) mit punktförmigen Graphiteinlagerungen

Läppen der Zylinderbohrung — zeigen. Das Schleudern solcher Rippenzylinder läßt dieses Ausschußrisiko wegfallen. Die Zahlen des Materialausschusses nach der Bearbeitung liegen unter 3%, also im Rahmen glatter Zylinderlaufbüchsen. Bisher wurden über 500000 Stück Rippenzylinder im Schleuderverfahren hergestellt. Die Beherrschung der Serienfabrikation führte zu besonders dünnwandigen und hohen Rippenkonstruktionen. Da durch die Zentrifugalkraft das flüssige Metall in die engen Rippenformen gepreßt wird, werden Verunreinigungen wie Sand, Schlacke und Gase sich im Innern des Zylinders ausscheiden, da sie spezifisch leichter sind als das Metall. Die besondere Führung des Abkühlprozesses ermöglicht es, die engen Rippen weich, d. h. ferritisch zu gießen. Die Rippen von Sandgußzylindern sind meist zementistisch. Die Wärmeleitfähigkeit von Ferrit (0,17 cal/cm/sek °C) ist ca. achtfach größer als von Zementit (0,02 cal/cm/sek °C). Die geschleuderten

Zylinder haben also bedeutend bessere wärmeleitende Eigenschaften, lassen also größere Motorenleistungen zu. An der Kolbengleitfläche im Innern ist die Graphitausbildung bei perlitischer Grundmasse sehr günstig. Geschleuderte Rippenzylinder haben gute Gleit- und Verschleißeigenschaften. Wichtig sind die guten Notlaufeigenschaften bei kalt- oder

Abb. 24. Schleuderguß-Rippenzylinder

trockengefahrenen Motoren. Bei internationalen Testfahrten in der Ägyptischen Wüste wiesen bei starken Dauerbelastungen nach dem Versuch die Innenbohrungen noch die Toleranzabnahmemaße auf. Abb. 23 zeigt das Gefüge von geschleuderten Rippenzylindern an der Lauffläche in der Wandmitte und in den Kühlrippen. Das Schleudern von Rippenzylindern nach Patenten F. Brügger [*39*] ist eine Kombination von Kokillen- und Kernformschleudern. Der glatte Schaft wird in einer Kokille, der Rippenteil in eine Gußform, die aus Kernscheiben zusammengelegt werden, gegossen. Die Kokille sitzt fest im Schleuderkopf, die Kernform wird eingelegt und mit dem Schleuderrohling ausgestoßen. Die Scheibenkerne werden auf Kernblasmaschinen im Kopfkernkasten geblasen und auf Flachtellern maschinell abgelegt. Jede zweite Sekunde fällt eine Kernscheibe an, die automatisch auf Rollen in die Kerntrockenöfen geleitet wird. Auf Sortierkarussells werden die verschiedenen Scheiben in der Kernform nach Nummern eingelegt. Das Scheibenkernverfahren nach Patenten von Meyer [*40*] läßt jede Art von wärmetechnisch günstiger Verrippung zu. Abb. 24 zeigt verschiedene Rippenzylinderformen der Serienfertigung. Bei den Stachelzylindern nach F. Brügger [*41*] ist jede zweite Rippe versetzt, so daß die Rippenabschnitte auf Lücke stehen und die statische Festigkeit des Zylinders durch die Unterbrechung nicht gemindert wird. Man schleudert in die Zylinderrippen Löcher

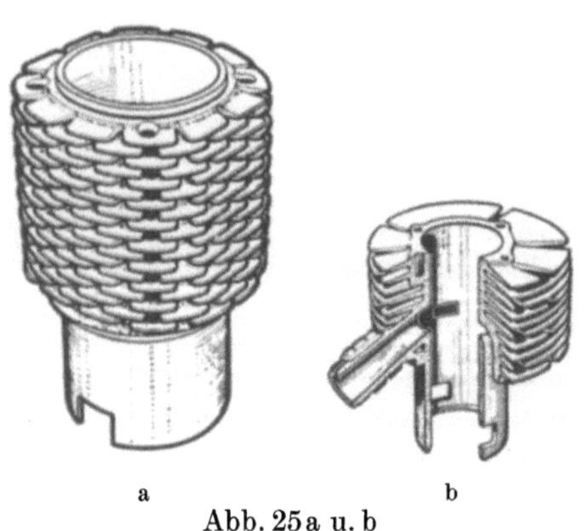

Abb. 25a u. b
a) Viertaktzylinder; b) Zweitaktzylinder

für die Zylinderkopfstehbolzen, senkrecht zur Verrippung angebrachte Windleitflächen, und Rippenstützen sofort mit ein. Der Schleuderprozeß läßt sich nicht nur auf Viertaktmotore, sondern wie aus Abb. 25 zu ersehen ist, auch auf Zweitaktmotore mit vorgegossenen Ein- und Ausblaseschlitzen und anschließenden Kanälen anwenden. Bei Zweitaktzylindern geschieht das Eingießen von zwei Seiten auf Rollenschleudermaschinen (s. Abb. 26).

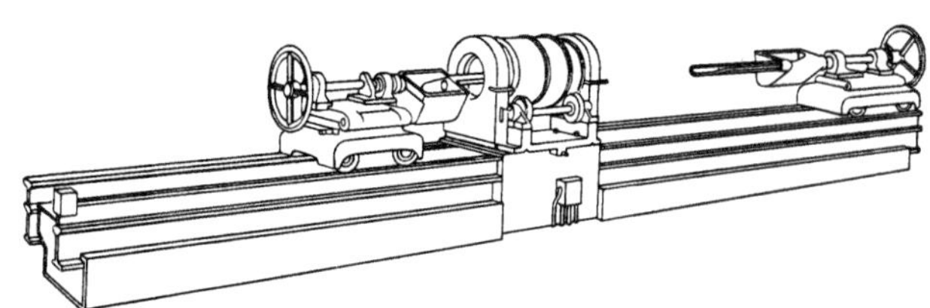

Abb. 26. Rollengießmaschine für Zweitaktbüchsen und Rippenzylinder

c) Güteeigenschaften — Werkstoffe — Legierungen. Die Zylinderlaufbüchse ist neben Kolbenring und Kolben der meist und verschiedenartigst beanspruchte Bauteil einer Kolbenhubmaschine. Die Zylindergleitfläche verlangt einen hohen Widerstand gegen Verschleiß und Korrosion, sie muß trotzdem gut bearbeitbar und polierfähig sein. Sie muß gute Notlaufeigenschaften und gute Ölhaftung bei ungünstigen Schmierverhältnissen aufweisen. Die Zylinderbohrung muß selbst bei hohen thermischen und mechanischen Beanspruchungen rund bleiben, d. h. sie muß spannungsfrei sein und aus unnachgiebigem Material bestehen. Hohe Festigkeit und hoher E-Modul bei geringer bleibender Durchbiegung (Abb. 27) kennzeichnen eine gute Büchse, die meist auf den Zylinderblock mit 4 Stegbolzen festgespannt wird und noch zusätzlich unkontrollierbare Spannungen durch Temperaturerhöhungen und örtliche Überhitzung erhält. Sie muß wachsbeständig und gegen Säurerückstände im Öl und Säurebildnern (wie Schwefel) im Brennstoff korrosionsfest sein. Sie soll aus schwingungs- und schalldämpfenden Materialien gefertigt sein.

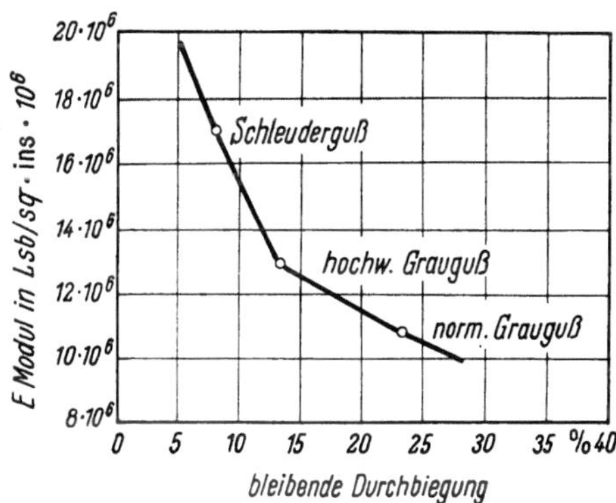

Abb. 27 (nach J. Hurst)

Verschleißfestigkeiten bei gleitender Reibung sind nur bei Dauerlaufversuchen mit unterschiedlicher Belastung direkt am Motor zu ermitteln. Ergebnisse von Laboratoriumsversuchen an Verschleißprüfmaschinen haben sich in der Praxis nicht bestätigt. Untersuchungen an Einlaufschichten von Schiffsmotoren-Zylindergleitflächen, die nach 10jähriger Laufzeit noch kaum meßbare Abriebwerte aufwiesen, zeigten, daß sie aus einer Graphitmasse bestanden, die mit Öl und feinen Abriebteilchen durchsetzt war. Abb. 28 zeigt diese Schicht im Querschnitt. Man sieht

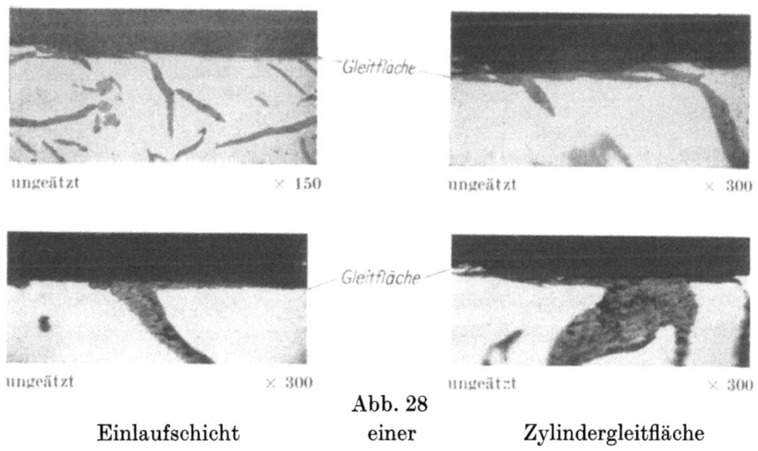

Abb. 28
Einlaufschicht einer Zylindergleitfläche

deutlich, wie aus den Graphitadern der Gleitfläche die Graphitschicht herauspoliert ist. Durch Zulegierung von Cr, Ni, Mo u. a. Elementen vermag man die Verschleißfestigkeit und andere Güteeigenschaften noch zu erhöhen. Den Einfluß veredelnder Legierungsbeimengungen auf den Verschleißwiderstand von Schleudergußzylinderlaufbüchsen, ermittelt im 1000 PSh Dauerlaufversuch mit unterschiedlicher Belastung, zeigt Tab. 7. Die Abriebzahlen werden im prozentualen Verhältnis zu unlegierten Schleudergußbüchsen oder Sandgußbüchsen wiedergegeben. Durch Vielzahlerfahrungswerte wurden sie von KFZ-Herstellungswerken in der Praxis bestätigt gefunden. Es handelt sich bei diesen Büchsentypen um schwachlegierte, naturharte Werkstoffe. Die Abnahme der Büchsen geschieht nach der Härteprobe. Die Härte steht zum Verschleiß durch Abrieb in linearer Beziehung. Ob eine Büchse jedoch auch gute Laufeigenschaften hat, ist durch das Härtekriterium allein nicht erkennbar. Hier müssen Gefügeuntersuchungen die Fabrikation überwachen. Zumindestens an der Lauffläche muß, trotz der hohen Abschreckung der Rohlinge durch die Kokille, Lamellengraphit vorliegen. Das Grundgefüge soll perlitisch sein. Jede Unregelmäßigkeit des Kristallgefüges hat schädliche Wirkungen. Büchsen, die Ferritnester oder Graphitinseln aufweisen, sind unbrauchbar, selbst wenn die mechanischen Eigenschaften noch so günstig liegen. Die Tab. 8 zeigt die gebräuchlichsten Zusammensetzungen der Werkstoffe in Deutschland und England mit ihren Härten- und Verschleißzahlen. Die geschleuderten Zylinderlaufbüchsen mit Naturhärte liegen im Bereich von 220 bis 320 Brinelleinheiten (H_5/750/30).

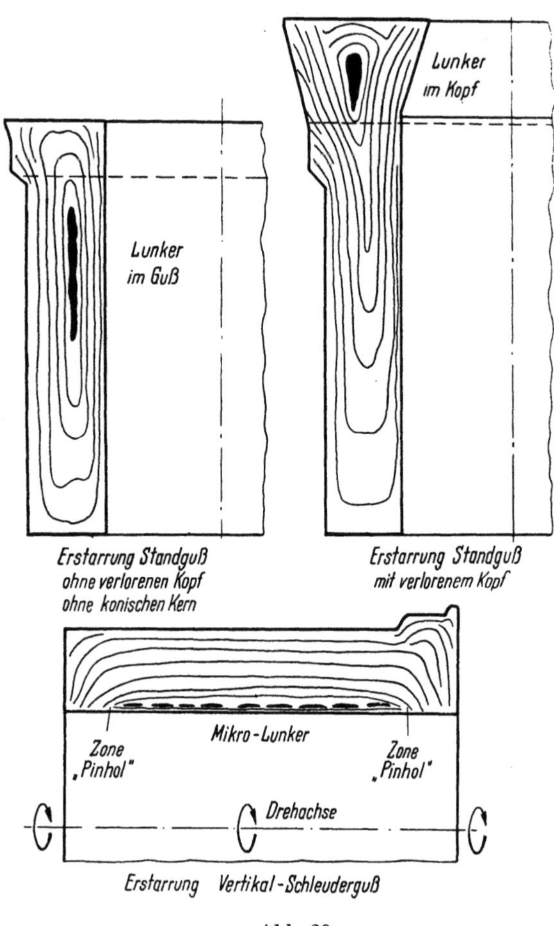

Abb. 29

Die hochlegierten Büchsen werden meist weiß gegossen und dann vergütet. Nitrierte Büchsen weisen nach H. Jungbluth [*42*] an der Lauffläche eine Glashärte von 700 bis 900 Vickerseinheiten auf. Der Vorteil dieser Büchsenart liegt in der harten Lauffläche, während die Wandungen Festigkeiten aufweisen, die den Verformungsbeanspruchungen genügen. In England verwendet man im Schiffsbau unmagnetische Büchsen, die der Salzwasserkorrosion besseren Widerstand entgegensetzen.

d) Die dynamische Erstarrung. Das Gießen mit nachfolgender Abkühlung in schnelldrehenden Formen beeinflußt:

a) Die Schwindung und Lunkerung.
b) Das Ausscheiden von Fremdstoffen.
c) Die Gießspannung und Rißbildung.
d) Die physikalisch-chemische Umwandlung.

a) Je dicker die Zylinderwandungen sind, desto mehr ist die Beherrschung der Erstarrungsrichtung die Kunst des Schleudergießens, und desto notwendiger sind dazu Spezialentwicklungen von Gießvorrichtungen. Die Abb. 29 zeigt die unterschiedlichen Erstar-

Tabelle 7. *Vergleichende Reihenversuche. Prüfstand Dauerlauf/1000 PSh mit unterschiedlicher Belastung*

Werkstoff	Verschleißzahl % Abrieb, bezogen auf unlegierten Schleuderguß nach F. BRÜGGER u. E. NITZSCHE	nach C. ENGLISCH	Bemerkungen
Sandguß, unlegiert	—	120	—
Schleuderguß, unlegiert	100	100	—
Schleuderguß, 0,3% Cr, legiert	70	84	—
Schleuderguß, 0,3% Cr—0,8% Ni	43	—	bestätigt durch Vergleichsversuche beim Kunden, prakt. Fahrversuche
Schleuderguß, 0,3% Cr—0,6% Mo	41	40	
Schleuderguß, 0,3% Cr—0,7% Ni—0,4% V	28	—	do.
Schleuderguß, 0,3% Cr—0,4% Mo—0,4% V	27	—	do.
Schleuderguß, 0,3% Cr, induktiv gehärtet	68	—	norm. Kolbenringe, Einzelring-Guß
Schleuderguß, 0,3% Cr—0,7% Ni, Öl gehärtet	—	70	norm. Kolbenringe
Schleuderguß, 0,3% Cr, induktiv gehärtet	41	—	verchromte Feuerringe
Schleuderguß, 0,8% Cr—0,8% Al, nitriert	—	33	

rungsrichtungen beim Standguß und beim Schleuderguß. Der Standguß erstarrt fast gleichmäßig von der Innenbohrung und von der Außenform aus. Der Schwindungslunker muß in einen verlorenen Kopf gezogen werden, wobei man durch konische Kerne diesen Vorgang noch unterstützen kann. Beim Schleudern von flüssigen Rotationskörpern geht die Erstarrung von außen von der Kokillenform aus, der Kern bleibt lange flüssig und soll zuletzt erstarren. Bei dickwandigen Gießkörpern oder bei schnell erstarrenden Materialien verläuft die Erstarrung auch von den Kopfseiten aus. Es kommt später die Erstarrungsrichtung von der Innenseite des Hohlkörpers hinzu. Die sich bildende Lunkerzone erfaßt einen Großteil der Innenbohrung und muß in die Bearbeitungszugabe gelegt werden. Der Lunker ist also nicht örtlich zusammengezogen, sondern bildet eine Fläche von Mikrolunkern, die beim Ausdrehen als lockeres Gefüge in Erscheinung treten können. Oft ist dieser Fehler erst beim Schleifen und Hohnen sichtbar und gleicht einem Bearbeitungsfehler, der bei zu geringer Bearbeitungszugabe vor dem Schleif- oder Hohnprozeß durch das Herausreißen von Graphit aus der Zylinderfläche mit dem Schleif- oder Hohnstein entstehen kann. Lunkerfehler unterscheiden sich durch regellose Flecken, während sich Hohnfehler über die ganze Zylinderlänge eines Bohrungssegmentes hinziehen.

Eine ähnliche Fehlstelle auf der Lauffläche von geschleuderten Zylinderbüchsen, dessen Ursache in der Schwindung liegt, die sich meist erst bei der Schlußoperation der Bearbeitung zeigt, ist eine Mikroporosität, die man mit dem englischen Namen „pinhol" kennzeichnet. Diese nadelfeinen Hohlstellen, die meist an einer bestimmten Stelle unterhalb des Rohlingspannkopfes auftreten, entstehen u. a. durch das Herauspressen von nicht erstarrter Steaditmasse durch die noch brüchig warme Innenfläche des Zylinderrohlings (s. Abb. 30).

Tabelle 8

Material-kennzeichnung „Ate“ Deutschland	C %	Si %	Mn %	P %	S %	Cr %	Ni %	Mo %	V %	Cu %	Al %	Festigkeit σ_β = kg/mm²	Härte H_B. $H_5/750/30$	Verschleiß-zahl bez. auf A 50 unvergütet	Bemerkungen
A 50	3,5	2,0	0,8	0,45	0,07	—	—	—	—	—	—	22	220 + 10% — 7,5%	100	—
A 62	3,5	2,0	0,8	0,45	0,07	0,3	—	—	—	—	—	24	230 „	70	—
A 68	3,4	2,8	0,6	0,8	0,07	0,8	—	—	—	—	—	28	240 „	—	—
A 70	3,5	2,0	0,8	0,45	0,07	0,3	0,8	—	—	—	—	26	250 „	43	vergütbar, 400 BH
A 82	3,5	2,0	0,8	0,45	0,07	0,3	—	0,5	—	—	—	26	250 „	41	„
A 90	3,5	2,2	0,8	0,45	0,07	0,4	0,3	0,4	—	—	—	28	230—280	—	„ 450 BH
A 100	3,5	2,0	0,8	0,45	0,07	0,3	0,7	—	0,3	0,5	—	30	240—300	28	naturhart
A 110	3,5	2,0	0,8	0,45	0,07	0,3	—	0,4	0,3	0,5	—	30	240—300	27	„
A 120	3,5	2,0	0,8	0,45	0,07	0,5	0,7	0,4	0,3	0,5	—	32	250—320	—	„
Austenit-unmagnetisch															
UM I	2,6	2,0	0,7	0,45	0,07	1,8	14	—	—	6	—	—	170—200	—	vergütbar, 400 BH
UM II	2,6	1,8	0,8	0,45	0,07	2,0	12	—	—	6	—	—	200—220	—	„ 400 BH
UM III	3,2	2,7	12	0,45	0,07	1,0	8	—	—	2	—	—	200—220	—	„ 400 BH
Nitrier-Guß													*nitriert*		
NTG I	2,6	2,6	0,6	<0,25	0,07	1,6	—	—	—	—	1,0	36	78—80 RC	33	nitriert, 525—575 °C
NTG II	2,8	2,6	0,6	<0,25	0,07	1,5	—	0,4	—	—	1,5	38	78—80 RC Härte		nitriert, 40—75 Std. 0,25—0,40 mm
England, Sheepbridge-Stoker													Vickers-Diam.		
Mark II	3,3	2,4	0,6	0,6	—	0,3	—	—	—	—	—		230—290	—	vergütbar 400—450 VD
Mark III	3,3	1,9	0,8	0,6	0,08	0,4	1,0	—	—	—	—		400—450 verg.	—	
DTD 485	2,9	2,3	0,8	0,4	—	0,8	—	0,8	—	—	—		270—310	—	
Mark IV	3,3	1,9	0,9	—	—	—	—	—	—	—	—		230—270	—	
Mark V	3,3	1,9	0,8	0,2	—	—	—	—	—	—	—		190—240	—	
Ni-Hard	2,8	0,6	—	—	—	1,75	2,5—4,0	—	—	7,0	—		600—700		
Ni-Resist	2,7	1,9	—	—	—	2,0	14	—	—	—	—		170—230		
Nicrosilal	1,7	4,5	—	—	—	2,0	20	—	—	—	—		150—200		
Enduron	1,9	1,9	—	—	—	16	—	—	—	—	—		280—320		
Crome 33	1,5	2,0	0,8	0,2	—	33	—	—	—	—	—		280—340		

Die Erstarrungsrichtung geht nicht nur von der eisernen Schleuderfläche aus, sondern auch von deren beiden Kopfseiten, die durch metallene Verschlußringe gebildet werden. Neigt nun das vergossene Material durch Beimengungen von schwindungssteigernden Legierungselementen, wie Mn, V und Ti stark zum Zusammenziehen, so ist an den Grenzstellen der Erstarrungsschichten das Phosphideutektikum noch flüssig (ca. bei 950 °C), und wird durch die auftretenden Kristallisationskräfte durch die noch wenig Widerstand leistende rotwarme Innenfläche gedrückt. Es zeigt sich dann eine nadelförmige Öffnung (pinhol), die mit einem verzweigten Steaditnest in Berührung steht (Abb. 30). Alle diese porösen Fehlstellen haben beim Schleuderguß, da sie an der Innenfläche sitzen, eine geringe oder keine Verbindung zur Außenwand. Auch diese Büchsen sind beim Abdrücken dicht.

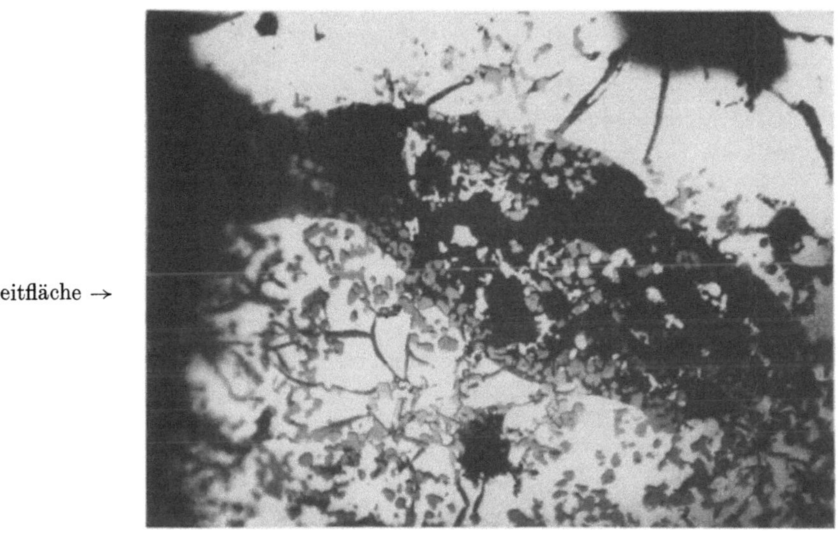

Abb. 30. *Pinhol*-Querschnitt

b) Die Entfernung von nichtmetallischen Fremdstoffen aus dem flüssigen Material bestimmt die wirtschaftliche Herstellung von Zylinderlaufbüchsen und Kolbenringbüchsen. Alle diese für die Leistung des Motors wichtigen Bauteile werden ganz bearbeitet und auf Spiegelglanz geschliffen. Der Lohnaufwand für Drehen und Schleifen ist größer als die Kosten für den Gußrohling. Die feinsten Verunreinigungen werden meist erst beim Hohnen der Lauffläche sichtbar. Da sie ein Fressen der beweglichen Teile, wie Kolben und Kolbenringe nach sich ziehen können, müssen solche Teile als unbrauchbar ausgeschieden werden. Die Abb. 31 zeigt das Absetzen bzw. das Wandern von Sand und Schlackenteilen beim Standguß mit Kern, beim Horizontal- und beim Vertikalschleuderguß. Dünnwandige Zylinderbüchsen gießt man beim Standguß fallend mit Siebkerneingüssen. An dem Sandformrand und am Kern klappen beim Steigen des Flüssigkeitsspiegels die feinen Schlackenhäute um und setzen sich meist an der Innen- oder Außenfläche fest. Um diese Gefahrenmomente zu verringern, müssen die Werkstoffe sehr heiß vergossen werden. Die Form- und Kernstoffe müssen sehr hochwertig sein und sorgfältig verarbeitet werden. Beim Schleuderguß fallen diese Gefahrenmomente fort. Man kann hier das Eisen matt vergießen. Das heißerschmolzene Eisen kann lange in der Gießpfanne abstehen. Es reinigt sich dabei von Gas- und Schlackenseigerungen. Vor dem Vergießen entfernt man die feste Schlackenhaut. Die trotzdem noch eingebrachten Reste von nichtmetallischen Fremdstoffen zentrifugieren sich nach innen aus, da sie leichter sind, als das vergossene Metall. Sie werden beim Horizontalguß ausgedreht und beim Vertikalguß in einem Sumpf gespült, der durch den Überlaufring und den Verschließring gebildet wird. Empfindliche Büchsen werden mit 10% der Zugießmenge bewußt gespült. Dieser Arbeitsvorgang begünstigt auch die richtige Erstarrung und das Ausscheiden von Kristallseigerungen.

c) Mattes Gießen, also tiefe Gießtemperatur, richtige Erstarrungsführung und die Wahl von Legierungen mit langen Erstarrungsintervallen sind die Voraussetzungen für die Fertigung von spannungsfreien Gußteilen. Da beim Schleuderguß kein Kern vorhanden ist, kann die Büchse ungehindert schwinden. Warmrisse treten deshalb nicht auf, und Spannungen durch Schwindungen werden vermieden. Das Schleudern in der Kokille geschieht in der meist rotwarmen Kokille auf einer Gaspulverschicht. Dünnwandige Büchsen reißen leicht beim Aufspannen in der Bearbeitung und werden deshalb zweckmäßig mit längeren Spannbunden vergossen.

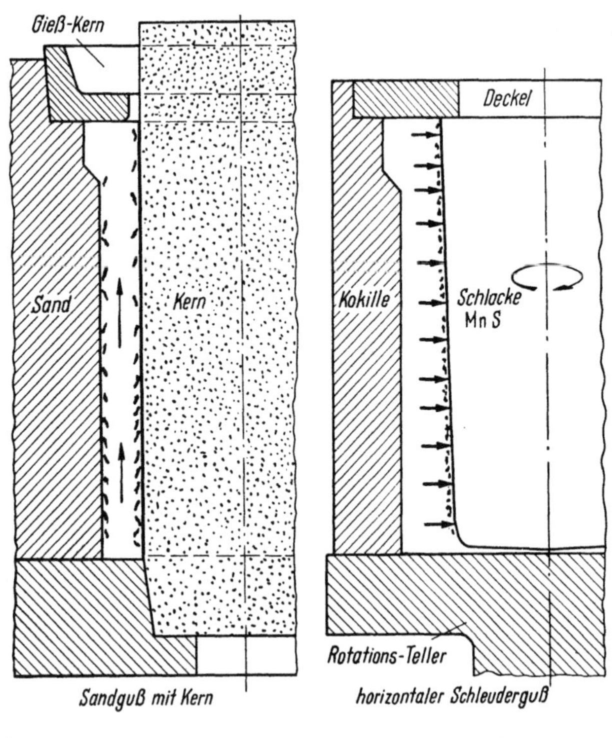

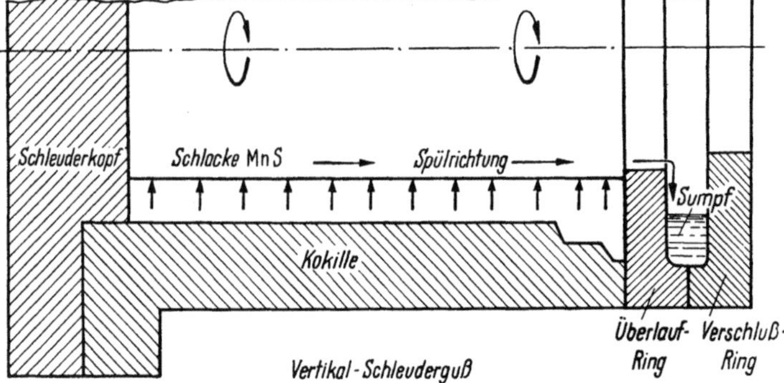

Abb. 31. Weg der Fremdteilchen bei verschiedenen Gießverfahren

d) Die Erfahrung mit neuartigen Schleuderverfahren zeigt, daß der Einfluß der Zentrifugalkraft auf die physikalisch-chemischen Umwandlungen größer ist, als man bisher erkannt hatte. Bekannt war, daß sich ein Teil des Schwefelgehaltes durch Schleudern ausscheidet. Die Abb. 32 zeigt, daß diese Entschwefelung bei richtiger Gießführung 50% und mehr vom Gesamtgehalt 0,1% bis 0,15% S im Rohguß beträgt. Die Häufigkeitskurven sind der Praxis entnommen und stammen aus zwei verschiedenen Schmelzperioden. Der Zeitabschnitt mit den hohen Schwefelwerten ist gekennzeichnet durch erhöhten, minderwertigen Schrotteinsatz. Bei normalen Schwefelgehalten und ausreichenden Mn-Gehalten bildet sich das Mangansulfid (MnS), dessen Schmelzpunkt bei 1550 °C liegt, und das fast unlöslich im Eisen ist. Diese Kristalle trennen sich also schon bei hohen Temperaturen vom Eisen. Sie sind spezifisch leichter als die noch flüssige Masse und zentrifugieren nach der Mitte aus. Diese Ausscheidung des Sulfides wird so lange vor sich gehen, bis sich noch keine primären Mischkristalle gebildet haben. Je nach der Erstarrungsgeschwindigkeit behalten diese noch Reste des Sulfides zurück. Dieser Prozeß zeigt, daß feste Kristalle von spezifisch leichterem Gewicht aus einer schwerflüssigen Grundmasse auszentrifugiert werden können.

Zwei flüssige Metalle mit unterschiedlich spezifischen Gewichten, die beschränkt ineinander lösbar sind, wie Cu und Fe, können durch die Zentrifugalkraft im flüssigen Zustand getrennt werden. Darauf beruht ein Verfahren nach F. BRÜGGER [45] Rippenzylinder herzustellen, deren äußere Rippen aus reinem Cu mit guter Wärmeleiteigenschaft bestehen, während die innere Zylindergleitfläche aus Grauguß mit guten Lauf- und Verschleißeigenschaften hergestellt ist (s. Verbundguß).

Schwieriger liegen die Verhältnisse bei dem Mechanismus des Graphitisierens unter der Einwirkung von Zentrifugalkräften. Bisher hat man die feine Ausbildung des Graphits und die damit verbundene feritische Grundmasse beim Schleuderguß in der Kokille immer dadurch erklärt, daß ihre Ursache in der schnellen Abkühlungsgeschwindigkeit durch die Metallkokille liegt. Beim Schleudern von Rippenzylindern oder profilierten Büchsen in Kernformen und beim Schleudern von dickwandigen Graugußwalzen machte man die Beobachtung, daß die so erhaltene Graphitausbildung nicht mehr durch die hohe Abkühlungsgeschwindigkeit und der damit verbundenen Unterkühlung der Schmelze zu erklären ist. Abb. 23 zeigt drei verschiedene Zonen in einer solch geschleuderten Büchse. Das Zonengefüge am dickwandigen rippenlosen Schaft der Büchse unterschied sich nur wenig, es wurde deshalb auf eine Wiedergabe verzichtet. Da die Erstarrungszeit wenigstens doppelt so lang ist, wie in einer Büchse gleicher Wandstärke, die in der Kokille geschleudert wurde, hätte sich, wenn die bisherige Abkühlungstheorie richtig war, der Graphit in der Randzone gröber ausbilden müssen als beim Kokillenguß, es mußte also das Grundgefüge perlitischer werden. In der Praxis war es umgekehrt, der Graphit wurde mit dem gleichen Material in der Außenzone feiner und das Grundgefüge ferritisch. Diese Strukturausbildung war technisch sehr erwünscht, entsprach sie doch genau den mechanischen Anforderungen, die man an solche Zylinder für luftgekühlte Motore stellen muß.

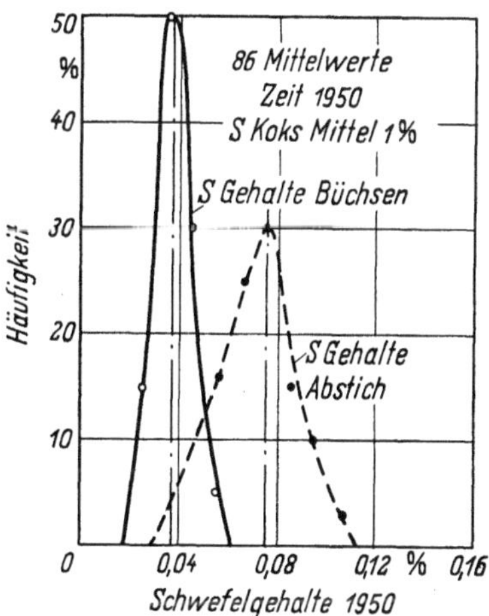

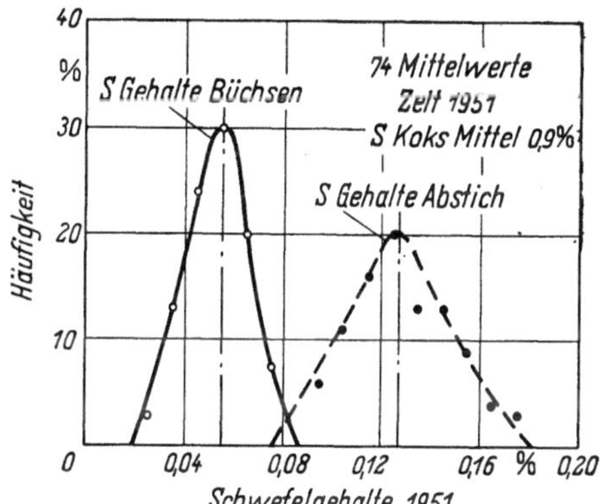

Abb. 32. Entschweflung durch die Zentrifugalkraft

Wenn E. Piwowarsky in seinem Buch „Der hochwertige Grauguß“ S. 28 schreibt, „heute kann es als ziemlich sicher gelten, daß der lamellare Graphit des grauen Gußeisens vorwiegend auf direkte Kristallisation aus der Schmelze zurückzuführen ist“, so ist dieses für die Zusammensetzung der Gießlegierung von dieser Schleudergußart, die mit 3,6% C und 2,3% Si an der Sättigungsgrenze liegt, sicher gültig. Die leichteren großen Graphitkristalle zentrifugieren sich zur Mitte aus und finden dort bei geringem Druck auch noch ein günstiges Gebiet für die Wachsgeschwindigkeit, während die feineren Graphitkerne am Außenrande verbleiben, da sie ja den Flüssigkeitswiderstand nicht überwinden können und dort unter dem Zentrifugaldruck noch im Wachstum behindert werden.

L. Quincy [*44*] will die gleichen Beobachtungen, die er beim Schleudern von Graugußwalzen machte, durch die Kristallisation nach dem Diagramm $Fe\text{-}Fe_3C$ erklären. Bei der Erstarrung des Primäraustenits aus der flüchtigen Schmelze, ist dieser immer kohlenstoffreicher, als die Restschmelze selbst. Die flüssige Schmelze muß dann dichter sein, d. h. spezifisch schwerer als der ausgeschiedene Austenit. Durch den Einfluß der Zentrifugalkraft soll dieser dann nach innen wandern. Es spricht gegen diese Erklärung, daß obige Legierung in ihrer Zusammensetzung in der eutektischen Rinne liegt, und daß die Unterschiede im spezifischen Gewicht nicht groß genug sind, um ein Wandern der verhältnismäßig großen Kristalle bei den auftretenden Zentrifugalkräften zu gestatten. Viel eher ist anzunehmen, daß die Graphitkeime, die in verschiedenen Größen bereits in der flüssigen Schmelze bei hohen Temperaturen vorhanden sind, sich durch die Zentrifugalkräfte orientieren. Es sprechen dafür die hohen Überhitzungstemperaturen, die notwendig sind, um Graphitkeime in Lösung zu bringen.

F. Das Schleudern von Verbundguß

Schon 1894 erwähnte P. Huth [*20*] in seinem Schleudergußpatent, daß er Stahlguß mit verschiedenen Güteeigenschaften in der äußeren und der inneren Zone schleudern will. Das Schleudern von Walzen der Firma Hundt und Weber [*32*] ist als Verbundguß anzusehen. Auch Ford [*33*] will bei der Schleudergußherstellung von Zahn- und Getrieberädern, den Zahnradkränzen härtere Materialeigenschaften geben, als in der Achsenzone. Diese drei Verfahren wurden beim Schleudern von Stahl beschrieben.

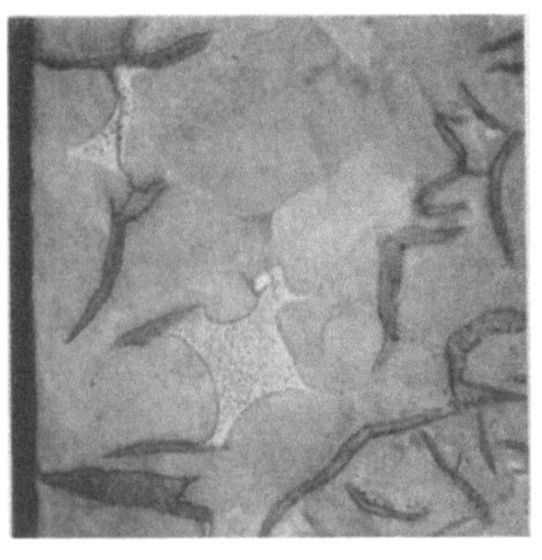

1% HNO_3 × 500

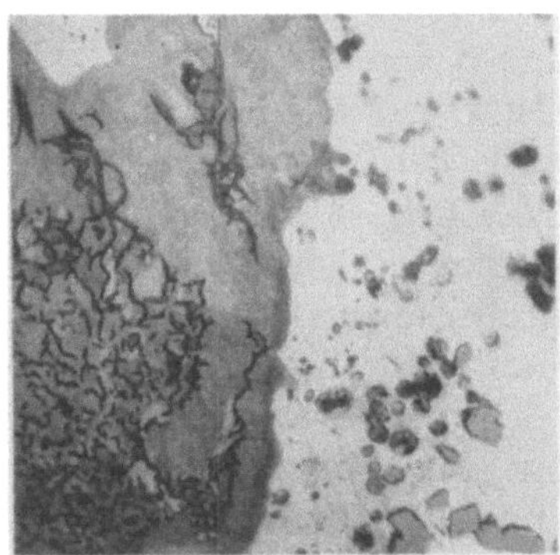

1% HNO_3 × 500

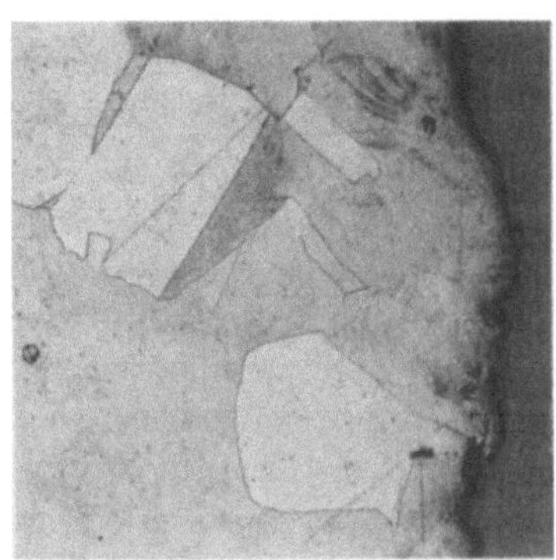

geätzt × 100

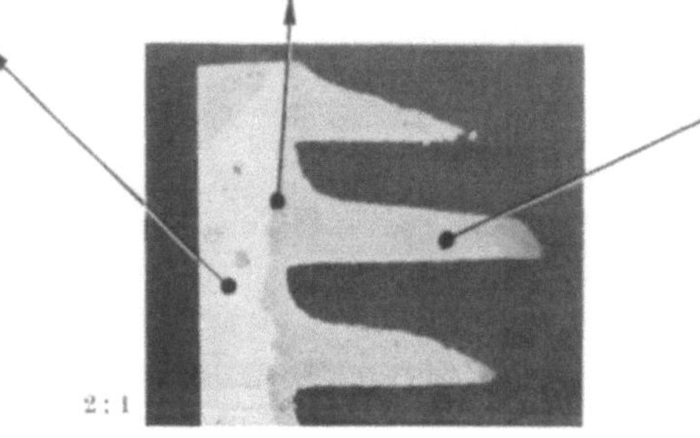

Abb. 33

Gleitfläche (Bild links)
Grauguß: Perlitisches Grundgefüge mit groben Graphiteinlagerungen

Zylinderwand (Mitte)
Grenzschicht Graugußkupfer: Homogene metallische Verbindung, guter Wärmefluß zur Kühlrippe

Rippe (Bild rechts)
Rippenzone aus reinen Kupferkristallen. Hervorragende Leitfähigkeit (0,92 cal/cm sek °C)

Echter Verbundguß, bei dem zwei Metalle verschiedenen spezifischen Gewichtes in flüssigem Zustand durch die Zentrifugalkraft getrennt werden, ist das bereits im Abschnitt *Dynamische Erstarrung* erwähnte Schleudern von Rippenzylindern mit Kühlrippen aus Kupfer. Gießt man in schnelldrehende Formen Grauguß mit dem spezifischen Gewicht von 7,3 und Kupfer mit dem spezifischen Gewicht von 8,3 in flüssigem Zustand ein, so wird das schwere Kupfer auszentrifugiert. Es wird nach außen in die Rippenformen gepreßt, während das Graugußmaterial zur Innenbohrung wandert. Durch genau dosierte Zugabe des Kupfers kann man die Grenzschicht in eine festgelegte Zone bringen. Da beide Metalle eine beschränkte Lösungsfähigkeit (3 bis 5% Cu) besitzen, besteht die Grenzzone aus Mischkristallen, d.h. sie sind fest miteinander verschmolzen. Abb. 33 zeigt das Gefüge eines Schleuderguß-Kupferrippenzylinders. Die Bohrungszone besteht aus Blättchengraphit und Perlit, die Rippenzone aus Kupferkristallen. Die in den mittleren Schliffbildern ersichtliche Grenzzone zeigt die Ausbildung der Mischkristalle. Sie ist völlig frei von Oxydhäuten und Gasblasen.

F. BRÜGGER [*45*] schleuderte diese Zylinder im Auftrag von Porsche, Stuttgart-Zupfenhausen, zu Versuchen an luftgekühlten Dieselfahrzeugen. Der Vorteil ist der, daß die Rippen aus Kupfer die doppelte Kühlfähigkeit (0,92 cal/cm sek °C) haben gegenüber den bei Porsche verwandten Aluminiumrippenzylindern (0,47 cal/cm sek °C) und eine vielfache von normalen Graugußzylindern (0,12 cal/cm sek °C). Die Gleitfähigkeit der Zylinderbohrung aus Grauguß ist bezüglich Verschleiß, Notlaufeigenschaft und Widerstand gegen Verformung besonders günstig. Dieses wirkt sich dahin aus, daß das Kolben- und Kolbenringspiel größer gewählt werden kann, als bei den mit geringeren Toleranzen besonders eingepaßten Laufelementen der Aluminiumzylinder. Die Kupferzylinder haben sich in Dauerlaufversuchen auf dem Prüfstand und auch auf den Versuchswagen glänzend bewährt. Als besonderer Vorteil zeigte sich dabei, daß die so unangenehm singenden Luftmotorengeräusche durch die Kupferrippen in tiefere Tonlagen verlagert wurden. Dadurch werden sie vom Gehör nicht mehr als störend empfunden. Strebt man weitere Steigerungen der Liter-PS-Zahlen an, so wird man bei luftgekühlten Motoren auf dieses Verfahren zurückgreifen müssen, da die Vorteile der Kupferrippen die höheren Herstellungskosten aufwiegen.

Bremstrommelschleuderguß kann auch als Verbundguß zwischen rotwarmem festen Stahlblech und flüssigem Grauguß erstellt werden. Das Stahlblech gibt dem stark beanspruchten Trommelgehäuse die notwendige Festigkeit, während die Bremsfläche aus Grauguß die griffige Angriffsfläche für die Bremsbacken darstellt. Sie muß hoch verschleißfest sein und die Wärme so ableiten, daß die Bremsbeläge keine örtliche Überhitzung hervorrufen, also nicht festbrennen. Praktisch geht dieser Prozeß so vor sich, daß an Stelle der sonst üblichen Kokille mit Isolierschicht ein hellrotwarmer Stahlblecheinsatz tritt, in den eine Graugußlegierung eingeschleudert wird, die mit der Innenwand der Stahlblechtrommel verschweißt.

Im Jahre 1933 nahm die Firma Alfred Teves KG., Frankfurt (Main) ein Patent [*46*] auf, die Centrit-Schleudergußtrommel® (Abb. 34). Im serienmäßigen Einbau bei verschiedenen Kraftfahrzeugfirmen hat sich diese Trommel gut bewährt. Bei den geringen Stückzahlen, den niedrigen Preisen der bisher eingebauten Tempergußtrommeln, den damals noch geringen Fahrzeuggeschwindigkeiten und dadurch niedrigen Bremsbeanspruchungen, kam aus wirtschaftlichen Erwägungen die Produktion zum Stillstand. Die Grundidee des Ate-Bremstrommelverfahrens wurde von den Amerikanern bei der Herstellung von Bremstrommeln für Flugzeuge neu aufgegriffen. Bereits im Jahre 1939 fertigte die Firma Campbell, Wyant & Cannon [*47*] in USA täglich 25000 Stück Schleudergußbremstrommeln. Die Produktion erhöhte sich bis 1951 auf 50000 Stück pro Tag. Das Verfahren ist besonders dadurch interessant, daß hier zwei verschiedene Verfahren gekoppelt werden, das Walzen von profilierten Blechtrommeln und das Zentrifugalgießen. Abb. 35 zeigt den Querschnitt durch eine Doppeltrommel

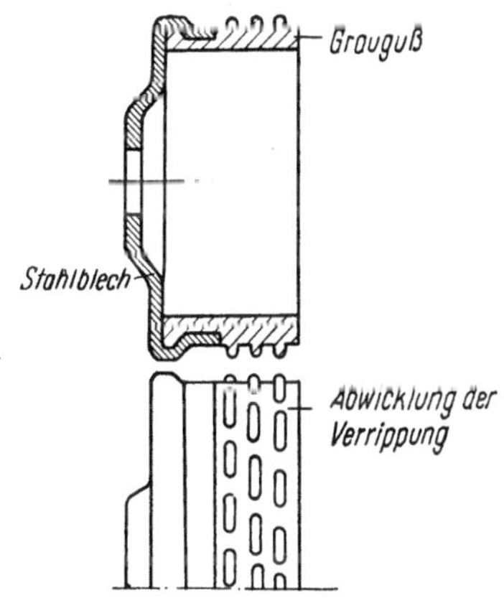

Abb. 34. Ate-Centrit-Bremstrommel® mit versetzter Lamellenverrippung (nach [*46*])

und das Fertigprofil nach der Trennung. Die Blechgehäuse werden gewalzt, zusammengeschweißt und genau zentriert. Die Stahltrommeln passieren dann Wärmeöfen, die in der Nähe von Schleudergießmaschinen münden. Die Ofenentnahme geschieht bei 760 °C. Der Gießer gibt nach dem Einsetzen der Trommel in die Maschine Sodalösungen zu, um das Verschweißen des jetzt eingebrachten flüssigen Graugußmaterials zu fördern. Das Material wird im Duplexverfahren: Kupol-Elektroöfen erschmolzen und bei 1540 °C abgestochen. Die Bremstrommelzusammensetzung ist folgende: 3,7% C, 1,9% Si, 0,7% Mn, 0,05% S, 0,35% Cr, 0,35% Mo, 1,4% Ni. Bei der Doppeltrommel sind die beiden Seitenteile so profiliert, daß man die Gießrinne ins Innere der Trommel einführen kann. Nach dem Erkalten der eingegossenen Schicht werden die Seitenteile in die Endlage gepreßt. Die Trommeln werden getrennt und fertig bearbeitet und sind, da alle Arbeitsgänge an der rotierenden, genau zentrierten Blechtrommel geschehen, gut ausgewuchtet.

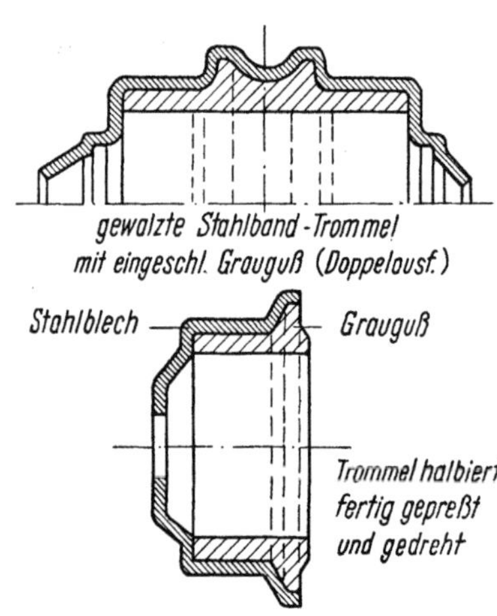

Abb. 35. Bremstrommel: amerikanisches Verfahren (nach [47])

Das Schleudern von Verbundguß ist nach M. L. SAMUELS und A. E. SCHUH [48] wesentlich in dem letzten Jahrzehnt erweitert worden. Man verwendet mit Isolierschichten versehene Kokillen von ca. 150 °C Temperatur. Das Verfahren ermöglicht, rohrartige Körper mit kleinen Durchmessern zu erstellen. Vergossen werden Kombinationen von unlegiertem und hochlegiertem Grauguß. Auch Temperguß ist so vergossen worden. Die Verbundgußweise erlaubt, nach dem Erreichen der Erstarrung des Erstgießmetalles das Zweitgießmetall zuzugießen, wobei trotzdem innige Verschweißung der Metalle erfolgt.

Für die Textil- und Papierindustrie werden Walzen vergossen, die außen aus rostfreiem Ni-GS und innen aus Grauguß bestehen. Walzen werden, wie bei Hundt und Weber angestrebt, außen aus Hartguß und innen aus Grauguß oder Stahlguß geschleudert. Für die chemische Industrie werden Rohre außen aus Grauguß und innen aus rostfreiem GS oder Si-GG hergestellt. Förderrollen werden aus Ni-Hartlegierungen außen und innen aus GG im Verbundgußverfahren gegossen. Jede Kombination ist möglich, wie sie die Aufgabenstellung des Verbrauchers fordert (s. Tab. 1).

G. Gießformschleudern — Zentrifugalvergießen

Beim Präzisionsguß sind mehrere Gußteile rund um einen zentralen Einguß angeordnet. Dreht man nun die ganze Form, so drückt die Zentrifugalkraft das flüssige Metall in kleinste und kompliziertеste Formen. Bei hohen Drehzahlen erhält man einen größeren Gießdruck im Gußstück und Steigern und verhindert dadurch Lunker und Gaseinschlüsse. Bei entsprechend gleichen Formsandhärten und konstanten Drehzahlen erreicht der Gießer immer gleiche Abgüsse und Maßtoleranzen, die eine Bearbeitung ersparen. Die Herstellung von Feinguß beschreibt PÖLZGUTER in Bd. II/2, S. 95. Um die erforderlichen Toleranzen an Maß und Gewicht zu erreichen, benötigt man einen Zentrifugaldruck von mindestens 1,9 g/cm². Die Beanspruchung an die Formmassen ist deshalb sehr hoch. Sie muß trotz des hohen Gießdruckes und der hohen Gießtemperatur jedes Eindringen des Gießmetalles verhindern und die nötige Standfestigkeit haben.

Das Zentrifugalvergießen ist daran gebunden, daß die Gießteile eine symmetrische Form, bezogen auf die Drehachse, haben müssen. Der Einguß wird in die Drehachse verlegt und beim Gießen wird das Metall vom Einguß nach außen in die Form gedrückt. Bei Stahllegierungen mit schlechtem Formfüllungsvermögen kann man dünne Gußstücke nur mit Anwendung der Fliehkraft gießen. Die Hohlräume sind oft so eng und die Metalle so zähflüssig, daß die Formfüllung mit natürlichem Gießdruck nicht möglich ist. Hochlegierte Stahllegierungen lassen sich oft schwer bearbeiten, und das Gießen mit geringen Bearbeitungszugaben (meist nur eine Schleifbearbeitung möglich) ist nur mit Hilfe der Zentrifugalkraft zu erreichen. H. J. Cooper [*49*] beschreibt die Herstellung von Düsenblenden für Aufladeturbinenteile von Flugzeugmotoren.

Das Gießformschleudern von großen Gußstücken beschrieb 1948 Schmidt [*50*]. Die von ihm verwandte Maschine ist in Abb. 36 wiedergegeben. Der Schleuderkasten mit dem Gußstück Abb. 37 wurde auf diese Maschine fest montiert, so daß er eine starre Einheit mit dem Drehteller bildete und keine Schwingungen bei der Rotation auslöste. Der Kasten mit der Gußform mußte auf dem rotierenden Teller genau zentriert sein. Das Ausbringen wurde mit ca. 75% angegeben.

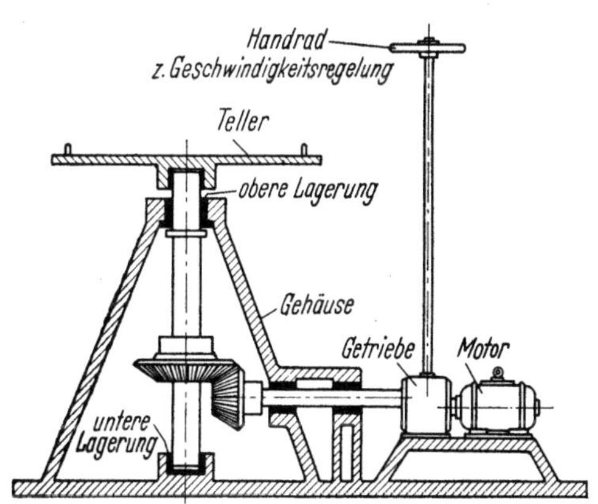

Abb. 36. Schnitt durch die Schleudermaschine (nach [*50*])

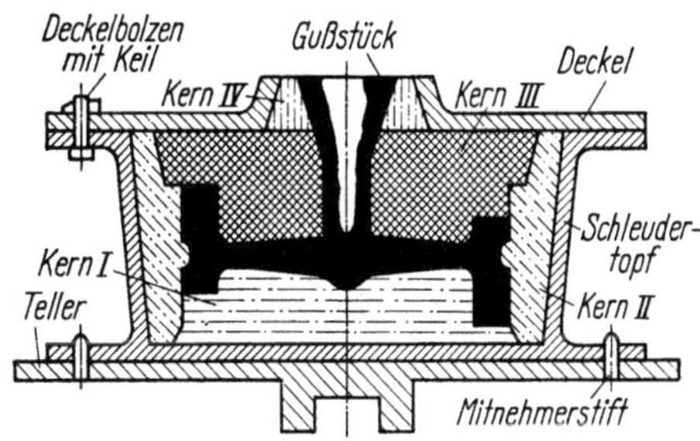

Abb. 37. Schnitt durch den Schleudertopf (nach [*50*])

Nach Roll haben Meier und Weichelt während des Krieges Versuche mit Gießformschleudern von Temperguß gemacht, die nicht veröffentlicht wurden. Dabei wurden zunächst einfach geometrische, später auch komplizierte Gußstücke von z. B. Bremstrommeln, dünnwandigen (3 mm) Gabel- und Steuerköpfen (4 kg) hergestellt. Temperguß zeigt den Einfluß der Lunkerneigung besonders deutlich. Deswegen sind geeignete, angebrachte Zulaufrippen und Verstärkungen zum Ausgleich der Lunkerung unerläßlich. Das Ausbringen lag bei geeigneter Ausbildung der Gußteile um 75%. Die Form für diese Gußstücke wurde in hochverdichtetem synthetischem Naßguß (pressen und rütteln) hergestellt (Verdichtung 1,8 g/cm^3). 2 bis 4 Gußstücke sind in einem Schleuderkopf untergebracht worden. Die Umdrehungsgeschwindigkeit lag am günstigsten bei 350 m/min. Die Begrenzung der Geschwindigkeit ist durch die Warmrißneigung gezogen, die dann einsetzt, wenn die Formmasse nachgibt. Nach dem Festwerden des Gußteiles wurde das Schleudern langsam abgebremst. Klappscharniere erlaubten ein schnelles Auswechseln des Schleuderkopfes. Bei Steuerköpfen z. B. ist es möglich, 4 oder sogar im Stapel 8 Gußteile gleichzeitig zu schleudern.

Beim Planen von Formschleuderguß ist unbedingt darauf zu achten, ob es möglich ist, Abgüsse herzustellen, die durch Zentrifugalkraft eine größere Dichte und Lunkerfreiheit mit gleichzeitiger Gefügeverbesserung aufweisen. Die Aufwendungen müssen im Rahmen des Wertes eines Gußteiles bleiben. Die Verwendung von Kokillenformen ist anzustreben und große Stückzahlen für halb- oder ganzautomatische Fertigung sind vorauszusetzen.

Schleuderguß mag für jeden Gießer als Studienobjekt interessant sein, man darf seine wirtschaftlichen Anwendungsmöglichkeiten, die sich auf ganz spezielle Gebiete beschränken, nicht vergessen. Man kann nicht Sandguß und Schleuderguß in einem Schmelzofen gleichzeitig herstellen. Schleuderguß verlangt spezielle Materialkomponenten. Horizontale Schleudermaschinen sind allein schon von der Gefahrenseite aus günstiger als Maschinen mit vertikaler Achse. Durchbrüche von flüssigem Material während der Drehung der Maschinen ergeben bei Horizontalmaschinen eine Feuerwand, die fest im

Raum steht und der man leicht entfliehen kann. Bei Vertikalmaschinen aber entfaltet sich der flüssige Strahl als Teppich über den ganzen Raum und Verbrennungen des Bedienungspersonals sind unvermeidlich. Horizontalmaschinen können deshalb frei im Raum stehen, (selbst Rollenmaschinen mit sehr großen Abmessungen), während Vertikalmaschinen nur in den Boden montiert und beim Abgießen vollständig mit Platten abgedeckt sein müssen.

H. Unechter Schleuderguß

Das Gießen bei geringen Drehzahlen, bei denen Zentrifugalkräfte nicht wirksam werden können (Abb. 1 u. 2), wird in der Praxis beim Gießen von Büchsen mit kleinen Bohrungen und bei Rundstäben, besonders bei Nichteisenmetallen, angewandt. Bei der Herstellung von Stahl- und Fe—C-Guß-Legierungen soll sich dieses Verfahren auch bestens bewähren.

Das Gießen auf einer senkrecht rotierenden, automatischen Gießmaschine beschreibt das Suyk-Patent [*51*]. Die Schmelze wird in einer langsam drehenden Kokille gegossen. Die Büchsenbohrung wird nicht durch die Zentrifugalkraft erzeugt, sondern durch einen feststehenden Stahlkern geformt. Der Guß erkaltet um den Stahlkern, der durch die Drehbewegung der Außenkokille nicht festschrumpft und vor Beendigung der Schwindung senkrecht hochgezogen wird. Die Drehbewegung der Kokille mit dem flüssigen Material beim Gießen verhindert das Festsetzen der Schlacken und Fremdteilchen an der Kokillenwand und am Kernschaft (s. Abb. 31, Standguß). Die Innenbohrungen der Rohlinge sollen durch die Walzbewegung des Kerns eine homogene Struktur erhalten. Eine hohe Brinellhärte, durch die Abschreckwirkung des Kerns erzeugt, erstreckt sich gleichmäßig auf den ganzen Querschnitt und über die ganze Länge der Büchse. Die Kernbohrungen sind zentrisch und gerade und bedürfen nur einer geringen Bearbeitungszugabe bis zum Fertigmaß. Die Erzeugnisse sollen besonders für die Herstellung von Wälzlagern geeignet sein, die in den Innenbohrungen eine hohe Verschleißfestigkeit verlangen. Das Verfahren soll neuerdings auch beim Rohrziehen von Nichteisenmetallen und von rostfreien Stahlrohren angewandt werden. Gießmaschinen für das Suyk-Verfahren beschreibt die Firma N. V. Handelmaatschappij „Heemstede", Holland.

Auf einer Bodenplatte von 1100 × 800 mm ist ein Drehtisch montiert, der direkt an einen 4-PS-Getriebemotor gekoppelt ist. Die Enddrehzahl wird mit 84/168 U.p.M. angegeben. Auf der Bodenplatte ist eine Stahlsäule mit einer Höhe von 3920 mm montiert, woran der Kokillen- und der Kernhalter bewegbar angeordnet sind. Das Kernziehen geschieht elektromechanisch. Die Schnelligkeit des Hochziehens des Kerns ist regulierbar. Mit dieser Maschine lassen sich Stäbe von 15 bis 300 mm Dmr. und Büchsen von 30 × 15 mm Dmr. bis 300 × 250 mm Dmr. bei einer Länge bis zu 600 mm gießen. Stäbe und Büchsen mit Wanddicken ab 30 mm sind bis zu einer Länge von 1400 mm vergießbar. Bei kleinen Längen bis zu 600 mm genügen Maschinen, bei denen das Ziehen der Stahlkerne mit Handrad geschieht. Die Gießmaschinen sind in Batterien bis zu 12 Drehtischen aufgestellt. Zur Bedienung von 8 Drehtischen genügen zwei angelernte Arbeitskräfte. Die Kokille und der Metallkern werden mechanisch geschliffen und geschlichtet.

Literatur

[*1*] Camen, L.: Amer. Foundrym. Assoc. 1922; Stahl und Eisen 43 (1923) S. 145.

[*2*] v. Schwarz, M.: Die Gießerei 17 (1930) Nr. 8, S. 177; Nr. 9, S. 204; Nr. 10, S. 230; Nr. 11, S. 253.

[*3*] Hurst, J.: Centrifugal Castings of Metals and alloys 2 (1931) S. 197; Iron Age (1939), 29. Juni. Foundry Trade J. 45 (1939) S. 145.

[*4*] Väth, A.: Der Schleuderguß Verlag VDI, 1934.

[*5*] Diepschlag, E.: Die Gießerei 28 (1941) H. 23, S. 465.

[*6*] Sefranch, M. P.: (1948) 12. Gießereikongreß.

[*7*] Hurst, I.: Foundry Trade J. 74 (1944) Okt., S. 95.

[*8*] Der Chemie-Ingenieur, Leipzig 1935, S. 99.

[*9*] Whitley, J.: DRP. 13163, 1880.

[10] Stahl u. Eisen: 5 (1885) S. 387.
[11] Briede, O.: DRP. 242307, 1910.
[12] Foundry: 54 (1926) 15. Dez.
[13] Moore, W. D.: US. Patent 1471052, 1923.
[14] Nealey, J. B.: Iron Age 1935, Mai.
[15] Österreich Patent Nr. 178169; Gas u. Wasserf. 1933, H. 6.
[16] Pardun, C.: Gußeiserne Druckrohre, Essen: Giradet 1950.
[17] Tresca, M.: Engineering, 124 (1927) S. 57.
[18] Whitley, J.: Engineering 124 (1927) S. 57.
[19] Webb, F. W.: J. Iron Steel Inst. 1882.
[20] Huth, P.: DRP. 78532; Huth, P.: Stahl u. Eisen 15 (1895) S. 285; Stahl u. Eisen 17 (1897) S. 572.
[21] Leniki, E.: VDI 42 (1898) S. 719.
[22] Walz, G.: Stahl u. Eisen 37 (1917) S. 965.
[23] Davies: Trans. Amer. Foundrym. Assoc. 35 (1927) S. 163.
[24] McComway u. Torley Co.: Iron Age 11 (1923) S. 337.
[25] Cammen: Iron Trade Rev. 70 (1922) S. 1188; Iron Age 109 (1922) S. 405; Iron Trade Rev. 86 (1930) S. 58; Mech. Engineering 44 (1920) S. 500; Iron Age 110 (1922) S. 1994; Iron Age 113 (1924) S. 1857; Trans. Amer. Foundrym. Assoc. 11 (1927) S. 915.
[26] Mashine Steel Castings Co.; Steel 92 (1933) S. 11.
[27] Vereinigte Stahlwerke: DRP. 531174, 1930.
[28] Dickson, T. C.: Trans. Amer. Soc. Test. Materials II 18 (1930) S. 212.
[29] Hurst, J.: Trans. Amer. Foundrym. Assoc. 35 (1927) S. 163.
[30] Samuels, M. L., u. A. E. Schuh: Foundry 79 (1951) Nr. 8.
[31] Miske, J. C.: Foundry 88 (1960) Nr. 8, S. 52.
[32] Simon, K., u. W. Rädeker: Stahl u. Eisen 68 (1948) S. 419.
[33] Ford: Foundry 66 (1938) Nr. 10, S. 30; Foundry 67 (1939) Nr. 7, S. 23.
[34] Paine: Vortrag 1929, USA.
[35] Lückerath, W.: Stahl u. Eisen 70 (1950) S. 209.
[36] — Trans. Amer. Foundrym. Assoc. 34 (1926) S. 163.
[37] Der Ate-Ring (1935) Augs. Nr. 8, S. 161; N. Autms.-Techn. 7 (1931) H. 4.
[38] Putschinski, J.: Foundry 78 (1950) Februar.
[39] Brügger, F.: DBP. Nr. 846773.
[40] Meyer, M.: DBP. Nr. 730720.
[41] Brügger, F.: DBP. A. Nr. T 7664/I.
[42] Jungbluth, H.: Anz. f. Maschinenw. (1941) Nr. 45, S. 5.
[44] Lazare-Quincy: Rev. de metallurg. 31 (1934) S. 68.
[45] Brügger, F.: DBP. A. T. 4978/VI.
[46] Alfred Teves KG, Frankf./M.: DRP. 629687, 1933 und DRP. 639857, 1935.
[47] Geisler, W. H.: Die Gießerei 22 (1935) Nr. 19; Iron Age 1932, Febr.
[48] Samuels, M. L., u. A. E. Schuh: Foundry, Cleveland 79 (1951) Nr. 7, S. 79 u. 218.
[49] Cooper, H. J.: Iron Age 1949, S. 56.
[50] Schmidt, G. F.: Neue Gießerei 33/35 (1948) S. 101.
[51] Suyk: DBP. Nr. 823183; Holl. Patent Nr. 74336, 1952.

Verbund von Stahl, Metallen bzw. deren Legierungen mit Fe-C-Guß[1]

Von **F. Roll**, Duisburg

Mit 33 Abbildungen

Das Verbinden von Fe-C-Gußlegierungen mit Stahl und den vielseitigen Legierungen des Al, Mg, Cu, der Weißmetalle u. a. ist aus technischen und wirtschaftlichen Erwägungen heraus überaus interessant. Beispielsweise können Eigenschaften wie der Verschleiß, das Laufverhalten in Gleitlagern oder die Korrosion sowie das Wärmeleitvermögen bei geeigneter Anwendung der Verbundverfahren wesentlich verbessert werden. In vielen Fällen werden durch diese Verbundgußverfahren hochwertige Metalle oder Metall-Legierungen eingespart. Beim Umgießen von Stahl u. a. mit Fe-C-Guß können dazu wesentliche Ersparnisse an Bearbeitungskosten erreicht werden.

Zum Verbundgießen eignen sich als Grundmetalle alle Fe-C-Gußlegierungen. Gußeisen, Hartguß und Stahlguß sind als Grundmetalle bevorzugt. Temperguß als Grundmetall hat noch weniger praktische Anwendung gefunden.

Man kann nach dem heutigen Stand das Verbundgießen etwa wie folgt einteilen:

1. Standgußverfahren, s. unten.
2. Tauchverfahren, s. Bd. II/2, S. 241.
3. Schleudergußverfahren, s. Bd. II/2, S. 242.
4. Druckgußverfahren, s. Bd. II/2, S. 237.

1. *Standgußverfahren: flüssig/fest*

Eingießen von rohrförmigen Körpern; Alfin-Verfahren, Walzenguß (s. Bd. II/1).

a) Das Standgußverfahren umfaßt gewissermaßen als Grenzverfahren das **Eingießen von Rohren und Einlagen.** (Über Kühlkörper u. a. s. Bd. II/1.) Sodann umfaßt es das Umgießen von Zylindern und ähnlichen Körpern. Das Alfin-Verfahren ist für diese Art der Technik bemerkenswert. Das eine Partnermetall ist dabei fest, das andere flüssig. Als Form werden Naßguß- aber auch Trockensand sowie ruhende Kokillen und das Schleuderverfahren eingesetzt.

Umgießen von Stahlrohren mit Gußeisen u. a. Das Umgießen von Stahlrohren mit Gußeisen u. a. Fe-C-Werkstoffen gehört zu den schwierigen gießereitechnischen Arbeiten. Die erste Voraussetzung ist eine für den Verbundguß sich eignende Konstruktion. Zu große Wanddicken von Gußstücken sind wegen des Aufschmelzens der Stahlrohre ungeeignet, zu dünne Wanddicken eignen sich ebensowenig, weil dann ein Verbinden mit dem die Rohre umfließenden Gußeisen nicht oder nur mangelhaft eintritt. Eine Regel, welche diese Grenzfälle ausschließt, ist nicht zu geben, da die Einflüsse von seiten der Temperatur des Gießmetalls und vor allem diejenigen der Strömungsgeschwindigkeit schwer zu durchschauen sind. Die Anschnitt-Technik spielt eine entscheidende Rolle. Ein senkrechtes Aufspülen des Gießmetalls auf die Rohre ist auf jeden Fall zu vermeiden.

---

[1] Mit einem Beitrag „Weitere Anwendung des Verbundgusses" von J. Kohlmeyer.

Auch an die Stahlrohre werden gewisse Forderungen gestellt. Je hochwertiger das Gußstück ist — hier können als Beispiel die Getriebekasten aus GG oder GT genannt werden —, um so sorgfältiger muß die Wahl der Stahlrohre vorgenommen werden. Für solche Verwendungszwecke haben sich folgende Richtlinien bewährt:

1. Die Stahlrohre usw. müssen aus einem beruhigten SM-Stahl hergestellt sein. Dieser Stahl eignet sich wahrscheinlich wegen der geringen Gasgehalte und wegen der größeren Reinheit gut für das Umgießen. Die Zusammensetzung soll in den bekannten Grenzen von DIN 17210 (C10) liegen.

2. Für weniger beanspruchte Rohre kann auch unberuhigter oder leicht beruhigter Stahl verwendet werden. Die Zusammensetzung liegt dann in den hierfür bekannten DIN-Grenzen.

Besteht die Notwendigkeit des Zusammenschweißens von zwei oder mehreren Rohren, so sind neue Gefahrenquellen zu erwarten. Auch hier können Richtlinien aufgestellt werden:

a) die Schweiße muß unbedingt dicht und ohne Wurzelfehler sein,
b) eine Oxydation ist zu vermeiden,
c) es sind nur hochwertige Elektroden zu verwenden,
d) zwischen Schweiße und Rohr dürfen keine Hohlräume sein (Luft).

Wesentlich sind noch folgende Maßnahmen:

a) Die Rohre sind einer nicht oxydierenden Glühung im Temperaturbereich von 500° bis 800°, $^1/_2$ bis 1 Stunde (auf Glühhitze) zu unterwerfen. Damit wird der größte Teil der störenden Gase aus dem Rohrwerk und eventuell auch aus der Schweiße entfernt (Wasserstoff).

b) Ein sich eventuell bildender Zunder ist sorgfältigst mittels Sandstrahlen zu entfernen. Oxyde sind beim Umgießen gefährlich, weil sie ebenso Gase frei machen.

c) Selten werden die Rohre feuerverzinnt; eine Verzinnung hat sich z. B. bei Kurbelwellenröhrchen günstig erwiesen. Auch eine Verkupferung hat in solchen Fällen Erfolg gebracht.

Im allgemeinen werden Rohre ohne Überzüge verwendet, da das Anschweißen des Gießmetalls an das Rohr erwünscht ist. Es gibt aber auch Fälle, bei denen man z. B. dickwandige Rohre mit FeSi-45-Pulver (ausgeglüht) anstreicht. Das Bindemittel ist meist Dextrin oder andere organische Stoffe, die auf Kunstharzbasis beruhen. Auch Teere und Bitumina hat man dazu herangezogen. Mit solchen Überzügen, zu denen auch Ni-Pulver gehört, sind zu harte Abschreckungen geringer Gußwandungen abzufangen. Das Erwärmen der Rohre auf bis 400 °C hat sich im allgemeinen nicht eingebürgert, da das Hantieren mit solchen Rohren schwierig und der Erfolg wegen der unbestimmten Zeit bis zum Gießen unsicher ist. Zu erwähnen ist noch, daß man auch versucht hat, die Rohre mit Graphitpulver einzutreiben bzw. zu bestreichen.

Das Einlegen in Trockenformen bringt im allgemeinen keine Kondenswasserbildung auf den Rohren. Bei Naßformen jedoch kann ein Beschlagen bei Temperaturunterschieden oder -wechseln leicht eintreten. Kondenswasser ist besonders bei dünnwandigem Guß gefährlich. Es ist schon betont worden, daß ein Anspülen der Rohre durch das Gießmetall vermieden werden muß. Mehrmaliges Anschneiden ist ratsam. Langes Vorbeiströmen des Gießmetalls an den Rohren ist unter allen Umständen zu vermeiden. Die Gießtemperatur muß so tief als technisch noch möglich ist, gehalten werden.

Eine Temperaturkontrolle ist unerläßlich.

Die Rohre selbst werden entweder a) mit trockenen Quarzsand oder Stahlschrot gefüllt oder b) während des Gießens mit Preßluft durchspült. Mit dem Verfahren nach b) hat man die besten Erfolge erzielt.

Die Anwendung des Eingießens von Rohren usw. ist zwar nicht häufig aber konstruktiv interessant. In der Tab. 1 sind einige Anwendungsgebiete zusammengefaßt.

Tabelle 1. *Anwendung des Eingießens von Rohren*

	Verwendung (Beispiele)	Agenz	Zweck
Chemieguß	Kessel, Autoklaven u. a.: Gewicht bis 10 t Mischapparate: Frederking, Gewicht 5 t (Abb. 1 u. 2) Rührarme: für Schwefelkiesröstung bis 300 kg; 8 bis 9 mm Rohr; Gußwand über den Rohren 20—25 mm	Dampf Dampf Wasser	Erhitzung Erhitzung Kühlung
Kesselbau	Economiser Rohre bis 3 m Länge, z. B. Rohrwanddicke 5 mm, Gußwanddicke 9—10 mm (Abb. 3)	Dampf	—
Getriebebau	Ein- oder Mehretagen-Rohrsystem	Öl Wasser	Schmierung Kühlung
Ofenbau	SM-Ofen-Seitenplatten, z. B. 3 × 4 m bei bis 300 mm Wanddicke 2—3 Rohr-Etagen	Wasser	Kühlung
Fahrzeugbau	z. B. Kurbelwellen (Abb. 4) mit guter dynamischer Haltbarkeit, Bremsklötze z. a.	Öl —	Schmierung Festigkeit
Werkzeugmaschinenbau	verschiedene Gußteile	Öl	Schmierung

Abb. 1. Stahlspirale für einen Frederking-Apparat (Eberhard Hoesch und Söhne, Düren, Rhld.)

Zu den interessanten Arbeiten gehört auch das Eingießen von Stahleinlagen in Form von Ringen, Nuten, Verschleißrippen, Ventilen und -Sitzen u. a. in GG, GT, GS eventuell auch GH. Durch geeignet gewählte verschleißfeste und korrosionssichere sowie auf andere Eigenschaften abgestimmte Stahlkörper erweitert sich das Gebiet des Verbund-Standguß-Verfahrens. (Zahnkränze, Speichen von Radnaben, Stahleinlagen von Zylindern u. a.)

Stahlringeinlagen in GG-Zylindern müssen hohen Anforderungen genügen. Bei Verbundguß (ev. auch Schleuderguß) wird meist St 37,11 oder besser noch 34,12, dessen Schmelz-Schweißbarkeit günstiger liegt, gewählt. Stähle dieser Art haben beispielsweise nachfolgende Typenanalyse: 0,14 bis 0,24% C; 0,3 bis 0,6% Mn; bis 0,04% P, bis 0,04% S; man wählt St-Sorten mit wenig Oxydeinlagerungen und Seigerungserscheinungen. Unberuhigter Stahl ist wenig geeignet. Auch hier ist die Oberflächengüte der Stahleinlage wesentlich. Die Eingießtechnik ist so vorzusehen, daß die Einlagen gut und schnell vom Gießmetall umgeben werden. Auch auf die Gießtemperatur ist zu achten. Niedrige Temperaturen sind ungünstig und lassen Blasenbildung erwarten. Mechanisch vorgearbeitete Rillen (Schwalbenschwanzausführungen) und Bohrungen verbessern den Halt zwischen Gießmetall und Einlage. Die Oberfläche dieser Einlagen wird entweder metallisch blank vorgearbeitet, eine Verzinnung ev. Verkupferung wird seltener angewendet. Das Beizen der Stahleinlagen ist nicht erwünscht (H_2). Wenn es durchgeführt wird, ist auch hier ein Ausglühen bei geringen Temperaturen notwendig. Manche Praktiker schlagen das Vorbehandeln mit Glanzruß vor.

Eine andere Art des Standgußverfahrens ist das Vergießen von zwei flüssigen Gießmetallen z. B. bei der Herstellung von Ambossen[1] u. a. Gußteilen. Dabei wird z. B. bei

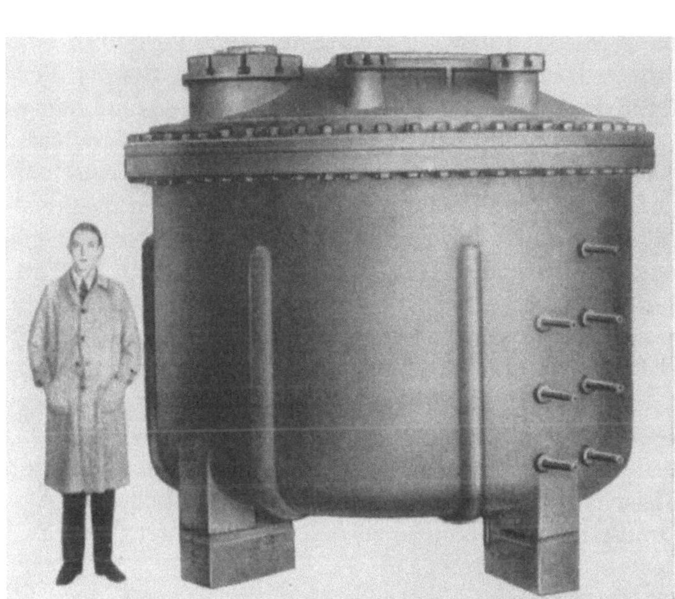

Abb. 2. Frederking-Apparat mit eingegossener Stahlspirale (Eberhard Hoesch und Söhne, Düren, Rhld.)

Abb. 3. Ecconomiser-Rohre (GGL) mit eingegossenem Stahlrohr; rechts aufgeschnitten

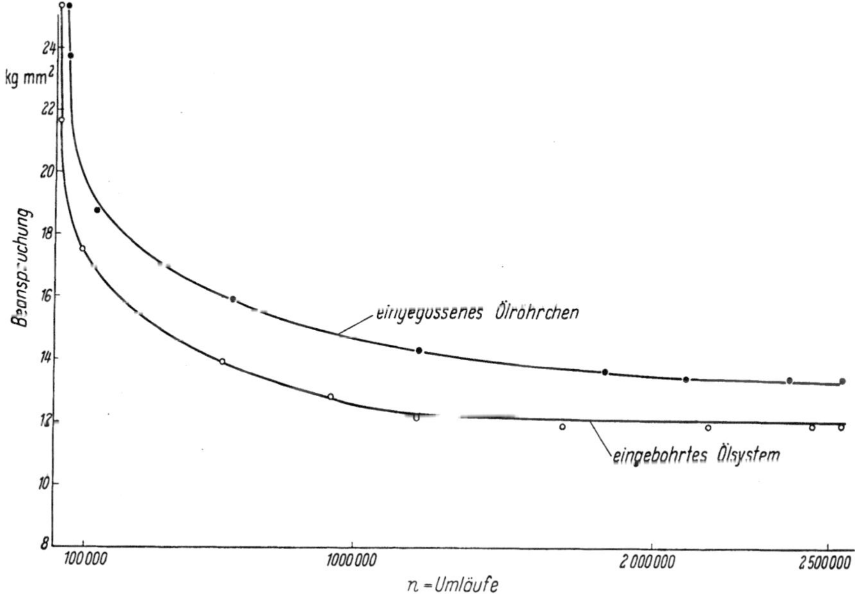

Abb. 4. Biege-Umlauf-Versuch an hohlgegossenen Kurbelwellen aus GTS. Die Überlegenheit der eingegossenen Ölröhrchen ist deutlich sichtbar (F. Roll u. W. Eger)

[1] Gießerei 39 (1952) S. 69.

Ambossen die Arbeitsfläche und das Horn aus einem verschleißfesten und druckfesten Werkstoff mit einem weicheren billigeren Werkstoff z. B. GG flüssig nach Abb. 5 zusammengegossen. Rasches, jedoch wirbelfreies Gießen sichert einen guten Verbund.

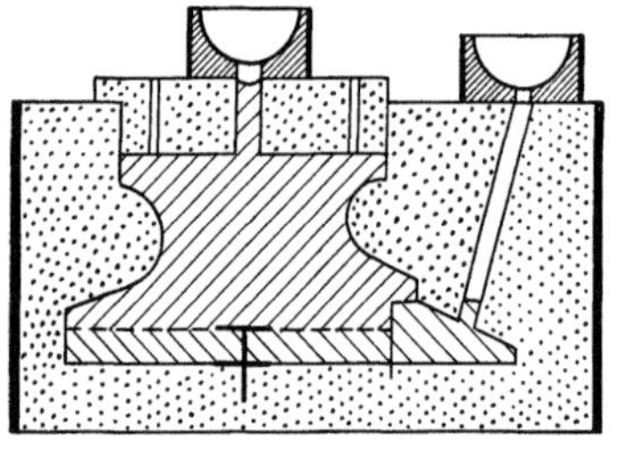

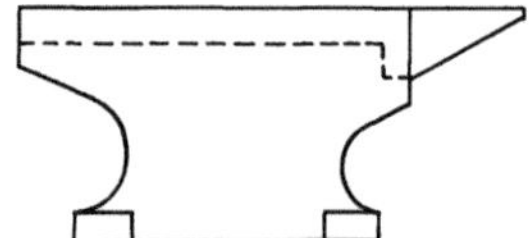

Abb. 5. Amboß, dessen Arbeitsfläche und Horn aus verschleißfestem harten aufgegossenem Werkstoff bestehen

b) Al-Fin-Verfahren. Während im allgemeinen das zu umgießende Metall bzw. dessen Legierung an der Verbindungsstelle nicht besonders vorbehandelt wird — ausgenommen Strahlen usw. — wird beim Alfin-Verfahren eine besondere Technik durchgeführt. Es ist ein Sonder-Verbundgußverfahren zur Herstellung von Fe-C-Guß einerseits und Aluminium bzw. dessen Legierungen andererseits.

Schon im Jahre 1936 sind verbindende Zwischenschichten aus Zinn und Zinn-Aluminium-Legierungsüberzügen durch den Verfasser (DRP.) zur Anwendung gekommen. Mittels des Alfin-Verfahrens ist jedoch erst um 1942 in USA diese Art von Verbundguß zur technischen Reife entwickelt worden (Al = Aluminium; Fin = fin [englisch] Rippe). Unter den Fe-C-Gußlegierungen sind besonders jene interessant, deren Ausdehnungswerte nahe derjenigen der Al-Legierungen liegen (Niresist u. a. siehe dort).

Beim Tauchen eines Fe-C-Gußstückes in einer Aluminium-Schmelze (Abb. 6) bildet sich an der Grenzfläche zwischen Eisen und Aluminium eine intermetallische Fe_x-Al_y-Schicht. Diese Schicht bildet beim und nach dem Umgießen den allmählichen Übergang vom Fe-C-Gußstück zum Al- bzw dessen Legierungen (Abb. 7).

Abb. 6. Tauchen eines Fe-C-Gußstückes (Zylinder) in Al (The Alfin Press, Metallgesellschaft AG, Frankfurt am Main)

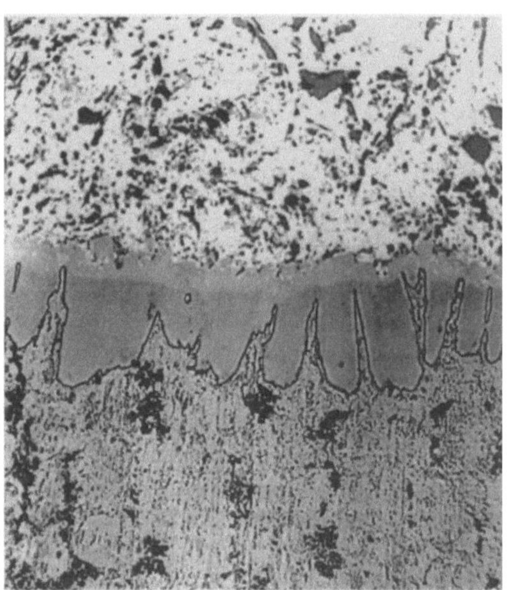

Abb. 7. Schliffbild einer Al-Fin-Verbundgußprobe (Metallgesellschaft, Frankfurt/M.), *oben:* Aluminium, *unten:* Eisen, *in der Mitte:* die Bindungsschicht

In einer Arbeit von Gürtler und Sagel [*12*] wurde festgestellt, daß die günstigste Tauch-Badtemperatur zwischen 600 bis 700 °C liegt. Dabei bildet sich die Kristallart Al_5Fe_2 (η-Phase).

Zinkgehalte über 9% im Tauchbad sollen vermieden werden. G-Al-Si-Legierungen zeigten für eine Verbindung mit Gußeisen besonders günstige Wachstumsschichten.

Die Übergangsschicht kann nach dem Grundmaterial variiert werden. Nach dem Eintauchen in das Aluminiumbad müssen die Gußstücke sofort in die Gießform — meist Kokillen — oder Croning-Masken eingesetzt und mit Al usw. umgossen werden. Auch mit Hilfe des Druckgußverfahrens kann ein Verbund z. B. mit G-Al-Si, G-Al-Si-Mg oder den Typen G-Al-Si-Cu, G-Al-Mg und G-Al-Cu-Si u. a. vorgenommen werden. Die Sand- und Trockenformen werden seltener angewendet. Das Schleudergußverfahren kann unter bestimmten Bedingungen ebenfalls angewendet werden.

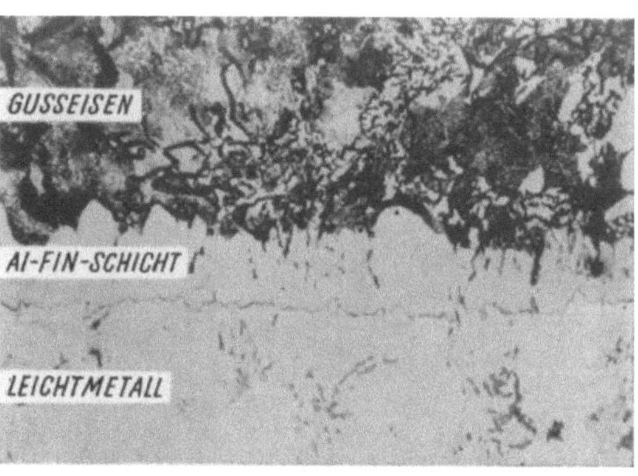

× 500
Abb. 8. Schliffbild einer Al-Fin-Verbindung (nach BERTRAM)

Es ist überraschend, daß die Bindungsschicht bei Raum- und erhöhter Betriebstemperatur so günstige physikalische Eigenschaften nachweisen läßt. Dabei ist zu bedenken, daß die Wärmeausdehnungswerte der angegossenen Werkstoffe unter Umständen erhebliche Differenzen aufweisen können. Der Widerstand gegen Aufreißen bei senkrecht zur Schicht ansetzender Beanspruchung liegt zwischen 6 bis 12 kg/mm². Bei Widerstand gegen eine Beanspruchung, die in Richtung der Bindungsschicht angesetzt wird, konnten Scherkräfte von 5 bis 7 kg mm² ermittelt werden. Die Gefahr der Spannungen, die sich durch eine Erwärmung ergeben, ist durch die Eigenart der Bindungsschicht abzufangen. Die Wechselfestigkeit liegt nahe den Werten der statistischen Scherfestigkeit.

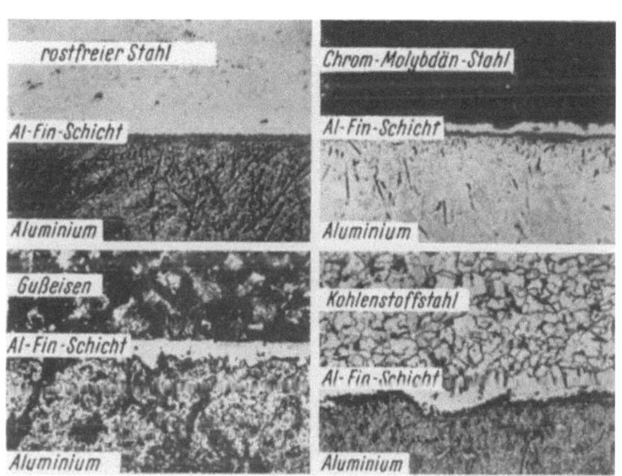

× 250
Abb. 9. Schliffbilder verschiedener Al-Fin-Verbindungen (nach BERTRAM)

Durch eine solch intensive metallische Bindung ist ein sehr guter Wärmeübergang gesichert. Es wird mitgeteilt, daß die Bindungsschicht gegen Öldruck bis zu 100 atm dicht ist. Selbst zweiatomige Gase — auch unter höchsten Drücken — werden von der Übergangsschicht zurückgehalten.

Die Anwendung umfaßt:

1. Gußstücke, die durch intensiven Wärmeaustausch gekennzeichnet sind,

also luftgekühlte Rippenzylinder, Zylinderköpfe, Auspuffkühler u. a. Bekannt ist der 4, 6 und 8-Zylinder für den Boxermotor. Wie gut die Bindung zwischen dem Fe-C-Guß einerseits und der angegossenen Al-Legierung andererseits ist, läßt sich auch aus den Schliffbildern (s. Abb. 8, 9 u. 10) für verschiedene Werkstoffe entnehmen.

Nach den Untersuchungen von GÜRTLER und THIELE [*1*], THIELE [*2*], BERTRAM [*3*] und weiterem Schrifttum [*4* u. a.] ist ein beachtlicher Vorteil bei der Anwendung des Verfahrens nachweisbar. Bei Al-Fin-Zylindern ist infolge einer erhöhten Wärmeleitfähigkeit (Tab. 2), eine wesentlich verbesserte Wärmeübergangsleistung zu erkennen (Abb. 11).

Da sich die Al-Fin-Schicht nicht lockert, ist kein Wärmestau zu erwarten. Daraus ergibt sich zwangsläufig ein geringerer Verschleiß von Zylinderbüchsen. THIELE [2] weist auf die vielseitige Anwendung dieses Verbundgusses hin.

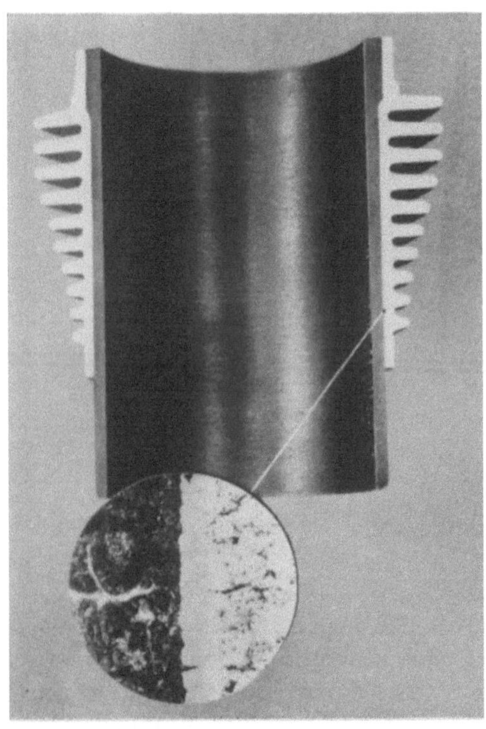

Abb. 10. Al-Fin-Zylinder für Personenwagenmotor, 1100 cm³; Bohrung 75 mm Dmr. (nach BERTRAM)

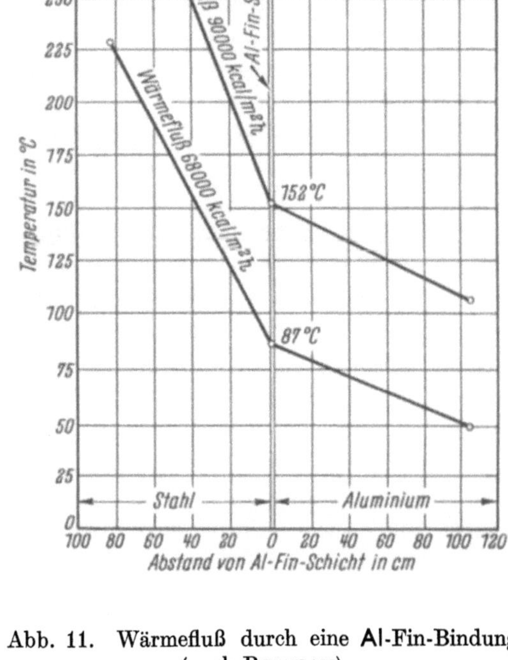

Abb. 11. Wärmefluß durch eine Al-Fin-Bindung (nach BERTRAM)

2. *Leichtmetallgußteile* mit erhöhter Festigkeit. Hier sind Leichtmetallgußteile zu nennen, die in Fe-C-Gußteile eingegossen sind. Anwendungsbeispiele sind von der Metallgesellschaft bekanntgegeben worden: Verbrennungsmotorteile, Getriebe, Elektromotorgehäuse, Lagersitzringe, Kupplungs- und Steuerteile, Rohrverbinder, Mundstücke für Brennstoffzuleitungen für Flugzeuge, Nabenkörper für Zahnräder u. a., Ringe und Ringträger für Labyrinthdichtungen und Leichtmetallkolben. Besonders für Ringträgerkolben (Hochleistungs- und Dieselmotoren) ist das Verfahren nutzbar gemacht worden. So sind in den USA in den letzten 7 Jahren über 1 Million Ringträgerkolben (Abb. 12) eingebaut worden.

Tabelle 2. *Vergleich der Wärmeleitfähigkeit verschiedener Metalle und Legierungen* (nach BERTRAM)

Werkstoff	Relative Wärmeleitfähigkeit bei 100 °C (Silber = 1,00)	Wärmeleitfähigkeit, bezogen auf die Gewichtseinheit (Silber = 1,00)
Silber	1,00	1,00
Kupfer	0,90	1,06
Stahl	0,11	0,14
Gußeisen	0,05	0,06
Aluminium	0,54	2,09
Y-Legierung	0,40	1,54

3. *Verbesserung der Gleitfähigkeit* (Lager). Lager aus St, GS, GG oder GT können Lagerdrücke bis 5 kg/cm² aufnehmen. (Halblagerschalen, Büchsen, Axiallager u. a.)

4. *Bremstrommeln und Scheibenbremsen.* Entscheidend für das bewegte Fahrzeug ist die Sicherheit der Bremsleistung. Dabei wird die kinetische Energie in Bremswärme umgesetzt und abgeleitet. Damit steht die gute Ableitung der entstehenden Wärme durch entsprechende Leitfähigkeit des Trommelwerkstoffes an die Außenluft an erster Stelle. Beim Bremsvorgang ist aber die Stabilität der Trommel von großer Wichtigkeit (Oval-

und Maul-Effekt). Die Bremstrommel als *Wärmeaustauscher* hat sich deswegen in einer geeigneten Konstruktion als Verbundguß immer mehr in den Vordergrund gedrängt. So haben nach BERTRAM GG-Bremstrommeln nach 6 Minuten bei einer Anfangsmitteltemperatur von 425° noch 180 °C, diejenigen nach dem Verbund-Al-Fin-Verfahren jedoch nur noch etwa 100 °C ermitteln lassen (Abb. 13).

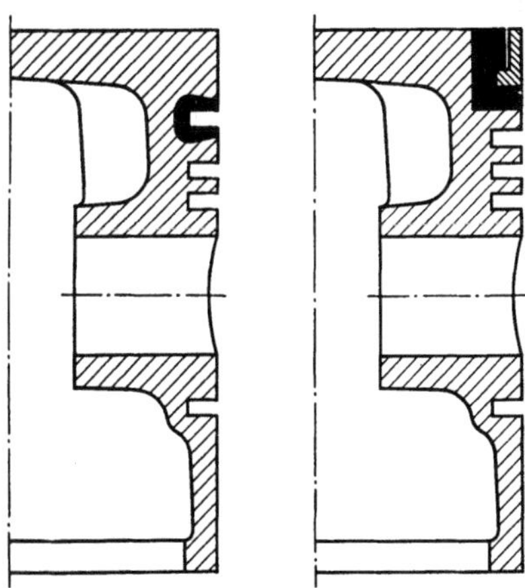

Abb. 12. Zwei Ausführungsformen für Ringträger bei Dieselmotorkolben (nach BERTRAM)

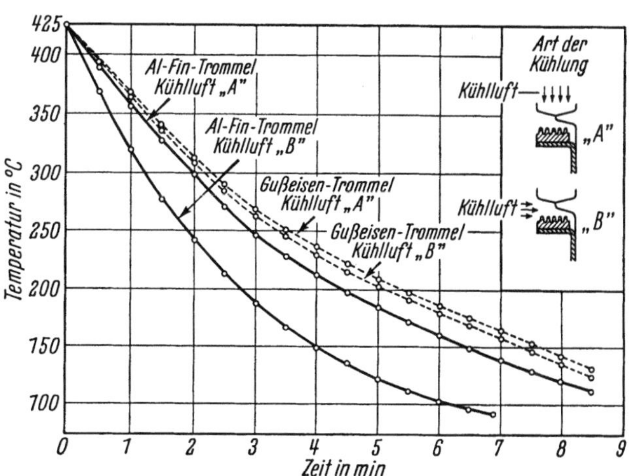

Abb. 13. Abkühlungskurven für Gußeisen- und Al-Fin-Bremstrommeln bei verschiedener Kühlluftzufuhr

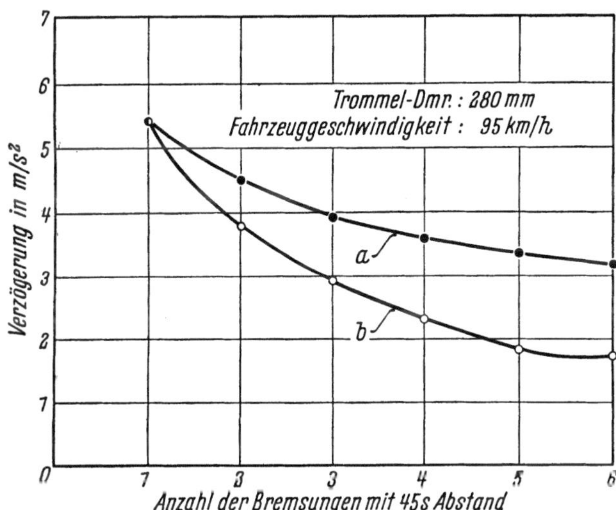

Abb. 14. Vergleich der Verzögerungswirkung einer Al-Fin- (*a*) und einer Gußeisentrommel (*b*) bei mehreren schnell aufeinanderfolgenden Bremsungen

Auch der Vergleich der Verzögerungswirkung ist interessant (Abb. 14). Konstruktiv unterscheidet man zwei Entwicklungsrichtungen für die Bremstrommel. Die Fairchild-(USA)Trommel (Abb. 15) und die englische Wellworthy-Trommel (Abb. 16) sind dafür typisch. Der Bremskörper besteht aus GG oder GT, an dem die Al-Legierung angegossen wird. Die Gewichtsersparnis liegt um 30 bis 40%. Infolge der aus fahrtechnischen Gründen erfolgten Verkleinerung der Felgen sind Al-Fin Trommeln, die mittels Luft noch sorgfältig gekühlt werden, gebaut worden. Kombinationen von Stahlblech, Gußeisen (evtl. Temperguß) und Leichtmetall sind ein weiterer Schritt auf der Suche nach hoher Bremswirkung. In Abb. 17 ist eine Mercedes-Bremstrommel für Sportwagen dargestellt worden.

Der nächste wesentliche und wahrscheinlich entscheidende Schritt ist jedoch erst mit der Scheibenbremse gewagt worden. Auch hier hat sich das Al-Fin-Verfahren, also z. B. GG mit einer Al-Legierung bei Schienenfahrzeugen und Lastwagen bewährt (Abb. 18). Für diese Art der Konstruktion ist auch die höhere Lebensdauer der Bremsbeläge zu benennen.

5. Kolben. Das Al-Fin-Verfahren findet auch im Kolbenbau eine umfassende Anwendung. So werden Dieselmotorkolben mit Eingußteilen aus St und GG versehen. Zwei

Ausführungen sind in Abb. 12 zu sehen. Ringträger aus Niresist oder Duleman — also Werkstoffen mit Ausdehnungswerten, die dem Al nahestehen — werden mit Erfolg verwendet. Die Haftfähigkeit ist sehr gut (mehrere 100000 km).

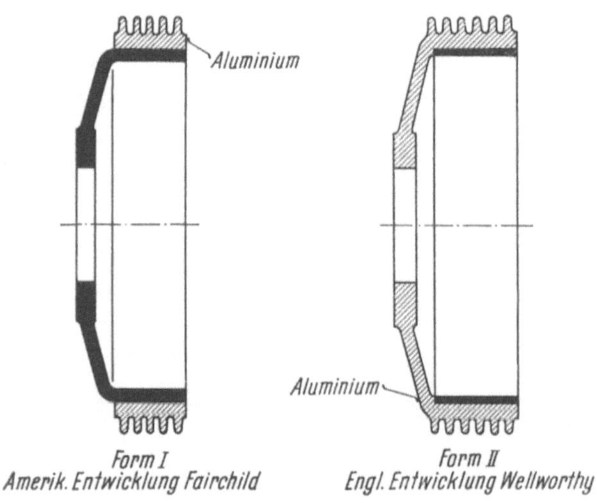

Abb. 15. Al-Fin-Bremstrommelausführungen

Auch für die hochbeanspruchten Kolbenböden ist das Verbundgußverfahren dieser Art beosnders geeignet.

6. *Rohrsysteme.* Eingangs ist auf das Umgießen oder Eingießen von GG usw. mit Stahl u. a. Metallen verwiesen worden. Dabei ist die Übergangsschicht der beiden Partnermetalle nicht immer im Wärmeübergang, in der Dichte u. a. befriedigend. Das Al-Fin-Verfahren hat auch hier einen neuen Ausweg gezeigt, wenn das eine der Partnermetalle aus Al bzw. dessen Legierungen besteht. So lassen sich komplizierte Kühlschlangensysteme für verschiedene Anwendungsgebiete herstellen.

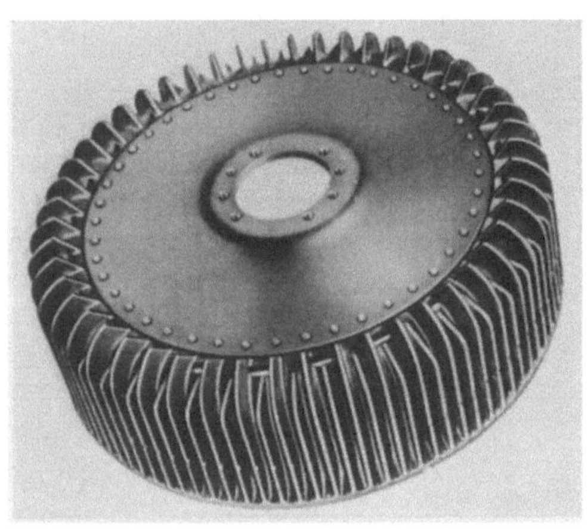

Abb. 16. Al-Fin-Bremstrommel mit Radialrippen und eingenieteter Rückwand

Abb. 17. Al-Fin-Bremstrommel eines Sportwagens (Metallgesellschaft AG, Frankfurt/M.)

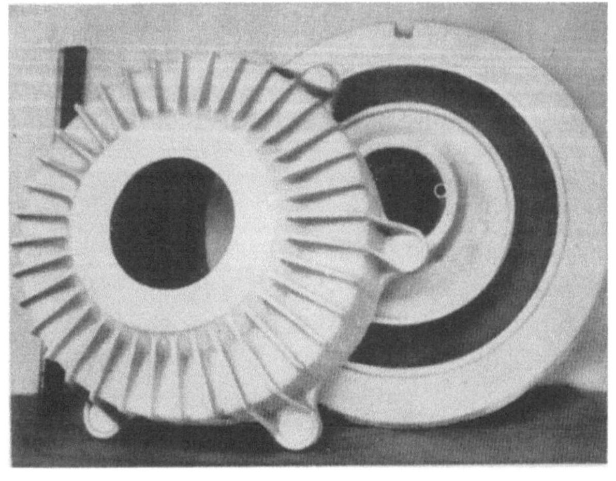

Abb. 18. Al-Fin-Scheibenbremse für Lastwagen (nach Thiele[1])

[1] Thiele, W.: Über das Al-Fin-Verfahren, Metallgesellschaft AG, Frankfurt/M. Sonderdruck aus „Technische Mitteilungen“ 49 (August 1956) H. 8, S. 381/384.

Bertram berichtet auch von Erfahrungen mit Brennerköpfen, die in der Raketentechnik Verwendung finden. Das Anwendungsgebiet erweitert sich für eine Reihe komplizierter und hoch beanspruchter Gußstücke in der Radar-, der Elektronentechnik sowie im Flugzeugbau.

7. *Verdichterschaufeln u. a.* Die Verbindung von Fe-C-Gußlegierungen mit Leichtmetall wird sodann noch mehr erweitert durch den Einbau von Gußstücken dieser Kombination für Düsen und Schubtriebwerke. Verdichterschaufeln u. a.

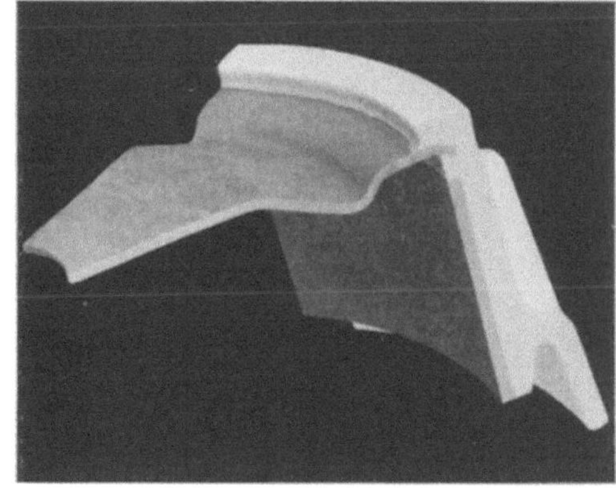

Abb. 19. Al-Fin-Bremstrommel mit Gußeisenring und normal gegossener Stahlscheibe als Rückenfläche der Trommel

8. *Leichtmetallkombinationen* mit GG, Sonderguß, GS, GT für den allgem. Maschinenbau wie Naben, Ölfiltergehäuse, eingegossene Rohrsysteme, haben sich ebenso gut bewährt.

9. *Haushaltgeräte* wie Bügelsohlen, rostfreie Kochgeräte u. a. mit diesem Verbundgußverfahren sind billiger, leichter und auch formschön.

2. *Verbunddruckgußverfahren*

Die Anwendung von Rillen, Schwalbenschwänzen und anderen Arten von mechanischen Verankerungen zur besseren Verbindung von zwei Metallen, von denen das eine in fester Form mit einem zweiten flüssigen umgeben wird, ist bekannt und vielseitig praktisch ausprobiert worden.

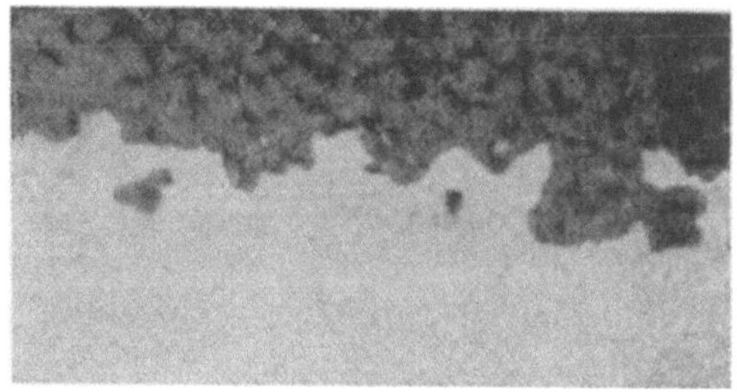

Abb. 20. Querschnitt durch den Verbund; oben GG, unten Al-Legierung (obere Hälfte)

Die Art aber, das mit flüssigem Metall zu umgießende Gußstück besonders aufzurauhen, ist erst durch die Doehler Ivis Div., Doledo, Ohio (USA) bekannt geworden. Hier ist ein Verfahren BMI[1] entwickelt worden, das erlaubt, GG mit Al ohne vorherige Bearbeitung und ohne Flußmittel oder andere Belastungen wie Zwischenschichten usw. durch das Druckgießen zu verbinden. Die dabei verwendeten Gußeisen-Schleudergußbüchsen werden mittels Strahlen oder auch Salzbadbehandlung so weit aufgerauht, daß sie einen guten mechanischen Verband erlauben. Das Al oder dessen Legierungen werden bei Temperaturen um 650 °C und einem Druck von 750 kg/cm² in diese so vorbehandelte aufgerauhte Gußeisenoberfläche eingepreßt (Abb. 20). Die mechanische Bindung (Abb. 21) genügt, um die Haltbarkeit zu sichern. Dieses BMI-Verfahren hat mehrere Vorteile: Zunächst ist nur eine geringe oberflächliche Vorbehandlung notwendig. Die metallisch reinen Oberflächenrauhigkeiten

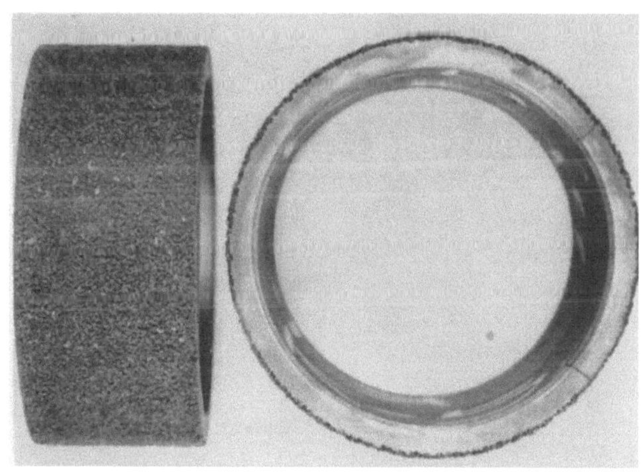

Abb. 21. Aufrauhung des GG-Körpers

[1] Steel 145 (159) S. 22, Nr. 48 (B.M.I. = Bi-Metallic, Interlock Bond).

geben eine gute mechanische Verbindung, die hoch beanspruchbar ist. So ist z. B. erkannt worden, daß Scher- und Zugbeanspruchungen recht günstig sind. Durch größere Variation der Oberflächenrauhigkeit kann das Maß der Beanspruchung wesentlich gesteigert werden. Kaltpreßpassungen von GG und Al-Legierungen liegen in der mechanischen Beanspruchung noch mindestens um 10% tiefer als das BMI-Verfahren.

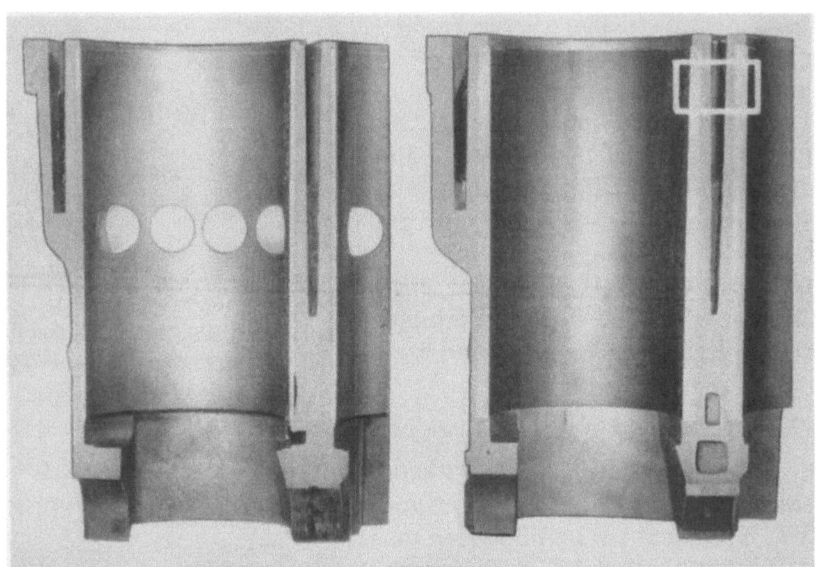

Abb. 22. Zylinder nach dem BMI-Verfahren im Schnitt

Dafür ergibt sich sogar eine recht gute Temperaturwechselbeständigkeit, sofern die Temperaturunterschiede nicht groß werden. Dementsprechend ist auch der Wärmeübergang vom Grundmetall zum aufgepreßten Metall nicht oder nur wenig gestört.

Das Verfahren hat sich bei Aluminium-Motorblöcken mit GG (unlegiert als auch legiert), Zylinderlaufbüchsen, Bremstrommeln, Bremsbelägen und Bremsbacken, Kühlrippenkonstruktionen u. a. gut bewährt (Abb. 22).

Literatur

[1] Gürtler. G., u. W. Thiele: M.T.Z. 14 (1953) S. 1. — [2] Thiele, W.: Techn. Mitt. 49 (1956) S. 381. — [3] Bertram, E.: Gießerei 44 (1957) S. 593. — [4] Little, M. V.: Machinery, London 1950, S. 173. — [5] Little, M. V.: The Pegasus, März 1949, S. 14. — [6] Stevens, Ch. E.: SAE-Bericht 1949. — [7] Ladd, G. T., u. S. B. Dews: SAE-Bericht 1953. — [8] Hoeppner, B.: Motor Trend (1953) S. 76. — [9] Müller, G.:Umschau 55 (1955) S. 577. — [10] Thiele, W.: Techn. Mitt. (1956) Nr. 8, S. 381. — [11] Berndorfer, H.: Linde-Berichte (1958) Nr. 3, S. 110. — [12] Gürtler, G., u. K. Sagel: Z. Metallkde. 46 (1955) S. 738.

Weitere Anwendung des Verbundgusses

Von **J. Kohlmeyer**, Braunschweig

Etwa das Jahr 1850 kann als das Geburtsjahr des Verbundgusses angesehen werden. Gußbronzen wurden als Lagerwerkstoffe bereits im 18. Jahrhundert eingesetzt. Bei den geringen Lagerbelastungen und Gleitgeschwindigkeiten waren sie entsprechend dem damaligen Stand der Technik die bevorzugten Lagermetalle. Die Nachteile der Gußbronzen — mangelnde Plastizität, geringe Einlauffähigkeit und nicht vorhandene Einbettfähigkeit für Fremdkörper — führten zum Einsatz von Weißmetallen auf Blei- oder Zinnbasis; vor allem in Verbindung mit Stützschalen höherer Festigkeit aus Bronze, Rotguß, Stahl oder Gußeisen. Diese Weißmetallverbundlager beherrschten beinahe ein Jahrhundert lang das Gebiet des Maschinen- und Motorenbaues.

Bei niedrigen Belastungen genügt eine rein mechanische Verklammerung von Stützschale und Lagerausguß, beispielsweise durch Verklammerungsnuten in Schwalbenschwanzform. Bei höherer mechanischer oder thermischer Beanspruchung oder Hinzutreten von dynamischen Belastungen reicht die mechanische Verklammerung nicht mehr aus und an ihre Stelle tritt der Diffusionsverbund von Gleitmetall am Stützkörper. Bei niedrig schmelzenden Lagermetallen auf Blei- oder Zinnbasis übernehmen dabei Zinnlote die Bildung der Diffusionszone. Die Bildung dieser Zone ist zeit- und temperaturabhängig und richtet sich nach dem Werkstoff des Stützkörpers und dem Ausgußmaterial. Einwandfreie Bindung setzt die vollkommene Säuberung der Stützkörper von Oxydresten und das Verhindern einer stärkeren Oxydation der Zinnlotschicht vor dem Aufgießen des Lagermetalles voraus. Die Säuberung der Stützkörper erfolgt zweckmäßig durch Abstrahlen der Verbundflächen mit Stahlkies kleinen Kornes. Das Einbringen der Verbundwerkstoffe erfolgt im Angußverfahren als Standguß unter Verwendung von eingelegten Blechkernen, oder durch Einschleudern der Weißmetalle in die beispielsweise durch Tauchverzinnung vorbereiteten Stützkörper.

Auf diese Verfahren näher einzugehen erübrigt sich, da sie technisches Allgemeingut geworden sind. Es muß jedoch der Vollständigkeit halber auf das Kolene-Verfahren hingewiesen werden, ein elektrolytisches Salzbadverfahren, das der Entfernung des Graphites aus der Graugußoberfläche dient.

Lagermetalle haften auf verzinnten Stahloberflächen befriedigend, während bei Grauguß der Graphit der Oberflächenzone eine ausreichende Oberflächenbenetzung mit dem Lot bzw. dem Lagermetall verhindert. Eine befriedigende Haftung konnte bei Grauguß lediglich durch Verklammerungsnuten erreicht werden. Nach dem Kolene-Verfahren werden die Graugußteile in eine Salzschmelze von rund 450 °C getaucht und mit einer Stromquelle verbunden. Die an der Oberfläche des Graugusses auftretende Elektrolyse der Salzschmelze führt, je nach der Polarität, zu oxydierenden oder reduzierenden Wirkungen. Wird das Graugußteil als Anode geschaltet, so wird der an der Oberfläche befindliche Graphit zu Kohlendioxyd oxydiert. Nach kurzer kathodischer Schaltung geht das bei dem anodischen Vorgang gebildete Eisenoxyd wieder in metallisches Eisen über. Nach Entfernen des Graphites weist die Oberfläche des behandelten Graugußteiles eine feinporige, rein ferritische Oberfläche auf, die nach den üblichen Verzinnungsverfahren behandelt werden kann. Man erzielt so eine mit Sicherheit gute Bindung des Weißmetallausgusses auf der Graugußstützschale (s. Abb. 23).

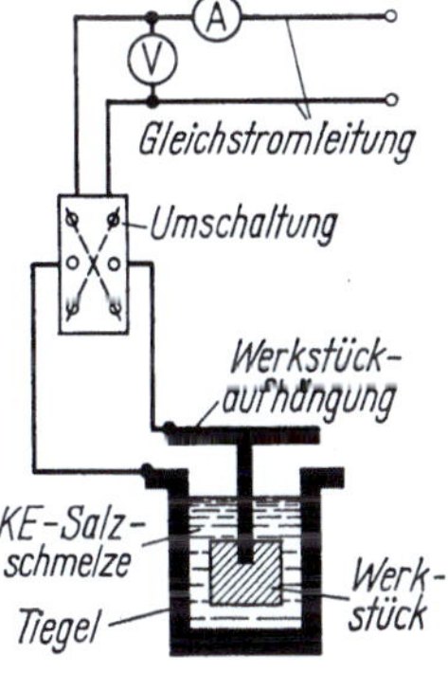

Abb. 23. Schema des elektrolytischen Salzbadverfahrens

Es ist bekannt, daß mit zunehmender Festigkeit und Härte des Lagermetalles die Belastbarkeit desselben steigt. Gerade die Weißmetalle auf Blei- bzw. Zinnbasis aber unterliegen bei steigender Temperatur einem starken Abfall der Härte. Mit steigender Belastung der Lager, vorwiegend bei hohen Wechsellasten in Kolbentriebwerken, reicht daher insbesondere die dynamische Festigkeit der Weißmetalle nicht mehr aus. Daher löste vor etwa 40 Jahren die Bleibronze mit ihren wesentlich höheren Warmhärtewerten im Gebiet der technisch vorkommenden Temperaturen das Weißmetallverbundlager bei höher belasteten Otto- und Dieselmotoren ab. Ein Lagerwerkstoff war gefunden, der durch seinen Gefügeaufbau — im Kupfer in feinster Tropfenform ausgeschiedenes Blei — bei gutem Einlauf und bei guten Notlaufeigenschaften dynamisch wesentlich höher belastbar war als die bisher verwandten Weißmetall-Legierungen (s. Abb. 24).

Die Weiterentwicklung des Motorenbaues mit steigenden Lagerbelastungen und Zapfengeschwindigkeiten führte zur Entwicklung des Bleibronze-Stahl-Verbundlagers, bestehend aus einer Stahlstützschale und einem Kupfer-Blei-Ausguß. Bei diesem Bleibronzeverbundlager ist eine Stützschale oder -Büchse aus nicht härtbarem Flußstahl mit einer Laufschicht aus einer hochbleihaltigen Kupfer-Blei-Legierung durch Verbundguß bei Gewährleistung von Diffusionsbindung ausgekleidet. Dieser Verbundgußkörper vereinigt in sich die guten Gleiteigenschaften der Bleibronze mit den Merkmalen des Stahlgrundkörpers, beispielsweise seiner hohen Festigkeit und Steifigkeit. Durch Versuche und Erfahrungen im Dauerbetrieb ist heute geklärt, daß die Belastbarkeit eines Verbundkörpers um so größer ist, je dünner die Metallauflage ist. Ein wesentlicher Vorteil liegt dabei in der Möglichkeit, mit sehr geringen Laufspielen auszukommen. Beim Verbundlager kommt der niedrige Ausdehnungskoeffizient der Stahlstützschale zur Auswirkung, der in den meisten Fällen auch noch mit dem des Gehäusewerkstoffes übereinstimmt. Als Beispiel sei an dieser Stelle die Spindellagerung von Werkzeugmaschinen für die Feinstbearbeitung erwähnt, die trotz hoher Drehzahlen und damit verbundener Temperatursteigerung mit wesentlich geringeren Lagerspielen als bei der Verwendung von Massivlagern auskommt. Die Anwendungsgebiete für Verbundguß haben in dem letzten Jahrzehnt eine außerordentliche Ausweitung erfahren, wobei neben Bleibronzen und Bleizinnbronzen von vielerlei Zusammensetzung, entsprechend dem jeweiligen Verwendungszweck, auch andere Kupferlegierungen als Verbundmetalle in Betracht kommen. Für Ventilführungen an Dampfturbinen haben sich beispielsweise Stahlverbundbüchsen mit einem dünnen Zinnbronzeausguß gut bewährt. Ein weiteres Anwendungsgebiet sind Spindelmuttern für Heißdampfschieber, die starker mechanischer und thermischer Beanspruchung unterworfen sind. Die Gewinde werden hierbei mit einem Bronzeüberzug versehen (s. Abb. 25—27).

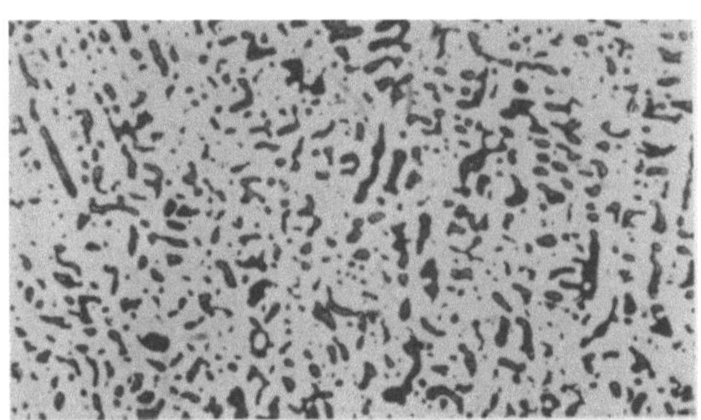

× 100

Abb. 24. Bleibronzegefügeaufbau

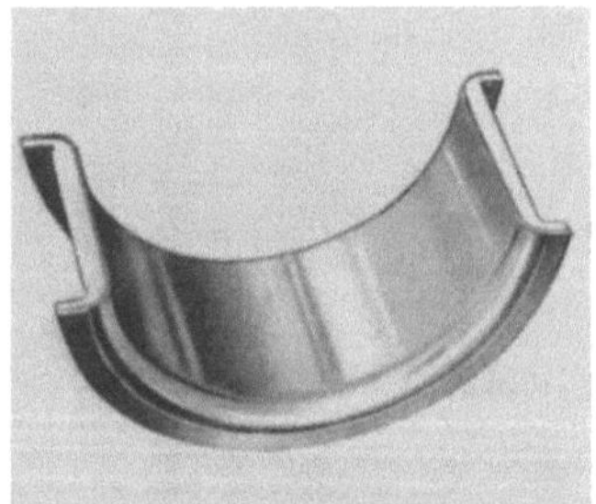

Abb. 25. Verbundlagerschale eines Dieselmotors

Abb. 26. Verbundlagerbüchse der Spindel einer Werkzeugmaschine

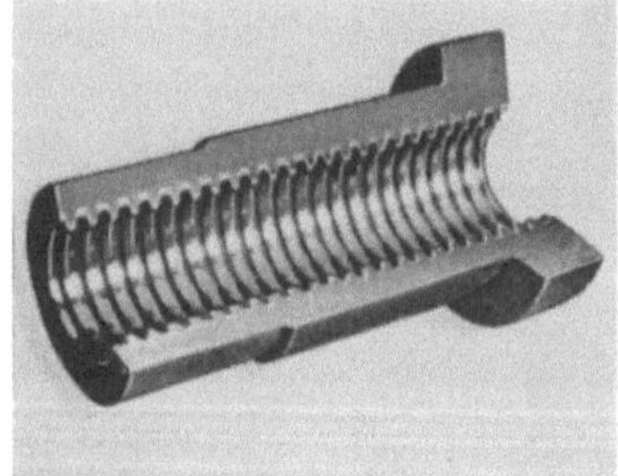

Abb. 27. Spindelmutter eines Heißdampfschiebers (aufgeschnitten)

Als Stützkörperwerkstoff für den Verbundguß dienen im allgemeinen weiche Stähle oder GS mit niedrigem C-Gehalt und garantiertem Reinheitsgrad (wie beispielsweise C 10 oder C 15). Die Auswahl der Stähle ist aber in vielen Fällen verfahrensabhängig. Werkstücke, die schroff abgekühlt werden, bedingen kohlenstoffarme Stähle, da Kohlenstoffgehalte über etwa 0,15% bei schroffer Abkühlung zu Härtespannungen führen, die eine spangebende Weiterbearbeitung erschweren. In anderen Fällen, wo ein Abschrecken des Werkstückes nach dem Guß nicht notwendig ist, können auch leicht legierte Stähle eingesetzt werden.

Der Verbundguß mit Kupferlegierungen ist wesentlich schwieriger als der schon eingangs erwähnte Verbundguß von Weißmetallen auf Stahl oder Rotgußlegierungen. Die Teilvorgänge des Verbundgusses sind folgende. Die Stützschale muß auf die zur Diffusionsbindung mit der Bronze notwendige Temperatur vorgewärmt werden, wobei besondere Maßnahmen zur Verhinderung einer Oxydbildung getroffen werden müssen. Die Vorwärmtemperatur der Stahl- oder Stahlgußkörper liegt bei etwa 1000 bis 1100 °C. Die Teile sind vor dem Erwärmen sorgfältig von Fetten und Ölen zu reinigen, da die Verkokungsrückstände einen Verbund der Bronze mit dem Stahl verhindern würden. Die Bleibronze bzw. Bronze wird erschmolzen und nach verschiedenen Verfahren an die Stützschale angegossen. An der Berührungsfläche zwischen Stützschale und Bleibronze wird das Eisen von dem geschmolzenen Kupfer aufgelöst, wobei sich eine dünne Schicht einer geschmolzenen, eisenreichen Legierung aus Eisen und Kupfer bildet. Bei der Erstarrung entsteht eine Übergangszone aus dieser eisenreichen Eisen-Kupfer-Legierung, die einen festen Verbund der Stützschale mit der Bronzelegierung bewirkt. Die Erstarrung wird in der Regel durch Kühlung von außen — beispielsweise durch Abschrecken des Stahlstützkörpers mit Wasser — vorgenommen, um eine feine, gleichmäßige Bleiverteilung in der Kupfergrundmasse zu erzielen. Wichtig für die Gefügeausbildung ist die Einstellung des Verhältnisses von Sauerstoff zu Wasserstoff in der flüssigen Schmelze. An Wasserstoff übersättigte Bleibronzeschmelzen ergeben einen porigen Guß mit starken Bleiseigerungen. Eine stark oxydhaltige Schmelze bewirkt dagegen ein sprödes Verbundmetall, welches bei einer mechanischen Verformung zur Rißbildung neigt. So wird meist durch oxydisches Schmelzen für Wasserstofffreiheit gesorgt und anschließend die Schmelze mit Phosphor desoxydiert.

Neben der Verflüssigung der Schmelze bewirkt der Phosphor beim Verbundvorgang eine größere Neigung zur Diffusion des Kupfers in das Eisen. Zur Vermeidung spröder Zwischenschichten sollte jedoch der verbleibende Phosphor in der Bleibronze einen Gehalt von 0,06% nicht überschreiten.

Im Laufe der letzten Jahrzehnte sind zahllose Verfahren entwickelt worden, um das schwierige Gebiet des Bronze- oder Bleibronzeverbundgusses technisch zu beherrschen. Es sollen im folgenden nur die Verbundgußverfahren besprochen werden, die praktische Bedeutung haben, bzw. Verfahren, nach denen heute Verbundteile hergestellt werden.

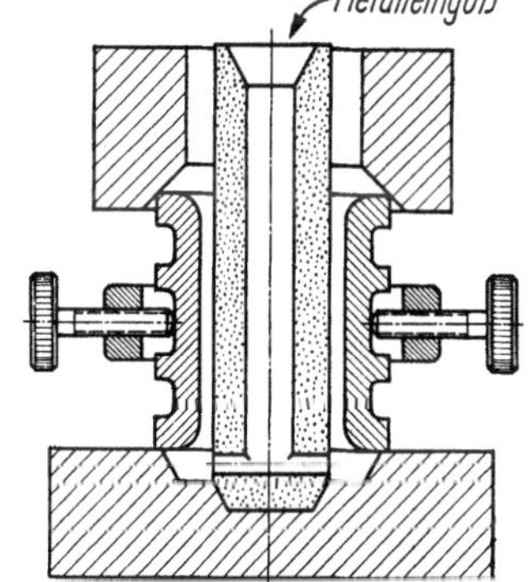

Abb. 28. Schema des Anguß-(MASCHER-)Verfahrens

Durchguß- bzw. Angußverfahren (Mascherverfahren). Als wohl das bekannteste und am meisten angewendete Standgußverfahren gilt ein Verfahren zur Herstellung von Waggonachslagerschalen mit Bleibronzeausguß. Bei diesem Verfahren werden die Stahlschalen bei etwa 500 bis 600 °C in einem Zinktauchbad erhitzt und auf der Aufgußfläche verzinkt.

Die noch heißen Stahlschalen gießt man in einer kombinierten Eisen-Sandform im steigenden Guß mit Bleibronze aus. Die Bindung zwischen Stahlschale und Bleibronzeausguß ist durch die Zinkschicht hartlotartig und genügt durchaus den auftretenden Beanspruchungen.

Tauchverfahren. Das Tauchverfahren zählt zu den älteren Verbundgußverfahren und wird auch heute noch für den Verbundguß einzelner, größerer Stücke bzw. für Sonderfälle, wie beispielsweise für doppelseitig mit Lagermetall auszukleidende Büchsen oder mit Lagermetall umgossene Wellen, angewandt. Bei diesem Verfahren wird der Lagergrundkörper durch Anschweißen eines Blechbodens zur Gießform gestaltet, wozu noch ein rohrförmiger Blechkern eine Ergänzung bilden kann. Im Falle der zu umgießenden Welle wird diese in einen Blechtopf eingeschweißt, der die Gießform darstellt. Die Gießformen werden bei diesem Verfahren mittels einer angeschweißten Stange in ein auf 1050 bis 1100 °C erwärmtes Borax-(Natriumtetraborat-)Bad getaucht und nehmen in diesem Bad unter Auflösung von auf dem Stahl befindlichen Oxyden die zur Diffusionsbindung erforderliche Temperatur an. Bei Überführung der Gießformen aus dem Boraxbad in die Bronzeschmelze verbleibt ein dünner Boratfilm auf den Stahl- bzw. GS-Teilen und verhindert eine erneute Oxydation. Beim Eintauchen der Lagerkörper in das Metallbad dient dann dieser Boratfilm als Flußmittel. Die so mit Bronze gefüllten Gießformen werden aus dem Metallbad heraus in eine Wasserbrause gebracht und beschleunigt abgekühlt, wobei der Abkühlvorgang auch in Verbindung mit einer Rotation des Verbundkörpers erfolgen kann. Boratbad und Schmelze können durch Übereinanderschichtung in einem Tiegel vereinigt werden.

In der Prinzipskizze (s. Abb. 29) erfolgt die Aufheizung des Bades unter Verwendung eines Mittelfrequenz-Induktionsofens. Die sonstigen Arbeitsbedingungen bleiben dabei unverändert. Es hat darüber hinaus eine Unzahl von Verfahren bzw. Verfahrenskombinationen gegeben, die nach ähnlichen Verfahrensmerkmalen gearbeitet haben, sie haben jedoch heute keine oder nur noch geringe Bedeutung. Die Nachteile der Stand- und Durchgußverfahren lagen in dem außerordentlich hohen Aufwand an Formteilen, die aus tiefgezogenen, angeschweißten Blechteilen bestehen und infolge der hohen Verbundtemperaturen eine sehr geringe Lebensdauer haben. Es kommt hinzu, daß der Metalldurchsatz dieser Verfahren außerordentlich hoch und somit unwirtschaftlich war.

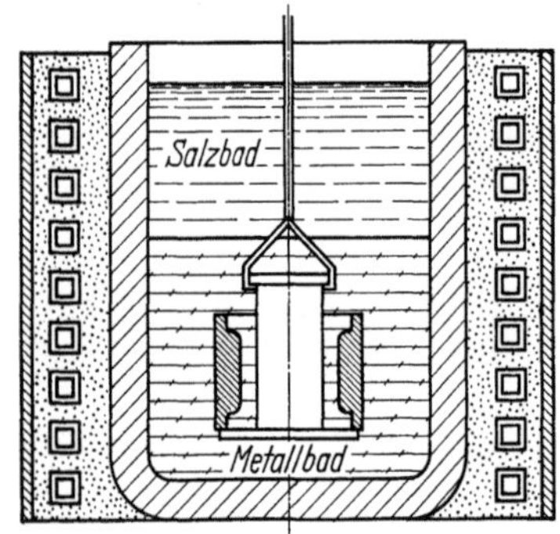

Abb. 29. Verbundgießverfahren: Tauchen in induktiv erwärmtem Bronzebad mit überlagerter Salzschmelze

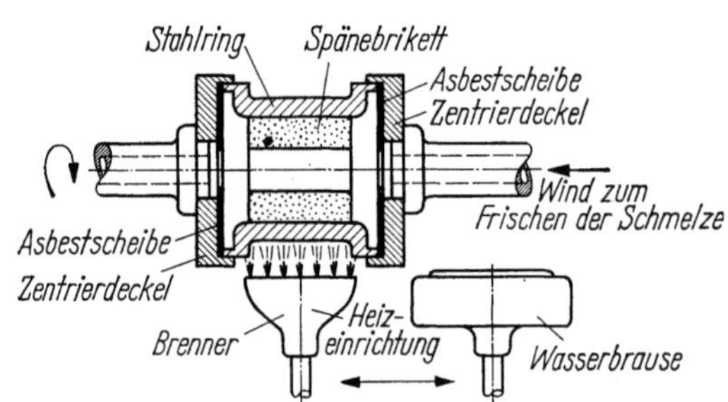

Abb. 30. Schema des Schleuderverbundgießverfahren nach Stock (KHD)

Schleuderverfahren. Der überwiegende Teil aller starkwandigen Verbundlager wird heute im Schleuderverfahren mit flüssigem oder festem Einsatz hergestellt, dünnwandige Verbundschalen dagegen aus kontinuierlich mit Lagermetall begossenen Stahlbändern. Diese Verfahren sollen im nachfolgenden beschrieben werden. Die Schleuderverfahren arbeiten mit einem wesentlich geringeren Materialeinsatz. Sie vermeiden die naturgemäß kostspieligen Kern- und Formkosten. Die Entwicklung der Schleudergießverfahren mit festem Einsatz nahm ihren Ausgang in den USA. Bei diesen ältesten Verfahren wurden mehrere Stahlstützringe zusammen mit stückigem Metalleinsatz in ein als Aufnahme dienendes Stahlrohr geschoben. Die Enden dieses Stahlrohres waren durch angeschweißte Deckel verschlossen. Die Stahlrohre wurden in einem Kammerofen auf 1100 °C erhitzt und nach dem Aufschmelzen in einer Vorrichtung rotierend mit Wasserbrausen abgekühlt. Ein Nachteil dieses Verfahrens war der hohe Aufwand für das eiserne Mantelrohr und die hohe Eisenaufnahme der Bleibronze.

Ein ähnliches, ohne Mantelrohr arbeitendes Verfahren wurde bei Klöckner-Humboldt-Deutz entwickelt; es wurde in dem letzten Jahrzehnt weiter vervollkommnet und zählt heute zu einem der wirtschaftlichsten Verfahren zur Herstellung starkwandiger Bleibronzeverbundlager.

Bei diesem Verfahren wird in einen Stahl- bzw. GS-Ring, der die Stützschale des Lagers darstellt, ein Spänebrikett eingepreßt, das aus zerspanter Bleibronze und einem Flußmittelzusatz von Borax besteht.

Zur Herstellung der Metallspäne muß die Bleibronze in einen Block vergossen werden, der in geeigneter Form verspant wird. Neuere Schleuderverfahren mit festem Einsatz arbeiten mit einem Bleibronzegranulat festgelegter Korngröße. Die Herstellung dieses Bleibronzegranulates ist ohne Frage wirtschaftlicher und erspart die kostspielige spanabhebende Bearbeitung der Bleibronzeblöcke. Die Stahlringe mit der eingepreßten Bleibronze werden in eine horizontal angeordnete Aufnahme einer Schleudermaschine eingespannt. In die Zentrierdeckel werden Asbestscheiben zur Abdichtung der Stirnseiten und als Wärmeisolation eingelegt. Der in Umlauf versetzte Stahlring wird mittels zweier oder mehrerer Leuchtgas-Sauerstoffbrenner aufgeheizt, bis die Späne bzw. das Granulat aufgeschmolzen sind und die Diffusionsbindung zwischen Bleibronze und Stahl erreicht ist. Ein in die Bohrung des Stahlringes eingeschobenes Thermoelement dient der Kontrolle der Aufheizzeit. Die Temperaturmessung kann jedoch auch mit einem Strahlungspyrometer erfolgen. Nach Beendigung des Schmelzvorganges wird der rotierende Stahlkörper rasch abgekühlt. Der mit Bleibronze ausgekleidete Ring wird zur Beseitigung des Zunders und der Schlacke mit Stahlkies abgestrahlt und erfährt dann seine weitere spanabhebende Bearbeitung.

Eine neuere Entwicklung geht dahin, die Aufheizung der Stahlringe nicht mehr vermittels Gas-Sauerstoffbrennern, sondern durch Einsatz induktiver Erwärmung unter Verwendung von Mittelfrequenzumformern mit 100 bis 200 kW-Leistung bei Frequenzen von 1000 bis 2000 Hz vorzunehmen. Diese Beheizungsart vermeidet das unwirtschaftliche, durch hohe Abstrahlverluste gekennzeichnete Aufheizen der Lagerkörper mit Gas-Sauerstoffbrennern, und hat darüber hinaus den Vorteil, daß das Aufschmelzen wesentlich schneller erfolgt, wodurch unerwünschte Bleiausseigerungen während der Aufheizperiode ebenfalls vermieden werden.

Neben diesen Schleuderverfahren mit festem Einsatz sollen aber auch die Verfahren mit flüssigem Einsatz Erwähnung finden. Die Stützkörper werden hierbei in Flußmittel- oder Metallbädern auf die erforderliche Schweißtemperatur gebracht und in eine Schleudermaschine mit vertikaler oder horizontaler Drehachse eingespannt. Der Einguß der Bleibronze geschieht in vorbestimmter Menge stirnseitig durch die hohle Welle der Schleudermaschine in den sich drehenden Rohling. Die Abkühlung erfolgt, nachdem die Bronze sich gleichmäßig verteilt hat von außen durch eine Ringbrause.

Beide Schleuderverfahren haben den Vorteil eines sehr geringen Bronzedurchsatzes und kurzfristiger Schleuderzeit. So werden heute bereits Verbundlager und Verbundbüchsen bis zu einem Außendurchmesser von ca. 500 mm und Gewichten bis etwa 150 kg hergestellt. Die maximale Größe der im Schleuderverfahren herstellbaren Lager ist gegenwärtig nur durch die Größe der verfügbaren Schleudermaschinen begrenzt.

Die früher beim Verbundschleudern aufgetretenen Schwierigkeiten können als überwunden gelten. Insbesondere wird eine einwandfreie Bindung zwischen Stahl bzw. Stahlguß und Bleibronze heute mit absoluter Sicherheit erreicht. Durch Verwendung von Bleibronzegranulat bei festem Einsatz, in dem das Blei in bereits dispers feiner Verteilung im Kupfer enthalten ist, wird die früher oft beobachtete Entmischung durch Fliehkraftseigerung verhindert. Die Verwendung von Granulat verringert darüber hinaus die vor allem beim Schmelzen der Bleibronze auftretende Schwierigkeit, die Schmelze längere Zeit in einem Vorratstiegel gasfrei zu halten und erleichtert außerdem die genaue Dosierung der einzubringenden Lagermetallmenge.

Aber auch die Schleuderverfahren mit flüssiger Beschickung sind durch genauere Kenntnis der Schmelzführung der Bleibronze betriebssicher geworden. Bei diesem Verfahren muß der Gasfreiheit der Schmelze die größte Beachtung geschenkt werden. Die Bleibronzeschmelze wird oxydierend gefahren, um den Wasserstoffgehalt zu drücken. Kurz vor dem Vergießen wird die Schmelze mit Phosphorkupfer desoxydiert. Eine gute Abdeckung der fertigen Schmelze soll einer erneuten Gasaufnahme entgegenwirken. Da die Gasaufnahme jedoch nicht gänzlich unterbunden werden kann, muß die Schmelze nach der Desoxydation so rasch wie möglich vergossen werden.

Neben dem Gasgehalt der Schmelze sind es vor allem die Abkühlungsbedingungen, die für die Qualität der Bleibronze bestimmend sind. Das Kupfer erstarrt in Form von Dendriten, deren Größe von der Abkühlungsgeschwindigkeit und der Abkühlungsrichtung abhängig ist. Während scharfe Abkühlung, Feinkörnigkeit und Stengelkristallbildung (Dendriten) verursacht, führt langsame Kühlung, vor allem aber eine Wartezeit zwischen Anguß und Kühlung, zu einem groberen, mehr aufgelösten Gefüge (s. Abb. 31/32).

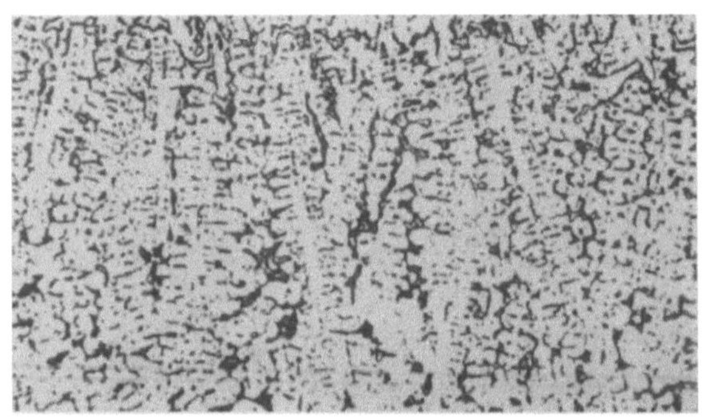

× 100

Abb. 31. Schliffbild der dendritischen Gefügeausbildung einer Bleibronze in Verbundausführung auf Stahl

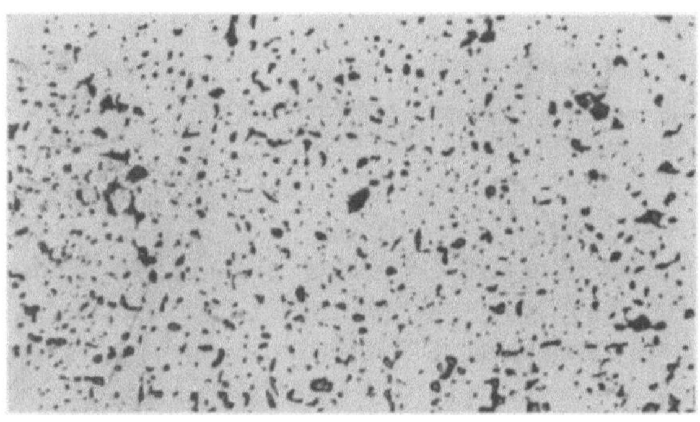

× 100

Abb. 32. Schliffbild einer globularen Bleibronze

Für die Gefügeausbildung spielt außerdem die Keimbildung durch Legierungszusätze, beispielsweise Zinn, Nickel und Silber eine große Rolle.

Die Praxis arbeitet heute in der Hauptsache mit Zusätzen von 1 bis 3% Nickel und Zinn. Diese Zusätze scheinen einer Wasserstoffaufnahme der Bleibronze entgegenzuwirken, sie stabilisieren die Schmelze, begünstigen eine feine Bleiverteilung und führen zu einer Erhöhung der statischen und dynamischen Festigkeitswerte. Die Frage des Vor- oder Nachteiles eines feinen bzw. groben Gefüges ist oft erörtert worden. Beide Gefügearten haben sich bewährt, wobei das dendritische Gefüge bessere Notlaufeigenschaften und das mehr globulare Gefüge höhere Belastbarkeit aufweisen dürfte.

Im nachfolgenden sollen die beiden Verbundgußverfahren besprochen werden, die der Herstellung von dünnwandigen Bandlagern für Otto- und Dieselmotoren dienen. In Amerika wurde schon 1930 ein Verfahren angewandt, das Bänder aus weichem Flußstahl mit Weißmetallanguß versah, um aus diesem begossenen Band durch spanlose Verformung dünne Lagerschalen bestehend aus einer Stahlstützschale mit Weißmetallaufguß herzustellen. Die folgende Abbildung zeigt die schematische Darstellung einer Anlage zur Herstellung von Bandlagerschalen mit Weißmetallausguß.

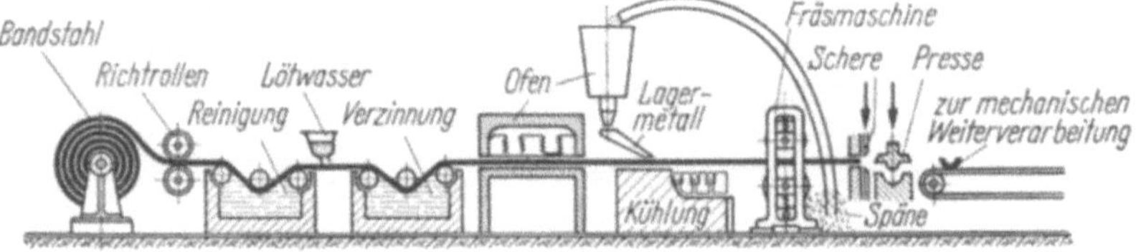

Abb. 33. Schemaskizze einer Weißmetallbandanlage (als Beispiel)

Ein kaltgewalztes Eisenband (Bandstahl) durchläuft nach einem Richtvorgang ein Reinigungsbad. Nach entsprechender Reinigung wird es mit Lötwasser besprüht und durchläuft ein Verzinnungsbad. In einem Glühofen wird das verzinnte Band auf die für den Verbundguß erforderliche Temperatur erwärmt und anschließend mit Lagermetall begossen. Nach dem Begießen erfolgt ein Abschrecken mit Wasser von der Stahlseite her. Die Oberfläche des begossenen Bandes ist durch die erstarrte Metallschicht nicht glatt.

Das Band durchläuft nach dem Kühlvorgang eine Fräsmaschine, in der die Oberfläche des Metalles glatt gefräst wird. Die abgefrästen Späne werden während des Fräsvorganges wieder in den Schmelzofen gedrückt, aufgeschmolzen und zum Begießen des Bandes weiter verwendet. Nach einer evtl. Glühbehandlung erfolgt das Aufteilen des Bandes in Streifen bzw. in kleine Abschnitte, die in einer Presse zu Schalen gebogen werden. Die verfahrenstechnischen Vorteile liegen auf der Hand. Infolge des kontinuierlich arbeitenden Angießverfahrens lassen sich große Mengen Lagerschalen in kurzer Zeit herstellen. Nur wenige angelernte Arbeitskräfte sind zur Überwachung der Einrichtung erforderlich. Die mechanische Weiterbearbeitung durch Biegen kann auf vollautomatischen Maschinen ohne Facharbeiter durchgeführt werden. Auf den soeben beschriebenen Anlagen kommen als Lagermetall-Legierungen hochzinnhaltige Weißmetalle, im wesentlichen aber Lagermetalle auf Bleibasis, zum Einsatz.

Das kontinuierliche Begießen von Stahlbändern mit Weißmetall wurde bereits vor dem zweiten Weltkrieg in Deutschland eingeführt und hatte infolge seiner Wirtschaftlichkeit einen wesentlichen Anteil an dem Aufschwung der Leichtmotorenerzeugung, vor allem im Kraftfahrzeugbau. In Anlehnung an diese Herstellungsmethode für mit Weißmetall plattierte Stahlbänder, wurde in Amerika bereits im Jahre 1934 ein ähnliches Verfahren zur Herstellung von dünnwandigen, mit Bleibronze plattierten Stahlbändern entwickelt. In dieser ebenfalls kontinuierlich arbeitenden Anlage läuft ein Band aus weichem Kohlenstoffstahl (entsprechend C10) in Dicken von 1,0 bis 6 mm und Breiten von 100 bis 170 mm vom Ring mit gleichbleibender Geschwindigkeit in die Glüh- und Gießstraße ein. Das Band wird an beiden Rändern hochgebördelt, um ein Abfließen der Bronze beim Begießen zu verhindern und um eine Führung des zu begießenden Bandes zu ermöglichen. Das Band wird einem Blankglühprozeß unterworfen, auf 1100°C erhitzt und mit Bleibronze begossen. Die Erhitzung des Bandes und des Metalles erfolgt induktiv. Nach Begießen des Bandes wird dasselbe von der Unterseite her abgeschreckt. Der Verbundstreifen wird nach Verlassen der Abkühlstrecke wieder aufgehaspelt und wandert als aufgehaspeltes Band zu den Bearbeitungsmaschinen, die das Band fräsen, nachwalzen, schleifen und auf die notwendige Streifengröße ausstanzen, aus der die Lagerschale oder Büchse geformt wird.

Die Entwicklung der Bandgießverfahren zur Herstellung von Bleibronzelagern bot wegen der erheblich höheren Temperaturen konstruktiv große Schwierigkeiten. Die Entwicklung des Verfahrens ist auch noch nicht abgeschlossen. Neuere Bestrebungen gehen dahin, dickere Stahlbänder bis zu Stärken von 10 mm mit Bleibronze zu begießen. Wie schon erwähnt, werden wegen der Gefahr der Aufhärtung nur Stähle mit einem Kohlenstoffgehalt von nicht mehr als 0,15% eingesetzt. Als Aufgußmaterial kommen für die normalen Lagerungen sogenannte binäre Bleibronzen in Frage. Das Verfahren ist jedoch nicht an diese gebunden. So wird z. B. eine Legierung von 80% Cu, 10% Sn und 10% Pb eingesetzt, wenn die Tragfähigkeit bzw. Belastbarkeit der binären Bleibronze nicht ausreicht. Als Beispiel seien hier Kolbenbolzenbüchsen genannt, die spanlos aus solchen Bändern hergestellt werden.

Es wurden in den letzten Jahrzehnten unzählige Verfahren und Abwandlungen zur Herstellung von Bronze oder Bleibronzeverbundwerkstoffen entwickelt. Des besseren Verständnisses wegen wurden im Vorhergehenden jedoch nur die Verfahren erwähnt, die eine praktische Bedeutung haben und als Grundverfahren anzusehen sind.

Generell ist zu sagen, daß der Verbundguß als Konstruktionselement im allgemeinen Maschinenbau, im Fahrzeugmotorenbau, im Flugmotorenbau und im Schiffsmotorenbau eine ungemein wichtige Rolle spielt. Während des Krieges vielfach aus Gründen der Rohstoffersparnis eingesetzt, hat er zu wesentlichen Konstruktionsverbesserungen geführt. Die Entwicklung ist zweifellos noch nicht abgeschlossen. Sie wird dem Fortschritt der Technik zu immer höheren Leistungen folgen.

Literatur

Bleibronzen als Lagerwerkstoffe, Deutsches Kupferinstitut. — Lagerwerkstoffe auf Kupferbasis, Deutsches Kupferinstitut 1961. MANN, H.: Verbundgießverfahren für Bleibronzelager. Gießerei 40, H. 11. — KUHN, R.: Vorbehandeln von Lagerkörpern aus Gußeisen für das Ausgießen mit Lagermetallen. Stahl und Eisen 79 (1959) Nr. 19. — SCHMID, E., u. R. WEBER: Gleitlager. Berlin/Göttingen/Heidelberg: Springer 1953. — Werkstoffe für Gleitlager, hrsg. von R. KÜHNEL, 2. Aufl., Berlin/Göttingen/Heidelberg: Springer 1952. — Untersuchungsberichte aus der Versuchsabteilung Glyco-Metall-Werke Daelen & Loos, Wiesbaden-Schierstein.

Die Herstellung von Kernen

Von **H. Derlon**, Ludwigshafen/Rhein

Mit 14 Abbildungen

I. Kernrohstoffe

A. Kurzer Rückblick auf die Entwicklung der Kernherstellung

Die Fortschritte in der Konstruktion von Gußstücken seit etwa 40 Jahren stellen die Gießereien vor schwierige Aufgaben. Unter ihnen ist die sachgemäße Herstellung von Kernen für die oft komplizierten Gußstücke wesentlich.

B. Fortschritt auf dem Gebiet der Kernherstellung

1. Übergang von Formsand zu Quarzsand bei der Kernherstellung. Feuerbeständigkeit; Kornformen

Ganz besonders fordert die Massenfertigung von Gußteilen hochwertige und gleichmäßige Kerne. Die Größe und die Anforderungen an die Gußstücke haben die Art und Weise der Kernherstellung stark beeinflußt. Während man bei kleinen und mittleren Gußstücken immer mehr Kernbindemittel anwendet, hat man jedoch bei den schweren und schwersten Gußstücken die alten und doch bewährten Methoden beibehalten. Zudem scheitert die Verwendung von Kernbindemitteln bei schweren Kernen meist an den Kosten.

Die Anwendung von Lehmkernen wird in Bd. II/1 bei Graugußgroßformen und bei Hartgußformen behandelt. Mit großem technischen und wirtschaftlichen Erfolg hat man Kerne dieser Art durch Zement- oder Bentonit-Sandkerne ersetzt (Bd. II/2, S. 15, und Bd. II/1).

Für einen Teil dieser Kerne wird a) magerer Kernsand mit Schlämmstoffanteilen meist unter 8%, b) fetter Sand und c) Lehm verwendet. Kerne dieser Art werden grün oder meist getrocknet in die Form eingelegt. Über Sande, die zu solchen Kernen Verwendung finden, gibt Bd. I/1, S. 377 und 393 Auskunft.

Kerne aus Quarzsanden, denen tonhaltige Sande und geeignete Kernbinder zugesetzt werden, finden bei Kleinguß und mittelschweren Gußstücken (GS, GT, GG, auch GH) Anwendung.

In Deutschland stehen ausgezeichnete, gewaschene und klassierte Quarzsande zur Verfügung. Über deren Eigenschaften gibt ebenso Bd. I/1, S. 393 Auskunft. Wichtig ist jedoch darauf zu verweisen, daß hochbeanspruchte Kerne aus Sanden aufgebaut werden müssen, die eine gute Sinter- und Feuerbeständigkeit aufweisen. Für Zementsand u. a. Kerne gilt das gleiche. Kerne für höchste Beanspruchung können mit Zirkon- bzw. Olivinsanden (Anlegen und Anstriche) aufgebaut werden (Bd. I/1, S. 395, 407, 408). Die Korngröße und Kornform ist in DIN 52401 festgelegt [*1*]. Dort sind auch die Typen der Kornoberfläche zu finden. Diese Kennzeichen eines Sandes sind bei der Herstellung eines Kernes sorgfältig abzuwägen. Von ihnen hängt der Grad der Gasdurchlässigkeit, der Festigkeit im Grün- und Trockenzustand, aber auch der Binderverbrauch unmittelbar ab (s. Bd. I/1, S. 390ff.).

2. Die Bindemittel

Eine systematische Einteilung der künstlichen Kernbindemittel ist schon des öfteren versucht worden, ohne daß sich bis heute eine klare Definition durchgesetzt hätte. Um nur ein Beispiel zu nennen, sei erwähnt, daß auch heute noch Sulfitablauge gelegentlich als Kernöl bezeichnet und gekauft wird, obwohl sie nur eine wäßrige Lösung hochmolekularer Salze der Ligninsulfonsäure darstellt, in der noch natürliche Abbauprodukte des Holzes suspendiert sind.

a) Einteilung und Bezeichnung. Im Jahre 1942 wurde im Reichsanzeiger (Nr. 282) eine Anordnung der Reichsstelle für Chemie veröffentlicht, die die Kernbindemittel in 3 Gruppen einteilt. Diese Anordnung wurde von F. Roll [*2*] eingehend behandelt. Sie diente auch als Unterlage für den VDG-Merkblattentwurf vom Oktober 1950.

Dieser unterscheidet:

K Gruppe 1 Kern- und Anspritzöle aus öllöslichen Stoffen;
K Gruppe 2 Naßbinder, bestehend aus öl- bzw. wasserlöslichen Stoffen, die mit Wasser gemischt oder emulgiert sind;
K Gruppe 3 Trockenbinder, bestehend aus wasser- bzw. öllöslichen pulverförmigen Stoffen.

Obwohl diese Gruppen mehrmals unterteilt sind, gelingt es doch kaum, die vielfältigen Erzeugnisse, die im Gebrauch sind, klar einzuordnen, insbesondere findet der Praktiker keine Anhaltspunkte für die Anwendung der Bindemittel. Roll versuchte daher in verschiedenen Arbeiten eine Verbesserung der Übersicht, ohne daß bis jetzt eine alle Erzeugnisse umfassende Klassifizierung gelang [*3*]. In diesem Zusammenhang sei noch auf die Einteilung der Kernbinder nach *Aglofran* (agglomérants français) hingewiesen, über die P. Nicolas [*4*] berichtet. Hier werden die *Klassen* nach der erreichten Biegefestigkeit eingeteilt, geben also gleichzeitig eine Bewertung der Bindemittel. Eine ähnliche Einteilung der Kernbindemittel wurde von I. B. Kumanin und A. M. Ljass [*5*] vorgenommen. Da diese die Unterbringung aller auf dem Markt befindlichen Kernbindemittel ohne Zwang ermöglicht, soll hier das von den Verfassern aufgestellte System besprochen werden:

1. Organische Binder

Klasse A Nichtwäßrige (hydrophobe) Stoffe, d. h. wasserunlösliche und von Wasser nicht benetzbare Stoffe;
Klasse B Wäßrige (hydrophile) Stoffe, d. h. wasserlösliche und von Wasser benetzbare organische Stoffe.

2. Anorganische Binder

Klasse C Wäßrige (hydrophile) Stoffe;
Klasse D Nichtwäßrige (hydrophobe) Stoffe.
(Da sie z. Z. noch keine Verwendung findet, wurde diese Gruppe mit D an das Ende der Aufstellung gesetzt.)

Als weiteres Unterscheidungsmerkmal wurde in Anlehnung an die Definition in der Lackindustrie der Begriff der reversiblen und irreversiblen Erhärtung (Änderungen chemischer Natur) eingeführt.

Zwischen beiden steht eine Gruppe, bei der beide Vorgänge gemeinsam verlaufen. Hieraus ergibt sich folgendes Schema (nächste Seite):

Um eine Bewertung der Bindemittel zu ermöglichen, wird außerdem der Begriff der spezifischen Festigkeit eingeführt. Unter spezifischer Festigkeit versteht man die erzielte Zerreißfestigkeit eines Kernes aus Normsand in formgerechter Mischung pro Bindereinheit. Je nach den erhaltenen Werten ergeben sich 3 Wertigkeitsgruppen:

1. Gruppe: Werkstoffe mit einer spez. Zerreißfestigkeit von $> \frac{5\ \text{kp}}{\text{cm}^2\ \%}$;
2. Gruppe: „ „ „ „ „ „ $\frac{3-5\ \text{kp}}{\text{cm}^2\ \%}$;
3. Gruppe: „ „ „ „ „ „ $< \frac{3\ \text{kp}}{\text{cm}^2\ \%}$.

Klassifikationsschema für Kernbinder nach Kumanin

	Natur der Stoffe			
	organische Stoffe		anorganische Stoffe	
Härtungsart	nichtwäßrige (hydrophobe) Klasse A	wäßrige (hydrophile) Klasse B	nichtwäßrige (hydrophobe)	wäßrige (hydrophile) Klasse C
irreversibel	z. B. pflanzliche Öle	z. B. Karbamid-Kunstharze	Werkstoffe dieser Klasse werden praktisch nicht verwendet	z. B. Zement
Zwischenstellung	z. B. Biphthal, Peche u. a.	z. B. saure Gewässer		
reversibel	z. B. Kolophonium	z. B. Sulfitschlempe, Dextrin u. a.		z. B. Ton

Bei Ergänzung auf unsere deutschen Rohstoffverhältnisse ergibt sich folgende Übersicht, wobei an Stelle der Zerreißfestigkeit die Biegefestigkeit bei der Gruppeneinteilung zugrunde gelegt ist, da diese häufiger festgestellt wird als die Zerreißfestigkeit.

Werkstoffgruppe	Klasse A		Klasse B		Klasse C	
	Härtung	Bindemittel Beispiel	Härtung	Bindemittel Beispiel	Härtung	Bindemittel Beispiel
1. Gruppe spez. Biegefestigkeit σB spez. $> \frac{15\ \text{kp}}{\text{cm}^2\ \%}$	irreversibel	A 1 Holzöl Leinöl Trane Hochmolekulare Fettsäuren Sulfatpeche	irreversibel	B 1 Dextrose Phenolharze Harnstoffharze Furanharze Zelluloseäther Kasein	irreversibel	C 1 Äthylsilikat (wirksamer Bestandteil SiO_2)
2. Gruppe σB spez. $\frac{5-15\ \text{kp}}{\text{cm}^2\ \%}$	Zwischenstellung	A 2 Bitumen Cumaronharz Indenharz	Zwischenstellung	B 2 Melasse Dextrin Quellstärken Leimstoffe	irreversibel	C 2 Wasserglas Portlandzement
3. Gruppe σB spez. $< \frac{5\ \text{kp}}{\text{cm}^2\ \%}$	Zwischenstellung	A 3 Säureteer Steinkohlenteerpeche Teeröle	reversibel	B 3 Sulfitlauge	irreversibel	C 3 Tone Sorelzemente Gips
	reversibel	Kolophonium				

In diesem Schema lassen sich die bis jetzt bekannten Bindemittel ohne Zwang einreihen. Die Aufstellung hat vor allem den Vorteil, daß sie dem Verbraucher gleich Anhaltspunkte über die zu erwartende Kernfestigkeit gibt und dadurch die Auswahl des richtigen Binders für die jeweils benötigten Kerne ermöglicht.

Auf den folgenden Seiten sollen die heute üblichen Kernbindemittel in Anlehnung an die vorstehende Tabelle besprochen werden. Hierbei ist zu berücksichtigen, daß handelsübliche Kernbinder fast in allen Fällen Mehrstoffgemische darstellen. Dies ist nötig, um die für den jeweiligen Zweck günstigsten Verhältnisse zu erreichen. Hierdurch kommt es vor, daß z. B. in der A-Klasse sehr hochwertige, nicht reversibel trocknende Öle mit reversibel trocknenden Bestandteilen kombiniert sind und deshalb in die Zwischengruppe eingereiht werden müßten. Je nachdem, ob die ersten oder letzten Bestandteile überwiegen, werden sich diese Mischungen in ihren Eigenschaften mehr der einen oder anderen Gruppe nähern. Auch eine Kombination der A- und B-Klasse ist üblich, nämlich in den Kernemulsionen, die aus einem Ölanteil in Emulsion mit Sulfitlauge bestehen.

Die Binderstoffe, auf anorganischer und/oder organischer Basis aufgebaut, sind demnach sehr vielseitig. Die Forderungen, die an sie gestellt werden, sind technischer und wirtschaftlicher Art. Besonders fällt das Verlangen auf, Binder für Kerne einzusetzen, die eine möglichst geringe oder keine Trocknung notwendig machen.

Die Forderungen an den Binder lassen sich so einordnen wie es in Bd. I/1, S. 455 dargestellt ist.

b) Anforderung an Kern und Binder:

Forderungen an die Bindereigenschaften (F. Roll)

Stoffliche Eigenschaften	
I	II
a) Eindeutige Kennzeichnung b) Gesicherte Gleichmäßigkeit c) Festgelegte Eigenschaften 1. chemisch 2. physikalisch 3. technologisch	Kenntnis der Lagerfähigkeit des Binders
III *Mischbarkeit*	IV *Verarbeitung*
a) möglichst unabhängig von der Temperatur (in üblichen praktischen Bereichen) b) leichte Mischbarkeit c) sparsamer Verbrauch d) kein lästiger Geruch	a) möglichst wenig verharschen (austrocknen) b) gutes Fließen (beim Stampfen, Blasen, Schießen) c) gute Gründruckfestigkeit d) möglichst kein Kleben e) möglichst wenig Rückstände in Kernbüchsen
V *Trocknen*	VI *Getrocknete Kerne*
a geringstmögliche Trockenzeit b) geringstmögliche Trockentemperatur c) Angabe, ob Sauerstofftrockner usw. d) wenig Destillationsrückstände e) Qualm- und Geruchsbildung soll weitgehend vermieden sein, wenig Verbrennungsgase f) keine Maßänderung der Kerne durch Erweichung, Wachsen u. a. g) gute Durchtrocknung	a) dem Werkstoff angepaßte Festigkeit b) gute Zusammendrückbarkeit (Schwindungsaufnahme) c) gute Abriebfestigkeit d) geringe Gaszahl und Gasentwicklungsgeschwindigkeit e) geringe Hygroskopizität f) lange Lagerfähigkeit g) Verhalten gegen verschiedene Überzüge muß gekennzeichnet sein h) keine Rißbildung
VII *Beim Gießen*	
a) ruhiges Abgießen, keine Sandabschwemmung b) wenig Gasentwicklung c) gute und glatte Oberfläche d) möglichst keine chemische Veränderung der Gußoberfläche	e) gute Schwindungsmöglichkeit des Kernes gegenüber dem Metall f) guter Zerfall nach dem Gießen g) Wiederverwendbarkeit des Kernsandes
Wirtschaftliche Kennzeichnung	
Preis pro kg, t Verbrauchswert auf 100 kg Kernsand Bewertung der Trockenzeit und Temperatur	Anpaßfähigkeit an verschiedene Ofensysteme Wiederverwendbarkeit des Sandes

Bei der wirtschaftlichen Beurteilung darf nicht nur der Preis je 100 kg Binder als kennzeichnend herausgestellt werden, sondern es muß auch der Verbrauch je 100 kg

Gebrauchssand, der Aufwand beim Trocknen, die Anpassungsfähigkeit an verschiedene Ofensysteme in einer Gießerei und vor allem das Wagnis, das bei der Anwendung eines Binders beim Gießen entsteht, also der Ausschuß durch den Kern, berücksichtigt werden. Billige Binder sind so gesehen häufig nicht wirtschaftlich. Fehlerhaft zusammengesetzte Kerne können oft einen hohen Ausschuß hervorrufen.

c) Die einzelnen Bindemittel. *Kernbindemittel der Klasse A, 1. Gruppe* (Organische nichtwäßrige Stoffe). Die pflanzlichen und tierischen Öle sowie die hochmolekularen Fettsäuren ergeben schon bei geringem Zusatz zum Sand eine gute Trockenfestigkeit, gutes Abriebverhalten, geringes Wasseraufnahmevermögen und eine lange Lagerfähigkeit. Beim Gießen sind die aus solchen Stoffen hergestellten Kerne ruhig und sichern ein leichtes Schwinden. Die Gasentwicklung ist leider relativ hoch, doch genügen die Kerne den Anforderungen, da die Zusätze und damit die Gesamtgasmengen nieder sind. Infolge der geringen Gründruckfestigkeit sind sie ohne andere Zusätze nur bei niederen Kernen anwendbar. Da die Trockenfestigkeit sehr hoch liegt und die Öle, wenigstens die beiden zuerst genannten dünnflüssig sind, wird auch die Forderung nach guter Mischbarkeit, guter Abriebfestigkeit u. a. leicht erfüllt.

Infolge der geringen Viskosität zeigt sich leider die Neigung zum Schweißen des Sandes. Dagegen ist die Haltbarkeit des Sandes gut (wenig Verharschen). Die Wirtschaftlichkeit ist in den Fällen, in denen widerstandsfähige Kerne erforderlich sind, gegeben. In der Praxis werden jedoch die Rohstoffe dieser Bindemittelgruppe nicht allein eingesetzt. Die Kernbindemittelhersteller stellen geeignete Kombinationen her, die als *reine Kernöle* bezeichnet werden. Diese entsprechen der K-Gruppe 1 des VDG-Merkblattentwurfes. Um den vielseitigen Ansprüchen und der sehr unterschiedlichen Beschaffenheit der Kerne Rechnung zu tragen, werden eine ganze Reihe von Kernölen dieser Klasse geliefert, die sich durch die Geschwindigkeit der Trocknung, die Trockenfestigkeit, die Gasentwicklung, die Konsistenz und die Ausgiebigkeit unterscheiden. Die dünnflüssigen Kernöle sind ihrer hochwertigen Qualität wegen meist sparsamer im Verbrauch.

Die Auswahl des Kernöles richtet sich in der Regel nach der benötigten Plastizität und Gründruckfestigkeit der Sandmischungen. Die dünn- und mittelflüssigen Öle sind für weiche und geschmeidige Sande zu empfehlen, während die dickflüssigen für plastische und standfeste Kernsande bevorzugt werden. Als Sand dient mittelfeiner Quarzsand. Der Ölzusatz beträgt je nach den Ansprüchen, die an den Kern gestellt werden, 2 bis 3 Gew.-% auf den Sand gerechnet. Die von Natur geringe Gründruckfestigkeit der mit reinen Kernölen hergestellten Sande kann durch Zusatz von Quellbinder oder Sulfitlauge, evtl. auch Formsand oder Ton gesteigert werden. Bei reinen Ölsanden fällt die Weichheit des Sandes auf, die ihn besonders für Blas- und Schießkerne geeignet macht. Bei der Herstellung dieser Kernarten muß die Sandmischung eine gewisse innere Beweglichkeit besitzen, da die Richtung der Einblasöffnung nicht immer mit der Hauptrichtung der Sandbewegung übereinstimmt. Von der Fließbarkeit des Sandes hängt es daher ab, ob die Kerne gut ausgeblasen werden und gleichmäßig verdichtet sind. Die Fließbarkeit des Sandes hängt wieder von der Reibung der einzelnen Sandkörner untereinander ab. Die auftretenden Reibungskräfte sind abhängig von der Gestalt, Größe und Oberflächenbeschaffenheit des Sandkornes und der Oberflächenspannung des Bindemittels. Ölbinder mit niedriger Oberflächenspannung erhöhen daher die Fließbarkeit des Sandes beträchtlich.

Eine Sonderstellung nehmen in der *Klasse A*, *Gruppe 1*, die *Erstarrungsöle* ein. Diese Öle geben zunächst einen ganz losen, gewissermaßen nur mit Öl befeuchteten Sand, der unter der Einwirkung des Luftsauerstoffes erstarrt und ohne Stampfarbeit in die Kernbüchsen gefüllt werden kann. Über die chemischen Vorgänge bei der Erstarrung siehe *Trocknung* (S. 272ff.). Die Erstarrungsöle sind in der Herstellung zwar sehr kostspielig, weil hochwertiges Leinöl, Holzöl und Oiticicaöl sowie teure Metalloxyde zu ihrer Fertigung benötigt werden, sie bieten aber so wesentliche Vorteile in der Verwendung, daß bei mittelgroßen bis größten Kernen die Wirtschaftlichkeit gewährleistet ist. Da sich die Stücke nach dem Guß sehr leicht entkernen lassen, werden bei ihrer Verwendung bis zu $^2/_3$ der Putzlöhne neben einem Teil der Kernmacherlöhne erspart. Auch ein Teil der Modellkosten fällt weg, da die Kernkasten sehr leicht und daher billig gebaut werden können. Für die Einzelanfertigung von größeren Kernen genügt eine Schablone, mit der die Kernform im Boden gezogen wird (Abb. 1).

Zudem sind die Kerne sowohl im luft-, als auch im ofentrockenen Zustand sehr widerstandsfähig gegen Stoß und Schlag, maßhaltig und wasserfest, unbegrenzt lagerfähig, überaus gasdurchlässig und passen sich der Schwindung des Gusses gut an. Sie rieseln beim Putzen heraus und ergeben risse- und verspannungsfreie Gußstücke. Die Arbeitsweise ist so einfach, daß auch komplizierte Kerne nach kurzer Unterweisung von angelernten Kräften zuverlässig hergestellt werden können. Als Sandbasis dient im allgemeinen mittelgrober bis grober gewaschener Quarzsand in der Körnung von 0,4 bis 1,5 mm, doch wird auch feinerer Quarzsand mit einer mittleren Körnung von 0,25 mm mit Erfolg verwendet. Wichtig ist, daß der Sand frei von Ton, Kalk und Huminsäure ist, da diese die Erstarrung verzögern. Auch soll der Gehalt an Eisenoxyd nicht zu hoch sein, da die Schwermetalle des Trockenstoffs durch das Eisen gefällt und für die Trocknung unwirksam werden. Da die Erstarrung durch Sauerstoff beschleunigt wird, wird in manchen Fällen Luft eingeblasen oder ein Sauerstoffträger, im allgemeinen Superoxyde, dem Sand beigegeben. Der Ölzusatz beträgt meist 1,5 bis 2% auf den trockenen Sand gerechnet. Die Erstarrungsöle eignen sich besonders zur Herstellung großer und mittelgroßer Graugußstücke. Für Stahlguß, insbesondere hochlegierten, haben sich in den letzten Jahren Kombinationsbinder aus Erstarrungsölen mit synthetischen Harzen stark eingeführt und sehr gut bewährt [*6*].

Abb. 1. Schablonieren eines Kernes mit Erstarrungsöl

Klasse A, 2. Gruppe. Diese Gruppe umfaßt die organischen, nichtwäßrigen Stoffe, die eine geringere spezifische Festigkeit ergeben. Hierher gehören die Bitumina sowie die aus Benzolkohlenwasserstoffen gewonnenen Cumaron- und Indenharze. Bei uns finden diese Bindemittel zur Zeit kaum Verwendung, höchstens als verbilligende Zusätze oder zur Einstellung der Viskosität bei Kernölen nach Klasse A 1.

Klasse A, 3. Gruppe. Das gleiche gilt für Säureteeröle. Das Kolophonium wird für manche Kerne geschätzt, da seine Lösung in Ölen der 1. Gruppe dem Sand ein gutes Fließen verleiht und die Standfestigkeit erhöht, was besonders bei geschossenen Kernen von Vorteil ist.

Klasse B, 1. Gruppe. Hier finden wir verschiedene Typen von wasserlöslichen Rohstoffen. Es sind zunächst die Dextrose bzw. die bei ihrer Herstellung entstehenden Rückstände zu nennen. Dextrose, auch Traubenzucker genannt, ist eine δ-Glucose. Sie wird in großem Umfang technisch hergestellt. Chemisch ist sie den Stoffen der zweiten Gruppe, Dextrin, Quellstärke und Melasse sowie der Sulfitlauge in der dritten Gruppe verwandt. Auch sie wird selten allein, sondern meist in Kombination mit anderen Stoffen, z. B. Sulfitlauge und Melasse, angewendet. Gegenüber der letzteren zeichnet sie sich durch die höhere spezifische Festigkeit der Kerne aus. Neuerdings verwendet man Dextroselösungen, um Kerne für Schleudergußrohre und Motorenguß in heiße Kernbüchsen zu schießen. Diese Kerne werden ohne Ofentrocknung vergossen. Ebenfalls in diese Gruppe gehören die sogenannten *Kunstharzbinder*.

Im praktischen Gebrauch finden sich zwei Gruppen:

1. die Phenolharzbinder,
2. die Harnstoffharzbinder.

Obwohl diese Harze seit mehreren Jahrzehnten in größtem Umfang hergestellt werden, fanden sie doch erst verhältnismäßig spät zur Kernherstellung in der Gießerei Verwendung. Eine gute Zusammenstellung der Kunststoffe für Kernbindezwecke gibt GRASSMANN [*7*]. In den Vereinigten Staaten werden Kunstharze schon seit vielen Jahren als Kernbinder verwendet. Auch bei uns haben sie durch das CRONING- oder Formmaskenverfahren ein bedeutendes Anwendungsgebiet erhalten. Über die Verwendung von synthetischen Harzen als Sandbinder berichtet PENTZ [*8*] sowie HARBACH und PENTZ [*9*]. Besonders letztere Arbeit befaßt sich eingehend mit den Vor- und Nachteilen der verschiedenen Harze für Vollkerne. Es werden auch Kostenvergleiche angestellt. Auch das CRONING-Verfahren wird behandelt. Da das CRONING-Verfahren kein ausgesprochenes Kernherstellungsverfahren ist, ist es hier nur zu erwähnen. Es sei deshalb auf die recht umfangreiche Literatur verwiesen. Eine Zusammenfassung der Erkenntnisse mit diesem Verfahren gibt PÖLZGUTER im Bd. II/2, S. 48 (s. a. [*10*]). Über die Kosten des CRONING-Verfahrens berichtet u. a. COLLMANN [*11*]. Gegenüber der Verwendung als Bindemittel beim CRONING-Verfahren zur Herstellung von Hohlkernen treten bei uns leider die anderen Anwendungen in der Kernherstellung stark zurück, obwohl die Kunstharze infolge ihrer technischen Eigenschaften einen stärkeren Einsatz verdient hätten. Sie geben schon bei ganz niederen Zusätzen hohe Festigkeiten und entsprechen allen Anforderungen, die an Kerne gestellt werden, mit Ausnahme der Gründruckfestigkeit, die durch Zugabe von Quellstärke zu erreichen ist. Phenol- und Harnstoffharze lassen sich bei normaler Temperatur mit Katalysatoren härten. In neuester Zeit haben die Furanharze eine sehr große Bedeutung in der Kernherstellung erlangt [*11a*]. Mit diesen Harzen unter Zusatz von Härtern hergestellte Kerne bedürfen keiner Ofentrocknung. Ihre Anwendung erfordert aber ein sauberes und genaues Arbeiten, um die Härtung sicher zu führen. Durch Änderung des jeweiligen Härterzusatzes läßt sich die Abbindung des Sandes genau regeln. Werden Kunstharze ohne Härterzusatz verwendet, so müssen die Kerne im Ofen getrocknet werden, wobei jedoch gegenüber Ölen eine sehr viel kürzere Trockenzeit notwendig ist.

Furanharze haben sich auch zur Herstellung von Kernen in ca. 220°C heißen Kernbüchsen sehr gut bewährt. Bei Zusätzen von 2% Furest und Härter werden in 10 bis 12 Sekunden gehärtete Kerne aus der Kernbüchse entnommen. Die übrigen Kunstharze, wie Phthalatharze, Anilinharze und ähnliche, finden zur Zeit noch keine nennenswerte praktische Verwendung.

Als nächstes Bindemittel dieser Gruppe sind die *Cellulose-Äther* zu nennen, die ebenfalls bei kleinen Zusätzen gute Festigkeiten ergeben. Sie werden meist in Form wäßriger Aufquellungen verwendet. Leider ist der Preis relativ hoch und die Kantenschärfe etwas nieder, so daß sie nur eine beschränkte Anwendung finden.

Auf Grund der Einteilung nach den spezifischen Festigkeiten ist hier noch das Kasein einzureihen. Obwohl es hervorragende Kerne ergibt, scheitert seine Verwendung an dem überaus durchdringenden Geruch beim Verbrennen.

Klasse B, 2. Gruppe. Sie umfaßt Stoffe, die schon für sich allein zur Herstellung von Kernen verwendet werden. In ihr ist auch eines der ältesten künstlichen Bindemittel, die Melasse, zu finden. Melasse ist die letzte Mutterlauge aus der Zuckergewinnung, aus der keine Kristallisation mehr erfolgt. Sie kommt meist eingedickt zum Verkauf und enthält neben verschiedenen Zuckern noch viel Stickstoffkörper, wie Aminosäuren u. a. Die mit Melasse hergestellten Kerne geben zwar gute Kantenschärfe, sind jedoch nicht ohne weiteres wasserfest. Wegen des sehr ungleichen Anfalles der Melasse wird sie heute nur noch wenig direkt verwendet.

Dagegen haben die beiden folgenden Rohstoffe, *Dextrin und Quellstärke*, eine große Bedeutung in der modernen Kernmacherei gewonnen. Beides sind Aufschluß- bzw. Abbauprodukte der natürlichen Pflanzenstärken. Die rohe Stärke ist in kaltem Wasser nicht quellbar. Durch Wärme, Säuren oder Alkalien kann sie jedoch abgebaut werden. Dieser Abbau, der nach untenstehender Formel verläuft, führt letzten Endes zur Glukose.

$$\underset{\text{Stärke}}{(C_6H_{10}O_5)_x} + (x)\,H_2O = \underset{\text{Glukose}}{x\,C_6H_{12}O_6}$$

Unterbricht man die Hydrolyse vorzeitig, so entstehen Quellstärken und Dextrine. Zur technischen Herstellung dienen vor allem Kartoffeln, ferner verschiedene Körnerfrüchte wie Weizen, Mais, Reis sowie die Stärke der Maniokawurzel (tropisches Wolfsmilchgewächs). Die Stärkebinder erfreuen sich wegen ihrer hohen Bindekraft im grünen Zustand großer Beliebtheit. Der Grad der Bindung hängt davon ab, wie weit die Hydrolyse getrieben wurde. Die Gründruckfestigkeit ist bei der Quellstärke höher als beim Dextrin, welches dafür aber wieder schärfere Kanten ergibt. Ein großer Vorteil dieser Binder liegt in der Möglichkeit der Verwendung nasser Sande. Die Kerne trocknen schon an der Luft durch Wasserverlust an und bleiben daher gut stehen. Ein Nachteil ist die verhältnismäßig geringe Trockenfestigkeit und die schlechte Wasserbeständigkeit der Kerne. Aus diesem Grunde werden sie meist in Verbindung mit Kernölen der Klasse A 1 verwendet und haben so eine hohe Bedeutung erlangt. Durch geeignete Kombinationen lassen sich fast alle gewünschten Sandeigenschaften erzielen.

Die weiter in dieser Gruppe aufgeführten Leimstoffe gehören zu den Eiweißkörpern. Obwohl sie zur Herstellung von Kernen gut geeignet sind, scheitert ihre Verwendung am Geruch, der bei der Verbrennung auftritt.

Klasse B, 3. Gruppe. In ihr findet sich eines der ältesten künstlichen Bindemittel, *die Sulfitlauge*, die bei der Zellulosegewinnung nach dem Sulfitverfahren anfällt. Sie besteht zum größten Teil aus ligninsulfosauren Salzen und enthält beträchtliche Mengen von Zuckern. Sie kann nur stark eingedickt verwendet werden. Je nach der verarbeiteten Holzart unterscheidet man Fichten- und Buchenlauge. Letztere hat eine geringere Viskosität und ergibt daher etwas schlechtere Kerne. Wird Sulfitlauge bis zur Trockene eingedampft, so erhält man Zellpechpulver. Dieses wird als Trockenbinder, meist in Verbindung mit Ölen der Klasse A, eingesetzt. Obwohl Sulfitlauge zu den billigsten Kernbindemitteln gehört, ist ihre alleinige Verwendung nur in einzelnen Fällen wirtschaftlich, nämlich dann, wenn an den Kern keine hohen Ansprüche gestellt werden. Vor allem ist zu beachten, daß damit hergestellte Kerne auch nach dem Trocknen noch hygroskopisch sind und deshalb bald vergossen werden müssen.

In Verbindung mit Ölen verliert Sulfitlauge diese unangenehmen Eigenschaften und wurde deshalb in großem Umfang zur Herstellung von Kernemulsionen verwendet. Diese wurden vor Jahren in dem Bestreben geschaffen, dem Kernmacher ein Bindemittel zu liefern, das sowohl hohe Gründruckfestigkeit als auch große Kernhärte ergibt. Leider sind auch die Kernemulsionen keine Universalbindemittel, weil die Anforderungen an den Kern doch allzu unterschiedlich sind. Für handgestampfte Kerne erfreuen sie sich jedoch besonders in kleineren Gießereien wegen der Einfachheit der Anwendung immer noch einer gewissen Beliebtheit, zumal sie auch im Preise niedrig liegen. Als Nachteil ist zu erwähnen, daß die Emulsionen sehr dickflüssig sein müssen, um eine Trennung der Bestandteile zu vermeiden, so daß im Winter die Mischbarkeit nicht sehr gut ist.

Klasse C, 1. Gruppe. Hier sind die *Äthylsilikate*, z. B. Silester, einzureihen, obwohl sie organisch-anorganisch gemischter Natur sind. Der wirksame Bestandteil ist jedoch die in organischer Bindung vorliegende Kieselsäure, die durch Hydrolyse frei gemacht wird und die Bindung des Sandes hervorruft.

Das Äthylsilikat wird hergestellt, indem man Chlor über erhitztes metallisches Silizium leitet. Hierbei bildet sich eine gelbe, stark rauchende Flüssigkeit, das Siliziumtetrachlorid.

Dieses wird dann mit Äthylalkohol umgesetzt und ergibt Äthylsilikat nach der Gleichung:

$$SiCl_4 + 4\,C_2H_5OH = 4\,HCl + Si(OC_2H_5)_4.$$

Die Hydrolyse des Äthylsilikates verläuft durch Zugabe von Wasser nach folgender Gleichung:

$$Si(OC_2H_5)_4 + 4\,H_2O = Si(OH)_4 + 4\,C_2H_5OH.$$

Die entstehende Kieselsäure lagert sich als gallertige Masse zwischen die einzelnen Sandkörner und verklebt diese miteinander. Beim Erhitzen verliert die Kieselsäure ihr Wasser und die Körner werden fest verkittet. Die Anwendung des Äthylsilikats erfolgt fast ausschließlich zur Herstellung der Formen im Wachsausschmelzverfahren. Obwohl das Wachsausschmelzverfahren wohl das älteste Gießverfahren überhaupt ist, hat es erst in neuester Zeit als Feingußverfahren mit Hilfe der silikatorganischen Stoffe allgemein Bedeutung erlangt. Da es in erster Linie ein Formverfahren ist, bei dem die Kernherstellung in den Hintergrund tritt, soll hier nur kurz auf die umfangreiche Literatur hingewiesen werden. Zu erwähnen sind die Arbeiten von TEDDS [*12*] und das Referat in der Gießerei-Praxis [*13*]. Das Wachsausschmelzverfahren ist in Bd. II/2, S. 94, behandelt.

Klasse C, 2. Gruppe, enthält *Wasserglas* als Binder. Wasserglas wird hergestellt durch Verschmelzen von Siliziumdioxyd (reinem Quarzsand) mit Soda oder Pottasche. Die erhaltenen amorphen Gläser werden mit der 5- bis 10fachen Wassermenge unter Druck erhitzt und bilden durch Hydrolyse zähflüssige Scheinlösungen von hoher Viskosität. Diese stellen einen mineralischen Leim dar, der in der Lage ist, durch Kieselsäureabspaltung die Sandkörner zu verkleben. Obwohl die Verwendung von Wasserglas als Bindemittel für Formmassen schon seit etwa 65 Jahren bekannt ist (auf Verwendung von Wasserglas für Formmassen wurde LAMPEL [*14*] schon 1896 ein Patent erteilt), hat es bis in neuester Zeit nur wenig Anwendung gefunden. In den letzten Jahren hat dieser Binder in vielen Gießereien Eingang gefunden. Das Verfahren beruht darauf, daß durch Einleiten von gasförmiger Kohlensäure in den mit Wasserglas benetzten Kernsand in der Kernbüchse die Ausfällung von Kieselgel erfolgt.

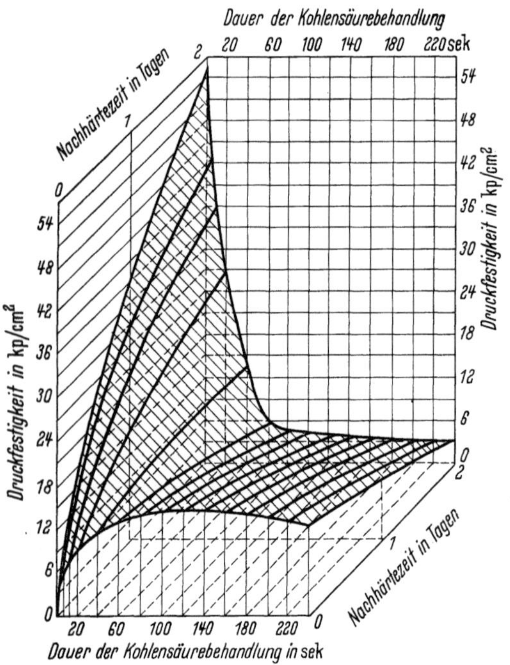

Abb. 2. Abhängigkeit der Druckfestigkeit von der Dauer der Kohlensäurebehandlung und Nachhärtezeit an der Luft bei Zusatz von 4% Wasserglas mit dem Modul 2,59 (nach LEVELINK [*15c*])

Über die Durchführung des CO_2-Erstarrungsverfahrens ist u. a. von SCHUMACHER [*15*] berichtet worden. Dabei besteht zwischen der Kornfeinheit und dem Binderzusatz ein enger Zusammenhang (Atterton [*15a*]). Die Bindermenge liegt am günstigsten bei etwa 3 bis 5% Wasserglas vom Modul 2,4 bis 2,7. Günstig sind Sande, deren Schlämmsubstanz in engen Grenzen liegt. Zusätze wie gemahlenes Pech sind gebräuchlich. Wasserglaskerne werden ungetrocknet vergossen. Dadurch treten bei diesem Verfahren keine Trockenkosten und außerdem erheblich geringere Transportkosten auf. Gelegentlich werden diese Kerne auch schwach angetrocknet oder für Kokillenguß kapazitiv getrocknet. Ein Nachteil der wasserglasgebundenen Kerne ist die schlechtere Lagerfähigkeit gegenüber ölgebundenen Kernen.

Die Reaktion (GERSTMANN [*15b*]) läuft wie folgt ab:

$$Na_2SiO_3 + CO_2 \rightarrow SiO_2 + Na_2CO_3.$$

Wie sich der Modul auf die technologischen Eigenschaften der Kerne auswirkt, zeigt die nachfolgende Tabelle.

Tabelle 1

Einfluß des Moduls auf einige technologische Eigenschaften des als Formstoffbinder verwendeten Wasserglases (nach [*15b*])

	Wasserglas mit[1]		
	einem niedrigeren Modul	einem Modul von 2,5	einem höheren Modul
CO_2-Menge bis zur völligen Aushärtung	größerer CO_2-Verbrauch	5 kg Wasserglas 2 kg CO_2	geringerer CO_2-Verbrauch
Festigkeits-eigenschaften: Druckfestigkeit [kp/cm²] Biegefestigkeit [kp/cm²]	bis $M = 2$ etwas höhere Festigkeitswerte, dann wieder fallend	je nach Kornaufbau des verwendeten Quarzsandes ~6—20 ~7—8	geringere Festigkeitswerte
Gasdurchlässigkeit [Einh.]	annähernd gleich	~80—200	annähernd gleich
Abriebfestigkeit	etwas besser	gut (etwa 0,5—1% Abrieb)	allgemein schlechter
Lagerfähigkeit CO_2 gehärteter Kern (bei Raumtemperatur)	gut	gut	neigt je nach Modul mehr oder weniger zum Zerfallen
Rieselfähigkeit nach dem Gießen	schlecht	schlecht bis mäßig	gut

[1] Die Angaben gelten für eine Mischung aus 95 Gew.-% Quarzsand und 5 Gew.-% Wasserglas.

Der Modul ist durch das Verhältnis $SiO_2 : Na_2O$ umschrieben. Die Druckfestigkeit wird auch durch die Lagerzeit und die Dauer der CO_2-Behandlung, also das CO_2-Angebot, bestimmt. Unter anderem hat LEVELINK [*15c*] darüber berichtet.

Weitere Eigenschaften sind nachfolgend gekennzeichnet:

Wärmeleitfähigkeit: etwa gleich derjenigen synthetischer Sande.
Druckfestigkeit: 3 bis 8 kg/cm² (s. a. Diagramm von LEVELINK).

Gasabgabe cm³/5 g Sand:	Mittelwerte nach:		
	5 sek	10 sek	20 sek
Sulfitlaugekern	40	80	100
Ölsandkern	20	30	60
CO_2 Sandkern (ohne Zusatz)	20	30	60
Ratinger Sand	10	20	40

Abspülneigung: gering

Einige Schwierigkeiten bereitet das Putzen der fertigen Gußstücke, da der Zerfall der Kerne nach dem Guß in manchen Fällen ungenügend ist. Dieser Nachteil läßt sich durch Zugabe organischer Substanzen wie Zucker, Holzmehl, Pech oder Steinkohlenstaub vermindern. Die im Handel befindlichen CO_2-Binder enthalten meist einen Zuckerzusatz, dessen Höhe ausschlaggebend für den Kernzerfall ist. Leider verteuert der Zuckerzusatz den Binder. Sehr wichtig für den CO_2-Verbrauch ist der Modul des verwendeten Wasserglases. Je höher der Modul, desto geringer ist der Aufwand an CO_2 für die Härtung der Kerne. Auch beim CO_2-Verfahren zur Kernherstellung ist der Einsatz beträchtlicher Altsandmengen möglich. Wegen der Schnelligkeit, mit der gebrauchsfertige Kerne hergestellt werden können, erfreut sich das CO_2-Verfahren einer umfangreichen Anwendung. Da beim CO_2-Verfahren Soda entsteht, kann eine Anreicherung im Formsand zu Schwierigkeiten insbesondere zu Gasblasen kurz unter der Oberfläche führen. Eine Kontrolle des Sodaanfalles im Formsand ist notwendig (pH-Messung). Ein Zuviel an Wasserglas gibt an der Oberfläche des Gusses Verglasungen, welche die Bearbeitbarkeit stören. Die Wiederverwendung des gebrauchten Sandes ist nach Erfahrungen von SCHUMACHER [*15*] möglich. Über weitere Erfahrungen berichtete NIELD und EPPSTEIN [*16*], TAYLOR [*17*] sowie SCHÄFER [*18*].

Als weiteres Bindemittel dieser Gruppe ist der *Portlandzement* (Bd. I/1, S. 444; Bd. II/2, S. 2) zu nennen. Hierbei ist jedoch zu beachten, daß die spezifischen Festigkeiten je nach dem angewendeten Zement auch denen der Gruppe 3 entsprechen können. Zement wird schon seit langem als Bindemittel für Gießereisande verwendet. Die Anfänge reichen bis ins vorige Jahrhundert zurück. Damals wurde eine Art Magerbeton hergestellt. In den 30er Jahren schuf DURAND durch eingehende Versuche die Möglichkeit zum rationellen Einsatz des Zements in der Formerei und Kernmacherei. Die stetige Entwicklung auf diesem Gebiet führte in den letzten Jahren dazu, daß man zur Herstellung von Zementsandkernen noch organische Binder zusetzte, um einerseits eine Beschleunigung der Abbindung, andererseits eine leichtere Entkernung zu erreichen.

Man verwendete zunächst Zelluloseäther der Klasse B, Gruppe 1, wie z. B. das Alkylin [*19*] oder neuerdings Emulsionen der Klasse B, Gruppe 2, z. B. Zemoplast [*20*]. Mit Hilfe dieser organischen Zusätze gelang es, die bisherigen Zementkernverfahren wirtschaftlicher zu gestalten, da die Kerne kurzfristig ausgeschalt werden können. Die Kerne können bei niederer Temperatur getrocknet werden, vertragen jedoch im geschwärzten Zustand auch Temperaturen bis 400 °C oder können in sehr vielen Fällen auch lufttrocken vergossen werden. Durch den Gehalt an organischen Stoffen, die nach dem Guß ausbrennen, zermürbt der Kern und läßt sich dann gut entfernen. Über die Verwendung von Zementsand berichtet BEILHACK in Bd. II/2, S. 1) [*21, 22*].

Klasse C, 3. Gruppe. Sie umfaßt magere und fette Formsande, die heute noch zur Kernherstellung verwendet werden. Die Schlämmsubstanz enthält Tonmineralien, meist Kaolin oder Eisenoxydhydrate u. a., die mit Wasser plastische Massen bilden. Daneben spielt der Bentonit wegen seiner viel höheren Quellfähigkeit eine immer größere Rolle (Bd. I/1, S. 415). Diese anorganischen Binder finden in der Kernherstellung umfangreiche Verwendung. Man stellt mit ihnen, wie schon eingangs erwähnt, wassergebundene Kerne her. Sehr gut hat sich der Zusatz von Tonsubstanzen zu Quarzsanden bewährt, wenn diese mit dünnflüssigen Ölen oder Stärkebindern verarbeitet werden. Hierdurch läßt sich ohne große Beeinflussung der Kernqualität jede gewünschte Grünstandfestigkeit erzielen. Bei Verwendung von Bentonit genügen hierzu Zusätze von 1 bis 2% zum Quarzsand.

In diese Gruppe gehört ein weiteres Verfahren, das gebrannten Magnesit und Magnesiumchlorid als Bindemittel verwendet. Es wurde auch unter dem Namen WEIPERT-Verfahren bekannt (DRP 740735). Die Herstellung des Bindemittels geschieht in folgender Weise: Natürlich vorkommender Magnesit wird bis 1000 °C erhitzt und spaltet dabei die Kohlensäure ab nach der Gleichung: $MgCO_3 = MgO + CO_2$ (kaustischer Magnesit).

Die zweite Komponente des Bindemittels, das Magnesiumchlorid, wird aus den Mutterlaugen des Carnallit gewonnen. Trägt man gepulverten kaustischen Magnesit in konzentrierte Magnesiumchloridlösung ein, so erstarrt die anfangs plastische Mischung zu einer harten Masse, dem Sorelzement, der die Sandkörner im Kern verkittet. Die Bildung des Sorelzementes verläuft nach der Gleichung:

$$5\,MgO + MgCl_2 + 12\,H_2O = MgCl_2 \cdot 5\,Mg(OH)_2 \cdot 7\,H_2O .$$

Leider ist der Magnesiazement, besonders bei überschüssigem Chloridgehalt, nicht wasserbeständig. Außerdem tritt in diesem Fall schon bei 300 bis 400 °C Hydrolyse nach folgender Gleichung ein:

$$MgCl_2 + H_2O = MgO + 2\,HCl.$$

Die entstehenden Salzsäuredämpfe können sehr lästig werden. Über das Magnesitverfahren zur Kernherstellung berichtet KALPERS [*23*]. Auf 100 kg Quarzsand werden bei diesem Verfahren 4 bis 4,5 kg kaustisch gebrannte Magnesia und 5 bis 6 kg Chlormagnesiumlauge 30 bis 32 °Bé verwendet. Der fertig gemischte Sand ist lose und erfordert keine Stampfarbeit ähnlich wie bei Erstarrungsölkernen. Nach etwa 6 Stunden erstarrt die Masse durch Ablauf der oben genannten Reaktion, worauf die Kerne ausgeschalt und getrocknet werden können.

Als weiteres Bindemittel dieser Gruppe wird gebrannter Gips für Spezialkerne bei der Schaufelherstellung von Flüssigkeitsgetrieben in den USA verwendet. Hierüber berichtet WICK [*24*].

II. Die Kernarten

A. Handgestampfte und gedrehte Kerne

Im nachfolgenden werden die einzelnen Kernverfahren beschrieben.

1. Sandkerne, grün

Sie werden meist aus gut bindenden Modellsanden, teilweise unter Zusatz von pulverförmigen Bindern oder Bentonit, hergestellt. Sie enthalten bis 7% Steinkohlenstaub. Der Wassergehalt erreicht bis 8%. Kerne dieser Art werden meist von Hand gestampft. Da sie beim Transport schon zerfallen können, werden sie meist am Formplatz hergestellt. In die Form werden sie grün eingelegt. Die Eigenschaften schwanken in weiten Grenzen.

Beispiele	Gd	Druckfestigkeit g/cm²	H_2O
GG Klein-Guß	26— 50	300— 500	5—8%
GG Mittel-Guß bis 50 kg	30— 70	600— 900	4—6%
Gt Fittings	15— 35	350— 500	4—7%
Stahlguß	80—120	1000—1300	4—6%
Mittelschwer-Guß bis 100 kg		belgischer Sand	

Grünsandkerne finden vor allem Verwendung bei schwindungsempfindlichem Guß. Bei geeignet konstruierten Gußstücken können Kerne als Teil der Form mit ausgeformt werden.

Beispiel für eine Tempergußsandmischung:

50 kg Frechener Quarzsand 32
48 kg Formsand (Bottrop)
2 kg gemahlenes Steinkohlenpech oder 4 bis 5 kg Steinkohlenstaub

2. Getrocknete Formsandkerne

Kleine, meist aber mittlere bis schwerste Kerne dieser Art werden der Formerei angeliefert. Sie bestehen aus geeigneten, dem Trockenprozeß gut widerstehenden mageren bis fetten Kern- bzw. Formsanden. Vielfach werden Auflockerungsmittel (Pferdemist), [er bringt eine gewisse Gärung (NH_3) beim sog. Mauken der Massen = Liegenlassen hervor, die dem Schlämmstoff im Kernsand zum Aufschluß nützt; heute wird gelegentlich auf Grund dieser Erkenntnis Harnstoff, Ammoniak usw. zugesetzt], neuerdings Flachsschäben, Stroh, Kokspulver, Holzmehl und in größeren Hohlräumen des Kernes Schlacke (Ersparnis und gute Gasabführung) u. a. zugesetzt. Mittels

Versteifungen, Kerneisen u. a. wird der Kern verfestigt, um auch dem Transport standzuhalten. Die Eisenversteifungen werden, um die Bindung mit dem Sand zu gewährleisten, mit feuerfestem Tonbrei bestrichen.

Die Eigenschaften schwanken je nach Art der Herstellung in weiten Grenzen, da auch die Art der Mischung in Kollergängen einen wesentlichen Einfluß auf die Güte der Kernmasse hat. Zu fette Massen oder schlecht gemischte Massen reißen beim Trocknen leicht auf und erfordern teuere Flick- und Schwärzezeiten. Die Höhe des Anmachwassers ist mit für die Güte des Kernes verantwortlich. Die Trocknung umfaßt mehrere Vorgänge, über die in Bd. I/1, S. 438, und Bd. II/2, S. 272, berichtet wurde.

Schwere Kerne werden meist noch mit Ton oder gebrannten Tonsteinen vorgemauert, eine Methode, die besonders beim Schablonieren angewendet wird. Die Herstellung der Kernmassen geschieht in Kollergängen. Mischer sind wegen des Durchknetens weniger geeignet. Einige bewährte Mischungen haben folgende Zusammensetzung:

I. 70 kg Kaiserslauterner Sand mittelkörnig
25 kg magerer Ton
5 kg Steinkohlenteerpech gemahlen
II. 70 kg Kaiserslauterner Sand mittelkörnig
27 kg magerer Ton
3 kg Flachsschäben

Die Formsandkerne werden von Hand- oder mit Preßluftstampfern verdichtet. Die Verdichtung beträgt je nach Grad der Zumischung von Häcksel u. ä. zwischen 1 bis 1,3 kg je dm³. Da der Ausbrand oder die Schrumpfung von organischen Stoffen, wie etwa Stroh usw., die Eigenschaften des Kernes mitbedingt, ist diesen Kernmassen auf dem üblichen Wege der Prüfung nur bedingt beizukommen. In Probekörpern mit 150 mm Durchmesser bei gleicher Höhe ließen sich in einer eigens dazu gebauten Apparatur gute Anhaltszahlen ermitteln.

Beispiele:

a) (Probekörper 150 × 150 mm) ohne Auflockerungsmittel

Anmachwasser-gehalt	Mittelwerte Druckfestigkeit			Mittelwerte Gasdurchlässigkeit		
	g/cm²	kp/cm² nach Trocknung		(kalt)		
	20° grün	150°	6 Std. 300°	bei 20° grün	getrocknet 150°	300°
5%	450	8,2	7,0	35	120	150
8%	600	19,6	13,2	23	100	120
10%	750	23,2	25,4	17	90	120

b) *Mit 3% Flachsschäben*

Anmachwasser-gehalt	Mittelwerte Druckfestigkeit			Mittelwerte Gasdurchlässigkeit		
	g/cm²	kp/cm² nach Trocknung		(kalt)		
	20° grün	150°	6 Std. 300°	bei 20° grün	getrocknet 150°	300°
5%	350	4,2	5,6	20	150	220
8%	390	12,2	13,0	20	160	250
10%	520	18,0	16,0	18	120	220

Bei Beispiel a) und b) handelt es sich um mittelkörnigen Kaiserslauterner Sand, der mit Tonmergel 30% versetzt wurde. Die Verdichtungsarbeit entsprach, auf die größere Probe übertragen, derjenigen von 3 Rammschlägen.

Die Kerne sind nach geeigneter Trocknung gut abriebfest und lassen sich gut schwärzen, da eine leichte Verbindung mit dem Kern möglich ist. Schwärzen wird meist in warmem Zustand des Kernes durchgeführt. Unter Umständen wird es zweimal vorgenommen. Nach dem Schwärzen werden die Kerne nochmals nachgetrocknet. Durch die Schwärzeschicht tritt eine Senkung der Gasdurchlässigkeit ein (Bd. I/1, S. 477). Auch Brennschwärzen werden mit Vorteil angewendet. Das Verfestigen der Kernoberfläche mit Formstiften verringert bei starker Spülneigung des Gießmetalls das Abplatzen von Kernteilen.

3. *Bentonitkerne*

In Fällen, in denen die Gasdurchlässigkeit der Formsandkerne nicht genügt, können Bentonitkerne auf Quarzsandbasis eingesetzt werden. Sie haben außerdem den Vorteil einer höheren Abriebfestigkeit, besonders wenn Öl oder Quellbinder zugegeben werden. Verwendet werden sie bei GG, GT und GS. Bewährte Mischungen sind:

1. Für luftgetrocknete Kerne:
   46 kg Altsand
   46 kg Quarzsand 0,25—0,3 mm MK
   5 kg Bentonit
   3 kg Gießereipech ev. Kohlenstaub
   Wasserzusatz reichlich wegen des hohen Altsandanteils

2. Für ofengetrocknete Kerne:
   96,5 kg Quarzsand 0,2 mm MK
   1,0 kg Bentonit
   1,0 kg Quellbinder
   1,5 kg dünnflüssiges hochwertiges Kernöl
   Wasserzusatz ca. 3%

Bei der Mischung ist darauf zu achten, daß der Sand mit den trockenen Zusätzen gut durchgemischt wird und dann erst die Wasserzugabe erfolgt (evtl. in 2 Partien). In Sonderfällen wird Kernöl zugegeben. Wird das Öl vor dem Wasser beigemischt, verhindert es die Quellung des Bentonits, und man erhält eine mangelhafte Festigkeit des gemischten Sandes. Bei Zusammenstellung der Mischvorschriften ist das unterschiedliche Verhalten von Naturbentoniten und aktivierten Bentoniten zu beachten (Bd. I/1, S. 416). Kerne dieser Art werden grün eingelegt oder angetrocknet, wenn es sich um schwere Kerne handelt. Auch Durchtrocknen bei 100 bis 120 °C ist in der Praxis üblich. Über die Eigenschaften s. Bd. I/1, S. 468.

4. *Lehmkerne*

Lehmkerne sind nicht streng von den vorher besprochenen Kernen zu trennen. Sie werden in der Grauguß- und Walzen-Großformerei angewendet. Kerne dieser Art werden meist mit Dreh- oder Ziehlehm hergestellt. Der Lehm, der dazu Verwendung findet (Bd. I/1, S. 395, 443) hat unterschiedliche Güteeigenschaften.

Man mischt ihn mit Formsand oder mit anderen magernden Sanden und gibt ebenfalls Auflockerungsmittel wie Pferdemist, Stroh, Flachsschäben, Kokspulver u. a. hinzu. Teilweise legt man auf das sog. Mauken, also längeres Liegenlassen der Massen — ein Vorgang, der in seiner Wirkung noch nicht klar erkannt ist — besonderen Wert. Dieses sogenannte Mauken hat auch in der Porzellanindustrie Bedeutung. Bei zylindrischen Kernen werden Stroh- oder Holzwolleseile auf durchlöcherten Eisenspindeln aufgedreht, und darauf wird die Masse aufgesetzt. Bei größeren Kernen wird auch noch Mauerwerk, auf das die Lehmschichten aufgetragen werden (vielfach Schablonenarbeit) aufgesetzt. Auch Kokillen mit Lehmüberzügen finden Verwendung. Beim Walzenguß werden die sogenannten Steine (Gußeisenformlinge) mit entsprechenden Massen, deren Rezepte althergebracht sind, je nach beabsichtigter Schrecktiefe verschieden stark überzogen.

Die Kerne werden dann langsam an der Luft und je nach Zusammensetzung bis zu 300 °C getrocknet. Es ist darauf aufmerksam zu machen, daß zwischen der Ofentemperatur, die meist höher liegt, und der Kerntemperatur oft recht beträchtliche Unterschiede auftreten. Der Trockenvorgang selber muß auf die Schwindung des Lehms beim Erhitzen

Rücksicht nehmen. Rißbildung ist möglichst zu vermeiden. Die Trockenzeit umfaßt bis 80 Stunden, selten mehr. Durch geeignetes Trocknen werden die Gießeigenschaften der Kerne gesichert. Lehmkerne werden hohen Gießansprüchen gerecht. Die Abspülgefahr wird durch geeignete Schwärzen verringert. Die Festigkeit ist von der Lehmmasse abhängig. Die Gasdurchlässigkeit ist durch die Auflockerungsmittel zu erhöhen.

Mischungsbeispiele. Bei einem schweren Graugußstück wurden Zusammensetzungen wie folgt gewählt:

40% magerer Formsand (8% Schlämmsubstanz), mittelkörnig,
57% Lehm (45% Schlämmsubstanz), feinkörnig,
3% Auflockerungsmittel, Flachsschäben, etwa 1 cm Länge, 1 mm Breite.

Weiteres Beispiel:
50% magerer Formsand, mittelkörnig, 48% fetter Lehm, 2% Kokspulver.

Weiteres Beispiel:
37% Lehm, 30% alte Masse, 30% fetter Formsand, 3% Auflockerungsmittel in Form von Pferdemist.

Von solchen Lehmkernen sind auch Eigenschaften ermittelt worden, und zwar ergaben sich Druckfestigkeiten bei einer Trocknung von 300 °C von 19 bis 68 kg/cm² bei verschiedenen Massen. Die Gasdurchlässigkeit schwankte von 100 bis 400. Bei der Trocknung aufgetretene Trockenrisse müssen vor der Anwendung der Lehmkerne ausgebessert werden. Das Schwärzen geschieht mit einer normalen Wasserschwärze, der zur Erhöhung der Abriebfestigkeit 1 bis 2% Zellpechpulver oder Sulfitlauge zugegeben werden. Nach dem Schwärzen müssen die Kerne noch ein Trockenfeuer erhalten.

5. *Ölkerne*

Mit den steigenden Anforderungen an den Guß haben die Ölkerne immer größere Bedeutung gewonnen. Man vermeidet immer mehr die Verwendung tonhaltiger Sande und erleichtert sich dadurch das Verdichten. Trotzdem erfordern auch sie ein sorgfältiges Arbeiten. Besonders bei verwickelten Kernen müssen die Kanten gut verdichtet und an schwachen Stellen Eisen eingelegt werden. Bei der Einlage von Kerneisen darf nur weicher, nicht federnder Draht genommen werden. Besser sind besonders bei größeren Kernen gegossene Roste, an denen gleich die Aufhängeösen mit angegossen sind. Für gestampfte Kerne spielt die Gründruckfestigkeit des Sandes eine ausschlaggebende Rolle (Abb. 3). Die Kernemulsionen geben dem Sand von vornherein eine gewisse Gründruckfestigkeit. In manchen Fällen genügt diese jedoch noch nicht, um eine Deformation des freistehenden Kerns zuverlässig zu verhüten. In diesem Fall muß die Gründruckfestigkeit erhöht werden. Das einfachste Mittel hierzu ist die Zugabe von geringen Anteilen von Formsand, die die Gasdurchlässigkeit nur wenig herabsetzen, dagegen die Standfestigkeit erheblich verbessern. Allerdings muß der Ölzusatz bei Zugabe von Formsand etwas erhöht werden. Man erhält dann aber sehr glatte und kantenscharfe Kerne, die auch bei beträchtlicher Größe einwandfrei stehen. Die Ölzusatzmengen hängen stark von der Körnung des Sandes, vom Tongehalt und auch von der Qualität des verwendeten Öls ab. Man wird daher immer erst die Mischung erproben müssen, um sie dann nach Gutbefund in den Betrieb zu nehmen. Als Anhaltspunkt kann dienen, daß im allgemeinen ein Zusatz von 2 bis 4% Emulsion zum Sand richtig ist. Trockentemperatur 220 °C.

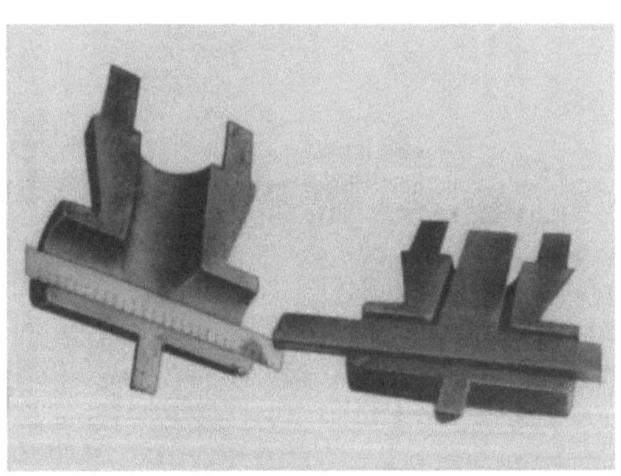

Abb. 3. Handgestampfter Kern auf Emulsionsbasis

6. *Quellbinderkerne*

Für Kerne, die keiner höheren Beanspruchung ausgesetzt sind, können an Stelle von Emulsionen auch Quellbinder, eventuell in Verbindung mit reinen Ölen, verwendet werden, falls die Härte von reinem Quellbinder nicht genügt. Trockentemperatur bei Quellbinder allein 180 °C, mit Öl 200 bis 220 °C.

7. *Zementkerne*

Für mittlere und große Kerne eignet sich sehr gut das Zementkernverfahren unter Zusatz organischer Binder. Trockentemperatur 120 bis 250 °C, eventuell Lufttrocknung (Abb. 4 bis 6); s. Bd. II/2, S. 17.

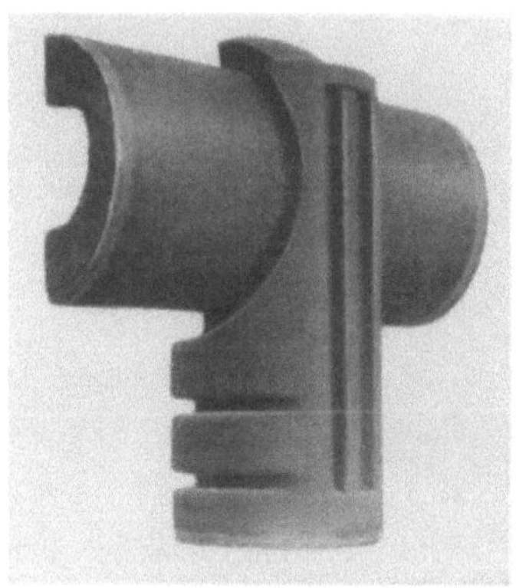

Abb. 4. Schiebekern aus Zemoplastsand, 600 mm

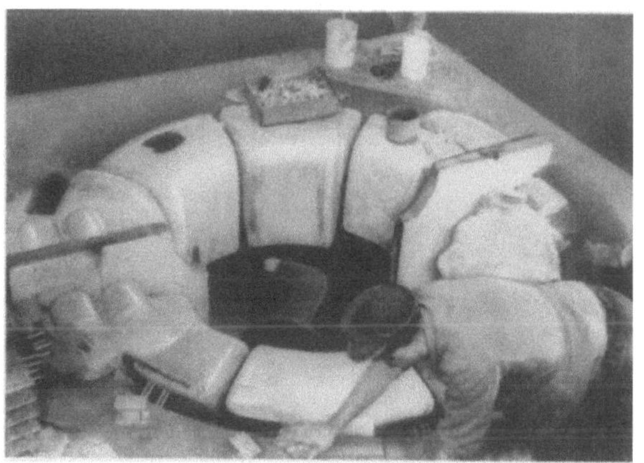

Abb. 5. Unterform mit eingelegten Kernen aus Zemoplast einer Kaplanturbine

8. *Schamotte (Masse-) kerne*

Sie werden in der Handformerei der Stahlgießerei verwendet. Die untere Gewichtsgrenze solcher Gußstücke dürfte bei 100 kg liegen. Über die Schamotte ist in Bd. I/1, S. 451, berichtet worden. Saure Massen werden in deutschen Gießereien wenig verwendet. Da die Schamotte formgerecht angeliefert wird, ist nur noch das Anlegen, das Hinterfüllen mit Altschamotte, das Einbringen von Verbaueisen und das Stampfen mittels Hand oder unter Benutzung von Preßluftstampfern (s. Bd. IV) notwendig. Diese Massen ergeben bei einem Anmachwasser von 6 bis 8% eine gute Verzahnung der einzelnen Teilchen untereinander. Das sogenannte Brennen erfolgt bei Temperaturen bis 600 °C. Kerne dieser Art werden 1- bis 2mal geschlichtet (Abb. 7).

Abb. 6. Zurichten der Unterform mit Zemoplastkernen. Kaplanturbinenteil

Für Kerne, die zu Dauerformen Anwendung finden, hat sich das *Verschneiden* mit Schamottemassen gut bewährt. Auch zur Herstellung von Kernen für Papierzylinder können Schamottezusätze vorteilhaft sein.

B. **Selbsterstarrende Kerne** (Schüttkerne)

Für mittlere bis allergrößte Kerne wird neben den eben erwähnten Verfahren gerne Erstarrungsölsand verwendet. Der Erstarrungssand gewährleistet eine sehr hohe Standfestigkeit beim Trocknen der Kerne. Das Aufstampfen wird fast ganz vermieden, da der Sand im frisch bereiteten Zustand nur leicht angedrückt wird und dann im Laufe einiger Stunden in der Kernbüchse erhärtet (Abb. 8 u. 9). Verwendet wird ein grober Sand, der eine gute Gasdurchlässigkeit sichert. Kerneisen werden nur wenige benötigt, jedoch muß wegen des groben Sandes sehr gut geschwärzt werden. Die Kerne werden bei 200 bis

Abb. 8. Einlegen eines Kernes für einen Kompressor (Erstarrungsöl)

Abb. 7. Großer Massekern beim Einlegen in die Bodenform

Abb. 9. Kern für Gebläse aus Erstarrungsöl schabloniert, 4500 mm ∅

220 °C getrocknet, doch werden sie manchmal auch im grünen Zustand vergossen (Verwendung bei GG und GS) (Eigenschaften s. Bd. I/1, S. 468)[1].

C. Geblasene und geschossene Kerne

Die bisher behandelten Kernherstellungsverfahren, besonders das letzte, eignen sich weniger für Massenanfertigung, da die Kernbüchsen immerhin einige Zeit bis zur Fertigstellung des Kerns belegt sind. Für die Serienherstellung, besonders kleiner Kerne, hat sich daher immer mehr die maschinelle Herstellung durchgesetzt. Wohl hat man auch früher schon flache Kerne mit gut fließenden Ölsanden hergestellt und diese infolge ihrer geringen Grünstandfestigkeit in Trockenschalen gebrannt, aber für die Massenherstellung dauert die Handfertigung der Kerne immer noch zu lange. Kerne, die eine besondere Luftführung benötigen, wie Radiatorenkerne, werden auch jetzt noch von Hand in zwei Klappschalen hergestellt.

Bei diesen Kernen wird meist grober Quarzsand von 0,3 bis 1 mm verwendet. Die Kerne werden in Trockenschalen getrocknet.

Für die übrigen Kerne jedoch haben sich Blas- und Schießmaschinen eingeführt.

[1] Siehe Nachtrag über Furanharze S. 270.

Die ersten Blasmaschinen konnten nur sehr leichtfließende Sande verarbeiten, so daß die Kerne alle in Schalen getrocknet werden mußten. Die modernen Maschinen dagegen erlauben auch Sande mit erheblicher Gründruckfestigkeit zu verwenden, so daß man freistehende Kerne erhält. Es ist ohne weiteres möglich, Emulsionsande zu verarbeiten, sogar solche mit Zusatz von tonhaltigen Sanden. Bevorzugt werden meist Kombinationen von reinem Öl oder Kunstharzen mit Trockenbindern, die mehr Variationsmöglichkeit bieten. Wichtig ist, daß die Sandmischung nicht an der Kernbüchse klebt (schweißt) und auch nicht zu schnell austrocknet. Das Schweißen des Sandes läßt sich durch Abreiben der Kernbüchse mit Petroleum verhindern.

Man kann auch $^1/_2\%$ Petroleum mit Ölsäurezusatz zum Kernsand zugeben. Das Austrocknen des Sandes durch die Blasluft läßt sich durch Änderung des Wasserzusatzes und des Bindemittels beeinflussen. Eine schwache Antrocknung des Sandes ist wegen der Standfestigkeit beim Transport der Kerne zum Trockenofen im allgemeinen vorteilhaft. Auf die notwendige Fließbarkeit des Sandes wegen der zum Teil sehr komplizierten Kernformen wurde schon oben hingewiesen. Bei der Anfertigung von Blaskernbüchsen ist außerdem darauf zu achten, daß längere, blind endende Kanäle entlüftet werden müssen, um eine Sandverdichtung an diesen Stellen zu ermöglichen (s. Bd. IV).

D. Kerne für besondere Gießverfahren

1. Kokillenkerne

Sondergießverfahren, wie z. B. der Kokillenguß, erfordern besondere Kerne. Bei Leichtmetallguß werden sie in vielen Fällen aus Stahl hergestellt und bilden einen Bestandteil der Kokillen (R. Irmann [*25*]). Bei Schwermetallguß dagegen werden gerne Sandkerne für die Kokillen verwendet, wobei als Bindemittel Stärkebinder und Öle oder Wasserglasbinder, neuerdings auch Kunstharze dienen.

2. Croningkerne

Eine weitere Art von Spezialkernen sind die Hohlkerne aus Kunstharzen mit feinem Sand, die im Formmaskenverfahren angewendet werden.

3. Gipskerne

Zu den Spezialkernen gehören auch die Schaumgipskerne, über die E. Piwowarsky und A. Schorr berichten [*26*].

E. Kernformen

(s. Bd. II/1.)

III. Aufbereitung des Kernsandes und deren Überwachung

A. Herstellung der Sandmischung

Auf die hierbei gebrauchten Maschinen soll an dieser Stelle nicht eingegangen werden, da sie in Bd. IV zu behandeln sind. Es sei nur kurz darauf hingewiesen, daß je nach den Eigenschaften der herzustellenden Kernsandmischung verschiedene Systeme von Vorteil sein können. Manche Mischungen vertragen eine Knetwirkung schlecht oder gar nicht, während andere erst durch die Knetwirkung vollkommen aufbereitet werden. Im allgemeinen werden tongebundene Mischungen in einem Kollergang aufbereitet, während Kerne auf Stärkebasis oder Öl- bzw. Emulsion- sowie Kunstharzsande in nicht knetenden Mischern erstellt werden. Bei Zementsand sind auch Mischmaschinen gebräuchlich, wie sie bei der Betonherstellung Anwendung finden. Ist eine neue Kernsandmischung notwendig, so ist es ratsam (Labor-) Kleinversuche vorausgehen zu lassen, um die Eigenarten der neuen Mischung erfassen zu können. Dabei können sowohl die Mengen als auch die Reihenfolge der Binder sowie Beeinflussungen von seiten der Sande erkannt werden.

Wesentlich ist dann die Herausgabe einer genauen Rezeptur. Die Mithilfe des Kernsandmischers sichert man sich durch laufende Schulung. Die Zuteilung der einzelnen Komponenten erfolgt entweder nach Gewicht oder besser mittels festgelegter Volumenmaße. Bei Mischeinrichtungen für Serien-Kernherstellung werden die einzelnen Bestandteile am besten automatisch zugeführt. Bewährt haben sich Sandeinfülltrichter, die bis zur Füllmarke eine Normalfüllung der Maschine enthalten und über dieser angeordnet sind. Durch Füllen des Trichters kann eine neue Charge schon während des Laufs der Maschine vorbereitet werden. Auch für die Bindemittel müssen Meßgefäße vorhanden sein, die genau ausgewogen sind, und zwar für jedes Bindemittel ein besonderes Gefäß. Ist der Sand eingefüllt und die Maschine in Gang gesetzt, so wird mit dem Zusatz der Bindemittel begonnen. Hierbei ist besonders bei zähflüssigen Ölen darauf zu achten, daß schon während der Zugabe eine gewisse Vorverteilung eintritt, um von vornherein die Bildung von Ölnestern zu verhüten. Wichtig ist, daß der verwendete Sand nicht heiß ist, da sonst bei der Verarbeitung Schwierigkeiten auftreten können. Da bei Zugabe mehrerer Bindemittel zu einer Mischung die Reihenfolge der Zugabe durchaus nicht gleichgültig ist, muß die einmal erprobte Reihenfolge unbedingt eingehalten werden. Welche Bedeutung die Mischfolge haben kann, soll an einem Beispiel gezeigt werden. Es sei angenommen, daß aus einem grubenfeuchten Quarzsand mit Quellbinder und einem dünnen Öl ein Blassand hergestellt werden soll. Der Sand ist gleichmäßig mit einer dünnen Wasserhaut überzogen, da Quarz ein hydrophiles Material ist. Wird nun zuerst der Quellbinder zugesetzt, so quillt er mit dem Wasser und umhüllt die Sandkörner mit dem gebildeten Stärkekleister. Hierdurch erhält der Sand seine Gründruckfestigkeit. Wird jetzt das Öl zugegeben, so breitet es sich als dünne Schicht auf der Stärkeoberfläche aus, da das Öl gegen die angrenzende Luft eine kleinere Oberflächenspannung als Wasser besitzt. Hierdurch ergeben sich hohe Trockenfestigkeiten. Verfährt man umgekehrt, bildet sich zunächst eine Öl-Wasser-Emulsion auf dem Quarzkorn. Aus dieser kann die Stärke nur einen Teil des benötigten Wassers entnehmen, sie wird also nur teilweise quellen, während der Rest nur als Füllstoff wirkt und als solcher noch einen Teil des Öls wirkungslos werden läßt. Zwei Versuche sollen dies erläutern:

Mischung 1. 100 g Halterner Quarzsand MK 0,24 mm, GM 76%, trocken
3 g Wasser
2 g Quellbinder
1 g dünnes Kernöl (Viskosität 350 °E, 20 °C)
(der Sand ist blasgerecht und schweißt nicht)
Biegefestigkeit: 42 kp/cm² (Trocknung 1,5 Std. bei 220 °C).

Mischung 2. 100 g Halterner Quarzsand MK, 0,24 mm, Gm 76%, trocken
3 g Wasser
1 g Kernöl wie oben
2 g Quellbinder
(der Sand schweißt stark und kann nicht verblasen werden)
Biegefestigkeit: 18 kp/cm² (Trocknung 1,5 Std. bei 220 °C).

Über die Auswirkung der Reihenfolge der Zusätze berichtet mit entsprechenden Ergebnissen O. J. Myers [*27*].

Nach Zugabe aller Bestandteile läßt man die Mischmaschine weiterlaufen, bis eine homogene Verteilung erreicht ist. Je nach Bauart der Maschine wird dies in 2 bis 5 Minuten erreicht sein. Ein längeres Laufenlassen der Mischung führt zur Erwärmung des Sandes und eventuell zur Kornzerkleinerung. Beides wirkt sich bei der Kernherstellung nachteilig aus. H. Derlon u. C. Rauh [*28*]. Bei Kernen für hochwertige Gußstücke ist eine laufende Kontrolle der Mischung unerläßlich. Die Herstellung des Kernsandes sollte so eingeteilt werden, daß die Kernmacherei schon zu Arbeitsbeginn mit frisch bereitetem Sand versorgt ist und auch während des Tages laufend die nötigen Mengen angeliefert bekommt.

B. Verarbeitung zum Kern

Je nach dem angewandten Fertigungsverfahren gestaltet sich die Sandmischung und ihre Verarbeitung verschieden. Hierüber wurde schon im Abschnitt über die verschiedenen Kernarten gesprochen. Allgemein ist zu sagen, daß durch die neuzeitlichen Bindemittel die Kernfertigung ganz beträchtlich erleichtert wurde. Insbesondere erlaubt die hohe Gasdurchlässigkeit in den meisten Fällen den Verzicht auf das Einlegen von Wachsschnüren, Nylonröhrchen u. a. Durch die hohe Festigkeit können auch Versteifungen und Kernnägel eingespart werden.

C. Überzüge auf Kernen (Trocknen s. bes. Abschn.)

Je nach Art der Kerne werden Überzüge aufgetragen. Diese Überzüge haben die Aufgabe, die Kernoberfläche zu erhärten und zu glätten. Dabei wird der Abriebwiderstand und auch der Widerstand gegenüber dem strömenden Gießmetall erhöht.

Das einfachste Mittel ist das Ansprühen, das häufig bei Kernbinderkernen anzutreffen ist. Diese Ansprühmittel sind meist wäßrige Lösungen oder Suspensionen von z. B. Sulfitablauge, Dextrin und neuerdings auch schnell härtenden Kunstharzen. Anspritzmittel, die gefärbt sind, haben den Vorzug, weil der Farbzusatz sowohl die Gleichmäßigkeit des Versprühens erkennen läßt und auch nach dem Brennen durch einen weiteren Farbkontrast ein Verwechseln von ungebrannten mit gebrannten Kernen ausschließt.

Die Vielzahl weiterer Überzüge verschiedener Basis dient dann noch der Erhöhung der Feuerbeständigkeit. Über die Zusammensetzung und weitere Eigenarten berichten: F. Roll u. H. Rehr, Studienarbeit Hüttenschule 1958/59, und F. Roll u. U. Klinger, desgl. 1959/61. Diese Überzüge werden entweder aufgestrichen oder aufgesprüht. Auch das Tauchen ist üblich. Bei grobkörnigen Kernen etwa aus Schamotte ist das sogenannte Schlichten, ein Aufstreichen und Einpolieren, üblich. Über die verschiedenen Möglichkeiten der Verwendung von *Schwärzen* berichtet Thews [*29*] und Nicolas [*30*]. Wichtig beim Schwärzen ist, daß ein glatter, gut haftender Überzug entsteht. Der Sinn der Schwärzung ist ein doppelter:

1. sollen die Poren zwischen den einzelnen Sandkörnern an der Oberfläche des Kerns geschlossen werden und

2. wirkt die Schwärze beim Guß als Gleitmittel für das flüssige Metall. Hierdurch wird die Penetration desselben herabgesetzt, die Wärmeaufnahme des Kerns wird verzögert und die Putzarbeit wird verringert.

Beim Schwärzen ist immer zu beachten, daß die Gasableitung durch die Verdichtung der Oberfläche herabgesetzt wird. Bei unterschnittenen Stellen muß darauf Rücksicht genommen werden, um die Entstehung von Gasblasen im Guß zu vermeiden. Burke [*31*] hat sich eingehend mit dem Problem der Schwärzung befaßt, und ebenso berichtet Dietert darüber [*32*]. Auch Skerl [*33*] hat sich mit diesen Fragen beschäftigt. Für einzelne Kerne wird statt einer Schwärze eine Schlichte vorgezogen. Die Schlichten bestehen teils aus Zirkonmehl und Tonen oder Schamotte oder für Leichtmetall aus Talkum, Tonen oder Kreide. Um den überaus verschiedenen Anforderungen gerecht zu werden, sind eine Reihe von Erzeugnissen auf dem Markt.

In vielen Fällen wird die Oberflächenbehandlung der Kerne erst nach dem Trockenvorgang durchgeführt. Dann müssen die Kerne zunächst von Staub und evtl. Flugasche gesäubert werden, um ein gutes Haften des Anstrichs zu erreichen. Vor dem Einlegen der Kerne ist es nötig, das Schwärze- oder Schlichtewasser durch nochmaliges Erhitzen der Kerne restlos zu entfernen. Dies kann im Trockenofen oder durch gewissenhaftes Abflammen erreicht werden.

Um einen besonderen Trockenvorgang für die Schwärze zu ersparen, werden neuerdings verschiedentlich sogenannte Brennschwärzen verwendet. Diese werden an Stelle von Wasser mit brennbaren organischen Flüssigkeiten, meist Alkoholen, angemacht. Die fertig gestrichenen Kerne werden angezündet, wobei durch die Verbrennung der organischen Flüssigkeit die zur Trocknung des Anstrichs benötigte Wärme entsteht.

D. Einlegen der Kerne in die Form

Das Einlegen der Kerne in die Form wird wiederum, je nach der Größe und Form, verschieden vorgenommen. Bei kleinen Kernen wird im allgemeinen die Kernmarke zur sicheren und richtigen Lagerung genügen, während bei großen Kernen fast in allen Fällen Kernstützen zur Aufnahme des Auftriebs beim Guß nötig sind. Für die Größe des entstehenden Auftriebs genüge nachfolgender Hinweis:

Das Raumgewicht des flüssigen Eisens beträgt 7,25, dasjenige eines Kerns etwa 1,7 je dm^3. Je dm^3 umgegossenen Kerns entsteht also ein Auftrieb von rund 5,55 kp. Ein mittlerer Kern von $350 \times 300 \times 200$ mm hat bei 21 dm^3 Volumen einen Auftrieb von rund 117 kp, die durch Kernstützen aufgefangen werden müssen. Daß die Kernstützen in der Höhe genau passen müssen, ist selbstverständlich, da sie sonst ihren Zweck nicht erfüllen. Beim Zulegen der Form wird man daher zunächst ihre genaue Höhe mit einem eingelegten Lehmkörper durch Zulegen der Form feststellen und dann erst nach Wiederaufheben des Oberkastens die passenden Kernstützen einsetzen. Vor dem endgültigen Zulegen der Form prüft man nochmals die richtige Lage der Kerne mit einer Lehre nach und beseitigt eventuelle Schwärzeschäden, wobei wieder auf restlose Nachtrocknung zu achten ist.

Zusammenbau von Kernen

Bei komplizierten Kernen, die aus einzelnen Stücken zusammengesetzt werden, verwendet man vorteilhafterweise sogenannte Kernkleber, die von verschiedenen Lieferanten in den Handel gebracht werden. Sie bestehen meist aus Sulfitlauge, oft auch aus Wasserglas mit Füllstoffen.

Bewährte Vorschriften sind:

1.	65 Gew.-Teile		Sulfitlauge 40 °Bé
	33	,,	Talkum
	2	,,	Eisenoxyd
2.	60 Gew.-Teile		Sulfitlauge 36 °Bé
	35	,,	Isolierton
	5	,,	Bentonit
3.	52 Gew.-Teile		Wasserglas 35° Bé
	8	,,	Melasse
	16	,,	Dextrin
	16	,,	Isolierton

Durch gründliches Mischen werden die Bestandteile zu einer Paste angerührt, mit der die Paßflächen der Kerne bestrichen werden. Da die Pasten alle Wasser enthalten, ist auf gute Nachtrocknung zu achten. Zur Sicherung der Gasabfuhr soll die Klebeschicht nicht zu dick aufgetragen werden.

Wesentlich ist, daß bei kleineren komplizierten Kernen, die zu Gußstücken mit Druckabnahme Verwendung finden, ein Nachtrocknen notwendig wird. Dieses Nachtrocknen ist nicht über 150 °C zu führen, da es sich vornehmlich um die Beseitigung des in den Klebpasten enthaltenen Wassers handelt. Bei den bekannten Knorr-Bremse-Ventilen hat sich ein Trockentunnelofen, durch den der zusammengeleimte Kern hindurchgeschleußt wird, bewährt.

Sehr häufig werden nicht nur einzelne Kerne, sondern ganze Kernaufbauten benötigt, um den gewünschten Innenraum des Gußstückes zu erhalten. Derartige Kernmontagen erfordern ein sehr genaues Einpassen der Einzelkerne und eine gut überlegte Luftabfuhr, da die unteren Kerne meistens nur durch darüberliegende weitere Kerne entlüften können.

Als Beispiel für eine solche Kernmontage diene Abb. 10. Man sieht hier die Kerne für ein Fräsmaschinenbett im Ausmaß von 3130 mm Länge × 590 mm Breite × 740 mm Höhe, im Gewicht von 2600 kg beim Zusammenbau auf einer Lehrenkonstruktion. Es handelt sich um 165 Zemoplastkerne, die genau zusammengepaßt werden. Abb. 11 zeigt den fertigen Kernaufbau, Abb. 12 nochmals von der anderen Seite. Hat der Probeaufbau gezeigt, daß die Kerne genau passen, werden sie wieder einzeln abgehoben und in entsprechender Reihenfolge in die Form eingelegt. Hierbei ist darauf zu achten, daß jeder Kern die richtige Lage bekommt und daß beim Aufbau keine Beschädigung der Kerne oder der Form eintritt. Eventuelle Schäden werden vor dem Zusammenbau ausgebessert und nachgeschwärzt, wobei auf gute Nachtrocknung der Flickstellen zu achten ist.

Abb. 10. Kernmontage

Abb. 11. Fertiger Kernaufbau

Abb. 12. Fertiger Kernaufbau; Ansicht der anderen Seite

E. Sandkontrolle

(s. Bd. I/1, S. 461)

Die Überwachung der Kernsandherstellung durch das Laboratorium ist von ausschlaggebender Bedeutung für ein erfolgreiches Arbeiten in der Kernherstellung. Es kann ihr daher gar nicht genug Aufmerksamkeit gewidmet werden.

Wenn auch dem Sandmüller zunächst eine Mischvorschrift gegeben wird, nach der er seine Ansätze machen soll, werden sich doch bald Änderungen ergeben, die teils in Schwankungen der Rohstoffe, insbesondere des Sandes, teils in Änderungen der Kernarbeit, teils aber in der menschlichen Unzuverlässigkeit begründet sind. Die Folge ist eine zunächst geringe Änderung der Kerneigenschaften, die bei entsprechender Überwachung leicht wieder in Ordnung gebracht werden kann. Fehlt aber die Kontrolle, so geht in kurzer Zeit die Übersicht verloren, und bei auftretenden Fehlern ist es sehr schwer, ihre Ursache zu ergründen.

Der Wert einer ständigen Kontrolle wird durch die Werte der Tab. 2 festgelegt.

Tabelle 2. *Werte einer Kernmischung ohne und mit Kontrolle*

Ölsand-Mischung							
ohne bekannte Kontrolle				nach angekündigter Kontrolle			
Tag	H_2O	Ölzusatz	Quellbinder	Tag	H_2O	Ölzusatz	Quellbinder
1	2,8%	0,5%	3,5%	1	3,2%	0,8%	2,8%
2	4,2%	0,8%	4,2%	2	3,4%	0,8%	2,9%
3	1,9%	0,6%	2,5%	3	3,5%	0,9%	3,0%
4	2,1%	0,4%	2,3%	4	2,9%	0,7%	2,9%
5	1,8%	1,0%	1,8%	5	3,2%	0,8%	3,0%
6	3,5%	1,1%	4,2%	6	3,5%	0,9%	2,8%
7	4,1%	6,4%	4,5%	7	3,0%	1,0%	2,8%
8	1,8%	0,8%	2,8%	8	3,2%	0,9%	2,7%
9	1,3%	0,6%	2,2%	9	3,1%	0,9%	2,6%
10	1,9%	1,2%	3,2%	10	3,0%	1,0%	2,8%
Sollwerte:	3%	0,9%	2,8%				

In der Erkenntnis der Wichtigkeit dieser dauernden Überwachung des Gießereisandes ist der oben erwähnte Normblatt-Entwurf [*1*] entstanden. Obwohl er sich in erster Linie mit dem Formsand befaßt, gelten die Prüfungen doch sinngemäß auch für den Kernsand.

1. Kernsand

Der eingehende Kernsand muß auf Körnung und Verunreinigung geprüft werden. Die Prüfung erfolgt nach DIN 52401, 1955 (Bd. I/1, S. 383 [*1*]). Für die Beurteilung der Wirtschaftlichkeit des Sandbezugs und die Berechnung des Verbrauchs müssen noch weitere Kontrollen eingeführt werden, die eine scharfe Überwachung ermöglichen.

2. Kernbindemittel

Zur Prüfung (s. Bd. I/1, S. 454/60) der Zugehörigkeit zu den einzelnen Klassen und Gruppen dient im allgemeinen die chemische oder physikalische Prüfung. Ohne eine technologische Prüfung des Kernes ist jedoch eine Bewertung nicht möglich. Daß die Probenahme mit der üblichen Gewissenhaftigkeit erfolgen muß, braucht wohl nicht besonders betont zu werden. Es sei auf die *DGF-Einheitsmethoden* verwiesen [*34*], die die gebräuchlichen Analysenmethoden für Fette, Fettprodukte und verwandte Stoffe umfassen. In dieser Zusammenstellung finden sich auch die chemischen Prüfungsmethoden für die reinen Öle. So interessant die chemische Analyse der Binderstoffe auch sein mag, wird für die Praxis meist die technologische Prüfung genügen, zumal eine exakte Analyse bei den handelsüblichen Kernölen, die meist Gemische mehrerer Stoffe darstellen, häufig sehr schwer und umständlich ist. Hierzu muß die Spezialliteratur hinzugezogen werden. Außer auf die *DGF-Einheitsmethoden* sei auf die chemisch-technischen Untersuchungsmethoden von Berl-Lunge verwiesen [*35*].

Als Ergänzung zur technologischen Prüfung ist die *physikalische Prüfung* sehr aufschlußreich. Verhältnismäßig einfach zu bestimmen ist die Wichte (spez. Gewicht). Sie wird festgestellt durch Spindeln bei Kern- und Anspritzölen sowie Naßbindern. Beim Spindeln von Sulfitlauge und Melasse wird eine Spindel nach Baumé verwendet.

Das Schüttgewicht von Trockenbindern wird in folgender Weise festgestellt: Die Kernbinderprobe wird in einem gewogenen Meßzylinder von 100 ccm Inhalt (der Zylinder schneidet mit der Marke ab) über eine Rutsche bis zum Überlaufen eingeschüttet, die überschüssige Kernbindermenge wird nach einer Beruhigungszeit von 15 Minuten abgestrichen. Das Gewicht des Kernbinders mit 10 multipliziert ergibt das Litergewicht.

Die Bestimmung der *Viskosität* erfolgt bei den Kernölen entweder mit dem Auslaufbecher (DIN 5311) oder ENGLER-Viskosimeter (DIN 1995) oder bei sehr dicken Ölen bzw. Emulsionen mit dem Nadelgerät (DIN 1164). Für wissenschaftliche Zwecke dienen zur Feststellung der Viskosität das HÖPPLER-Viskosimeter oder das HÖPPLER-Konsistometer.

3. *Kernsandmischung*

Die Prüfung der technologischen Eigenschaften des Kerns ist wesentlich und entscheidend für die Eignung der Sandmischung. Das Ergebnis der technologischen Prüfung ist von einer Reihe Faktoren abhängig.

1. Stoffbedingt	a) Sandart
	b) Bindeart und Menge
2. Herstellungsbedingt	a) Einfüllen und Entnahme der Probe
	b) Verdichtungsart und Größe
	c) Trocknung
	d) Behandlung nach der Trocknung
3. Prüfbedingt	a) Art der Probekörper
	b) Art der Prüfbedingungen

Aus diesem Grunde ist eine genaue Wiedergabe der Versuchsbedingungen unerläßlich.

a) Eignungsprüfung des Binders. Zur Prüfung der Brauchbarkeit der Bindemittel mit dem Kernsand sind die

notwendige Mischzeit,
Gleichmäßigkeit der Mischung,
Neigung zum Schweißen an der Kernbüchse,
Abbindefähigkeit,
Zusatzmenge an Bindemitteln,
evtl. Wasser- oder Tonzusatz,
Formfüllungsvermögen,
Austrocknung

festzustellen.

b) Prüfung des grünen Kerns

Gründruckfestigkeit des Kernsandes (s. Bd. I/1, S. 515).

c) Prüfung des getrockneten Kerns (Maßhaltigkeit). Für die Beurteilung eines Kerns ist die Bestimmung der Formsicherheit nötig. Man wird zu diesem Zweck einen betriebsüblichen Kern mit überhängenden Teilen herstellen und mit Hilfe von Lehren die Maße am getrockneten Kern feststellen.

Biegefestigkeit des getrockneten Kerns (s. Bd. I/1, S. 525).

Für manche Fälle ist die Bestimmung der Zerreißfestigkeit eines Kerns von Bedeutung. Sie erfolgt auf der gleichen Maschine, die auch zur Bestimmung der Grünstandfestigkeit und der Biegefestigkeit dient, wobei ein besonderes Zusatzgerät zur Einspannung der Probe verwendet wird. Die Zugfestigkeit σ_z ist gleich dem Arbeitszug geteilt durch die Querschnittfläche der Zugprobe (= 5 cm²). Die Zerreißfestigkeitswerte betragen nur einen Bruchteil der Biegefestigkeitswerte (s. Bd. I/1, S. 524).

Über die Gasdurchlässigkeit des Kernsandes wird in Bd. I/1, S. 511, berichtet. Bei der Beurteilung der Gasdurchlässigkeitswerte ist es sehr wesentlich, sich über die beim Guß zu erwartenden Gasmengen im klaren zu sein. Die beste Gasdurchlässigkeit kann ungenügend sein, wenn in der Zeiteinheit größere Gasmengen abzuführen sind, als es die Durchlässigkeit zuläßt und dadurch ein Druckanstieg beim Guß hervorgerufen wird, der größer ist, als der gerade herrschende Gießdruck. In diesem Fall wird unvermeidlich ein blasiger Guß die Folge sein.

Aus diesem Grund ist es wichtig, die zu erwartende Gasentwicklung zu kennen. Schon vor über 10 Jahren hat sich GRASSMANN [*36*] eingehend mit dieser Frage befaßt und ein Verfahren zur Bestimmung der Gasentwicklung vorgeschlagen. Bei dieser Bestimmung wird ein Kernstück bei 700 °C im elektrischen Ofen verbrannt und die entwickelte Gasmenge in einer pneumatischen Wanne gemessen. Das Verfahren hatte in dieser Form noch einige Mängel und ergab keine zuverlässig reproduzierbaren Werte. Einen wesentlichen Fortschritt brachte die umfangreiche Arbeit von Volenik [*37*], die allerdings auch nur bei der Gießtemperatur von Leichtmetall durchgeführt wurde. Durch die Anwendung größerer Versuchsmengen und Verbesserungen der Apparatur wurde eine wesentlich höhere Genauigkeit erreicht. Auch dieses Verfahren bestimmt die entwickelte Gasmenge. Einen anderen Weg zur Messung der Gasentwicklung beschritt v. Arx [*38*]. Bei dem Verfahren der v. Rollschen Eisenwerke wird ein Kern vollkommen eingegossen und der entstehende Druck im Kern gemessen. Sehr ausführlich hat auch Dietert in seinem Buch Foundry Core Practice [*32*] die Gasbestimmung an Kernen beschrieben, wobei ca. 1000 °C als Verbrennungstemperatur gewählt ist. Ist die spezifische Gasentwicklung eines Bindemittels einmal festgestellt, genügt eine Überprüfung in größeren Abständen, wenn der jeweilige Bindergehalt der Sandmischung kontrolliert wird. Über die Beeinflussung der Gasentwicklung von Kernen berichtet Dietert an anderer Stelle [*39*]. Die spezifische Gasentwicklung von verschiedenen Bindemitteln untersuchte Brown [*40*]. Für die Beurteilung der Brauchbarkeit eines Kerns ist oft die Biegefestigkeit nicht so wichtig wie die Beurteilung der Oberflächenhärte. Zu ihrer Bestimmung hat Roll [*41*] einen Vorschlag gemacht. Bei dieser Prüfung wird ein rotierender zylindrischer Kern mit Stahlschrot berieselt und durch Wägung der Abrieb festgestellt. Eine andere Art der Prüfung beruht auf dem Abfräsen der Oberfläche unter gleichbleibendem Federdruck. Nach diesem Prinzip arbeitet der Kernfräser der Firma Georg Fischer A.G., Schaffhausen. Daß die genaue Festlegung der Trocknungsbedingungen wichtig ist, sei hier nochmals erwähnt und im übrigen auf den Abschnitt Trocknen von Kernen verwiesen.

Die Kerngüte wird sowohl durch die Menge des zugesetzten Kernbinders als auch durch seine Trockenkurve bestimmt. Bei Kernen, welche zur Verfestigung Luftsauerstoff benötigen, ist auch die Lagerung der Kerne auf den Trockengestellen, also die Luftumspülung, wesentlich. Zu dichte Lagerung, Aufeinanderlegen der Kerne, können leicht fehlerhafte Kerne ergeben. Häufig erkennt man die Gleichmäßigkeit der Kerntrocknung an der Farbe der ausgefahrenen Kerne. So sind bei den üblichen Mischungen zu helle Kerne noch zu gashaltig, und zu dunkle Kerne haben meistens einen zu geringen Abriebwiderstand (zu mürbe).

Für besonders wichtige Innenkerne hat sich eine kleine am Kern mit angeschnittene und auf die Wanddicke des Kerns abgestimmte Kernleiste bewährt. Sie wird vom Kern getrennt und z. B. auf die Gaszahl hin untersucht. Es sollte streng auf eine gute Organisation der Kernherstellung geachtet werden. Langes Lagern der Kerne ist unbedingt zu vermeiden. Kerne ziehen Feuchtigkeit an und geben, wenn nicht nochmals vorher eine leichte Trocknung erfolgt, die wiederum Kosten verursacht, sehr häufig zu Kernausschuß Anlaß. Deswegen sollten in der Kernmacherei nur so viel Kerne hergestellt werden, wie verbraucht werden, wobei ein kleiner Aufschlag, der den Kernbruch ausgleichen muß, mit eingerechnet werden muß. Die Feuchtigkeitsbeständigkeit (s. Bd. I/1, S. 466) eines Kerns wird in einem Gefäß mit wasserdampfgesättigter Luft mit Hilfe eines getrockneten und gewogenen Kerns durch Kontrollwägung nach 24 Stunden Lagerung bei 20°C gemessen. Für die Beurteilung des Kernzerfalls nach dem Guß wird ein Probekörper unter einem Schutzgas (Luftausschluß) eine bestimmte Zeit auf 700 bis 1200°C erhitzt (s. Bd. I/1, S. 526). Der auf einer Platte liegende Körper wird nach dem Abkühlen im Schutzgas auf ein bewegtes 2-mm-Sieb gebracht und der Durchfall bestimmt.

Nachtrag

Zur Herstellung von Schüttkernen (s. S. 262) werden neuerdings immer mehr mit kalthärtenden Furanharzen angemachte Kernsande verwendet. Diesen Sanden wird vor der Harzzugabe eine Härtesäure beigemischt, die eine chemische Härtung des Harzes bei normaler Temperatur herbeiführt. Durch die Höhe der Zugabe läßt sich die Aushärtung sehr weitgehend steuern. Im allgemeinen verwendet man 2% Harz und 0,6%—0,8% Härter. Auf diese Weise ist es möglich, in wenigen Stunden ohne Ofentrocknung gießfertige Kerne zu erhalten.

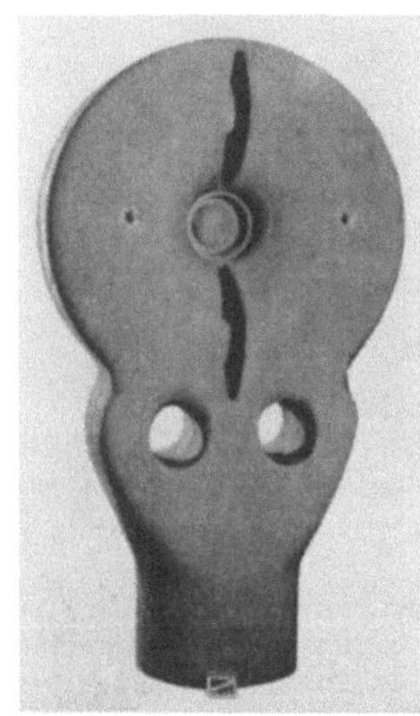

Abb. 13. Kern für Druckdeckel einer Höchstdruckpumpe — hergestellt mit kalthärtendem Furanharz

Nach der Erstarrung werden die Kerne in üblicher Weise geschwärzt. Bei Verwendung von Wasserschwärzen muß der Kern gut abgeflammt werden, um Schwärzeschülpen zu vermeiden. Da das Furanharz im angesäuerten Sand schon beim Mischvorgang abzubinden beginnt, muß die Sandmischung jeweils der benötigten Verarbeitungszeit angepaßt werden. Bei kleinen und mittleren Kernen kann die Härtung so eingestellt werden, daß nach $1-1^1/_2$ Stunden ausgeschaltet werden kann (Abb. 13 u. 14).

Da Furanharzsande sehr gut fließen, genügt ein leichtes Andrücken des Sandes, um saubere Kanten und Ecken am Kern zu erhalten. Furanharzkerne eignen sich für alle Gußarten und sind bis zu größten Stücken von 65 t Gußgewicht erprobt.

Abb. 14. Lagerträgerkern für Wasserwerkspumpe — hergestellt mit kalthärtendem Furanharz

Literatur

[1] Deutsche Norm: DIN 52401 Gießereisand 1955.

[2] Roll, F., u. A. Arland: Gießerei, Düsseldorf, 30 (1943) S. 272/75.

[3] Roll, F., u. I. Kielblock: Technik 1948, S. 478/82.

[4] Nicolas, P.: Fonderie, Paris 1950, S. 2188/89.

[5] Kumanin, I. B., u. A. M. Ljass: Kernbinderwerkstoffe. Moskau 1949 (deutsche Ausg. VEB Verlag Techn. Berlin 1953).

[6] Busch, H.: Gießerei, Düsseldorf, 42 (1955) S. 187/91.

[7] Grassmann, K.: Gießerei, Düsseldorf, 30 (1943) S. 246/53.

[8] Pentz, P. G.: Foundry Trade J. 25 (1952) S. 729/33.

[9] Harbach, G. L., u. P. G. Pentz: Proc. Inst. Brit. Foundrym. 1951, S. A 100/112.

[10] Pölzguter, F.: Gießerei, Düsseldorf, 39 (1952) S. 467/72.

[11] Collmann, W. W.: Foundry Cleveland 81 (1953) S. 156ff.

[11a] Rauh, C.: Gießerei, Düsseldorf, 48 (1961) S. 753/56.

[12] Tedds, D. F. B.: Foundry Trade J. 18 (1949) S. 280ff.

[13] Tedds, D. F. B.: Gieß.-Praxis 1952, S. 378.

[14] Lampel, J.: DRP 88098 1895, 1. 11.

[15] Schuhmacher, W.: Gießerei, Düsseldorf, 42 (1955) S. 653/50.

[15a] Atterton, D. V.: A. F. S. Trans. 1956, S. 14/40.

[15b] Gerstmann, O.: Gieß.-Techn. 5 (1959) S. 333 u. 362.

[15c] Levelink, H. G.: Gießerei, Düsseldorf, 45 (1958) S. 598/99.

[16] Nield, F. W., u. D. Epstein: Gießerei, Düsseldorf, 45 (1958) S. 567/75.

[17] Taylor, D. A.: Internationaler Gieß.-Kongreß Brüssel 1958, Vortrag 33.

[18] Schäfer, E.: Gießerei, Düsseldorf, 48 (1961) S. 88/91.

[19] Kalle & Co. AG.: DRP 752171 1942, 13. 2.

[20] Beilhack, M.: DBP 862342 1952.

[21] Beilhack, M.: Gießerei, Düsseldorf, 36 (1949) S. 138/42.

[22] Beilhack, M.: Gießerei, Düsseldorf, 32 (1952) S. 405/10.

[23] Kalpers, H.: Masch.Markt 1954, S. 6.

[24] Wick, C. H.: MACH. New York 1953, S. 166/71.

[25] Irmann, R.: Aluminiumguß in Sand und Kokille 1952, S. 170/71.

[26] Piwowarsky, E., u. A. Schorr: Gießerei techn.-wiss. Beihefte 1954, S. 685/700.

[27] Myers, O. H.: Foundry Cleveland 77 (1949) S. 75 u. 190.

[28] Derlon, H., u. C. Rauh: Gießerei, Düsseldorf, 40 (1953) S. 404.

[29] Thews, R.: Gießerei, Düsseldorf, 36 (1949) S. 47/49.

[30] Nicolas, P.: Fonderie 1954, S. 4163/74.

[31] Burke, Th. H.: Foundry Cleveland 80 (1952) S. 110/11.

[32] Dietert, H. W.: Core Practice 1950, cop. A. F. S. Illinois.

[33] Skerl, G. A.: Refract. J. 1953, S. 91.

[34] D. G. F. Einheitsmethoden. Stuttgart: Wiss. Verlagsges. 1950.

[35] Berl—Lunge: Chem. techn. Untersuchungsmethoden, 8. Aufl., Bd. 4, Berlin: Springer 1933.

[36] Grassmann, K.: Gießerei, Düsseldorf, 29 (1942) S. 188ff.

[37] Volenik, V.: A. F. S. Trans. 1946, S. 86/92.

[38] von Arx: L. v. Roll Mitt. Geralfingen 1942, H. 1, S. 2.

[39] Dietert, H. W.: Foundry Cleveland 69 (1941) S. 43 u. 119.

[40] Brown, H.: Foundry Cleveland 76 (1948) S. 48 u. 244.

[41] Roll, F.: Technik 1949, S. 150.

Die Vorgänge beim Trocknen von Formen und Kernen

Von C. **Rauh**, Ludwigshafen/Rh.

Mit 23 Abbildungen

I. Einleitung

A. Allgemeines über die Bedeutung des Trocknens

Das Trocknen von Formen und Kernen umfaßt eine Reihe von wichtigen Vorgängen. In früheren Jahren gehörte das Trocknen zu den allgemein üblichen Handlungen bei der Herstellung der Gießformen. Mehr und mehr jedoch versucht man aus wirtschaftlichen Erwägungen heraus das Trocknen einzuschränken oder Form- bzw. Kernbinderstoffe zu verwenden, durch welche der Anfall der Trockenkosten oder Trockenzeiten gesenkt oder ganz vermieden werden kann.

Durch die Anwendung neuartiger Bindemittel auf der Basis von veredelten Ölen, Kunststoffen u. a. sind befriedigendere Lösungen des Trockenprozesses gefunden worden. Auch von der Seite der Trockenapparate sind beachtliche Erfolge zu verzeichnen, durch welche man die Trockenkurve stoffgemäß und wirtschaftlicher führen kann. Zudem sind die Transport- und Gestelleinrichtungen, welche das Trockengut zum, im und vom Trockenofen festlegen, günstig weiterentwickelt worden.

Daß die Güte der Formen und Kerne besonders bei der hochentwickelten Gestaltung von Gußstücken, bei der vielfach Mehrzweckkonstruktionen zugrunde gelegt sind, für den Ausfall der Gußteile selbst und vor allem für die Höhe des Ausschußgrades von ausschlaggebender Bedeutung ist, dürfte kaum zu bezweifeln sein. Typische Gußstücke, die hochwertige Formen und Kerne fordern, sind z. B. im Fahrzeugbau gegeben.

Wie wenig Wert allerdings auch heute noch auf Gleichmäßigkeit der Form- und der Kernbinderstoffe, ihre Lagerung, gleichmäßige Verarbeitung, vor allem aber auf die stoffgerechte Trocknung gelegt wird, zeigt der tägliche Ablauf dieser Vorgänge in der Praxis.

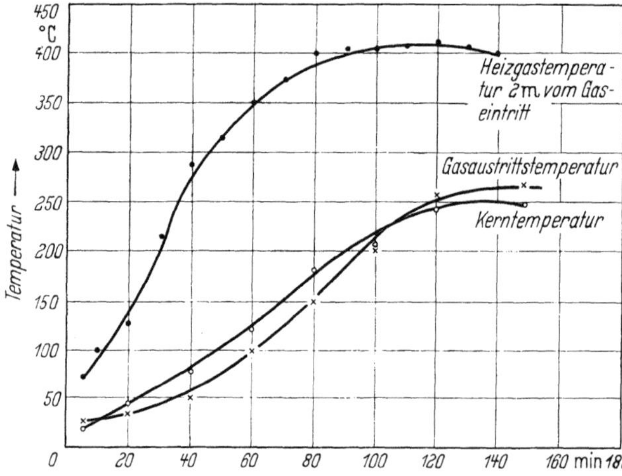

Abb. 1. Temperaturverhältnisse in einem veralteten Kammertrockner nach [*1*]

B. Trockenkosten

Die Wirtschaftlichkeit der einzelnen Trockenverfahren hängt von einer Reihe von Faktoren ab. Ausschlaggebend sind der erzielbare Trockeneffekt sowie die Kosten für die Einrichtung und der Energieverbrauch. Sehr deutlich tritt der unterschiedliche Wirkungsgrad alter und neuer Trockner in den beiden nachstehenden Kurven (Abb. 1 und 2) hervor, die einer Arbeit von Küpper [*1*] entnommen sind. Bezüglich des Energieverbrauchs lassen sich keine allgemeinen Angaben machen. Zu einer ersten Orientierung sei hier jedoch eine Tabelle aus einer Arbeit von HAMPTON und TAYLOR [2] angeführt, die noch etwas erweitert wurde. Aus dem Wärmeaufwand für die Trocknung von 1 t Sand läßt sich die Wirtschaftlichkeit der einzelnen Trockenverfahren grob abschätzen. Durch Einsetzen der ortsüblichen Energiepreise kann man auch die Energiekosten einer Trockenanlage, bezogen auf die Einheit Trockengut, näherungsweise ermitteln. Nachstehende graphische Darstellung (Abb. 3) möge diese Berechnung erleichtern:

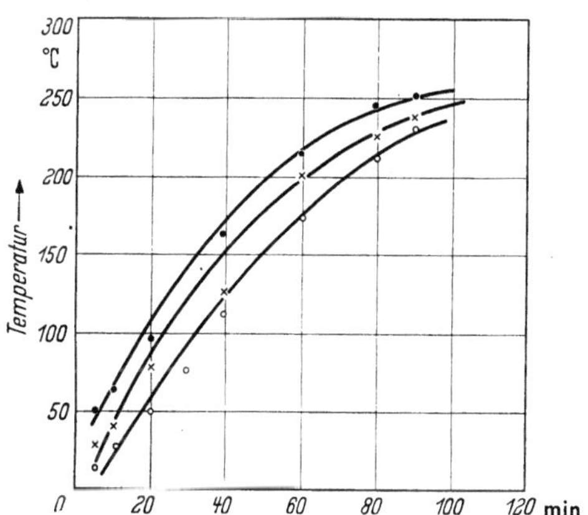

Abb. 2. Neuzeitliches Trocknen nach [1]

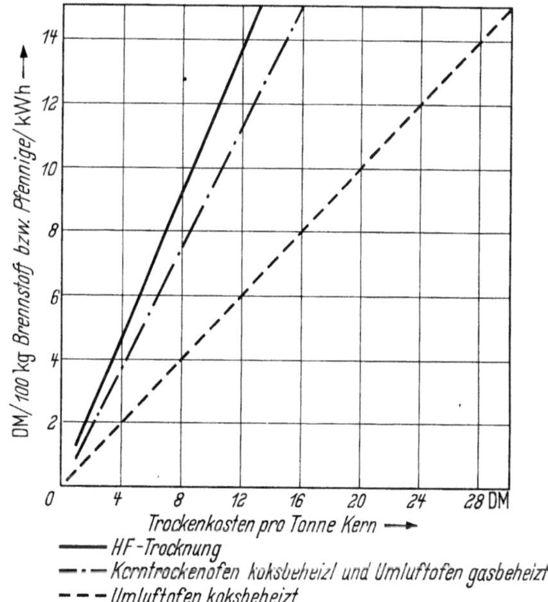

Abb. 3. Graphische Darstellung der Trockenkosten

Trockenvorrichtung	Arbeits-temperatur °C	Wasser %	Leistung t Sand/h	Wärmeaufwand Kcal/t getr. Sand
Formenofen	300	4,5	1,0	539000
Kerntrockenöfen, alt, kohlebeheizt . . .	200	6,5	0,7	667000
Umluftöfen, kohlebeheizt	180	3,5	0,3	424000
,, gasbeheizt	200	2,6	0,17	670000
Kontinuierliche Öfen, gasbeheizt . . .	200—250	2,5	0,84	160000
,, ,, koksbeheizt . . .	200—250	2,7	1,1	521000
Hochfrequenzgenerator, 20 kW	—	2,0	0,45	96000

Auch im Gießereikalender 1960 sind Anhaltszahlen über den Energieverbrauch von Trockenöfen genannt.

a) Kerntrockenöfen:

a_1) Kammeröfen — zum Trocknen von kleinen und mittleren Kernen, Arbeitstemperatur 200 bis 250 °C, Einsatzgewicht 300 bis 1000 kg, Trockenzeit 3 bis 8 Std., Öfen mit Abgasumwälzung und Koksofengasbeheizung.

Spezifischer Wärmeverbrauch: 750 bis 1400 Kcal/kg.

a_2) Turmtrockner — zum Trocknen von kleinen Kernen, Arbeitstemperatur 200 bis 250 °C, Ofenleistung bis 1000 kg/h, Trockenzeit 20 bis 50 min.

Spezifischer Wärmeverbrauch:
bei 100%iger Auslastung des Ofens 160 bis 200 kcal/kg,
bei 20%iger Auslastung des Ofens 800 bis 900 kcal/kg.

b) Sandtrockenöfen:

b_1) Drehofen — zum Trocknen von Sand, Arbeitstemperatur 110 bis 120 °C, Ofenleistung 3 bis 4 t/h, Trockenzeit 15 min.

Spezifischer Wärmeverbrauch: 80 bis 100 kcal/kg.

c) Formtrockenöfen:

c_1) Kammerofen — Herdwagenofen zum Trocknen von Formen für Stahlguß, Arbeitstemperatur 300 bis 500 °C, Einsatzgewicht bis 20 t Formstoff je Ofenreise, d. h. 35 t Formstoff + Formkästen je Ofenreise, Öfen mit Abgasumwälzung und Koksofengasbeheizung.

Spezifischer Wärmeverbrauch: 300 °C; 100 bis 150 kcal/kg
Trockenzeit 3 bis 10 Std.; 500 °C; 280 bis 300 kcal/kg.

Nach einer Mitteilung von MÖHL (Stand April 1961) ist bei Grauguß (Kastenguß) mit 2 bis 3 DM je 100 kg Gußware zu rechnen. Der Anteil der Energiekosten bewegt sich um 50%. Die Brennkosten für GS liegen bei 3,5 bis 4,5 DM für ebenfalls 100 kg Gußware. In diesen Kosten sind 60 bis 70% Energiekosten enthalten.

C. Definition des Begriffes: „Trocknung"

Die Trocknung umfaßt alle diejenigen physikalischen und chemischen Vorgänge, welche unter dem Einfluß von erhöhten Temperaturen bewirken, daß die Festigkeits- und andere Eigenschaften der Formen und Kerne so verbessert werden, daß sie beim Gießen einen ruhigen Ablauf der Erstarrung sichern und nach der Abkühlung auf Raumtemperatur ein einwandfreies Gußstück ergeben. Diese physikalischen und chemischen Vorgänge laufen neben- und nacheinander ab. Sie sind für den Stoffaufbau der anorganischen oder/und organischen Bindemittel spezifisch, und sie sind durch die Temperaturführung und den Zeitaufwand längs der Trockenkurve sowie durch die Zusammensetzung der Ofengase gekennzeichnet.

II. Trocknung von Form- und Kernstoffen aus natürlichen Bindern
(Schlämmsubstanz)

In Bd. I/1, S. 409, wurde der chemische Aufbau der als Bindesubstanz in den Formsanden wirksamen Tonmineralien dargestellt. Auf S. 438 ist auf das Verhalten dieser Tonmineralien bei höheren Temperaturen eingegangen worden, so daß hier auf diese Mitteilungen verwiesen werden kann. Danach ist zusammenfassend festzustellen, daß das Trocknen dieser Stoffe auf physikalischen und chemischen Vorgängen beruht. Der Trockenvorgang bis etwa 105 °C ist durch den Entzug freien Wassers und durch das Gelisieren der Kolloide der verschiedenen Tonmineralien gekennzeichnet. Dabei werden die Sandkörner über die Gel-Brücken verfestigt. Größere Mengen an Schlämmsubstanzen können Schwindungsrisse auslösen. Ihnen wird durch Zusatz von Magerungsmitteln und durch langsames Anheizen, das auch einem Temperaturausgleich entspricht, gesteuert. Dazu muß das freie Wasser durch Dampfabfuhr und Flüssigkeitsbewegung nach der Oberfläche, also der Verdampfungsstelle, unter dem Einfluß der Wärmezufuhr bewegt werden.

Es ist aufschlußreich, diese drei Teilvorgänge getrennt zu betrachten, so wie es z. B. KRISCHER [*3*] unlängst getan hat. Die Dampfabfuhr wird durch Dampfdruckunterschiede bewirkt, und zwar kommt beim Trocknen von Formen und auch von Massekernen wohl lediglich die Dampfdiffusion in Betracht. Für sie gilt nach MERKEL [*4*]

$$W = \varrho \cdot (p' - p) \cdot F \cdot z,$$

wobei W = verdampfende Wassermenge im Zeitraum z, F = freie Oberfläche, p' = Dampfdruck an der Formoberfläche, p = Wasserdampfdruck im darüberstehenden Luftraum.

Daraus ergibt sich für das Trockenproblem die Folgerung, daß der Vorgang um so schneller verläuft, je größer die Differenz zwischen p' und p ist. Dies läßt sich dadurch erreichen, daß man für ständige Zufuhr von möglichst trockener Luft an die Formoberfläche sorgt. Diese Forderung ist in den modernen Trockenöfen mit Luftumwälzung weitgehend verwirklicht [*1*]. Die Temperatur spielt in folgender Weise eine Rolle: Bekanntlich gehorcht der Dampfdruck irgendeiner Flüssigkeit der Gleichung

$$\log p = A - B/T,$$

wobei p = Dampfdruck, T = Temperatur. Diese Gleichung gilt für beliebige Systeme Flüssigkeit/Dampf, also auch für p in obiger Gleichung. Je höher die Temperatur, desto niedriger ist der Wasserdampfdruck über der Form und desto schneller geht die Trocknung vor sich. Außerdem wird durch erhöhte Temperatur naturgemäß auch die Verdampfung des Wassers aus der Form beschleunigt, was eine weitere Steigerung der Trocknungsgeschwindigkeit zur Folge hat.

Hinsichtlich der für Formtrocknung vielfach verwendeten Infrarottrocknung [*5*] ist folgendes zu sagen. Die von den Strahlern ausgesandten Infrarotstrahlen werden von adsorbierenden Stoffen im allgemeinen nur in einer sehr dünnen Randzone von einigen Millimetern unter der Oberfläche aufgenommen. Darüber hinaus ist die Wirkung der Strahler die gleiche wie die einer entsprechenden Temperaturerhöhung der Luft bei reiner Lufttrocknung. Immerhin genügt der erzielbare Oberflächen-Trocknungseffekt in vielen Fällen.

Mit zunehmender Temperatur werden chemische Änderungen der Schlämmsubstanz, welche die Körner binden, ausgelöst. Die Art dieser Vorgänge ist von der Konstitution der Schlämmstoffe abhängig. Eine Übersicht über diese Teilvorgänge ist in Bd. I/1, S. 439, zu finden. Die Entwässerungskurven sind ein unmittelbarer Maßstab der Änderungen der anorganischen Binder, von denen Kaolin, Montmorillonit, Eisenhydroxydgele u. a. am besten untersucht worden sind. Die Trockenvorgänge bewirken zunächst einen Anstieg der Festigkeit und eine Änderung der Gasdurchlässigkeit. Auch die für die Praxis so wichtige Abriebfestigkeit ist mit geeigneten Trockenkurven der Sande für Formen und Kerne zu steuern. Wesentlich ist, daß die Eigenarten dieser Binderstoffe sowohl bei Raumtemperatur als insbesondere bei höherer Temperatur erkannt werden (Heißdruckfestigkeit).

Beim sogenannten Brennen von Schamottemassen, die vornehmlich aus gebrannter Schamotte und aus hochfeuerfesten Tonen zusammengesetzt sind, ist ein erneuter Anstieg der Festigkeit der Bindesubstanz ab 550 °C zu erkennen, der wahrscheinlich — wie schon RINNE beobachtet hat — auf einer Metakaolinbildung beruht [*6*].

Alle anorganischen Binder aus der Gruppe der Tonmineralien erfahren den geeigneten Trockeneffekt durch gute Luftumwälzung, durch welche das freie und adsorptiv gebundene und eventuell auch ein Teil des chemisch gebundenen Wassers abgeführt werden muß. Eine sorgfältige Einstellung des Niveauunterschiedes des wasserdampfhaltigen Umwälzgases zum trocknenden Formsand ist zu beachten. Ein zu großer Unterschied, der auch durch zu schnelles Trocknen, d. h. zu schnell aufgebrachte und zu heiße Umwälzgase erzielt wird, zerstört die Formoberfläche und kann u. U. auch infolge Mangels an nachfließenden Wasser zur Oberfläche Schwindungsrisse oder auch im Inneren der Form bzw. des Kernes noch nasse Teile ergeben.

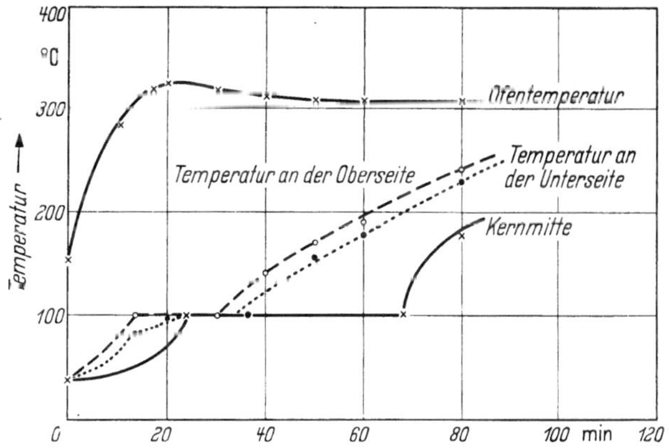

Abb. 4. Temperatur an verschiedenen Stellen eines Kernes nach [*7*]

Bei Vermeidung von Wärmeabgabe nach außen und Steigerung der Temperatur in der Umgebung auf die Verdampfungstemperatur des Wassers kann man sogar erreichen, daß die Feuchtigkeit im Kern oder der Form stets an allen Stellen die gleiche ist, was praktisch auf eine vollkommen spannungsfreie Trocknung hinausläuft.

Abb. 4, die einer Arbeit von WILLSEA [*7*] entnommen ist, gibt einen Einblick in die Temperaturverhältnisse beim Trocknen eines Kernes. Während die Temperatur im Innern nach Erreichen von 100 °C so lange konstant bleibt, bis das gesamte

Wasser verdampft ist, überhitzen sich die Außenseiten sehr rasch. In dem erwähnten Beispiel beträgt die Temperaturdifferenz zwischen Kernmitte und -oberfläche nach 70 Minuten etwa 120 °C. In der Praxis hat sich gezeigt, daß sich der Effekt der Spannungsrisse erst bei Temperaturen über 300 °C in stärkerem Maße störend bemerkbar macht. Man wird also, wenn man die Formen für sich trocknen kann, eine Temperatur von etwa 250 bis 300 °C wählen und durch möglichst gute Luftumwälzung für eine rasche Entfernung des verdampfenden Wassers sorgen müssen.

Eine andere Möglichkeit, die aber für Formen aus wirtschaftlichen Gründen vorerst noch nicht in Frage kommt, ist die Hochfrequenzerwärmung. Sie findet für die Trocknung von Kernen steigende Verwendung [*8*]. Das Verfahren besteht im wesentlichen darin, daß man zwischen zwei Kondensatorplatten ein hochfrequentes elektrisches Wechselfeld erzeugt. Bringt man in dieses Feld ein sogenanntes Dielektrikum, d. h. einen Stoff, welcher dem Feld Energie zu entnehmen vermag, so werden die einzelnen Moleküle dieses Stoffes im Feld mitschwingen und dabei eine Erhöhung ihrer inneren Energie erfahren. Da jedes einzelne Molekül dieses Dielektrikums, in diesem Falle des Wassers bzw. Bindemittels, zu gleicher Zeit der Wirkung des Feldes ausgesetzt ist, erfolgt hier über den Querschnitt betrachtet eine völlig gleichmäßige Trocknung von Kern bzw. Form.

III. Das Trocknen der Kerne

A. Allgemeine Faktoren

Die Kerntrocknung ist von wesentlich mehr Faktoren abhängig als die der Formen, und zwar von:

Trockentemperatur und -zeit	Beschickung des Ofens
Luftführung	Art des Sandes
Luftfeuchtigkeit im Ofen	Wassergehalt
Größe der Kerne	Bindemittel

B. Einfluß dieser Faktoren auf die Trocknung

1. *Physikalische Effekte*

Für die rein physikalischen Faktoren wie Trockendauer und Temperatur gilt das bereits im vorigen Abschnitt bei den Formen Gesagte. Als Komplikation kommt hier lediglich dazu, daß die heute üblichen Kernbindemittel mehr oder weniger auf organischer Grundlage aufgebaut sind und daher entsprechend temperaturempfindlich sind.

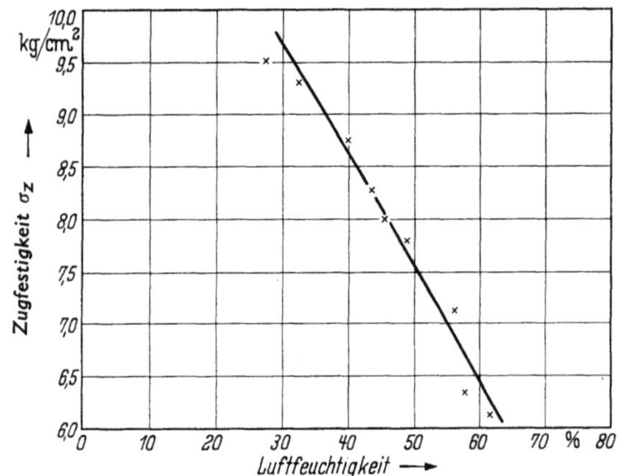

Abb. 5. Einfluß der Luftfeuchtigkeit auf die Zugfestigkeit nach [*10*]
1,75% Leinöl 1½ h bei 205 °C gebacken

2. *Luftfeuchtigkeit*

Hinsichtlich der Luftfeuchtigkeit liegt eine Arbeit von DIETERT und GRAHAM vor [*9*], in der beschrieben wird, daß sich die Festigkeitseigenschaften von Kernen durch eine bestimmte im Ofen herrschende Luftfeuchtigkeit weitgehend beeinflussen lassen. COULTER [*10*] untersuchte diesen Effekt näher und kam zu dem in Abb. 5 dargestellten Ergebnis. Allerdings bezogen sich seine Untersuchungen lediglich auf Ölsandkerne, von denen bekannt ist, daß sie während des Trocknens gegen Feuchtigkeit sehr empfindlich sind. In einem gewissen Widerspruch dazu stehen neuere belgische Arbeiten [*11*], in denen die Trocknung mit Hilfe von überhitztem Wasserdampf beschrieben ist. Praktische Erfahrungen über dieses Verfahren sind noch nicht bekannt geworden. Inwieweit sie sich auf andere Bindemittel übertragen lassen, bedarf noch weiterer Untersuchungen.

3. *Kerngröße*

Über den Einfluß der Kerngröße liegt eine Arbeit von DIERKER [*12*] vor, deren Ergebnisse in nachstehender Kurve (Abb. 6) zusammengefaßt sind. Als Probekörper dienten Zylinder, deren Rauminhalt wir auf der Abszisse auftrugen. Gemessen wurde die Zeit, die benötigt wurde, bis die Mitte der Probekörper eine bestimmte Temperatur erreicht hatte. Aus der Kurve ist ersichtlich, daß die Trockengeschwindigkeit in starkem Maß von der Kerngröße abhängt. Dies ist zu beachten, wenn man kleine und große Kerne zusammen trocknen will, oder auch, wenn an einem Kern sehr verschiedene Querschnitte auftreten. Es tritt dort allzu häufig die Erscheinung ein, daß die großen Kerne noch nicht durchgetrocknet sind, während die kleineren bereits überhitzt sind, was sich in einem merklichen Abfall der Festigkeitseigenschaften kundtut. Da man bei derartigen Verhältnissen vor die Notwendigkeit gestellt ist, die Trockendauer nach den großen Kernen zu bemessen, wählt man zweckmäßigerweise eine etwas niedrigere Trockentemperatur. Besser ist es, jeweils Kerne von etwa gleicher Größe miteinander zu trocknen.

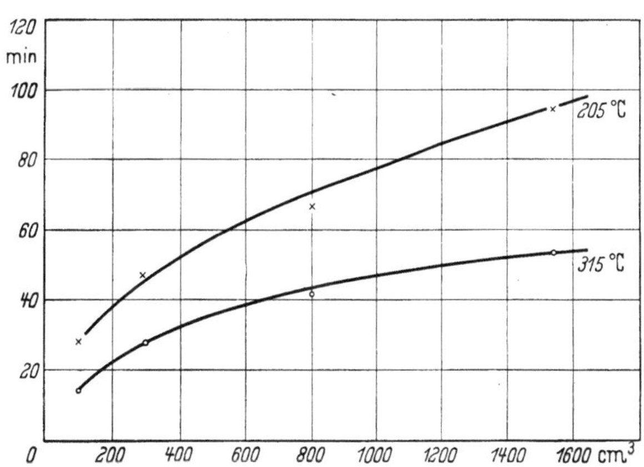

Abb. 6. Trockenzeit in Abhängigkeit von der Kerngröße nach [*12*]

Abb. 7. Einfluß von Trockendauer und Temperatur auf die Bruchfestigkeit

4. *Temperatur*

Welche Effekte sich durch eine sinnvolle Temperaturwahl ergeben, zeigen nachstehende (Abb. 7) nach eigenen Versuchen gekennzeichneten Kurven. Zwar benötigen die Kerne zur Erreichung ihrer optimalen Festigkeitswerte bei 180 bzw. 200 °C etwas mehr Zeit als bei höheren Temperaturen, dafür ist dann aber auch über längeren Trockenzeiten hinweg kein nennenswerter Rückgang der Festigkeitseigenschaften zu verzeichnen. Im Gegensatz hierzu sind die bei hoher Temperatur getrockneten Kerne bereits nach einigen Stunden völlig mürb geworden. Die günstigste Lösung besteht darin, einen entsprechenden Mittelweg hinsichtlich der Trockenbedingungen einzuschlagen.

5. *Wassergehalt*

Was den Wassergehalt betrifft, so liegen zahlreiche Arbeiten vor, die sich mit dieser Frage beschäftigen. Von vornherein kann gesagt werden, daß die Trocknungsgeschwindigkeit mit steigendem Wasserzusatz verringert wird. Man könnte daraus folgern, daß es am günstigsten sei, möglichst wenig Wasser zuzusetzen, was manchmal auch angebracht sein mag. Da jedoch die Festigkeit der Kerne in entscheidender Weise vom Wassergehalt der Sandmischung beeinflußt wird (Abb. 8), müssen auch hier von Fall zu Fall Kompromisse geschlossen werden, und man wird in vielen Fällen zugunsten einer erhöhten Festigkeit oder bei Quellbindern einer besseren Gründruckfestigkeit eine etwas längere Trockenzeit wählen.

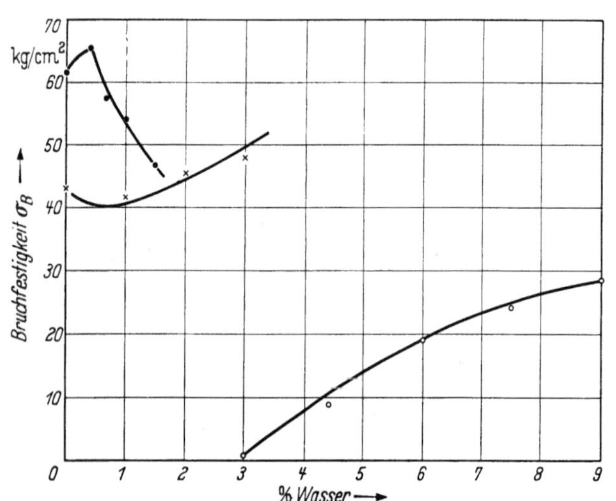

Abb. 8. Abhängigkeit der Bruchfestigkeit vom Wassergehalt
× Phenoplast ○ Quellstärke ● Leinölstandöl

6. Beschickung des Ofens

Im Verlauf seiner sorgfältigen Untersuchungen über die Trocknung von Ölkernen konnte unter anderem DIERKER [*12*] nachweisen, daß die Zahl der im Ofen befindlichen Kerne einen beachtlichen Einfluß auf die Trockengeschwindigkeit ausübt. Am schnellsten trocknen die außen liegenden Kerne, während die in der Mitte liegenden wesentlich längere Zeit benötigen. Bei sorgfältiger Temperaturführung und guter Luftumwälzung lassen sich diese Unterschiede ausgleichen.

7. Sandeinfluß

Der Einfluß des Sandes auf die Zeit, die bei einer gegebenen Temperatur benötigt wird, um eine optimale Festigkeit zu erzielen, wurde von DIETERT [*13*] untersucht, der nachstehende Kurve (Abb. 9) erhielt. Als Sandmischung verwendete er einen Ölsand mit 5% Wassergehalt. Die Trockentemperatur betrug 205 °C. Die Versuche zeigen, daß die Trocknung um so langsamer verläuft, je feiner der verwendete Sand ist. Dies ist darauf zurückzuführen, daß sich die großen Sandkörner nicht so dicht zusammenpacken lassen wie die kleinen und daß daher im ersten Fall das Wasser infolge der größeren Porosität schneller entweichen kann.

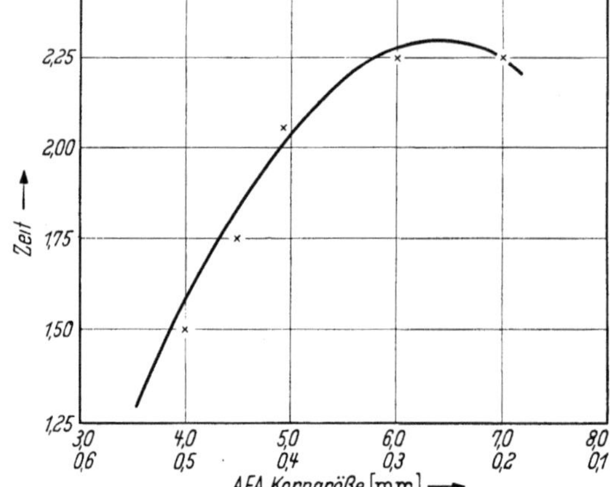

Abb. 9. Trockenzeit in Abhängigkeit von der Größe des Sandkorns nach [*13*]

8. Rolle der Bindemittel

Der Einfluß der in ihrem Aufbau verschiedenen Bindemittel ist von maßgebendem Einfluß auf die Eigenart der Kerne.

a) Einteilung auf Grund der Trockenvorgänge. Diese Einteilung gliedert sich wie folgt:

A. Physikalisch trocknende Stoffe. Bindemittel, bei denen der Entzug von Wasser oder Lösungsmittel oder das Schmelzen und Wiederfestwerden einer Substanz, z. B. Steinkohlenteerpech die Verfestigung bewirkt, rechnet man zu den physikalisch trocknenden Stoffen.

B. Übergangsstoffe. Der Trockeneffekt ist in erster Linie physikalischer Natur, jedoch treten schon in geringem Umfang chemische Veränderungen auf, wie z. B. ein durch die

Wärme bedingter Abbau der Stärke zu Dextrin. Auch Stoffe wie Gips und Zement, deren Verfestigung darauf beruht, daß sie unter Bindung von Wasser in Form verfilzter kleiner Nädelchen oder Umlagerungen kristallisieren, gehören hierher.

C. Chemisch trocknende Stoffe. Es kann hier eine physikalische Trocknung vorausgehen oder nebenherlaufen. Der Haupteffekt beruht aber in chemischen Reaktionen, die unter Molekülvergrößerung ablaufen. Dabei ergeben sich höhere Festigkeitswerte als bei der Verwendung von Stoffen der Gruppe A und B. Diese Gruppe bedarf infolge ihres Umfangs einer weiteren Unterteilung, die sich eng an die bei der Trocknung auftretenden chemischen Umwandlungen anlehnt.

C 1: Stoffe, bei denen die Verfestigung durch eine Kondensation bewirkt wird.

Beispiele: Phenoplaste, Harnstoff- und Melaminharze, Furanharze, Stearinpeche, Silikate.

C 2: Stoffe, bei denen die Verfestigung durch Polymerisation bewirkt wird.

a) Gegenwart von Luft unbedingt erforderlich.

Beispiele: Leinöl, Fischöle, Trane, Tallöl, Sulfatpech.

b) Gegenwart von Luft nicht unbedingt erforderlich.

Beispiele: Holzöl, Oiticicaöl, isomerisierte trocknende Öle, z. B. ILO-Leinöl, Dienol, Polymerisationsfähige andere Stoffe, wie Acryl- und Vinylverbindungen.

C 3: Stoffe, bei denen die Verfestigung durch Oxydation bewirkt wird.

Beispiele: Teeröle, Bitumina, Kolophonium.

b) Grundbegriffe der makromolekularen Chemie. Um den in der Einteilung wichtigsten Punkt C erkennen zu können, sind zunächst einige Grundbegriffe der organischen Chemie der makromolekularen Stoffe zu klären [*14*]. Die heute zur Verwendung kommenden organischen Kernbindemittel sind chemisch gesehen entweder makromolekulare Produkte, oder solche Stoffe, welche beim Trockenprozeß in Makromoleküle übergehen können. Als Makromoleküle sind diejenigen Substanzen zu bezeichnen, die im Einzelmolekül wenigstens 1000 Atome enthalten. Die Grenzen nach oben sind nicht genau bekannt, doch hat man in der Natur schon Eiweißstoffe gefunden, deren Molekulargewicht etwa 10^6 beträgt. Zur besseren Veranschaulichung sei gesagt, daß das Molekulargewicht einfacher Stoffe, wie Zucker, Farbstoffe und dergleichen bei einer Zahl von einigen Hundert liegt.

α) Eigenschaften makromolekularer Stoffe. Die hohe Molekülgröße bedingt eine ganze Reihe von physikalischen und technologischen Eigenschaften, durch die sie für viele Industriezweige, so auch für die Gießereiindustrie als Werkstoffe von größter Bedeutung geworden sind [*15*]. Im Gegensatz zu den niedermolekularen organischen Stoffen geben Makromoleküle in geeigneten Lösungsmitteln schon in relativ großer Verdünnung (etwa 1%ige Lösungen) sehr zähflüssige Lösungen. Mitunter lösen sie sich überhaupt nicht, sondern bilden nur eine stark gequollene Gallerte (z. B. Quellstärke in Wasser). Diese Eigenschaft ist für die Kernherstellung von größter Bedeutung. Die zähflüssigen Lösungen bzw. gequollenen Stoffe haben die Eigenschaft, die Sandkörner zu umhüllen und der Mischung durch ihre hohe Eigenviskosität eine ausgezeichnete Plastizität und Gründruckfestigkeit zu verleihen. Erinnert sei hier an die Quellstärken und Zelluloseester bzw. -äther, sowie an neuerdings entwickelte Erstarrungskernöle, die dem Sand sofort eine gute Gründruckfestigkeit verleihen. Weiterhin sind die makromolekularen Stoffe im Gegensatz zu den niedermolekularen nicht flüchtig, sondern zersetzen sich erst bei hoher Temperatur (etwa von 250 bis 300 °C ab) allmählich unter Verkohlung und teilweiser Crackung zu einfacheren Verbindungen. Was sich beim Kerntrocknen verflüchtigt, sind anfangs flüchtige Lösungsmittel. Bei stärkerem Erhitzen treten in zunehmendem Maß auch deren Zersetzungsprodukte auf. Als dritte, und für die Kernherstellung wohl wesentlichste Eigenschaft ist die Fähigkeit vieler makromolekularer Stoffe zur Filmbildung zu nennen.

Nach den Untersuchungen von R. E. Aptekar [*16*], die durch eigene Arbeiten bestätigt wurden, besitzen Kerne im wesentlichen den in nebenstehendem Bild gezeigten Aufbau

(Abb. 10). Die Verhältnisse liegen hier ähnlich wie bei den Klebstoffen, die schon Gegenstand einer Reihe von Arbeiten gewesen sind [*17*]. Überträgt man die dort gewonnenen Erkenntnisse auf das Kernbinderproblem [*18*], so resultiert die Festigkeit der fertigen Kerne aus:

a) der Adhäsion zwischen Binder und Sandkorn,

b) der Kohäsion oder auch der rein mechanischen Verankerung der einzelnen Sandkörnchen miteinander (Einfluß der Form des Sandkorns) und

c) der Bindung der einzelnen Makromoleküle des Bindemittels miteinander.

Dieses Bindemittel kann im günstigsten Fall, z. B. bei Ölen, ein zusammenhängendes dreidimensionales Maschenwerk sein, in dessen Maschen die einzelnen Sandkörnchen bzw. Aggregate von Sandkörnern eingelagert und durch Adhäsionskräfte verankert sind. Im Extremfall, der vielleicht bei Stärkebindern eine gewisse Bedeutung besitzen mag, sitzt der Binder lediglich an den Berührungspunkten der Sandkörner als Haftmittel. Bei einer derartigen Anordnung erhält man wesentlich niedrigere Festigkeiten, dafür aber eine bessere Gasdurchlässigkeit.

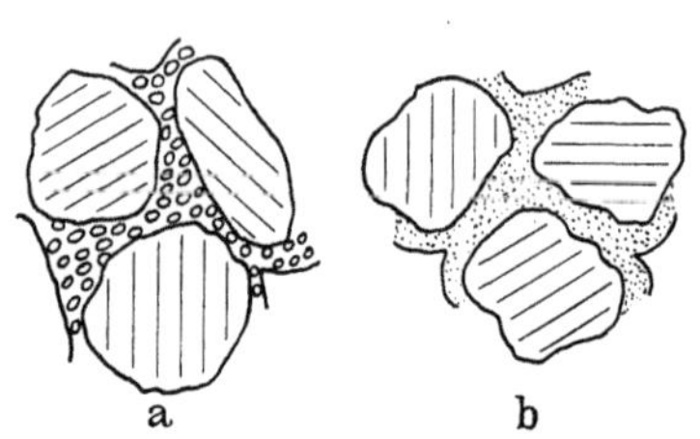

Abb. 10a u. b. Aufbau des Kerns
a) *Quellstärkekern*, hohe Durchlässigkeit, niedere Festigkeit, geringe Hitzebeständigkeit;
b) *Ölkern*, mittlere Durchlässigkeit, hohe Elastizität, gute Hitzebeständigkeit

β) Darstellung makromolekularer Stoffe. Nachdem die Bedeutung der makromolekularen Stoffe als Kernbindemittel aufgezeigt wurde, ist die Frage nach dem Bildungsmechanismus derartiger Stoffe zu behandeln: Damit Molekülvergrößerung eintreten kann, müssen die aufeinander einwirkenden Moleküle einfacher Bauart polyreaktiv sein [*19*], d. h. sie müssen bestimmte Gruppen enthalten, welche ihnen die Fähigkeit zur Polymerisation oder Polykondensation verleihen.

Dabei versteht man unter dem Begriff Polymerisation [*20*] eine Zusammenlagerung von Molekülen gleicher Art ohne Abspaltung von Reaktionsprodukten. Voraussetzung für die Möglichkeit einer echten Polymerisation ist das Vorhandensein einer als polyreaktive Gruppe wirkenden Doppelbindung oder eines Dreierrings im einfachen Baustein, dem sogenannten Monomer. Die Molekülvergrößerung durch Polymerisation verläuft dann etwa nach folgendem Schema:

$$n\,H_2C{=}\underset{\displaystyle COOCH_3}{\overset{\displaystyle CH_3}{C}} \;\rightarrow\; \left(-H_2C-\underset{\displaystyle COOCH_3}{\overset{\displaystyle CH_3}{C}}-CH_2-\underset{\displaystyle COOCH_3}{\overset{\displaystyle CH_3}{C}}-CH_2-\underset{\displaystyle COOCH_3}{\overset{\displaystyle CH_3}{C}}- \right)_n$$

Methacrylester → Acrylglas, z. B. Plexiglas

n bedeutet die Zahl der miteinander reagierenden Moleküle. Sie liegt in der Größenordnung 10^2 bis 10^5.

Der erste Schritt bei der Polymerisation besteht darin, daß durch irgendeine äußere Einwirkung, z. B. Hitze [*21*] oder auch durch Zusatz von Radikallieferanten [*22*] wie organische oder auch anorganische Peroxyde eine Doppelbindung gelöst wird. Das weitere Kettenwachstum geschieht dann dadurch, daß sich an die freie Bindung (im Schema mit • bezeichnet) ein Molekül des Monomeren, wieder unter Aufrichtung einer Doppelbindung anlagert usw. Die als Zwischenstufen beim Wachstum auftretenden Makroradikale sind instabil und können solange weiterwachsen, bis durch irgendeine Abbruchreaktion die freie Radikalstelle blockiert wird.

Schema der Polymerisation:

1. $R{-}R \rightarrow 2R^{\bullet}$ Radikalbildung
2. $R^{\bullet} + CH_2{=}CH_2 \rightarrow R{-}CH_2{-}CH_2^{\bullet}$ Startreaktion
3. $R{-}CH_2{-}CH_2^{\bullet} + CH_2{=}CH_2 \rightarrow R{-}CH_2{-}CH_2{-}CH_2{-}CH_2^{\bullet}$ Wachstum
4. $R{-}(CH_2)_n{-}CH_2{-}CH_2^{\bullet} + R^{\bullet} \rightarrow R{-}(CH_2)_n{-}CH_2{-}CH_2{-}R$ Abbruch

Die einmal ausgelöste Polymerisation läßt sich nicht ohne weiteres unterbrechen, sondern verläuft je nach den äußeren Bedingungen mehr oder minder schnell zu Ende, wobei die Ketten um so länger werden, je milder die Polymerisationsbedingungen waren. Wird sie durch Stoffe, die die Abbruchreaktion 4 bevorzugt auslösen, dennoch unterbrochen, so können die entstandenen Ketten später nicht mehr ohne weiteres zu einer neuen Polymerisation veranlaßt werden.

Die Fähigkeit zur Polymerisation hängt davon ab, wie leicht die dafür maßgebliche Doppelbindung in den Radikalzustand überführt werden kann. So polymerisieren viele einfach gebaute organische Stoffe mit einer Doppelbindung so leicht, daß man sie ohne besondere Zusätze nicht für längere Zeit aufbewahren kann. Andere Stoffe hingegen, wie die Ölsäure

$$CH_3{-}(CH_2)_7{-}CH{=}CH{-}(CH_2)_7{-}COOH,$$

die ja auch eine Doppelbindung enthält, sind überhaupt nicht zur Polymerisation zu bringen.

Haben wir in einem Stoff mehrere Doppelbindungen vorliegen, so hängt die Neigung zur Polymerisation von der gegenseitigen Lage dieser Doppelbindungen ab. Danach unterscheidet man folgende Fälle:

a) isolierte Doppelbindungen: $-C{=}C{-}C{-}C{-}C{=}C{-}C-$ oder $-C{=}C{-}C{-}C{=}C{-}C-$ Sie verhalten sich im wesentlichen wie die entsprechenden einfachen Doppelbindungen und sind vielfach weniger polymerisationsfreudig als diese. Als wichtige Beispiele mögen die Leinölfettsäuren dienen:

Linolsäure $CH_3{-}(CH_2)_4{-}CH{=}CH{-}CH_2{-}CH{=}CH{-}(CH_2)_7{-}COOH$

Linolensäure $CH_3{-}CH_2{-}CH{=}CH{-}CH_2{-}CH{=}CH{-}CH_2{-}CH{=}CH{-}(CH_2)_7{-}COOH$

Sie lassen sich nur sehr schwer zur Polymerisation bringen.

b) Konjugierte Doppelbindungen: $-C{=}C{-}C{=}C-$ Hier sind jeweils zwei Doppelbindungen durch nur eine Einfachbindung voneinander getrennt. Solche Systeme polymerisieren äußerst leicht, und zwar meist unter Verschiebung der Doppelbindungen, wie z. B. das Butadien, das den künstlichen Kautschuk Buna liefert:

Als weitere Beispiele sind die Eläostearinsäure $CH_3{-}(CH_2)_3{-}CH{=}CH{-}CH{=}CH{-}CH{=}CH{-}(CH_2)_7{-}COOH$, welche den Hauptbestandteil des Holzöles darstellt, und die im Oiticicaöl enthaltene Licansäure $CH_3{-}(CH_2)_3{-}CH{=}CH{-}CH{=}CH{-}CH{=}CH{-}(CH_2)_4{-}CO{-}(CH_2)_2{-}COOH$ zu nennen.

Unter Polykondensation [*23*] versteht man eine Reaktion, bei der sich einfach gebaute Molekule unter Austritt eines Reaktionsprodukts, meist Wasser, chemisch miteinander verbinden. Als Beispiel seien die heute zu größter Bedeutung gekommenen sog. Polyamide, wie Nylon und Perlon erwähnt:

$$H_2N{-}(CH_2)_6{-}NH_2 + HOOC{-}(CH_2)_6{-}COOH + H_2N{-}(CH_2)_6{-}NH_2 \text{ usw.} \rightarrow H_2N{-}(CH_2)_6{-}NH{-}CO{-}(CH_2)_6{-}CO{-}NH{-}(CH_2)_6{-}NH{-}CO{-}(CH_2)_6{-}COOH.$$

Die freien Endgruppen können mit neuen Molekülen weiter reagieren, so daß bei sorgfältiger Abführung des Reaktionswassers sehr hochmolekulare Stoffe erhalten werden können.

Voraussetzung für das Eintreten der Polykondensation ist das Vorhandensein von mindestens zwei reaktionsfähigen Gruppen im Molekül, z. B. zwei OH-Gruppen.

$$HO-R-OH + HO-R-OH + HO-R-OH \rightarrow HO-R-O-R-O-R-OH + 2H_2O$$

Die Polykondensation kann im Gegensatz zur Polymerisation, welche nach erfolgter Anregung bis zum Ende abläuft, auf jeder beliebigen Stufe unterbrochen und zu einem späteren Zeitpunkt an irgendeiner anderen Stelle weitergeführt werden. Von dieser Tatsache macht die Phenolharzchemie ausgiebig Gebrauch.

c) Betrachtung der Trocknung auf Grund der physikalischen und chemischen Vorgänge.

Gruppe A

Die Trocknung kann auf zwei Ursachen beruhen:

1. Entzug von mechanisch gebundenem Wasser oder Lösungsmittel. Hierfür gelten die auf S. 274 angeführten Betrachtungen. Die Trockentemperatur kann so hoch als nur irgend möglich gewählt werden, sie wird lediglich durch die unter Umständen zu groß werdende Wärmespannung begrenzt.

2. Schmelzen eines Stoffes, z. B. Pech. Die Schmelze umhüllt die einzelnen Sandkörnchen und hält sie nach dem Erstarren sehr fest zusammen. Eine Verflüssigung oder Erweichung beim nachfolgenden Guß ist nicht zu befürchten, da sich an der Berührungsfläche des Kernes mit der Schmelze sofort ein Gaspolster bildet, welches einen sehr schlechten Wärmeleiter darstellt. Die Trocknungstemperatur kann so hoch gewählt werden, wie es der zugesetzte Binder verträgt. Pechbinder vertragen eine Trocknung von max. 300 °C. Eine besondere Luftzufuhr ist nicht erforderlich.

Gruppe B

Die Trocknung erfolgt teils durch Entzug von physikalisch gebundenem Wasser, teils aber auch durch chemische Vorgänge. Die wichtigsten in diese Gruppe gehörenden Bindemittel sind die Kohlehydrate, wie Quellstärke, Zellulosederivate, Melasse und Zuckerrückstände sowie die Sulfitlauge.

Die Kohlehydrate bestehen vorwiegend aus dem Grundbaustein Glukose $C_6H_{12}O_6$, die sich in der lebenden Pflanze unter Austritt von Wasser entweder zu linear gebauten Makromolekülen, wie z. B. Zellulose oder zu stark verzweigten Makromolekülen, wie Stärke zusammenlagern kann.

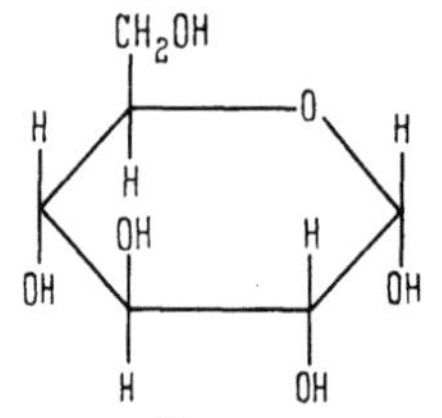

Glucose

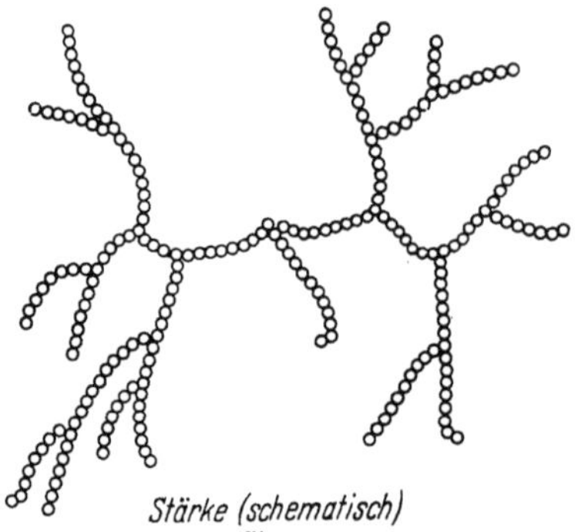

Stärke (schematisch)
o = Glucose

Die Zellulose selbst hat infolge ihrer Wasserunlöslichkeit bis jetzt in der Kernherstellung keine Bedeutung erlangt. Ersetzt man in jeder OH-Gruppe aber das H-Atom durch die Methylgruppe CH_3 oder Carboxymethylgruppe $-CH_2-COOH$, so gelangt man zu Produkten,

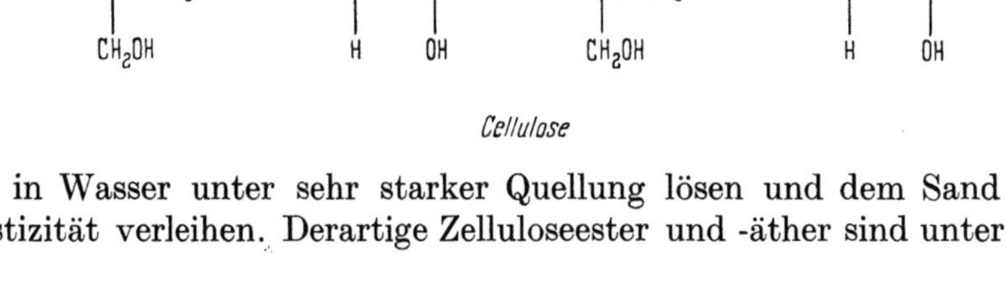

Cellulose

welche sich in Wasser unter sehr starker Quellung lösen und dem Sand eine hervorragende Plastizität verleihen. Derartige Zelluloseester und -äther sind unter dem Namen

Alkylin, Glykozellon, Tylose usw. im Handel. Über die Anwendung unterrichtet eine Arbeit von GRASSMANN [*24*]. Besondere Bedeutung erlangte die Verwendung als Zusatz beim Zementsandverfahren. Näheres im Bd. II/1, S. 1. Auch die ähnlich gebauten Alginsäurederivate, welche man aus den in großen Mengen vorkommenden Meeresalgen gewinnt, dürften geeignet sein. Eine überragende Bedeutung bei der Kernherstellung hat die Stärke erlangt. Von Natur aus ist sie als Kernbindemittel zwar nicht geeignet, erlangt aber durch geeignete Behandlung mit Säuren, Alkalien, Oxydationsmitteln oder Heißdampf die Fähigkeit, äußerst quellbare Produkte zu liefern, welche als Quellbinder sehr große Verbreitung gefunden haben. Die Trocknung beruht in erster Linie auf dem Entzug von Quellwasser, wodurch eine starke Kontraktion und Verhornung des Binders eintritt. Daneben findet aber auch noch ein thermischer Abbau zu Dextrinen statt, welche die gleiche Struktur, aber ein geringeres Molekulargewicht besitzen. Daß dieser thermische Abbau (man denke hier an die Bildung der Rinde beim Brotbacken) für die Festigkeit der getrockneten Kerne tatsächlich eine entscheidende Rolle spielt, zeigt ein einfacher Versuch. Wenn man stärkegebundene Kerne bei Zimmertemperatur im Exsikkator über Phosphorpentoxyd trocknet, also unter Bedingungen, bei denen das Wasser genau so entzogen wird wie bei der Wärmebehandlung, erhält man jedoch keine für die Praxis geeigneten Kernfestigkeiten.

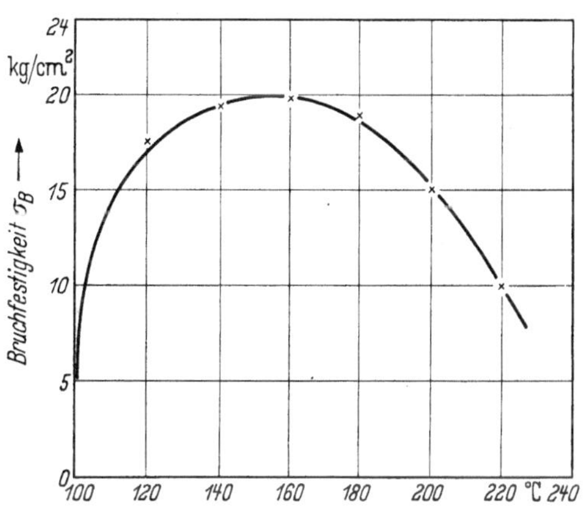

Abb. 11. Temperaturempfindlichkeit von Quellstärke

Die Kohlehydrate als organische Binder sind auf Grund der eben erwähnten Abbaureaktion gegen Temperatur ziemlich empfindlich. Abb. 11 zeigt die Festigkeitswerte eines Kernes mit einem reinen Quellstärkebinder bei verschiedenen Trockentemperaturen. Zunächst findet ein Anstieg bis etwa 160 °C statt, bei noch höherer Temperatur wird auch das Dextrin weiter abgebaut, so daß die Festigkeitswerte wieder fallen. Man wird daher bei Verwendung von Kohlehydraten allein die Kerne bei etwa 150 bis 180 °C trocknen, um die besten Werte zu erhalten. Da im allgemeinen viel Wasser zu verdampfen ist, muß für gute Luftumwälzung Sorge getragen werden.

Häufig werden die Quellbinder einer Sandmischung nur zur Erzielung einer ausreichenden Gründruckfestigkeit zugesetzt, während die eigentliche Trockenfestigkeit durch Zusatz anderer Stoffe, wie Kernöl, Pech oder Kunstharz, erzielt wird. In diesem Falle richtet sich dann die Trockentemperatur nach dem Bindemittel, welches die Festigkeit bewirken soll, kann also bei Verwendung von Kernölen etwa 220, bei Pechen bis zu 300 °C betragen.

Dextroseabläufe und Melasse stellen pflanzliche Abbauprodukte dar, welche vorwiegend aus einfach gebauten Zuckern bestehen. Diese verbacken beim Erhitzen unter Karamelisierung, teilweise auch unter Verkohlung und vertragen Temperaturen bis 220 °C. Die Karamelisierung verläuft bei geeignet aufgebauten Bindern dieser Gruppe so rasch, daß sich damit Sandmischungen anfertigen lassen, die in einer auf etwa 300 °C erhitzten Kernbüchse in wenigen Sekunden so weit aushärten, daß man die Kerne aus der Büchse nehmen kann. Ausführliche Angaben über diese Arbeitsweise sind in einer Arbeit von JASSON [*25*] enthalten. Die genauen chemischen Verhältnisse sind hier, wie auch bei der Sulfitablauge, noch nicht ganz geklärt.

Auch die Verfestigung durch Kristallisationsvorgänge gehört hierher. Gemische anorganischer Stoffe, wie Gips, Zement oder auch Sorelzement (WEIPERT-Verfahren), kristallisieren unter Bindung von Kristallwasser und teilweiser Neubildung von Stoffen, und zwar in Form sehr feiner ineinander verfilzter Nädelchen, welche die Masse zusammenhalten, aus. Ein rasches Trocknen bewirkt lediglich, daß das zur Verfestigung notwendige Wasser entzogen oder die schon gebildeten Kristalle wieder zerstört werden. Nach außen hin macht sich dies in einem starken Rückgang der Festigkeit bemerkbar. Die besten Werte erhält man durch langsame Lufttrocknung. Da sie aber unter Umständen recht lange Zeit in Anspruch nehmen kann, muß ab und zu der Vorgang doch durch Trocknung bei erhöhter Temperatur beschleunigt werden. Man sollte aber in diesen Fällen so niedrig als nur irgend möglich trocknen.

Gruppe C 1

Die Trocknung erfolgt neben einer Abgabe von mechanisch gebundenem Wasser ausschließlich durch Polykondensation.

In diese Gruppe gehören vor allem die Phenol- und Harnstoff-Formaldehydharze sowie die Stearinpeche und gewisse Silikate. Die Stearinpeche sind Destillationsrückstände natürlicher oder synthetischer Fettsäuren. Es handelt sich bei ihnen um Gemische aus ungesättigten Fettsäuren und Oxykarbonsäuren [*26*]. Letztere haben die allgemeine Formel

$$HOOC-(CH_2)_n-OH.$$

Nach dem auf S. 281 gegebenen Schema können sie leicht unter Wasseraustritt Polykondensationsprodukte nachfolgender Art bilden:

$$HOOC-(CH_2)_n-O-CO-(CH_2)_n-OCO-(CH_2)_n-O-CO-$$

Sind in einem Fettsäuremolekül mehrere polyreaktive COOH- oder OH-Gruppen enthalten, was besonders bei den hochmolekularen Stearinpechen der Fall ist, so kann jedes Molekül nach verschiedenen Richtungen hin unter Makromolokülbildung reagieren. Die Folge derartiger Reaktionen sind Vernetzungen und Verzweigungen, welche sehr hohe Festigkeitswerte ergeben, die größenordnungsmäßig etwa an die von Leinöl heranreichen.

Die Stearinpeche haben bei ihrer Herstellung schon eine intensive Wärmeeinwirkung erfahren, wodurch alle leichtflüchtigen und leicht zersetzlichen Produkte bereits entfernt sind. Aus diesem Grund sind sie gegen Temperatur recht unempfindlich und vertragen eine Trocknung bei etwa 220 bis 250 °C. Infolge des Gehaltes an ungesättigten Fettsäuren, welcher manchmal recht hoch sein kann, ist die Anwesenheit von Luftsauerstoff notwendig.

Geeignet aufgebaute Silikate, welche die schematisierte Struktur

$$\begin{array}{c} \quad OH \quad\; OH \quad\; OH \\ -O-\underset{|}{\overset{|}{Si}}-O-\underset{|}{\overset{|}{Si}}-O-\underset{|}{\overset{|}{Si}}-O-\ldots \\ \quad OH \quad\; OH \quad\; OH \end{array}$$

aufweisen, neigen ebenfalls zur Polykondensation, wobei es zu völliger räumlicher Vernetzung kommen kann. Besonders bei sehr raschem Wasserentzug tritt dieser Effekt deutlich auf. Erhitzt man z. B. Kerne, die aus folgender Mischung hergestellt werden,

100 GT Halterner Quarzsand H 32

2 GT Natronwasserglas 35 °Bé

1 min im Hochfrequenzfeld, so ergeben sich Festigkeiten von 30 kp/cm^2, außerdem sind die Kerne wasserfest [*27*]. Ähnliche Vorgänge mögen sich beim CO_2-Verfahren abspielen, wobei sich nach

$$Na_2SiO_3 + CO_2 \rightarrow Na_2CO_3 + SiO_2$$

zunächst eine stark wasserhaltige Kieselsäure abscheidet, welche sehr leicht weiterkondensiert. Der Kondensationsgrad kann jedoch nicht allzu hoch sein, da die Kerne sonst weitgehend wasserfest sein müßten.

Die Härtung erfolgt wahrscheinlich in 3 Phasen, nämlich den Zerfall des Natriumsilikats, die Bildung des SiO_2-Geles und die Verfestigung des Gels durch Wasserabgabe.

Nach LJAS dürfte der Ablauf dieser Reaktionen wie folgt vor sich gehen:

$$Na_2Si_2O_5 + CO_2 \rightarrow Na_2CO_3 + 2\,SiO_2$$

$$m\,SiO_2 + n\,H_2O \rightarrow m\,SiO_2 \cdot n\,H_2O$$

$$m\,SiO_2 \cdot n\,H_2O \rightarrow m\,SiO_2 \cdot pH_2O + (n - p)\,H_2O$$

Zusammenfassend referiert darüber BÖHMER [*28*]. Der gleiche Autor stellt auch die verschiedenen Widersprüche in den Reaktionen heraus.

Als wichtiges Kennzeichen dieser Binder wird der Modul bezeichnet: Das Molekulargewichts-Verhältnis $SiO_2 : Na_2O$ des betreffenden Wasserglases. Wie aus dem Vorhergesagten hervorgeht, besteht Wasserglas aus den Komponenten

Kieselsäure	SiO_2
Natriumoxyd	Na_2O
Wasser	H_2O

Da bei der chemischen Analyse immer die Gewichtsanteile der Komponenten festgestellt werden, muß zur Errechnung des Moduls jeweils durch das zugehörige Molekulargewicht dividiert werden. Hierzu kann folgende Formel dienen:

$$\text{Modul} = \frac{\text{Gew.-\% } SiO_2 \times 62}{\text{Gew.-\% } Na_2O \times 60}$$

Der Erhöhung des Moduls sind gewisse Grenzen durch die Verwendungsfähigkeit in der Gießerei gesetzt. Das Diagramm (Abb. 12) zeigt die möglichen sowie den verhältnismäßig engen Bereich des tatsächlich eingesetzten Wasserglases. Über Wasserglas als Formstoffbinder berichtet GERSTMANN [*29*]. In diesem Aufsatz sind auch die Möglichkeiten einer nachträglichen Änderung des Moduls besprochen.

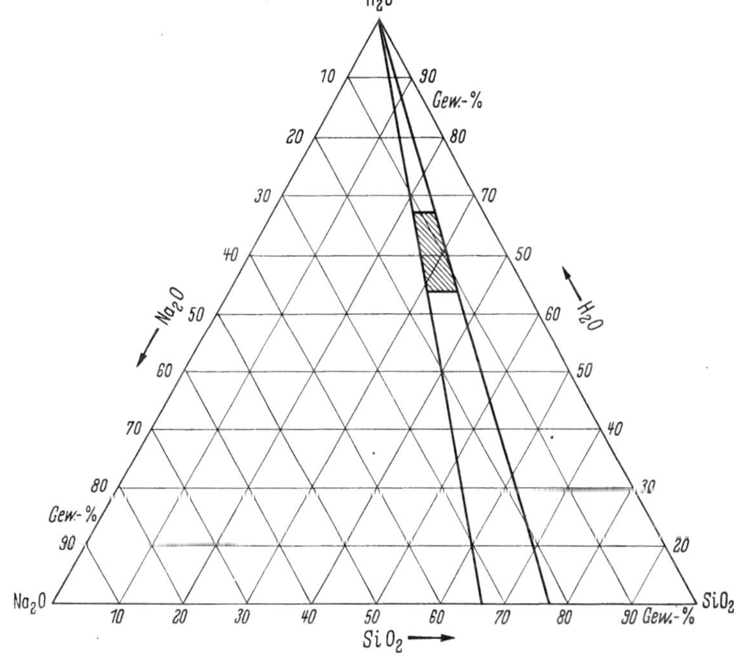

Abb. 12. Dreistoffdiagramm $Na_2O-SiO_2-H_2O$

Die Phenolharze und analog auch die Harnstoffharze werden technisch durch Umsetzung von Phenol bzw. Harnstoff mit Formaldehyd gewonnen. Dabei bilden sich zunächst nach folgender Formulierung die sogenannten Methylolverbindungen.

OH + HC(H)(O) → OH, CH₂OH

bzw. bei größerem Formaldehydüberschuß auch

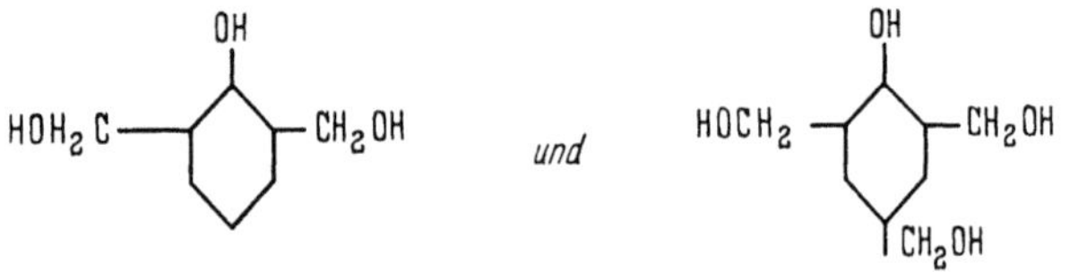

Diese Methylphenole und Methylolharnstoffe sind sehr instabil und reagieren je nach den angewandten Bedingungen in verschiedener Weise weiter:

a) Reaktion mit freiem Phenol.

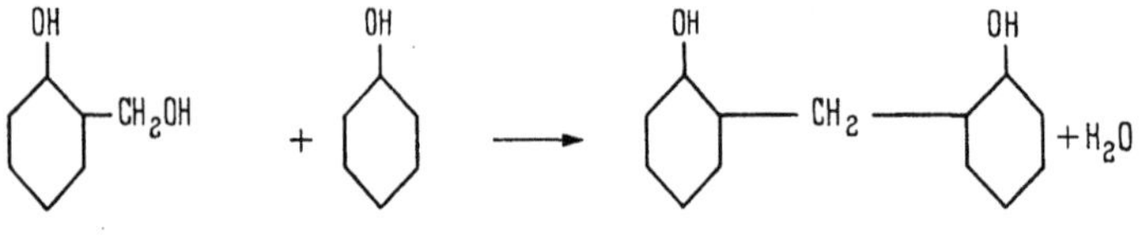

b) Reaktion mit sich selbst.

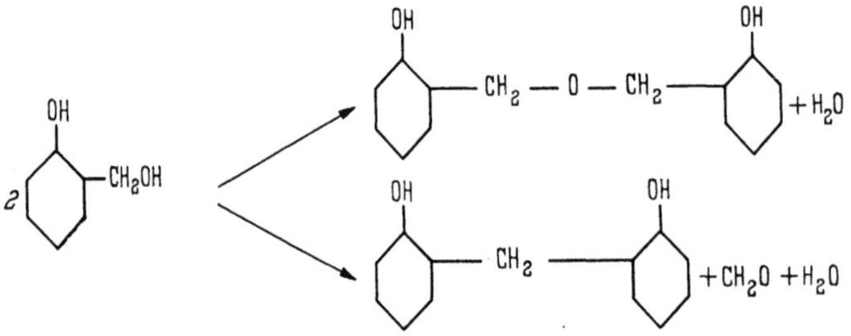

Nach dem bereits früher Gesagten ist leicht einzusehen, daß bei Anwesenheit mehrerer Methylolgruppen im Molekül die Möglichkeit zur Ausbildung von Makromolekülen gegeben ist, z. B. nach

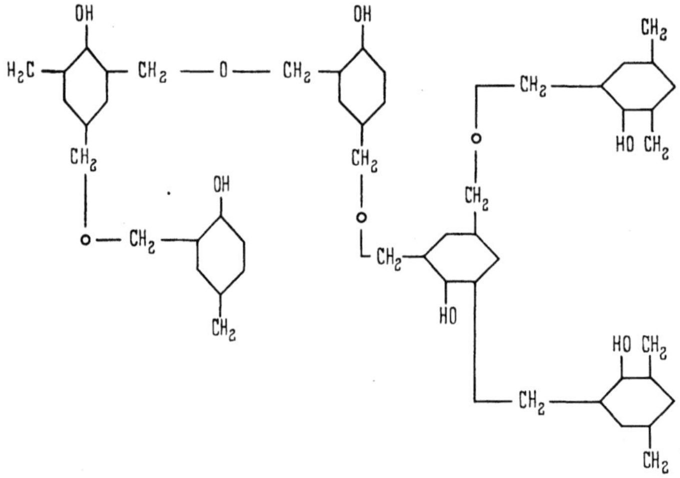

Die technischen Phenolharze und entsprechend auch die Harnstoffharze stellen solche Methylolverbindungen bzw. niedere Kondensationsprodukte dar, welche jedoch noch zahlreiche freie Methylolgruppen im Molekül enthalten. Dies hat zur Folge, daß die Produkte teilweise noch eine recht gute Wasserlöslichkeit besitzen und vor allem, daß sie zur Weiterkondensation befähigt sind. Diese Weiterkondensation, die sich im wesentlichen nach dem oben angedeuteten Schema vollzieht, erfolgt entweder durch Hitzeeinwirkung oder unter dem Einfluß von Säuren [*30*]. Die Säurehärtung von Phenol- und Harnstoff-Formaldehydharzen erlangt für die Kernherstellung eine immer größere Bedeutung, da bei diesem Verfahren die Ofentrocknung wegfällt. E. LANGE berichtet über den Einsatz derartiger Bindemittel zur Herstellung von Kernen für Stahlguß [*31*].

Die Ofentrocknung der Phenol- und Harnstoff-Formaldehydharze kann bei relativ niederen Temperaturen erfolgen, da hierbei die Härtungsreaktion schon genügend schnell verläuft, und zwar weitaus schneller als alle anderen bei Kernbindern bekannten Trockenvorgänge. Eine Zusammenstellung über diese Verhältnisse gab GRASSMANN [*24*]. Man wird am besten bei etwa 150 bis 200°C arbeiten. Phenolharze vertragen etwas höhere Temperaturen als die entsprechenden Harnstoffverbindungen. Die Trocknungsdauer beträgt ein Viertel bis die Hälfte derjenigen von Ölsandkernen. Die erreichbaren Festigkeiten sind durchweg ebenso hoch oder besser. Ein nicht zu unterschätzender Vorteil ist bei Phenolharzen die gegenüber Ölsandkernen geringere Gasentwicklung beim Guß. Infolge ihrer günstigen dielektrischen Werte und ihres Trocknungsmechanismus sind Kunstharzbinder für die Hochfrequenztrocknung [*8*] geeignet. Nachfolgend noch eine Kurve über den Zusammenhang zwischen Festigkeit und Trocknungstemperatur bei einem Phenol-Formaldehydharz (Abb. 13).

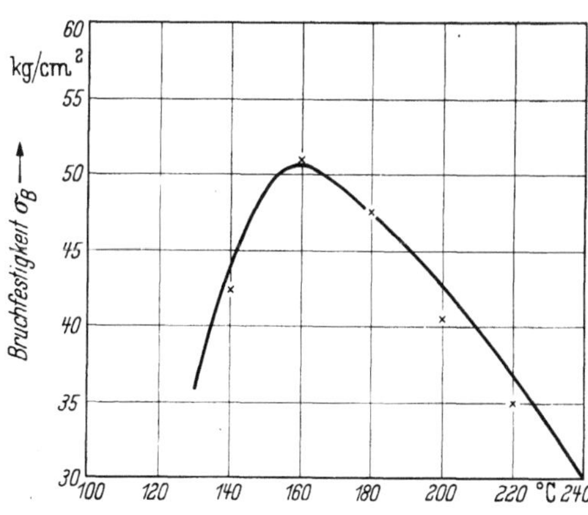

Abb. 13. Festigkeit und Trockentemperatur bei Phenoplasten

Gruppe C 2

Die Trocknung erfolgt in erster Linie durch Polymerisation, und zwar entweder mit oder auch ohne Luftsauerstoff. In diese wichtige Gruppe gehören vor allem die trocknenden und halbtrocknenden pflanzlichen und tierischen Öle.

Sie stellen Ester von verschiedenen Fettsäuren, z. B. Stearinsäure, Ölsäure, Linolsäure usw., mit dem dreiwertigen Alkohol Glyzerin dar und lassen sich durch folgende allgemeine Formel wiedergeben

$$\begin{array}{l} H_2C—O—R_1 \\ \;\;| \\ HC—O—R_2 \\ \;\;| \\ H_2C—O—R_3 \end{array}$$

wobei R die verschiedenen Fettsäuren darstellen soll. Die Öltrocknung, eines der wichtigsten Kapitel nicht nur der modernen Kernbindemittelherstellung, sondern der technischen organischen Chemie ganz allgemein, wurde auf Grund ihrer außerordentlichen Bedeutung von vielen Seiten intensiv untersucht. In technischer Hinsicht liegen Arbeiten in großer Zahl vor [*32*], besitzen aber insofern wenig Wert, als die Verfasser meist mit irgendwelchen handelsüblichen, nicht näher definierten Ölen arbeiten. Aufschlußreicher sind Untersuchungen [*33*], die mit reinen pflanzlichen Ölen durchgeführt wurden. Auch diese Ergebnisse sind nicht immer reproduzierbar, da Leinöl und andere trocknende Öle keine einheitlichen, klar definierten Stoffe darstellen, sondern in ihrer Zusammensetzung je nach Herkunft, Alter und Vorbehandlung starke Schwankungen aufweisen. Nachfolgende Tabelle [*34*], welche für Leinöl gilt, mag hierzu einen kleinen Überblick verschaffen.

Nr.	Dichte 20°C	Jodzahl	Säurezahl	Verseifungszahl
1	0,9292	170,0	2,5	196,3
2	0,9280	188,0	5,7	192,8
3	0,9316	181,5	0,15	190,0
4	0,9318	205,4	1,1	190,5
5	0,9310	177,8	4,5	191,7

Eine Angabe der wichtigsten Kennzahlen wäre von Nutzen. Allerdings darf man den Wert derartiger Kennzahlen bei Kernölen nicht so hoch einschätzen, wie es manche Autoren [*35*] taten, oder gar auf ihnen eine Prüfmethode für Kernöle aufbauen, wie es schon vorgeschlagen wurde [*36*].

Eigene Versuche, die an einer großen Zahl von verschiedenen Kernölen vorgenommen wurden (Abb. 14 bis 16), ergaben keinen Zusammenhang zwischen Kennzahlen und technologischen Werten. Bis jetzt wurde nur der Einfluß der Luft auf die Trocknung von Ölkernen klar erkannt, z. B. in einer Arbeit von ROLL und BRUST [37], welche Leinölkerne in den verschiedensten Atmosphären trockneten und nachstehende Ergebnisse erhielten (Abb. 17). Leider haben die beiden Autoren denselben Versuch nicht mit Holzöl wiederholt, sonst wäre ihnen sicher der grundlegende Unterschied aufgefallen, der zwischen den verschiedenen Ölen besteht und den wir auch unserer Einteilung zugrunde gelegt haben.

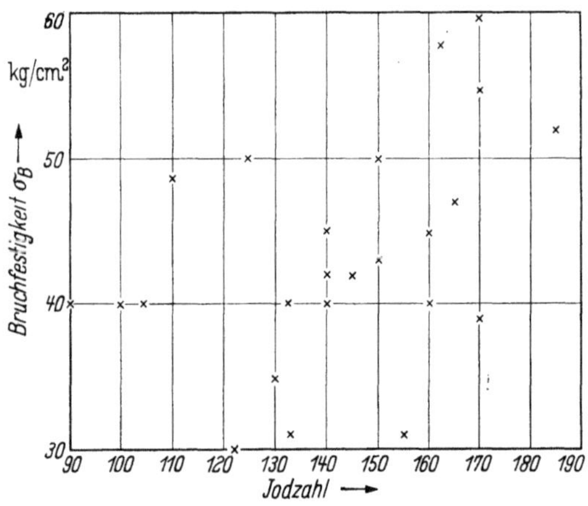

Abb. 14. σ_B als Funktion der Jodzahl

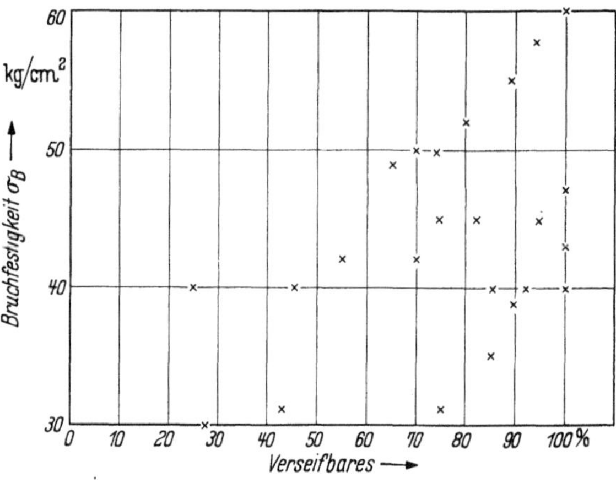

Abb. 15. σ_B als Funktion des Verseifbaren

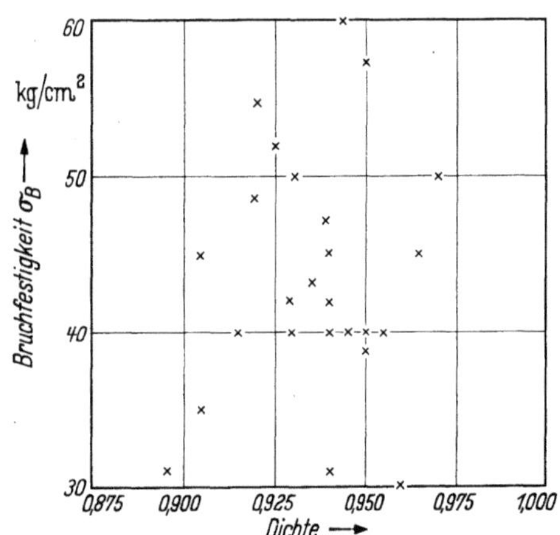

Abb. 16. σ_B als Funktion der Dichte

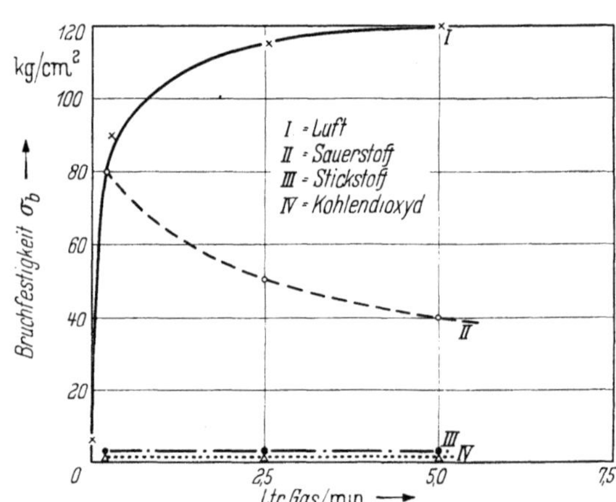

Abb. 17. Leinölkerne bei 200 °C in verschiedenen Atmosphären getrocknet (nach ROLL)

Es gibt Öle, deren Trocknung unbedingt die Anwesenheit von Luftsauerstoff erfordert, und solche, welche auch bei mangelnder Luftzufuhr und sogar bei völligem Luftausschluß noch eine gewisse Trockenfähigkeit besitzen. Zur ersten Gruppe gehören all die Öle, welche ungesättigte Fettsäuren mit nur einer Doppelbindung, oder aber mit mehreren isolierten Doppelbindungen enthalten. Die in erster Linie in Frage kommenden Fettsäuren sind die Ölsäure, Linolsäure und Linolensäure, deren Formeln auf S. 281 aufgezeichnet sind.

Hauptvertreter dieser Gruppe ist das Leinöl, welches nach R. C. STILLMANN [38] etwa folgende Zusammensetzung hat:

Linolensäure	49,4%
Linolsäure	17,4%
Ölsäure	24,1%
Ges. Fettsäuren	8,7%

Der Rest besteht aus anderen Stoffen.

Außerdem gehören hierher noch das Sojaöl, die tierischen Öle, z. B. Fischtrane und teilweise auch das Tallöl und das Sulfatpech, die ebenfalls Linol- und Linolensäure enthalten.

In den Kernölen liegen diese Öle entweder so vor, wie sie uns die Natur liefert, oder sie sind durch Kochen mit oder ohne Einblasen von Luft schon teilweise voroxydiert und eingedickt, z. B. die Erstarrungskernöle. Der Trockenvorgang, der Gegenstand jahrzehntelanger wissenschaftlicher Forschungen gewesen ist, läßt sich am Beispiel eines schematisierten Stoffes der allgemeinen Formel

$$R_1-CH=CH-CH_2-CH=CH-R_2$$

betrachten. Um die Aufklärung der tatsächlich stattfindenden Trockenvorgänge haben sich vor allem FARMER und BOLLAND [*39*] in England sowie KERN und WILLERSINN [*40*] in Deutschland verdient gemacht. Nach diesen durch physikalische und reaktionskinetische Messungen einwandfrei nachgewiesenen Ergebnissen vollzieht sich die Trocknung folgendermaßen:

Der Sauerstoff greift nicht an der Doppelbindung an, sondern an der ihr benachbarten CH_2-Gruppe, und zwar über einen Radikalkettenmechanismus, etwa nach dem Schema

$$-CH_2-CH=CH- \xrightarrow{\text{Energie}} -\overset{\bullet}{C}H-CH=CH- + O_2 \rightarrow$$

$$\underset{\substack{|\\ OO\bullet}}{-CH}-CH=CH- \quad + -CH_2-CH=CH- \quad \begin{cases} \nearrow -\overset{\bullet}{C}H-CH=CH- \\ \searrow \underset{\substack{|\\ OOH}}{-CH}-CH=CH- \end{cases}$$

Die freien Bindungen der im Verlauf dieser Reaktion auftretenden Radikale sind nun nicht an ein bestimmtes Kohlenstoffatom fixiert, sondern können innerhalb der Kette wandern, was die Ausbildung von konjugierten Doppelbindungen zur Folge hat, wie das Beispiel der Linolsäure zeigen möge:

$$\overset{13}{-C}=\overset{12}{C}-\overset{11}{\underset{\bullet}{C}}-\overset{10}{C}=\overset{9}{C}-$$

$$\swarrow\!\!\nearrow \qquad\qquad \searrow\!\!\nwarrow$$

$$\overset{13}{-C}=\overset{12}{C}-\overset{11}{C}=\overset{10}{C}-\overset{9}{\underset{\bullet}{C}}- \qquad\qquad \overset{13}{-\underset{\bullet}{C}}-\overset{12}{C}=\overset{11}{C}-\overset{10}{C}=\overset{9}{C}-$$

(Die Zahlen bedeuten die Stellung der C-Atome, bezogen auf die COOH-Gruppe.)

Diese sogenannte Konjugierung konnte sowohl analytisch als auch spektrographisch [*41*] nachgewiesen und gemessen werden. Sie ist die Voraussetzung für die weitere endgültige Trocknung. Zusammenfassend ist zu sagen: Der erste Schritt bei der Öltrocknung besteht darin, daß sich Kohlenstoffradikale bilden, welche dazu befähigt sind, unter Verschiebung von Doppelbindungen in Systeme mit konjugierten Doppelbindungen überzugehen. Diese Systeme stabilisieren sich unter Ausbildung von Hydroperoxyden. Ist die Trocknung bis zu diesem Stadium fortgeschritten, so vollzieht sich die weitere Molekülvergrößerung genau wie beim nachfolgend zu besprechenden Holzöl. Man geht heute übrigens immer mehr dazu über, die für die Trocknung so wichtige Doppelbindungsverschiebung vorwegzunehmen und Öle mit isolierten Doppelbindungen, also vor allem Leinöl, künstlich zu konjugieren. Beispiele dafür sind unter den Namen ILO-Leinöl und Conjuen-Öl in der Lackindustrie schon weit verbreitet und finden auch in Erstarrungskernölen Verwendung. In Gruppe b gehören alle Öle, deren Fettsäuren konjugierte Doppelbindungen enthalten, also vor allem Holzöl und Oiticicaöl. Diese Öle sind, wie schon ausgeführt, sehr leicht zur Polymerisation geneigt, etwa nach

$$n\ -CH=CH-CH=CH- \rightarrow -(-CH-CH=CH-CH-)_n-.$$

Es bilden sich dabei vernetzte Gebilde, deren Vernetzungsgrad sich noch dadurch erhöhen kann, daß die freien Doppelbindungen mit Luftsauerstoff zusätzlich reagieren, so wie es der Schwefel mit dem Kautschuk tut.

Daneben findet in Gegenwart von Sauerstoff noch Mischpolymerisation mit diesem statt, wie es FREUDENBERG schon lange annahm [*42*] und MORELL und MARKS [*43*] speziell für Holzöl auch beweisen konnten. Faßt man die Vorgänge bei der Öltrocknung zusammen, so ergibt sich ein Schema:

Öle mit isolierten Doppelbindungen — Öle mit konjugierten Doppelbindungen

↓

Konjugierung der Doppelbindungen, verbunden mit einer Bildung von Hydroperoxyden

↓

Polymerisation für sich oder Mischpolymerisation mit Luftsauerstoff. Teilweise auch weitere Vernetzung durch Sauerstoffbrücken. Sehr stark vernetzte, äußerst feste Filme.

Die Trocknung der Kernöle ist also im allgemeinen nur in Anwesenheit von genügend Luft durchführbar. Dies gilt insbesondere für die sogenannten Erstarrungskernöle, welche durch Zusatz öllöslicher Blei-, Kobalt- oder Manganverbindungen, der sogenannten Sikkative, die Fähigkeit erlangen, schon bei Zimmertemperatur sehr rasch zu trocknen.

Die Sikkative beschleunigen sowohl die Bildung der Hydroperoxyde als auch die sich daran anschließende Polymerisation. Sie werden unwirksam gemacht durch Anwesenheit anderer Metalloxyde, wie z. B. Eisen- und Kalziumoxyd. Da diese beiden letztgenannten Oxyde häufig in Kernsanden anzutreffen sind, ist beim Erstarrungskernölverfahren auf die Wahl des Sandes größtes Augenmerk zu richten. Es ist noch zu bemerken, daß in letzter Zeit Erstarrungsöle entwickelt wurden, die gegen die Einflüsse des Sandes unempfindlicher sind.

Zur Wärmetrocknung der Kernöle ist folgendes zu bemerken. Die durch Molekülvergrößerung erzielbaren technologischen Werte der Kerne sind um so besser, je niedriger die Trockentemperatur gewählt wird. Da aber erhöhte Temperatur den Trockenvorgang außerordentlich beschleunigt (als Faustregel merke man sich, daß eine Temperaturerhöhung um 10 °C eine Verdopplung der Reaktionsgeschwindigkeit mit sich bringt), wird man häufig zu Gunsten einer schnellen Durchtrocknung auf eine an sich mögliche höhere Festigkeit verzichten müssen.

Nach allen bisherigen Erfahrungen hat sich eine Trockentemperatur von 200 bis 220 °C für Ölkerne sowie für solche, welche mit Kernemulsionen angefertigt sind, als am günstigsten erwiesen. Aus den vorhin erläuterten Gründen ist für eine gute Luftzufuhr während des Trockenvorgangs Sorge zu tragen.

Gruppe C 3

Hierher gehören Stoffe, bei denen eine Molekülvergrößerung vorwiegend durch Oxydation stattfindet [*44*]. Den Vorgang kann man schematisch wie folgt formulieren:

$$RH + O + RH \rightarrow R{-}R + H_2O.$$

Die wichtigsten Vertreter dieser Gruppe sind die Teeröle, die als Kernbindemittel heute keine Bedeutung mehr haben; teilweise auch die Bitumina und gewisse natürliche Harze. Die Trocknung verläuft in Gegenwart von Luft bei etwa 220 °C befriedigend. Erhöhung der Temperatur bewirkt einen teilweisen starken Abbau der Moleküle durch Crackprozesse und damit eine Verringerung der Festigkeit.

d) Zusammenfassung. Bei den vorstehenden Betrachtungen sind die reinen Rohstoffe zugrunde gelegt worden, die in den handelsüblichen Kernbindemitteln natürlich nicht für sich, sondern meist in teilweise recht komplexen Mischungen von mehr oder minder schwankender Gleichmäßigkeit vorliegen.

Da die Kernbindemittel in den meisten Fällen so aufgebaut sind, daß sich die einzelnen Komponenten gegenseitig nicht stören, sondern eher im günstigen Sinn beeinflussen, darf man aus den vorhin erläuterten Trockenvorgängen bei reinen Ausgangsstoffen auf die Vorgänge in Stoffgemischen rückschließen.

Danach benötigen die gebräuchlichsten Bindemittel etwa folgende Trockentemperaturen:

Kernöle	200—220 °C, Luftsauerstoff nötig
Emulsionen	200—220 °C, Luftsauerstoff nötig
Quellbinder	160—180 °C, Luftsauerstoff nicht erforderlich
Sulfitlauge	200—220 °C, Luftsauerstoff erwünscht
Kunstharze	150—180 °C, Luftsauerstoff nicht erforderlich
Pechbinder	250—350 °C, Luftsauerstoff nicht erforderlich.

Bei Kernsandmischungen, welche mehrere Bindemittel enthalten, richtet sich die Temperatur nach der am höchsten trocknenden Komponente. So werden z. B. die sehr häufig verwendeten Kerne aus Quellbinder und Kernöl bei 220 °C getrocknet, Kerne aus Quellbinder und Pechbinder bei 300 °C usw.

IV. Auswirkung der Trocknung auf die Eigenschaften der Kerne und Formen

A. Allgemeine Übersicht

Formen und Kerne verlieren beim Trocknen beträchtliche Mengen flüchtiger Stoffe, die die Ursache für eine ganze Reihe von Gußfehlern sein können. Außerdem steigt bei sachgemäßer Trocknung die Festigkeit der Kerne beträchtlich an und erreicht bei genauer Einhaltung der optimalen Trockenbedingungen einen Höchstwert. Dies hat zur Folge, daß die Kerne sowohl beim Transport als auch beim Einsetzen in die Form und beim nachfolgenden Guß wesentlich widerstandsfähiger sind als im grünen Zustand. Auch alle anderen Eigenschaften, wie Gasdurchlässigkeit, Oberflächenhärte bzw. die damit eng zusammenhängende Abriebfestigkeit sowie die Gaszahl werden durch richtige Trocknung bedeutend verbessert, wie nachfolgend gezeigt werden soll.

B. Gasdurchlässigkeit

Bekanntlich nimmt die Gasdurchlässigkeit mit steigender Temperatur ab, wie aus nachstehender, einer Arbeit von ZEUNER und ROESCH [45] entnommenen Kurve (Abb. 18) ersichtlich ist. Aus dieser Tatsache ergibt sich, daß die Gasdurchlässigkeit bei Raumtemperatur, bei der sie ja normalerweise bestimmt wird, so hoch liegen muß, daß sie auch bei der Gießtemperatur noch ausreicht, um eine vollständige Abführung der Gase zu gewährleisten. Die nachfolgende Tabelle, die von KNIPP [46] angegeben wurde, zeigt den Einfluß der Trocknung hinsichtlich der Gasdurchlässigkeit bei einer Reihe von Formsanden:

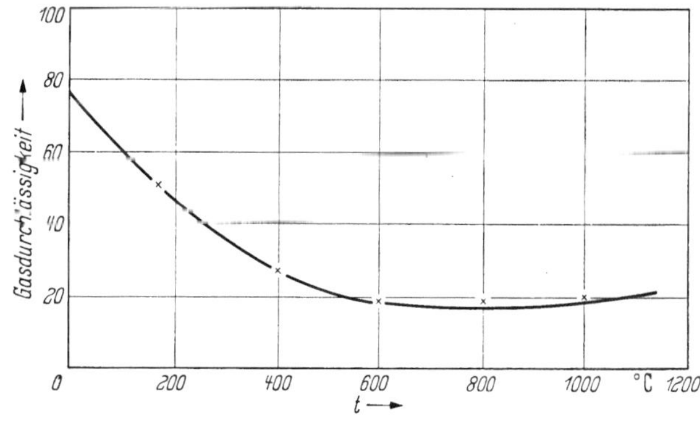

Abb. 18. Gasdurchlässigkeit in Abhängigkeit von der Temperatur bei einem Naturformsand (nach ZEUNER)

Formsand	5% Wasser		bei 200° getrocknet	9% Wasser	
	grün	lufttrocken		grün	200°
Riesaer gelb	80	84	87	54	69
Rosenthaler	78	85	85	50	67
Offlebener grün	60	71	74	29	72
Hallescher grün	70	82	82	55	76
Erkrather halbf.	56	66	66	30	61

Wie aus obenstehender Tabelle hervorgeht, tritt der Effekt dann besonders stark auf, wenn man den Sand nicht formgerecht, sondern mit einem Überschuß an Wasser verwendet. Weiterhin setzen auch Bindemittel die Gasdurchlässigkeit unter Umständen beträchtlich herab, wie die nachfolgende, ebenfalls der Arbeit von Knipp entnommene Tabelle zeigt.

Riesaer gelb (6% Wasser)	feucht	lufttrocken	bei 200° getrocknet
Ohne Zusatz	80	84	87
mit 4% Kernöl	52	72	80
mit 4% Trockenbinder	69	79	87

Hieraus ergibt sich in bezug auf eine günstige Gasdurchlässigkeit die Notwendigkeit einer sorgfältigen Trocknung.

C. Oberflächenhärte bzw. Abriebfestigkeit

Hierzu liegt eine Arbeit von Roll vor [*47*], in der auch die genaue Prüfmethode angegeben ist. Das Ergebnis ist in nachfolgender Kurve (Abb. 19) festgehalten. Danach ist der Abrieb von Kernen, die bei Temperaturen bis etwa 240 °C getrocknet wurden, über eine relativ lange Trockenzeit hinweg ziemlich klein und verhältnismäßig konstant. Hingegen macht eine Trocknung bei 280 °C die Kerne schon in sehr kurzer Zeit mürbe, eine Folge der Verbrennung des Kernbindemittels in der obersten Schicht des Kernes.

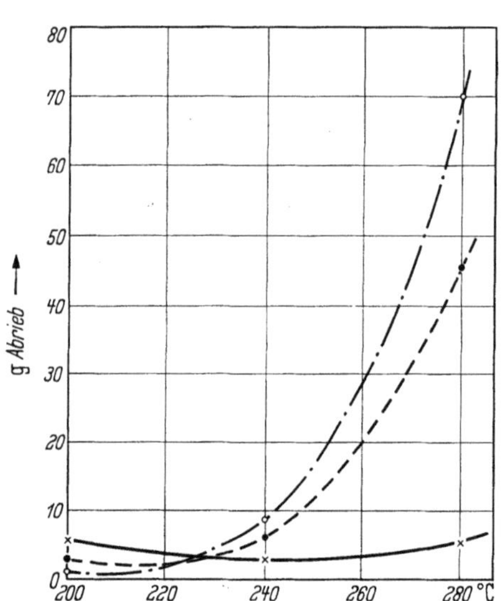

Abb. 19. Abriebfestigkeit unter verschiedenen Trockenbedingungen nach [*47*]

Der Abrieb ist bekanntlich der Oberflächenhärte umgekehrt proportional und für das einwandfreie Gelingen des Gusses wichtig. Andererseits ist zu beachten, daß die Oberflächenhärte, ebenso wie alle anderen Eigenschaften, nicht nur von der Art und Dauer der Trocknung abhängt, sondern von weiteren Faktoren, insbesondere auch von dem verwendeten Kernbindemittel. Besonders zu berücksichtigen ist noch die im allgemeinen viel zu wenig bekannte Tatsache, daß die Bindemittel beim Trocknen teilweise an die Außenseite der Kerne wandern, so daß also die Kerne in der Mitte wesentlich geringere Festigkeiten aufweisen als außen [*48*]. Die Wanderungsgeschwindigkeit hängt sehr stark von der Art der Bindemittel ab. Sie ist bei Kunstharzen und Ölen stark ausgeprägt, während sie bei Quellbindern fast gar nicht in Erscheinung tritt.

D. Gaszahl

Die Gaszahl stellt ein Maß für die beim Gießen aus dem Formstoff freiwerdende Gasmenge dar [*49*]. Daß auch sie erwartungsgemäß sehr stark durch die Trocknung beeinflußt wird, konnte unter anderen Zirkow [*50*] zeigen. Er stellte einen Kern mit verschiedenen

Querschnitten her, trocknete ihn und bestimmte anschließend die Gaszahl in Abhängigkeit vom Querschnitt. Seine Ergebnisse sind in der Kurve (Abb. 20) ausgewertet. Sie zeigt, daß die Gaszahl mit zunehmendem Trocknungsgrad abnimmt, also bei guter Durchtrocknung der nachfolgende Guß ruhiger verlaufen wird als bei mangelhafter Trocknung. Da gerade komplizierte Kerne häufig sehr unterschiedliche Querschnitte aufweisen, ist besonders darauf zu achten, daß sie auch an den dicken Stellen gut durchgetrocknet sind.

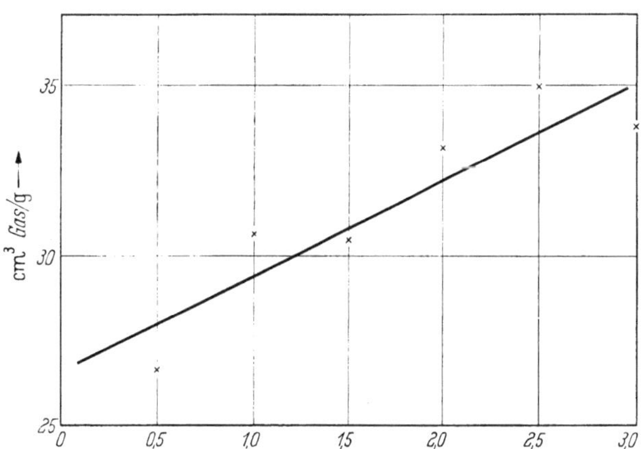

Abb. 20. Gaszahl in Abhängigkeit von der Kerngröße nach [*51*] (umgerechnet)

V. Durch mangelhafte Trocknung bedingte Gußfehler

Zusammenfassende Darstellungen finden sich in: E. Knipp, Fehlererscheinungen an Gußstücken (1953), sowie im Gußfehleratlas, Bd. 1 (1955) und Bd. 2 (1956). Hier seien nochmals einige besonders charakteristische Gußfehler aufgeführt, welche durch ungenügende Trocknung bedingt sind.

A. Porosität bzw. Gashohlräume im Guß

Dieser Fehler [*51*], der häufig mit den durch die Schwindung des Metalles beim Abkühlen entstehenden Lunkern verwechselt wird, kann verschiedene Ursachen haben. Den Hauptanteil an der Entstehung derartiger Gashohlräume haben aber unzweifelhaft irgendwelche während des Gusses auftretenden Gase [*52*].

Gase können in das Gießmetall gelangen als

1. Reaktionsgase
2. Gelöste Gase
3. Mitgerissene Luft beim Gießen
4. Gase aus dem Formstoff, auch aus der Schwärze
5. Gase aus Kühlkörpern, Kernstützen u. dgl.

Hier interessieren die Gase, welche aus dem Formstoff stammen. Sie entwickeln sich entweder aus der Feuchtigkeit oder aus dem organischen Bindemittel durch Verbrennen. Beim Entweichen wählen sie den Weg des geringsten Widerstandes. Falls die Durchlässigkeit der Formwand zu gering ist, dringen sie in die dünnflüssige Schmelze ein (Gefahr besonders groß bei Leichtmetallguß wegen des niederen Gießdrucks der Schmelze) und erzeugen dort Blasen bzw. poröse Stellen. Welche Gasmengen sich unter Umständen entwickeln können, ergibt sich aus der nachstehenden Kurve (Abb. 21), die die Volumenänderung von Wasserdampf in Abhängigkeit von der Temperatur zeigt. Die aus organischen Bindemitteln beim Verbrennen entwickelte Gasmenge steht dem nicht nach. Einen Einblick in die Temperaturverhältnisse in der Formwand vermittelt eine Kurve (Abb. 22), die Roesch [*53*] angegeben hat.

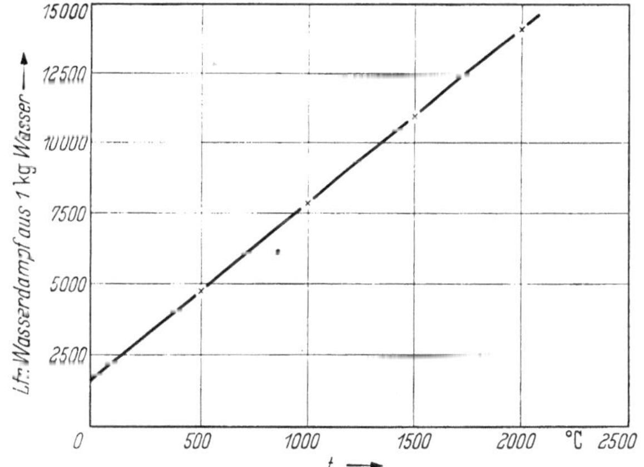

Abb. 21. Wasserdampfentwicklung

Danach ist der Temperaturanstieg zumindest an der unmittelbaren Berührungsfläche der Schmelze mit der Formwand gleich nach dem Guß schon sehr groß, was sich nach außen hin durch einen Gasstoß bemerkbar macht.

Die Dissoziation des Wassers nach $2\,H_2O \leftrightharpoons 2\,H_2 + O_2$, die ebenfalls zu Ausschuß führen kann (Gase nach 1. oder 2. im obigen Schema), ist im allgemeinen bei den in Frage kommenden Temperaturen sehr gering. Nach Hoffmann [54] sind in Abhängigkeit von der Temperatur folgende Wassermengen nach obiger Gleichung zerfallen:

1000 °C	0,00026%
1500 °C	0,20%
2000 °C	0,58%
2500 °C	4,21%
3000 °C	14,4%

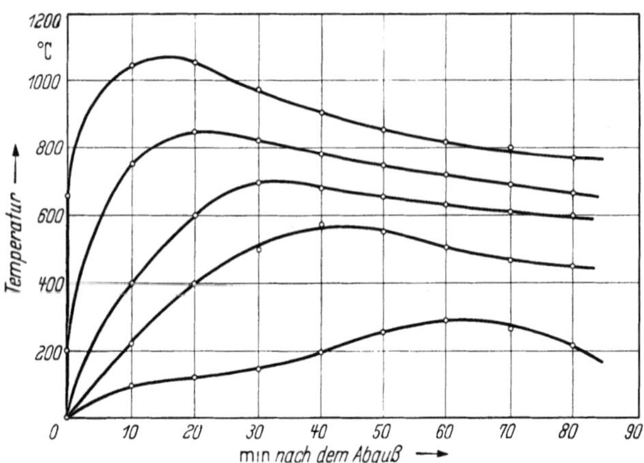

Abb. 22. Temperaturverlauf in der Formoberfläche nach dem Eingießen von Stahl (Wanddicke 37 mm) (nach Roesch)

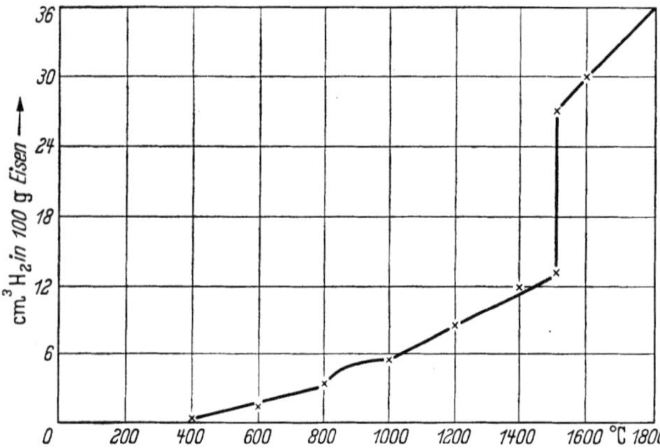

Abb. 23. Löslichkeit von Wasserstoff in Eisen in Abhängigkeit von der Temperatur (nach Knipp)

Außerdem ist zu berücksichtigen, daß sich bei kohlenstoffhaltigem Guß noch ein anderes Gleichgewicht einstellen kann nach:

$$2\,H_2O + C \rightleftharpoons CO_2 + 2\,H_2,$$

das schon bei wesentlich niedrigerer Temperatur weitaus mehr nach rechts verschoben ist als das vorige. Schließlich kann auch das bei ungenügender Luftzuführung aus dem organischen Bindemittel entstehende Kohlenmonoxyd eine Reaktion mit Wasserdampf eingehen nach

$$H_2O + CO \rightleftharpoons H_2 + CO_2.$$

Auch dieses Gleichgewicht ist schon bei relativ niederer Temperatur weit nach rechts (Bildung von Wasserstoff) verschoben [55].

Der Wasserstoff ist bei hoher Temperatur in Eisen gut löslich (Abb. 23). Beim Abkühlen ist die Gußhaut bereits erstarrt und er kann nicht mehr entweichen. Die Folge sind dann Gasblasen im Gusse. Es ist zu beachten, daß auch getrocknete Formen und Kerne bei längerem Lagern an der Luft wieder Feuchtigkeit anziehen. Bei Kernen ist diese Neigung sehr stark abhängig vom Bindemittel. Sie ist bei Ölkernen und solchen mit Kunstharzbindern sehr gering, groß dagegen bei Sulfitlauge, Melasse und Dextrin bzw. Stärke.

Daher sollten grüne Formen mit eingelegten Trockenkernen möglichst rasch abgegossen werden. Auch sollte man keine kalten Formen mit heißen Kernen versehen, und umgekehrt, wie auch warme Formen nicht auf feuchte Betten abgestellt werden sollten.

B. Sandstellen und Schülpen [56]

Ungenügende Festigkeit von Form und Kernen führt zu Sandstellen im Guß. Man kann diesen Fehler wohl durch geeignete gießtechnische Maßnahmen teilweise ausschalten, das sicherste Mittel besteht aber darin, den Kernen und Formen eine ausreichende Festigkeit zu verleihen. Allerdings ist in diesem Zusammenhang zu berücksichtigen, daß erhöhte Festigkeit sehr oft nur auf Kosten der Gasdurchlässigkeit zu erzielen ist. Hier kann, wie KNIPP [*57*] treffend bemerkte, durch eine vernünftige Sandgattierung noch vieles verbessert werden. Unter *Schülpen* versteht man größere zusammenhängende, von der Form- oder Kernwand abgelöste, meist in Form von Schalen auftretende Sandstellen. Ihre Entstehung hat verschiedene Ursachen. Einige Autoren geben der Wärmeausdehnung des Quarzsandkornes die Schuld, andere suchen die Gründe bei den in der Formwand während des Gusses auftretenden Gasen. So gibt z. B. BUCHANAN [*58*] dem durch den Feuchtigkeitsgehalt des Formstoffes bedingten ersten Gasstoß beim Gießen die alleinige Schuld. Er konnte unter anderem feststellen, daß ein Graugußstück an einer etwa 1 Meter hohen Formwand immer nur dann schülpte, wenn die Form nicht gleichmäßig und tief genug ausgetrocknet war oder wenn die gut ausgetrocknete Form erst nach längerem Stehen an der Luft abgegossen wurde. Diese Tatsachen sprechen ohne Zweifel für seine Vermutung, sind aber wahrscheinlich nicht allein für die Schülpenbildung maßgebend. So ist es z. B. bekannt, daß auch zu stark getrocknete, d. h. teilweise schon verbrannte Formen und Kerne Veranlassung zum Auftreten von Schülpen geben können, was wieder mehr dafür spricht, daß die Festigkeit eine gewisse Rolle spielt. Auf jeden Fall ist festzuhalten, daß bei sachgemäßer Trocknung auch dieser Gußfehler weitgehend verschwindet.

Literatur

[*1*] KÜPPER, J.: Gießerei 36 (1949) S. 78.

[*2*] HAMPTON, C. H., u. W. H. TAYLOR: Foundry Trade J. 90 (1951) S. 169; vgl. ACHENBACH, K.: Gießerei 38 (1951) S. 378.

[*3*] KRISCHER, O.: Chemische Industrie 1953, S. 506.

[*4*] MERKEL, H.: Zeitschrift VDI 71 (1927) S. 117.

[*5*] GARBER, H. J.: Ind. Engin. Chem. 42 (1950) S. 456; BORCHERT, R.: Technik 6 (1951) S. 542; HERBERT, H.: Gießerei 39 (1952) S. 517.

[*6*] SALMANG, H.: Die Keramik, 2. Aufl., Berlin/Göttingen/Heidelberg: Springer 1951, S. 202.

[*7*] WILLSEA, J.: Transact. Am. Foundrym. Soc. 46 (1938) S. 739.

[*8*] HILLMANN, V. E.: Iron Age 166 (1950) Nr. 13, S. 67; VOISIN, A.: Fonderie Belge 1952, S. 105; DERLON, H., u. C. RAUH: Gießerei 39 (1952) S. 179; Industriekurier 6 (1953) Nr. 110, S. 231; WIRTA, K.: Gießerei 42 (1955) S. 49; WALTHER, E.: Gießerei 43 (1956) S. 109.

[*9*] DIETERT, H. W., u. A. L. GRAHAM: Amer. Foundrym. 20 (Juli 1951) S. 58

[*10*] COULTER, A. S.: Foundry 61 (1933) S. 13, 52.

[*11*] JOHANNES, U. G.: Fonderie Belge (1953) S. 52, 72 u. 102.

[*12*] DIERKER, A. H.: Transact. Am. Foundrym. Soc. 46 (1938) S. 751.

[*13*] DIETERT, H. W.: Foundry Core Practice 1950, S. 258.

[*14*] Zusammenfassende Werke, z. B. STAUDINGER, H.: Chemie der hochmol. org. Verbindungen (1932); MEYER, K. H., u. H. MARK: Makromolekulare Chemie (1950); HOUWINK, R.: Chemie u. Technologie der Kunststoffe (1943); BATZER, H.: Einführung in die makromolekulare Chemie, Heidelberg 1958.

[*15*] Vgl. WALTER, R.: Kunststoffe 45 (1955) S. 451.

[*16*] APTEKAR, R. E.: Foundry Sept. 1937, S. 29.

[*17*] Vgl. F. A. HENGLEIN: Grundriß der chemischen Technik (1949) S. 532.

[*18*] Vgl. auch R. GROCHALSKI: Über die Bindefähigkeit der Oberflächen natürlicher Gießereisande gegenüber Bindemitteln, Berlin: Verlag Technik 1952; ferner E. PIWOWARSKY u. D. BOENISCH: Gießerei, Technisch-wissenschaftliche Beihefte Nr. 13 (1954) S. 671.

[*19*] HENGLEIN: Grundriß S. 458; R. H. KIENLE: Ind. Engin. Chem. 22 (1930) S. 590.

[*20*] Vgl. Transact. Faraday Soc. 32 (1936) S. 1; H. MARK, u. R. RAFF: High Polymeric Reactions, New York 1941.

[*21*] HÜCKEL, W.: Theorien der org. Chemie II, Leipzig 1949, S. 448.

[*22*] SCHULZ, G. V., u. E. HUSEMANN: Zeitschr. physik. Chemie B 39 (1938) S. 246; Z. ang. Chemie 50 (1937) S. 767.

[*23*] DREHER, E.: Kunststoffe 28 (1938) S. 35; KERN, W., in HOUWINK: Chemie u. Technologie der Kunststoffe I (1940)

[*24*] GRASSMANN, K.: Gießerei 30 (1943) S. 246.

[*25*] JASSON, P.: Fonderie (Sept. 1959) S. 164.

[*26*] WIETZEL, G.: Z. ang. Chemie 51 (1938) S. 531; MANNES, L.: Chemie 1944, S. 6.

[*27*] Zum Beispiel DAS 1033859 v. 13.2.1956.

[*28*] BÖHMER, S.: Gieß.-Techn. 3 (1957) S. 6.

[*29*] GERSTMANN, O.: Gieß.-Techn. (1959) S. 333.

[*30*] Zum Beispiel DBP 902301 vom 8.7.1949.

[*31*] LANGE, E.: Gießerei 45 (1958) S. 22.

[*32*] Zusammenst. bei ROLL, F.: Gießerei 29 (1942) S. 84.

[*33*] Zum Beispiel FAUSEL, CH. E.: Foundry 1951) S. 2.

[*34*] FRITZ, F.: Leinöltücken, Stuttgart 1951

[*35*] HARRINGTON, R.: Foundry 1921, CROSBY, V., u. R. WYSONG: Transac Foundrym. Ass. 1929, S. 526.

[36] GITZEN, J.: Transact. Am. Foundrym. Ass. 1930, S. 97; KLEINSORGE, TH.: Gießerei 17 (1930) S. 515; PARDUN, C.: Gießerei 30 (1943) S. 114.
[37] ROLL, F., u. A. BRUST: Gießerei 39 (1952) S. 678.
[38] STILLMANN, R. C.: J. Am. Oil Chemists' Soc. 25 (1948) Nr. 1, S. 14.
[39] FARMER, E. H., u. Mitarb.: Trans. Faraday Soc. 38 (1942) S. 43, 440; J. chem. Soc. London 1942, S. 121; BOLLAND, J. L.: Trans. Faraday Soc. 42 (1946) S. 236, 244.
[40] KERN, W., u. H. WILLERSINN: Angew. Chemie 65 (1953) S. 326.
[41] BERGSTROEM, S.: Nature (London) 156 (1945) S. 717; BOLLAND, J. L.: J. chem. Soc. London 1945, S. 445.
[42] FREUDENBERG, K., u. ST. GOLDSCHMIDT: Ber. 67 (1934) S. 1589.
[43] MORELL, W., u. W. MARKS: J. Soc. chem. Ind. 50 (1931) S. 27.
[44] SCHEIBER, J.: Chemie u. Technologie der künstlichen Harze, 1943, S. 734.
[45] ZEUNER, H., u. K. ROESCH: Neue Gießerei 36 (1949) S. 195.
[46] KNIPP, E.: Gießerei 22 (1935) S. 145.
[47] ROLL, F.: Technik 4 (1949) S. 150.
[48] N. N. Foundry, Cleveland 1948, Nr. 10, S. 76, 242.
[49] GRASSMANN, K.: Gießerei 29 (1942) S. 188.
[50] ZIRKOW, E. C.: Am. Foundrym. Ass. Publ. Nov. 1946, Nr. 46—150, S. 56.
[51] Vgl. Gußfehleratlas Bd. I, Düsseldorf: Gießerei-verlag 1955.
[52] RONCERAY, E. V.: Foundry Trade J. 27 (1923) S. 289.
[53] ROESCH, K.: Gießerei 38 (1951) S. 145.
[54] HOFFMANN, U.: Anorganische Chemie, Braunschweig 1951, S. 54.
[55] Vgl. z. B. ULICH, B.: Lehrbuch d. physik. Chemie, Dresden 1948, S. 109ff.
[56] Vgl. Gußfehler-Atlas Bd. II, Düsseldorf 1956.
[57] KNIPP, E.: Fehlererscheinungen an Gußstücken, Düsseldorf 1953, S. 55.
[58] BUCHANAN, W. M. Y.: Foundry Trade J. 60 (1939) S. 385.

Trockner in der Gießerei-Industrie

Von **H. Eisenacher**, Bad Hersfeld

Mit 84 Abbildungen

I. Grundzüge der Trocknung

Die Trocknungsanlagen in der Gießerei-Industrie kann man in drei Hauptgruppen aufteilen:

1. die Anlagen zum Trocknen von feuchten Form- und Quarzsanden,
2. die Anlagen zum Trocknen von Formen und Kernen, und schließlich
3. die Trocknungseinrichtungen von Altsand, Schamotte und ähnlichen Materialien, die nach dem Waschen einer Trocknung unterworfen werden müssen. Man kann dieses Stoffgebiet auch in Trocknungsanlagen, die der Verwendung und Wiederaufbereitung der Gießereisande dienen, aufgliedern.

Die Trocknung umfaßt zunächst den Entzug des Wassers in den Formen und Kernen, und sodann bei Kernen die Beeinflussung des Bindemittels. Das Wasser ist als freies, (Haftanteil) adsorptiv und chemisches Wasser im Form- bzw. Kerngut anzutreffen. Die Trocknung entzieht dabei das freie z. B. in den Poren der Formen befindliche Wasser und verringert die Menge an adsorptivem Wasser. Das chemisch gebundene Wasser wird teilweise z. B. beim sogenannten *Brennen* von Schamotte-Kernen und -Formen entfernt. Die Beeinflussung der Bindemittel durch die Trocknung ist von RAUH behandelt worden (Bd. I/1, S. 438, 446, 452; Bd. II/2, S. 272).

Die einfachste Form der Trocknung ist die Oberflächentrocknung von Formen. Hier handelt es sich nur darum, das an der Oberfläche des Gutes befindliche Haftwasser zum Verdunsten zu bringen. Die Feuchtigkeit wird vom Wärmeträger übernommen und ins Freie abgeführt. Der Wärmeträger ist in den meisten Fällen Luft. Diese Art der Trocknung wird häufig vorgenommen. Das sogenannte *Lufttrocknen*, also das Stehenlassen von Formen oder Kernen, die meist aus Anlegesanden aufgebaut sind, z. B. über Nacht, gehört hierher. Hier stellt die mehr oder minder bewegte Luft von Raumtemperatur den Trockner. Soll aber nicht nur die Oberfläche des Trockengutes, sondern der ganze Kern oder die ganze Form getrocknet werden, so ergeben sich weitere Probleme. In diesem Falle tritt das freie und adsorptiv gebundene Wasser, eventuell auch das chemisch gebundene Wasser als Kapillarflüssigkeit auf. Eine technisch einwandfreie Trocknung erfolgt nur dann, wenn die Feuchtigkeit den Kapillaren entzogen wird. Die Trocknung geht weniger schnell vonstatten als bei der Oberflächentrocknung. Es muß für einen laufenden Abtransport der aus den Poren austretenden Flüssigkeit gesorgt werden, damit ein Nachfließen des noch in den Poren befindlichen Wassers erfolgen kann.

Muß ein Brennen etwa von Schamotte-Massen, wie sie bei Stahlguß üblich sind, vorgenommen werden, so kommt zum kapillaren Abfluß des freien und adsorptiven Wassers auch noch der teilweise Entzug chemisch gebundenen Wassers (Bd. I/1, S. 438). Diese Vorgänge überlagern sich je nach Art der Form- oder Kernstoffe und nicht zuletzt sind sie von der geforderten Temperatur der Trocknung abhängig.

Die Trockengeschwindigkeit darf aber nicht so groß werden, daß der Kapillarfaden abreißt, denn sonst wandert der Ort der Verdunstung ins Innere des Formgutes: (Risse). Erst durch eine stärkere Einwirkung von Wärme auf das Trockengut kann dann die Trocknung aufrecht erhalten werden. Die Verzögerung der Trocknung, die bei der Durchtrocknung eintritt, ist abhängig von der Wärmeleitfähigkeit des Formgutes, dessen Kornaufbau, Verdichtung u. a. Faktoren.

Die Vorgänge der Trocknung können eingeleitet und vollendet werden durch:

a) Konvektion;

b) Strahlung: bei Wellenlängen von 0,4 bis 0,76 μ (Lichtwellen); bei Wellenlängen von 0,76 bis 800 μ (Ultrarotstrahler); insbesondere bei Wellenlängen von 3 bis 10 μ (Infrarot);

ferner durch

c) kapazitive Erwärmung (Energieabsorption in elektromagnetischen Feldern, wobei eine entsprechende Wärmemenge im Gut entsteht.

Die Trockenvorgänge können in drei Abschnitte aufgeteilt werden (Abb. 1).

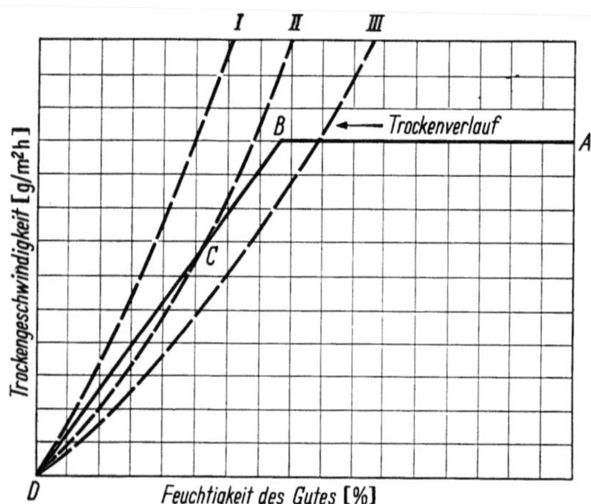

Abb. 1. Graphische Darstellung des Trockenverlaufs von Sand

AB: Abschnitt konstanter Trockengeschwindigkeit
BC: Abschnitt konstanter Trockenverzögerung
CD: Abschnitt stark abnehmender Trockengeschwindigkeit

Die Trockengeschwindigkeit wird gekennzeichnet durch die pro Stunde und Quadratmeter Verdunstungsoberfläche verdunstete Wassermenge in Kilogramm. Von Punkt *A* bis *B*, Abb. 1, verläuft die Trockengeschwindigkeit konstant. In diesem Bereich sind bei der Konvektionstrocknung Luftzustand, Luftgeschwindigkeit und Strömungsverlauf maßgebend für die Trockengeschwindigkeit. Dieser Verdunstungsvorgang vollzieht sich bei einer einigermaßen ebenen Oberfläche. Infolge der Kapillarwirkung wandert die Flüssigkeit aus dem Inneren des Gutes schnell genug nach. Der Trockenabschnitt ist dann beendet, wenn die Förderung der Flüssigkeit durch die Kapillaren aufhört. Während dieses Trocknungsabschnittes herrscht an der Gutsoberfläche konstante Temperatur.

Von Punkt *B* bis *C* stellt sich eine gleichmäßige abnehmende Trockengeschwindigkeit ein. Sie wird hervorgerufen durch den Rückgang des Feuchtigkeitsflusses aus den Kapillaren. Die Oberfläche des Trockengutes wird nicht mehr vollkommen benetzt. Es tritt dann die Trocknung im Inneren des Gutes ein. Es ist erklärlich, daß die Materialeigenschaften maßgebend die gleichbleibende Trockengeschwindigkeit bis zum Schnittpunkt mit der gleichmäßig abnehmenden Trockengeschwindigkeit beeinflussen.

Im dritten Abschnitt, also von Punkt *C* bis *D* haben wir es mit einer stark abnehmenden Trockengeschwindigkeit zu tun. Die Kapillarströmung der Flüssigkeit ist beendet, die Verdunstung findet im Inneren des Trockengutes statt. Das zu trocknende Gut wird höher erwärmt. Der im Inneren entstehende Dampf muß durch die trocknende Oberfläche hindurchdiffundieren und deren Diffusionswiderstand überwinden. Je größer die Diffusionswege werden, um so langsamer findet der Trocknungsprozeß statt. Der dritte Abschnitt ist deswegen so interessant, weil man bei ihm Wege finden kann, welche die Trocknung beschleunigen lassen.

Die Kurven *I*, *II* oder *III* kennzeichnen die Möglichkeiten der Trocknung im 3. Abschnitt, die sich durch die Diffusionsgeschwindigkeit der Feuchtigkeit aus dem Inneren des Gutes ergeben. Die vorstehende geschilderte Trockenkurve gilt nicht für alle Stoffe. Sie ist ausgestellt für die Trocknung von Sand. Der eine oder andere Abschnitt kann bei anderen Stoffen ausbleiben. Die Dauer der einzelnen Trockenabschnitte ist von den Versuchsbedingungen, der Temperatur, der Luftgeschwindigkeit, Luftfeuchtigkeit usw. abhängig.

a) Konvektion. Unter Konvektion versteht man das Wandern der Energie mit den Stoffteilchen. Die Energie oder im vorliegenden Fall die Wärme wandert von Stellen höherer Temperatur zu Stellen niederer Temperatur. Die heißen Wälzgasluftgemische, die in einem Kern- oder Formentrockner umgewälzt werden, verlieren dabei auf ihrem Strömungsweg einen Teil des Wärmeinhaltes und geben diesen an die Kerne oder Formen ab. In den Formen oder Kernen wandert alsdann die Wärmeenergie nach innen und führt die Trocknung herbei. Je nach der Menge der Zusätze an wasserhaltigen, ölhaltigen oder sonstigen Bindemitteln wird man mehr oder weniger Wärmeenergie zuzuführen haben.

Die Zuführung der Wärme zu den Kernen oder Formen allein genügt aber nicht, um eine einwandfreie und schnelle Trocknung derselben herbeizuführen, denn bei Ölkernen ist nicht allein Feuchtigkeit in Form von Wasser zu verdampfen, sondern es finden auch Umlagerungsprozesse u. a. statt. Diese Prozesse sind wiederum vom mitgeführten Sauerstoff des heißen Wälzgasluftgemisches abhängig. Es ist also gut zu verstehen, daß bei der Konstruktion der Konvektionstrockner auf eine hohe Wälzgasluftumwälzung Wert gelegt werden muß. Der freie Sauerstoff der Luft beschleunigt die Trocknung von ölhaltigen Bindern. Auf das Verhältnis des Kubikinhaltes eines Trockners zum umgewälzten Wälzgasluftgemisch wird großer Wert gelegt. Dabei darf nicht immer dasselbe Gemisch umgewälzt werden, sondern es ist auch eine stetige Regenerierung notwendig. Da die relative Luftfeuchtigkeit bei steigender Temperatur fällt, nimmt die Aufnahmefähigkeit des Wälzgasluftgemisches für Wasser zu. Außerdem wirkt sich der Luft- oder O_2-Mangel bei der Trocknung auf die Kerne unter Umständen mangelhaft aus. Andererseits wirkt sich aber eine zu starke Bespülung eines Ölkernes mit Luft oder O_2 auf den Ölfilm schädlich aus.

Die Geschwindigkeit der Luft oder des O_2-Gehaltes, mit der ein Kern umspült werden darf, ist abhängig von der Wärmeleitzahl des Kernes und vom Übergang des Wärmeträgers an den Kern. Es ist also darauf zu achten, daß beim Einbau der Ventilatoren, für die Förderung des Wälzgasluftgemisches die Geschwindigkeit so gewählt wird, daß die Wärme, die von dem Gemisch an den Kern oder die Form abzugeben ist, auch nutzbar werden kann.

b) Strahlung. Wir kennen die Röntgenstrahlen, die Radiowellen, die Lichtwellen, die untereinander wesensgleich sind. Auch die Temperaturstrahlung ist eine elektromagnetische Strahlung, die in diesen Bereich gehört. Jede elektromagnetische Strahlung kann durch Absorption in geeigneten Stoffen in Wärme umgewandelt werden. Die für die Trockentechnik interessanten Wellenlängen wurden vorstehend bereits genannt. Entsprechend seiner Oberflächentemperatur gibt jeder Körper Wärme in Form von Strahlen ab. Das Emissionsvermögen eines strahlenden Körpers ist abhängig von seiner Temperatur und der Wellenlänge der Strahlung. Die Energiemenge, die pro Quadratzentimeter und je Sekunde von der Oberfläche in den Raum gestrahlt wird, bezeichnet man als das Emissionsvermögen eines Strahles. Die ausgestrahlte Energiemenge setzt sich aus dem Emissionsvermögen der verschiedenen Wellenlängen zusammen. Die auf einen Körper auftreffende Temperaturstrahlung wird durch Absorption in Wärme umgesetzt. Das Absorptionsvermögen eines Körpers wird dargestellt durch die von 1 cm^2 der Oberfläche je Sekunde absorbierte Strahlungsenergie im Verhältnis zur einfallenden Strahlung. Die Moleküle eines Körpers werden zu Schwingungen angeregt, sobald sie von Strahlen getroffen werden. Eine Temperaturerhöhung ist die Folge.

Allerdings treten diese Schwingungen nur auf, wenn die Frequenz der einfallenden Strahlung gleich ist der Eigenfrequenz der Molekülschwingung. Infolgedessen tritt bei manchen Stoffen nur bei ganz bestimmter Wellenlänge der Strahlung und bei ganz bestimmter Temperatur des Stoffes Absorption auf. Tritt eine Änderung der Wellenlänge ein, so wird entweder die Strahlung durchgelassen oder reflektiert.

Die Wärmemenge, die durch Strahlung übertragen wird, ist proportional der Differenz der 4. Potenz der Temperatur der strahlenden und der bestrahlten Oberfläche. Sie wird nach dem STEFAN-BOLZMANNschen Gesetz berechnet:

$$q = c\,\psi\left(\frac{T_1}{100}\right)^4 - \left(\frac{T_2}{100}\right)^4 \text{ kcal/m}^2 \text{ Std.}$$

Es bedeuten:

c die Strahlungsaustauschzahl, die von der Oberflächenbeschaffenheit der beiden Körper abhängig ist;
Ψ ein geometrischer Koeffizient, der von der gegenseitigen Lage der Oberflächen des Strahlers und des Absorbenten abhängig ist;
T_1 die Oberflächentemperatur des Strahlers;
T_2 die Oberflächentemperatur des bestrahlten Körpers.

Wie wir vorstehendem entnehmen können, werden also bei der Trocknung durch Strahlung keine großen Luftmengen aufgeheizt, wie es bei der Konvektion der Fall ist. Die Wärme wird bei der Strahlung direkt übertragen. Hinzu kommt, daß die Wärmeübertragung unabhängig von der Temperatur und der Geschwindigkeit der Luft an der Oberfläche des Trockengutes ist. Hierdurch sind die Anwendungsmöglichkeiten zur Erreichung optimaler Trocknungsbedingungen bei der Strahlungstrocknung größer als bei der Konvektionsstrahlung.

c) Kapazitive Erwärmung bzw. Hochfrequenztrocknung. Großen Umfang hat in der Trockentechnik die kapazitive Erwärmung gefunden. Es handelt sich um die Hochfrequenzerwärmung, auch dielektrisches Trocknen genannt. Das Trocknen von Kernen nach diesem Verfahren hat großen Eingang in der Gießerei-Industrie gefunden.

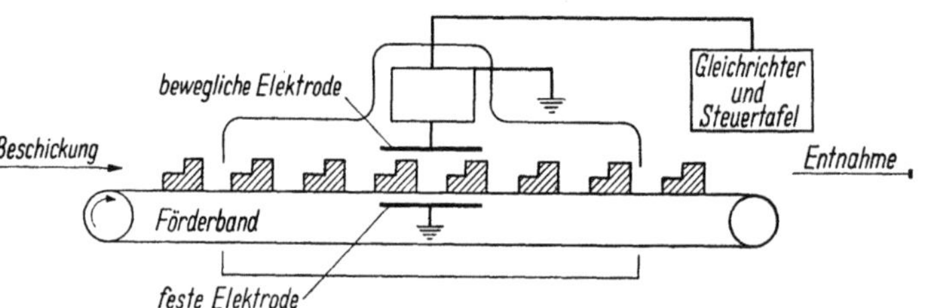

Abb. 2. Schematische Darstellung eines dielektrischen Trockenofens

Auf Abb. 2 ist ein dielektrischer Trockner schematisch dargestellt. Außerdem ist auf Abb. 3 die Molekularbewegung unter dem Einfluß des elektrischen Feldes ersichtlich. Im Takt mit den Feldänderungen rotieren die Moleküle mit positiven und negativen Ladungen (linkes Bild) während die positiven und negativen Ionen oszillieren (rechtes Bild). Die entstehende Wärmemenge Q_k berechnet sich nach der Formel

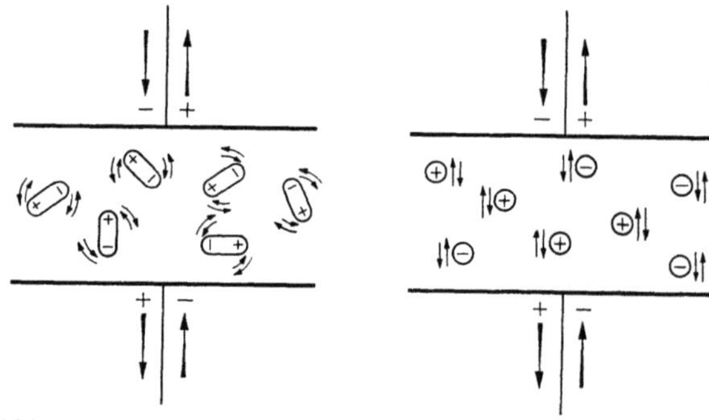

Abb. 3. Molekülbewegung unter dem Einfluß des elektrischen Feldes
Im Takt mit den Feldänderungen rotieren die Molekülen mit positiven und negativen Ladungen (linkes Bild), während die positiven und negativen Ionen oszillieren (rechtes Bild)

$$Q_k = K \cdot U^2 \cdot f \cdot \varepsilon \cdot \operatorname{tg} \delta \cdot F/s.$$

Darin ist:

K eine Konstante,
ε die Dielektrizitätskonstante des betreffenden Kerns,
tg δ der Verlustfaktor, der von der Frequenz f abhängt,
U die das Feld ergänzende Spannung, die möglichst hoch sein soll; jedoch ist eine Grenze gesetzt durch die Durchschlagfestigkeit des zu trocknenden Werkstoffes,
F die Fläche,
s die Höhe des Kerns.

Aus vorgenannter Formel folgt ohne weiteres, daß das Verhältnis F/s möglichst groß sein sollte. Wenn zwei Kerne gleicher Größe erwärmt werden, so wird die Erwärmung schneller vor sich gehen, wenn sie nebeneinander liegen, als wenn sie aufeinander gesetzt sind.

II. Trockner für Form- und Quarzsande

Periodisch	*Kontinuierlich*
Sandaufbereitung	Kernsandtrockenanlage *Sandfix*
Einfachste Form der Trocknung in Kleinstbetrieben	Trommeltrockner

A. Sandtrocknungsanlagen

Sie sind ein Teil der Aufbereitungsanlagen, die in Bd. IV behandelt werden.

Formsande und Quarzsande können, wenn sie aus der Grube ausgeliefert werden, Wassermengen enthalten, die sowohl den Aufbereitungs- und Formvorgang als auch den Ablauf des Gießprozesses stören. Zwei Wege sind begangen worden, um diesen Unregelmäßigkeiten zu begegnen. Schon in den Form- und Quarzsandgruben versucht man durch geeignete Entwässerungsanlagen nicht nur den Grundwasserspiegel abzusenken, sondern auch eine grobe Trocknung einzuleiten. Neben Lagern ist darüber hinaus auch der Versuch gemacht worden, trockene Formsande den Gießereien anzuliefern. Diese Versuche sind aber an den dafür angefallenen Kosten gescheitert. Dazu kam bei den Formsanden die nicht ausbleibende Gefahr der Übertrocknung, d. h. des teilweisen Rückgangs des Anteils an plastischen Ton. In den Gießereien setzt man Trockeneinrichtungen von Formsanden aus den gleichen Gründen eine wohl begründete Skepsis entgegen. Bei Quarzsanden liegt die Sachlage günstiger. Sie enthalten nach dem Waschprozeß im allgemeinen nicht mehr als 5% Wasser. Mit großem Interesse verfolgt man in Gießereikreisen die Bestrebungen, Quarzsand in den Gruben so zu trocknen, daß diese Sande nicht nur mühelos über Bahn- oder LKW-Bunker-Waggons mittels Preßluft verladen, sondern auch ebenso schnell und sicher, ja sogar staubfrei ebenso wieder mit Preßluft in der Gießerei in Hochbunker gepreßt werden können.

Insgesamt gesehen können die Kosten, wie aus einer Überprüfung zu entnehmen ist, bei trocken angeliefertem Sand günstiger liegen als die naß in die Gießerei hereingenommenen Quarzsande, die von Hand abgeladen, getrocknet und gekühlt werden müssen. Die Gefahr des Auftretens von Ausschuß bei unsachgemäßer Behandlung im letzten Fall ist noch zu bedenken. SCHNEIDER [*11*] hat den Versuch gemacht, die wahren Gestehungskosten für die Tonne selbstgetrockneten Sandes zu ermitteln. Auch die Tatsache, daß die Lieferung von Trocken-Quarzsand aus den Gruben immer mehr zunimmt, ist als ein Zeichen dafür zu werten, daß Bestrebungen im Gange sind, sich von den oft unsicheren betrieblichen Verhältnissen zu lösen.

Bei Anwendung der alten Verfahren sollte man jedoch alle Vorkehrungen treffen, um auch in den vom Wetter geschützten Bunkeranlagen durch Ablaufschrägen und geeignete Entwässerungsrinnen eine Teilabtrocknung herbeizuführen. Auch hochgelagerte Balken aus Eichen mit Entwässerungsrinnen sichern eine Teilentwässerung.

Wesentlich für die Anlieferung von trockeneren Sanden ist die Bezugszeit der Sande (Bd. I/1, S. 382). Ein Wintervorrat sollte immer vorgesehen werden.

B. Einfachste Form der Trocknung in Kleinstbetrieben

Nicht in allen Fällen erfolgt die Trocknung der Gießereisande (Form- und Kernsand) in hierfür besonders konstruierten Anlagen. Der Einbau bzw. Beschaffung derartiger Anlagen hängt von den je Stunde in der Kernmacherei oder Formmacherei erforderlichen Sandmengen ab.

In kleinen Gießereien wird die Trocknung der Sande auf einfachste Weise durchgeführt. Man lagert den feuchten Sand in besonderen Behältern, die auf den Trockenanlagen für Kerne aufgestellt werden. Die Trocknung erfolgt durch Erwärmung ohne eine Umwälzung des Sandes. Für geringe Kernleistung ist diese Trocknung ausreichend.

Auch die Sanddarren sind noch da und dort üblich. Für den Trockenvorgang von Quarzsanden sind sie geeignet, wenngleich die dabei aufgewendeten Betriebskosten hoch liegen. Für Formsande dagegen sind Darren wegen des Ausbrennens von plastischem Ton heute nicht mehr tragbar.

Für größere Sandmengen werden Rieseltrommel und Etagentrockner verwendet. Die ersteren eignen sich besonders für Quarz- und magere Formsande, die letzteren werden auch bei fetten Formsanden eingesetzt.

C. Rieseltrockner

Auf nachfolgenden Zeichnungen ist der grundsätzliche Aufbau eines Quarzsandtrockners mit Kühlaggregat und pneumatischem Sender dargestellt. Diese Anlage ist unter der Bezeichnung *Sandfix*® in der Gießerei-Industrie bekannt (s. Abb. 4a und 4b). Der mit der Bahn angelieferte Quarzsand — gewaschen und klassiert — wird in feuchtem Zustand in der Vorratshalle gelagert. Je nach den Erfordernissen wird der feuchte Sand von hier durch Greifer, Füllkübel mit Klappboden, Kübelaufzug oder dergl. zur dargestellten Anlage gefördert. Der obere Teil des *Sandfix* ist als Feuchtsandbehälter durchgebildet. Inmitten dieses Behälters befindet sich der Rieseleinsatz, über dessen Heizflächen der getrocknete Sand nach unten rieselt, ohne daß es dazu irgendwelcher mechanischer Vorrichtungen bedarf. Dieser Rieseleinsatz besteht aus dachartig zusammengesetzten gußeisernen Heizplatten, auf denen in gewissem Abstand die perforierten Rieselbleche liegen. Der feuchte Sand, der auf den Rieselblechen ruht, rieselt nach erfolgter Trocknung nach unten ab, während der Schwaden nach oben

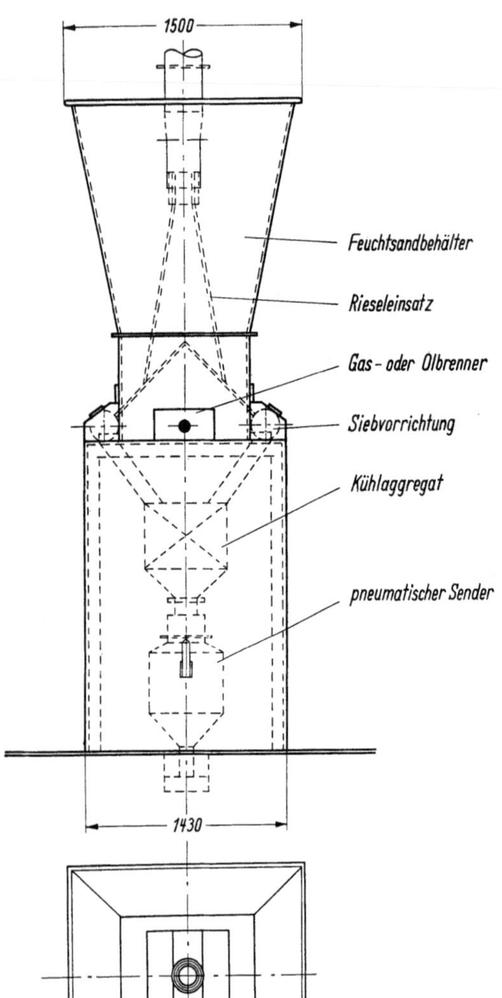

Abb. 4a. Quarzsandtrockner mit Kühlaggregat und pneumatischem Sender, genannt „Sandfix“®

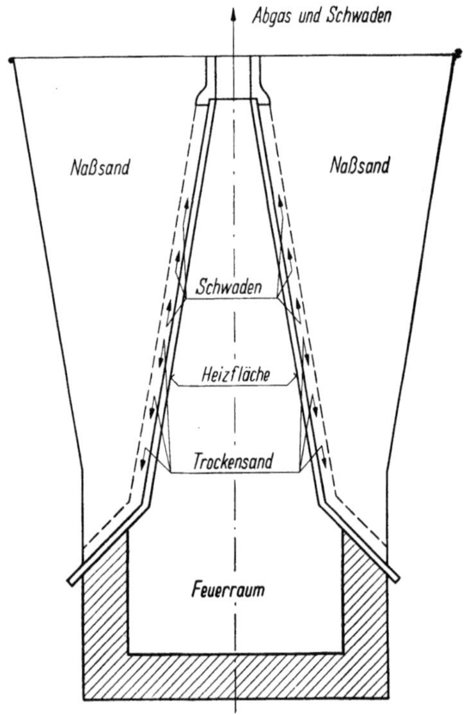

Abb. 4b. Feuchtsandbehälter mit Rieseleinsatz

durch den Kamin abzieht. Die Winkeleinstellung des Heiz- und Rieseleinsatzes ist so gewählt, daß der feuchte Sand beim Passieren des Ofens über die Rieselfläche wie über eine Reibe abrutscht. Mit dem *Sandfix®* können alle Sande ohne Schlämmstoffbestandteile getrocknet werden.

Die Beheizung kann durch feste Brennstoffe, Gas oder Öl erfolgen. Rieseltrockner haben den Vorteil, daß sie ohne jegliche bewegliche Teile arbeiten. Das einzelne Korn löst sich erst nach völliger Trocknung vom Feuchtgut ab, wodurch sich jedwede Regulierung des Trockners in Abhängigkeit vom Feuchtigkeitsgehalt erübrigt. Eine Überhitzung des Trockengutes erfolgt nicht, da das Sandkorn nach der erfolgten Trocknung abrieselt.

Der durch die verdampfende Feuchtigkeit auftretende Schwaden wird in ein Abgasrohr geleitet. In diesem Rohr werden Schwaden und Abgase zusammengeführt. Durch eine bestimmte Winkeleinstellung der Heiz- und Rieselelemente wird der feuchte Sand beim Passieren des Ofens in eine solche Eigenbewegung versetzt, daß sich ein Nachhelfen durch Klopfen oder dergleichen erübrigt. Alle mit den Heizgasen in Berührung kommende Teile bestehen aus feuerbeständigem Guß.

Der getrocknete heiße Sand wird im Kühlaggregat heruntergekühlt. Die Kühlung erfolgt unmittelbar durch Kühlluft, die im Gegenstrom durch das Kühlaggregat geführt wird. Die Kühlluft strömt in die Abgasleitung und verhindert das Austreten von Schwaden und Abgasen in den Arbeitsraum. Für den Fall, daß mit Knollen oder Feuchtkörpern in dem Sand zu rechnen ist, wird eine Siebvorrichtung vorgesehen. Nach Verlassen des Kühlaggregates fließt der Sand in den pneumatischen Schub-Sender. Sobald der Sender gefüllt ist, wird die Einfüllöffnung durch ein elektropneumatisch betätigtes Verschlußorgan verschlossen und der Inhalt des Senders mittels Druckluft durch die Förderrohrleitung zur Empfangsstelle gedrückt. Nach Entleerung des Senders öffnet sich der Verschluß wieder, so daß neues Fördergut in den Sender fließen kann. Mit Hilfe einer elektronischen Steuerung vollzieht sich der ganze Fördervorgang vollautomatisch in periodischer Folge. Dieses als *Schub-Förderverfahren* bekannte Verfahren hat den Vorteil, daß mit geringeren Fördergeschwindigkeiten gearbeitet wird und ein nennenswerter Verschleiß der Förderrohre vermieden wird. Ein stärkerer Verschleiß der Förderrohre tritt dann ein, wenn das Fördergut mit viel Luft gemischt und mit hoher Geschwindigkeit durch die Förderrohre geblasen wird.

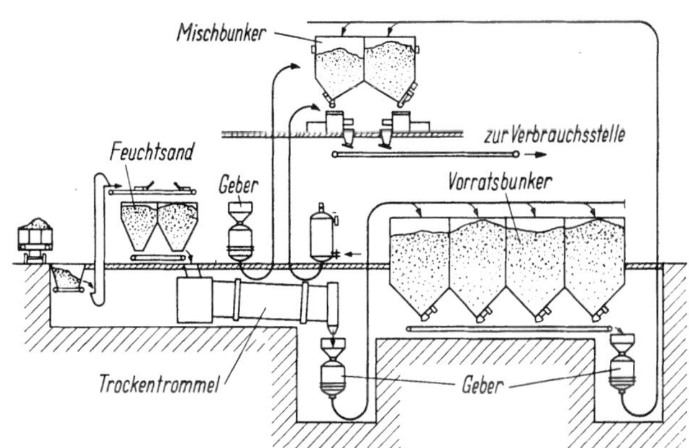

Abb. 5. Anpassungsfähige Kernsandherstellungsanlage in engen Fertigungshallen

Eine anpassungsfähige Kernsandherstellungsanlage in engen Fertigungshallen ist in Abb. 5 dargestellt.

Diese ist für eine Stundenleistung von 10 t Fertigsand hergestellt. Der mit der Bahn angelieferte gewaschene und klassierte Quarzsand wird in feuchtem Zustand mittels Schrapperwerkzeug in einen mit Lichtgitterrosten abgedeckten Trichter entladen. Über ein Becherwerk und verschiedene Gummitransportbänder wird der Sand wahlweise in einen der beiden Feuchtsandbecher gefördert. Von hier aus gelangt er, mengenmäßig entsprechend abgestimmt, über intermittierend arbeitende Abzugsbänder und Vibrationsrinnen in den kombinierten Trommeltrockenofen mit nachgeschaltetem Kühlteil. Der so getrocknete und auf maximal 40 °C abgekühlte Sand durchläuft am Trommelende ein Drehsieb und fällt in reiner Form in eine elektronisch gesteuerte vollautomatisch arbeitende pneumatische Förderanlage.

Pneumatische Sandtransportanlagen treten zur Zeit stärker in den Vordergrund. Der Rohrleitungsverschleiß liegt weit unter den angenommenen Werten. Nach $1^1/_2$jährigem Betrieb zeigen einfache 4 mm dicke Flußstahlrohre und Krümmer kaum sichtbaren Abrieb, so daß mit mehrjähriger Lebensdauer gerechnet werden kann.

Der der Trockentrommel nachgeschaltete Geber fördert die trockenen Sande in eine Vorratssilogruppe. Der Sand wird also vom Geber wie eine Flüssigkeit durch die Rohre in die einzelnen Bunker gedrückt. Unter den Vorratssilos für die verschiedenen Sandsorten ist ein begehbarer Kanal mit den Bunkerauslauftrichtern und zugehörigen Verschlüssen sowie ein verbindendes Gummitransportband angeordnet. Von dem Band werden die Sande einem weiteren pneumatischen Förderautomaten zugeführt, der sie in die Tagessilos über den Mischmaschinen drückt.

Verlangt die Kernsandvorschrift z. B. die Herstellung einer bestimmten Sandsorte aus zwei, drei oder mehr Grundsanden verschiedener Körnung, so kann auf dem Band exakt vordosiert werden, indem durch Steuerimpulse der elektrischen Hauptschaltwarte entsprechende Meßblenden geöffnet werden. Die benötigten Sande werden somit in gleichmäßigem Strom freigegeben und im Verhältnis der Meßblendenquerschnitte dosiert.

Neben dem pneumatischen Sandtransport zu den Mischergruppen wurde für den Transport pulverförmiger Binder das druckpneumatische System mit elektrischer Steuerung gewählt. Im Gegensatz zur früheren Handhabung des Transportes pulverförmiger Binder entfällt hier jedoch innerbetriebliche Materialbewegung in Papiersäcken. Dadurch werden erhebliche Transportkosten eingespart und Verluste sowie Verunreinigungen vermieden.

Der vordosierte Sand aus den Mischbunkern wird den Mischmaschinen zugeführt. Die Mischbunker werden vollautomatisch immer wieder mit Sand aufgefüllt. Zweckmäßige, über elektropneumatische Ventile gesteuerte Segmentverschlüsse geben programm- und zeitabhängig feststehende Sandauslaufquerschnitte frei und ermöglichen so das satzweise Füllen der Maschinen. Parallel geschaltete, rein pneumatische Steuerorgane entleeren gleichzeitig die entsprechende Menge pulverförmiger Binder aus verstellbaren und auf ihren Inhalt geeichten Plexiglasmeßkolben. Der Mischvorgang vollzieht sich in der üblichen Weise, d. h. nach einer entsprechenden Trockenvormischzeit wird über einen elektromagnetisch gesteuerten Ovalradzähler Wasser zugegeben und einige Zeit naß gemischt. Nach der Ölzugabe wird fertiggemischt und entleert.

D. Trommeltrockner

Eine schonende und gleichmäßige Trocknung des Alt- oder Neusandes gewährleisten kontinuierlich arbeitende Trommeltrockner. Derartige Trockner werden für verschiedene Leistungen gebaut. Diese Trockner werden mit Kreuzeinbauten ausgerüstet. Diese kreuzförmigen Rieselelemente werden sinnvoll über dem ganzen Querschnitt der Trommel angeordnet, so daß bei einer Trommelumdrehung ein mehrmaliges freies Abrieseln des Sandes erfolgt und damit ist ein mehrmaliges Wenden gewährleistet. Hierbei kommt der Sand mit den durch die Trommel ziehenden Heizgasen in innige Berührung, wodurch eine intensive und gleichmäßige Trocknung erreicht wird. Es ist erklärlich, daß eine weitgehende Ausnutzung der in den Heizgasen enthaltenen Wärme gewährleistet ist. Dadurch wird beste Wirtschaftlichkeit erreicht und der Sand bei Ausnutzung eines hohen Temperaturgefälles nur auf eine Temperatur erwärmt, die seine Bildsamkeit nicht beeinträchtigt. Ein weiterer Vorteil des Kreuzeinbaues ist darin zu sehen, daß zu stark gefüllte Einbauelemente ihren Überschuß an weniger gefüllte abgeben.

Soll der Sand nach der Trocknung gekühlt werden, so erhält die Trocknungstrommel einen Kühlteil, durch den Kühlluft im Gegenstrom geführt wird. Diese Kombination erspart bei unwesentlicher Verlängerung des Trocknungsaggregates einen gesonderten Antrieb des Sandkühlers.

Der zu trocknende Sand gelangt von der Aufgabevorrichtung in die Trockentrommel. Die Sekundärluft einer Gas-, Koks- oder Ölfeuerung wird mit dem Sand im Gleichstrom durch die Drehtrommel geführt und von einem Ventilator angesaugt. Sie gelangt über einen Stahlabscheider ins Freie. Der getrocknete Sand durchwandert den Luftauslaß in axialer Richtung und wird im anschließenden Kühltrommelteil auf die erforderliche Arbeitstemperatur abgekühlt. Der gleiche Ventilator, der die Heizgase fördert, saugt durch den Kühlmantelteil Kühlluft an, die mit dem Trocknungsgas in einem gemeinsamen Zyklon gereinigt wird.

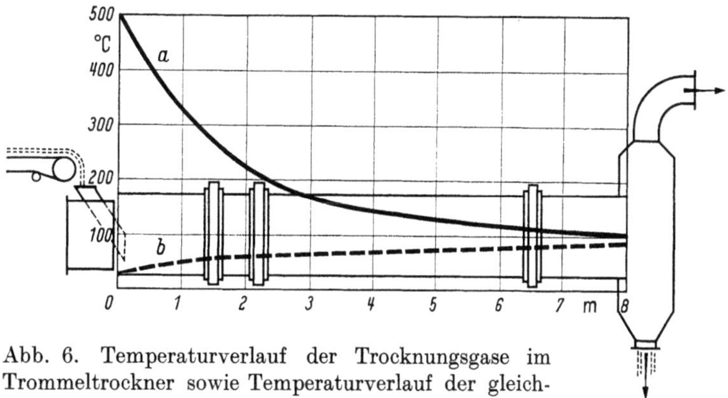

Abb. 6. Temperaturverlauf der Trocknungsgase im Trommeltrockner sowie Temperaturverlauf der gleichzeitigen Aufwärmung des Behandlungsgutes

Der Temperaturverlauf der Trocknungsgase in Trommeltrocknern, die bei einer direkt beheizten, richtig wirkenden Gleichstrom-Drehtrommel mit beispielsweise 500 °C in eine 8 m lange Trommel eintreten, sowie der Temperaturverlauf der gleichzeitigen Aufwärmung des Behandlungsgutes ist in Abb. 6 durch die Kurven *a* und *b* veranschaulicht. Kennzeichnend ist der starke Temperatursturz direkt im ersten Trommelteil ent-

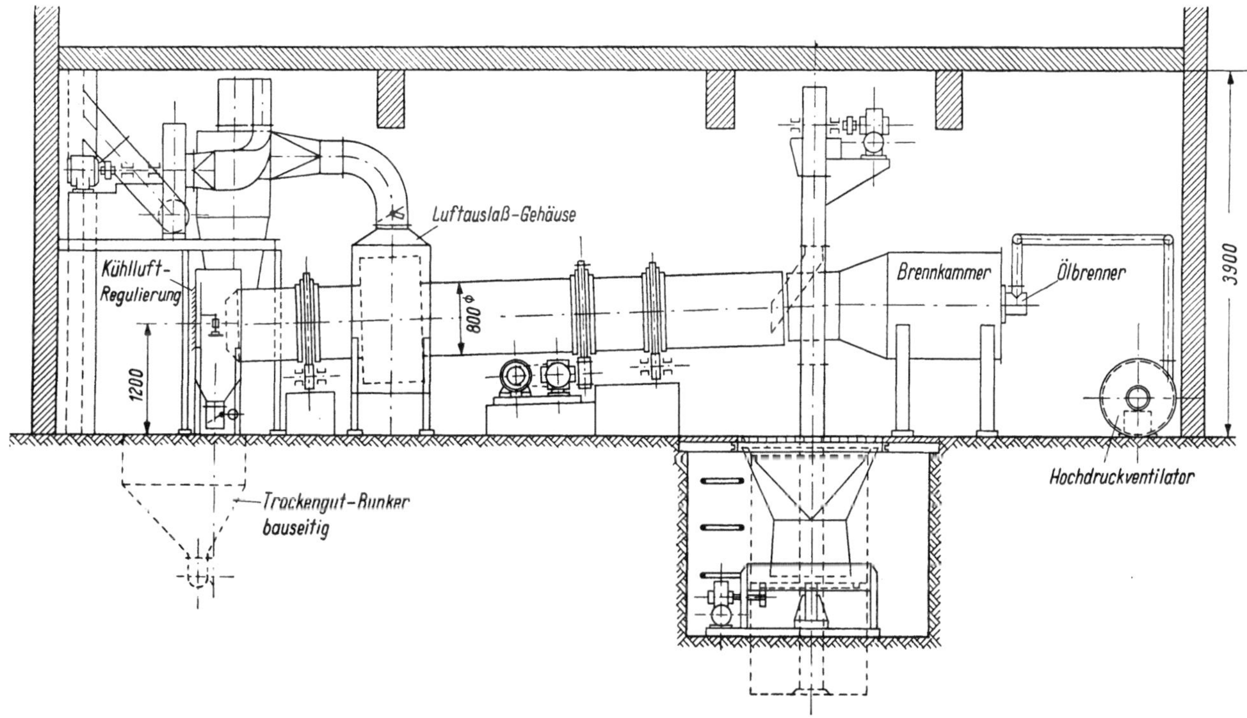

Abb. 7. Kontinuierlich arbeitender Gleichstrom-Trommeltrockner

sprechend Kurve *a*. Die in die Trommel einströmenden Trocknungsgase treffen auf das fortlaufend zudosierte feuchte Behandlungsgut und bewirken eine intensive Feuchtigkeitsverdunstung.

Diese kurze Einwirkung der hochtemperierten Gase im ersten Trommelteil ist für die Trockenleistung bedeutend, schadet vielen Behandlungsgütern jedoch nicht, zumal sich diese in der Drehtrommel in dauernder Bewegung befinden und durch den fortlaufenden Nachfluß an feuchtem Behandlungsgut einer längeren Einwirkung der anfänglich 500 °C heißen Trocknungsgase entzogen werden. Hat das Behandlungsgut 2 m in der Drehtrommel zurückgelegt, so beträgt die hier zur Einwirkung kommende Trocknungsgas-Temperatur nach Abb. 7 gegenüber 500 °C nur noch 225 °C. Danach flacht sich die Kurve *a* der Trocknungsgas-Temperatur langsam ab, weil die Trocknungswirkung mit geringer Temperaturdifferenz zwischen Trocknungsgas und Behandlungsgut ebenfalls geringer und der Wärmeübergang infolge der schwierigeren Endtrocknung träger wird.

Aus der den Temperaturverlauf des Behandlungsgutes kennzeichnenden Kurve *b* ist zu ersehen, daß erst gegen Ende der Trocknung eine weitere Aufwärmung des Behandlungsgutes eintritt. Die Gleichstromtrocknung in Drehtrommeln ermöglicht deshalb die Anwendung hoher Temperaturgefälle für die Trocknung von Gießereisanden.

III. Form- und Kerntrockenanlagen

Im nachfolgenden wird über Kern- und Formtrockenanlagen berichtet, deren Arbeitsweise und Konstruktion auf dem Prinzip der Konvektion aufgebaut ist.

In Tab. 1 wird eine Übersicht über die verschiedenen Arten der Trockner dieser Art gegeben.

Tabelle 1. *Trockenanlagen*

Periodisch			*Kontinuierlich*		
Bodenform-trockner	Schubladen-trockner	Trockenkammer für Formen und Kerne	Schaukel-Bandtrockner	Kanaltrockner Gestellwagen-trockner	Turmtrockner

A. Bodenformtrockner

Große Formen, die nicht transportabel sind, wie sie zur Herstellung von großen Drehbankbetten, Pressenständer und dergleichen erforderlich werden, müssen am Herstellungsort getrocknet werden. Dies wurde in früheren Jahren durch Anstellen von Drahtkörben oder Blechkörben an oder in die Formen, die mit festen Brennstoffen gefüllt waren, erzielt. Die festen Brennstoffe wurden angezündet und verbrannt. Je nach der Länge der erforderlichen Trockendauer wurden entsprechende Mengen an Brennstoffen nachgefüllt. Die Form wurde durch die Strahlungshitze der Behälter oder durch die Direktstrahlung der Feuerstelle getrocknet. Je nach der Größe der Form mußten mehrere solcher Körbe eingesetzt werden. Eine ungleiche Trocknung der Form war bei dieser Trockenmethode nicht zu vermeiden. Ein weiterer Nachteil waren die erheblichen Vorrichtungs- und Ausbesserungsarbeiten, die nach jedem Trockenprozeß zu leisten waren. Diese Art der Trocknung genügt bei den höheren Anforderungen an die Genauigkeit der Formen nicht mehr. Außerdem wird neben der größeren Gleichmäßigkeit eine bessere Durchtrocknung der Form gefordert. Man entwickelte daher bewegliche, also transportable Trockner, die für die Beheizung mit Öl, Gas, elektrischem Strom oder für Koks eingerichtet sind.

Ein gasbeheizter Trockner zum Trocknen von Bodenformen ist auf der Abb. 8 dargestellt. Die Aufstellung des Apparates auf der Bodenform ist der Abb. 9 zu entnehmen. In einem Kanalbrenner verbrennt das Gas unter Zuführung von Primärluft unter geringem Druck und strömt in den darunter liegenden Schacht. Der Brenner ist in einem Kanalgehäuse eingebaut, das mit einer hochwertigen Stampfmasse ausgestampft ist. Im Raum unterhalb der Brennermuffel mischen sich die heißen Abgase mit der Sekundärluft, die durch den ringförmigen Raum außerhalb des Brennergehäuses strömt. Das Wälzgasluftgemisch kühlt je nach der Menge der zugeführten Sekundärluft auf ca. 400 bis 500 °C ab und strömt über eine Manschette in die Form. Das heiße Wälzgasluftgemisch durchspült die freien Querschnitte, gibt die Wärme an die Form ab und entweicht durch die Steigeröffnungen.

Um mit Sicherheit eine intensive Durchmischung des heißen Abgases mit der Sekundärluft zu erreichen, muß der Schacht unterhalb der Brennermuffel des Bodenformtrockners sowohl im Querschnitt als auch in der Länge so bemessen sein, daß tatsächlich eine gleichmäßige Temperatur des Wälzgasgemisches erzielt wird und keine Kaltluftströme entstehen bzw. in die Form gelangen. Der Ventilator, der die Luft fördert, ist oberhalb des Brenners angeordnet. Die für die Verbrennung erforderliche Luft, die Primärluft, wird von der Gesamtfördermenge des Ventilators abgezweigt und durch einen besonderen Schacht dem Kanalbrenner zugeführt. Mit Hilfe einer besonderen Drosselklappe ist diese Luftmenge einregelbar. Die Gesamtförderleistung des Ventilators ist durch einen einstellbaren Schieber, der im Ausgang des Ventilators eingebaut ist, einstellbar. Somit kann die Temperatur des einströmenden Gasgemisches in die Form geregelt werden. Der untere Teil des Bodenformtrockners, also der Mischraum, ist ausgemauert und weist somit eine gute Isolierung auf.

Abb. 8. Gasbeheizter Trockner zum Trocknen von Bodenformen

1 Brenner; *2* Mischraum der Abgase mit Sekundärluft; *3* Ventilator; *4* Zündflammenhahn; *5* Haupthahn; *6* Stahlblechgehäuse; *7* Manschette

Abb. 9. Gasbeheizter Bodenformtrockner, aufgesetzt auf einer Bodenform

Die Brennereinrichtung besitzt noch eine Zündeinrichtung, die so mit dem Haupthahn gekuppelt ist, daß erst nach Öffnen des Zündhahnes und Anzünden der Zündflamme der Haupthahn geöffnet werden kann. Beim Anzünden ist also immer zuerst die Zündflamme in Betrieb zu setzen. Die Zündlunte ist direkt am Trockner angebracht und mit einem beweglichen Schlauch ausgerüstet, wodurch das Anzünden des Brenners erleichtert wird. Bei einem Gasverbrauch von ca. 33 m³ pro Stunde wird ein Wälzgasluftgemisch von ca. 1850 m³ pro Stunde mit einer Temperatur von 450 bis 500 °C erzielt.

Der Bodenformtrockner muß kräftig gebaut sein. Er besteht aus einem starken Stahlblechgehäuse mit Formeisenversteifung. Der Ventilator mit Motor ist im oberen zylindrischen Teil platzsparend angeordnet. Der Trockner wird über der zu trocknenden Form aufgestellt und mittels eines Metallschlauches an die Gasleitung angeschlossen. Die Manschette ist einstellbar. Der auf dem Trockner angebrachte Kranhaken dient zum Verfahren des Apparates mittels Kran in der Gießerei.

Die Abb. 10 zeigt den gleichen Apparat, ausgerüstet mit einem automatischen Temperaturregler, einer elektrischen Zündsicherung, einem Gasdruckreduzierventil, einem Thermometer und den Schaltapparaturen. Zur Verbrennung gelangt in diesem Fall Methangas, das z. B. von einem Druck von 20000 mm WS auf einen Druck von ca. 80 mm WS reduziert wird. Eine elektrische Zündsicherung dient zur Zündung des Gasstroms und zur gleichzeitigen Überwachung der Brennerflamme, so daß etwa bei Ausfall von Gas, Strom oder Verbrennungsluft die Gaszufuhr zum Brenner automatisch abgeschaltet wird. Durch den Einbau eines Druckfühlers, eines Stromfühlers und des Schaltventils mit Funkengeber ist die Gewähr der sicheren und dauernden Überwachung der Brennerflamme gewährleistet. Bei Ausfall von Strom wird die Brennereinrichtung über den Stromfühler außer Betrieb gesetzt, bei Ausfall von Luft über den Druckfühler und bei Ausfall von Gas über den Thermozünder des Schaltventils. Mit Hilfe eines Wärmefühlers wird die Trockentemperatur bzw. die Temperatur des Wälzgasgemisches über ein Regelventil konstant gehalten. Für die Verbrennung von Methangas wurde ein Hochdruckdüsenmischer eingebaut, der die zur Verbrennung erforderliche Luft selbst ansaugt. Mit Hilfe einer besonderen Drosselscheibe ist der Brenner bzw. die Verbrennung des Gases zu regulieren. Das Methangas saugt über eine Injektordüse die zur Verbrennung erforderliche Luft an.

Abb. 10. Gasbeheizter Bodenformtrockner, ausgerüstet mit automatischem Temperaturregler, einer elektrischen Zündsicherung, Gasdruckreduzierventil und den erforderlichen Schaltapparaturen

Abb. 11. Gasbeheizter Bodenformtrockner, der zur gleichzeitigen Trocknung mehrerer Zementformen dient

Die Abb. 11 zeigt die Anordnung eines Bodenformtrockners zur Trocknung von Zementformen. Bei Einführung des Zementsandverfahrens hat sich ergeben, daß das Abstellen der Kästen, selbst wenn man sie übereinanderstellt, verhältnismäßig viel Platz benötigt. Diesem Übelstand läßt sich durch einen Formtrockner an dessen Abluftleitung vier schwenkbare Rohre angebracht sind, so daß vier Formkastenhälften gleichzeitig mit heißer Luft von etwa 120° angetrocknet werden können, abhelfen. Die Leitungen sind an die Manschette bzw. an einen besonderen Austrittstutzen des Apparates angeschlossen. Der Temperaturverlauf kann mit Hilfe von Thermoelementen überwacht werden. Feuchtigkeitsmessungen mit einem Hygrometer haben ergeben, daß der Feuchtigkeitsgehalt bei

Probeentnahmen in 30 mm Tiefe nach 22 Stunden Lufttrocknung von 7,5 auf 4% und mit Warmluft weiter auf 0,5 bis 1% nach etwa vierstündigem Bestreichen der Formteile absank (Abb. 12). Dadurch können in 24 Stunden zwölf vollständige Formen getrocknet werden, die damit für das Zulegen am nächsten Tag bereitstehen. Bei dieser Arbeitsplanung besteht noch eine Reserve von 5 bis 6 Stunden. Insgesamt bedeutet das, daß Formteile, die bis zum Mittag erstellt werden, bereits am nächsten Nachmittag zugelegt und abgegossen werden können. Damit dürfte eins der wichtigsten Hindernisse, die sich der Einführung des Verfahrens aus Platzmangel entgegenstellten, beseitigt sein.

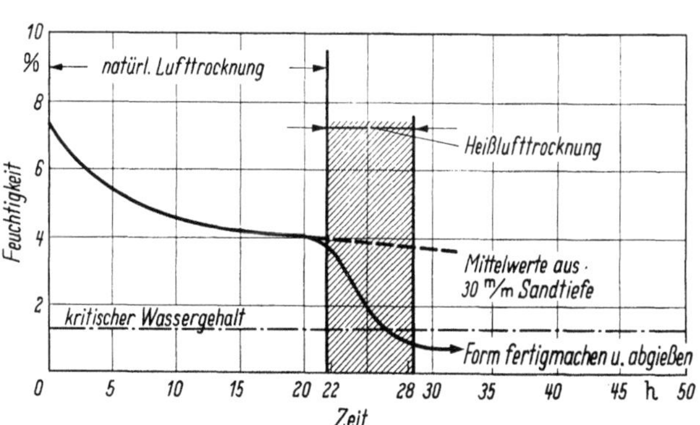

Abb. 12. Einsatz eines gasbeheizten Bodenformtrockners zur Trocknung von Zementformen — Schnellere Durchtrocknung der Bodenformen

Elektrisch beheizter Bodenformtrockner. Auf der Abb. 13 ist ein elektrisch beheizter Bodenformtrockner dargestellt. Die drei Hauptteile des Trockners: der Ventilator mit Motor, der elektrische Erhitzer und die Schaltapparatur sind zu einem zweckentsprechenden kompakten Apparat zusammengebaut. Durch die kräftige, staubdichte Schwarzblechverschalung werden die Apparate für die Temperaturregulierung vor Staub und Luftfeuchtigkeit geschützt. Die Heizwiderstände des elektrischen Lufterhitzers sind einzeln in keramische Rohre eingelegt und somit gegen Kurzschlußgefahr absolut geschützt. Die zu erwärmende Luft strömt mit hoher Geschwindigkeit durch die Rohre und die spiralförmigen Heizkörper. Hierdurch wird ein sehr guter Wärmeübergang erreicht. Beim Durchströmen der Heißluft durch die Form gibt sie ihre Wärme ab, verdampft die Feuchtigkeit der Form und der eingelegten nassen Kerne und tritt durch die Entlüftungsöffnungen mit Dampf gesättigt ins Freie aus. Der Druck verteilt sich in der Form gleichmäßig und erreicht je nach Größe und Dichtheit der Form sowie je nach der Gasdurchlässigkeit eine Höhe bis 50 mm WS. Auf einem Manometer wird der in der Form herrschende statische Druck angezeigt, und es ist somit möglich, die Gasdurchlässigkeit der Form zu beurteilen. Durch Ein- und Ausschalten der Heizwiderstände wird über ein Quecksilber-Zeigerthermometer mit Maximal- und Minimalkontakt die Temperatur der in die Form eintretenden Luft gemessen und geregelt. Alle Steuer- und Regulierapparate sind über dem Lufterhitzer in einem staubdichten Gehäuse eingebaut. Für die Bedienung dient ein einziger Steuerschalter mit welchem der Ventilatormotor in Betrieb gesetzt und die verschiedenen Leistungen eingestellt werden. Gegenüber dem gasbeheizten Apparat ist bei Verwendung eines elektrisch beheizten Bodenformtrockners hervorzuheben, daß die Verbesserung in hygienischer Beziehung durch das Fehlen der Rauchgase von Vorteil ist. Allerdings ist hierbei die Wirtschaftlichkeit zu beachten, die bedingt ist durch das Verhältnis der Kosten für Gas und Strom.

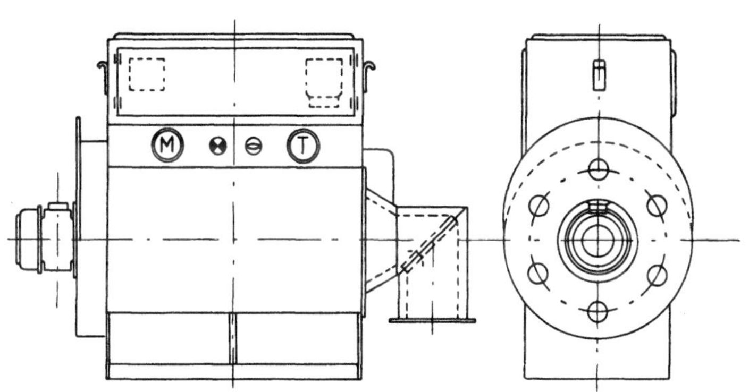

Abb. 13. Elektrisch beheizter Bodenformtrockner

Je nach der Größe und Dichtheit der Form sowie der Durchlässigkeit der Formmasse wird eine mehr oder weniger große Luftmenge verbraucht, wobei bestimmte obere oder untere Grenzwerte der Temperatur eingehalten werden müssen. Um diese Forderung einhalten zu können, gehört zu dem Apparat eine bestimmte Druck-Volumen-Charakteristik, die in Abb. 14 dargestellt ist. Der günstigste Arbeitsbereich ist aus dem schraffierten Teil des Kurvenbildes ersichtlich. Innerhalb dieses Bereiches gibt der Trockner seine volle Leistung ab.

Auf der Tab. 2 sind die verschiedenen Leistungen genannt, für die die Trockner gebaut werden.

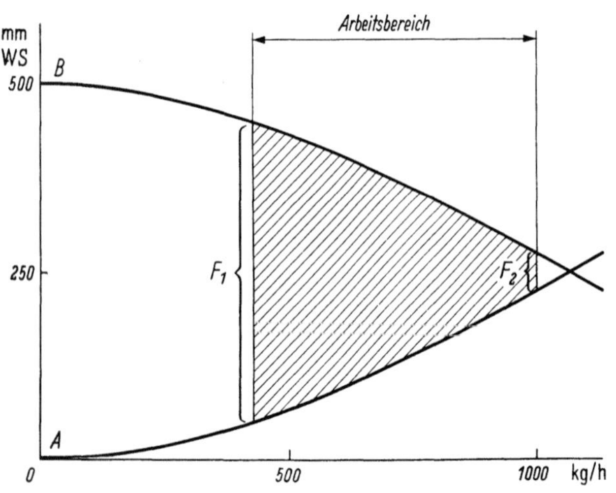

Abb. 14. Druck-Volumen-Charakteristik des transportablen elektrischen Formentrockners

F_1 Druck in der Form bei dichtem Formsand
F_2 Druck in der Form bei lockerem Formsand
Kurve *A* Druckabfall im Lufterhitzer
Kurve *B* Druck-Volumen-Charakteristik des Ventilators

Tabelle 2. *Apparate-Typen*

Typ	Leistung kW	Temperatur °C	Anschluß-Spannung V
a) Für Metall- und Grauguß			
GCT 25 m	25	350	220—500
GCT 70 g	23/70	350	220—500
b) Für Stahlguß			
GCT 70 st	23/70	600	220—500
GCT 140 st	47,5/140	600	380—500

B. Schubladentrockner

Ein Trockner für Kleinkerne ist der Schubladentrockner. Die Bezeichnung ist für diesen Apparat zutreffend. Er findet bei Anfall kleinerer Mengen von Kernen Verwendung. Das Kennzeichnende dieses Apparate-Typs sind die Schubladen. Die beiden Abb. 15 und 16 zeigen diesen Trockner. Während auf Abb. 15 der Bedienungsmann eine Schublade mit grünen Kernen einfährt, zeigt Abb. 16 einen Trockner mit ausgefahrener Schublade. Die

Abb. 15

Abb. 16

Abb. 15 und 16. Gasbeheizter Schubladen-Trockner mit ausgefahrenen Schubladen

Schubladen werden mit einem fahrbaren Gerüst, wie dies aus den Abbildungen ersichtlich ist, in den Trockner ein- und ausgefahren. Die innere Rückwand der Schublade bildet im ausgefahrenen Zustand den vorderen stirnseitigen Abschluß, so daß keine Wärme nach außen treten kann. Der Bedienungsmann wird also nicht durch Wärmeaustritt aus dem Trockner belästigt.

Die Schubladen können einzeln zu verschiedenen Zeiten beschickt und entleert werden. Das bringt eine gewisse Kontinuität in die Beschickung und die Entleerung des Apparates und fördert die Kernproduktion. Die Schubladen werden entsprechend den Kernstärken verschieden hoch ausgeführt. So ist es möglich, den Apparat mit 4 oder 5 oder gar 6 Schubladen auszurüsten. Die Gesamtbeschickungshöhe kann bis ungefähr 1500 mm gesteigert werden. Die einzelnen Beschickungshöhen dagegen können 150, 200, 300 und, wenn erforderlich, 400 mm betragen. Die einzelnen Schubladenhöhen und ihre Gesamtaufteilung richten sich nach dem pro Stunde anfallenden Kernmaterial. Sie müssen vor Aufstellung eines solchen Trockners geklärt werden. Es können also Kerne verschiedener Abmessungen,

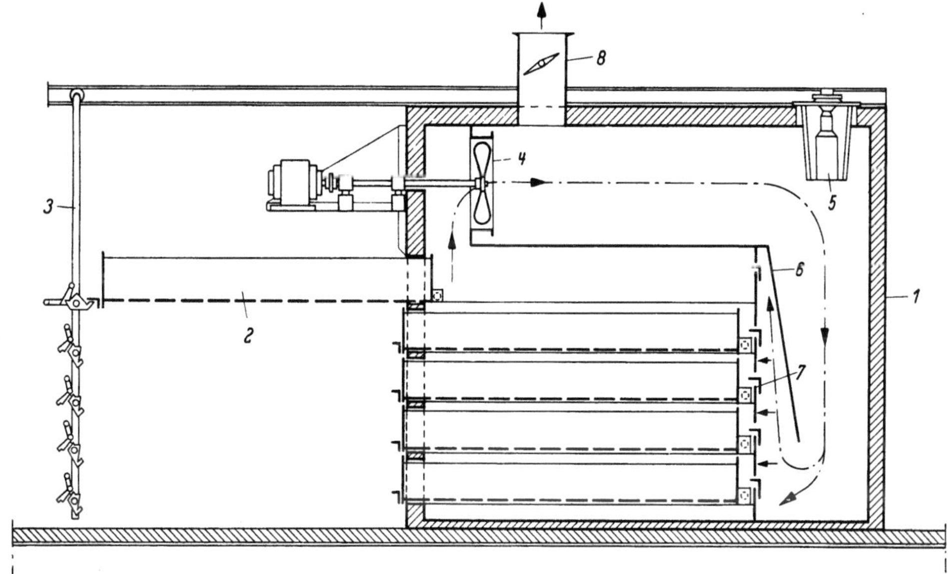

Abb. 17. Konstruktion eines gasbeheizten Schubladentrockners

1 Schrankgehäuse mit Isolierung; *2* Schubladen; *3* Ausfahrgerüst; *4* Ventilator; *5* Brenner; *6* Schutzplatte; *7* Verteileinrichtung des Wälzgasluftgemisches; *8* Abluftstutzen

verschiedenen Gewichtes und verschiedener Zusammensetzung zu gleicher Zeit bei verschiedenen Trockenzeiten getrocknet werden. Die Schubladen werden bei ca. 1000 mm Breite mit einer Tiefe von ca. 1500 mm bis 2000 mm ausgeführt.

Die Belüftung eines solchen Schrankes geht aus der Abb. 17 hervor, auf der ein gasbeheizter Schubladenschrank dargestellt ist. Der Ventilator ist oberhalb der Schubladen angeordnet. Dieser saugt das abgekühlte verbrauchte Wälzgasluftgemisch aus den Schubladen ab und fördert einen Teil durch den Abluftschacht ins Freie. Der restliche Teil des abgekühlten Wälzgasluftgemisches wird zur Brennkammer gefördert. Hier wird das Gemisch mit den heißen Verbrennungsgasen vermengt und strömt über besondere Verteilgitter in die einzelnen Schubladen. Die Wärme wird an die Kerne abgegeben. Der für die Abführung des Kerndunstes und der Feuchtigkeit auf der Decke der Anlage angeordnete Abluftstutzen ist mit einer einstellbaren Drosselklappe ausgerüstet. Damit ist eine Regulierung des austretenden Gemisches möglich. Die geförderte Wälzgasmenge beträgt etwa 100 m^3/min. Bezogen auf den freien Einströmungsquerschnitt des Wälzgasluftgemisches in den Trockner ergibt sich eine Geschwindigkeit von $V = 1{,}1$ m/sek. Hierbei ist angenommen, daß die Schubladen eine Breite von 1000 mm haben und die Gesamthöhe der Schubladen 1500 mm beträgt. Natürlich ist die Geschwindigkeit in den

Schubladen höher, da der größte Teil des freien Querschnittes durch die eingesetzten Kerne versperrt wird. Für den Antrieb des Ventilators ist ein Motor mit einer Stärke z. B. von 1,1 kW bei 1450 U/min angebracht.

Die Konstruktion dieser Apparate muß sehr stabil ausgeführt sein. Die Außenummantelung besteht aus doppelten Blechwänden mit einer Isolierung aus Glaswolle oder Schlackenwolle. Der Wärmeverlust durch Leitung wird auf ein Minimum herabgesetzt. Die Gesamtoberfläche des Trockners beträgt 16 m². Rechnet man mit einem k-Wert von 1,2, so ergibt sich ein Wärmeverlust durch Leitung bei einer Trockentemperatur von 250 °C von 4420 kcal/Std. Bei einem unteren Heizwert des Gases von 4000 WE/m³ beträgt damit der Gasverbrauch, der durch die Leitungsverluste hervorgerufen wird, ca. 1,4 m³/Std. Gerechnet wurde mit einem wärmedynamischen Wirkungsgrad von 0,8. Zu diesem Wärmeverlust durch Leitung kommt noch der Wärmeverlust durch Abdunst. Diesen zu ermitteln ist schwierig, da er von dem Feuchtigkeitsgehalt der Kerne, der Zusammensetzung der Kerne und dem Bindemittel abhängig ist. Der geringste Wärmeaufwand wird für die Trocknung des Quarzsandes selbst benötigt. In einem späteren Beispiel wird darauf noch eingegangen.

Auf Abb. 15 und 16 ist die vor dem Trockner angebrachte Absaugehaube ersichtlich. Oberhalb der Haube ist ein Ventilator angebracht. Dieser saugt die nach erfolgter Trock-

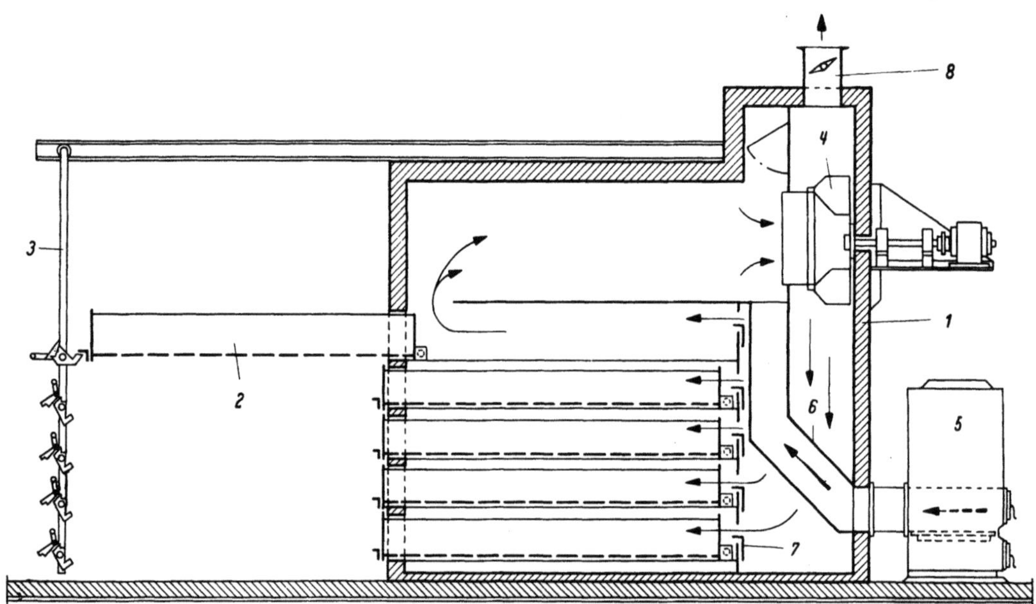

Abb. 18. Koksbeheizter Schubladentrockner

1 Schrankgehäuse mit Isolierung; *2* Schublade; *3* Ausfahrgerüst; *4* Ventilator; *5* Koksofen; *6* Heizgasleitung; *7* Verteileinrichtung des Wälzgasluftgemisches; *8* Abluftstutzen

nung ausströmenden Kerndünste, also nach ausgefahrener Schublade, ab und fördert sie über die Abluftleitung ins Freie. Leider wird die Absaugehaube aus Sparsamkeitsgründen oft nicht angebaut. Der austretende Kerndunst entweicht dann in den Kernmacherraum. Eine Belästigung der Kernmacher durch den Kerndunst ist dann unvermeidlich. In diesem Fall muß durch eine besondere Absaugung der gesamten Kernmacherei und durch Zuführung frischer, sauberer und vorgewärmter Luft für eine einwandfreie Belüftung der Räume gesorgt werden. In vielen Ländern wird durch die Gewerbeaufsichtsbehörden oder ähnliche Institutionen eine Kerndunstabsaugung gefordert. Die Brennereinrichtung des vorstehend beschriebenen leuchtgas- oder ferngasbeheizten Trockners kann auch für Generatorbeheizung ausgebildet werden. Zu diesen Brennereinrichtungen nebst den Temperaturreglern, den Sicherheitsgeräten und Zündvorrichtungen wird noch in einem besonderen Absatz Stellung genommen.

Der Aufbau und die Konstruktion des ölbeheizten Schubladen-Kerntrockenschrankes ist im Prinzip der gleiche wie bei dem gasbeheizten Apparat; nur tritt an die Stelle des Gasbrenners ein Ölbrenner.

Bei der elektrischen Beheizung wird eine Heizbatterie, bestehend aus einer Anzahl Heizpatronen, die zu mehreren Gruppen zusammengeschaltet werden, hinter dem Schraubenlüfter eingebaut. Durch die Aufteilung in mehrere Gruppen hat man die Möglichkeit, in eleganter Weise mit verschiedenen Trockentemperaturen arbeiten zu können. Außerdem hat man die Möglichkeit, die Grundlast von Hand einzuschalten, während die Spitzenlast von einem automatischen Temperaturregler gesteuert wird.

In Abb. 18 ist ein koksbeheizter Trockner vorgenannten Typs abgebildet. Der Koksofen ist hinter dem eigentlichen Trockner aufgestellt. Infolgedessen stellt dieser Trockner nicht die geschlossene Bauweise dar, wie dies bei dem gas-, öl- oder elektrisch beheiztem Trockner der Fall ist. Es ist wesentlich, den Koksofen nicht in den Trockner einzubauen, da durch Überhitzungen alsdann Verwerfungen im Schrank auftreten. Bei der Anordnung hinter dem Trockner sind diese Übelstände vermieden. Die heißen Koksgase werden von einem Lüfter, der im rückwärtigen Schrank eingebaut ist, angesaugt und mit der Umluft intensiv gemischt. Sie strömen dann über das bereits erwähnte einstellbare Gitter in die Schubladen ein. Die Arbeitsweise des koksbeheizten Trockners ist alsdann die gleiche wie bereits beschrieben.

C. Kerntrockenschränke

Man kann wohl ohne Übertreibung sagen, daß der Kerntrockenschrank der Apparattyp ist, der in allen Kernmachereien zu finden ist. Es gibt verschiedene Ausführungsarten für solche Schränke. Der Effekt der Trocknung ist dabei von der Art der Belüftung abhängig.

Zunächst sei hier die Konstruktion und Arbeitsweise eines *längsbelüfteten* Trockners geschildert, dessen Aufbau aus der Abb. 19 ersichtlich ist. Er wird in der Regel mit den lichten Abmessungen von 1250 mm Breite und 2000 mm Höhe für verschiedene Beschickungstiefen hergestellt. Die lichten Tiefen, die durch die verschiedenen Beschickungsgestellgrößen bedingt sind, schwanken von 1600 bis 2500 mm.

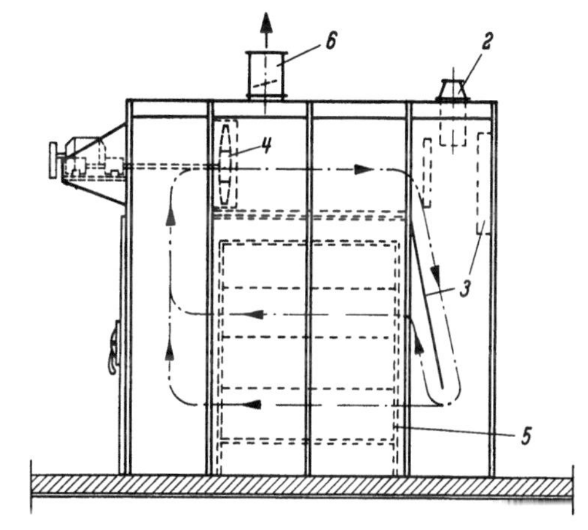

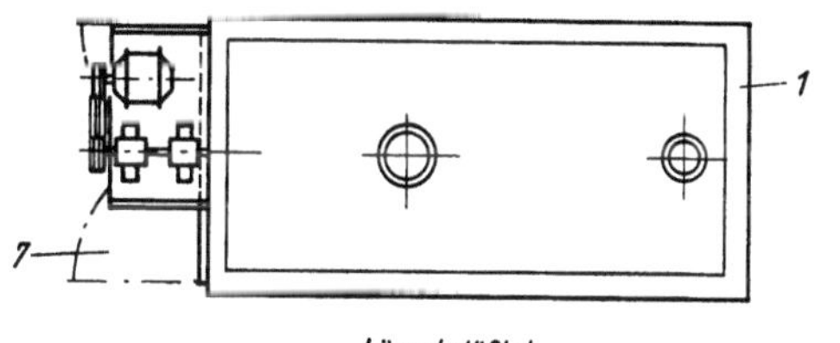

Abb. 19. Konstruktion eines längsbelüfteten gasbeheizten Kerntrockenschrankes

1 Schrankgehäuse; *2* Brenner; *3* Schutzplatten; *4* Ventilator; *5* Trockengestell; *6* Abluftstutzen; *7* Schranktür

Wie aus der Zeichnung hervorgeht, ist oberhalb der Beschickungstür ein Lüfter eingebaut. Dieser saugt das abgekühlte, verbrauchte Wälzgasluftgemisch aus dem nutzbaren Schrankteil an. In der Druckzone hinter dem Lüfter ist in der Decke ein Abdunststutzen vorgesehen. Durch diesen Stutzen entweicht ein Teil der verbrauchten, mit Wasserdampf und sonstiger der in Gaszustand übergegangenen Bindemittel des Wälzgasluftgemisches durch den Abdunstschornstein ins Freie. Nach Einsatz einer neuen Charge muß für verstärkten Ausstoß des gesättigten Gemisches gesorgt werden, weil bei Beginn der Trocknung der Verdunstungsanteil am Gesamtumwälzungsvolumen am größten ist. Mit fortschreitender Trocknung kann die Abführung des Abdunstes entsprechend gedrosselt werden. Außerdem wird durch eine entsprechend geregelte und überwachte Abführung von Abdunst der Trocknungsprozeß beschleunigt, einmal dadurch, daß das eingesetzte Material stetig mit neuen, Feuchtigkeit aufnehmenden Wälzgasen beaufschlagt wird und zum anderen dadurch, daß das Material ständig mit heißem, relativ trockenem Wälzgas umspült wird. Es ist daher auf die richtige Bedienung der im Abdunststutzen eingebauten Drosselklappe Wert zu legen. Vielfach wird diese Drosselklappe nur bei Aufstellung einer Anlage eingestellt und später nicht mehr bedient. Ein Schrank, der in solcher Weise gefahren wird, arbeitet jedoch unwirtschaftlich. Da der Einbau von Programmreglern infolge der Kostspieligkeit allgemein für die Steuerung der Abluft keinen Eingang gefunden hat, ist die Einstellung der Abdunstklappe dem Bedienungsmann überlassen. Der Gasbrenner ist auf der Schrankdecke im rückwärtigen Teil eingebaut. Die heißen Verbrennungsgase mischen sich intensiv mit dem zurückgesaugten, abgekühlten Wälzgasluft-Gemisch und strömen in den Raum, der hinter dem eigentlichen Trockenraum angeordnet ist, ein. Durch den Einbau einer Schutz- und Lenkplatte wird dafür Sorge getragen, daß das heiße Wälzgasluftgemisch zunächst bis annähernd zum Boden des Trockners gedrückt wird und von hier aufströmend über ein besonderes einstellbares Gitter in den eigentlichen Trockenraum gelangt. Diese Führung hat den Vorteil, daß das heiße Wälzgasluftgemisch nicht zu stark in den oberen Schrankteil strömt. Damit erfolgt auch eine gute Anwärmung des Kerngutes von unten nach oben. Es wird also ein Verbrennen der Kerne im oberen Teil der Anlage vermieden.

Die zu trocknenden Kerne müssen so auf den Gestellen angeordnet sein, daß eine gute Umspülung derselben mit dem heißen Wälzgasluft-Gemisch möglich ist. Es darf also auf den Gestellen nicht zu dicht gepackt werden. Die Gestelle sind so im Schrank abzusetzen, daß zwischen Tür und Gestell ein freier Schacht von etwa 400 mm verbleibt, der für die Rückführung des abgekühlten Wälzgasgemisches erforderlich ist. Das heiße Wälzgemisch, das während der Umspülung die Wärme an die Kerne abgegeben hat, wird nun vom Lüfter zurückgesaugt, und der Vorgang wiederholt sich in der beschriebenen Weise.

Die Leistung des eingebauten Lüfters beträgt etwa 80 m³ Luft/min, das sind 4800 m³ pro Stunde. Der Trockner weist einen Inhalt von $1{,}25 \times 1{,}6 \times 2{,}0$ m gleich 4 m³ auf. Infolgedessen wird das Volumen des Trockners in einer Stunde 1200mal umgewälzt. Damit ist die allseitige Umspülung der Kerne gesichert.

Die Beschickung der Schränke erfolgt mittels Hubwagen, und zwar wird der Trockner von 1600 mm Tiefe mit einem Gestell mit den Abmessungen von 1000 mm Breite, 1200 mm Tiefe und 1800 mm Höhe beschickt. Der Trockner von 2000 mm Tiefe faßt ein Gestell von 1000 mm Breite, 1600 mm Tiefe und 1800 mm Höhe, während der Trockner von 2500 mm Tiefe zwei Gestelle von je 1000 mm Breite, 1000 mm Tiefe und 1800 mm Höhe aufnimmt. Der Hubwagen ist mit gummibandagierten Rädern ausgerüstet, so daß die beladenen Gestelle mit den nassen Kernen im Kernmacherraum erschütterungsfrei gefahren und im Trockenraum des Schrankes abgesetzt werden können.

In vielen Fällen wird vor dem Schrank eine Absaugehaube angeordnet. Das ausgefahrene Gestell bleibt dann unter der Absaugehaube so lange stehen, bis die Kerne abgedunstet sind. Erst dann wird es zur Kontrolle der Kerne in die Abnahmestation oder zur sofortigen Verwendung in die Gießerei gefahren.

Die Abdunstleitungen des Schrankes und der Haube müssen von Zeit zu Zeit von Kondensaten, die beim Trocknen der Kerne entstehen, gereinigt werden. Ein Vorteil dieses Schranktyps ist der, daß Schränke in beliebiger Anzahl nebeneinander aufgestellt werden können, wie dies aus der Abb. 20 ersichtlich ist. Man spricht dann von Serien- oder Reihenschränken oder Schrankgruppen.

Bei Ölbeheizung tritt an Stelle des Gasbrenners ein Ölbrenner. Die Arbeitsweise des Schrankes oder der Schrankgruppe ist im übrigen wie vor beschrieben.

Bei elektrisch beheizten Schränken des vorstehend beschriebenen Typs wird eine elektrische Heizbatterie eingebaut (Abb. 21). Diese wird zweckmäßigerweise im oberen Teil hinter dem Abdunststutzen angeordnet. Die Batterie besteht aus einer Anzahl Heizstäben, die zu 3 oder 4 Gruppen zusammengefaßt werden. Durch die Einstellung in 3 oder 4

Gruppen ist die Möglichkeit der Einstellbarkeit verschiedener Trockentemperaturen gegeben. Die Einschaltung der Batteriegruppen erfolgt teilweise von Hand oder durch einen eingebauten Temperaturregler. Die Heizstäbe bestehen aus Widerstandsdrahtspiralen, die in eine Isoliermasse eingebettet und durch einen Stahlmantel geschützt sind. Die Wirkungsweise dieses Trockners ist die gleiche wie bereits beschrieben. Es wird jedoch kein Gasluftgemisch umgewälzt, sondern heiße Luft, die auf ihrem Strömungsweg den Wasserdampf und die in den gasförmigen Zustand übergegangenen Bindemittel aufnimmt, die dann durch den Abluftschornstein ins Freie ausgestoßen werden.

Die sauberste Betriebsweise eines Kerntrockenschrankes wird durch die elektrische Beheizung gewährleistet. Die Brennereinrichtung, in diesem Fall also die elektrische Heizbatterie, erfordert keine besondere Wartung, wie das bei Gas- oder Ölbeheizung der Fall ist. Die Temperaturregelung und die Schaltung wird noch in einem besonderen Absatz geschildert. Leider ist die elektrische Beheizung der Trockner nur selten anzutreffen. (Stromkosten für die Kilowattstunde.)

Abb. 20. Gasbeheizte Serien- oder Schrankgruppen

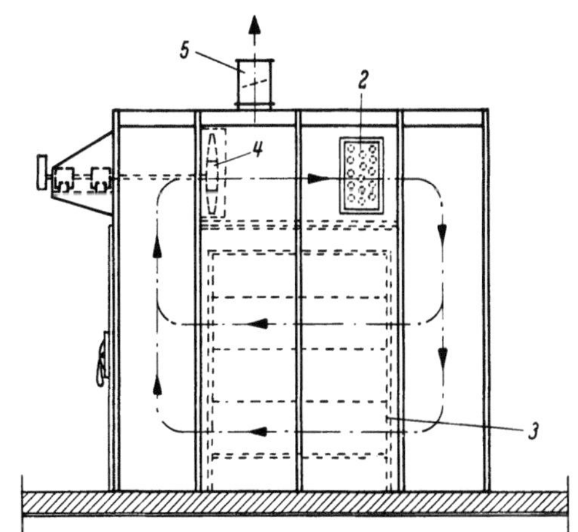

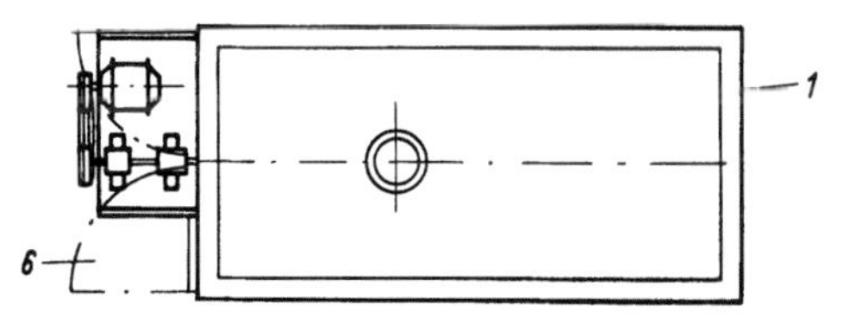

Abb. 21. Elektrisch beheizter längsbelüfteter Kerntrockenschrank

1 Schrankgehäuse; *2* Elektrische Heizbatterie; *3* Trockengestell; *4* Ventilator; *5* Abluftstutzen; *6* Schranktür

Bei genauer Erfassung aller Nebenkosten einer Trockenanlage zeigt sich jedoch, daß eine elektrische Anlage nicht ungünstig abschneidet.

Der Aufbau und die Konstruktion eines koksbeheizten Schrankes des gleichen Bautyps ist auf der Abb. 22 dargestellt. Auch in diesem Fall ist die Konstruktion des Schrankes die gleiche geblieben. Es wird lediglich hinter dem Kerntrockenschrank ein geeigneter Koksofen aufgestellt, der von Hand beschickt wird. Die Füllung erfolgt mit Brechkoks mittlerer Körnung. Die heißen Abgase des Kokses werden durch eine Rohrführung vom Lüfter angesaugt und mit der Umluft gemischt. Sie durchströmen dann die Anlage in der beschriebenen Weise.

Nachfolgender Trockenversuch eines koksbeheizten Schrankes mit 1,6 m Tiefe gibt einen Überblick über die Betriebsweise. Zum Vergleich wurde eine Gas-, Öl- bzw. elektrische Anlage gleicher Größe herangezogen:

Dabei ist zu beachten, daß die Anlage nur einmal am Tag in Betrieb gesetzt wurde. Getrocknet wurden in einem Einsatz 520 kg Kernmaterial. Das Gewicht an Kernplatten und das Gewicht des Beschickungsgestelles betrug zusammen 743 kg. Der Feuchtigkeitsgehalt der Kerne lag um 5%. Die Oberfläche des Trockners wurde mit 31 m² gemessen. Gerechnet wird mit einem Wärmedurchgangswert von 1,2, da die Wärmebrücken im Verhältnis zur Gesamtoberfläche hoch sind. In der Abb. 23 sind die Wärmeverbrauchswerte in % aufgezeichnet. Es muß jedoch beachtet werden, daß der Koksofen je Tag erst einmal aufgeheizt werden mußte. Die zur Aufheizung des Koksofens gebrauchte Wärme ist gesondert eingetragen. Das Eisengewicht des Koksofens beträgt 450 kg, während die Auskleidung aus Isoliersteinen 1050 kg wiegt. Der Koksverbrauch betrug 35 kg in 2,75 Stunden. Die Aufheizung erfolgt mit Kernen. Die Zeit der Aufheizung betrug 45 Minuten und die Trockenzeit 2 Stunden. Der Koksverbrauch je Stunde ist mit

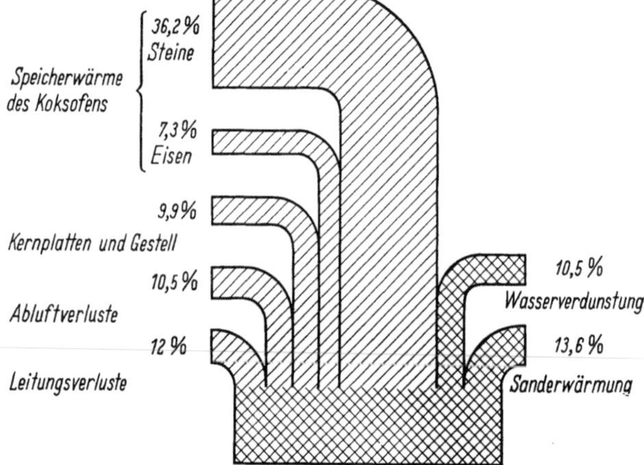

Abb. 23. Schaubild der Wärmeverteilung in einem koksbeheizten Kerntrockenschrank, der pro Arbeitstag nur einmal beschickt wird

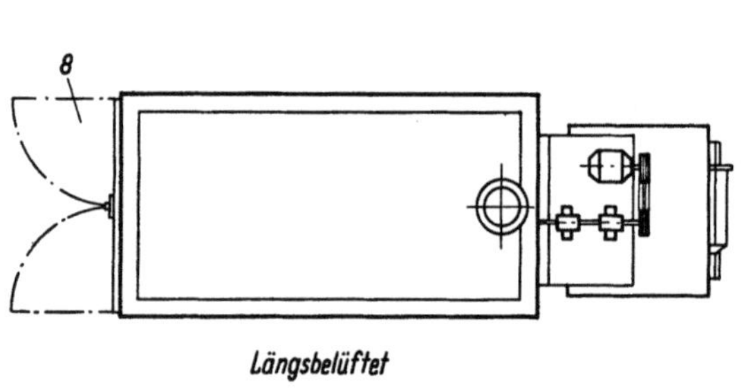

Abb. 22. Koksbeheizter längsbelüfteter Kerntrockenschrank

1 Schrankgehäuse; *2* Ventilator; *3* Koksofen; *4* Heizgasleitung; *5* Gestell; *6* Abluftstutzen; *7* Verteileinrichtung des Wälzgasluftgemisches; *8* Schranktür

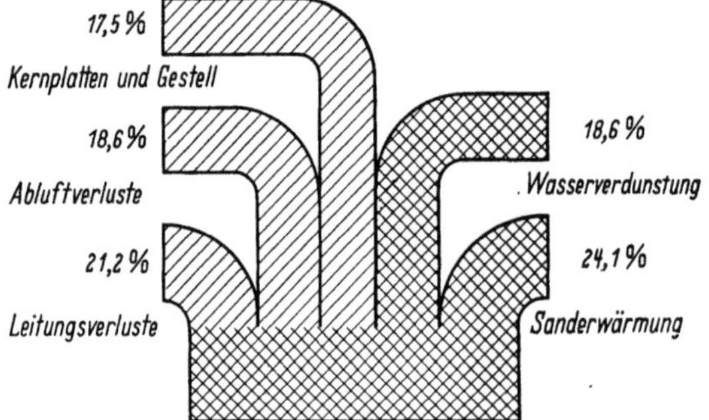

Abb. 24. Schaubild der Wärmeverteilung in einem gas-, öl- oder elektrisch beheizten Kerntrockenschrank bei einmaliger Beschickung pro Arbeitstag

12,75 kg festgelegt. Für die Trocknung von 100 kg Kernmaterial wurden also 6,75 kg Koks verbraucht. Bei einem Kokspreis von 108 DM pro Tonne (Koks III) entfallen also für die Trocknung von 100 kg Kernmaterial = 0,73 DM. Die Betriebsstunde stellt sich bei einem Verbrauch von 12,75 kg auf 1,38 DM.

Bei Gas-, Öl- oder elektrischer Beheizung fällt der Wärmeverbrauchswert für die Aufheizung des Koksofens fort. Der Wärmeverbrauchswert beträgt bei allen Anlagen 34900 WE/Std., wie aus der Abb. 24 ersichtlich ist. Es wurde mit einem unteren Heizwert von 4000 WE/m³ bei Gasbeheizung und einem von 9500 WE/kg bei Ölbeheizung gerechnet. Die kWh wurde mit 860 WE eingesetzt. Es ergibt sich daraus die nachfolgende Tabelle. Die Energiekosten stellen keine festen Werte vor, da sie von den örtlichen Verhältnissen abhängen.

Aus der Tab. 3 kann man entnehmen, daß die Kosten für die Ölbeheizung eines solchen Trockenschrankes am niedrigsten liegen. Dies ist auch der Grund dafür, daß viele Werke die vorhandenen Anlagen auf Ölbeheizung umstellen lassen. Gewiß würden die vorstehend genannten Kosten bei Koksbeheizung noch etwas unter den genannten Werten liegen, wenn der Trockner im Dauerbetrieb betrieben würde.

Tabelle 3

	Wärme WE/std.	Verbrauch je Std.	Verbrauch je 100 kg Kernmaterial	Energie-Kosten	Kosten je 100 kg Kernmaterial DM	Kosten pro Betriebsstunde DM
Koksbeh.	61700	12,75 kg	6,75 kg	108,— DM/t	0,73	1,38
Gasbeheizung	34900	10,9 m³	6,28 m³	1,16 DM/m³	1,00	1,74
Ölbeheizung	34900	4,6 kg	2,43 kg	11,14 DM/100 kg	0,27	0,53
Elektrisch	34900	40,5 kW	21,5 kW	0,1443 DM/kW	3,10	5,85

Eine weitere Schrankkonstruktion — ein querbelüfteter Trockner — ist in Abb. 25 und 26 dargestellt. In diesem Fall werden die Trockner mit den gleichen lichten Abmessungen von 1250 mm Breite, 2000 mm Höhe und verschiedenen Beschickungstiefen von 1600, 2000 und 2500 mm eingerichtet. Der Brenner wird auf einer Längsseite angeordnet. Weiterhin werden in der gleichen Seitenwand zwei Lüfter eingebaut. Die Luftströmung bzw. Strömung des Wälzgasgemisches erfolgt quer zum lichten Querschnitt des Trockners. Der Strömungsweg ist infolgedessen erheblich kürzer als bei dem vorherbeschriebenen längsbelüfteten Typ. Naturgemäß sind auch die Temperaturdifferenzen zwischen dem Eintritt des Wälzgasgemisches in die Gestelletagen und Austritt aus den Gestelletagen geringer. Die Leistung pro Lüfter beträgt etwa 80 m³/min, somit für zwei Lüfter 160 m³ pro min.

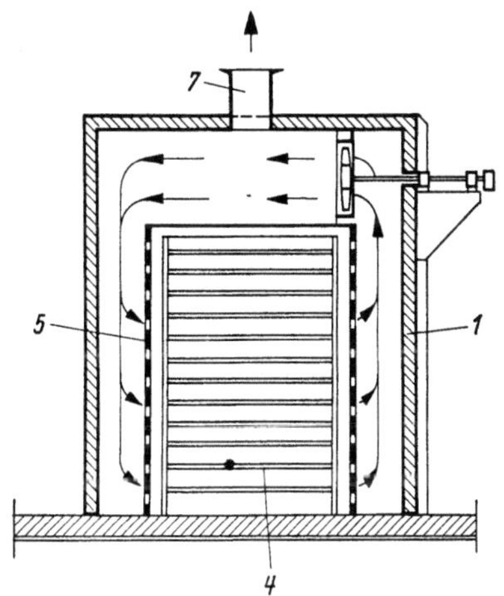

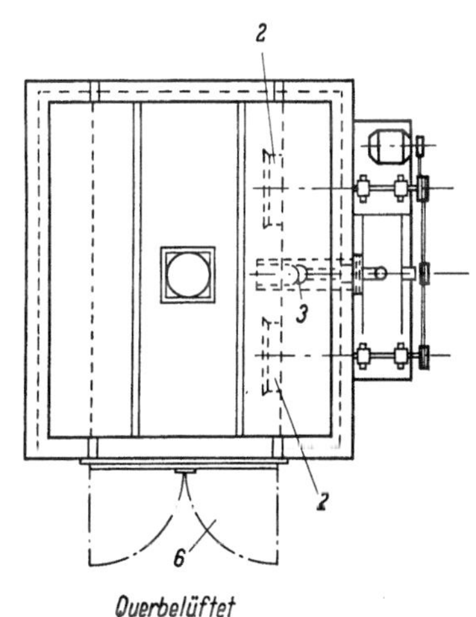

Abb. 25. Querbelüfteter, gasbeheizter Schranktrockner

1 Schrankgehäuse; *2* Ventilatoren; *3* Brenner; *4* Gestell; *5* Verteileinrichtung des Wälzgasluftgemisches; *6* Schranktür; *7* Abluftstutzen

Abb. 26. Querbelüfteter Schranktrockner mit geöffneten Schranktüren

Die Stundenleistung liegt mit 9600 m³ fest. Ein Schrank von 2000 mm Tiefe weist ein Volumen von $1{,}25 \times 2{,}0 \times 2{,}0$ gleich 5 m³ auf. Das Volumen wird also in der Stunde 1920mal umgewälzt. Bei dem zuvor beschriebenen längsbelüfteten Typ wird das Volumen des Trockners mit den gleichen lichten Abmessungen nur 960mal in der Stunde umgewälzt. Der querbelüftete Schrank zeichnet sich infolgedessen also durch geringere Temperaturdifferenzen und damit höhere Gleichmäßigkeit des getrockneten Gutes aus. Auch bei dieser Konstruktion wird der Eintritt des Wälzgasluft-Gemisches in den nutzbaren Trockenraum durch einstellbare Verteileinrichtungen geregelt. Von Nachteil ist es, daß sich dieser Schranktyp nicht in beliebiger Anzahl nebeneinander stellen läßt. Der seitliche Anbau der Brennereinrichtungen und der Lüfterantriebe gestatten dies nicht. Es können nur zwei Trockner dieses Typs zu einem Doppelschrank zusammengebaut werden, wie dies aus der Abb. 27 ersichtlich ist. Einen Vorteil aber weist dieser Trocknertyp gegenüber des längsbelüfteten Trocknertyps auf, und zwar können die querbelüfteten Apparate für Durchfahrt eingerichtet werden, so daß die Gestelle auf der einen Seite in den Trockner eingefahren und auf der anderen Seite wieder entnommen werden können.

Abb. 27. Zusammengebauter querbelüfteter Schranktrockner

An Stelle des Gasbrenners kann auch ein Ölbrenner eingebaut werden; bei elektrischer Beheizung wird die Heizbatterie hinter dem Abdunststutzen angeordnet. Nur bei Koksbeheizung, Abb. 28, wird ein besonderer Kokslufterhitzer seitlich neben dem Trockner aufgestellt. In allen Fällen ist das Prinzip der Umwälzung des Wälzgasluftgemisches oder der Heizluftumwälzung das gleiche.

Alle diese Schrankkonstruktionen bestehen aus einem kräftigen Profileisengerüst mit einer entsprechenden Isolierung aus Doppelblechplatten mit einer Füllung aus Glaswolle oder Hochofenschlacke. Die Leitungsverluste werden hierdurch sehr gering gehalten. Nur an den Stoßstellen der Profileisen oder an ähnlichen Übergangsstellen ist mit höheren Wärmeverlusten zu rechnen, während an der glatten isolierten Außenblechwand kaum ein Wärmeverlust festzustellen ist.

Auf der Abb. 23 sind die Wärmeverbrauchswerte eines kleinen längsbelüfteten koksbeheizten Trockners von 1,6 m Tiefe aufgezeichnet. Der koksbeheizte Trockner wurde nur einmal je Tag beschickt. Danach liegt der Wärmeaufwand für den mit Koks beheizten Ofen für den Anheizvorgang wesentlich über dem Aufwand, der für das Trocknen aufgebracht werden muß. Der Wirkungsgrad des koksbeheizten längsbelüfteten Trockners beträgt nur 24,1%.

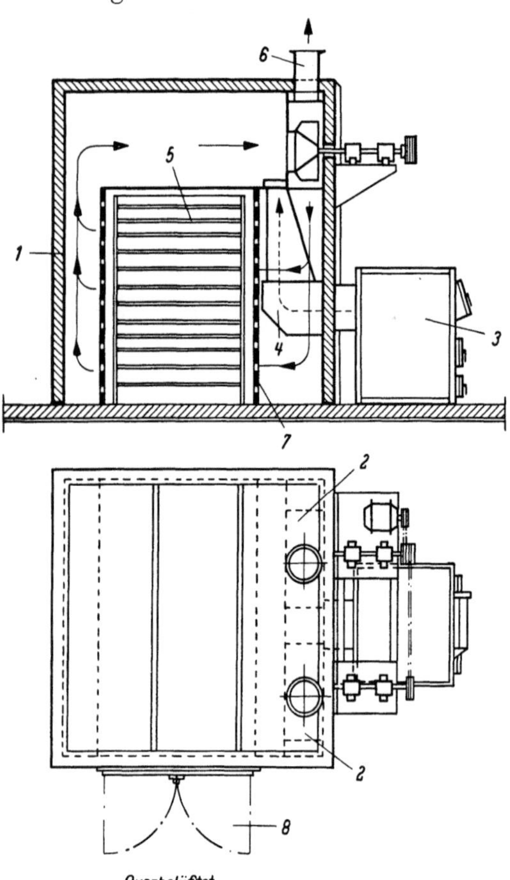

Abb. 28. Koksbeheizter, querbelüfteter Schranktrockner

1 Schrankgehäuse; *2* Ventilatoren; *3* Koksofen; *4* Heizgasleitung; *5* Gestell; *6* Abluftstutzen; *7* Verteileinrichtung des Wälzgasluftgemisches; *8* Schranktür

Für die gleichen Betriebsverhältnisse, d.h. einmalige Beschickung am Tag, und mit den gleichen Einsatzgewichten würde der Wirkungsgrad in einem gas-, öl- oder elektrisch beheizten Trockner bei 42,7% liegen, weil hier die Wärmemenge für das Aufheizen des Koksofens in Fortfall kommt. In der Abb. 24 sind die Wärmeverbrauchswerte der gas-, öl- oder elektrisch beheizten Trockner dargestellt. Es ist also für einen wirtschaftlichen Betrieb empfehlenswert, die Kammern längere Zeit in Betrieb zu halten, weil dann der Aufheizwert nicht so sehr ins Gewicht fällt. Nach Möglichkeit sollte man die Trocknung nur an 2 oder 3 Tagen in der Woche durchführen.

Ferner wurde ein querbelüfteter Kerntrockenschrank von 1250 mm Breite, 2500 mm Tiefe und 2000 mm Höhe untersucht, der täglich 12 Stunden in Betrieb war. Der Wärmeverbrauch für das Aufheizen des Koksofens wurde nicht besonders festgehalten, weil dieser nur beim Anheizen auftritt und der genannte Koksverbrauch sich auf die ununterbrochene Betriebsweise des Trockners während 12 Stunden bezieht.

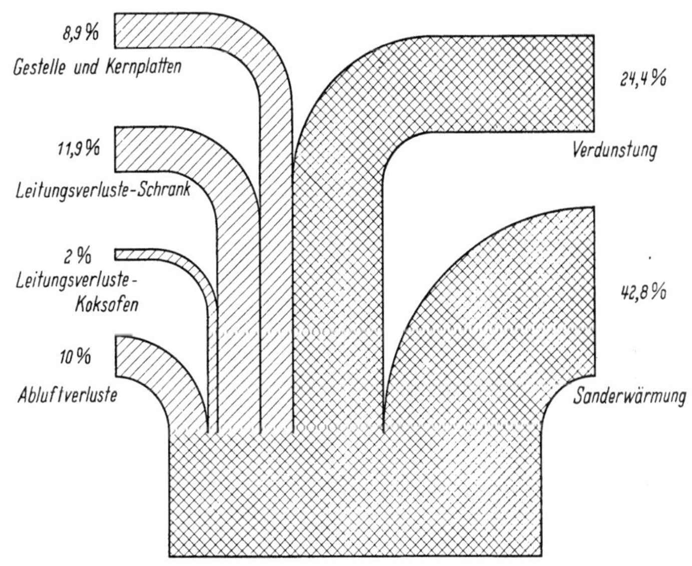

Abb. 29. Schaubild der Wärmeverteilung eines querbelüfteten, koksbeheizten Kerntrockenschrankes, der täglich 12 Stunden betrieben wurde

Das Einsatzgewicht an Kernsand pro Stunde betrug 860 kg, während das Gewicht an Kernplatten und Gestellen mit 345 kg ermittelt wurde. Die Kerne wiesen einen Feuchtigkeitsgehalt von 4 bis 5% auf. Die Trocknung war mit 250 °C festgelegt. Der Koksverbrauch ist in 12 Stunden mit 250 kg, also je Stunde mit 20,85 kg gemessen worden.

Aus der Abb. 29 ist zu entnehmen, daß der Wirkungsgrad außerordentlich günstig liegt und 67,2% beträgt. Er beruht darauf, daß das Gewicht an Platten und Gestellen außerordentlich niedrig lag. Die Betriebsstunde eines solchen Trockners kostet bei Koksbeheizung unter Zugrundelegung voraufgegangener Werte:

$$0{,}108 \times 20{,}85 = 2{,}25 \text{ DM.}$$

Bei Gasbeheizung würde ein Gasverbrauch je Stunde von 31,0 m³, bei Ölbeheizung ein Verbrauch von 13 kg/Std. und bei elektrischer Beheizung ein Verbrauch von 115 kWh zu verzeichnen sein.

Damit kostet die Betriebsstunde		
	bei Gasbeheizung	= 4,96 DM
	bei Ölbeheizung	= 1,45 DM
	bei elektrischer Beheizung	= 16,60 DM

Auch in diesem Fall liegen die Betriebskosten bei Ölbeheizung wesentlich unter den Kosten der übrigen Beheizungsarten. Sie sind örtlich verschieden und können durch Umrechnung leicht ermittelt werden.

D. Trockenkammern

Die Konstruktion und Bauart der Trockenkammern zur Trocknung von Formen und Kernen ist vielfältiger als die der Schränke. Es sollen daher nur einige Bauarten geschildert werden:

Die älteren Bauarten derartiger Anlagen bzw. Kammern wurden ganz allgemein in Mauerwerk errichtet. Eine solche Anlage zeigt Abb. 30. Es handelt sich um eine koksbeheizte Kammer von ca. 4 m Breite und 5 m Tiefe bei einer mittleren Höhe von 3 m. Solche Anlagen wurden mit besonderen Brennkammern ausgerüstet, die rückseitig in einem besonderen Schacht angeordnet waren. In ihnen wurde der Koks verbrannt, und die heißen Abgase strömten durch geeignete Eintrittsöffnungen in die Kammer ein, wo sie sich durch natürlichen Auftrieb verteilen. Örtliche Überhitzungen, ungleiche Trocknung, die Anlaß zu Ausschuß gaben, waren nicht zu vermeiden. Die Erstellung der Anlage im Mauerwerk war kostenmäßig billiger als eine in Eisenkonstruktion mit isolierten Wänden, Decken und Türen erstellte Anlage. Die Aufheizung auf die gewünschte Temperatur nahm aber eine verhältnismäßig lange Zeit in Anspruch, da das Mauerwerk große Wärmemengen speicherte. Meistens wurden derartige Anlagen abends mit den zu trocknenden Formen gefüllt und in der Nacht getrocknet. Bei großem Anfall von Formen mußten mehrere Kammern erstellt werden. Durch diese Art der Betriebsweise gehen die hohen Speicherwärmemengen verloren, da die Kammern während des Tages wieder auskühlten.

Die hohe Speicherwärme kann man noch teilweise nutzbar machen, indem man nach Ausfahren des Beschickungswagens die Türen und Klappen schließt.

Die Temperatur der Kammer kann beim Einfahren der neuen Charge bis 120 °C aufweisen,

Abb. 30. Gemauerte, koksbeheizte Kerntrockenkammer älteren Bautyps

Abb. 31. Verbesserung der Kammer durch Einbau eines Kokslufterhitzers mit Luftumwälzung

ohne daß die Formen oder Kerne Schaden erleiden. Zudem wird durch die Erhaltung der Speicherwärme die Gesamttrockenzeit verkürzt und damit die Leistung der Trockenanlage erhöht.

Eine wesentliche Verbesserung wurde dadurch erzielt, daß man sich eines besonderen Kokslufterhitzers bedient. In diesem Fall werden die heißen Koksgase von einem Ventilator angesaugt, mit rückgesaugter Warmluft gemischt und der Kammer durch Fußbodenkanäle zugeführt. Es findet in der Kammer eine Umwälzung des Wälzgasgemisches statt. Der Rücksog erfolgt über einen Querschacht, der vor der Hubtür angeordnet ist. Die so durchgeführte Trocknung ist gleichmäßiger und intensiver. Die Aufstellung des Kokslufterhitzers ist aus Abb. 31 zu ersehen. Derselbe wurde in einigem Abstand neben der Kammer aufgestellt. Der Arbeitszyklus konnte nach Aufstellung des Kokslufterhitzers erhöht werden.

Diese Art der Aufstellung des Kokslufterhitzers hat den Vorteil, daß die Anlage nicht so reparaturanfällig ist als der Zusammenbau von Koksbrennkammer und Trockenkammer. Im letzteren Fall führen die Wärmespannungen, die in der Heizkammer entstehen, zu vorzeitigen Zerstörungen der Kammerwandungen und der Züge. Auch durch einen starken Saugzug des Ventilators kann eine rasche Verbrennung des Kokses erreicht werden, wodurch die Abgase hoch erhitzt in die Schächte und damit in den Ventilator gelangen. Dann ist auch der Ventilator hohen Wärmebeanspruchungen ausgesetzt. Einer solchen Überbeanspruchung des Ventilators kann vorgebeugt werden, indem ein Temperaturregler eingebaut wird. Über einen Wärmefühler, einen Verstellmotor und anderen erforderlichen Schaltgeräten wird die Frischluftklappe des Koksluft-erhitzers gesteuert, so daß mehr oder weniger Koks zur Verbrennung gelangt und der Anfall der heißen Koksgase den Erfordernissen entspricht. Solche Temperaturregelanlagen haben sich in der Praxis gut bewährt.

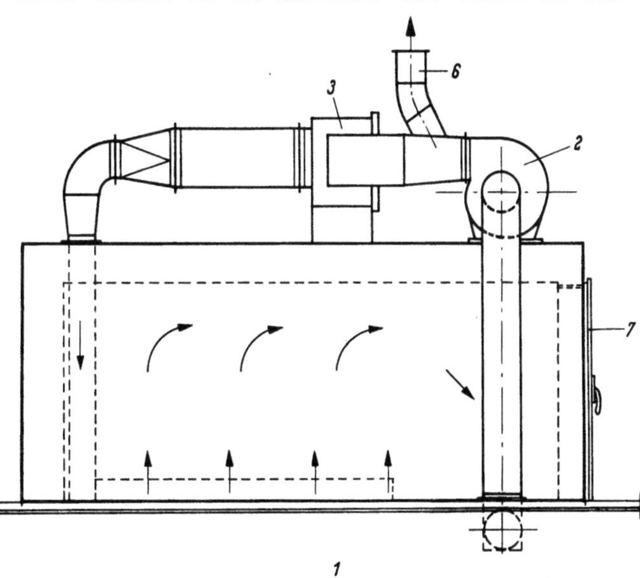

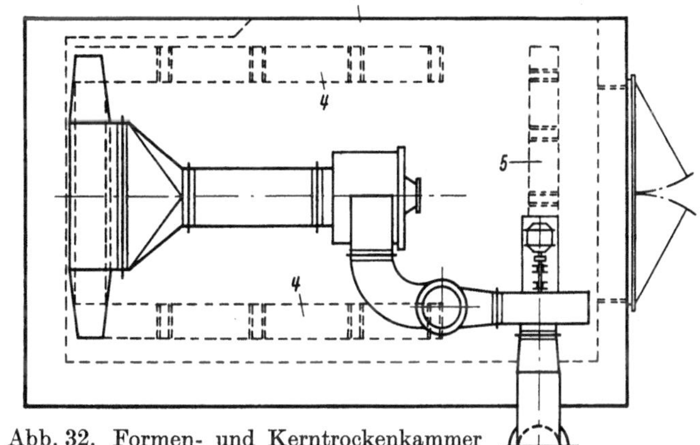

Abb. 32. Formen- und Kerntrockenkammer gasbeheizt mit besonderen Umluftaggregaten

1 Kammergehäuse; *2* Ventilator; *3* Lufterhitzer; *4* Wälzgas-Austrittsleitungen; *5* Wälzgas-Rücksaugleitung; *6* Abluftleitung; *7* Beschickungstür

Die Ausführung der Kern- und Formtrockenkammern in Mauerwerk wurde inzwischen verlassen. Diese schwerfällige Konstruktion wurde durch die Ausführung der Anlagen in Eisenkonstruktion und Doppelblechisolierung ersetzt. Für die Trocknung von Formen und Kernen, ganz gleich, mit welchen Bindemitteln diese angesetzt werden und für die nur eine Trockentemperatur von 400 bis 500 °C benötigt wird, reicht die Ausführung der Anlage in Eisenkonstruktion mit Doppelblechisolierung aus. Handelt es sich aber um die Trocknung von Stahlgußformen, die bei einer Temperatur von 450 bis 600 °C gebrannt werden müssen, so ist natürlich der Mauerwerkausführung der Vorzug zu geben. Bei der Ausführung der Kammern in Eisenkonstruktion fallen die hohen Speicherwärmeverluste fort. Kammern in Eisenkonstruktion sind schneller betriebsbereit als die gleiche Anlage in Mauerwerkausführung. Außerdem ist eine solche Anlage viel schneller aufgestellt als eine in Mauerwerk ausgeführte Anlage. Zudem kann sie schneller demontiert und an anderer Stelle wieder aufgestellt werden.

Abb. 33. Gasbeheizter Kern- und Formentrockner mit besonderem Umluftaggregat

Die Abb. 32 und 33 zeigen eine kleine Trockenkammer, welche die nutzbaren Abmessungen von 2000 mm Breite, 4000 mm Tiefe und 2000 mm Höhe aufweist. Sie ist in Eisenkonstruktion mit Doppelblechisolierung aus Glaswolle erstellt. Das Beheizungs- und Belüftungsaggregat ist auf der Kammer angeordnet. Das abgekühlte Wälzgasluft-Gemisch wird durch einen Fußbodenschacht zurückgesaugt. Dieser Fußbodenschacht ist stirnseitig quer zur Einfahrt vor die Beschickungstür angeordnet. Die Anordnung vor der Beschickungstür hat den Vorteil, daß durch die unvermeidlichen Spaltverluste der Türen die einströmende Frischluft sofort abgesaugt wird und mit in den Kreislauf des Wälzgasluft-Gemisches gelangt. Der auf der Decke der Anlage stehende Ventilator fördert das zurückgesaugte, abgekühlte Wälzgasgemisch über einen Lufterhitzer den Verteilleitungen, die in das Innere der Trockenkammer führen, zu. Zuvor wird ein Teil des abgekühlten Gemisches durch einen besonderen Abdunststutzen ins Freie gefördert. Natürlich ist durch eine einstellbare Drosselklappe die Abluftmenge regelbar, d. h. bei Beginn der Trocknung muß bei geöffneter Drosselklappe für die Abführung hoher Abluftmengen gesorgt werden, während bei fortschreitender Trocknung die Drosselklappe allmählich gedrosselt werden kann. Diese Drosselung ist von den abzuführenden Feuchtigkeitsmengen abhängig.

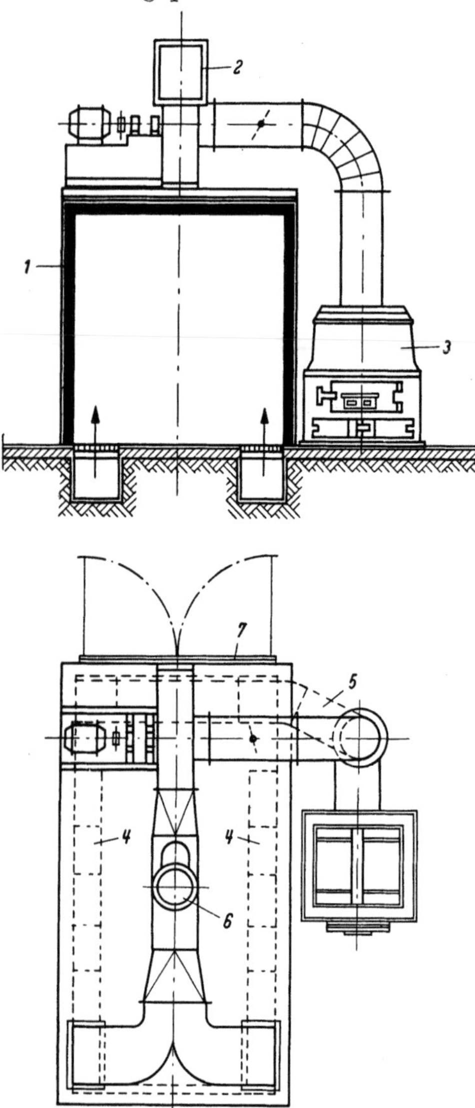
Abb. 34. Koksbeheizter Kern- oder Formentrockner mit besonderem Umluftaggregat
1 Kammergehäuse; 2 Ventilator; 3 Lufterhitzer; 4 Wälzgas-Austrittskanal; 5 Wälzgas-Rücksaugleitung; 6 Abluftleitung; 7 Beschickungstür

In der Abb. 34 ist eine solche Anlage, für Koksbeheizung eingerichtet, dargestellt. Der Koksofen ist seitlich neben der Kammer angeordnet. Wie ersichtlich, saugt der auf der Decke der Anlage aufgestellte Ventilator das abgekühlte Wälzgasluftgemisch aus der Anlage ab und fördert einen Teil ins Freie. Gleichzeitig saugt der Ventilator auch einen Teil frischer heißer Abgase aus dem Koksofen an, die intensiv mit dem rückgesaugten abgekühlten Gemisch vermengt werden. Bei koksbeheizten Anlagen, die nicht mit einem Temperaturregler ausgerüstet sind, kann die anzusaugende Abgasmenge durch eine Drosselklappe gesteuert werden. Diese ist im Ansaugstutzen hinter dem Koksofen eingebaut. Im eigentlichen Trockenraum finden die gleichen Strömungsverhältnisse statt, d. h. das aus den seitlich angeordneten Längskanälen austretende heiße Wälzgasluftgemisch durchströmt die Kammer in Längsrichtung und wird durch einen Fußbodenschacht, der vor der Einfahrttür angeordnet ist, zurückgesaugt. Der Ventilator zur Luftumwälzung ist für eine Leistung von ca. 200 m^3/Std. ausgelegt, so daß das Kammervolumen in der Stunde 750mal umgewälzt wird. Durch die hohe Umwälzung ist dafür Sorge getragen, daß die Kerne nicht nur mit heißem Wälzgasgemisch, sondern auch mit Sauerstoff in Berührung kommen, wodurch die Trocknung beschleunigt wird.

Die gas-, öl- oder elektrisch beheizten Trockenkammern gleicher Konstruktion unterscheiden sich nur durch die Lufterhitzer, die auf der Kammer im Umluftkreis eingebaut werden, wobei bei gas- und ölbeheizten Anlagen die Brennereinrichtungen ausgetauscht werden.

Eine weitere Anlage mit den nutzbaren Abmessungen von 2000 mm Breite, 4000 mm Tiefe und 2000 mm Höhe ist aus der Abb. 35 ersichtlich. In diesem Fall findet der Rücksog der Warmluft aus der Anlage durch einen vertikal angeordneten Lüfter statt. Ein Teil des rückgesaugten Gemisches wird auch hier über eine besondere Rohrleitung ins Freie gefördert, während die größere Menge dem Lufterhitzer zugeführt wird. Mit den heißen Gasen des Lufterhitzers vermengt, strömt das Gemisch in seitlich angeordnete Verteilschächte und gelangt in die Kammer. Hier wird das eingesetzte Material in horizontaler Strömung getroffen und gut umspült. Die Strömung ist durch Pfeile gekennzeichnet. Der nutzbare Raum wird auch hier infolge der hohen Förderleistung des Ventilators 750mal umgewälzt. Die Gesamthöhe der Kammer beträgt hier 2800 mm anstatt 2200 mm, da die Anordnung des Aggregates für die horizontale vertikale Belüftung einen eigenen Verteilraum oberhalb des nutzbaren Trockenraumes erfordert. Auf die Lagerung und Kühlung des Motors mit Luft muß Wert gelegt werden.

Alle vorstehend geschilderten Kammern wurden mit Doppelflügeltüren ausgestattet. Bei einer Kammer von 2000 mm Nutzbreite hat daher jeder Flügel eine Breite von ca. 1000 mm. Es empfiehlt sich aber, die Kammern mit Hubtüren auszurüsten, da bei Flügeltüren entsprechend der Breite der einzelnen Flügel der Raum vor der Kammer freigehalten werden muß. Bei Hubtüren wird die Grundfläche besser ausgenutzt. Diese Türen müssen aber mit geeigneten Schutzvorrichtungen versehen werden. Je nach den Erfordernissen werden die Türen für Durchfahrtbetrieb eingerichtet, damit die Wagen auf der einen Seite eingefahren und auf der anderen Seite dem Trockner wieder entnommen werden können. Kleinere Hubtüren können mit einer Handwinde betätigt werden, während große Hubtüren zweckmäßig mechanisch betätigt werden.

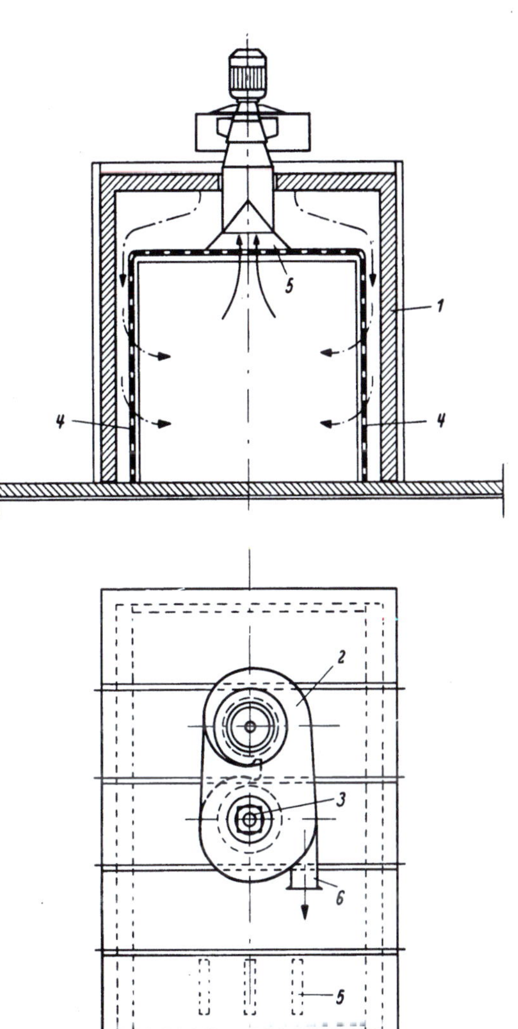

Abb. 35. Vertikalbelüftete Kern- und Formtrockenanlage eingerichtet für Gasbeheizung

1 Schrankgehäuse; *2* Ventilator; *3* Brenner; *4* Wälzgas-Austrittsschächte; *5* Wälzgasrücksog; *6* Abluft; *7* Beschickungstür

In der Abb. 36 ist ein Haubentrockner dargestellt. Es handelt sich um eine Sonderausführung einer Trockenkammer. Für die Beschickung und Entleerung der Kammer hebt man die Haube mittels eines Kranes vom Unterofen ab. Wenn mehrere Öfen dieser Bauart in Betrieb sind, kann man die Haube während der Entleerung des Ofens mit getrocknetem Material schon auf den nächsten Ofen aufsetzen, damit hier der Trockenprozeß seinen Anfang nimmt. Man verwendet solche Trockner für Temperaturen bis zu 650 °C. Die Strömung des heißen Wälzgasluftgemisches in der Kammer ist durch Pfeile gekennzeichnet. Es muß auch bei dieser Kammer für eine kräftige Umwälzung des Heizgasluftgemisches gesorgt werden, damit eine gute Umspülung des eingesetzten Gutes gewährleistet wird.

Eine weitere Kammer mit den Abmessungen von 4000 mm Breite, 7000 mm Tiefe und 3500 mm Höhe ist aus der Abb. 37 zu ersehen. Die Ausführung dieser Anlage entspricht im Prinzip der vorstehend geschilderten Anlage. Da aber die lichte Breite 4000 mm anstatt 2000 mm beträgt, ist in der Mitte der Trockenkammer noch ein besonderer Bodenkanal angeordnet, durch den die heißen Wälzgase austreten. Es tritt also nicht nur das heiße Wälzgasgemisch aus den beiden Fußbodenkanälen, die an den Längsseiten der Anlage angeordnet sind, aus, sondern es erfolgt ein zusätzlicher Austritt von heißen Wälzgasen in der Mitte der Trockenkammer. Hierdurch wird eine kräftige Anwärmung des Plateauwagens von unten und somit eine gute Anwärmung der Formen, die in der Mitte des Plateauwagens gestapelt sind, erzielt. Bei derartig großen Anlagen muß im unteren Teil eine gute Durchtrocknung angestrebt werden. Die höher gestapelten Formen oder Kerne trocknen durch den Wärmeauftrieb schneller. Daher muß für eine kräftige Bespülung der Wagenoberfläche mit heißen Wälzgasen gesorgt werden. Ferner ist aus der Abb. 37 ersichtlich, daß derartige Anlagen mit hohen Einsatzgewichten beschickt werden. Im vorliegenden Fall wird die Anlage mit 60 t Formsand und 25 t Formkasten befahren. Der Plateauwagen ist für eine Traglast von 100 t dimensioniert und hat ein Gewicht von ca. 15 t. Das Wagengestell wird in solider Schweißkonstruktion hergestellt. Der Wagen erhält vier Stahlgußlaufräder zum Verfahren auf einem Schienenprofil. Für die Räder werden wartungsfreie und öllose Speziallager auf Graphitbasis eingebaut, die auf feststehenden Achsen laufen. Stirnseitig werden Ösen mit Steckbolzen für das Einhängen der Zugkette oder des Seiles zum elektromechanischen Ziehen des Wagens vorgesehen.

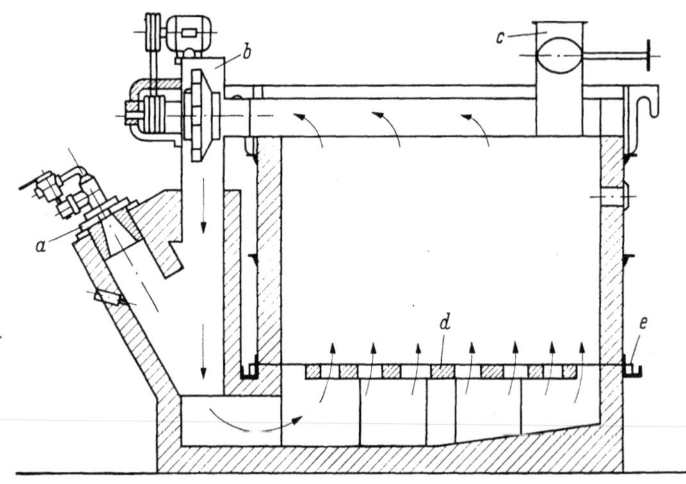

Abb. 36. Haubentrockner
a Brenner; *b* Ventilator; *c* Abgasrohr; *d* Tragrost für das Gut; *e* Teilfuge mit Sanddichtung

Abb. 37. Ein mit Plateauwagen beschickter Trockenkanal

E. Gestellwagenkanäle und Kanaltrockner

Die fortschreitende Industrialisierung, die maschinelle Herstellung der Kerne oder Formen und mit ihr die Massenherstellung von Gußstücken hatte zur Folge, daß die bestehenden, d. h. die Schränke und Kammern zur Trocknung der Kerne und Formen nicht ausreichten. Man war gezwungen, die bestehenden Anlagen durch Anbau weiterer Kammern oder Schränke zu erweitern. Oft ließen die Kernmacherräume, ohne daß eine Vergrößerung vorgenommen wurde, die Aufstellung weiterer Anlagen nicht zu. Außerdem bringt das Verfahren der einzelnen Gestelle viel Unruhe in den Kernmacherraum. Man mußte daher den steigenden Anforderungen dadurch gerecht werden, indem man zur Aufstellung größerer Trockner schritt. Es wurden Gestellwagenkanäle, Bandtrockner,

Türme und ähnlich ausgebildete kontinuierlich arbeitende Trockner zur Aufstellung gebracht.

Ein Gestellwagenkanal ist in Abb. 38 ersichtlich. Es wird hier nicht mehr das einzelne Gestell auf einem Hubwagen stehend in die Kammer ein- und ausgefahren, sondern die Gestelle werden mit Laufrollen ausgerüstet, so daß sie leicht verfahren werden können. Sie durchlaufen hintereinander angeordnet den Kanal. Das Verfahren der Gestelle im Kernmacherraum und im Trockner fordert einen glatten Fußboden, damit Erschütterungen des frisch hergestellten Materials vermieden werden. Für die Förderung der Gestellwagen wird der Trockner mit einem Mitnehmertransport ausgerüstet. Die Gestellwagen werden von diesem am Einlauf erfaßt, durch den Kanal gefördert und am Auslauf wieder freigegeben. Von hier werden die Gestellwagen zum Stapelplatz der Kerne, zum Schwärzen oder zur Gießerei gefahren. Die älteren Anlagen dieser Konstruktion wurden nur als reine Trockenkanäle geliefert. Eine Verbesserung wurde dadurch erreicht, daß diese Anlagen in Zonen aufgeteilt wurden. Man unterscheidet Anwärm-, Trocken- und Kühlzonen. In der Anwärmzone findet eine intensive Aufwärmung des eingefahrenen Materials statt. Eine kräftige Verdunstung ist die Folge dieses Vorgangs. Aus diesem Grunde muß am Einlauf in die Anwärmzone ein besonderer Abluftventilator eingebaut werden, so daß die hohen Feuchtigkeitsmengen erfaßt und ins Freie gefördert werden können. Die Abluftleitung ist mit einer Drosselklappe ausgerüstet, so daß eine Regulierung der Abluft und damit das Abdunsten möglich ist. Der Übergang von der Anwärmzone zur Trockenzone erfolgt allmählich und ist abhängig von der Zuführung des heißen Wälzgasluftgemisches und der Verteilung desselben in dem Trockenkanal. In der Anwärmzone wird das Material nur von dem abgekühlten Wälzgasluftgemisch bespült, das von der Trockenzone zur Anwärmzone strömt. Die Aufwärmung des frisch eingefahrenen Materials ist jedoch groß. Man kann durch sinngemäße Anordnung des Einbaues der Verteileinrichtungen dafür Sorge tragen, daß in der Trockenzone eine stetige Steigung der Trockentemperatur erzielt wird und daß erst das Material vor Eintritt in die Kühlzone am intensivsten vom heißen Wälzgasluftgemisch bespült wird. Es ist erklärlich, daß bei einer solchen Durchbildung der Verteileinrichtungen ein schonendes Austrocknen des Materials von innen heraus erfolgt. Obwohl derartige Kanäle einen hohen Grundflächen-Bedarf aufweisen, sind sie in der Praxis sehr gefragt. Die Kühlung erfolgt mit Raumluft. Nach Verlassen des Trockenkanals müssen die hocherwärmten Kerne zunächst mit temperierter Luft bespült werden, damit ein Reißen der Kerne vermieden wird. Diese Bespülung ist einstellbar, indem man eine gewisse Abluftmenge der Trockenzone mit der Raumluft der Kühlzone mischt und die heißen Kerne im ersten Teil der Kühlzone kühlt. In der Folge wird das Material nur von Raumluft umspült. Wenn die Platzverhältnisse es gestatten, kann die Kühlzone so lang ausgeführt werden, daß eine Abkühlung des Materials auf etwa 40 bis 50 °C erreicht

Abb. 38. Ein mit Gestellwagen beschickter Trockenkanal

wird. Das Material steht dann zur sofortigen Weiterverwendung der Gießerei zur Verfügung, sofern keine weiteren Arbeitsgänge erforderlich sind.

Die Beheizungs- und Belüftungsaggregate sind auf den Anlagen angeordnet, wie aus der Abb. 38 hervorgeht. Es werden neben den Aggregaten besondere Begehroste angebracht, so daß die Wartung der Ventilatoren und der Brenner-Einrichtung der Lufterhitzer leicht vorgenommen werden kann. Damit die Wärmeverluste durch Leitung gering sind, werden die Aggregate gut isoliert. Dies geschieht durch eine Bandagierung mit Kieselgur.

Die außerordentliche wirtschaftliche Betriebsweise dieser Trockner läßt sich aus Abb. 39 erkennen. Das Durchsatzgewicht eines Trockenvorganges in $2^1/_2$ Std. beträgt 23,5 t Kerne bei einem Ölverbrauch von 920 l Schweröl. Zur Verfügung stand Öl mit einem unteren Heizwert von 9700 WE/kg. Das Gewicht an Platten und Gestellwagen betrug 69,84 t. Je 100 kg Kerne muß mit einem Gewicht an Platten und Gestellwagen von etwa 300 kg gerechnet werden. Die Trockentemperatur betrug 240 °C. Daraus ergibt sich ein Ölverbrauch je 100 kg getrocknetem Kernmaterials von 3,98 kg. Man kann an diesem Ölverbrauch die Betriebskosten je Stunde errechnen, in dem man die Kosten für 1 kg Öl einsetzt.

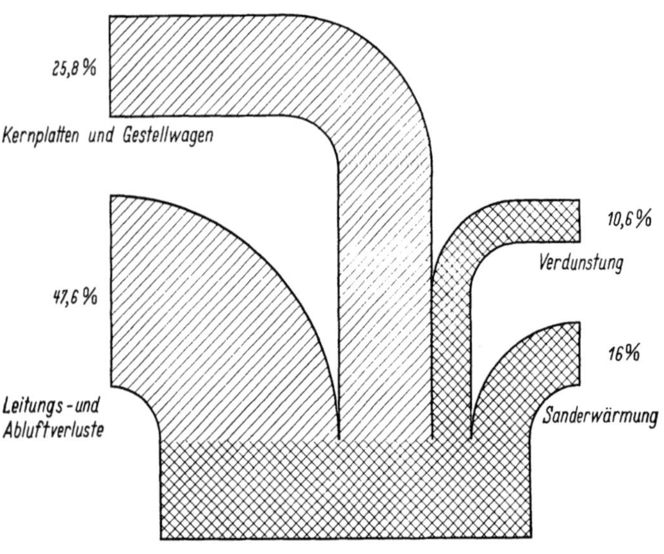

Abb. 39. Schaubild des Trockenkanals

Zwei weitere Anlagen hoher Leistung zeigen die beiden Abb. 40 und 41. Hier werden Muffenrohrkerne für eine Schleudergießerei getrocknet. Wie aus Abb. 40 hervorgeht sind die Kernmacherstände seitlich im Kernmacherraum an der Gebäudewand aufgestellt. Der Kernmacher muß die Kerne vom Kernmacherstand zum Transportband des Trockners tragen. Es handelt sich um eine ältere Anlage, die schon einige Jahre im Betrieb ist. Weit besser ist die Fertigung der Kerne in der Anlage Abb. 41 gelöst. Hier sind die Kernmacherstände direkt neben dem Transportband der Anlage aufgestellt. Das Einlauftransportband hat eine Länge von 12 m. Rechts und links vom Transportband befinden sich die Kernmacherstände. Jeder Kernmacher legt den fertigen Kern direkt auf das Transportband der Trockenanlage, so daß der Kern bei dem stetig laufenden Band in den Trockner gefördert wird. Jeder Zwischentransport vom Kernmacherstand zum Trocknertransportband fällt weg. Die Zuführung des Kernsandgemisches zum Kernmacherstand ist rechts in der gleichen Abbildung ersichtlich. Der Kernmacher kann durch geringe Hebelbetätigung eine beliebige Sandmenge dem Bunker entnehmen. Diese ist den jeweiligen Erfordernissen angemessen, so daß der Arbeitsplatz sauber bleibt. Für den Bandtrockner ist das Transportband kennzeichnend. Es besteht aus einem hochgestellten Flacheisenverband mit hoher Gleichmäßigkeit. Der Flacheisenverband sichert hohe Stabilität. Er ist auch dem rauhen Betrieb der Gießerei angepaßt. Die Transportband-Geschwindigkeit ist regelbar, so daß mit verschiedenen Geschwindigkeiten gefahren werden kann. Die Kerne durchlaufen erschütterungsfrei die Trockenanlage.

Der Trockner ist in Anwärmzone, Trockenzone und Kühlzone unterteilt. Die Beheizungs- und Belüftungsaggregate sind auf der Trocknerdecke angeordnet. Besondere Bedienungspodeste sind eingebaut, so daß der Bedienungsmann die Brennereinrichtung der Lufterhitzer leicht beobachten und etwaige Störungen sofort beheben kann. Die Verteilleitungen des heißen Wälzgasluftgemisches sind in den einzelnen Zonen so angeordnet, daß die Kerne von unten als auch von oben gut bespült werden. Am Einlauf in den Trockner werden die Kerne nur gering bestrichen, womit ein schonendes Antrocknen des Kernes erreicht wird. Erst im eigentlichen Trockenkanal wirkt die höchstzulässige Trockentemperatur auf die Kerne ein. Im Kühlkanal erfolgt nur eine Bespülung mit Kalt- bzw. Raumluft. Am Auslauf werden die fertigen Kerne dem Transportband entnommen und zum Schwärzen weitergegeben. Am Einlauf in die Anwärmzone ist eine verstellbare Klappe angeordnet, so daß eine Abschleusung des Kanals entsprechend der Höhe der Kerne möglich ist. Die Aufstellung des Trockenkanals gewährleistet einen sauberen Kernmacherraum. Derartige Anlagen können auch zur Trocknung anderer als Rohrkerne verwendet werden, sofern es sich nur um eine Vielzahl möglichst gleicher Kerne handelt.

Abb. 40. Trockner für Muffenkerne

In der Abb. 42 ist ein Bandtrockner dargestellt, der zum Trocknen geschwärzter Kerne dient, die bei 120 °C nachgetrocknet werden. Die Geschwindigkeit des Transportbandes ist regelbar und für kontinuierlichen Betrieb eingerichtet. Das Heizaggregat ist auf der Decke des Trockners angeordnet. Die heißen Abgase des Trockners werden mit der Umluft intensiv gemischt. Der Ventilator ist vertikal eingebaut und stabil gelagert. Das Wälzgasluftgemisch strömt von oben nach unten, das Trockengut wird also vertikal von allen Seiten gut bespült und schnell getrocknet. Oberhalb des Transportbandes ist eine Wälzgas-Verteildecke angeordnet. Der Rücksaug der Warmluft erfolgt unterhalb des Transportbandes nach beiden Seiten. Für die Förderung der Verbrennungsluft ist ein Gebläse neben dem Trockner aufgestellt. Die Reinigung der Verbrennungsluft erfolgt durch ein vorgeschaltetes Filter. Am Ein- und Auslauf sind Schleusen angebracht, damit keine Belästigung durch Austreten von Kerndunst entsteht.

Abb. 41. Trockner für Muffenkerne

In Abb. 43 und Abb. 44 ist ein Trockenkanal, der zur Trocknung von Formen dient, dargestellt. Dieser Trockner ist mit einem Plattenband ausgerüstet. Am Ein- und Auslauf sind Hubtüren angebracht, die elektro-mechanisch gefahren werden können. Transport und Hubtür sind im Takt geschaltet. Die Taktzeit richtet sich nach der Trockenzeit der Formen und ist einstellbar. In einer Seitenwand sind 4 Gasbrenner eingebaut. Die heißen Verbrennungsgase werden von dem in der gegenüberstehenden Seitenwand eingebauten

Lüfter angesaugt und mit der Umluft kräftig gemischt. Das Heizgasluftgemisch strömt horizontal über die Formen und trocknet das eingesetzte Gut. Die Brennereinrichtung wurde für eine Trockentemperatur von 450 °C festgelegt. Für die Abführung von Abluft sind auf der Trockendecke am Einlauf mehrere Abluftstutzen vorgesehen.

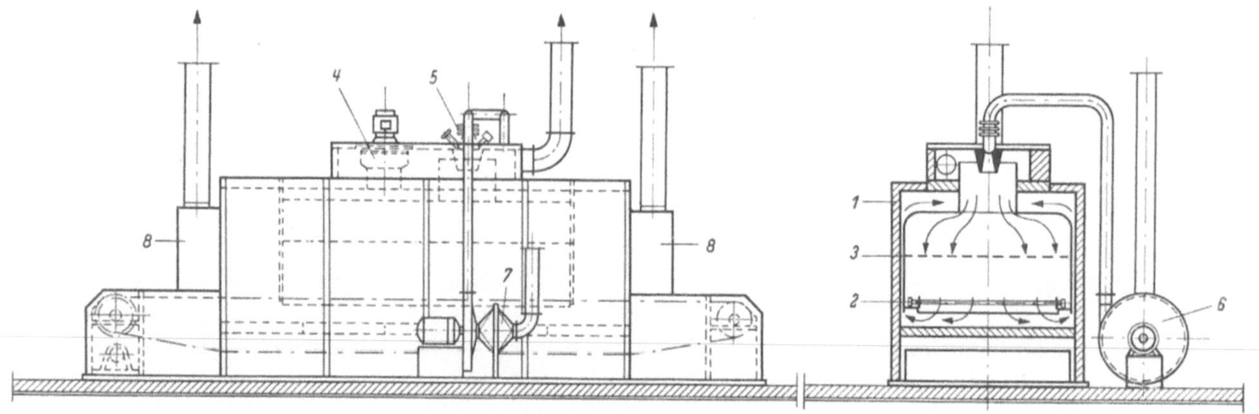

Abb. 42. Trockner für geschwärzte Kerne
1 Gehäuse; *2* Transportkette; *3* Verteileinrichtung; *4* Umwälzventilator; *5* Brenner; *6* Gebläse; *7* Filter; *8* Schleusen

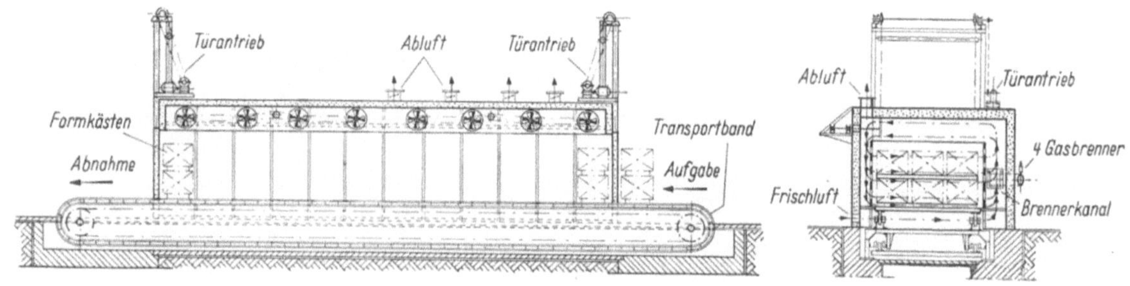

Abb. 43. Trockenkanal für Formen

Abb. 44. Ansicht des Trockenkanals

Die zweite Hälfte der Anlage hat keine Abluftstutzen, da in diesem Teil der Anlage das eigentliche Brennen der Formen erfolgt, während im ersten Teil die Verdunstung der Feuchtigkeit überwiegt.

In der Abb. 45 ist ein Trockenkanal zum Trocknen von Radiatoren zu finden. Die Transportschaukeln sind an der Kette festhängend angeordnet. Der Trockner ist in eine Anwärm-, eine Trocken- und eine Kühlzone aufgeteilt. Das Heizgasluftgemisch wird in der Anlage horizontal umgewälzt, so daß kurze Trockenzeiten bei gleichmäßig getrocknetem Gut erhalten werden. Die Kernmacherstände sind neben der Anlage angeordnet, so daß vom Kernmacherstand direkt in die vorbeiwandernden Kernschaukeln abgelegt werden kann. Nach Verlassen der Kühlstation werden die getrockneten Kerne einer Kontrolle unterzogen.

Abb. 45. Trockenkanal für Radiatoren-Kerne

In Abb. 46 ist die Teilansicht eines Kerntrockners abgebildet, der ebenfalls mit festhängenden Schaukeln an der Kette betrieben wird. Auch dieser Trockner hat die gleiche Zonenaufteilung wie zuvor beschrieben. Bemerkenswert ist, daß die Transporteinrichtung über eine Kernmacherbühne führt, die auf dem Bild jedoch nicht sichtbar ist. Nachdem die Kerne getrocknet und abgekühlt sind, werden sie an einem Prüfstand abgegeben und kontrolliert.

Abb. 46. Kontrollstand eines Trockners für Radiatoren-Kerne

F. Turmtrockner

Großen Anklang in der Gießerei-Industrie hat der Turmtrockner gefunden. Er zeichnet sich durch geringen Platzbedarf bei hoher Leistungsfähigkeit aus. Er wird in unterschiedlichen Höhen als Einfach-, als Doppel-, Dreifach- oder Mehrfach-Turm gebaut. Die Turmtrockner lassen sich ohne weiteres in den Fließbetrieb jeder modernen Gießerei einbauen. Es werden erhebliche Einsparungen an Arbeitszeit bei der Aufstellung derartiger Anlagen erzielt. Es würde zu weit führen, wenn jede einzelne Bauart hier aufgeführt würde, deswegen sollen nur einige wenige Anlagen hier geschildert werden.

Man kann die Turmtrockner in zwei Gruppen einteilen, und zwar: handbeschickte und automatisch beschickte Turmtrockner.

Ein einfach handbeschickter Turm ist aus Abb. 47 ersichtlich. Die Kerne werden auf der Aufgabeseite in die Etagen der Schaukeln aufgegeben, sie durchwandern in einem Aufwärts- und einem Abwärtsgang den Turm und werden auf der Abnahmeseite aus den Schaukeln wieder herausgenommen. Sie sind alsdann noch sehr heiß und müssen zur Abkühlung zunächst im Kernmacherraum noch gestapelt werden. Diese Bauweise kommt selten vor. In der Abb. 48 ist ein solcher Turm für eine kleine Kernleistung zu sehen.

In der Abb. 49 stehen zwei Turmtrockner nebeneinander. Auf einer Seite befindet sich ein Zubringetransportband der Kerne zum Turmtrockner. Die Kernmacherstände sind links und rechts neben dem Transportband angeordnet. Der Kernmacher legt die Platte mit dem Kern auf das Transportband ab und nun wird der fertige Kern automatisch zur Aufgabestelle des Turmes befördert. Der Bedienungsmann nimmt den Kern mit Platte und belegt damit die Etagen der Transportschaukeln. Die Schaukeln sind festhängend an der Transportkette angebracht. Sobald die Schaukel gefüllt ist, wandert der Transport um eine Teilung weiter und eine neue leere Schaukel befindet sich an der Aufgabestelle. Zur gleichen Zeit der Beschickung der leeren Schaukeletagen muß auch auf der Entnahmeseite eine Schaukel mit getrocknetem Kernmaterial entleert werden. Die Zeit für das Beschicken und Entleeren der Schaukeln ist begrenzt. Sie wird durch ein Kontaktwerk gesteuert, das einstellbar ist. Die Schaukeln wandern zunächst in eine niedrige Temperaturzone, in der das Kernmaterial angewärmt wird. Die Feuchtigkeit wird dem Material schonend entzogen. Auf dem weiteren Transport gelangen dann die Kerne in immer höher werdende Temperaturzonen. Vom ersten Aufwärtsschacht wird die Schaukel in den ersten Abwärtsschacht geführt, von wo sie dann in den zweiten Aufwärtsschacht gelangt. Nunmehr kommt das Material mit der höheren Trockentemperatur in Berührung. In der Nähe der

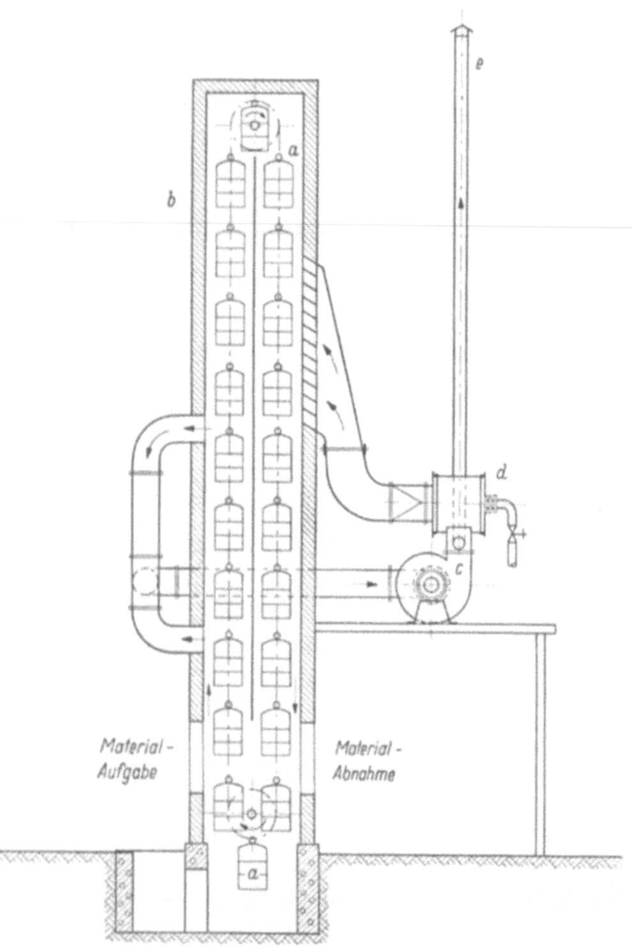

Abb. 47. Kerntrockenturm
a Schaukeln; *b* Turmgehäuse; *c* Ventilator; *d* Gasgefeuerter Heißlufterzeuger

Abb. 48. Kleiner Trockenturm für Kerne

unteren Umkehr befindet sich die Eintrittsstelle des heißen Wälzgasluftgemisches in den Turm. Ein Teil des heißen Wälzgasluftgemisches durchströmt den zweiten Aufwärtsschacht zur gleichmäßigen Bespülung der Kerne. Danach erfolgt die restliche Durchtrocknung und Durchhärtung des Materials, während des Fortschreitens des Transportes über eine gewisse Strecke. Es werden nur noch geringe Wärmemengen an die Kerne abgeführt.

Der größere Teil des heißen Wälzgasluftgemisches umspült das zu trocknende Material im Gegenstrom. Von der vorstehend erwähnten Eintrittsstelle strömt das Wälzgasluftgemisch durch den Abwärtsschacht zu dem Aufwärtsschacht. Es gibt auf diesem Weg die Wärme an die Kerne ab. Das Gemisch kühlt sich auf diesem Weg ab. Demzufolge trifft der frisch eingesetzte Kern zunächst mit einem Wälzgasluftgemisch von niederer Trockentemperatur zusammen. In der Nähe der Aufgabe befindet sich wie ersichtlich die Rücksaugung des abgekühlten Gemisches.

Abb. 49. Großer gasbeheizter Kerntrockenturm

Die einwandfreie Trocknung des eingesetzten Kernmaterials erfolgt durch die intensive Umwälzung des als Wärmeträger dienenden Wälzgasluftgemisches. Es werden kürzeste Trocknungszeiten bei guter wirtschaftlicher Ausnutzung des Heizmittels erzielt. Bei derartigen Turmtrocknern entfällt praktisch jeder Ausschuß. Der letzte Abwärtsgang dient als Kühlschacht. Derselbe ist allerdings bei diesen beiden Türmen nicht belüftet, sondern es findet eine natürliche Abkühlung durch die Strömung der Luft von der Abnahmeöffnung durch den Schacht zum Abluftschornstein statt. Die Abkühlung ist also nicht stark, so daß die Kerne nach der Abnahme aus der Schaukel noch nachgekühlt werden müssen. Im vorliegenden Fall werden die Kerne auf einem Schaukeltransport weitertransportiert, der eine genügende Abkühlung sichert. Die stündliche Leistung an getrocknetem Kernmaterial beträgt bei dem vorstehend geschilderten Turm 1440 kg. Das Gewicht an Kernplatten liegt bei 928 kg. Das Beheizungs- und Belüftungsaggregat ist auf dem untersten Podest angeordnet. Ein Ventilator mit hoher Luftleistung saugt die Warmluft bzw. das abgekühlte Wälzgasluftgemisch aus dem Trockner ab. Ein Teil dieses Gemisches wird durch eine Rohrleitung ins Freie gefördert. Zur Regulierung ist eine Drosselklappe in der Abluftleitung eingebaut. Der größere Teil der Umwälzleistung wird mit neuen heißen Abgasen gemischt und zu den Eintrittsstellen in den Trockenturm gefördert. Dabei findet eine intensive Durchmischung der heißen Abgase des Lufterhitzers mit dem rückgesaugten bzw. mit dem umgewälzten Gemisch statt. Das Beheizungs- und Belüftungsaggregat wird durch eine Jutebandagierung kräftig isoliert, so daß die Wärmeverluste durch Leitung praktisch klein sind. Auf dem oberen Podest befindet sich die Antriebsstation für den Transport der Schaukeln. In dem Antriebsblock ist ein Regelgetriebe eingebaut, so daß mit verschiedenen Transportgeschwindigkeiten gefahren werden kann. Der Antrieb der beiden oberen Umkehrräder erfolgt von beiden Seiten. Eine ungleichmäßige Beanspruchung der Transportketten und eine Verdrehung der Welle, auf der die Umkehrräder sitzen, ist damit vermieden. Eine Überwachung und Schmierung der Lagerstellen ist notwendig. Im übrigen besteht der Turm aus einem sehr kräftigen Profileisengerüst und ist allseitig kräftig isoliert. Die Isolierung besteht aus Doppelblechplatten mit Glaswollisolierung. In den einzelnen Schächten sind Fernthermometer zum Ablesen der Trockentemperaturen eingebaut. Mit einem Vierfarbenschreiber kann die Temperatur der verschiedenen Meßstellen laufend registriert werden. In einem Schaltschrank sind sowohl die Meß- und Überwachungsgeräte als auch die Motorschalter untergebracht. An der Einlauföffnung bzw. Aufgabeöffnung der Kerne in die Schaukeln ist eine Sicherheitsvorrichtung eingebaut, die dazu dient, daß die Schaukeln immer gleichmäßig beladen werden. Bei Kernplatten, die über die Beschickungsetagen überstehen, wird nach Einschalten des Transportes automatisch der Antrieb außer Betrieb gesetzt, damit durch Schiefhängen der Schaukeln keine Gefahren an den Umkehrstellen eintreten.

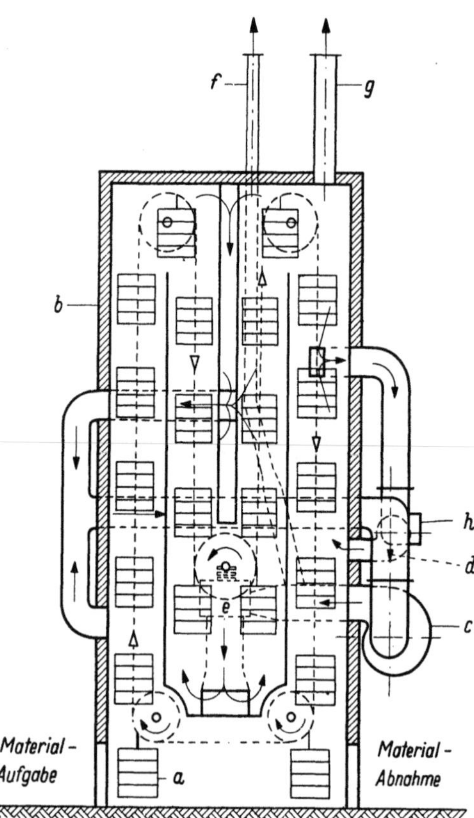

Abb. 50. Kerntrockenturm mit Hubwagenbeschickung

a Schaukeln; *b* Turmgehäuse; *c* Umluftventilator; *d* Kühlluftventilator; *e* gasgefeuerter Heißlufterzeuger; *f* Abgasrohr; *g* Abluftrohr; *h* Kühlluftrohr

Ein weiterer Turmtrockner ist aus der Abb. 50 zu ersehen. Es handelt sich um einen Trockner der gleichen Konstruktion wie vorstehend beschrieben, jedoch sind die Gestelle oder Schaukeln in den Transportketten lose hängend angeordnet. Die Gestelle werden in den Kernmacherraum gefahren. Der Kernmacher belädt die einzelnen Schaukeletagen und der Bedienungsmann des Turmes fährt mittels Hubwagen die beladene Schaukel zur Aufgabestelle des Turmes. Hier wird sie auf einem Absetzgerüst abgesetzt. Nach Ablauf der eingestellten Taktzeit schaltet der Transport ein, die Schaukel wird übernommen und wandert in den Trockenschacht. Zur gleichen Zeit wird auf der Entnahmeseite eine Schaukel mit getrockneten Kernen auf ein weiteres Absetzgerüst abgesetzt und der Transport schaltet aus. Der Bedienungsmann muß nun die Schaukel mit den getrockneten Kernen sofort ausfahren. Die Aufgabe und die Entnahme sind durch Entschalter so abgesichert, daß der Transport nach Ablauf der Taktzeit nur dann selbständig

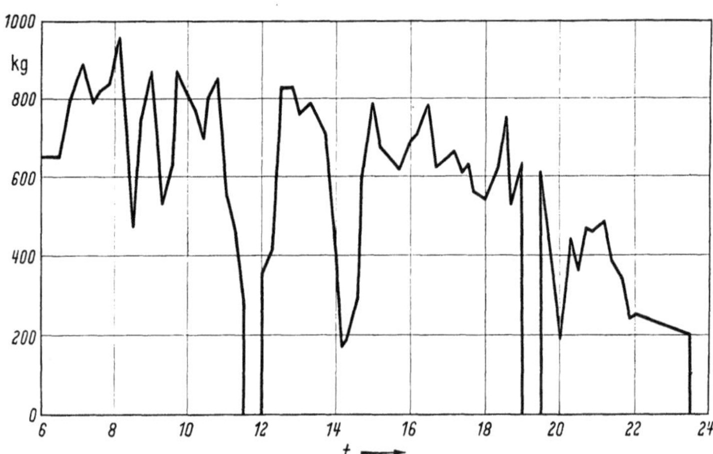

Abb. 51. Schaukelbeladung eines Kerntrockenturms

arbeitet, wenn sich an der Entnahmeseite keine Schaukel befindet. Das Aufeinanderfahren der Schaukeln wird hierdurch vermieden. Das Verfahren der Schaukeln in den Kernmacherraum hat den Vorteil, daß die Kernmacherstände beliebig im Raum verteilt sein können.

In Abb. 51 und 52 ist die Beschickung eines Kerntrockenturmes dargestellt, wie sie nicht sein sollte. Man kann daraus eine Überbeladung der Kernschaukel und des Kerntrockenturmes in den frühen Morgenstunden erkennen, während um die Mittagszeit die Beladung der Schaukeletagen abnimmt und damit der Turm nicht mehr voll ausgenutzt wird. Es ist also darauf zu achten, daß die Schaukeln gleichmäßig beladen werden, da erst dadurch die höchste Wirtschaftlichkeit erzielt werden kann.

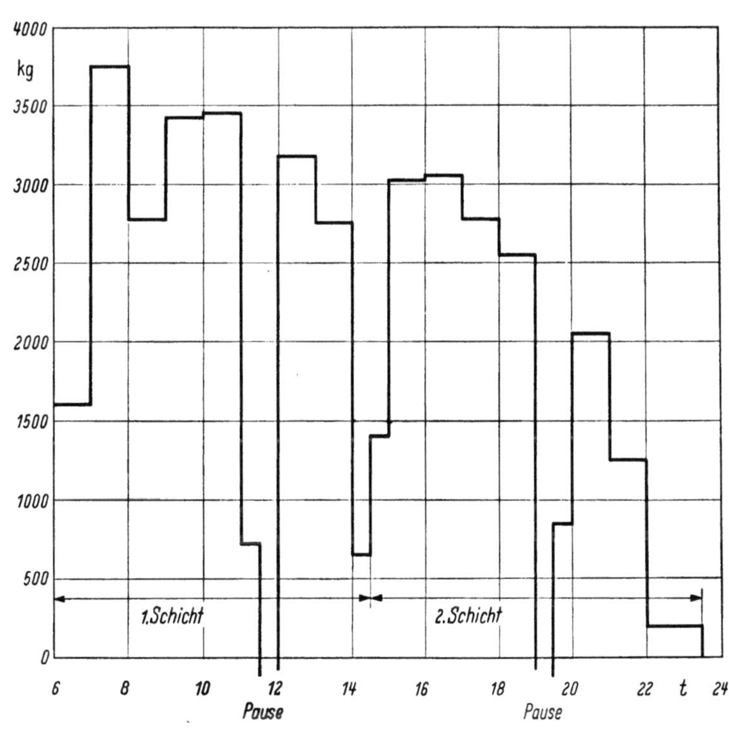

Abb. 52. Ungleichmäßige Beschickung eines Kerntrockenturms

In einer Gießerei, die Teile für Heizkessel herstellte, ergab sich eine Wärmebedarfs-Berechnung für einen Kerntrockenturm mit Hubwagenbeschickung, deren Werte in Abb. 53 festgehalten sind. Getrocknet wurden Kleinkessel-Gliederkerne, die aus Quarzsand hergestellt wurden. Der Feuchtigkeitsgehalt des Sandes betrug 5%. Auf 100 kg Sand wurden etwa 4,2 kg Kernbinder (Kernöl) zugesetzt. Getrocknet wurde bei 260 °C. Ein Kern hatte ein Volumen von 35 l Sand. Bei einem Raumgewicht von 1,6 wog der Kern 53 kg. Auf einem Gestell wurden 5 Kerne = 265 kg Sand aufgelegt. Bei einer spez. Wärme von 0,22 und der Trockentemperatur von 260 °C betrug

der Wärmebedarf des Sandes	= 14000 WE/Std.
Bei einem Feuchtigkeitsgehalt des Sandes von 5% enthielt der Sand 13,2 kg Wasser, wovon jeweils die Hälfte zu verdampfen war, und zwar 6,6 kg. Hieraus errechnete sich ein Wärmeaufwand von	= 4240 WE/Std.
Der Wärmeaufwand für die Gestelle und Kernschalen betrug bei einem Eisengewicht von 724 kg	= 19400 WE/Std.
An Kernbinder waren 265 × 0,042 × 0,5 = 5,55 kg zu verdunsten. Hieraus errechnete sich ein Wärmeverlust von	= 1000 WE/Std.
Insgesamt damit	= 38640 WE/Std.

Da je Stunde 10 Gestelle eingefahren wurden, ergab dies einen stündlichen Wärmeverbrauch von 386400 WE. Zu dieser Wärmemenge kamen noch die Wärmeverluste durch Leitung. Die Oberfläche des Ofens betrug etwa 225 m². Rechnet man mit einer Wärmedurchgangszahl von 1,0 kcal/m² Std. °C, so beliefen sich die Verluste bei der genannten Trockentemperatur von 260 °C auf 54000 WE/Std. Zur Verfügung stand

Generatorgas mit einem Heizwert von 1100 WE/Nm³. Rechnet man mit einem wärmetechnischen Wirkungsgrad für Generatorgas von 80%, so betrug der

$$\text{Gasverbrauch} = \frac{386400 + 54000}{0{,}80 \times 1100} = 500 \text{ Nm}^3/\text{Std.}$$

Es ergab sich also ein Gasverbrauch von $\frac{500}{2650} = 0{,}19$ m³ Gas pro 1 kg getrockneten Kernsandes. Daraus lassen sich nach Einsetzen des Generatorgaspreises die Kosten für die Trocknung von 1 kg Kernsand ermitteln. Die Kühlung der Kerne erfolgte in den vorstehend geschilderten Türmen durch natürlichen Auftrieb der Luft an der Entnahmestelle. Eine stärkere Abkühlung der Kerne kann durch Belüftung der Kühlschächte erreicht werden. Es wurden daher derartige Schächte mit zwei Luftsystemen ausgerüstet. Eine sofortige Bespülung der Kerne mit Kaltluft nach Verlassen der höchsten Temperaturzone ist nicht angebracht, da dann leicht Kernrisse auftreten. Aus diesem Grunde werden im oberen Teil des Kühlschachtes die Kerne mit temperierter Luft umspielt, damit eine allmähliche Abkühlung eintritt. Auf dem weiteren Abwärtsgang gelangen dann die Kernschaukeln in die zweite Zone, wo sie nur mit Raumluft zusammenkommen. Hier erfolgt eine stärkere Abkühlung. Während in den Trockenschächten der geschilderten Türme die Beaufschlagung des Kernmaterials teils im Gegenstrom, teils im Gleichstrom erfolgt, sind die Belüftungseinrichtungen im Kühlschacht so angeordnet, daß die Beaufschlagung des Kernmaterials in Querrichtung erfolgt. An den beiden Seitenwänden der Schächte sind besondere Luftaustrittskästen angeordnet, die mit Bohrungen versehen sind, so daß die Kühlluft in Querrichtung über die Etagen strömt. Trotz der intensiven Umspülung der Kerne mit Kaltluft in Querrichtung beim fortschreitenden Transport wird keine genügende Abkühlung erreicht, weil die Strecke, auf der die Kerne der Abkühlung unterworfen sind, zu kurz ist. Es wurde durch Messungen festgestellt, daß eine Reduzierung der Oberflächentemperatur bei kleinen Kernen von ca. 150 bis 180 °C, bei mittleren von ca. 130 bis 150 °C und bei großen von ca. 100 bis 130 °C möglich ist. Die Temperatur im Inneren der Kerne sank nur um etwa 20 bis 40 °C; ein Beweis dafür, daß die Kerne bei nur einem Abwärtsgang nicht lange genug der Kühlung unterworfen waren.

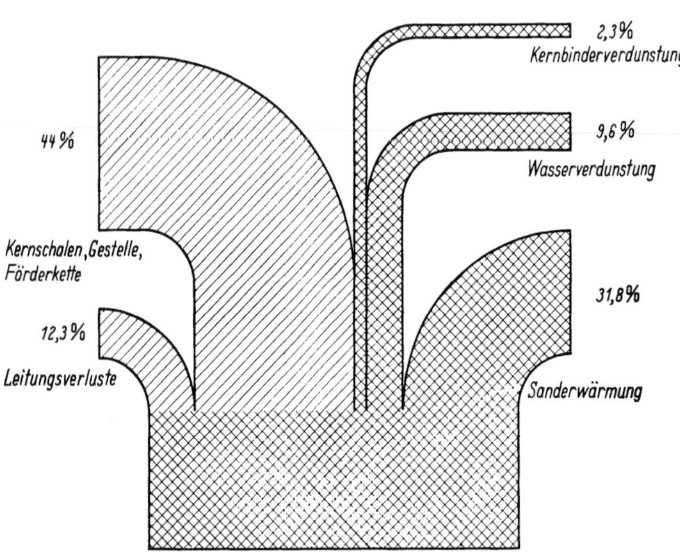

Abb. 53. Schaubild eines Kerntrockenturms für Radiatoren-Kerne

Ein mit Hubwagen und Gestellen beschickter Dreischacht-Turmtrockner ist aus Abb. 54 und Abb. 55/56 zu ersehen. Aus der Abb. 55 ist das kräftige Beheizungs- und Belüftungsaggregat dieses Dreischacht-Turmtrockners ersichtlich, während aus der Abb. 56 die beträchtliche Höhe des Turmes und damit auch die Länge der Kühlstrecke hervorgeht. Der Turm ist für eine Leistung von 3750 kg Kernsand pro Stunde gebaut. Das Kernschalengewicht beträgt 15000 kg/Std. Es handelt sich um die Trocknung von großen Kesselgliederkernen. Das Plattengewicht im Verhältnis zum eigentlichen Kerngewicht ist bei dieser Kernfabrikation sehr hoch.

Eine weitere konstruktive Verbesserung wurde dadurch erreicht, daß der Turm mit Doppelschächten ausgestattet wurde. Das Wälzgasluftgemisch durchströmt nicht mehr im Gegenstrom den Turm. Es bewegt sich in einem besonderen Schacht aufwärts, tritt durch waagerechte Schlitze aus und strömt über die Horden mit den zu trocknenden Kernen. Die Kerne werden allseitig gut von dem heißen Wälzgasluftgemisch umspült, so daß kurze Trockenzeiten erreicht werden. Das abgekühlte Wälzgasluftgemisch wird alsdann auf der gegenüberliegenden Seite durch besondere waagerechte Öffnungen über einen weiteren

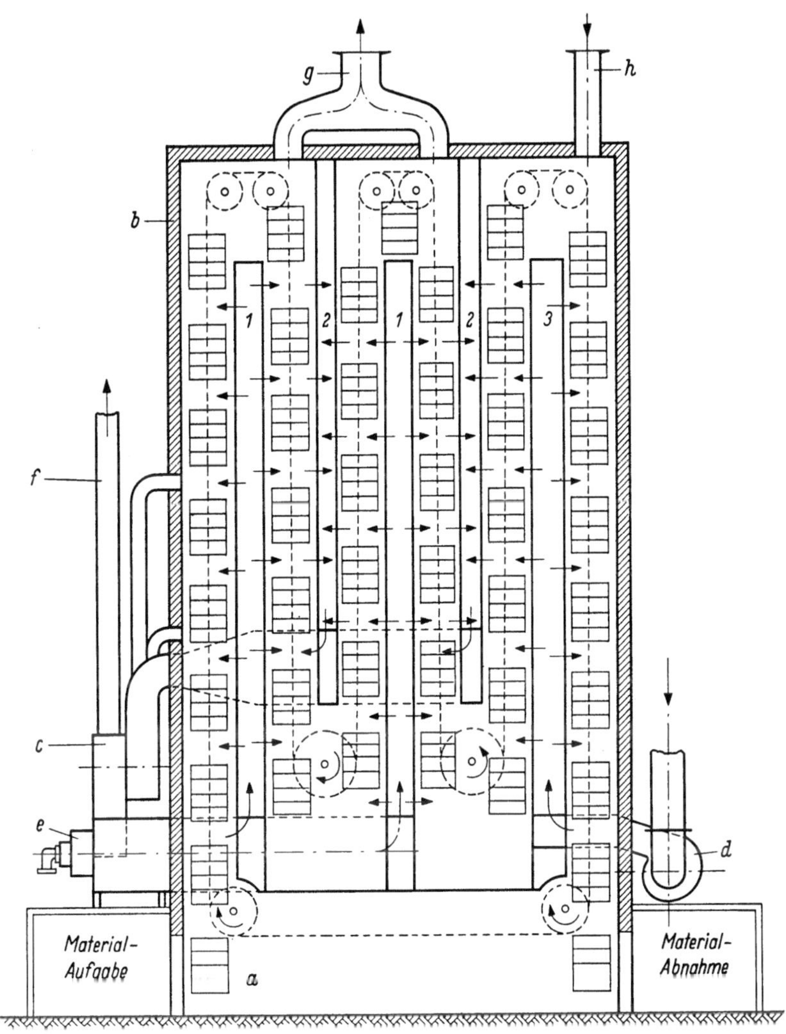

Abb. 54. Dreischacht-Turmtrockner mit Querbelüftung

a Schaukeln; *b* Turmgehäuse; *c* Umluftventilator; *d* Kühlventilator; *e* ölgefeuerter Heißlufterzeuger; *f* Abgasrohr; *g* Abluftrohr; *h* Kühlluftrohr. *1* Wälzgasschacht; *2* Rücksaugschacht; *3* Schacht für Kühlluft

Schacht zurückgesaugt. In beiden Trockenschächten wird also das Wälzgasluftgemisch so geführt, daß die Kerne in waagerechter Ebene umspült werden. Auch in diesem Turm werden die Schaukeln in der Kühlzone in Querrichtung umspült, wie vorstehend beschrieben. Es stehen jedoch für die Kühlung zwei Schächte, also damit eine größere Wegstrecke zur Verfügung. Die Kühlung ist so stark, daß die Kerne nach erfolgter Trocknung und Kühlung sofort weiterverarbeitet werden können. Die Temperaturkurve zeigt den Verlauf der Trocknung und der Kühlung der Kerne im Turm, Abb. 57b.

Ein weiterer Turmtrockner ist aus den Abb. 58 u. 59 zu ersehen. Die Schaukeln werden weder von Hand beschickt, noch werden die Schaukeln mit Hubwagen verfahren. Die Etagenhorden der Schaukeln werden an den Kernmacherständen mit den fertigen Kernen belegt. Die Horde wandert alsdann über eine Rollen-Transportbahn zum Kerntrockenturm. Nachdem sie die Hubstellung erreicht hat, wird sie von zwei Hubzylindern ölhydraulisch über einen Quertransport in die Schaukeletage gedrückt. Nun schaltet der Schaukeltransport ein und die Schaukel wandert um eine Etage höher, so daß die nächste mit Kernen beladene Horde eingefahren werden kann. Nachdem alle Etagen mit Kernhorden belegt sind, wandert der Schaukeltransport um eine Teilung weiter, so daß eine neue Schaukel an der Beladeöffnung erscheint. Während die Beschickung der Schaukel mit einer Horde mit frischen Kernen vor sich geht, wird gleichzeitig eine Horde mit getrockneten Kernen etwa 300 mm unterhalb der oberen Beschickungsstelle ausgefahren. Diese Horde wird auf einer parallel zur vorstehend erwähnten Rollenbahn aus dem Turm gefahren, so daß die getrockneten Kerne abgenommen werden können. Nunmehr wandert die leere Horde durch eine Quer- und eine Längstransportbahn zur neuen Beschickung an die Kernmacherstände zurück.

Abb. 55

Abb. 56

Abb. 55 und 56. Querbelüfteter Kerntrockenturm

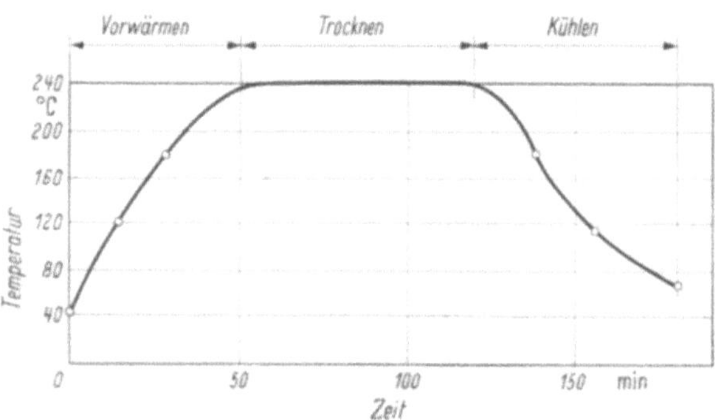

Abb. 57. Temperaturkurven in einem Kerntrockenturm

Bei dieser Art der Beschickung und Entleerung der Schaukeln des Trockenturmes ist kein Bedienungsmann mehr nötig, da der ganze Vorgang elektrisch gesteuert wird. Der Turm arbeitet um so wirtschaftlicher, je gleichmäßiger die Horden beschickt werden. Die einmal eingestellte Taktzeit muß eingehalten werden, sonst durchfährt die Schaukel unbeschickt den Trockenturm. Auch im Kühlschacht wird der getrocknete Kern zunächst im oberen Teil mit temperierter Luft waagerecht umspült, während mit fortschreitendem Transport der Kern von Kaltluft oder Raumluft getroffen wird. Die Kühlstrecke ist länger als bei den zuerst beschriebenen Türmen. Die Kernschaukel wird unterhalb des Turmes zur Aufgabestelle zurückgeführt. Die Wegstrecke unterhalb des Turmes ist noch als Kühlstrecke besonders belüftet. Die Abkühlung des Kerns erfolgt also bei dieser Belüftungsart und -strecke auf etwa 50 bis 60 °C. Im allgemeinen kann man eine Abkühlung des Kerns auf etwa 50 bis 60 °C erwirken, wenn für die Abkühlung ein Drittel bis eine Hälfte der Wegstrecke des Trockenteils zur Verfügung steht. Bei Türmen mit drei Aufwärts- und drei Abwärtsschächten wird gewöhnlich ein Aufwärts- und ein Abwärtsschacht für die Kühlung eingerichtet, so daß die Kerne auf die gewünschte Temperatur von 50 bis 60 °C heruntergekühlt werden und zur sofortigen Weiterverarbeitung zur Verfügung stehen.

Abb. 58 Abb. 59

Abb. 58 und 59. Kerntrockenturm mit vollkommener automatischen Beschickung

Das zu trocknende Kernsandgewicht beträgt im Fall der Abb. 58 je Stunde 1150 kg. Das Gewicht an Kernschalen liegt bei 5660 kg, hinzu kommt noch das Gewicht der Schaukeln und das Gewicht der verfahrbaren Einheits- oder Etagenhorden. Der Ölverbrauch je Stunde bei einer Trockentemperatur von 230 °C beträgt 90 kg. Je 1 kg Kernmaterial ergibt sich damit ein Ölverbrauch von 0,08 kg. Zum Schluß ist noch ein großes Turmtrockneraggregat in Abb. 60 dargestellt.

Abb. 60. Großer Turmtrockner für die Trocknung von Radiatorenkernen mit vollautomatischer Arbeitsweise

IV. Temperaturregelung und Energieüberwachung

Die Anforderungen an die Toleranzen und an die Güte der Gußstücke sind im letzten Jahrzehnt wesentlich angestiegen. Hochwertige Gußstücke sind nur dann zu erhalten, wenn die Voraussetzungen für maß-, gieß- und putzgerechte Formen und Kerne eingehalten werden.

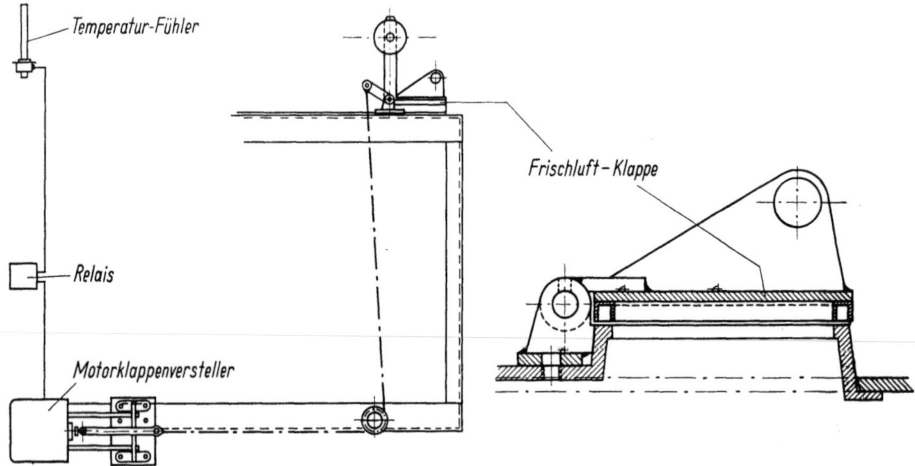

Abb. 61. Temperaturüberwachung bei koksbeheizten Anlagen

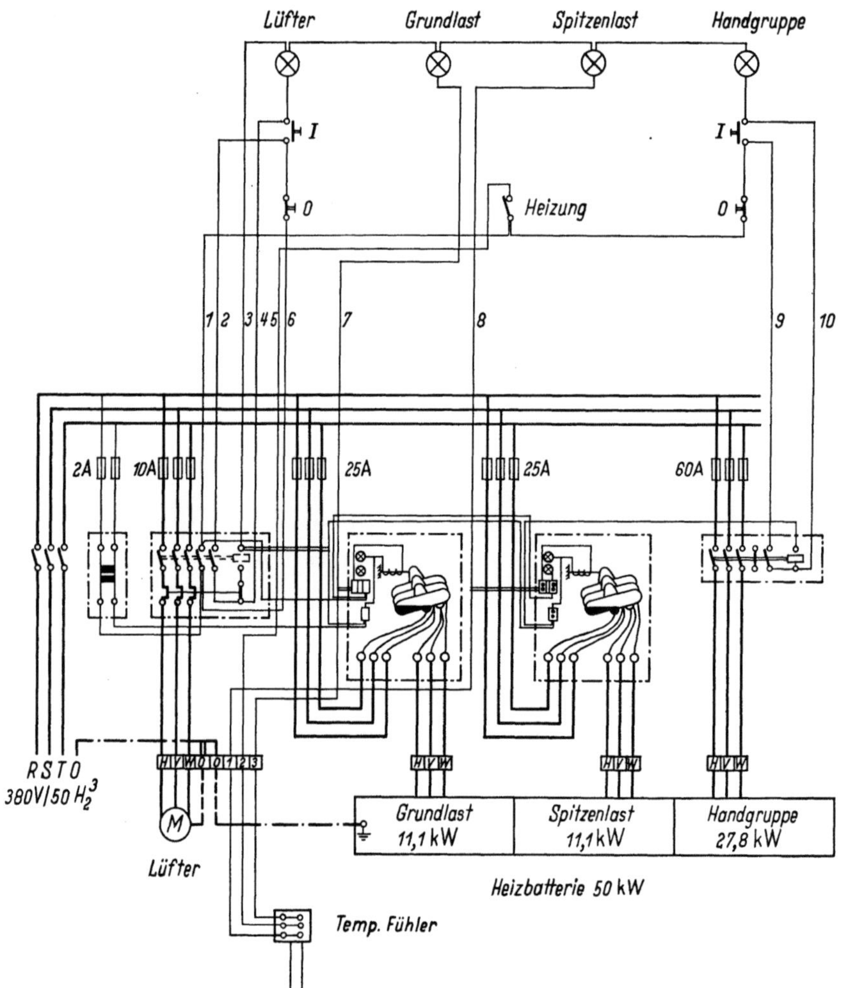

Abb. 62. Temperaturüberwachung bei elektrisch beheizten Anlagen

Dazu kommt, daß auf geringe Trockentemperaturen und auf eine schnelle und gleichmäßige Trocknung Wert gelegt wird. Die Führung der Trockenkurve, bei der die stoffliche Natur der Formen und Kerne Berücksichtigung findet, ist deswegen von Wichtigkeit. Der Ablauf des Trocknens umfaßt dabei nicht nur die sorgfältige Regelung der Temperatur und der Trockenzeit, sondern auch diejenige der Gaszusammensetzung und die dem Einsatzgut angepaßte gleichmäßige Bespülung durch das Trockenmedium. Die neuen Anlagen werden aus diesen Gründen mit modernen Regelanlagen ausgerüstet.

Die Trockentemperatur in koksbeheizten Anlagen, Abb. 61, kann über einen Temperaturfühler, ein Relais und einen Motorklappenversteller konstant gehalten werden. Mit Hilfe der Regler für die Motorklappe wird die Zuluft zum Koksofen und damit die Verbrennung des Kokses gesteuert. Je nach den Erfordernissen wird durch den Temperaturfühler eine größere Menge von Frischluft zur Verbrennung des Kokses zugeführt und damit eine Temperaturerhöhung der Verbrennungsgase erreicht. Wenn die Temperatur der Verbrennungsgase zu hoch kommt, wird die Frischluft gedrosselt. Der Einbau einer solchen Regelanlage setzt die Bedienungskosten u. U. wesentlich herab.

Elektrische Temperatur-Regelgeräte, Abb. 62, werden heute in allen Trocknungsanlagen eingebaut. Auch hier wird über einen Temperaturfühler für verstärkte Heizleistung oder für eine Reduzierung der Heizleistung gesorgt. Die Heizelemente werden möglichst in drei Gruppen unterteilt, wobei eine Gruppe von Hand eingeschaltet wird, während die zweite Gruppe und dritte Gruppe von dem Temperaturfühler gesteuert werden. Diese Gruppen werden also, sobald die Temperatur in der Anlage fällt, automatisch eingeschaltet und, wenn die Trockentemperatur erreicht ist, wieder außer Betrieb genommen. Es erfolgt also ein laufendes Ein- und Abschalten der Regelgruppen. Um eine Überlastung der Heizbatterie zu vermeiden, wird zweckmäßigerweise eine Sicherheitseinrichtung angebracht, so daß die Batterie erst eingeschaltet werden kann, wenn ein ausreichender Umluftstrom vorhanden ist.

Die bei gasbeheizten Anlagen erforderlichen Temperaturregler, Abb. 63, bestehen aus dem Temperaturfühler, der Steuerleitung und dem Regelventil. Das Regelventil wird

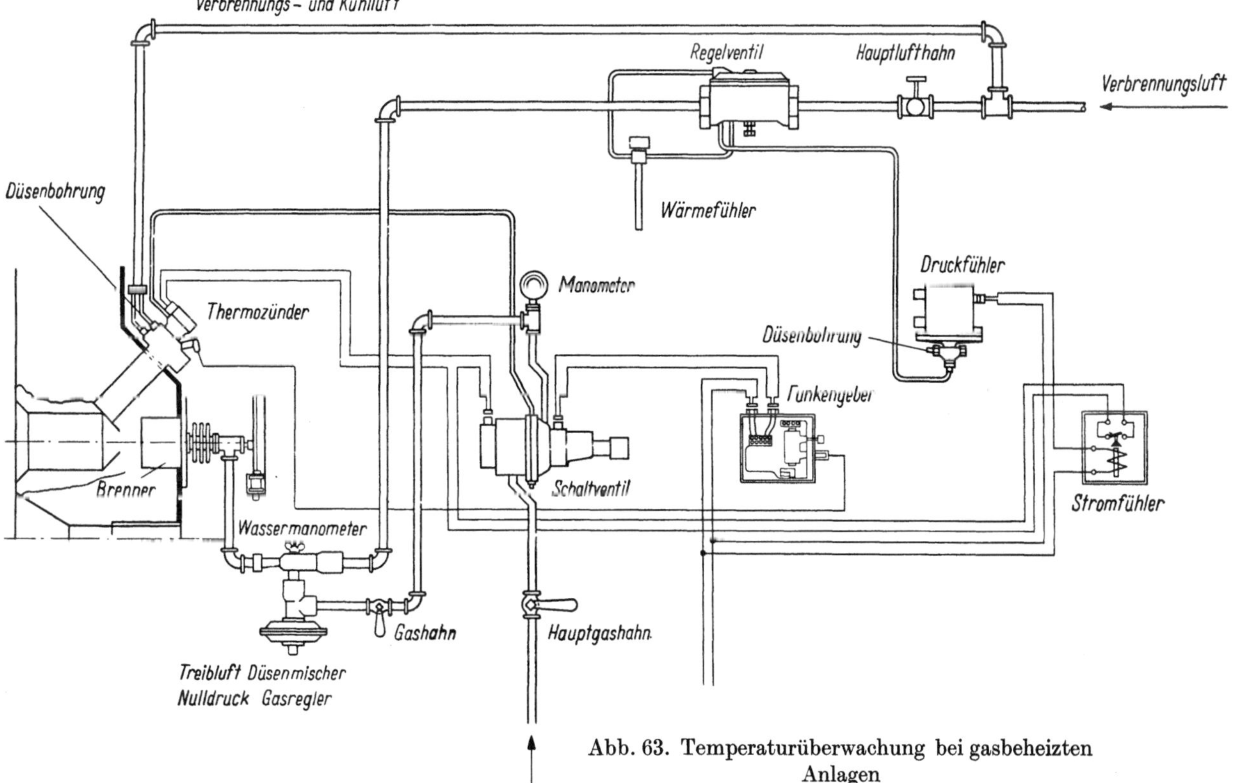

Abb. 63. Temperaturüberwachung bei gasbeheizten Anlagen

aber nicht in der Gasleitung, sondern in der Luftleitung eingebaut, da bei Treibluftbrennern, die nach dem Injektorprinzip arbeiten, die Verbrennungsluft die erforderliche Gasmenge ansaugt und zur vollkommenen Verbrennung führt. Beim Sinken der Trockentemperatur wird also durch weiteres Öffnen des Regelventils mehr Verbrennungsluft und damit mehr Gas zur Verbrennung strömen, während bei einer Überschreitung der Trockentemperatur der umgekehrte Vorgang erfolgt.

Zur Sicherung bei Ferngas und Stadtgasheizung dienen noch elektrische Zündsicherungen. Nach Einschalten einer solchen Apparatur wird über einen Funkengeber ein elektrischer Funke erzeugt, der nach Öffnen der Gaszufuhr zum Brenner die Flamme automatisch zündet. Außerdem wird bei Gasausfall über das Schaltventil die Gaszufuhr zum Brenner abgeschaltet, so daß kein Gas unverbrannt in den Trockner gelangt, wodurch einerseits Explosionen vermieden werden und andererseits auch der Bedienungsmann vor dem Einatmen von unverbranntem Gas geschützt ist. Ein solches Gerät unterbricht auch die Gaszufuhr zum Brenner, wenn durch Stromausfall die Ventilatoren ausfallen und die Luftumwälzung ruht. Fällt durch irgendeinen Umstand die Verbrennungsluft aus, so wird über einen Druckfühler und Schaltventil die Gaszufuhr unterbrochen.

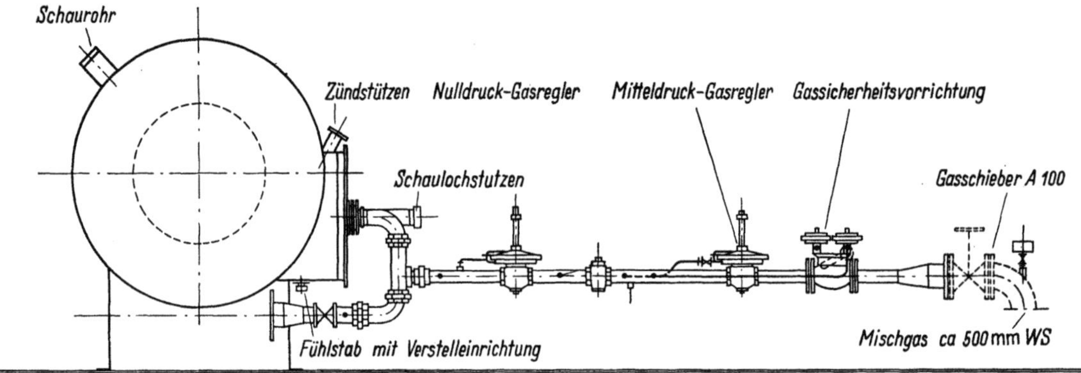

Abb. 64. Temperaturüberwachung bei einer mit Mischgas beheizten Anlage

Der Einbau von Sicherheitsgeräten bei verunreinigtem Generatorgas oder Mischgas ist aus der Abb. 64 ersichtlich. Bei Ausfall von Gebläseluft wird über das Gassicherheitsventil die Gaszufuhr zum Brenner unterbrochen. Bei Gasmangel und Abfallen des Druckes schließt dasselbe Ventil die Gaszufuhr zum Brenner. Steigt der Gasdruck hinter dem Mitteldruckregler über 200 mm WS an, schließt ebenfalls das Sicherheitsventil die Gaszufuhr zum Brenner. Ferner ist in der Gasleitung ein Saugdruckregler eingebaut, der bei O-Verbrauch dicht abschließt, so daß praktisch nur Gas angesaugt werden kann, wenn Verbrennungsluft durch den Injektordüsenmischer strömt.

Als Warnvorrichtung ist noch ein Druckschalter und eine Alarmhupe vorgesehen. Diese Geräte sprechen bei Erlöschen der Brennerflamme und Schließen des Gassicherheitsventils durch kurze *Warnklänge* an. Ferner erfolgt beim Erlöschen der Brennerflamme und Versagen der Gassicherheitseinrichtung ein *Dauerton* als Signal.

Der Einbau einer Flammensicherung, die bei Inbetriebsetzung des Brenners durch Drücken eines Druckknopfes in Betrieb genommen wird und sich bei Abstellen des Brenners über ein Verzögerungsrelais selbsttätig ausschaltet, ist im anderen Fall vorzuschlagen. Es erfolgt also keine elektrische Zündung wie bei gereinigten Gasen, sondern die Überwachung der Brennerflamme erfolgt über einen Flammenstab, welcher bei Erlöschen der Flamme die erwähnten Sicherheitsgeräte in Funktion setzt. Die Flamme wird überwacht, solange ein Stromkreis, der vom Flammen-Überwachungsgerät über Flammenstab, Flamme und Brenner zum Gerät zurückschließt und ein Magnetventil der Gassicherheitseinrichtung in geöffneter Stellung hält.

Um die Trockentemperatur konstant zu halten, wird auch hier ein Regelventil in die Verbrennungsluftleitung eingebaut, das über einen Temperaturfühler und die erforderliche Verbindungsleitung gesteuert wird. Je nach den Erfordernissen wird durch weiteres Öffnen oder Schließen des Ventiles mehr oder weniger Gas angesaugt und die Trockentemperatur konstant gehalten.

Bei den ölbeheizten Anlagen wird durch einen Steuermotor die Ölzufuhr zum Brenner verstärkt oder gedrosselt, je nachdem wie die Impulse vom Temperaturfühler ausgehen. Ein in die Ölzuführungsleitung eingebautes Magnetventil dient dazu, die Ölzuführung zum Brenner zu unterbrechen, sobald ein Druckfühler den Ausfall der Verbrennungsluft anzeigt. Zur Überwachung der Brennerflamme dient ein Flammenwächter. Ein Flammenstab steuert über das Magnetventil den Ölzufluß zum Brenner. Es wird hierdurch erreicht, daß bei Erlöschen der Brennerflamme die Ölzufuhr zum Brenner abgeschaltet wird, so daß kein unverbranntes Öl in die Brennermuffe gelangt. Dadurch wird die Gefahr einer Explosion abgewendet.

Die Schilderung dieser wenigen Temperaturregelanlagen und Sicherheitsgeräte soll einen kleinen Überblick geben über die zahlreichen auf diesem Gebiet eingebauten Apparaturen, die also noch vielfach erweitert werden könnten.

Nicht unerwähnt soll bleiben, daß alle Geräte für die Temperaturüberwachung und Sicherung der Verbrennung in staubdichten Schränken gut übersichtlich angeordnet werden, so daß der Bedienungsmann durch wenige Handgriffe die Trockentemperatur leicht regeln kann und bei Öl- und Gasbeheizung durch Signallampen über den Betriebszustand der Brenner unterrichtet ist.

V. Formmaskentrockner

Alle vorstehend geschilderten Trockner sind als Konvektionstrockner gebaut. Sie stellen in der Gießerei-Industrie den Hauptanteil aller Anlagen, die zur Trocknung von Kernen oder Formen gebaut werden. Erst als zu den üblichen Bindemitteln Kunstharzbinder hinzu kamen, mußten auch andere Trocknerkonstruktionen gebaut werden. Die in der Gießerei meist verwendeten Harze gehören zur Gruppe der Harnstoff- und Phenol- und Formaldehyd-Kondensationsprodukte. Diesen Erzeugnissen ist gemeinsam, daß sie durch Temperaturerhöhung erhärten. Beim Croning-Verfahren werden an Stelle der üblicherweise hergestellten kompakten Formen oder Kerne Formmasken und Hohlkerne hergestellt. Bei der Trocknung findet praktisch kein Wasserentzug statt. Man hat es hier also mit keiner reinen Trocknung zu tun.

Auf der Abb. 65 ist ein einfacher Formmaskentrockner dargestellt. Dieser Trockner wurde für Gasbeheizung eingerichtet. Die Anlagen werden auch für elektrische Beheizung gebaut. Zunächst wird die Metallmodellplatte auf das Drehkreuz aufgesetzt und in den Ofen eingeschwenkt. Die Modellplatte wird auf etwa 300 °C erwärmt. Nach dem Ausschwenken und Ausfahren wird der Formsand auf die Modellplatte aufgekippt, aufgeschüttet oder aufgeblasen. Nunmehr schmilzt unter der Einwirkung der Temperatur der Modellplatte das Kunstharz der Sandmischung. Es bildet sich um das Modell eine Schicht von etwa 6 bis 8 mm Stärke, die aus Quarz, also dem Formsand und geschmolzenem Kunstharz als Bindemittel, besteht. Nach kurzer Dauer, etwa 10 bis 20 Sekunden, wird die Modellplatte um 360 °C geschwenkt, damit der überschüssige Formsand wieder in den Formstoffbehälter zurückfällt. Nunmehr wird die Formmaske in den Ofen eingefahren und bei etwa 450 °C ausgehärtet. Nach Ablauf der Aushärtezeit wird die Formmaske abgehoben und zur Weiterverwendung abgegeben (s. Pölzgute — Bd. II/2, S. 48).

Auf der Zeichnung ist die Aufschüttvorrichtung oder Aufblasvorrichtung und Schwenkvorrichtung nicht dargestellt. Wie ersichtlich, strömt das Heizgas im unteren Teil in den Ofen ein, umspült die Formmaske und wird teils zum Brennerraum zurückgeführt, teils als Abgas ins Freie gefördert. Es gibt verschiedene in- und ausländische Ausführungsverfahren bzw. Konstruktionen für Formmaskentrockner. Bei elektrischer Beheizung wird eine Anzahl elektrischer Patronen in den Ofen eingebaut und in Gruppen geschaltet, so daß eine Temperaturregelung möglich ist. Auch bei Gasbeheizung werden wie bei den Konvektionstrocknern die Temperaturregeleinrichtung als auch die Gassicherheitsgeräte eingebaut. Nicht unerwähnt soll bleiben, daß auch Tunnelöfen für die Herstellung von Formmasken hergestellt werden. Während bei den Rundöfen die Aufgabe und Abnahme sich an der gleichen Stelle befindet, sind bei den Tunnelöfen Aufgabe und Abnahme getrennt. Ein Mann sorgt für das Aufschütten und für die Rückführung der Masse in den Aufgabebehälter, während am anderen Ende des Tunnelofens ein Mann die Abhebevorrichtung bedient und für die Rückführung der Platten zur Aufgabestelle sorgt. Die Aushärtezeit beträgt je nach dem zur Verwendung gelangenden Kunstharz etwa 45 bis 90 Sekunden.

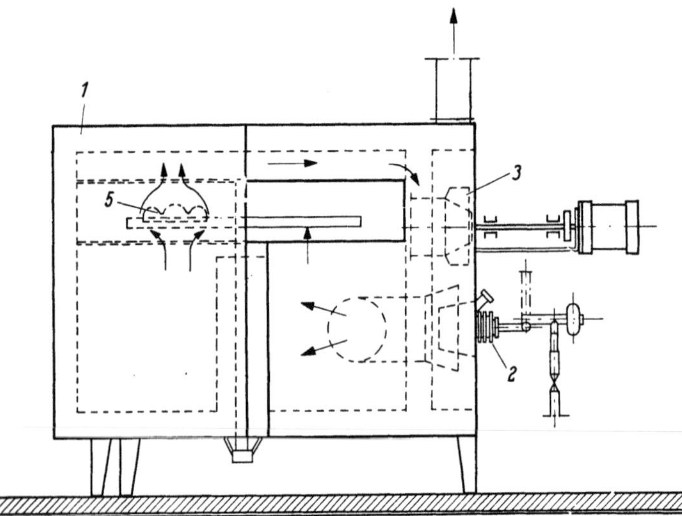

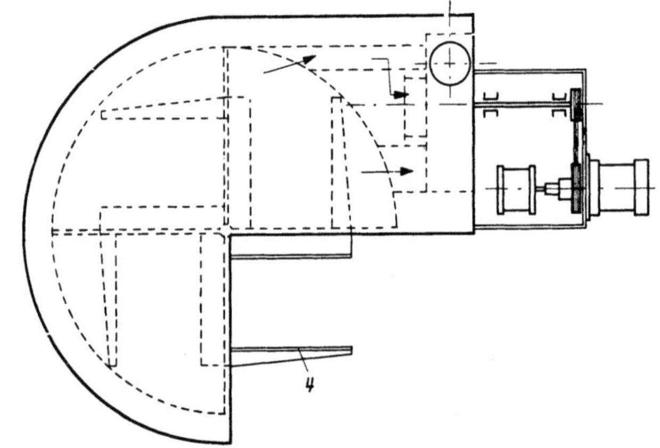

Abb. 65. Formmaskentrockner
1 Trockengehäuse; *2* Brenner; *3* Ventilator; *4* Drehkranz; *5* Modellplatte

VI. Die Infrarottrocknung von Formen und Kernen

Für die Trocknung von dünnen Schichten, z. B. beim Lackierverfahren, hat die Infrarottrocknung starken Eingang gefunden. Die elektrischen Strahlungsquellen brauchen hier nur eine geringe Eindringtiefe zu erreichen. Wesentlich anders liegen die Verhältnisse bei der Trocknung von Formen und Kernen. Es muß bedacht werden, daß der Kern oder die Form ein schlechter Wärmeleiter ist. Die Strahlen bewirken bei genügender Intensität eine starke Oberflächentrocknung, ohne jedoch eine genügende Tiefentrocknung herbeiführen zu können. Die Tiefe der Wirksamkeit der Strahlung besonders bei porösen Körpern, wozu ja Formen und Kerne zu zählen sind, liegt bei einer Eindringtiefe von 0,1 bis 2 mm Tiefe. Durch starke Reflexionen an Teilchen des porösen Gutes kann diese Eindringtiefe erklärt werden.

Die Hauptvorteile der Trocknung durch Strahlung bestehen in der Sauberkeit und sicheren Regulierbarkeit dieser Apparaturen, der Freiheit von Wasserdampf, den z. B. alle Heizgase mitschleppen, und der Verkürzung der Trocknungsdauer, da der Wärmeübergang bei dieser Art der Strahlungsheizung sehr intensiv ist. Es ist aber darauf zu achten, daß keine Oberflächenverkrustung eintritt, weil alsdann der Trockenprozeß nicht gefördert, sondern gehemmt wird. Der nachdringenden Feuchtigkeit ist dann der Weg an die Oberfläche versperrt. Sehr schlecht wirken sich diese Verhältnisse bei der Trocknung von Ölkernen aus, weil hier die Überkrustung noch schneller eintritt als bei wassergebundenen Kernen.

Bei Sandformen und Kernen hängt die Eindringtiefe von der Wellenlänge der Strahlung und in geringem Maße von der Art des zu trocknenden Gutes ab. Während der Wärmeübergang beim Trocknen in erhitzter Luft an der Oberfläche des Gutes etwa 750 kcal/m² beträgt — Trocknungsbedingungen $t_1 = 100\,°C$, $\varphi = 5\%$, $v = 2$ m/s —, ist derjenige, der durch Strahlung erfolgt, wesentlich größer, nämlich etwa 22500 kcal/m² — Temperatur des Strahlers 600 °C, Gut: Temperatur 40 °C —.

Der Wärmeübergang bei der Strahlungstrocknung ist also ungefähr 30mal so groß wie bei Konvektionstrocknung. Wenn die Strahlertemperatur auf 800 °C gesteigert wird, steigt der Wärmeübergang beträchtlich und wächst gegenüber der Trocknung mit Warmluft auf das 70fache an. Der Wärmeübergang bei der Infrarottrocknung kann somit auf mehr als das Zehnfache gesteigert werden. Wie allerdings Versuche zeigen, erhöht sich die Trocknungsgeschwindigkeit nicht immer um das Vielfache. In manchen Fällen verringert sie sich sogar. Dieser Fall tritt dann ein, wenn die Trocknungsgeschwindigkeit nicht nur vom Wärmeübergang, sondern auch von der Geschwindigkeit der Feuchtigkeitsbewegung im Gutsinnern abhängt.

Die Intensität der Trocknung wird naturgemäß durch den Abstand vom Strahler verringert. Dies zeigt sich z. B. aus Tab. 4, jedoch beeinflußt die Porosität die Intensität q_{st} nur wenig, wie aus Tab. 5 hervorgeht.

Tabelle 4. *Einfluß der Entfernung des Strahlers auf die Strahlungsdichte und den Wärmeübergangskoeffizienten*

Entfernung des Strahlers von der Platte [cm]	α [kcal/m²h °C]	q_{st} [kcal/m²h]
14	8,9	174
12	9,1	237
10	9,25	286
8	9,95	410
6	11,2	591
4	12,4	923

Der Strahler war eine metallische Oberfläche mit der Temperatur $t_{st} = 300\,°C$

Tabelle 5. *Wärmeübergangskoeffizient und Strahlungsdichte keramischer Platten*

Porosität [%]	q_{st} [kcal/m²h]	α [kcal/m²h °C]	γ [kg/m³]
29,7	1135	15,2	1964
36,8	1160	15,2	1740
41,5	1103	14,9	1590
46,2	1190	15,8	1464

Die Luftzirkulation innerhalb des porösen Gutes ist durch einen Zufluß von Außenluft in das Gutsinnere und durch einen Rückstrom von warmer Luft aus dem Gut gekennzeichnet. Infolgedessen kühlt die Oberflächenschicht ab und nimmt im Vergleich zu den nachfolgenden Schichten eine niedrigere Temperatur an. Die Wärmestrahlen dringen also auch durch diese Zirkulation tiefer in das Gut ein und werden dort in einer bestimmten Schicht absorbiert. Infolgedessen wird diese Schicht am intensivsten aufgewärmt.

Der Mechanismus der Strahlungstrocknung ist nur wenig vom Verhältnis der Oberflächentemperatur des Gutes zu der Umgebungstemperatur abhängig. Die Kurven der Trocknungsgeschwindigkeit zeigen die bekannten zwei Abschnitte der konstanten und den der fallenden Trocknungsgeschwindigkeit.

LYKOW [*12*] hat die Trocknungsintensität von Sand, der durch Infrarottrocknung bei verschiedenen Luftgeschwindigkeiten getrocknet wurde, untersucht. Der Sand wurde in einer Schichtdicke von 22 mm bei Luftgeschwindigkeiten von 0 bis 2,28 m/sek getrocknet. Der Abstand der Strahler betrug 30,5 cm. Aus der Abb. 66 ist ersichtlich, daß bei Steigerung der Luftgeschwindigkeit die Trocknungsgeschwindigkeit im ersten Abschnitt kleiner wurde, da

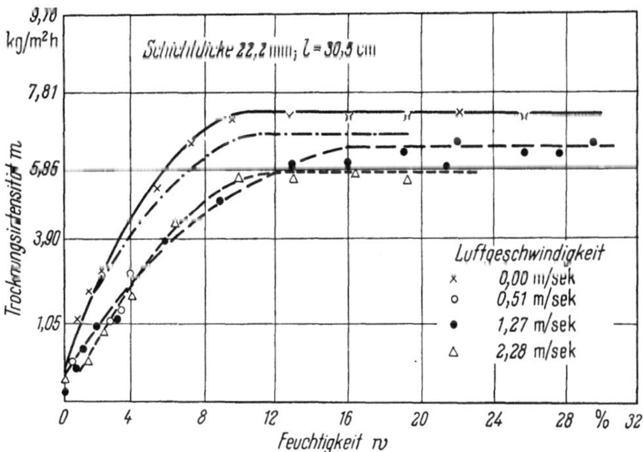

Abb. 66. Trocknungsintensität von Sand bei Infrarottrocknung und verschiedener Luftgeschwindigkeit

die Lufttemperatur niedriger war als die Temperatur der Gutsoberfläche. Die Erhöhung der Luftgeschwindigkeit verursachte eine intensive Abkühlung der Gutsoberfläche.

In Abb. 67 ist die Abhängigkeit der Trocknungsgeschwindigkeit während des ersten Abschnittes von der Luftgeschwindigkeit beim Trocknen von Sand graphisch angegeben. Man ersieht aus den Kurven, daß bei Erhöhung der Luftgeschwindigkeit von 0 (Trocknen in unbewegter Luft) auf 2,28 m/sek die Trocknungsgeschwindigkeit um ungefähr 20% fällt.

Interessant ist die Feuchtigkeitsbewegung im Gut bei der Bestrahlung. LYKOW hat dafür eine Gleichung aufgestellt:

$$i = -k\gamma_0, \quad tr\, \Delta U - k\gamma_0, \quad tr\, \delta\, \Delta t.$$

Darin ist: δ der Koeffizient der thermalen Feuchtigkeitsleitfähigkeit in 1/°C.

LYKOW teilt mit, daß das erste Glied der obigen Gleichung die Menge der wandernden Feuchtigkeit unter dem Einfluß des Feuchtigkeitsgradienten (Feuchtigkeits-Leitfähigkeit) und das zweite Glied diejenige Menge der unter dem Einfluß des Temperaturgradienten (thermale Feuchtigkeitsfähigkeit) wandernden Feuchtigkeit ist. Unter normalen Trocknungsbedingungen ist der Temperaturgradient dem Feuchtigkeitsgradienten entgegengerichtet. Der Feuchtigkeitsgradient treibt die Feuchtigkeit an die Oberfläche, der Temperaturgradient ins Innere der zu trocknenden porösen Substanz. Bei normalen Bedingungen sind beide einander entgegengerichtet. Wir haben also gewissermaßen einen Kampf zweier entgegengesetzt gerichteter „Triebkräfte" — der Feuchtigkeitsleitfähigkeit und der thermalen Feuchtigkeitsleitfähigkeit. Weitere Einzelheiten sind der Literatur zu entnehmen.

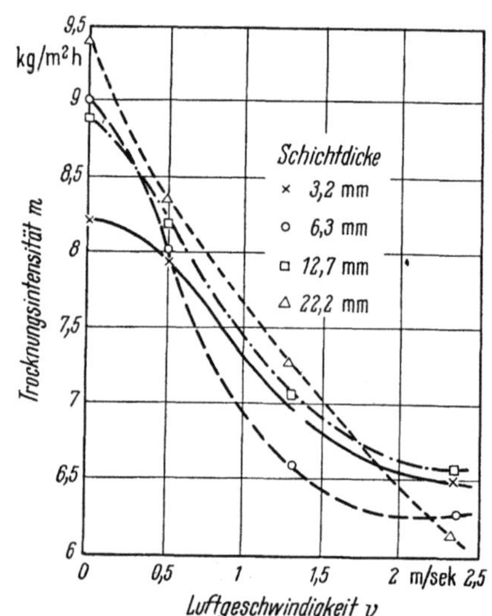

Abb. 67. Abhängigkeit der Trocknungsintensität von der Luftgeschwindigkeit

Die Infrarotstrahlung ist mit Hilfe von Balometern und Thermosäulen nachweisbar. Mikroradiometer werden seltener angewendet. Die Temperaturerhöhung des angestrahlten Körpers ist abhängig von der Absorptionsfähigkeit des Gegenstandes für die auffallende Infrarotstrahlung. Es kann aber nur der Teil der Strahlung in Wärme umgesetzt werden, der absorbiert wird.

Der absorbierte Teil ist allerdings abhängig von der Wellenlänge der Strahlung sowie von der Oberflächenbeschaffenheit des bestrahlten Körpers.

Die technische Ausnutzung der Infrarottrocknung ergibt einen sehr hohen Wirkungsgrad. Infolgedessen sollte man von der Infrarottrocknung Gebrauch machen. Der hohe Wirkungsgrad beruht auf dem sehr geringen Absorptionsvermögen von Luft und anderen Gasen für die Infrarotstrahlung.

Die Strahlungstrocknung wird vielfach durch Lampen durchgeführt. Man unterscheidet zwischen Hell- und Dunkelstrahler. Die Hellstrahler sind glühlampenförmig aufgebaut. Daher werden sie auch „Glühlampenstrahler" genannt. Jede Glühlampe mit einem Glühfaden aus Kohle oder Wolfram stellt einen Hellstrahler dar, denn nur etwa 12% der Gesamtstrahlung werden als sichtbares Licht abgestrahlt, während das Energiemaximum im Infrarotbereich liegt. Durch Reflexionsschirme verstärkt man die Wirksamkeit der Hellstrahler, die meist aus Wolfram-Wendeldrähten zusammengebaut sind. Die Lampen werden für 250, 500 und 1000 Watt hergestellt. Die Lebensdauer liegt, sofern keine Erschütterungen am Strahler eintreten, bei 10000 Brennstunden. Die Strahlung liegt im Bereich der Wellenlängen von 1,2 bis 2,5 μ. Der Wirkungsgrad der Infrarothellstrahler liegt bei etwa 65%. Sie eignen sich daher besonders gut zum schnellen Durchwärmen vom Trockengut.

Die Infrarotdunkelstrahler haben eine wesentlich längere Lebensdauer. Im Gegensatz zu den Hellstrahlern liegt die gesamte emittierte Strahlung im Infrarotgebiet. Die Strahlungstemperatur beträgt 700 bis 1000 °K, also niedriger als diejenige der Hellstrahler. Diese werden für Temperaturen von 2000 bis 2500 °K gefertigt.

In der Abb. 68 ist die Energieverteilung im Strahlungsspektrum verschiedener Strahler angegeben. Dunkelstrahler besitzen vollkommen ausreichende Strahlungsintensität. Der Hauptvorteil bei der Verwendung von Strahlungslampen liegt darin, daß sie keine Trägheit beim Einschalten aufweisen, d. h. die Trocknungsanlagen werden fast augenblicklich in Betrieb gesetzt.

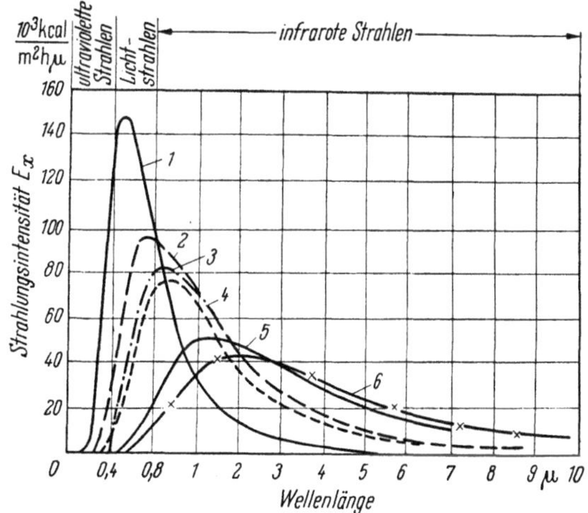

Abb. 68. Verteilung der Strahlungsenergie im Spektrum einiger Strahler

1 absolut schwarzer Körper 6000 °K; *2* Wolfram-Glühfaden 3500 °K; *3* Wolfram-Glühfaden 3200 °K (Kinoprojektionslampe von 900 W); *4* Wolfram-Glühfaden 2920 °K (gewöhnliche Lampe von 500 W); *5* Kohlenglühfaden 2025 °K; *6* Kohlenfaden 1725 °K

Der Dunkelstrahler besteht aus einer Glühwendel, die in einer isolierenden Masse (Aluminium oder Magnesiumoxyd) eingebettet ist. Zum Schutz gegen mechanische Beschädigungen wird sie mit einem Schutzrohr umgeben. Durch die Wärmeleitung erhitzt sich das Umhüllungsrohr und strahlt dann die Wärme nach außen ab. Durch metallische Reflektoren wird dieser Vorgang unterstützt. Die Ausführung dieser Dunkelstrahler sind unter der Bezeichnung „Backer-Rohre“® bekannt.

An die Stelle des umhüllenden Metallrohres tritt bei Quarzrohrstrahlern ein Quarzrohr. Ein Nachteil der Infrarotdunkelstrahler ist, daß zur Lufterwärmung und zur Wärmeübertragung durch Konvektion ein großer Teil der Energie benötigt wird. Nur ein Teil der eingebrachten Energie wird wieder als Strahlung abgegeben.

In Tab. 6 sind einige Kennwerte von Infrarotstrahlern aufgeführt. Wie ersichtlich, ist die Strahlung von Dunkelstrahlern wesentlich langwelliger als die von Hellstrahlern.

Zur technischen Anwendung werden die Infrarotstrahler vorzugsweise zu Strahlungswänden bzw. zu Strahlungsreihen zusammengebaut. In der Abb. 69 ist ein Schnitt durch einen Stab-Infrarotstrahler dargestellt.

Tabelle 6. *Kennwerte von Infrarot-Strahlern* (*1*)

Strahlerart	Temperatur [°K]	max Energie bei Wellenlänge λ [μ]	Erreichbare Energiedichte am Strahler [W/cm²]	Erreichbare Energiedichte am Trockengut [W/cm²]
Glühlampen in Reflektoren	2850	1,0	305	1,0
IR-Lampen	2200	1,3	108	1,0—2,0
Quarzrohrstrahler	1400	2,2	3—4	2,7—3,5
Metallrohrstrahler:				
Stahlrohr	730	3,9	1,2	0,9
Chromstahl	1050	2,7	3,2	2,5—3,0
Siliziumkarbidstrahler	1600	1,8	8—20	4,0—8,0
Keramische Strahler	1800	1,6	7,5	4,0—5,0
Gasbeheizte Strahler	593	4,8	0,5	0,5
Atkin-Ofen	713	4,0	1,1	1,1
Gasbeheizter Kasten- oder Plattenstrahler	643 773	4,4 3,7	0,7 1,6	0,4 1,0

In der Abb. 70 ist die Konstruktion eines Infrarot-Kerntrockenkanals mit Hellstrahlern dargestellt. Die Hellstrahler werden so in eine reflektierende Metallwand eingebaut, daß nur die strahlungsdurchlässige, nichtspiegelnde Vorderfläche der Kolben in den zu beheizenden Ofeninnenraum hineinragt. Die Strahler sind so anzuordnen, daß auf der gesamten Trockenfläche eine möglichst gleiche Energiedichte herrscht, d. h. sie müssen überall den gleichen Abstand vom Trockengut aufweisen. Ein Überschneiden von Infrarotstrahlen sollte, um örtliche Überhitzung des Gutes zu vermeiden, ausgeschaltet sein. Auch sollte man darauf achten, daß ein gegenseitiges Anstrahlen einzelner Strahlen nicht eintritt. Da etwa ein Drittel der Wärmemenge des Strahlers durch Konvektion abgegeben wird, bedient man sich zur besseren technischen Ausnutzung der Luftumwälzung. Die zwischen Ofenaußen- und Ofeninnenwand im Reflektordoppelboden von den Strahlern vorgewärmte Luft wird durch das Ofeninnere geleitet. Zur Luftförderung dient ein Ventilator, der pro Minute etwa das zehnfache Ofenvolumen umwälzt.

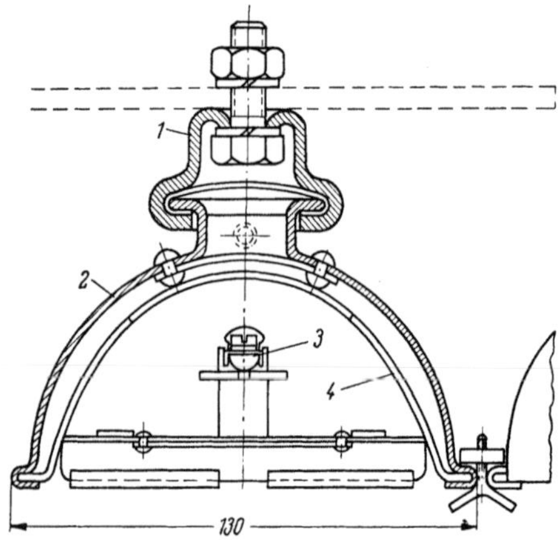

Abb. 69. Schnitt durch einen Stab-Infrarotstrahler
1 Klemmbügel; *2* Mantel; *3* Backerrohr®; *4* Reflektor

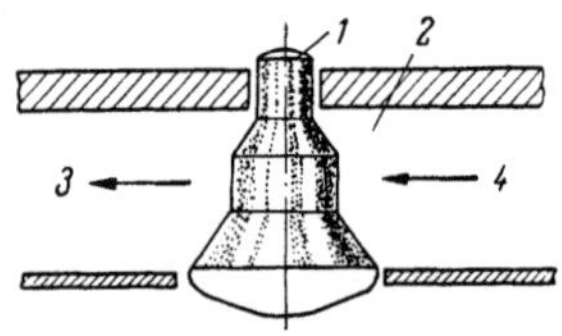

Abb. 70. Luftvorwärmung im Reflektordoppelboden
1 Infrarotstrahler; *2* Reflektordoppelboden; *3* vorgewärmte Luft; *4* vorzuwärmende Luft

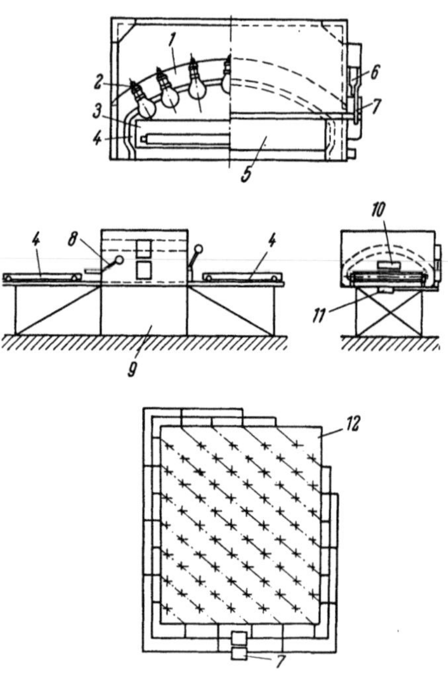

Abb. 71. Grundsätzlicher Aufbau eines gewölbten Infrarot-Strahlungstrockners
1 Lampenträger; *2* Lampen; *3* Ofendecke; *4* Wagen; *5* Tür; *6* Gegengewicht; *7* Schalter; *8* Tür mit Gegengewicht; *9* Rahmen; *10* Entlüftung; *11* Lufteintritt; *12* Schaltschema der Lampen

In der Abb. 71 ist der grundsätzliche Aufbau eines gewölbten Infrarottrockners für Durchfahrtbetrieb dargestellt. Die Wagen laufen in Schienen. Sie werden vor dem Trockner beladen und nach Öffnen der Ofentür eingefahren. Damit das Ausströmen der Wärme an der Ein- und Ausfahrtseite vermieden wird, ist der Trockner mit zwei Hängetüren mit Gegengewichten ausgeführt. Die Wagen sind zur guten Reflexion der auftreffenden Strahlung mit Duraluminium beschlagen und mit Asbest wärmeisoliert. Die Ofenummantelung wird entsprechend stark isoliert, damit die Leitungsverluste gering sind. Nur indirekt erfolgt die Luftvorwärmung durch Berührung mit den heißen Strahlern und dem erhitzten Gut. Die ellipsenförmig gewölbte Ofendecke, an der die Strahler befestigt sind, sowie durch die Schaltart der Lampen wird eine gleichmäßige Flächenerwärmung gewährleistet. Die Lampen werden schräg zur Ofenachse angebracht und bestrahlen die in den Trockner eingebrachten Kerne nur einseitig. Die gewölbte Ofendecke besteht aus einem 3 mm starken Kurvenblech, dessen Innenseite, also dem Kernmaterial zugewendete Seite, poliert ist, damit die Strahlung gut reflektiert werden kann. Zur Wärmeisolierung dient eine etwa 10 mm starke Asbestschicht. Die Reflektoren der Hellstrahler sind in die gewölbte Decke eingelassen, während die Porzellanfassungen in einer Blechplatte befestigt sind. Zwei regelbare Öffnungen sind oberhalb der Hängetüren zur Kerndunstabführung angebracht. Die Absaugung darf nur so stark sein, daß die hochsteigenden Kerndünste gerade beseitigt werden, andererseits ist darauf zu achten, daß sich keine explosible Gemische bilden. Die Konzentration derartiger Gemische sollte unter 1% gehalten werden.

Auch für die Zuführung von Frischluft ist im unteren Trockenteil eine regelbare Öffnung vorgesehen. Die Frischluft ist für die Polymerisation der Kernbinder erforderlich. Bei größeren Anlagen kann durch geeignete Luftführung dafür gesorgt werden, daß die Frischluft im Gegenstrom zwischen Trocknerinnen-Verkleidung und Mantel angesaugt wird und am Ofeneingang in den Trockner strömt.

Zur Erzielung einer guten Wärmeausnutzung im Trockner ist Luftumwälzung erforderlich, denn die im Reflektordoppelboden ergänzte Warmluft beschleunigt das Austrocknen der Kerne. Ein Infrarottrockner mit kontinuierlichem Kerndurchlauf ist in der Abb. 72 dargestellt. Bei diesem Trockner sind die Strahler oberhalb und unterhalb des Transportbandes angeordnet. Die Kerne werden also beidseitig bestrahlt. Der theoretische Nutzeffekt des schnellen Trocknens der Kerne liegt bei etwa 85%. Trockenzeit etwa 30 Min., wie aus Mitteilungen von HERBERT [*13*] hervorgeht (s. Abb. 73).

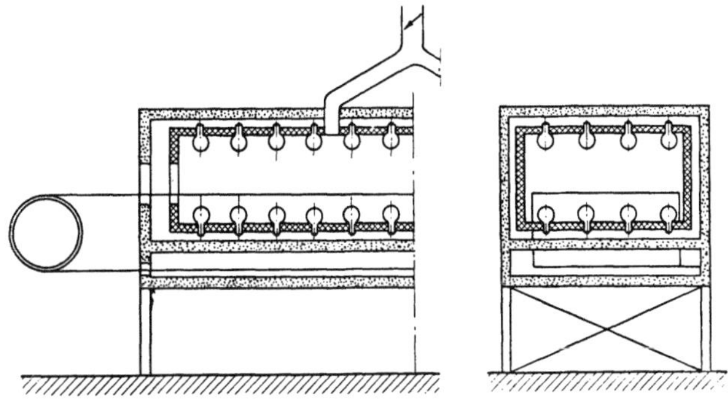

Abb. 72. Fließofen mit Hellstrahlern zum Trocknen und Backen von Gießereikernen

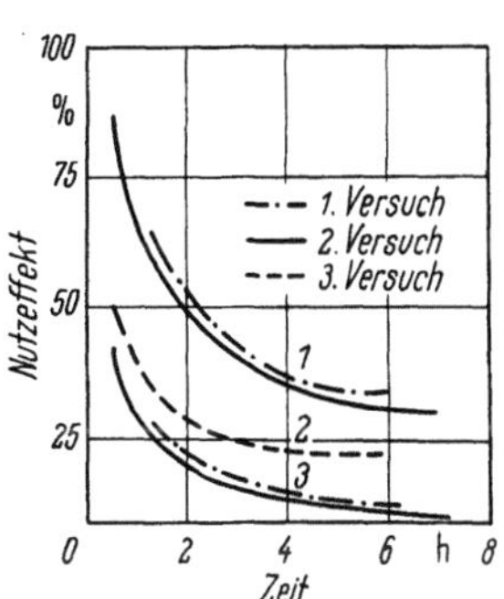

Abb. 73. Wirtschaftlichkeit der Infrarot-Kernbackmethode

1 theoretischer Nutzeffekt; *2* Nutzeffekt bei Gesamtbestrahlung; *3* Nutzeffekt bei einseitiger Anstrahlung

Bei stärkeren Kernen, die also eine längere Trockenzeit benötigen, fällt der Wirkungsgrad stark ab, infolgedessen ist das Tiefenbacken mit Infrarot sehr unwirtschaftlich. Hervorgehoben sei das Trocknen von Kernen mit verschiedenen Stärken, durch die Verwendung von Infrarotstrahlern mit breitem Frequenzband. Dies ist eine Kombination von Hell- und Dunkelstrahlern. Es wird hierdurch eine kurzwellige Strahlung durch Hellstrahler und eine langwellige Strahlung durch Dunkelstrahler erreicht. Allerdings ist die Tiefenwirkung der Dunkelstrahler auf den Kern geringer als die der Hellstrahler. Aber es wird durch diese Kombination eine hohe Energiedichte und eine große Strahlungsintensität erreicht. Die Eindringtiefe der Strahlung in den Kern ist von der Wellenlänge abhängig und die Ergänzung entsprechend kurzwelliger Infrarotstrahlung ist durch die dazu notwendigen hohen Temperaturen praktisch begrenzt. Damit wird die Infrarottrockenmethode mit zunehmender Durchstrahlungstiefe unwirtschaftlich. Versuche von DÉRIBÉRÉ haben gezeigt, daß bei dem in der Abb. 72 gezeigten Trockner lediglich eine Trocknungstiefe bis zu 50 mm Stärke rentabel ist.

Bei Kernen mit unterschiedlichen Dimensionen stößt die Infrarottrocknung auf Schwierigkeiten. Hinterschneidungen an Kernen werden nur schwer trocken. Grundsätzlich lassen sich alle natürlichen oder synthetischen Formen und alle Kerne mit Infrarotstrahlung trocknen. Die Temperatur des Trockengutes laßt sich durch Änderung der Bestrahlungsdauer von der Bestrahlungsstärke regeln. Die Bestrahlungsdauer ist beim Durchlauftrockner veränderlich, und zwar dadurch, daß man die Transportbandgeschwindigkeit verändert. Der Transportantrieb wird stufenlos regelbar eingerichtet. Die Bestrahlungsstärke wird verändert durch Zu- und Abschalten von Strahlen. Allerdings ist die Änderung der Bestrahlungsstärke nicht bei jedem Gut durch diese Maßnahme möglich, denn mit veränderter Spannung ändert sich auch die Zusammensetzung der emittierten Strahlung. In der Praxis sind mit Infrarottrocknern Temperaturen bis etwa 300 °C erreichbar.

Wertvoll ist die Infrarotvortrocknung von Kernen, die z. B. beim Ausschalen mit der Länge des Stehenlassens „zusammensacken“ könnten. Hier ist eine kurze Vorstrahlung und damit eine Erhärtung der Oberfläche für die Maßhaltigkeit komplizierter Kerne überaus günstig. In der Kernmacherei von Motorzylinderguß macht man von einer solchen Trocknung Gebrauch. Die Vortrocknung sichert zudem die Verschiebbarkeit der locker gebundenen Kerne mit geringer Grünstandfestigkeit auf Rollbahnen. Nach der Vortrocknung werden die Kerne z. B. auf übliche Weise in Turm- oder Tunneltrocknern mit Warmluft fertig getrocknet (Duplex-Trocknung).

Nachfolgend sei die Infrarottrocknung mit Gasglühstrahlern beschrieben. Es handelt sich um Konstruktionen, die insbesonders von der Firma Schwank, Gasgeräte in Köln-Niehl und der Firma Goch u. Co. Fabrik für Gasgeräte (GoGas) in Dortmund entwickelt wurden. Man unterscheidet auch hier zwischen Hellstrahlern, Dunkelstrahlern und Glühstrahlern. Als Hellstrahler werden die von innen beheizten Strahlrohre oder auch die Wände von Glühöfen bezeichnet, sofern sie genügend hohe Temperaturen aufweisen. Bei dieser Konstruktion ist die gesamte, nicht durchlöcherte Ofenwand als Strahler ausgebildet. Beheizt werden sie mit einem Gas-Luft-Gemisch, das zwischen der wärmeisolierenden Ofenwand und der eigentlichen Strahlwand geführt wird. Das Gebiet der Dunkelstrahler nehmen die von innen beheizten Kästen aus Guß- oder Schmiedeeisen oder Catalytstrahler®, wie sie von der Firma GoGas hergestellt werden, ein. Als Glühstrahler bezeichnet man solche mit flammenloser Oberflächenverbrennung und perforierten Keramikplatten, wie sie von der Firma Schwank eingeführt sind. Auf der Abb. 74 ist ein Strahlbrenner dargestellt. Er besteht aus dem Brennergehäuse, dem Mischrohr, dem Düsenträger mit Fest- oder Regulierdüse, den perforierten keramischen Katalytplatten und dem Halterahmen für diese Platten. Das Brennergehäuse besteht aus Grauguß. Der Halterahmen ist aus doppelseitig alu-plattiertem Stahlblech hergestellt. Ebenso ein Prallblech, das im Inneren des Brennergehäuses befestigt ist. Der Düsenträger, die Düse und die Reguliernadel sind aus Messing. Die perforierten keramischen Katalytplatten werden eingekittet und mittels Halterahmen im Brennergehäuse gasdicht verankert. Die Luftansaugöffnung befindet sich bei diesem Brenner auf der zur Strahlungsfläche entgegengesetzten Seite. Auch werden Strahlbrenner hergestellt mit der Luftansaugöffnung auf der Strahlungsseite. Diese Konstruktion hat den Vorteil, daß man die Luftansaugöffnung als Kanal ausbilden und beliebig verlängern kann. Der Brenner ist rückschlagsicher, drosselbar und überlastbar eingebaut. Aus den Einzelbohrungen der keramischen Katalytplatten strömt das Gas-Luft-Gemisch und verbrennt an der Oberfläche vollständig. Hierdurch werden die Katalytplatten in etwa 1 bis 2 mm hellrotglühend. Man erzeugt damit eine langwellige infrarote Strahlung mit einer Wellenlänge von etwa 2,5 bis 3,5 μ. Die Bohrungen der Katalytplatten werden im Durchmesser so groß gewählt, daß keine Verstopfungen eintreten können. Die Katalytplatten bestehen aus einer Mischung von Silikaten, denen Ausbrennstoffe und Gasbildner zur Erzeugung feinstverteilter Poren zwecks Herabsetzung der Wärmeleitfähigkeit vor dem Brenner beigefügt sind. Ferner erhält die Mischung gewisse Metalloxyde, deren katalytische Eigenschaften sich vorteilhaft bei der Verbrennung des Gas-Luft-Gemisches auswirken. Die Energiedichte der Strahlung liegt bei 5 bis 7 kcal/cm² strahlender Fläche. Um be-

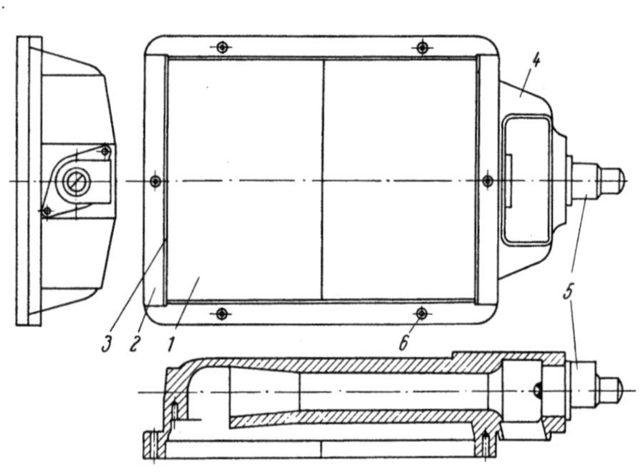

Abb. 74. Strahlbrenner (Fabr. Schwank)

1 keramische Katalytplatte, vierfach; *2* kurze Befestigungsbänder; *3* lange Befestigungsbänder; *4* Brennkörper mit Mischrohr; *5* Düsenträger; *6* Hohlnieten

stimmte Strahlungsarten zu erreichen, werden der strahlenden Fläche bestimmte Filter vorgeschaltet. Solche Strahler werden für die Verwendung verschiedener Gase in unterschiedlichen Größen gebaut.

Die Verwendung der Schwankstrahler erbrachte besondere Erfolge beim Trocknen kunstharzgebundener Kerne. Die Brenner ermöglichen einen schnellen Temperaturanstieg nach dem Einsatz des zu behandelnden Gutes. Die Strahlung ist gleichmäßig, intensiv und konzentriert sich auf eine Fläche.

Auf der Abb. 75 ist ein Trockenkanal dargestellt, der im oberen Teil mit Strahlern ausgebildet wurde. Nur bei flachem Trockengut, z. B. bei dünnen, flachen Kernen, genügt eine einseitige Bestrahlung von oben. Bei stärkeren Kernen muß die Strahlung von oben und von unten erfolgen. Der Strahlungstunnel ist so durchzubilden, daß eine allseitige Bestrahlung des Gutes erreicht wird. Zu beachten ist, daß nicht durch die Absorption des Transportrostes zu viel Energie verlorengeht. Der Transportrost sollte möglichst weitmaschig sein. Die Geschwindigkeit des Transportbandes muß regulierbar sein, damit verschieden starke Kerne mit verschiedenen Trockenzeiten getrocknet werden können. Beim Aufbau des Strahlungsfeldes ist auf möglichst gleiche Energiedichte zu achten. Allerdings können auch einzelne Felder mit verschiedener Energiedichte angeordnet werden, je nachdem wie es der Trocknungs- oder Erwärmungsvorgang erfordert. Der Trockenkanal wird mit blankpolierten Aluminiumblechen ausgekleidet, die die Infrarotstrahlen reflektieren und eine gute Streuung ergeben, so daß das Gut von allen Seiten angestrahlt wird. Die Verkleidung mit Aluminiumblechen ist gleichzeitig ein Ersatz für teure Isolierungen. Ein weiterer Vorteil der Strahlungstrockner besteht darin, daß die Strahlerabstände vom Trockengut und damit die Wandabstände der Öfen verschiebbar zu gestalten und dem jeweiligen Gut anzupassen sind.

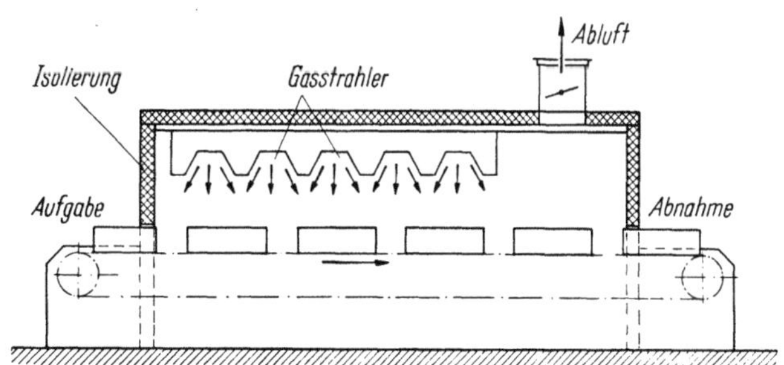

Abb. 75. Bandtrockner mit Infrarot-Strahlern

Zusammenfassung

Die Infrarottrocknung umfaßt z. Z. nur ein kleines Anwendungsfeld in der Trocknung von Kernen. Es lassen sich im allgemeinen nur kleine, nicht hinterschnittene Kerne wirtschaftlich und technisch mit Erfolg trocknen. In der Vortrocknung komplizierter kleiner Kerne hat sich das Verfahren in der Praxis jedoch gut bewährt.

Kerne, die mit sauerstoffverbrauchenden Kernölen gebunden sind, scheiden im allgemeinen wegen der zu kurzen Zeitdauer der nur dann wirtschaftlichen Trocknung aus. Bindemittel auf der Grundlage von Kunststoffen erhöhen wiederum die Kosten.

Die Trocknungsanlagen mittels Infrarotstrahlung gestatten jedoch eine saubere und leicht zu handhabende Bedienung.

Durch die Art der Strahlung lassen sich größere Wärmemengen als durch Leitung oder Konvektion in das Trockengut übertragen, jedoch muß der Trockenprozeß schnell ablaufen, wenn die Wirtschaftlichkeit des Verfahrens gewährleistet werden soll. Es ist nicht zu übersehen, daß der größeren übertragenen Wärmemenge ein erhöhter Energieverbrauch gegenübersteht.

Wie sich Kombinationen von Infrarottrocknung mit Hochfrequenztrocknung in der Praxis verhalten, steht noch nicht endgültig fest.

VII. Die Hochfrequenztrocknung

Die Hochfrequenztrocknung ist nur geeignet für Stoffe, die einen Dipolverlust oder eine kleine elektrische Leitfähigkeit aufweisen.

Besonders gut eignen sich Kunststoffe oder solche Bindemittel, bei denen nur Wasser verdampfen muß. Stärke- und Zellulose-Binder gehören hierher. Der dielektrische Verlustwert von Kernsandmischungen mit solchen Bindern ist hoch, worauf die schnelle Trocknung der Kerne zurückzuführen ist.

Die Mischung der Kerne ist so zu halten, daß sowohl die Grünstandfestigkeit (Stärkebinder u. a.) als auch die Festigkeit gesichert sind. Während Stärkebinder Biegefestigkeiten bis etwa 70 kg/cm² ergeben, erreicht man bei Zellulosebindern nur etwa 10 bis 15 kg/cm². Der Temperaturverlauf in einem zylinderischen Kern ist für eine Ofen- und eine Hochfrequenztrocknung in Abb. 76 zu finden.

Die Trocknung nach dem Hochfrequenzverfahren mit flüssigen Kunstharzbindern sei kurz beschrieben:

Der Trockenvorgang nach dem Hochfrequenzverfahren könnte in zwei Phasen aufgeteilt werden. Unter dem Einfluß der Erwärmung der Kerne entweicht zunächst das

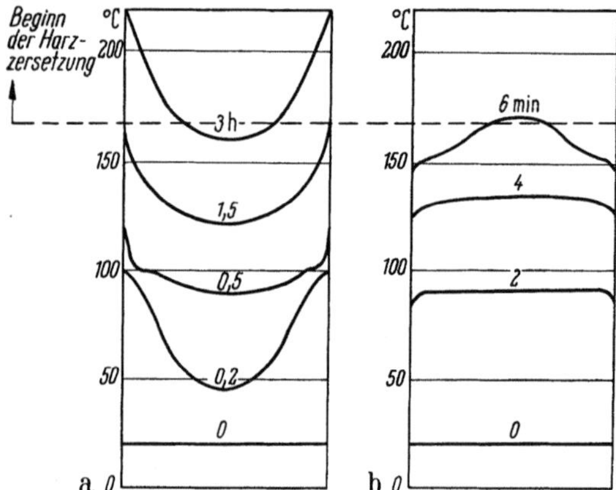

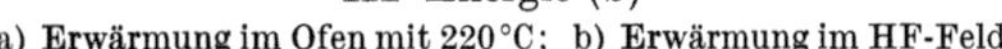

Abb. 76. Temperaturverlauf in zylindrischen Kernen bei Erwärmung durch Wärmeleitung (a) und durch HF-Energie (b)

a) Erwärmung im Ofen mit 220 °C; b) Erwärmung im HF-Feld

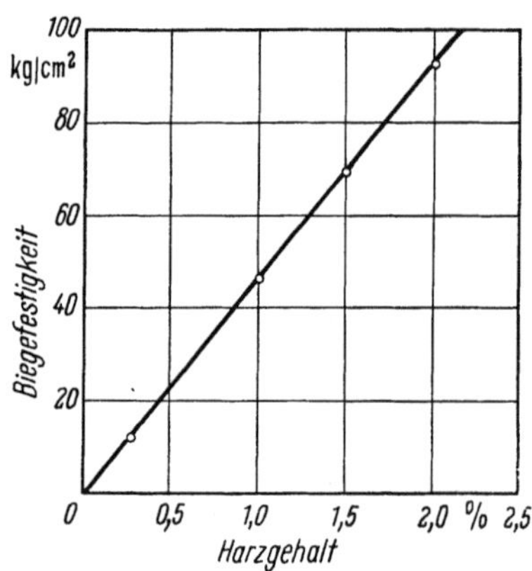

Abb. 77. Biegefestigkeit in Abhängigkeit vom Harzgehalt bei 0% Grünstandbinder und 4% Wasser

Wasser in Dampfform, alsdann tritt die Trocknung des Kernes ein, indem die Polymerisation des Kunstharzes stattfindet. Es werden verschiedene Kunstharzbinder für die Kerne verwandt, die der Trocknung im Hochfrequenzverfahren unterworfen werden. Die Kunstharzbinder sind besonders für das Hochfrequenz-Trockenverfahren entwickelt worden. Es handelt sich insbesondere um Karbamid-, Phenol-, Harnstoff- und Melaminharze und viele andere mehr. Kernsandmischungen mit Kunstharzen allein ergeben wohl hohe Trockenfestigkeiten (etwa 100 kg/cm²), aber eine sehr geringe Grünstandfestigkeit (Abb. 77). Um die gewünschte Grünstandfestigkeit zu erreichen, werden sie fast ausschließlich mit Quellbindern vermischt.

In den Konvektionstrocknern und auch bei Kernen, die der Infrarottrocknung unterworfen werden, dringt die Wärme allmählich von außen her in das Innere der Kerne ein. Im Hochfrequenzfeld wird durch Ausnutzen der dielektrischen Eigenschaften der Kernmasse die Wärme zum Trocknen im Kern selbst erzeugt. Das in den Kernsandmischungen angesetzte neben Kunstharzbindern enthaltene Wasser sorgt für die zur Hochfrequenztrocknung erforderlichen dielektrischen Eigenschaften. Ohne diese Eigenschaften wäre die Hochfrequenztrocknung nicht möglich. Der Kernsand selbst nimmt kaum Hochfrequenzenergie auf, während die Wassermoleküle einen ausgesprochenen dipolaren Charakter aufweisen. Nach dem Verdunstungsvorgang des Wassers wird somit keine Energie mehr aufgenommen. Das zeigt sich an den von WALTER aufgenommenen Stromaufnahmekurven und dem Temperaturverlauf längs der Zeit (Abb. 78 u. Abb. 3).

Im Gegensatz hierzu stehen die Ölsandkerne, denen gewöhnliche Ölbindermittel zugesetzt werden. Sie erfordern eine hohe Ofentemperatur und viel Zeit für das Oxydieren. Der Ölbinder wird nicht sofort nach Erreichen seiner Ausbacktemperatur hart, sondern er muß eine relativ lange Zeit auf dieser Temperatur gehalten werden, damit sich der Verharzungs- und Oxydationsprozeß vollziehen kann. Die Ölbindermittel als auch der Sand haben keine dielektrischen Verluste, infolgedessen sind sie für das Hochfrequenzverfahren ungeeignet.

Nach WALTER ist die Hochfrequenzleistung für den stündlichen Kerndurchsatz D durch den folgenden Ausdruck bestimmt:

$$N = D(T_2 - T_1) \cdot c + \frac{a}{100} \cdot r \text{ kW}.$$

Darin ist N die wirksame Hochfrequenzleistung in kW, D das Durchsatzgewicht in einer Stunde in kg/h, T_1 die Anfangstemperatur, T_2 die Endtemperatur der Kerne in °C, c die spezifische Wärme der Kerne (rund 0,2 kcal/kg °C), a der Feuchtigkeitsgehalt in % und r die spezifische Verdampfungswärme des Wassers (540 kcal/kg). Um die Stromkosten gering zu halten, müssen also Binder verwendet werden, die eine geringe Trockentemperatur nötig haben, und dann soll dazu die Bindemittelmenge möglichst klein gehalten werden können. Kunststoffe z. B. benötigen eine Härtetemperatur von 120 bis 140 °C.

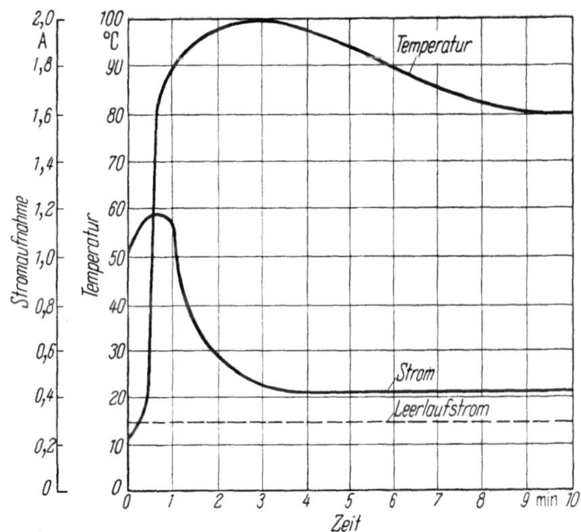

Abb. 78. Stromaufnahme und Temperaturverlauf bei einem Quellbinderkern in Abhängigkeit von der Zeit

Im Hochfrequenzverfahren wird zwischen zwei Elektroden (s. Abb. 2) ein elektrisches Wechselfeld erzeugt, das die notwendige Energie für die kapazitive Erwärmung des Werkstückes liefert. Für die kapazitive Erwärmung sind alle elektrischen nichtleitenden Stoffe mit Ausnahme der Hochfrequenzisolierstoffe selbst geeignet. Das zwischen den Elektroden gebildete hochfrequente Wechselfeld verursacht in den Molekülen der Kernmasse eine Erhöhung der Molekularbewegung. Diese Molekularbewegung erzeugt infolge der Reibung zwischen den Molekülen über den gesamten Querschnitt der Kerne Wärme, so daß die Feuchtigkeit aus den Kernen ausgetrieben wird und die Erhärtung des Kernes eintritt. Infolge dieses Vorganges steigt die Temperatur sehr rasch auf 100 °C bis 120 °C an. Sobald aber das Wasser verdampft ist und das Bindemittel die Erhärtung des Kernes herbeiführte, fällt die Temperatur langsam ab. Bei dem Hochfrequenz-Trockenvorgang regeln die Kerne also die Temperatur selbständig, da nach der Aushärtung und der erfolgten Wasserverdampfung keine Energie mehr aufgenommen wird, wenngleich die Kerne noch weiter im Hochfrequenzfeld verbleiben. Eine Übertrocknung der Kerne erfolgt infolgedessen nicht, Verbrennungen können nicht auftreten, außerdem ist die Hochfrequenztrocknung wirtschaftlich, da nur so lange Energie verbraucht wird, wie sie wirklich benötigt wird.

WALTER hat den Temperaturverlauf in einem Kern in Abhängigkeit von der Zeit dargestellt (Abb. 79). Die Temperatur liegt verhältnismäßig tief. Somit ist diese Art der

Trocknung allen anderen Verfahren überlegen, da z. B. Kunststoffkerne in 20 sek bis 5 Min. je nach Masse um 100 °C getrocknet werden können.

Bei gleichmäßiger Feldverteilung ist auch die Erwärmung an allen Stellen im Kern gleichmäßig, unabhängig von der Größe der Kerne. Da die Wärme nicht von außen in den Kern hineintransportiert zu werden braucht, hat die geringe Wärmeleitfähigkeit, die bei anderen Erwärmungsverfahren zu langen Trocknungszeiten führt, ihren Einfluß auf die Trocknungszeit verloren. Die Temperatur steigt an allen Stellen im Kern nahezu gleichmäßig bis zu 100 °C, wo das verdampfende Wasser den Wert eine Weile festhält. Der hinausströmende Wasserdampf transportiert dabei zu gleicher Zeit zusätzlich etwas Binder nach außen, der sich nun an der Oberfläche anreichert. Die Oberflächen werden somit härter, während das Innere weicher wird. Der Kern erhält trotz großer Oberflächenhärte hervorragende Zerfalleigenschaften, die insbesondere bei warmrißanfälligen Gußstücken bedeutende Vorteile bringen.

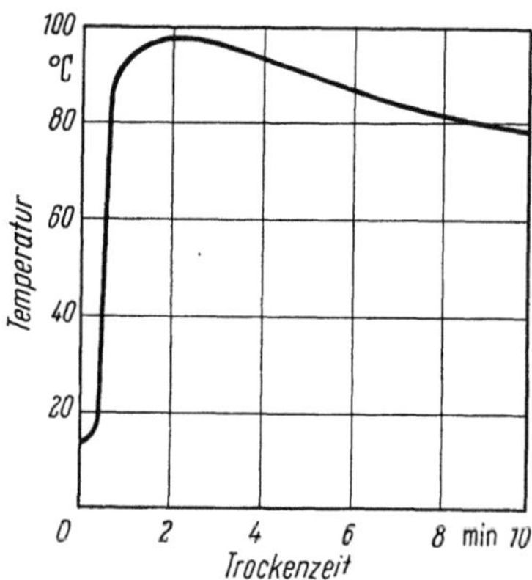

Abb. 79. Temperaturverlauf in einem Kern in Abhängigkeit von der Zeit

In vielen Fällen kann man sich das Besprühen der Kerne — was denselben Effekt hervorruft — ersparen. Ist das Wasser einmal verdampft, dann sinken die dielektrischen Verluste, die Erwärmung geht langsamer vor sich, und die Temperatur läuft einem Endwert zu. Treibt man die Temperatur durch eine außergewöhnliche Feldstärke höher, dann zersetzt sich der Binder im Innern des Kernes. Bei Einhaltung der normalen Feldstärken treten innerhalb des Kernes keine großen Temperaturdifferenzen auf. Spannungen innerhalb des Kernes, die zu Rissen und Sprüngen Anlaß geben können, werden vermieden.

Auf nebenstehender Abb. 80 sind zwei Kerne dargestellt, wobei der Kern *a* der Wärmezufuhr von außen ausgesetzt war, während der Kern *b* diese Wärmezufuhr von innen (Hochfrequenz-Erwärmung) erhielt. Der Kern *a* hat seine Oberflächenhärte verloren, während der Kern *b*, der einer außergewöhnlichen Feldstärke ausgesetzt war, die Oberflächengüte erhielt. Der Zerfall beginnt von innen. Ein solcher Kern besitzt daher besonders gute Zerfalleigenschaften.

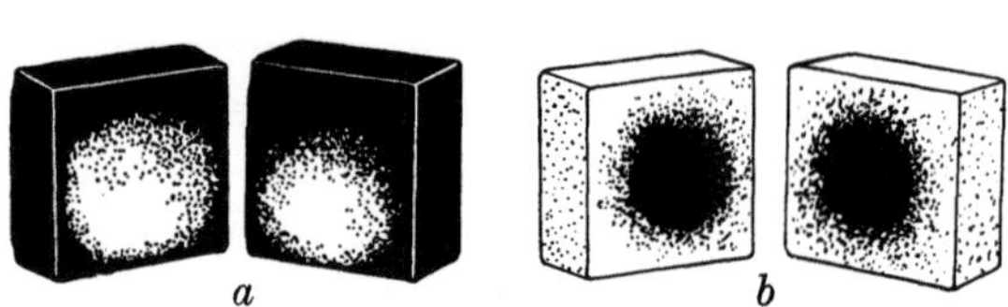

Abb. 80. Überheizte Kerne (im Schnitt) bei den beiden Wärmezufuhrverfahren

a Wärmezufuhr von außen. Der Kern hat seine Oberflächenhärte verloren. *b* Wärmezufuhr von innen (HF-Erwärmung). Die Oberflächengüte bleibt erhalten. Der Zerfall beginnt von innen. Ein solcher Kern besitzt besonders gute Zerfalleigenschaften

Da bei dem Hochfrequenz-Trockenverfahren die Wärmeentwicklung direkt im Kern erfolgt und keine Zusatzteile aufgewärmt zu werden brauchen, ist der Energieverbrauch denkbar gering. Die Energieaufnahme ist nahezu proportional der Beschickungsmenge, zumal die Leerlaufverluste sehr tief liegen. Abgesehen von den kurzen Anheizzeiten der Röhren, die zwischen 3 und 5 Minuten liegen, sind die Hochfrequenz-Trockenanlagen jederzeit betriebsbereit. Die gewünschte Leistung eines Hochfrequenztrockners ergibt sich aus dem gewünschten Durchsatz und der Trocknungszeit. Ist c die mittlere spezifische Wärme des Kernes, M die zu erwärmende Kernmasse und ΔT die notwendige Temperaturerhöhung, dann ist zur Erwärmung eine Wärmemenge

$$Q_c = M \cdot c \cdot \Delta T$$

erforderlich. Hierzu kommt die zur Verdampfung des Wassers erforderliche Wärmemenge. Bei einem Wassergehalt von 5% macht sie z. B. ein Drittel der gesamten erforderlichen Wärmemenge aus. Wenn a den prozentualen Gewichtsanteil des Wasserzusatzes darstellt und r als Verdampfungswärme eingesetzt wird, dann ist

$$Q_v = M \cdot r \frac{a}{100}.$$

Da die erforderliche Wärme $Q_c + Q_v$ mit einer Leistung N in einer Zeit Δt aufgebracht werden muß, erhält man als erforderliche Leistung für eine Anlage

$$N = \frac{M}{\Delta t}\left(c \cdot \Delta T \cdot r \cdot \frac{a}{100}\right).$$

$\frac{M}{\Delta t}$ ist dabei die Durchsatzmenge pro Zeiteinheit, von der man aus betrieblichen Gründen normalerweise ausgeht. Aus der Durchlaufzeit Δt, die nicht beliebig variiert werden kann, und der Elektrodenlänge l ergibt sich die Bandgeschwindigkeit von $v = \frac{l}{\Delta t}$.

Bei einem vorgesehenen Generator mit einer bestimmten Leistung liegt die mögliche Durchsatzmenge ziemlich fest, sofern es nicht gelingt, einen Binder mit einer niedrigeren Aushärtetemperatur zu finden oder den Wassergehalt im Grünkern herabzusetzen.

Die Leistung eines Generators ist in erster Linie begrenzt durch die verwendete Röhre. Die vom Behandlungsgut aufgenommene Leistung ist abhängig vom mittleren Verlustfaktor tg δ im Kondensatorfeld. Zwischen der Elektrodenspannung U, der Frequenz f und der Kapazität C des Kondensators besteht die bekannte Beziehung: $N = U^2 \cdot 2\pi \cdot f \cdot C \cdot \text{tg}\,\delta$, mit deren Hilfe die erforderliche Elektrodenspannung abgeschätzt werden kann.

Zweckmäßigerweise wählt man für eine Fließbandtrocknung eine Durchlaufzeit, die einen möglichst breiten Feldstärkenbereich zuläßt. Bei der Zeit von 5 Minuten ergibt sich in vorstehender Betrachtung für die Feldstärke in Luft E_L (Elektrodenspannung/Elektrodenabstand) ein Bereich von rund 0,95 bis 1,5 kV/cm, in dem eine hinreichende Festigkeit erzielt wird. Entscheidend ist aber die Feldstärke im Kern (E_k) selbst, die sich je nach dem Feuchtigkeitsgrad unterschiedlich verhält. Rechnet man mit einem homogenen Feld und einem getrocknetem Kern, dann ergibt sich in vorgeschildertem Beispiel ein zulässiger Feldstärkenbereich von $E_k = 0{,}45$ bis 0,8 kV/cm. Das ist ein relativ großer Spielraum.

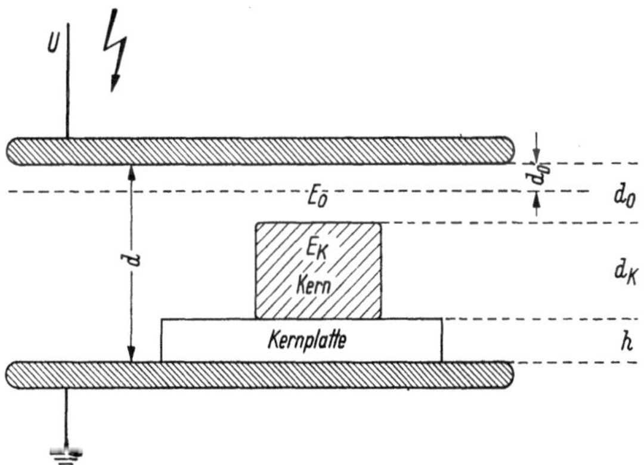

Abb. 81. Zum Ausgleich der Feldstärken bei verschiedenen Kernhöhen verwendet man metallische Kernplatten, die zur Vermeidung einer Kondensation des verdampften Wassers Holzfaserplatten als Auflage besitzen

Hätte man eine Dielektrizitätskonstante von $\varepsilon = 1$ im Kern, dann würde unabhängig von der Kernhöhe in jedem Kern die gleiche Feldstärke herrschen. Da man mit $\varepsilon = 2{,}25$ zu rechnen hat, ist ein gewisser Ausgleich in der Höhe notwendig, sofern man stets gleiche Ergebnisse wünscht und eine Anlage optimal ausnutzen will. Durch Kernplatten aus Aluminium, die mit Holzfaserplatten belegt sind, um Kondensation von Wasser und auch Wärmeableitung zu vermeiden, läßt sich ein Höhenausgleich leicht bewerkstelligen. In erster Annäherung kann man mit einer homogenen Feldverteilung bei dem Wert $\varepsilon_k = 2{,}25$ und bei einer gleichmäßigen Beschickung rechnen. Unter dieser Voraussetzung sind die Verschiebungsdichten im ganzen Feld konstant.

Aus Abb. 81 läßt sich ohne weiteres ablesen, wie mit drei verschiedenen Kernplattenhöhen der Feldstärkenausgleich vorgenommen werden kann, so daß keine Schwierigkeiten mehr für eine Trocknung am Fließband bestehen. Selbst bei unterschiedlichen Kernhöhen kann so die optimale Kernfestigkeit erzielt werden.

Hat man also einmal, ausgehend von dem gewählten Kernsandgemisch, den optimalen Feldstärkenbereich nur an Hand der vorhandenen Anlage die verschiedenen Kernplattenhöhen festgelegt, dann bedarf es bei der Fertigung keinerlei weiterer Anpassungsüberlegungen.

In den meisten Fällen erübrigt sich eine zusätzliche Oberflächenbehandlung, da bei der Hochfrequenztrocknung ein beachtlicher Teil des Bindemittels an die Oberfläche getrieben wird. Zuweilen besprüht man den Kern mit Wasser oder einer wäßrigen Harzlösung und ruft damit eine besonders gute Oberflächenglätte hervor.

Die Hochfrequenztrockenanlagen bestehen aus dem eigentlichen Trockenkanal mit Förderband, dem Hochfrequenzgenerator und dem Gleichrichter. Der Gleichrichter umfaßt einen Hochspannungstransformator, die Gleichrichterröhren und die dazugehörigen Steuerelemente. Im Gleichrichter wird Drehstrom von 3×380 Volt 50 Hz in hochgespannten Gleichstrom umgeformt, und damit die Generatorröhre gespeist.

Der Hochfrequenzgenerator formt den hochgespannten Gleichstrom in Wechselstrom mit einer Frequenz von 10 bis 50 MHz um. Je nach Größe der Anlage werden Generatorröhren von 5 bis 100 kW Hochfrequenzleistung verwendet. Im Trockentunnel werden zwei Behandlungselektroden angeordnet, zwischen denen die Kerne auf einem Transportband durchgeführt werden. Die Hochfrequenzenergie wird den Elektroden des Trockenkanals zugeführt. Das zwischen den Elektroden gebildete hochfrequente Wechselfeld führt eine Erhöhung der Molekularbewegung der Moleküle der Kernmasse herbei und trocknet die Kerne wie bereits beschrieben. Die Geschwindigkeit des Förderbandes ist regelbar, so daß mit verschiedenen Trockenzeiten gearbeitet werden kann.

Da verschieden starke Kerne anfallen, ist der Elektrodenabstand einstellbar angeordnet. Hierdurch ist die Möglichkeit gegeben, das elektrische Feld dem Behandlungsgut genau anzupassen. Von Vorteil ist ferner, daß der Trockner keine Anheizzeit benötigt, sondern daß nach Inbetriebnahme der Anlage innerhalb 1 Min. Kerne getrocknet werden können. Für die Absaugung des bei der Trocknung entstandenen Wasserdampfes ist ein Lüfter vorgesehen, der den Abdunst ins Freie fördert. Es wird hierdurch verhindert, daß die Bedienungsleute von dem beißenden Geruch belästigt werden, ferner wird hierdurch erreicht, daß sich der Dampf nicht an kalten Ofenteilen, insbesondere an den Elektroden, als Kondenswasser niederschlägt. Metallische Kernstützen können bei der Herstellung der Kerne verwandt werden, solange diese parallel zur Auflagefläche liegen, also senkrecht zu den elektrischen Feldlinien. In diesem Fall treten keine Nachteile auf. Werden die Kernstützen allerdings senkrecht angeordnet, d. h. parallel zu den Feldlinien, so führen derartige Metallstützen zu einer elektrischen Verbindung zwischen der oberen und unteren Behandlungselektrode. Dies kann unter Umständen zu Kurzschlüssen oder Überschlägen führen. Wenn senkrechte Kernstützen notwendig werden, so sollte man diese aus Holz, Keramik oder ähnlichem Material herstellen.

Die bisher bei der Kerntrocknung gebräuchlichen Kernplatten aus Eisen oder Metall sind für die Hochfrequenztrocknung der Kerne ungeeignet. Es schlägt sich besonders an den Kernauflageflächen als Folge der schnellen Trocknung der ausgetriebene Wasserdampf nieder. Das Aushärten des Kernes in dieser Zone wird dadurch verhindert. Wenn auf die Kernplatten aus Eisen nicht verzichtet werden kann, so sollten diese Platten mit einer Auflage aus Holzfaserstoff versehen werden. Auch sind die Metalltrockenschalen für die Hochfrequenztrocknung nicht geeignet.

Die Kerne würden an der Schale festkleben oder nicht trocknen. Bei hohen Produktionsziffern solcher Kerne hat man deswegen Kunststofftrockenschalen eingesetzt, über die Seaman u. Morrison berichten. Danach bleiben die Kerne in einer Schalenhälfte und durchlaufen so den Ofen. Die Vorteile dieses Verfahrens, die Fertigungskosten für die Schalen selbst, ihre Beziehungen zur Stückzahl, die Zeitersparnis durch den Wegfall der Vorwärmung der Schalen werden ebenfalls angeführt. Man kann auch Kunststoffmischungen als Kernunterlagen verwenden. Trockenschalen oder auch Trockenplatten kann man auch mittels Holzfaser, Sägespänen oder Kunstharz herstellen. Volumenänderungen treten bei dieser Art der Auskleidung nicht auf. Das Schwärzen der Kerne kann entfallen. Günstig sind Sprühüberzüge aus geeigneten meist wässerigen Kunststoffmischungen. Damit wird die Abriebfähigkeit wesentlich verbessert. Auch Zirkonschichten haben sich gut bewährt. Das Transportband der Hochfrequenz-Kerntrockenanlagen, auf dem die Kerne in den Trockner gebracht werden, dient gleichzeitig als geerdete Elektrode. Es ist notwendig, daß sich zwischen dem Kern und der auf HF Potential liegenden Elektrode ein Luftspalt befindet, andernfalls können elektrische Überschläge die Kerne beschädigen. Die Dielektrizitätskonstante von Kernen liegt zwischen $_{2\,\mathrm{rel}} = 2$ bis 7, diejenige von Luft $_{1\,\mathrm{rel}} = 1$. Damit ergeben sich bei einem konstanten Abstand der Elektroden große Feldstärkenwerte für verschieden hohe Kerne. Maßgebend für die im inneren entstehende Temperatur ist bei gegebenen dielektrischen Werten lediglich die vorhandene Feldstärke. In Abb. 82 sind die Beziehungen zwischen der Feldstärke in Abhängigkeit der Kernhöhe a_2 zum Elektrodenabstand D dargestellt.

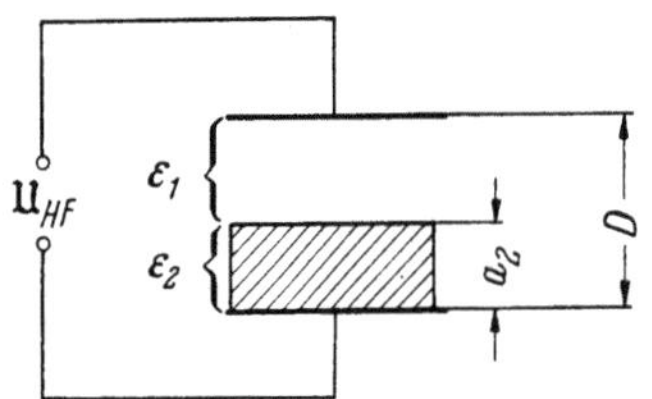

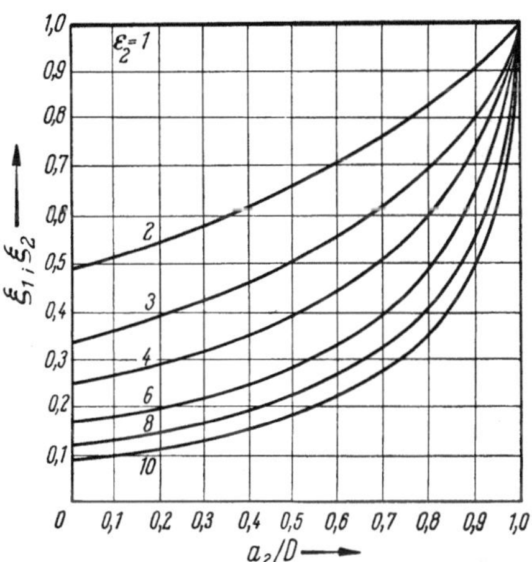

Abb. 82. Feldstärkenverlauf ξ_2/ξ_1 in Abhängigkeit der Kernhöhe a_2 zum Elektrodenabstand D

Da nun die Feuchtigkeit des Gutes durch den Trockenvorgang sinkt, nimmt auch die Dielektrizitätskonstante ab. Damit ist die Gleichmäßigkeit der Durchtrocknung auch verschieden hoher Kerne im Grenzwerte von $a_2/D = 0{,}1$ bis 0,6 gesichert, ohne daß eine Änderung des Elektrodenabstandes notwendig wäre. Auch eine Verlängerung der Trockenzeit ist somit nicht notwendig. Bei größerer Kernhöhe etwa $a_2/D = 0{,}6$ bis 0,9 wird jedoch die gleichzeitige Trocknung unterschiedlich hoher Kerne eingeschränkt. Entscheidend für die Art der HF Trocknung sind möglichst gleichmäßige Kerne kleineren Formats. Das Verfahren eignet sich vor allem für Blaskerne. Große Stückzahlen sind eine weitere Voraussetzung. Auch die Art des Bindemittels ist festgelegt. Der größte Kostenfaktor ist die Anschaffung des Ofens. Die Betriebskosten sind unter den obigen Voraussetzungen günstig und lassen eine erhebliche Kostenersparnis zu. Die Leistung wird u. a. für 20 kW für je 500 kg und eine Arbeitsstunde angegeben. Betriebssicher sind Anlagen mit HF-Spannungen von 30000 V und einer Frequenz von 15 MHz. Seaman und Morrison geben Spannungen um 75000 V bei der gleichen Frequenz an.

Nicht unerwähnt soll bleiben, daß die Steuer- und Bedienungselemente sowie Meßgeräte der Anlage übersichtlich in einem Schaltschrank angeordnet werden. Bei unsachgemäßer Bedienung der Hochfrequenztrockenanlage treten automatisch Schutzvorrichtungen in Tätigkeit, welche die gesamten Anlagen abschalten.

Die Netzaufnahme der Hochfrequenztrockenanlage ist praktisch proportional der Beschickungsmenge. Für die Trocknung von 1 kg Kernmasse mit einem Wassergehalt von 4% wurden etwa 80 kWh Netzenergie benötigt. Somit errechnet sich bei einem kWh-Preis von 0,10 DM für die Trocknung von 1000 kg Kernen etwa 8,— DM an Trocknungskosten. Die Trocknungskosten erscheinen niedrig im Vergleich zu den Konvektionstrocknern.

In den Abb. 83 und 84 ist eine kleine HF-Anlage mit einem 5-kW-HF-Generator und einer Durchsatzleistung von 110 kg Kerne je Arbeitsstunde festgehalten. Sie sind betriebssicher und unter obigen Voraussetzungen auch wirtschaftlich, erlauben ein sauberes Arbeiten und ergeben gute und gleichmäßige Kerne.

Die Ausschußgefahr, die bekanntlich bei kompliziertem Guß durch die Kerne beachtlich groß sein kann, wird durch auf solche Art hergestellter Kerne wesentlich eingeschränkt.

Besonders auffällig sind bei den kleinen Zusätzen an Bindern die geringen Gaszahlwerte. Damit ist auch ein ruhiges Gießen und ein gutes Ausleeren gesichert. Die Öfen sind durchweg Tunnel-Öfen. Geeignete Abschirmgeräte sichern elektrische HF-Störungen. Die Elektroden selbst sind parallel zum Gurtband angeordnet. Letzteres stellt die Gegenelektrode her. Weitere Einzelheiten sind der angegebenen Literatur zu entnehmen. Interessant ist noch ein Blick auf die aus der Praxis angegebene Wirtschaftlichkeit. Nach Walter sind die Bindemittelkosten niedriger als bei üblicher Trocknung von Ölkernen.

Abb. 83. Blick in den Behandlungsraum einer 60-kW-HF-Kerntrockenanlage (Seitenwand abgenommen)

Abb. 84. Kerntrockenanlage mit zwei 30-kW-HF-Generatoren, Durchsatzleistung etwa 1300 kg Kerne pro Stunde

Es wird angegeben, daß Kerne mit besonders hohen Biegefestigkeiten 4,— bis 6,— DM und bei solchen mit etwas geringeren Biegefestigkeiten mit 2,50 bis 4,— DM und bei normalen Kernbeanspruchungen mit 1,50 bis 2,50 DM Bindemittelkosten je 100 kg Kernsand gerechnet werden muß. Walter gibt auch an, daß in einer Armaturengießerei die Kernmachergruppe von 9 auf 5 Mann reduziert werden konnte. Gleichzeitig konnte aber der Kernausschuß bei Einsatz von Schießmaschinen und von geeigneten Transportanlagen um 20% verringert werden. Die Trocknung von 1000 kg Kernen benötigt bei einer Temperaturhöhe von 120 °C und einer Feuchtigkeit der Kerne von 3% aus dem Netz 85 kWh.

In einem Beispiel gibt WALTER an, daß für 1000 kg Kerne die Trockenkosten bei Einsatz eines

Koks-Kammerofens ~ DM 17,— HF-Trockenofens ~ DM 8,—

ermittelt wurden.

Literatur

[1] CERBE, G., u. H. MONSTADT: Gießerei 45 (1958) S. 143. — [2] DERLON, H., u. C. RAUH: Gaswärme 1957. — [3] EISERMANN, F.: Gießerei 46 (1959) S. 336. — [4] HOEG, W.: Gießerei 46 (1959) S. 81. — [5] SEAMAN, M., u. Ph. L. MORRISON: Foundry 86 (1958) Nr. 3, P. 84. — [6] BANDOW, K., u. R. RITTER: Gießerei 47 (1960) S. 362. — [7] WIRTA, K.: Gießerei 42 (1955) S. 49. — [8] WALTER, E.: Gießerei 44 (1957) S. 316. — [9] EDER, TH.: Gießerei 47 (1960) S. 62. — [10] BUSCH, H.: Gießerei 42 (1955) S. 187. — [11] SCHNEIDER, E.: Gießerei 45 (1958) S. 167. — [12] LYKOW, A. W.: Experimentelle und theoretische Grundlagen der Trocknung. Berlin: Verlag Technik 1955. — [13] HERBERT, H.: Referat Fonderie 69 (1958) S. 2659; Arbeiten des Centre Technique.

Verschiedenes: EKHARDT, H. J.: Forschungsbericht des Wirtsch.- u. Verkehrsministeriums NRW, Nr. 642. — KÜPPER, S.: Gießerei 46 (1959) S. 797. — SCHUBERTH, C. E.: Foundry 83 (1955) S. 128; Gießerei 44 (1957) S. 200. — ROLL, F.: Gas in Gewerbe u. Industrie, Abschn. 3.g. — SYSOJEW, S. J.: Gießerei 41 (1954) S. 113. — JUNG, W.: Gießerei 41 (1954) S. 493.

Das Eindringen flüssiger Metalle in die Oberfläche von Formstoffen

Von **W. Häfner**, Düsseldorf

Mit 32 Abbildungen

Das Eindringen flüssiger Metalle in die Oberflächen keramischer Formstoffe — auch Infiltration, Penetration und Intusion genannt — beruht auf physikalischen, physikalisch-chemischen und chemischen Wechselvorgängen an der Berührungsstelle von Metall und Formwand. Ihre Folgeerscheinungen sind Vererzungen, d. h. also eine Verminderung der Oberflächengüte der Gußstücke. Ihre Beseitigung erfordert einen hohen Aufwand an Putz- und Bearbeitungskosten, so daß der wirtschaftliche Wert des Abgusses sinkt.

Die wichtigsten Faktoren, welche in Wechselwirkung untereinander einen Einfluß auf die Bildung von Infiltrationen ausüben, sind in Abb. 1 dargestellt. Da sich die Vorgänge in der Hauptsache an der Berührungsfläche Formstoff — flüssiges Metall abspielen, ist es notwendig, zunächst über den Zustand dieses Bereiches während des Gießens zu berichten.

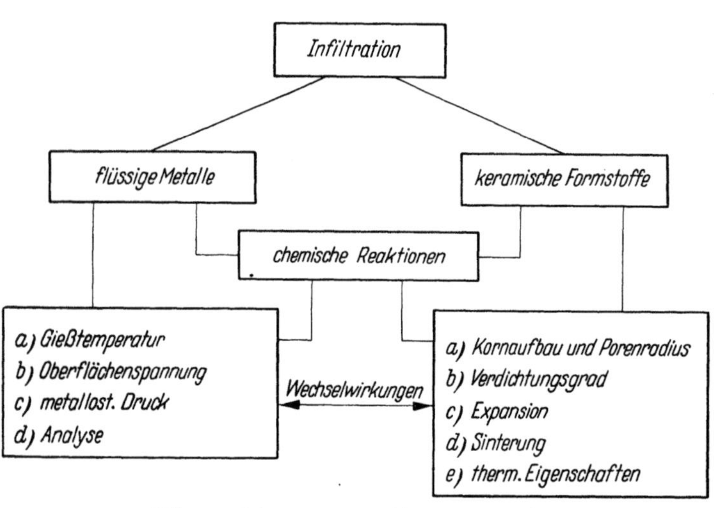

Abb. 1. Faktoren zur Bildung von Infiltrationen

Berührt ein über die Liquidustemperatur hinaus erhitztes Metall während des Gießens eine wesentlich kältere Formwand, so wird es infolge des starken Temperaturunterschiedes abgeschreckt. Es bildet sich an dieser Stelle eine dünne erstarrte Schicht. Steigt jedoch die Masse des flüssigen Metalls und somit sein Wärmevolumen weiter an, so wird die Schale wieder aufgeschmolzen, und zwar so lange, bis sich an der Kontaktstelle endgültig die Solidustemperatur eingestellt hat. Dieser Zustand ist von besonderer Wichtigkeit, da während des Zeitraums der flüssigen Phase z. B. durch Einwirkung des metallostatischen Drucks eine Penetration erfolgen kann. Es ergibt sich somit die wichtige Erkenntnis, daß neben der Temperatur auch die Zeit von Bedeutung ist, während der für eine Penetration notwendige Wechselwirkungen ablaufen können. Praktische Versuche mit Stahlguß haben gezeigt [*1* bis *4*], daß je nach dem Wärmeinhalt der flüssige Zustand des Metalls an der Berührungsstelle mit dem Formstoff über eine Minute erhalten bleiben kann. Abb. 2 gibt die Ergebnisse von Temperaturmessungen nahe der Oberfläche einer Form während des Gießens und der darauf folgenden Zeit wieder, die Emmons und Bach [*4*] durchführten. Wenn auch keine exakten Untersuchungen an der Kontaktstelle selbst durchgeführt wurden, so läßt doch der Verlauf der Kurven auf ein Erreichen der Liquidustemperaturen nach verhältnismäßig kurzer Zeit schließen.

Der zeitliche Ablauf der Infiltration während des flüssigen Zustandes des Metalles an der Kontaktstelle wurde ebenfalls von EMMONS und BACH [4] mit Hilfe elektrischer Kontakte in gewissen Abständen von der Formoberfläche erforscht. So wurden die Kontakte bei einem 2 t schweren Zahnrad bei 6 mm Abstand nach 9 Minuten, bei 12 mm nach 12 Minuten und bei 18 mm nach 14 Minuten, hierbei allerdings nur schwach angedeutet, geschlossen. Bei einem 0,9 t schweren Rad betrug der zeitliche Ablauf entsprechend den genannten Entfernungen von der Oberfläche 6, 8 und 16 Minuten. Auf Grund der Tatsache, daß in solchen Tiefen und nach einer verhältnismäßig langen Zeit, in welcher der Stahl an der Berührungsstelle nicht mehr flüssig sein kann, dennoch Penetrationen auftreten, gelangte man zu der Annahme, daß chemische Reaktionen stattgefunden haben.

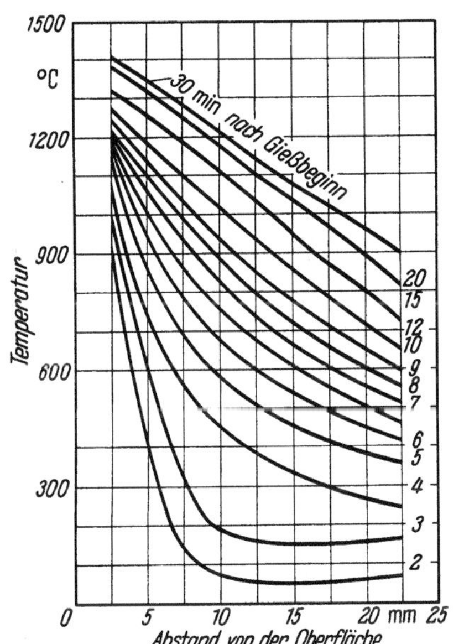

Abb. 2. Temperaturen in verschiedenen Abständen von der Oberfläche in Abhängigkeit von der Zeit nach Gießbeginn (nach EMMONS und BACH)

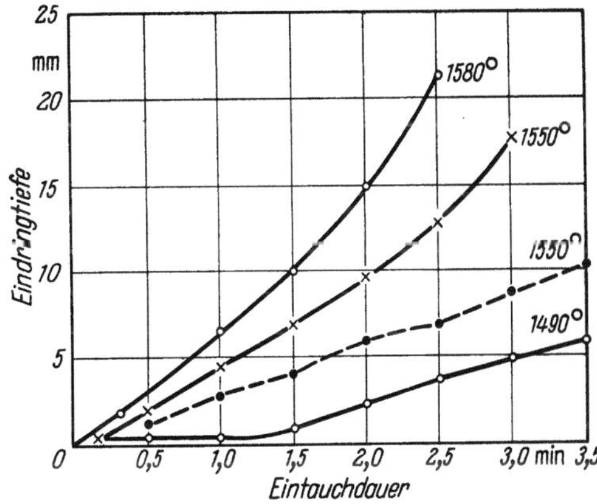

Abb. 3. Eindringtiefe des Stahls in Abhängigkeit von der Eintauchdauer bei verschiedenen Temperaturen und konstantem Druck von 300 mm Stahlsäule (nach PETTERSON)

PETTERSON [5] gewann über die Eindringtiefe von Stahl bei konstanten Druckverhältnissen durch Eintauchen von Formsandproben in die Schmelze verschiedener Temperaturen Erkenntnisse, die in Abb. 3 dargestellt werden. Obwohl durch das Eintauchen von Probekörpern die tatsächlichen praktischen Verhältnisse nicht erreicht werden können, ergeben sie doch Werte, die durchaus vergleichbar mit denen der Praxis sind.

Temperatur und metallostatischer Druck allein verursachen noch keine Infiltrationen. Da die Formstoffe Poren von sehr kleinen Querschnitten aufweisen, gelten für sie in Verbindung mit einer Flüssigkeit die Gesetze der Kapillarität. In Hinblick auf den Kontakt Formstoff — flüssiges Metall tritt infolge der nichtbenetzenden Eigenschaft Kapillardepression ein. Um eine Penetration zu erreichen, müssen zunächst die Kapillarkräfte überwunden werden. Der dazu erforderliche Druck p ist abhängig von:

der Oberflächenspannung des flüssigen Metalls σ in Dyn/cm,
dem Berührungswinkel Θ zwischen Metall und Formstoff sowie
dem Kapillarradius — in diesem Fall der Porenradius — r in cm.
Daraus ergibt sich die Formel:

$$p = \frac{-2\sigma \cdot \cos\Theta}{r} \; [\text{Dyn} \cdot \text{cm}^{-2}]. \tag{1}$$

Im folgenden sollen die einzelnen Größen der Gleichung näher betrachtet werden:

Die Angaben der Oberflächenspannung flüssiger Metalle sind in der Literatur sehr begrenzt anzufinden, da ihre Bestimmung auf große Schwierigkeiten stößt. Atterton und Houseman [6] fanden eine Beziehung zwischen der Oberflächenspannung flüssiger Metalle und deren Atomvolumen, die in Abb. 4 gezeigt wird. Mit fallendem Atomvolumen nimmt die Größe der Oberflächenspannung zu, welche für alle technischen Gußwerkstoffe, insbesondere diejenigen auf der Basis des Eisens und der Schwermetalle, hinsichtlich der Gießeigenschaften in bezug auf Formsande günstig hohe Werte erreicht. Da es sich bei dieser Darstellung nur um reine Metalle handelt, ist es bezüglich der Fe—C-Legierungen von Interesse, daß Kozakevich und Mitarbeiter [7] durch quantitative Bestimmungen die Gleichung

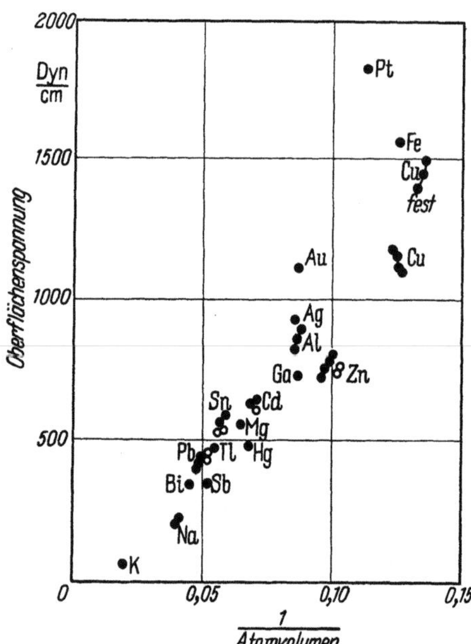

Abb. 4. Oberflächenspannung flüssiger Metalle in Abhängigkeit zu den reziproken Werten ihrer Atomvolumen (nach Atterton u. Mitarb.)

$$\sigma = 1600 - 100 \cdot \% \mathrm{C} \quad [\mathrm{Dyn} \cdot \mathrm{cm}^{-1}] \tag{2}$$

gefunden haben, die für Kohlenstoffgehalte von 0,1 bis 5% Gültigkeit hat. Die Begleitelemente Silizium, Mangan, Phosphor und Schwefel verringern die Oberflächenspannung nur gering.

Entsprechend der Oberflächenspannung bildet sich der Meniskus der flüssigen Metalle an der Kontaktstelle mit dem Formstoff. Aus den Adhäsions- und Kohäsionskräften sowie dem Gewicht der Moleküle an dieser Stelle bildet sich eine resultierende Mittelkraft, zu der rechtwinklig der Flüssigkeitsmeniskus verläuft. Dieser bildet mit der Formwand den Berührungswinkel Θ. Bei nichtbenetzenden Flüssigkeiten ist der Winkel stumpf, bei benetzenden dagegen spitz (s. Abb. 5). Hoar und Atterton [8] fanden für Stahlguß Winkel von 130 bis 150°, desgleichen ähnlich hohe Werte für niedriger schmelzende Metalle, wie z. B. Zinn. Die Größe des Kontaktwinkels ist stark abhängig von chemischen Reaktionen zwischen Sand und Metall, so daß z. B. bei der Bildung oder Gegenwart von Eisenoxyden eine Benetzung und somit ein weit geringerer Kontaktwinkel vorliegt, was zwangsläufig zu einer Begünstigung der Infiltrationsverhältnisse führt.

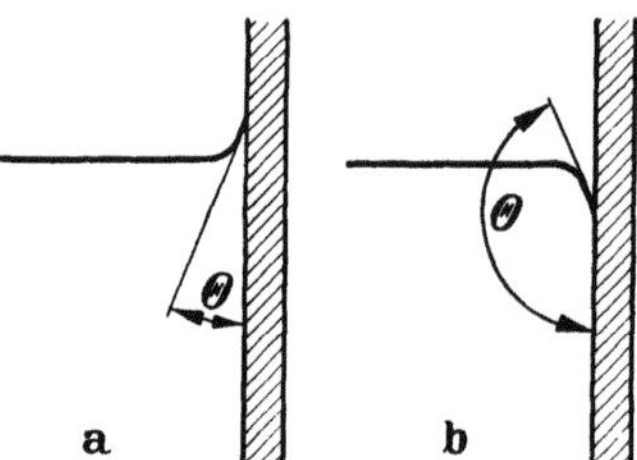

Abb. 5a u. b. Berührungswinkel bei a) einer benetzenden und b) einer nicht benetzenden Flüssigkeit

Die Werte der Oberflächenspannung und der Berührungswinkel sind für den Gießer keine Größen, mit denen er ohne weiteres den Gießprozeß so lenken kann, daß keine Penetrationen erfolgen. Die einzige Größe der Gl. (1), die ziemlich genau beeinflußt werden kann, ist der Porenradius des Formsandes. Unter diesem Begriff versteht man den Radius der Kugel, die zwischen mindestens drei vollkommen globalen, sich berührenden Sandkörnern einbeschrieben werden kann. Bezeichnet man mit R den Radius der kugelförmigen Sandkörner, so kann für den Porenradius die Gleichung

$$r = 0{,}154 \cdot R \tag{3}$$

aufgestellt werden. Die Größe des Porenquerschnittes ist in erster Linie abhängig von der Größe der Sandkörner, dem Verdichtungsgrad und den Beimengungen zum Formsand. Seine Veränderung während des Gießens wird besonders beeinflußt vom Verdichtungsgrad, vom Sinterpunkt, von der Menge der zugefügten Binder, der Anwesenheit von Flußmitteln (z. B. Metalloxyde) und von den Formschlichten. Von der Einwirkung dieser Faktoren hängt in weitem Maße die Größe der Kapillarkräfte und damit der Widerstand gegen eine Infiltration ab. Hierüber wird noch besonders unter den Sinterungsvorgängen zu berichten sein.

Atterton [*9*] vergleicht an Zinn berechnete und experimentell bestimmte Größen für den Infiltrationsdruck. Diese sind in Tab. 1 dargestellt. Da Zinn bei genau bekannter Oberflächenspannung und bekanntem Berührungswinkel Θ einen niedrigen Schmelzpunkt besitzt, lassen sich diese Werte ziemlich genau feststellen. Dasselbe ist für Stahlguß nicht ohne weiteres möglich, da infolge der hohen Temperaturen die genannten Einflußgrößen, in erster Linie die Sinterung der Formstoffe, auf den Porenradius einwirken. Um in etwa einen theoretischen Überblick ohne Berücksichtigung dieser Einschränkungen zu bekommen, wurde an Hand der Formel (1) der p-Wert für Stahlguß bei einer Oberflächenspannung von 1560 bis 1590 Dyn · cm^{-1}, einem Berührungswinkel von 130 bis 150° und einer mittleren Korngröße von 0,3 mm (Kugelform angenommen) des Sandes berechnet. Er beträgt in den genannten Grenzen 1240 mm bzw. 1750 mm Stahlsäule. Dieser ferrostatische Druck ist theoretisch erforderlich, um die in Gl. (1) aufgeführten Widerstände gegen das Eindringen flüssigen Metalls in die Formoberfläche zu verhindern. Er wird allgemein als *kritischer Infiltrationsdruck* bezeichnet. In der Praxis liegen die Werte oftmals viel niedriger als die errechneten.

Tabelle 1. *Experimentell und rechnerisch bestimmte Werte für den kritischen Infiltrationsdruck bei Zinn* (nach Atterton)

Sand	Penetrationsdruck in mm Hg	
	experimentell	berechnet
A	376	400
B	120	113

Praktische Versuche führte Petterson [*5*] zur Bestimmung des erforderlichen Stahldruckes in Abhängigkeit vom Kapillarradius durch. Die in Abb. 6 eingezeichnete Kurve stellt die Werte des kritischen Infiltrationsdruckes dar. Das gestrichelte Gebiet läßt dem-

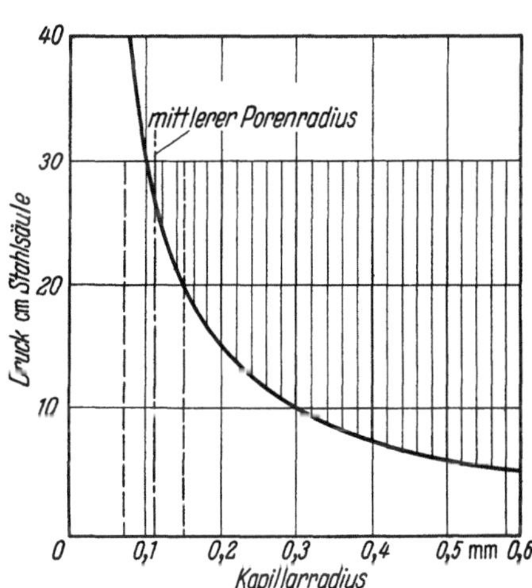

Abb. 6. Kritische Druckwerte zur Einleitung von Infiltrationen in Abhängigkeit vom Kapillarradius (nach Petterson)

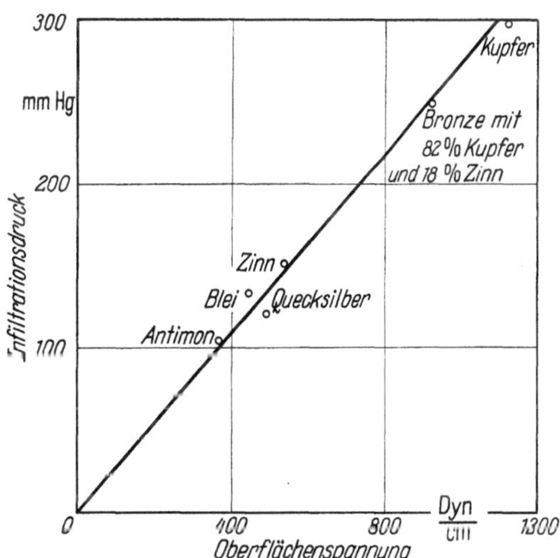

Abb. 7. Beziehung zwischen Infiltrationsdruck und Oberflächenspannung flüssiger Metalle (nach Hoar u. Atterton)

nach eine Penetration erwarten. Das eingetragene Beispiel eines Sandes mit einem mittleren Porenradius von 0,12 mm zeigt den Streubereich des Druckes, der von rund 400 bis 200 mm Stahlsäule betragen kann.

Mit steigender Oberflächenspannung muß zwangsläufig der Infiltrationsdruck ansteigen. Abb. 7 zeigt die gefundenen Ergebnisse von Hoar und Atterton [*8*]. Steigt der metallostatische Druck weiter über den kritischen Punkt hinaus an, so vergrößert sich die Infiltrationstiefe bzw. die Geschwindigkeit dieses Vorganges. PETTERSON [5] tauchte zylindrische Formsandkörper in flüssigen Stahl und in Gußeisen und stellte die in Abb. 8 gezeigten Ergebnisse fest. Die in den Kurvenbändern eingetragenen Zahlen bedeuten die mittlere Korngröße der Sande. An dieser Abbildung läßt sich außerdem die Zeitdauer des Verharrens im flüssigen Zustand beobachten. Um zum Beispiel eine Eindringtiefe von

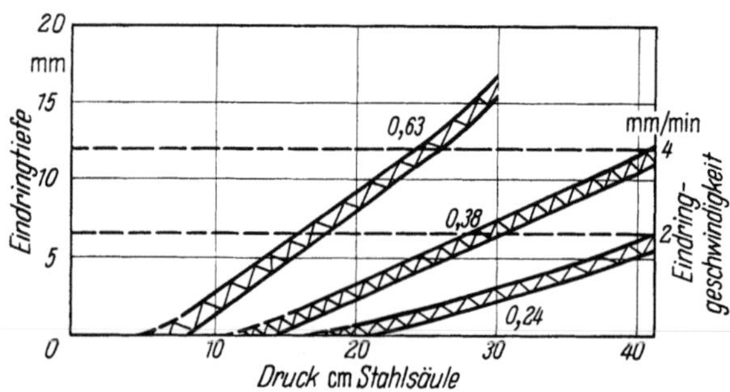

Abb. 8. Eindringtiefe in Abhängigkeit vom Druck der Schmelze auf den Formsand ($t = 1550\,°C$, Eintauchdauer 3 min) bei Stahl (nach PETTERSON)

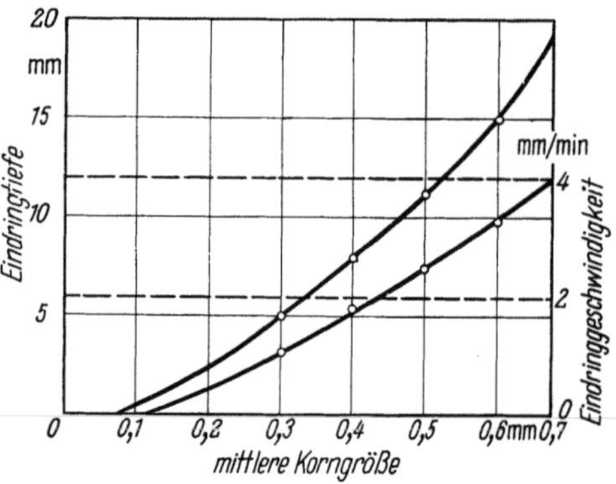

Abb. 9. Eindringtiefe von Stahl in Abhängigkeit von der mittleren Korngröße des Formsandes ($t = 1550\,°C$, Eintauchdauer 3 min) (nach PETTERSON)

12 mm zu erhalten, sind etwa 3 Minuten bei einer mittleren Korngröße von 0,63 notwendig. Zur Vertiefung dieser Gesichtspunkte zeigt Abb. 9 die Abhängigkeit der Eindringtiefe eines Stahles von der mittleren Korngröße des Formstoffes. Der Bereich zwischen den Kurven gibt die Streuung an, welche sich aus der nicht genau zu definierenden mittleren Korngröße eines Sandes ergeben. Dabei sind die Kornverfeinerung des Sandes durch Zusatz von Bindern und die Sintererscheinungen von besonderem Einfluß.

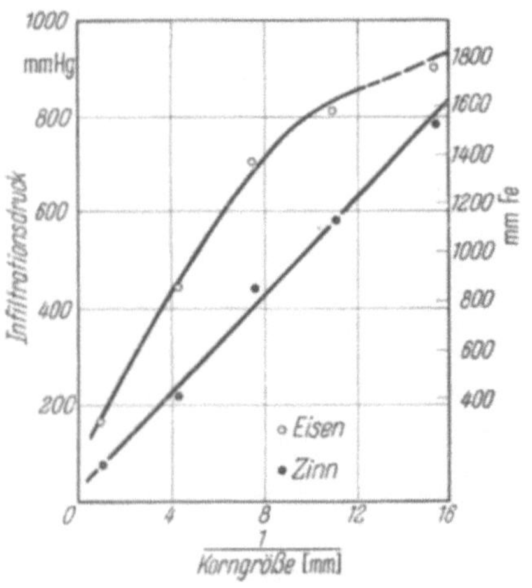

Abb. 10. Einfluß der mittleren Korngröße auf den Infiltrationsdruck für Zinn bei 650 °C und Eisen bei 1600 °C (nach HOAR und Mitarb.)

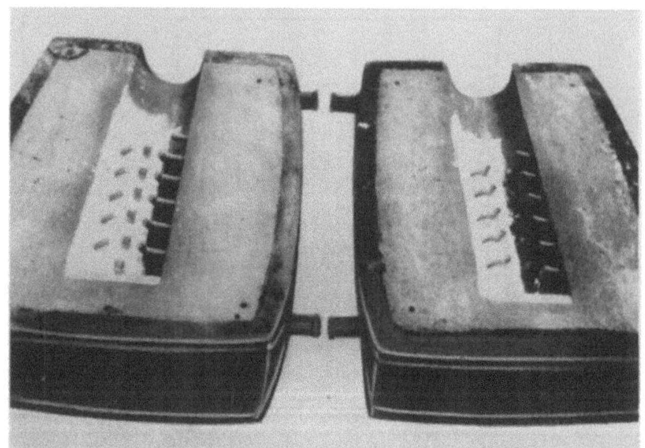

Abb. 11. Versuchsform nach FURSUND

Da der Porenradius infolge der geometrisch nicht gleichen Oberflächenform der Sandkörner und der Zusätze in Form von Bindern, Quarzmehl und dergleichen nicht ohne weiteres ermittelt werden kann, gehen die Untersuchungen häufig von der mittleren Korngröße aus. Die Versuchsergebnisse von HOAR, ATTERTON und HOUSEMAN [10] sind in Abb. 10 dargestellt. Es handelt sich um Werte für Zinn bei 650 °C und Eisen bei 1600 °C. Die Untersuchungen müssen jedoch als nicht genau bezeichnet werden, da nicht allein die Korngröße des Sandes, sondern auch die Beimengungen wesentlich den Vorgang der Infiltration beeinflussen, wie aus den sehr anschaulichen Versuchen von FURSUND [*11*] hervorgeht. Zweifellos wird der Widerstand gegen das Eindringen flüssiger Metalle mit zunehmender Kornverfeinerung größer. Eine als *künstlich* zu bezeichnende Verfeinerung des Sandes durch Quarz- oder Zirkonmehl bringt keinen wesentlichen Erfolg bezüglich der Herabsetzung des kritischen Infiltrationsdruckes. FURSUND bewies an Hand seiner Versuche, daß dadurch lediglich die Eindringtiefe vermindert wird.

Diese Tatsachen sowie der Einfluß der Korngrößen wurden mittels der Probe nach FURSUND, die in Abb. 11 wiedergegeben ist, für die Verhältnisse des Stahlformgusses nachgeprüft. Es handelt sich um eine zylindrische Form mit einem Durchmesser von 250 mm und einer Höhe von 1000 mm. In gleichen Abständen zueinander sind 8 Kernreihen eingeformt, wovon je eine Doppelreihe einer zu untersuchenden Sandprobe entsprechen. Die untersten Kerne befinden sich 100 mm über dem Boden der Form, der Abstand der Kerne zueinander in der Höhe beträgt jeweils 50 mm. Bei 11 Kernen einer Reihe kann der Einfluß der Stahlsäule zwischen 900 und 400 mm untersucht werden. Die Kerne besitzen einen Durchmesser von 30 mm und ragen 60 mm in die Form hinein. Sie wurden auf einem Rammgerät in einer eigens hierfür angefertigten Büchse mit 10 Rammschlägen (je 5 von jeder Seite) verdichtet. Als Armierung wurden je drei besonders dünne Kernstifte verwendet. Als Sand diente ein in der Stahlgießerei üblicher synthetischer Formsand auf Quarzbasis mit 4,5% Bentonit und formgerechtem Feuchtigkeitsgehalt. Die Korngröße entsprach einmal dem Typus des Sandes H 32 und zum anderen dem des H 33, also ~0,3 mm bzw. ~0,2 mm.

Der Abguß erfolgte mit einer 30-t-Pfanne. Der Stahl lief durch einen genau zentrisch aufgesetzten Einguß mit einem Durchmesser von 30 mm. Die Gießtemperatur betrug 1460 °C, unkorrigiert, optisch gemessen. Der Stahl hatte eine Zusammensetzung von 0,29% C, 0,43% Si und 0,72% Mn. Nach dem Erkalten wurde versucht, die Kerne mit einem Wasserdruck von 160 atm in einem Wasserputzhaus zu entfernen. Rein äußerlich konnte danach beobachtet werden, daß die Verstählerung mit steigendem ferrostatischen Druck zunimmt. Um ein Maß für die Größe der Infiltration zu bekommen, wurden die verbliebenen Hohlräume der Kerne mit Wasser ausgefüllt, welches sorgfältig abgemessen wurde. Da das Kernvolumen bekannt ist, kann somit das verstählerte Volumen ermittelt werden. Die Methode ist nicht ganz exakt, da an verschiedenen Stellen eine reine Sinterung des Formsandes beobachtet werden konnte. Eine Entfernung dieser Sinterstellen auf mechanischem Wege würde jedoch gleichzeitig die Infiltrationen zerstören. Aus diesem Grunde sind die gefundenen Werte ohne Korrektur übernommen worden. Sie sind in Abb. 12 für beide Sande in Diagrammen dargestellt. Daraus ist zu ersehen, daß das Infiltrationsvolumen des Sandes mit der gröberen Körnung größer ist als das des feineren.

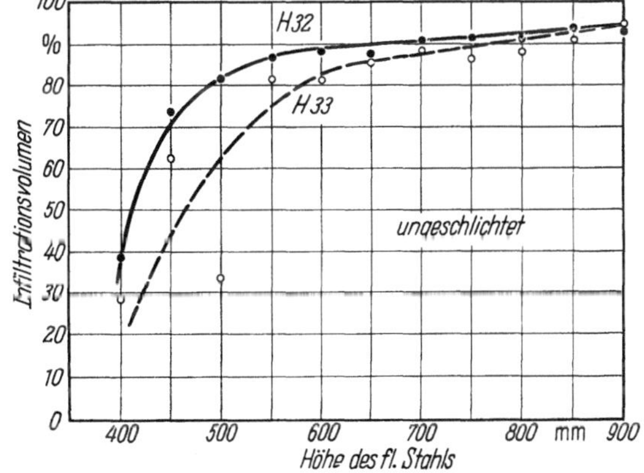

Abb. 12. Infiltrationsvolumen in Abhängigkeit vom ferrostatischen bei Sanden verschiedener Korngröße

Parallel mit der Verengung der Poren des Sandes muß der Verdichtungsgrad der Formstoffe behandelt werden. Durch eine starke Verdichtung werden die Poren mehr oder weniger verengt. Durch Verkanten der Sandkörner können jedoch Hohlräume entstehen, so daß also über einen bestimmten Verdichtungsgrad hinaus keine weitere bleibende Komprimierung erzielt werden kann. Das ist abhängig von der Korngröße und -gestalt, wodurch bei einer noch so hohen Stampfarbeit mit einer Penetration gerechnet werden muß. Der Verdichtungsgrad an sich kann daher kein Maß für die Vermeidung von Infiltrationen sein, obwohl er wesentlich zur Reduzierung der Anfälligkeit für diesen Vorgang beiträgt.

Umfangreiche Untersuchungen wurden von HOAR, ATTERTON und HOUSEMAN [*12*] hinsichtlich des Einflusses der Verdichtung durchgeführt. Abb. 13 zeigt den Infiltrationsdruck für Eisen bei 1600 °C gegenüber zwei Formsanden mit verschiedenem Verdichtungsgrad. Die obere Kurve gilt für einen Sand mit einer mittleren Korngröße von 0,58 mm und die untere für eine solche von 0,18 mm.

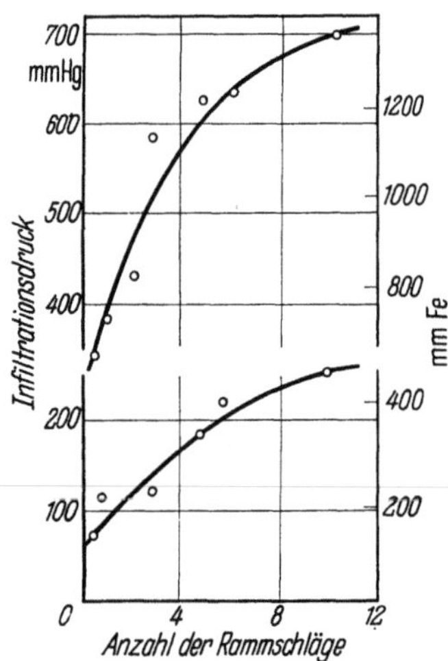

Abb. 13. Abhängigkeit des Infiltrationsdruckes von der Verdichtung des Sandes bei Eisen mit niedrigen Kohlenstoffgehalten bei 1600 °C (nach HOAR und Mitarb.)

Ein wichtiger Faktor bezüglich der Infiltration von flüssigen Metallen in den Formstoff ist die Sinterung. Der Porenradius erfährt durch diesen Vorgang Veränderungen, wodurch die Kapillarkräfte und somit der Widerstand gegen das Eindringen des Metalls sehr stark beeinflußt werden. Nach den Begriffsbestimmungen des Instituts der American Foundrymen's Association [*13*] unterscheidet man bei Quarzsanden zwei Sinterpunkte: den sogenannten *B-Punkt*, bei dem die kleineren Sandkörner zu sintern beginnen, und den *A-Punkt*, bei dessen Temperatur die Zusätze zum Sand, wie z. B. der Ton, zu erweichen beginnen. Die Temperaturbereiche für die genannten Sinterpunkte liegen bei *A* zwischen 1340 und 1450 °C und bei *B* im Bereich von 1430 bis 1520 °C [*2*]. Der Schmelzpunkt des reinen Quarzes liegt bei etwa 1700 °C. Nach TAYLOR [*14*] wird der Schmelzpunkt durch einen Anteil von 4% Ton auf 1575 °C gesenkt, während die Anwesenheit von Alkalien eine Erniedrigung bis auf 1350 °C erwirkt. Weitere Reduzierungen des Schmelzpunktes von Quarz werden durch chemische Reaktionen hervorgerufen, wonach 1205°C gemessen wurden. Die einzelne Vorgänge der Sinterung und ihr Einfluß auf Penetrationen sind in Abb. 14 dargestellt. Es handelt sich um Untersuchungen, welche HOAR und ATTERTON [*8*] mit Zinn durchführten. Die Versuche erstreckten sich auf einen Temperaturbereich von 500 bis 1650 °C, wobei für jeden der drei in der Korngröße verschiedenen Sande der theoretische Penetrationsdruck berechnet wurde. Die Ergebnisse sind im Schaubild durch die gestrichelten Linien dargestellt. Es ist zu bemerken, daß die Oberflächenspannung von Zinn im Temperaturbereich von 300 bis 1050 °C linear zur Temperatur verläuft. Für Temperaturen bis 1650 °C haben HOAR und ATTERTON bei der Berechnung einen weiteren linearen Verlauf angenommen. Die Abweichung der durch Versuche ermittelten Kurven von dieser berechneten Geraden muß sich in einer Veränderung des effektiven Porenradius auswirken, da alle anderen Größen der Gl. (1) konstant sind. Bis 1350 °C kann man einen leichten Abfall des Porenradius infolge des Aufquellens des Tons bemerken, was gegenüber der theoretischen Kurve durch einen höheren Penetrationsdruck ausgedrückt wird. Über 1350°C fällt der Druck stark ab, was auf eine Porenvergrößerung schließen läßt. Bei etwa 1600 °C erfolgt ein sehr plötzlicher Anstieg des Infiltrationsdruckes als Ursache des Verschließens der Poren auf Grund der Bildung von glasigen Oberflächen bei fast vollständiger Erweichung des Sandes. Die Vorgänge oberhalb 1350 °C durchlaufen also den Temperaturbereich des *B-Punktes*,

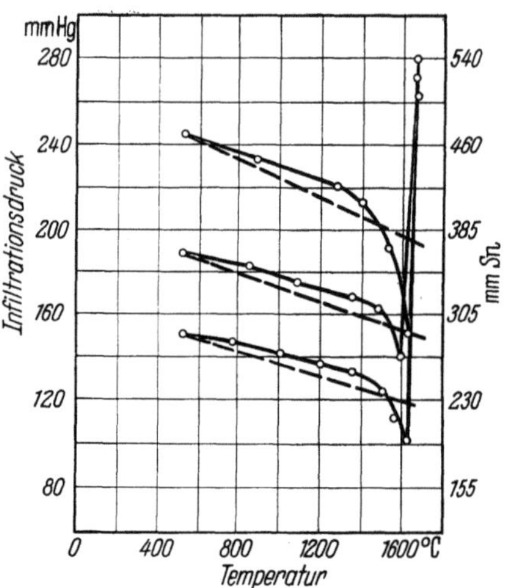

Abb. 14. Einfluß der Temperatur auf den Infiltrationsdruck von Zinn bei drei verschiedenen Sanden (nach HOAR und ATTERTON)

wobei der Sand zu sintern beginnt. Die Öffnung der Poren erklärt sich aus der Tatsache, daß das spezifische Gewicht des gesinterten Sandes mit 2,65 höher als das bei Raumtemperatur von 1,70 ist. Hiermit ist eine theoretische Volumenverminderung von 36% gegeben [*15*]. Praktische Versuche haben Porenerweiterungen von 20 bis 40% festgestellt [*12*]. Der tatsächliche Wert der Vergrößerung hängt jedoch von der Sinterung und der Kornfeinheit des Sandes ab. Je feiner der Sand, desto besser werden sich die Vorteile der Sinterung auswirken, da der *B-Punkt* zwangsläufig sinken muß und folglich auch die Aufweitung der Poren. Abb. 15 zeigt den Einfluß von Quarzmehl auf die Sinterpunkte und die Infiltration nach CAINE [*16*]. Mit steigendem Zusatz von Quarzmehl nimmt die Temperatur des *B-Punktes* infolge der Verringerung der größeren Kornfraktionen ab. Dem entgegen ist ein Anstieg der *A-Punkt*-Temperaturen zu vermerken. Der Anstieg der Infiltrationstiefe bei einem Zusatz von etwa 10% beweist, daß geringe Mengen von Quarzmehl keinen Vorteil bringen, da die relativ große Anzahl höherer Kornfraktionen porenerweiternd wirkt.

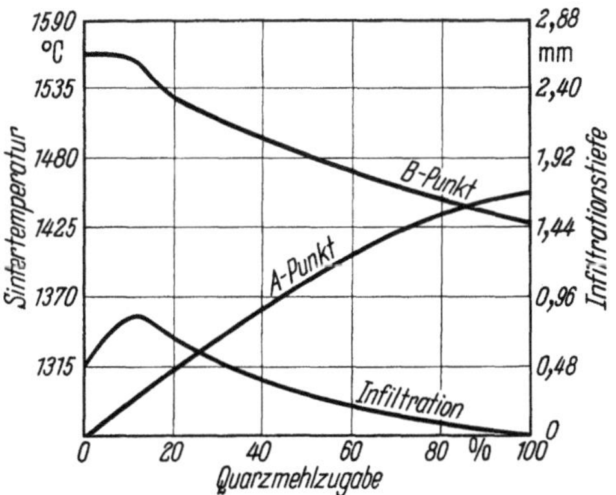

Abb. 15. Einfluß von Quarzmehl auf die Sinterpunkte und Infiltration (nach CAINE)

In der Literatur findet man häufig unterschiedliche Meinungen über den Einfluß der Sinterung auf die Infiltration. Während einige Forscher behaupten, infolge der Verglasung der Formstoffoberfläche würde wegen der Porenschließung die Penetration verhindert, sind andere auf Grund der Volumenverminderung des Quarzes der Ansicht, daß die Eindringung von flüssigem Metall begünstigt wird. Es wurde gezeigt, daß das Auftreten dieser Vorgänge temperaturabhängig ist. Um exakte Behauptungen nach dieser oder jener Richtung aufzustellen, ist daher eine gleichzeitige Angabe der Beobachtungstemperatur und des -zeitpunktes unbedingt erforderlich.

Es soll in diesem Zusammenhang noch kurz auf die Bedeutung der Expansions- und Kontraktionsverhältnisse des Quarzes unter Temperatureinwirkung hingewiesen werden. DIETERT [*17*] wies an Hand von Versuchen mit Formsanden für Stahlguß nach, daß eine Ausdehnung bis etwa 870 °C eintritt. Bei den beschriebenen Sintertemperaturen von rund 1350 °C aufwärts wirkt sich schon die Volumenkontraktion aus. Da der Temperaturbereich von 20 bis 1350 °C und höher sehr rasch an der Kontaktstelle durchlaufen wird, kann die anfängliche Ausdehnung keinen Einfluß auf irgendwelche Vorgänge der Infiltration ausüben.

Von weit höherer Bedeutung sind diese Verhältnisse jedoch bei der Anwendung von Schlichten. Da Formüberzüge u. a. die Aufgabe erfüllen sollen, Poren an der Oberfläche der Form zu schließen, wirken sie als Trennschicht zwischen Formstoff und flüssigem Metall — von chemischen Reaktionen abgesehen — einer Penetration entgegen. Es besteht jedoch die Gefahr, daß die Schlichten infolge unterschiedlicher thermischer Ausdehnungskoeffizienten gegenüber dem Formsand bleibende Risse bekommen, durch welche das flüssige Metall in den Formstoff eindringen kann. In Abb. 16 sind die Expansions- und Kontraktionskurven verschiedener Sande und in Abb. 17 solche von Quarz- und Zirkonschlichten nach ATTERTON [*9*] aufgezeichnet. Daraus ist zu erkennen, daß die Verhältnisse der Sande und Schlichten auf Quarz- und Zirkonbasis innerhalb gewisser Grenzen gleich sind. Wird, wie es in der Praxis häufiger der Fall ist, eine Zirkonschlichte auf einen Quarzsand aufgetragen, so werden auf Grund der geschilderten Verhältnisse infolge unterschiedlicher Ausdehnung Spannungen in der Schlichte entstehen, die zu Rissen führen. Weitere Spannungen treten durch die unterschiedlichen thermischen Verhältnisse zwischen Formstoff und Formüberzug beim Gießen auf. Eine Schlichte ist daher als ideal zu bezeichnen, wenn sie neben der Aufgabe, die Sandporen zu schließen, noch den

Abbau der Spannungen erfüllt. Natürlich sind weiterhin auch die chemischen Reaktionen mit dem Formstoff oder dem flüssigen Metall bei steigenden Temperaturen hiervon auszuschließen.

Der Einfluß der Schlichten auf die Infiltrationsneigung wurde an Hand der auf S. 363 beschriebenen Probe nach Fursund an Sanden verschiedener Korngröße mit einem Form-

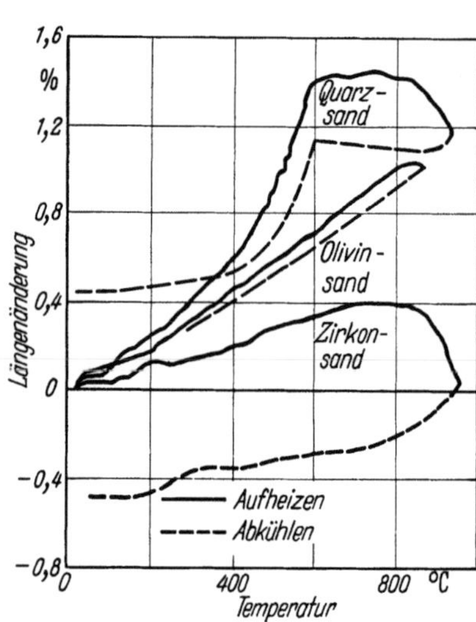

Abb. 16. Expansions- und Kontraktionskurven von Quarz-, Olivin- und Zirkonsanden (nach Atterton)

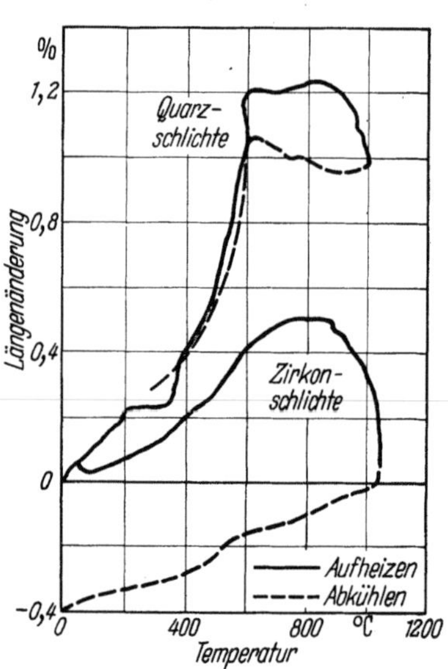

Abb. 17. Expansions- und Kontraktionskurven von Quarz- und Zirkonschlichten (nach Atterton)

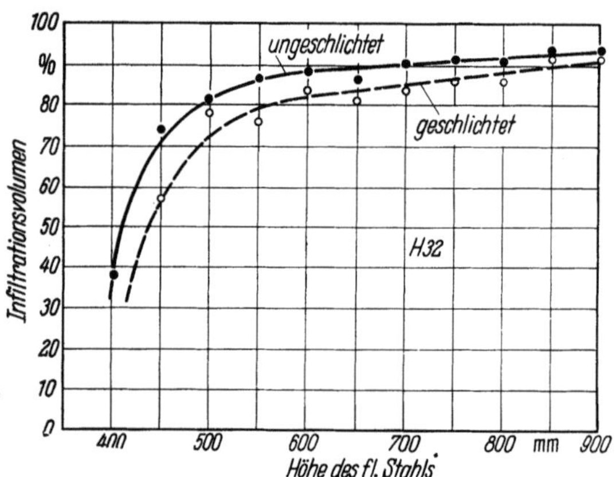

Abb. 18. Infiltrationsvolumen in Abhängigkeit vom ferrostatischen Druck bei einem ungeschlichteten und geschlichteten Sand gleicher Korngröße (MK = ~0,3 mm)

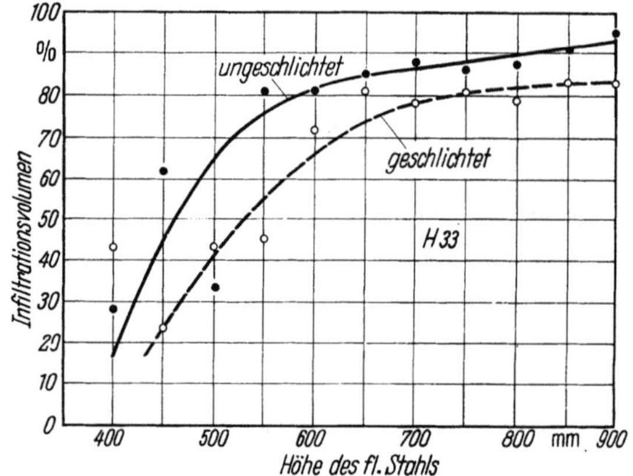

Abb. 19. Infiltrationsvolumen in Abhängigkeit vom ferrostatischen Druck bei einem ungeschlichteten und geschlichteten Sand gleicher Korngröße (MK = ~0,2 mm)

überzug auf Zirkonbasis untersucht. In Abb. 18 sind die Ergebnisse von einem Formsand von groberer Korngröße im geschlichteten und ungeschlichteten Zustand dargestellt. Dasselbe gilt für einen feineren Sand in Abb. 19. Daraus ist zu schließen, daß eine Schlichte nach einmaligem Auftragen eine Infiltration nicht verhindert, jedoch die Eindringtiefe zu geringeren Werten beeinflußt. In Abb. 20 sind zum Vergleich noch einmal beide Sande im geschlichteten Zustand gegenübergestellt.

Um die auftretenden Spannungen aufnehmen zu können, ohne daß sich Risse bilden, ist eine größere Masse, d. h. eine dickere Schicht von Formüberzügen notwendig. Diese

Ansicht wurde durch Untersuchungen von MIDDLETON und MCILLROY [18] bestätigt. Bei Gießtemperaturen zwischen 1575 und 1585 °C und einem ferrostatischen Druck von 1,75 kg/cm² — das entspricht einer Stahlsäule von 2500 mm — wurden erst bei einer Dicke von 0,5 bis 0,7 mm einer Zirkonschlichte keine Infiltrationen mehr festgestellt. Es ist dabei nach Ansicht der Forscher unbedeutend, ob die erforderliche Dicke mit einer einfachen oder mehrmaligen Auftragung erzielt wird. Wichtig ist nur, daß nicht schon während des Trocknens Anrisse oder Risse entstehen, die sich mit steigenden Temperaturen beim Gießen erweitern.

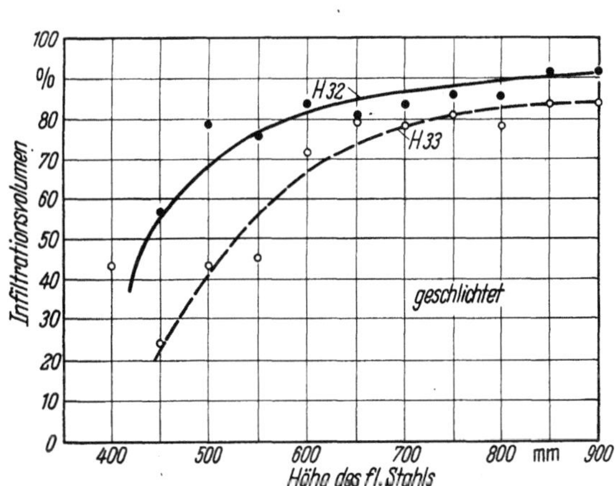

Abb. 20. Vergleich der in den Abb. 18 und 19 gezeigten Sande im geschlichteten Zustand

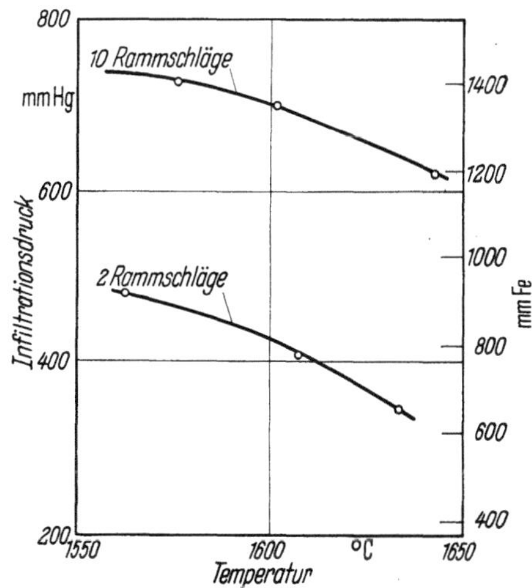

Abb. 21. Einfluß der Temperatur auf den Infiltrationsdruck von Stahl (nach HOAR und Mitarb.)

Die Verhältnisse der Schlichtendicke wurden ebenfalls mit der FURSUNDschen Probe nachgeprüft. Bei zunehmender Dicke der aufgetragenen Zirkonschlichte konnte zwar bei einer Gießtemperatur von 1460 °C (optisch und unkorrigiert gemessen) eine Verringerung der Infiltrationstiefe, dagegen jedoch noch keine völlige Vermeidung der Penetration beobachtet werden. Da die Schlichte auf einen Sand mit Quarzbasis aufgetragen wurde, wird vermutet, daß sich infolge der unterschiedlichen Ausdehnung beim Gießen Risse gebildet haben, die nach intensivem Trocknen mit der Gasflamme zuvor nicht sichtbar waren.

Im Verlauf der bisher geschilderten Abschnitte ist immer wieder die Bedeutung der Temperatur in Erscheinung getreten. Insbesondere bestimmt die Höhe der Gießtemperatur die vorherrschenden thermischen Verhältnisse an der Berührungsstelle Formstoff — flüssiges Metall und ist somit im hohen Maße für die hier ablaufenden Penetrationsvorgänge verantwortlich. In Abb. 21 wird gezeigt, daß durch steigende Temperaturen der kritische Infiltrationsdruck gegenüber einem Sand mit zwei verschiedenen Verdichtungsgraden innerhalb eines verhältnismäßig geringen Temperaturunterschiedes von etwa 60 °C zum Teil beträchtlich absinkt. Ähnliche Feststellungen, jedoch auf die Tiefe der Penetration bezogen, konnte PETTERSON [5] treffen. Die gefundenen Werte sind in Abb. 22 wiedergegeben. Auch hierbei ist es bemerkenswert, daß sich geringe Temperaturdifferenzen auf die Tiefe der Infiltration stark auswirken. Unterschiede von 15 °C bewirken schon in der oberen Kurve eine Vergrößerung der Tiefe um etwa 5 mm. BEELEY und PROTHEROE [19] ermittelten ebenfalls die Eindringtiefen von Stahlguß bei steigender Gießtemperatur an einem groben und einem feinen Sand. Die in Abb. 23 gezeigten Kurven weisen in ihren plötzlichen Sprüngen auf mehr oder weniger große Erweiterungen der Porenhohlräume hin. BISHOP und LEWIS [20] verfolgten die Oberflächenbeschaffenheit bei einem Stahlguß mit 0,20 bis 0,25% Kohlenstoff und steigenden Temperaturen. Ihre Skala reichte von niedrigen Gießtemperaturen mit Bildung von Kaltschweißen über steigende Temperaturen mit Verbesserung der Oberfläche bis zum Einsetzen der Penetration und weiterhin bis zu den Eindringtemperaturen. Diese betrugen für feinen Sand 1600 °C und für groben Sand 1620 bis 1640 °C.

Bezüglich der Aufheizung der Kontaktstelle sowie der dahinter liegenden Sandschichten sind neben der Gießtemperatur die thermischen Eigenschaften, insbesondere die

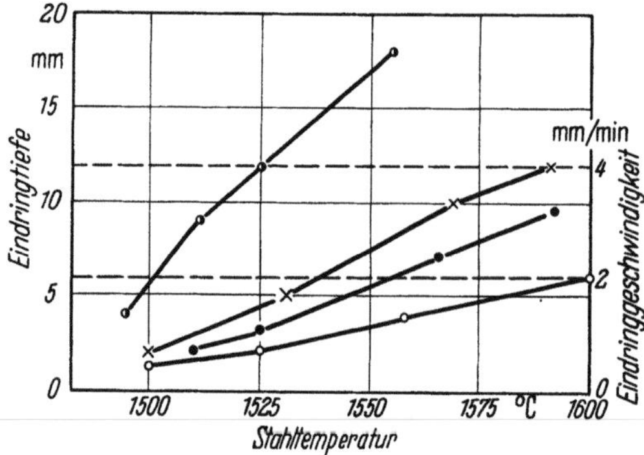

Abb. 22. Eindringtiefe eines Stahls in Abhängigkeit von der Temperatur (Eintauchdauer 3 min, Eintauchtiefe 300 mm) (nach PETTERSON)

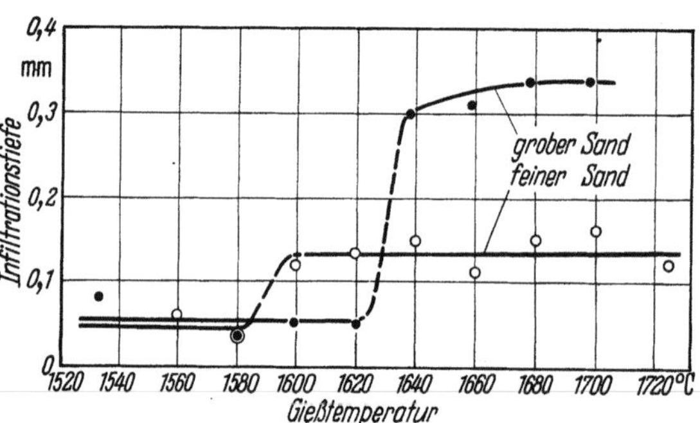

Abb. 23. Infiltrationstiefe von Stahl bei verschiedenen Gießtemperaturen (nach BEELEY und PROTHEROE)

Wärmeleitfähigkeit, verantwortlich. ATTERTON [*21*] hat die thermische Leitfähigkeit an verschieden verdichteten Sanden untersucht (s. Abb. 24). Übereinstimmende Werte wurden im Vergleich mit anderen Untersuchungen gefunden. Mit zunehmender Verdichtung und Temperatur steigt die Wärmeleitfähigkeit an. Je schlechter die Leitfähigkeit eines Formstoffes ist, desto länger bleiben die für die Infiltration günstigen Temperaturen an der Berührungsstelle Formwand — Metall erhalten. BEELEY und PROTHEROE [*19*] sprechen daher von einer sogenannten *kritischen Infiltrationstemperatur*. Ist oberhalb dieser der Wärmeübergang vom Metall in den Sand größer als die Wärmeleitung des Formstoffes, so tritt infolge eines Wärmestaus eine Penetration ein. Die *kritische Infiltrationstemperatur* ist für jeden Sand verschieden hoch und hängt von der Kornfeinheit des Sandes ab.

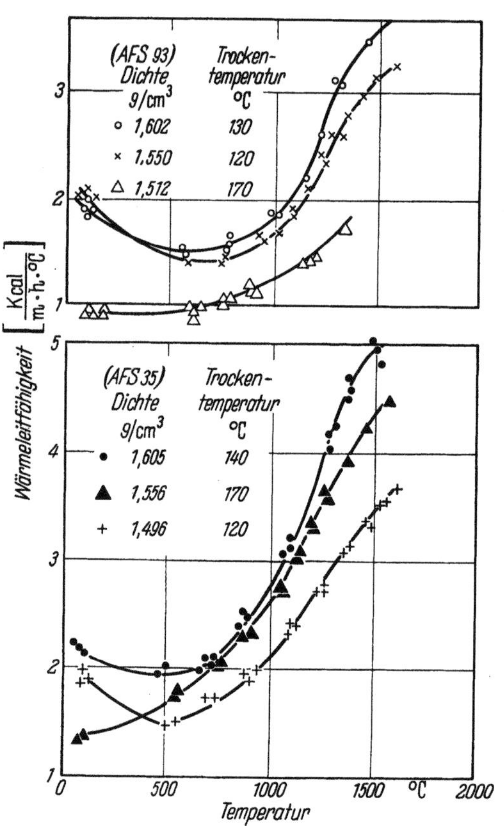

Abb. 24. Thermische Leitfähigkeit von Sanden bei verschiedenen Temperaturen (nach ATTERTON)

Von weiterem Interesse ist die Betrachtung der Gießtemperatur in Beziehung zur chemischen Zusammensetzung — vordringlich die des Kohlenstoffgehaltes — von Stahlguß. In Gl. (2) wurde auf die Verminderung der Oberflächenspannung bei steigenden Kohlenstoffgehalten hingewiesen. In Verbindung mit der Gießtemperatur fallen diese Werte noch mehr, so daß geringere Drucke die Infiltration einleiten können. In Abb. 25 sind die Ergebnisse von HOAR und ATTERTON [*8*] zusammengestellt. Sie führen die Abnahme auf die Verringerung des Kontaktwinkels, die bei den stattfindenden chemischen Reaktionen zwischen Quarz und Kohlenstoff bzw. Eisen auftritt, zurück. LJUNGGREN [*22*] zeigt die Temperaturgrenzen innerhalb des Erstarrungsbereichs des Eisen-Kohlenstoff-Diagramms in Abb. 26. Er stellte fest, daß bei Temperaturen unterhalb der Soliduslinie keine Infiltrationen stattfinden, was jedoch durch die Thesen der stattfindenden chemischen Reaktionen in etwa widerlegt werden kann. LJUNGGREN fand weiterhin stärkere Eindringtiefen bei Phosphorgehalten von über 0,6%.

Im Anschluß an die physikalischen Einflußgrößen sollen als Übergang zu den chemischen Vorgängen die Bindemittel behandelt werden. Sie stellen innerhalb

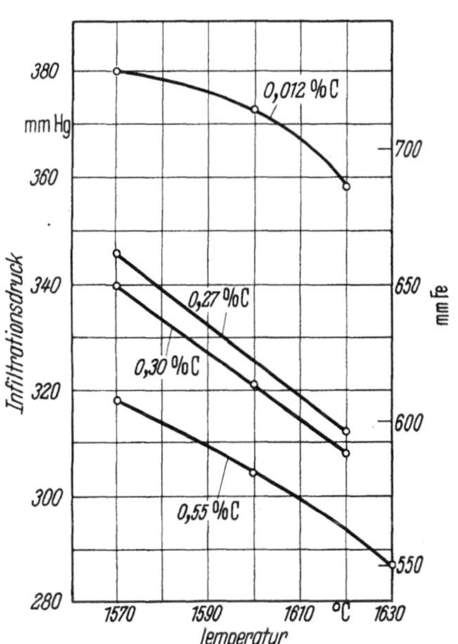

Abb. 25. Veränderung des Infiltrationsdruckes mit der Temperatur von Stahlguß verschiedener Kohlenstoffgehalte (nach HOAR und ATTERTON)

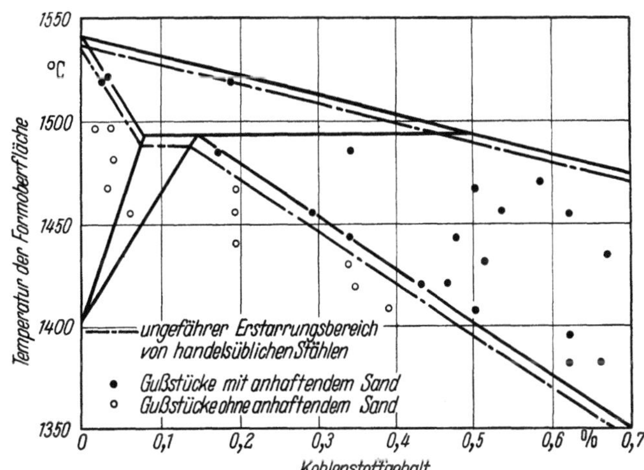

Abb. 26. Temperaturgrenzen des Eindringens in Beziehung zum Erstarrungsbereich (nach LJUNGGREN)

des Sandgefüges Bestandteile mit sehr geringer Feinheit dar. Nach einer guten Aufbereitung sollten die Sandkörner mit einem gleichmäßigen Film aufgequollener Binder oder verteilten Öls umgeben sein, womit in Beziehung zum Gesamtgefüge ein festes und gegen Druck in gewissen Grenzen widerstandsfähiges Gebilde entsteht. Sie gelangen daher also früher als das Sandkorn mit der Temperatur und schließlich auch mit dem flüssigen Metall in Berührung. VÖLPEL [23] stellte in diesem Zusammenhang bei Tonen fest, daß infolge des Kristallgitterzerfalls oberhalb 800 °C bis zum Beginn des Sinterns innerhalb des Sandes eine mechanische Schwächezone gebildet wird. Somit bringt das Extrem einer hohen Feuerbeständigkeit ebensowenig Vorteile wie Tone mit niedrigem Sinterverhalten. Am geeignetsten werden sich daher Bindetone mit einem breiten Sinterintervall bewähren. Da diese Tone jedoch so gut wie gar nicht in der Natur vorkommen, schlägt VÖLPEL die Beimengung von Naturformsand zu einem nicht zu feuerfesten Ton vor. In der Praxis wurde dieser Vorschlag bei Formmassen und Schlichten für Stahlguß in gewissen Fällen durch Verbesserungen der Oberfläche der Abgüsse bestätigt.

FURSUND [11] beobachtete, daß organische und leicht sinternde anorganische Zusätze den Mindesteindringdruck herabsetzen, womit zugleich die Eindringtiefe gesenkt wird. Demgegenüber vermerkt CAINE [16], daß Stärke infolge ihrer Gasentwicklung beim Gießen innerhalb der Poren dem Druck einer Infiltration entgegenwirkt. Ferner stellte er fest, daß Ölbinder das Eindringen nicht bei einem kritischen Wert, sondern über einen Temperaturstreubereich, beginnend bei etwa 1560 °C, zulassen. Diese Temperaturen sollen etwa um 70 °C niedriger liegen als bei Ton.

Die dem Formstoff zugeführten Binder und der Wasseranteil sind infolge ihres Verhaltens bei hohen Temperaturen in der Form verantwortlich für die in erster Linie gasförmige Atmosphäre innerhalb der Porenhohlräume. Sie bieten somit Anlaß zur Einleitung chemischer Reaktionen, die der Penetration mehr oder weniger entgegenkommen. Es wurde von SAVAGE und TAYLOR [24] richtig festgestellt, daß sich mit steigendem Binderanteil die Oberfläche der Gußstücke verschlechtert.

Eine bedeutende Rolle spielen die chemischen Reaktionen an der Berührungsstelle Formwand—flüssiges Metall und im Formstoff selbst hinsichtlich einer Penetration. Reaktionspartner sind der in der Formwand befindliche Formstoff, das nach innen liegende Sandgemenge, die Gasatmosphäre, gebildet aus der in den Sandporen befindlichen Luft und der Zerfallsprodukte gewisser Binder, und das flüssige Metall. Die Reaktionen werden begünstigt durch die hohen Temperaturen und die vorherrschenden Druckverhältnisse, verursacht durch die Metallsäule und den Kapillarkräften einerseits und durch die plötzliche Vergasung und Verdampfung der Binder bzw. des Wassers andererseits. Für den Ablauf der chemischen Vorgänge wird in erster Linie die Gasatmosphäre in der Form, ob reduzierend oder oxydierend, verantwortlich sein. Es wurde von zahlreichen Forschern [2, 3, 4, 9, 25 und 26] ermittelt, daß die Gasatmosphäre in den Porenhohlräumen vorwiegend oxydierend ist, wenn auch durch die Anwesenheit flüchtiger Bestandteile aus organischen Bindern, insbesondere im Anfangsstadium, reduzierende Zustände vorherrschen. BRIGGS [2] macht in erster Linie den in der Formatmosphäre vorliegenden Sauerstoffanteil der Luft, der noch durch die teilweise stattfindende Spaltung des Wassers durch die Berührung mit dem flüssigen Metall — insbesondere bei Naßguß — angereichert wird, verantwortlich. COLLIGAN und Mitarbeiter [26] wiesen an Hand von Proben eines hocherhitzten Gemisches von Eisenpulver und Quarzkörnern unter wechselnden Gasgemischen von Kohlendioxyd und Kohlenmonoxyd die Oxydation von Eisen nach. Danach muß bei einer Temperatur von 1565°C mindestens ein Mischungsverhältnis von CO_2 zu CO wie 50 zu 50 vorliegen. Ähnliche Feststellungen wurden schon bei Temperaturen von 1525 °C getroffen. Die Bildung der Oxyde ist also von der Temperatur, der Zeit und der oxydierenden Atmosphäre an der Kontaktstelle abhängig. Das Ausmaß der Oxydation und der Einfluß auf den Formstoff steigen mit zunehmendem Anteil der oxydierenden Gasphase, wogegen der Einfluß auf die Oxydation des Gemisches CO_2/CO mit steigender Temperatur noch nicht erwiesen ist. EMMONS und BACH [4] entnahmen aus vergossenen Formen Gasproben. Sie stellten CO_2-Gehalte zwischen 1,5 und 9,2%, CO von 28,2 bis 55,2% (Verhältnis etwa 1 zu 19 bzw. 1 zu 6), des weiteren Sauerstoff bis 12%, Wasserstoff von 20 bis 60% und schließlich Stickstoff bis zu einem Gehalt von 38% fest. Trotz der vorwiegenden reduzierenden Bestandteile dürfte der verhältnismäßig hohe Anteil von freiem Sauerstoff die Oxydation des Eisens verursachen.

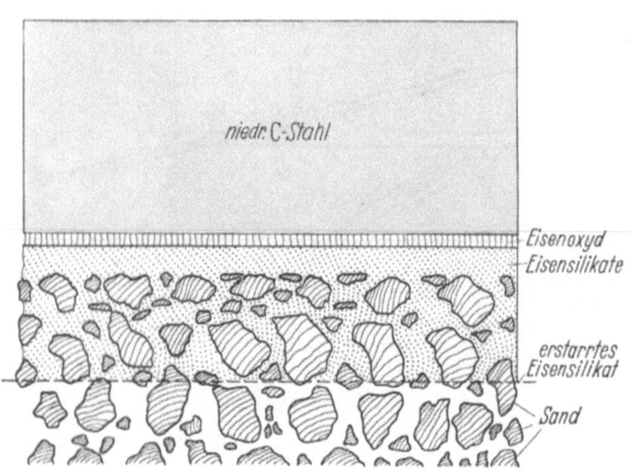

Abb. 27. Verhinderung der Penetration durch Bildung von Eisensilikaten an der Formoberfläche (nach ATTERTON)

Der Ablauf der chemischen Reaktion verläuft wie folgt:

Zunächst wird das Eisen reduziert, und zwar entweder über den reinen Sauerstoff

$$2\,Fe + O_2 = 2\,FeO \tag{4}$$

oder durch Kohlendioxyd

$$CO_2 + Fe = FeO + CO. \tag{5}$$

DIERKER [27] fand an der Formstoffoberfläche FeO-Gehalte von 15%, welche von anderer Stelle [19] bestätigt wurden. In Tiefen bis 3 mm in den Formstoff hinein wurden

Verschlackungen der Sandkörner durch das Orthosilikat Fayalit ($2\,FeO \cdot SiO_2$), welches nach der Formel

$$2\,FeO + SiO_2 = 2\,FeO \cdot SiO_2 \tag{6}$$

entsteht, beobachtet. Ein anderer Weg führt über die Reaktion des Eisenoxyduls mit den Aluminiumsilikaten des Tons, welche von der Temperatur an der Formwand und der Zeit abhängig ist. HOAR und ATTERTON [*8*] stellten fest, daß der Infiltrationsdruck niedrig gekohlter Stähle sehr schnell mit zunehmendem Sauerstoffdruck ansteigt. Das wird damit erklärt, daß die viskosen Silikate den Sand benetzen und die Poren ausfüllen. Fayalit kristallisiert aus der Reaktionsschmelze aus, wie GILLER [*28*] festgestellt hat. Den Einfluß der Eisensilikate auf die Infiltrationsminderung zeigt Abb. 27. HOAR und MCVITTIE [*29*] fanden in der Praxis, daß Eisenoxydul an der Kontaktfläche zu Sandanbrennen ohne Penetrationsmerkmale führt. Dies beruht wahrscheinlich auf einer stark bindenden Schlackenübergangsschicht zwischen Stahl und dem Formstoff. ELLIOT [*25*] berichtet dagegen von chemischen Vorgängen, die eine Penetration begünstigen. Demzufolge sind hydratisierte Siliziumoxyde bei Gußbedingungen flüchtig. Bei entsprechendem Druck und günstiger Temperatur ist SiO_2 in Wasserdampf löslich. Die Anwesenheit von Wasserstoff, der in der Formstoffatmosphäre in beträchtlichen Mengen zugegen sein kann, verstärkt den Angriff auf Quarz. Die Bildung von Siliziumhydraten geht nach der Formel

$$SiO_{2\,(\text{fest})} + 4\,H_2O_{(\text{gasf.})} = SiO \cdot 4\,H_2O_{(\text{gasf.})} + {}^1/_2\,O_{2\,(\text{gasf.})} \tag{7}$$

vor sich. Der Ton geht von der Oberfläche des Sandes weg und setzt sich weiter rückwärts als Silikat-Zementschicht ab, wodurch die Sandporen an der Oberfläche geöffnet werden.

Es wird in der Praxis des öfteren beobachtet, daß ein Sand trotz deutlicher Penetrationserscheinungen gut von der Oberfläche des Abgusses zu lösen ist. Die Oberfläche der Gußkörper ist dabei vollkommen glatt und sauber. Es wurden in der Literatur zwei verschiedene Erklärungen für diesen Fall gefunden:

1. ATTERTON [*9*] behauptet, daß sich zu irgendeinem Zeitpunkt eine beträchtliche Schlackenschicht zwischen dem schon infiltrierten Stahl und dem Gußstück gebildet hat. Das genaue Stadium dieser Erscheinung kann nicht exakt bestimmt werden, jedoch muß dieses zeitlich beträchtlich hinter der Penetration zurückliegen.

2. EMMONS und BACH [*4*] berichten über die Bildung von Karbonylen bei günstigen Druckverhältnissen und niedrigen Temperaturen. Karbonyle entstehen nach der monomolekularen Type $Me(CO)_n$ der Elemente Eisen, Chrom, Nickel und Molybdän unter Einwirkung von Kohlenoxyd auf Metall, z. B.:

$$Fe + 5\,CO = Fe(CO)_5\,. \tag{8}$$

Die Metalle werden gasförmig in das Innere des Sandes transportiert, wo sie bei höheren Temperaturen wieder ausscheiden. Es werden zwei Beweise für diese Ansicht bekannt gegeben:

a) Es finden sich an diesen Stellen nur niedrige Mangangehalte, da Mangan keine Karbonylverbindung eingeht.

b) Bruchstücke verstählerten Sandes wurden in Wasserstoffatmosphäre bei 1500 °C erhitzt, wobei das Metall kugelförmig *ausschwitzte*.

Der Bildung von Karbonylen in Zusammenhang mit der Infiltration kann nicht ohne weiteres zugestimmt werden, da zwei entscheidende Umstände den Gegebenheiten widersprechen:

1. Es bilden sich Karbonyle durch Einwirkung von CO nur dann, wenn das Metall in sehr fein verteilter Form vorliegt, was unter den praktischen Verhältnissen nicht der Fall sein dürfte [*30*].

2. Das Wärmegefälle verläuft in der Form von der Kontaktfläche zum Inneren der Form hin. Dies widerspricht jedoch den Temperaturbedingungen zur Bildung der Karbonyle und vor allem der metallischen Ausscheidung, die bekanntlich bei höheren Temperaturen vonstatten gehen soll [*30*].

EMMONS und BACH weisen jedoch ebenfalls auf eine Bildung von Siliziumhydraten hin, die mit gewissen Einschränkungen auch für eine Zwischenschicht zwischen der Gußoberfläche und einer Penetration verantwortlich sein kann.

Zu erwähnen sind noch das Verhalten der Schlichten und der Einfluß der Zusammensetzung der Metalle. Bei Eisenlegierungen mit niedrigen Kohlenstoffgehalten sind oftmals Aufkohlungen der Oberfläche eines Gußstückes zu beachten. Es liegt die Vermutung nahe, daß diese Erscheinungen im flüssigen Zustand während des Kontaktes mit den Schlichten entstehen. Nach einer privaten Mitteilung von W. WÜLLENWEBER sind Erhöhungen des Kohlenstoffgehaltes auf 0,90% durchaus möglich. Hierfür sind insbesondere stark graphithaltige Schlichten verantwortlich, wogegen Zirkonschlichten keine Aufkohlungen zeigen. Da mit der Erhöhung des Kohlenstoffs gleichzeitig eine Verminderung der Schmelztemperatur stattfindet, wirkt eine Aufkohlung auf die Penetration begünstigend.

Eine Aufkohlung soll nach Ermittlungen von FURSUND [*11*] auch aus dem Kohlenstoffgehalt organischer Binder möglich sein. Bemerkenswert ist der Einfluß des Mangangehaltes von Stahlguß auf die Infiltration. Es ist bekannt, daß besonders der 12prozentige Manganhartstahlguß sehr zu Anbrennen und Penetrationen neigt. Die Ursache ist ebenfalls in der Bildung von Schlacken, die hauptsächlich Manganoxyd enthalten, zu suchen. Untersuchungen haben in der Oberflächenschicht des vom Manganstahlguß gelösten Formstoffes Werte von 40% Manganoxyd ergeben. VASKA [*31*] bestätigt diese Bildung ebenfalls. Es sei daran erinnert, daß durch stattfindende chemische Reaktionen der Kontaktwinkel verringert wird, wodurch eine Infiltration begünstigt ist.

Bei den abschließenden Betrachtungen über chemische Reaktionen als Ursache von Infiltrationen darf die Ansicht von ZUITHOFF [*32*] nicht unerwähnt bleiben, wonach eine Penetration auf diesem Wege für unmöglich gehalten wird. Danach soll lediglich die Sinterung der Formstoffe für diesen Vorgang verantwortlich sein. Betrachtet man jedoch die in der Form während des Gießens und des darauffolgenden Zeitabschnittes vorherrschenden Temperatur- und Druckverhältnisse, so bieten sich die Möglichkeiten chemischer Reaktionen geradezu an und sollten daher auch von Einfluß auf das Eindringen von flüssigem Metall sein.

Zur Vertiefung der in den vorhergehenden Abschnitten gewonnenen Erkenntnisse soll abschließend über einige Betriebsbeobachtungen bei Stahlguß berichtet werden. Gegenüber allen anderen flüssigen Metallen wird der Stahl mit weit höheren Temperaturen vergossen, so daß infolge der damit verbundenen erhöhten agressiven Bedingungen an die

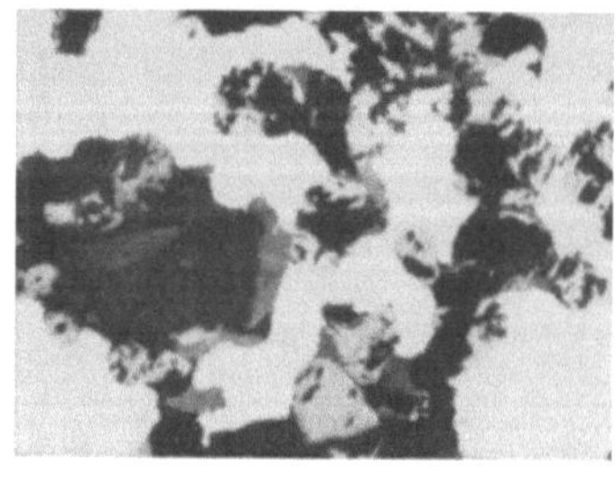
a × 100

b × 200

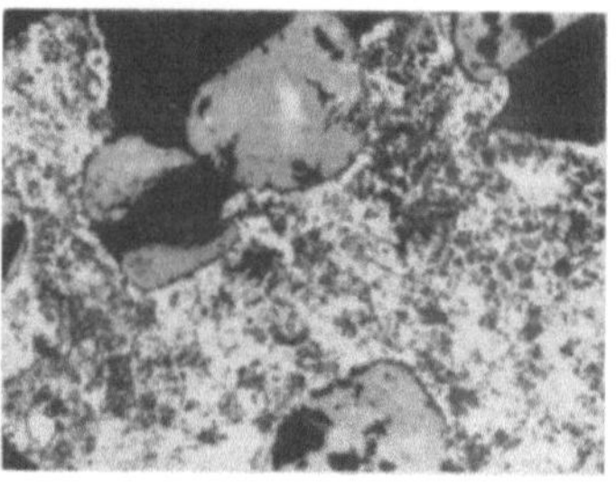
c × 100

Abb. 28a—c. Infiltrationen von legiertem Stahlguß in Formmasse mit Zirkonsand
a) ungeätzt; b) geätzt; c) geätzt

Formstoffe besondere Ansprüche und Anforderungen gestellt werden müssen. Aus einer Formmasse nahe der Oberfläche eines Stahlgußstückes wurde sorgfältig das infiltrierte Stahlgitter von den Schamottekörnern befreit und auf Kohlenstoff- und Schwefelgehalt untersucht. Bei einer Chargenanalyse von 0,28% C und 0,025% S ergaben sich entsprechende Werte von 0,85% und 0,033%. Es hat demnach eine Aufkohlung um rund 200% und eine Aufschwefelung von etwa 30% stattgefunden. Der infiltrierte Stahl liegt perlitisch vor, so daß die Penetration durch die Verringerung der Liquidustemperatur auf nahezu 1470 °C begünstigt wird. Legt man eine durchschnittliche Gießtemperatur zwischen 1560 °C und 1580 °C zugrunde, so ist zu erkennen, daß der Stahl über einen längeren Zeitraum flüssig bleibt, womit seine Aktivität an der Kontaktstelle mit dem Formstoff gleichfalls erhöht wird. Der unter einiger Vergrößerung betrachtete Formstoff zeigt ein Netz sehr dünnen Stahls, der die verschlackten Schamottekörner konturengetreu umschließt. Die Abb. 28 und 29 zeigen Schliffe an verschiedenen Stellen von Infiltrationen legierten Stahls in Formmasse mit Zirkonzusatz.

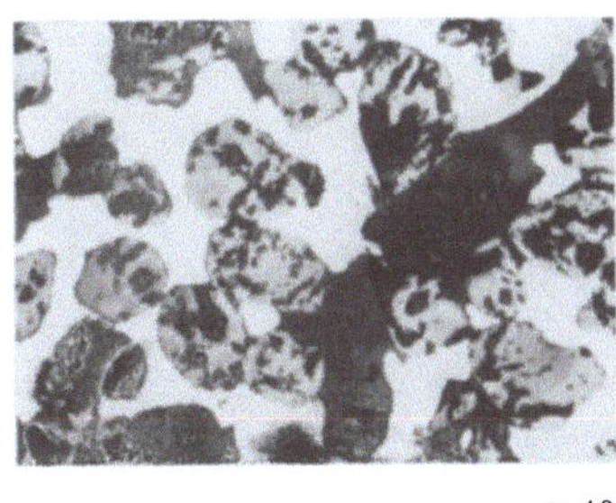

a × 100

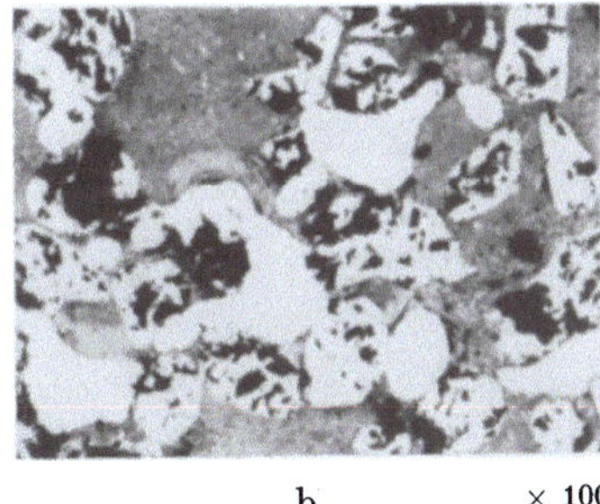

b × 100

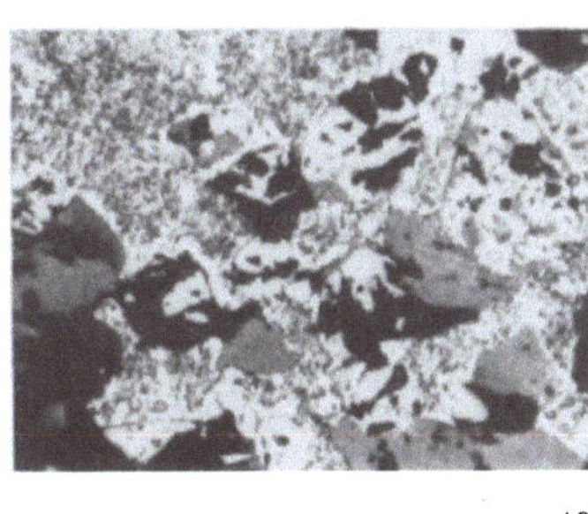

c × 100

Abb. 29a—c. Infiltrationen von legiertem Stahlguß in Formmasse mit Zirkonsand
a) ungeätzt; b) geätzt; c) geätzt

Es wurde an Kernen, welche in der Form einem hohen ferrostatischen Druck und damit sehr ungünstigen Verhältnissen unterlagen, beobachtet, daß sie einen hohen Aufwand an Putzarbeit erforderten, obwohl später der durch sie gebildete Hohlraum des Abgusses eine glatte Oberfläche aufwies. Dabei wurde festgestellt, daß keine Verstählerung von außen, sondern durch die Kerneisen auftrat. Die gleichen Beobachtungen wurden an Verbaueisen gemacht, welche in unmittelbarer Nähe der Oberfläche des Formhohlraums lagen. Aus den zu Beginn der Ausführungen gezeigten Temperaturdiagrammen geht hervor, daß an Stellen von etwa 10 bis 20 mm hinter der Formwand Schmelztemperaturen erst nach Zeiten erreicht werden, die 30 Minuten

Abb. 30. Infiltrationen an einem Verbaueisen

Abb. 31. Infiltrationen an einem Verbaueisen

überschreiten. Da zudem das untersuchte Verbaueisen einen Kohlenstoffgehalt von 0,10% aufweist, muß der Schmelzpunkt oberhalb 1500 °C liegen. Obwohl diese Daten einer Möglichkeit der Penetration widersprechen, gehen von diesen Eisen Infiltrationen aus, wie sie die Abb. 30 und 31 zeigen. Eine Untersuchung der infiltrierten Teile führte zu einem Kohlenstoffgehalt von 1,42%. Obwohl die Oberfläche der Eisen keine sonderlichen Unebenheiten aufwies, sind zum Teil starke Infiltrationserscheinungen mit beachtlicher Tiefe zu bemerken. Die auf hohe Temperatur erhitzten Verbaueisen bieten an der Oberfläche in Berührung mit dem Formstoff Möglichkeiten zu chemischen Reaktionen. Daß es sich tatsächlich nur um solche Vorgänge handeln kann, wird durch die völlige Abwesenheit eines ferrostatischen Druckes bewiesen. Diese Ansicht wird noch verstärkt durch die Tatsache, daß die Erscheinungen auch bei sehr gut verdichteten Formmassen auftreten.

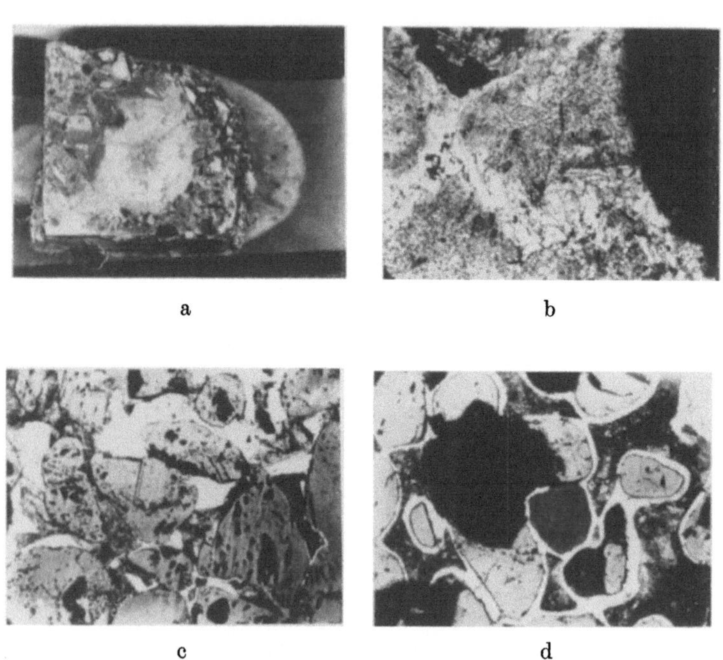

Abb. 32a—d. Infiltrationen von Stahlguß in Formmasse und Zirkonsand, ausgehend von Verbaueisen

Das Aufschmelzen und Penetrieren von Verbaueisen tritt besonders bei Kernen auf, die von einer großen Stahlmenge umgeben sind. Einige Beispiele sind in Abb. 32 zusammengestellt worden, wobei a) in normaler Größe und b) bis d) in 100-facher Vergrößerung dargestellt sind. Bei a) und b) handelt es sich um Kerneisen, welches im linken Teilbild eine deutliche Veränderung gegenüber der ursprünglich runden Kontur zeigt. Im Schliffbild rechts ist zu erkennen, daß der infiltrierte Stahl als groblamellarer Perlit vorliegt. In der Mitte des Kerneisens selbst ist ein grobes Ferritnetz sichtbar. Bei den Teilbildern c) und d) handelt es sich um einen Zirkonsandkern, der von einer großen Stahlmenge umgeben war und unter beträchtlichen ferrostatischem Druck stand. Schliff c) zeigt vollkommen in einem Stahlnetz eingebettete Zirkonkörner, das gleiche gilt für Schliff d).

Penetrationsversuche mit Massen verschiedener Körnung haben auch hierbei gezeigt, daß grobkörnige Schamotte weitaus anfälliger gegen Infiltrationen ist als feinere. Enthält eine Schamottemasse aus ihrem Brech- und Mahlprozeß noch verhältnismäßig viele feinere bis staubförmige Bestandteile, so scheint sich hierbei die günstige Eigenschaft eines breiten Sinterintervalls — vor allem noch mit dem beigefügten Ton zusammen — bemerkbar zu machen. Da jedoch eine geringe Infiltrationstiefe unter diesen Umständen nur bei einem Versuch ermittelt wurde, kann auf eine allgemeine Verbesserung vorerst noch nicht geschlossen werden.

Eine genaue Definition, die zwischen Anbrennen und Infiltration unterscheidet, ist durch Angaben der Größenordnung der Infiltrationstiefe und der Dicke der angebrannten Schicht, wie es häufig in der Literatur in Erscheinung tritt, nicht ohne weiteres vertretbar. Es ist zu bedenken, daß beide Vorgänge meistens nebeneinander auftreten. Man sollte daher von Penetrationen nur dann sprechen, wenn sich an der Oberfläche eines Gußstückes deutlich erkennbare Verästelungen eingedrungenen Metalls gleich welcher Tiefe zeigen, dagegen von Verschlackungen als Folge chemischer Reaktionen an der Oberfläche und schließlich von Anbrennen bei reinen Sinterungen und Anfrittungen von Formstoffen ohne direkte Einwirkung des Gießmetalls.

Abschließend sollen die hauptsächlichen Faktoren aufgestellt werden, welche zur Vermeidung von Infiltrationen beitragen:

1. Niedrige Gießtemperaturen.
2. Verwendung möglichst feiner Sande, unter Umständen unter Anwendung von mengenmäßig genügenden Formstoffmehlen.
3. Gute Verdichtung der Formen zum höchstmöglichen Grad bei niedriger Gasdurchlässigkeit.
4. Verwendung von Sanden und Bindern mit breitem Sinterintervall.
5. Anwendung von Sanden mit höheren thermischen Eigenschaften als die des Quarzsandes, z. B. Zirkonsand und Schamotte, wenn höhere Gießtemperaturen erforderlich sind.
6. Verwendung dick aufgetragener Schlichten.
7. Mehrfaches Anschneiden der Gußstücke zur Verminderung von Wärmeanhäufungen.

Zusammenfassung

An Hand eines umfangreichen Literaturstudiums in Ergänzung mit übermittelten und eigenen Beobachtungen wurde eine Darstellung über die Infiltration flüssiger Metalle in Formstoffe gegeben. Es wurde auf die zahlreichen Einflußfaktoren hingewiesen und dieselben beschrieben. Auf physikalischen Grundlagen beruhen insbesondere die thermischen Verhältnisse, der metallostatische Druck, die Eigenschaften des Formsandes und die den Gesetzen der Kapillarkräfte gehorchenden Porenhohlräume des Formstoffes vor allem an der Berührungsstelle Formstoff — flüssiges Metall. Es wurde als wichtige Größe der sogenannte *kritische Infiltrationsdruck* zitiert, der die Überwindung der Kapillarkräfte durch die Metallsäule angibt. Auf das Verhalten der Binder und Schlichten wurde besonders hingewiesen. Die chemischen Vorgänge, die als Reaktionspartner flüssiges Metall, Formstoff und die Gasphase unter Einwirkung von Druck und Temperatur kennen, wurden auf ihren Einfluß auf die Infiltration ebenfalls betrachtet. Der Bericht über die Beobachtungen von Aufkohlungserscheinungen und das Verhalten der Verbaueisen von Formen und Kernen sowie verschiedene Vergleichsversuche mit der Probenanordnung von FURSUND sollten das Bild abrunden.

Literatur

[1] ATTERTON, D. V., u. D. H. HOUSEMAN: Nature 1953, Nr. 171, S. 980.
[2] BRIGGS, C. W.: The Metallurgy of Steel Castings 1946.
[3] HOAR, T. P.: Foundry Trade Journal, 94 (1953), und Rep. Scott. Iron and Steel Inst., 1952, Dez.
[4] EMMONS, R. C., u. I. BACH: Foundry 83 (1955) Nr. 4, S. 108/116.
[5] PETTERSON, H.: Gjuteriet 41 (1951) S. 59/63.
[6] ATTERTON, D. V., u. D. H. HOUSEMAN: Nature 1951, Nr. 167, S. 607.
[7] KOZAKEVICH, P., S. CHATEL u. M. SAGE: Comptes Rendus 1953, Nr. 236, S. 2064.
[8] HOAR, T. P., u. D. V. ATTERTON: Journal Iron and Steel Inst. 1950, Nr. 166, S. 1.
[9] ATTERTON, D. V.: Foundry, 86 (1958) Jan., S. 78/83; Febr., S. 107/111; März, S. 92/95.
[10] HOAR, T. P., D. V. ATTERTON u. D. H. HOUSEMAN: Journal Iron and Steel Inst. 1953, Nr. 175, S. 19.
[11] FURSUND, K.: Gießerei 46 (1959) S. 159/164.
[12] HOAR, T. P., D. V. ATTERTON u. D. H. HOUSEMAN: Research and Development Report Nr. 11/53/FRP 1 (Brit. St. Cast. Res. A.).
[13] CAINE, J.: Trans. Am. Foundrym. Assoc. 49 (1941) S. 552/558.
[14] TAYLOR, D. J.: Foundry 75 (1947) Nr. 3, S. 106/107 u. 129.
[15] Am. Fdrym. Assoc. Comm.: Am. Foundrym. 52 (1944) März, S. 2/4.

[16] Caine, J.: Trans. Am. Foundrym. Assoc. 51 (1943) S. 647/705.
[17] Dietert, H. W.: Foundry 62 (1938) S. 26/28.
[18] Middleton, J. M., u. P. G. McIllroy: Mould Paints and Washes for Use in the Steel Foundry. Vortrag, gehalten auf dem 27. Int. Gießerei-Kongreß, Zürich 1960.
[19] Beeley, P. R., u. H. T. Protheroe: Journal Iron and Steel Inst. 167 (1951) S. 141/157.
[20] Bishop, T., u. K. G. Lewis: Foundry Trade Journal 86 (1949) S. 111/117.
[21] Atterton, D. V.: Journal Iron and Steel Inst. 174 (1953) S. 201/211.
[22] Ljunggren, S. H.: Jerkont. Ann. 129 (1945) S. 457/517.
[23] Völpel, A.: Gießerei 47 (1960) S. 62/65.
[24] Savage, R. E., u. H. F. Taylor: Foundry 78 (1950) S. 82/89.
[25] Elliot, G. R. B.: University of California Radiation Lab. 1952, Nr. 1831.
[26] Colligan, G. A., L. H. van Vlack u. R. A. Flum: Trans. Am. Fdrym. Assoc. 66 (1958) S. 452/458.
[27] Dierker, A. H.: Trans. Am. Inst. Mining Met. Engrs. 1930, S. 83/99.
[28] Giller, D. L.: Unveröffentl. Arbeit der Universität von Michigan 1955.
[29] Hoar, T. P., u. D. M. McVittie: Unveröffentlichte Arbeit.
[30] Holleman, A. F., u. E. Wiberg: Anorganische Chemie, 1951, S. 523ff.
[31] Vaska, W.: Die Gießerei 29 (1942) S. 311/313.
[32] Zuithoff, A. J.: Metalen — Int. Gießerei-Kongreß, Amsterdam 1949, S. 184/197.

Sachverzeichnis

Die Kennzeichnung geschützter Namen ® ist nach sorgfältiger Prüfung vorgenommen worden. Wenn in Einzelfällen Warenzeichen versehentlich nicht gekennzeichnet sein sollten, so berechtigt dies nicht zu der Annahme, daß es sich um einen freien Handelsnamen (Freizeichen, Trivialnamen usw.) handelt. Herausgeber und Verlag verwahren sich dagegen, daß das vorliegende Werk hierfür als Beweis herangezogen wird.

MIX
Papier aus verantwortungsvollen Quellen
Paper from responsible sources
FSC® C105338

If you have any concerns about our products,
you can contact us on
ProductSafety@springernature.com

In case Publisher is established outside the EU,
the EU authorized representative is:
Springer Nature Customer Service Center GmbH
Europaplatz 3, 69115 Heidelberg, Germany

Printed by Libri Plureos GmbH
in Hamburg, Germany